Basic Circuit Theory

예제로 풀어 쓴 개정3판

회로이론

이상희 지음

생능출판

저자 소개

이상희

강원대학교 전자공학과 교수
프랑스 낭씨1대학 공학박사
서울대학교 전기공학과 졸업

예제로 풀어 쓴 **회로이론**

초판발행 2009년 8월 31일
제3판1쇄 2020년 2월 26일

지은이 이상희
펴낸이 김승기
펴낸곳 (주)생능출판사 / **주소** 경기도 파주시 광인사길 143
출판사 등록일 2005년 1월 21일 / **신고번호** 제406-2005-000002호
대표전화 (031)955-0761 / **팩스** (031)955-0768
홈페이지 **www.booksr.co.kr**

책임편집 신성민 / **편집** 김민보, 유제훈, 권소정 / **디자인** 유준범
마케팅 최복락, 김민수, 심수경, 차종필, 백수정, 최태웅, 김범용, 김민정
인쇄 성광인쇄(주) / **제본** 은정문화사

ISBN 978-89-7050-391-2 93560
정가 28,000원

- 이 도서의 국립중앙도서관 출판예정도서목록(CIP)은 서지정보유통지원시스템 홈페이지(http://seoji.nl.go.kr)와 국가자료공동목록시스템(http://www.nl.go.kr/kolisnet)에서 이용하실 수 있습니다. (CIP제어번호: CIP2020005627)

머리말

PREFACE

1. 이 책의 발간 목적

회로이론은 전기회로를 해석하는 과목이다. 회로 해석은 회로가 주어지면 특정 소자에서의 전압이나 전류 또는 전력을 구하는 과정이다. 이 값들을 구하기 위해 옴의 법칙이나 키르히호프의 전류/전압법칙 등을 이용한다. 결국 회로 해석은 이들 전기 법칙들을 이용하여 방정식을 만드는 과정이라 할 수 있다. 방정식이야말로 시스템을 수학적으로 이해하는 공학에서는 아주 중요한 도구이다.

우리는 선형회로(linear circuit)에 대한 해석을 공부한다. 모든 물리적인 시스템은 비선형(nonlinear)이고, 특히 우리가 일상생활에서 접하는 스마트폰, TV, PC를 비롯한 모든 전기, 전자기기는 비선형 시스템(비선형 회로)이다. 그러나 이러한 전자기기들은 동작 영역에서 근사적으로 선형성을 보이므로 전기전자공학에서는 선형 시스템을 배우는 것으로도 충분히 회로 또는 시스템을 해석할 수 있다. 이러한 이유로 선형 시스템의 해석은 공학 교육에서 매우 중요한 위치를 차지하고 있다.

회로이론은 전압, 또는 전류에 대한 일차방정식 또는 미분방정식을 세우고 푸는 것으로 시작한다. 우리는 어떤 전자기기를 설계하기 전에 수학적인 모델링, 즉 방정식의 수립을 통하여 그 동작 특성을 이해하고 동작 범위를 조절할 수 있다. 왜냐하면 수식으로 표현된 시스템은 동작 특성을 예측할 수 있기 때문이다.

2. 이 책의 내용

전통적인 회로이론 교재의 구성에 따라 1장에는 회로이론의 중요성을 강조하고 회로 계산에 필요한 단위계와 접두어를 소개하였다. 현대는 전기와 전자의 구분이 모호하다. 하지만 전기에 대한 이해를 돕기 위해 전기공학의 발달 과정을 간략히 소개하였다. 2장은 전기의 실체인 전하에 대해 설명하고 전기회로의 근간을 이루는 키르히호프의 법칙을 시작으로 옴의 법칙, 저항에 대하여 설명이 이어진다. 전압, 전류, 전력 등 잴 수 있는 양에 대한 물리적, 수학적 개념을 소개하였다. 저항과 앞에서 소개한 회로이론의 법칙들을 이용하여 간단한 저항회로 해석법을 3장에서 소개하였다. 3장에서는 다른 교재와는 구별되게 직류와 교류, 커패시터와 인덕터에 대한 소개를 미리 하였다.

본격적인 회로 해석법을 4장과 5장에 할애하였다. 4장은 체계적인 회로 해석법을 소개하였고, 회로의 선형성을 이용하여 회로 해석에서 유용한 정리들을 5장에 소개하였다.

2장에서 5장까지는 우리가 그 동안 배웠던 수학 지식만으로 직류 저항회로를 해석할 수 있었다. 6장과 7장은 커패시터와 인덕터가 포함된 회로를 다루었다. 커패시터와 인덕터는 에너지를 저장할 수 있을 뿐만 아니라 시간에 따라 전압 또는 전류가 변하는 소자이다. 6장에서는 회로 해석을 위하여 미분방정식을 소개한다. 6장은 RC, 또는 RL 회로만을 다루고, RLC 회로의 해석은 7장에 보였다.

전기는 직류와 교류로 구분할 수 있는데 직류회로이든 교류회로이든 회로 해석에 필요한 법칙은 모두 동일하다. 단지 교류 신호는 시간에 따라 변하므로 계산의 편의를 위하여 복소수를 도입하였다. 8장은 교류를 소개하고 교류에서 회로 소자의 응답을 설명하였다. 직류와는 다르게 교류 전력은 계산이 매우 까다로운 항목이다. 교류 전력의 계산과 교류에서 전력을 최대로 전달하기 위한 조건을 유도하였다.

3. 이 책의 특징

고대에는 동양에서 서양으로 많은 과학기술이 전파되긴 하였지만 산업혁명 이후로 기술의 발전은 서구가 주도하게 되었고, 모든 과학기술 용어는 서구에서 비롯되었다. 이 책에서는 굳이 그 사실을 숨기지 않고 용어를 병용하도록 하였다. 특히 인터넷의 발달은 영어의 중요성을 강조하는 시기로 접어들지 않았는가?

모든 교제에서 각 장의 목적이나 목표를 미리 알려주고 있다. 이 책도 그 범주에서 벗어나지 않도록 하되, 구체적인 회로를 통하여 각 장에서 배우는 내용을 설명하려 하였고, 예제와 문제를 체계화하여 학생들의 이해를 돕도록 하였다.

공학에서 수학이 매우 중요한 기술인 것은 변하지 않고 있다. 그럼에도 불구하고 요

즘은 교육과정에서 수학을 기피하는 경향이 많이 있다. 이 책의 부록에 전기 및 전자공학에 필요한 수학을 자세한 풀이 내용까지 설명하여 학생들에게 수학에 대한 부담을 덜어내려 노력하였다.

모든 교재가 그러하듯 그 내용의 이해를 돕도록 다양한 예제를 소개하고 있다. 이 책에서는 예제와 유사한 연습문제를 두어 학생 스스로 풀도록 하였다. 특히 각 장의 문제에 해답을 포함하여 학생들 스스로 공부할 수 있는 기회를 제공하였다.

4. 감사의 글

먼저 이 책에 지속적인 관심을 가져준 생능출판사 관계자 여러분께 감사를 드린다. 일일이 거명하지 않더라도 직간접으로 이 책의 출간을 위하여 고견을 들려주신 분들께 고마움을 표현하고 싶다. 그리고 꼼꼼하게 살펴봐주고 의견을 개진해준 분들께도 감사를 드린다.

이 책의 발간에 직접적인 도움은 없었을지 모르지만 살아오는 동안 가족의 존재 자체만으로도 큰 힘이 된 것도 사실이다. 내 가족인, 아내 박혜영 그리고 두 딸 서율, 수현에게 이 책을 보여주고 싶다.

2020년 1월
이상희

CONTENTS

차례

Chapter 01 회로이론 개관

Chapter 02 회로이론 기본 법칙

Chapter 03 저항회로

부록

CONTENTS

CONTENTS

표제목 · 그림제목

CHAPTER 05 회로망 정리

CHAPTER 07 RLC 회로

C O N T E N T S

Table

CHAPTER 01

회로이론 개관

Contents

01 CHAPTER 회로이론 개관

1.1 회로 해석의 중요성

회로이론은 전기 및 전자공학 분야에서 처음 접하는 전공 과목이다. 이 과목을 통하여 전압, 전류 및 전력의 개념을 익히고 회로 해석기법을 배움으로써 앞으로 배울 전공 과목들의 기초를 다지는 기회가 된다. 또한 이 분야의 전공자가 아니더라도, 전기를 기본 에너지로 이용하고 다양한 전자기기를 사용하는 현 시점에서 전압, 전류 및 전력에 대한 개념을 익히는 것도 중요한 과업이다.

하지만 회로이론을 배우는 목적이 회로 소자의 전압과 전류 또는 전력을 구하는 기법을 익히는 것뿐만이 아니다. 회로이론은 회로 소자에서의 전압 또는 전류를 구하기 위한 다양한 회로 해석기법을 이용하여 회로방정식을 세우고 푸는 과정에서 자연스럽게 큰 시스템의 해석 기술과 계산 방법을 습득하게 될 것이다.

고등학교까지의 과정에서는 방정식이 주어지고 그 방정식을 필요한 기법을 이용하여 방정식을 풀어 해를 구하는 것으로 문제 풀이를 마쳤다. 그러나 회로이론은 주어진 문제의 방정식을 만드는 과정으로부터 시작된다. 어떻게 하면 주어진 문제에서 회로방정식의 수를 줄일 것인가 하는 것이 회로이론의 핵심 내용이다. 이를 위하여 다양한 회로 해석 기법을 배우는 것이다. 회로방정식을 세우고 해석 기법을 이용하여 방정식을 푸는 과정이 바로 시스템을 해석하는 과정이다.

1.2 단위계(System of Units)[1]

모든 물리량(physical quantity)은 단위가 있다. 우리는 통상적으로 키를 cm 단위로 표현하고, 몸무게는 kg 단위로 측정하듯이, 측정 가능한 양은 그 크기가 불변이고 누구에게나 통용되는 단위를 사용하여야 한다. 세계적으로 합의되고 통용되는 단위를 SI 단위(International System of Units)라고 한다(미국은 예외).[2]

▶▶ 표 1-1 국제 단위계(SI units)[3]

내용과 표기	단위	명칭	제정시기	크기
길이(length) L, l	m	meter	1983	진공 속에서 빛이 $\frac{1}{299,792,458}$초 동안 간 거리
질량(mass) M, m	kg	kilogram	2018	플랑크 상수 h 이용 $h=6.62607015\times10^{-34}$[J sec]
시간(time) t	sec	second	1967	세슘원자(Cs, 133)의 전이 주파수 9,192,631,770번 진동한 시간
전류(electric current) I, i	A	ampere	2018	기본 전하 e를 이용하여 재지정 $e=-1.602176634\times10^{-19}$[C]
온도(temperature) T	°K	Kelvin degree	2018	절대온도 볼츠만 상수 k를 이용하여 지정 $0°C=273.16°K$
광도(luminous intensity)	cd	candela	1979	주파수가 540×10^{12}[Hz]인 단색광을 이용하여 지정
물질의 양(amount of substance)	mol	mole	2018	아보가드로 상수 이용 $N_A=6.02214\times10^{23}$개

이 7개의 기본 단위로부터 모든 물리량의 단위를 유도한다. 그동안 우리가 배웠거나 전기회로에서 필요한 단위를 다음 [표 1-2]에 보였다.

1) 단위계: SI(Systèmes Internationales) unit. 프랑스어를 쓴다. 1960년대부터 시작
2) 공식적으로 미국, 미얀마, 라이베리아가 pound-foot 시스템을 사용한다. 1피트(feet)는 30.5cm, 1파운드는 453.59g, 끓는 온도는 212°F, 어는 온도는 32°F, 부피는 갤런(gallon)
3) 2018년 재지정

▶▶ 표 1-2 공학에서 사용되는 유도된 단위

내용과 표기	단위	명칭
넓이(area), A, S	m^2	square meter
부피(volume), V	m^3	cubic meter
속도(speed), v	m/sec	meter per second
가속도(acceleration), a	m/sec^2	meter per second squared
각도(angle), θ, ϕ	rad	radian
주파수(frequency), f	Hz	hertz
힘(force), F	N	newton
압력(pressure), P	Pa	pascal
전력(power), P, p	W	watt
에너지(energy), E, W	J	joule
전하량(electric charge), Q, q	C	coulomb
전압(voltage), V	V	volt
저항(resistance), R	Ω	ohm
conductance, G	S	siemens
capacitance, C	F	farad
inductance, L	H	henry
magnetic flux, Φ	Wb	weber

1.3 숫자의 표기법

공학이나 자연과학 분야에서 실험 데이터나 계산된 값들은 표기하기에 아주 큰 수이거나 아주 작은 수인 경우가 많다. 일상생활의 예를 들어 보면, 현재 하드 디스크의 용량은 1 테라바이트, 즉 1×10^{12} 바이트이고, CPU의 클럭 주파수는 3 기가헤르츠 정도이다.

이러한 아주 크거나 작은 수를 그대로 1,000,000,000,000 바이트,

3,000,000,000 헤르츠 등으로 표현한다면 읽기가 쉽지 않을 뿐만 아니라 두 수를 비교하기도 어렵다.[4)]

그래서 공학이나 자연과학 분야에서는 10을 밑으로 하는 지수 형식으로 크고 작은 수를 표현하는 방법을 사용한다. 공학 표기(engineering notation)는 큰 수는 10^3, 10^6, 10^9 등의 곱으로, 작은 수는 10^{-3}, 10^{-6}, 10^{-9} 등의 곱으로 지수가 3의 배수가 되도록 표현하는 접두사(prefix)를 이용하고 있다. 우리에게는 익숙하지 않지만 이 접두사는 라틴어를 이용한다.

예를 들면 지구에서 달까지의 거리는 대략 38만4,000km인데, 이 수치를 공학 표기로 쓰면,

$$384,000\text{km} = 384 \times 10^3\,\text{km}$$

76만5천 볼트 고전압 송전은

$$765,000\text{V} = 765 \times 10^3\,\text{V} = 765\text{kV}$$

과학 표기(scientific notation)는 좀 단순해서 유효 숫자와 10의 지수승으로 표현한다.

$$384,000\text{km} = 3.84 \times 10^5\,\text{km}$$

공학계산에서 사용하는 접두어는 다음과 같다.

4) 우리는 관습적으로 만 단위를 사용한다. 만(萬, 10^4), 억(億, 10^8), 조(兆, 10^{12}), 경(京, 10^{16}), 해(垓, 10^{20}) 등. 그러나 국제적으로는 천 단위를 사용한다. 천(thousand, 10^3), 백만(million, 10^6), 십억(billion, 10^9), 조(trillion, 10^{12})

▸▸ 표 1-3 수에 사용하는 접두어

접두어	크기	기호	접두어	크기	기호
deca	10^1	da	deci	10^{-1}	d
hecto	10^2	h	centi	10^{-2}	c
kilo	10^3	k	milli	10^{-3}	m
Mega	10^6	M	micro	10^{-6}	μ
Giga	10^9	G	nano	10^{-9}	n
Tera	10^{12}	T	pico	10^{-12}	p
Peta[5)]	10^{15}	P	femto[6)]	10^{-15}	f
Exa	10^{18}	E	atto	10^{-18}	a
Zetta	10^{21}	Z	zepto	10^{-21}	z
Yotta	10^{24}	Y	yocto	10^{-24}	y

1.4 전기공학 발전의 역사적 고찰

태초에 전기가 있었다. 번개는 전기이고 우주선은 전파 형태의 전기이다. 번개의 에너지로 단백질이 생성되어 생명이 탄생하였으니 태초에 전기가 있었음에 틀림없다.[7)] 인류가 문명을 가꾼 이래 많은 이기(利器)들을 발명하였으나 과학, 또는 과학적 사고(思考)를 시작한 것은 인류의 긴 역사를 감안하면 그리 오래 되지 않는다.[8)] 모든 학문 분야가 그렇듯이 그 분야 발전의 원동력이 될 수 있었던 역사적 사건들을 살펴보는 것이 그 분야의 흥미를 유발할 수 있는 계기가 될 것이다. 이제 전기, 또는 전기적 현상에 관한 역사적 사실을 정리해 보자.

5) 슈퍼 컴퓨터의 계산 속도는 Peta flops 수준이다.
6) 광합성 순간은 femto초. 구분을 위하여 큰 수의 첨자는 대문자로 표기
7) 다른 이론이 있음을 알려 둔다.
8) 과학적 사고: 탈레스는 자연에는 법칙이 있다고 생각했다.

고전시대[9)]

탈레스[10)]는 호박(琥珀, amber, 송진이 화석화된 것)을 천에 문지르면 물체가 끌려오는 것을 발견하였다. 이 현상을 electron이라 했고,[11)] 후에 길버트가 전기 현상을 'electricity' 라고 부르게 되는 어원이 되었다.

전기 현상은 전기의 기본 단위인 전자(電子, electron)의 움직임에 기인한 것이다. 그런데 전기 현상의 원인이 무엇이든 간에 근 200여 년 동안 전기에 대한 연구가 끊임없이 진행되었다. 사실 전자는 톰슨이 원자의 구조를 연구하던 중에 음전하를 띤 미립자를 발견한 것이다(1897년).[12)] 이 시대는 원자 구조에 대한 치열한 연구와 논쟁이 있던 시기였다. 그러면 이전 시대에 전기에 대한 연구가 어떤 형태로 진행되었는지 알아보자.

전기 현상을 정전기(靜電氣, static electricity), 즉 움직이지 않는 전기와 동전기(動電氣, dynamic electricity, 우리가 이용하는 전기)로 구분했었는데 쿨롱이 전하 사이의 인력(引力, 당기는 힘)과 척력(斥力, 미는 힘)을 규명함으로써 전기를 과학적 대상으로 삼을 수 있게 되었다(1784년).[13)]

그 이전 길버트는 마찰전기와 자기(磁氣)에 대한 '과학적 연구' 를 수행하였다고 한다(1600년).[14)] 게리케는 전기발생기를 만들어 구(球)의 표면에 모인 전하가 방전되며 불꽃이 튀는 현상을 관찰했다고 하며(1672년),[15)] 뮈센브뢰크는 정전기를 모으는 장치(라이덴 병)를 만들어 전기 실험을 수행할 수 있게 하였다(1746년). 라이덴 병[16)]은 초기의 커패시터이다.

그 당시에는 전기가 액체처럼 농축(condense) 된다고 생각했기 때문에 커패시터를 축전기(condenser)라고 불렀다(인턱터와 더불어 커패시터는 에너지 저장 소자인데 콘덴서, 코일로 부르기도 한다). 프랭클린은 연 날리기 실험을 통하여 번개가

9) '고전시대' 라고 한 이유는 전기에 대해 현상적 고찰에 머물렀기 때문이다.
10) Thales(BC 624~BC 546, 추정): 고대 그리스시대 밀레투스의 철학자. 과학적 사고를 시작했다고 하여 '과학의 아버지' 로 추앙받고 있다.
11) electron: 그리스어로 호박(amber)
12) Thompson(1856~1940): 영국의 과학자. 음극선에 대한 실험에서 음전하를 띤 미립자를 발견
13) Coulomb(1736~1806): 쿨롱의 법칙, 즉 두 전하 사이에 미치는 힘을 실험으로 규명. 전하량의 단위
14) Gilbert(1540~1603): 취미로 자석에 대해 연구하여 '자석에 관하여' 라는 책을 출간
15) Guericke(1602~1686): 전기에 의한 빛을 관찰. 진공펌프를 발명하여 기압계에 응용했다 함.
16) Leyden jar: 정전기 집전장치. Mussenbroek(1692~1761)이 만들어 전하를 모을 수 있었다. 이후 라이덴 병을 이용하여 수많은 전기 현상에 관한 실험을 하였다. 뮈센브뢰크는 라이덴 대학(네덜란드)의 교수였음.

전기 현상인 것을 밝혀내고 피뢰침을 발명하였다(1750년).[17] 그는 전하가 양전하와 음전하가 있다는 이론을 발표하기도 하였다.

물리적 연구[18]

앞에서 언급하였듯이 쿨롱은 두 전하 사이에 힘이 작용한다는 사실을 규명하였고(1780년), 볼타는 아연과 구리를 이용하여 전지를 발명하였다(1800년).[19] 전압의 단위 볼트(volt)는 그의 이름을 딴 명칭이다. 전지는 전기 에너지를 저장한 것이므로 이때부터 전기와 관련된 실험은 라이덴 병에 저장된 정전기가 아니라 전지를 이용한 동전기로 실험을 할 수 있었다.

외르스테드[20]는 학생들에게 전류 실험을 보여주던 중 우연히 도선 옆에 놓인 나침반의 바늘이 움직이는 것을 발견하여 전기와 자기가 어떤 연관성이 있다는 확신을 하였다(1820년). 이 발견은 전기와 자기를 연결시켜주는 실마리를 마련해 주었다. 외르스테드의 발견 이후 패러데이[21]는 회전자계를 이용한 전기 모터를 만들었고(1821년), 앙페르[22]는 도선에 흐르는 전류와 자장의 방향에 대한 연구를 하였고 전기와 자기를 연계하여 전기의 동적 특성(electrodynamics)에 관한 '앙페르의 법칙'을 발표하였고, 그 이전의 전기에 대한 연구는 정전기(electrostatics)라는 용어를 사용하였다(1825년). 전류의 단위 암페어는 앙페르의 업적을 기려서 이름을 붙인 것이다.

옴[23]은 저항의 전압과 전류의 관계인 옴의 법칙을 발표하였으나(1827년) 당시 학계로부터 심한 배척을 받았고, 패러데이는 전자(電磁, electromagnetic) 유도법칙

17) Franklin(1706~1790): 다재다능한 벤자민 프랭클린. 현재 사용하는 전류 방향을 정함.
18) 이 시기의 연구는 수학적 고찰이 뒷받침되었기 때문에 물리적 연구라는 타이틀을 붙였다.
19) Volta(1745~1827): 정전기가 아닌 동전기를 만듦. 이후에는 볼타가 만든 전지로 전기에 관련된 실험을 할 수 있게 된다. 이 전지를 voltaic pile, 또는 battery(더미)라고 하였다. 나폴레옹이 감명을 받아 그에게 귀족 칭호를 주었다.
20) Oersted(1777~1851): 학생들에게 전기실험을 하던 중 도선 옆에 놓여 있던 나침반이 '우연히' 움직이는 것을 발견하고 전기와 자기 사이에 어떤 관련이 있으리라고 생각했다. 이 발견 이후 전기를 '만들' 수 있게 되었다.
21) Faraday(1791~1867): 전자(電磁) 유도법칙. 발전기와 전동기 이론의 기틀을 마련하였다.
22) Ampère(1775~1836): 앙페르의 법칙. 도선에 전류가 흐르면 도선 주위에 자장이 형성된다. 전류와 자계 방향은 오른나사의 법칙을 따른다.
23) Ohm(1787~1854): '전기회로의 수학적 법칙' 발간

을 확립하여 발전기와 전동기를 만들 수 있는 기틀을 마련하였다(1831년). 줄[24]은 전류와 에너지의 관계를 밝혔고(1841년), 키르히호프[25]의 법칙이 발표되었다(1845년). 전기와 자기에 대한 연구는 맥스웰[26]이 4개의 방정식으로 훌륭히 표현함으로써 전기와 자기에 대한 논란의 막을 내리게 되었다(1873년). 이 당시에는 기술적인 한계로 직류발전기(dynamo라고 함)를 만들어 동력원으로 사용하였다.

일상생활과 전기

18세기 이전의 전기 현상에 대한 고찰은 소수 과학자들의 호기심의 대상이었다. 그러나 19세기에 들어서 비로서 전기현상에 대해 물리적인 고찰이 시작되었고, 19세기 말에는 전등을 밝히고 제한적이나마 동력원으로서 증기기관 대신 전기를 사용하기 시작하였다. 그러나 전기가 일반인의 생활에 자리잡기 시작한 것은 에디슨[27]의 전구 발명이다(1879년). 미국의 발명가로 잘 알려진 에디슨은 '전기의 생산과 분배 시스템' 에 대한 구상을 처음으로 한 사업가이다.

이 시대는 모스 부호[28]를 이용하여 전신(電信, telegraph) 통신을 하고, 벨[29]의 전화 발명으로 인하여 의사 소통이 원활해진, 인간 생활의 폭발적인 발전의 시기였다. 이 시기는 특허가 봇물 터지듯 출원되었고 인간 생활에 많은 변화가 있었다.

전구의 발명은 발전소 건설이라는 과제뿐만 아니라 이때부터 표준화 전쟁[30]의 효시라 할 수 있는 직류와 교류 싸움이 치열하게 전개되어 결국 생산과 전송이 용이한 교류가 승리하게 되었다.[31] 회로이론의 중요한 과제인 테브넹 정리[32]가 발표되었고

24) Joule(1818~1889): 도체에 흐르는 전류에 의한 열(줄 열) 규명
25) Kirchhoff(1824~1887): 독일의 물리학자. 학생시절 세미나에서 '키르히호프의 법칙' 발표
26) Maxwell(1831~1879): 맥스웰 방정식은 전기장과 자기장을 연결하는 4개의 편미분 방정식으로 이루어져 있으며 전자기파는 빛이라는 것을 보여준다. 이 방정식들은 전기자기학의 주요 과제로 가우스의 법칙(전계와 자계), 패러데이의 전자 유도법칙, 앙페르의 주회법칙 등으로 이루어져 있다.
27) Edison(1847~1931): 전구 발명가는 수없이 많지만 에디슨만 기억한다. 교류와 직류 전쟁
28) 모스 부호: 알파벳을 대시(–)와 도트(·)로 부호화한 신호. 조난 신호 SOS로 알려진 부호. Morse(1791~1872)는 화가였는데 헨리에게서 전신기 이론을 귀동냥하여 전신사업을 함.
29) Bell(1847~1922): 전화기 발명가. 첫 통화 내용은 'Mr. Watson. Come here! I need you'.
30) War of Current: 전류 전쟁. 에디슨과 웨스팅하우스의 직류와 교류 싸움
31) 에디슨과 테슬라(Tesla, 1856~1943)의 전쟁. 테슬라는 '20세기를 만든 사람' 이라 칭송을 받는 과학자로 에디슨과 일을 하다가 에디슨이 직류를 고집하는 바람에 결별하고 웨스팅하우스와 손을 잡고 유도전동기를 만들었다. 에디슨은 120볼트 직류를 고집하였는데 이는 사용자 주변에 발전소가 있어야 한다는 의미이다.
32) Thevenin(1857~1926): 프랑스 전신 전화회사에 근무하던 테브넹은 1883년 복잡한 회로의 계산을 가능하게 한 '테브넹 정리' 를 발표하였다. 원래는 헬름홀츠가 1853년에 발견한 내용이지만 복잡한 통신회로의 해석을 가능하게 하였다.

(1883년), 교류 해석에 복소수가 도입되었다(1897).[33] 노턴 정리는 한참 후에 발표되었다(1926년).[34] 테브넹-노턴 정리는 복잡한 통신회로를 간략히 하기 위한 도구였다. 전기 기술은 이후에도 많은 발전이 있었지만 전자공학에 자리를 내줄 수밖에 없는 상황이 되었다.

전기공학에서 전자공학으로[35]

인간이 의사소통을 할 수 있는 방법, 즉 통신 시스템의 개발이야말로 인류에게 또 다른 세상을 알 수 있는 계기를 만들어 주었다. 통신은 전화, 전신과 같이 전선으로 연결된 유선통신과 전파를 이용한 무선통신으로 나눌 수 있는데 헤르츠가 전자파(電磁波, electromagnetic wave)[36]를 발견하기 이전부터 유선통신(모스 부호를 이용한 전신과 벨의 전화)은 이미 대중화되어 있었다.

통신신호는 통신 거리가 증가함에 따라 감쇠가 필연적인데 좋은 통신 품질을 위하여 증폭기가 필요하게 되었다. 플레밍[37]은 교류를 정류할 수 있는 2극 진공관을 발명하였고, 리 드 포리스트[38]가 2극관에 극을 하나 더 삽입하여(grid) 신호를 증폭할 수 있는 3극 진공관(triode)을 발명하였다. 신호를 증폭할 수 있는 이 진공관은 방송 및 통신의 발전에 지대한 역할을 하였다.

전파를 이용한 라디오 방송이 상용화된 이후로(1920년) 통신과 방송의 이론적 경

33) Steinmetz(1865~1923): 교류해석에 복소수의 사용(페이저)을 도입하여 그동안 어렵던 교류해석을 간결하게 할 수 있게 되었다.

34) Norton(1898~1983): 1926년 벨 통신회사의 연구원이었던 노턴은 테브넹 정리를 확장하여 '노턴 정리'를 발표하였다. 테브넹-노턴 정리는 복잡한 통신망을 간단한 등가회로로 만드는 방법을 제공하였다.

35) 전기공학과 전자공학: 역사적으로 전기공학(광산, 수력 발전소 건설), 무선통신공학, 전자공학, 컴퓨터공학 순으로 발전되어 왔음. 큰 의미로 보자면 'electric signal'을 이용, 처리, 가공하는 분야가 전기 · 전자 · 컴퓨터 분야라 할 수 있다.

36) Hertz(1857~1894): 1889년 전자파 발견

37) Fleming(John Ambrose, 1849~1945): 1904년 에디슨 효과(금속에 열을 가하면 전자가 방출된다는 사실을 에디슨이 발견했지만 과학 지식이 없던 에디슨은 관심이 없었음)를 이용하여 교류를 정류할 수 있는 2극 진공관을 발명. 진공관의 발명이야말로 전자공학의 시초라 할 수 있다. 플레밍의 오른손 법칙과 왼손 법칙이 더 유명하다. 오른손 법칙은 발전기에서의 힘과 자장과 전류와의 방향을 가리키는 것이고, 왼손 법칙은 전동기에서 전류와 자장과 힘의 방향을 가리키는 것이다. 플레밍은 "R is in the generator and right hand."라고 하였다.

38) Lee de Forest(1873~1961): 1906년 플레밍의 2극관에 '그리드'라고 불리는 금속판을 삽입하여 3극 진공관을 발명하였다. 이 진공관이야말로 신호의 증폭이 가능한 장치로서 전자공학의 시작을 알리는 신호였다. 그 덕분에 샌프란시스코 지역은 무선통신의 중심지가 되었고 실리콘밸리의 초석을 다진 계기가 되었다. 40여 년 후 트랜지스터가 발명되었을 때 아무도 관심을 갖지 않았지만 트랜지스터의 진가를 알아본 사람이 바로 리 드 포리스트였다고 한다.

계가 허물어지고 통신은 제2차 세계대전을 기화로 개화기를 맞게 된다. 이 당시에는 전기공학과 무선통신공학 분야가 있었다.[39] 트랜지스터(transistor)[40]가 발명되어(1948년) 진공관을 대체하게 되면서 전자공학 분야가 그 범위를 넓혀가게 되었다.

IC 설계 기술의 발달, PC 보급을 넘어 인터넷, 스마트폰의 확산 등이 지금의 사회를 만들게 되었고 '정보통신'이라 총칭되는 이 분야가 이제는 인간의 지능을 대체하고 넘어서려는 방향으로 진화하고 있다.

39) Terman(Frederick, 1900~1980) & HP: 스탠퍼드 대학 교수였던 터먼은 제자인 휴렛과 패커드에게 서부에 남아줄 것을 권고하였고 그들은 HP를 창립하였다(회사 이름을 동전 던지기로 정한 유명한 실화가 있다. 실은 패커드가 이겼다고 한다.). 터먼은 IQ 테스트를 개발한 루이스 터먼의 아들로서 무선통신의 선구자라 할 수 있다. HP는 Hewlett(William, 1913~2001)과 Packard(David, 1912~1996)가 1939년 세운 전자장비회사로 터먼 교수는 그들의 멘토였다.

40) transistor: Transfer Resistor. Bell 연구소의 Brattain, Bardeen, Shockley가 개발

Table

CHAPTER 02

회로이론 기본 법칙

Contents

02 CHAPTER 회로이론 기본 법칙

회로이론은 전기회로를 해석하기 위한 다양한 기법을 공부하는 분야이다. 전기회로는 전력을 공급하는 소자와(전원), 전력을 공급받아 필요한 일을 수행하는 소자들의(부하) 결합으로 이루어져 있다. 이 소자들의 연결로 전기회로가 구성되고 앞으로 배울 전기 법칙에 따라 전류가 흐르고 전압강하가 발생한다.

전력을 공급하는 회로 소자로는 축전지(battery)가 있고, 전력을 공급받아 필요한 일을 수행하는 소자는 대표적으로 저항(resistor)이 있다.

회로이론에서는 저항과 더불어 전기회로를 구성하는 다른 중요한 소자[1]로 에너지를 저장할 수 있는 커패시터(capacitor)와 인덕터(inductor)[2]가 포함된 회로도 다루게 되는데, 먼저 간단한 저항회로를 이용하여 회로 해석의 다양한 기법들을 소개하도록 한다.

2.1 전기의 기본량(Basic Electric Quantity)

전기회로는 전기적인 양을 측정하고 계산하는 분야이다. 전기적인 양이라 함은 전류와 전압, 그리고 이것들로부터 유도되는 전력을 말한다. 우리 눈에는 보이지 않는 전류와 전압은 전력의 형태로 우리에게 감지된다. 이들 전류와 전압은 전하(電荷, electric charge) 의 움직임으로부터 비롯된다.

빗으로 머리를 빗을 때 머리카락이 빗에 끌려 올라오거나, 건조한 날 자동차에 손

1) 전기 소자, circuit element
2) 콘덴서(축전기), 코일을 사용하긴 하지만 공식 용어는 커패시터, 인덕터이다.

가락을 대면 따끔한 감전 현상을 느끼는 것은 바로 이 전하의 이동 때문이다. 전하를 구성하는 것은 전자[3]들의 모임이다. 그러므로 모든 전기적 현상의 원인은 전자의 존재로부터 발생한다고 할 수 있다.

다음과 같이 전하(電荷)에 대하여 정리하자.

(i) 전하는 원자의 전기적 성질이다.

(ii) 전하의 단위는 쿨롱(coulomb, [C])이며, 표기는 q 또는 Q를 사용한다.

(iii) 전하의 최소 단위는 전자 1개이며 전자의 전하량은 음수이다.
$1e = -1.602 \times 10^{-19}$[C](음수)

(iv) 1쿨롱은 $\dfrac{1}{1.602 \times 10^{-19}} = 6.24 \times 10^{18}$개의 전자가 모여야 한다.

앞에서 언급한 대로 전기적 현상은 전하의 움직임 때문이다. 즉, 전하는 이동성이 있고, 따라서 에너지를 운반할 수 있다. 이제 전류와 전압의 물리적 성질을 알아보자.

예제 2-1 전하량

전자 1조 개는 몇 마이크로 쿨롱인가?

풀이

(i) 1조는 10^{12}이고, 전자 1개의 전하량은 $1e = -1.602 \times 10^{-16}$[C]이므로,

(ii) $q = (-1.602 \times 10^{-19}) \times (10^{12}) = -1.602 \times 10^{-7}[\text{C}] = -0.1602[\mu\text{C}]$

[연습 2-1] 전하량

전자 1억 개의 전하량은 얼마인가? 접두어를 이용하여 표현하라.

답 $Q = -1.602 \times 10^{-11}[\text{C}] = -16.02[p\text{C}]$

3) 전자(電子): electron

2.1.1 전류(Electric Current)

전하의 움직임은 전류를 발생시킨다. 이 설명을 수식으로 표현하면 다음과 같다.

> **전류**
> 단위 시간당 전하의 변화량. 단위는 암페어(ampere)이다.
> $$i \equiv \frac{dq}{dt}$$
> $1[A] = 1[C/sec]$(Coulomb/second)

전류가 시간 구간 t_0에서 t까지 흘렀다면 이동된 전하의 양은 $q = \int_{t_0}^{t} i\,dt$이다.

[연습 2-2] 전류

전기 소자에 흐르는 전하량 $q(t)$가 다음과 같다면 전류는 얼마인가?

(a) $q(t) = 10\sin(100t)[\mu C]$

(b) $q(t) = 50e^{-2t}\cos(50t)[nC]$

힌트

$$i(t) = \frac{dq}{dt}$$

답 (a) $i(t) = \cos(100t)[mA]$

(b) $i(t) = -e^{-20t}\{\cos(50t) + 2.5\sin(50t)\}[\mu A]$

전류의 방향

전류는 전자의 움직임이라고 하였다.[4] 그런데 전자는 음(negative)의 값을 갖는 전하이고 음 전하는 양극(+)[5]에 끌리고, 음극(−)[6]에서는 밀어낸다. 그러므로 전자는

4) 전류 성분은 전자 외에도 정공(hole)이 있다(BJT의 경우).
5) 양극(陽極): anode
6) 음극(陰極): cathode

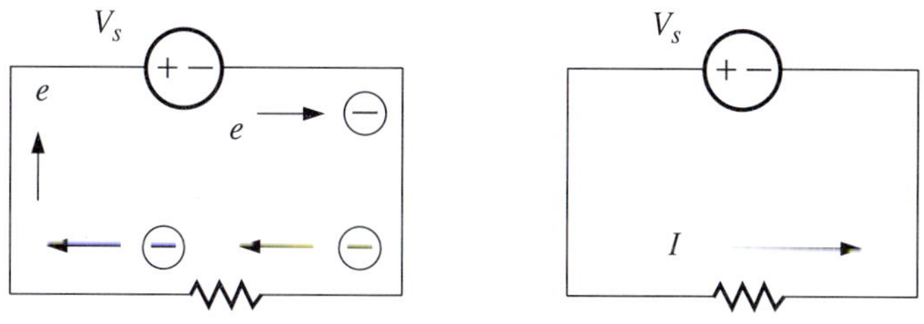

(a) 전자의 흐름 (b) 관례적인 전류의 방향

▶▶ 그림 2-1 전자의 흐름과 관례적인 전류의 방향

음극에서 양극으로 흘러 들어간다. 즉, 전기의 흐름(전류)은 전자가 음극에서 양극으로 움직이는 현상이다. 그런데 과학자들이 전기 현상을 발견하고 전기 현상에 대한 실험을 수행했을 때는 전기의 기본 단위인 전자가 발견되기 이전이었다.[7)]

전기의 물리적 성질을 규명하려는 실험이 유행하던 19세기에는 전기 흐름의 실체(전자)를 모르면서 라이덴 병이나 볼타 전지 등의 정전기를 이용하여 전기 실험을 수행하였고, 옴의 법칙, 키르히호프의 법칙 등을 발표했던 것이다.

(그림 2-1)에 전자가 움직이는 방향과 일반적으로 통용되는 전류의 방향을 보였다. 우리가 사용하는 전류의 방향을 '관례적(conventional) 방향'이라 하는데 프랭클린[8)]이 주창하여 채택하고 있다고 한다. 즉, 전류의 방향은 양전하가 흐르는 방향으로 정한다.

예제 2-2 반도체에서 양전하와 음전하의 흐름

반도체 소자에서 양전하가 1[msec] 동안 6.24×10^{12}개가 $A \rightarrow B$ 방향으로 흘렀다. 또한 음전하는 6.24×10^{13}개가 $B \rightarrow A$ 방향으로 1[msec] 동안 흘렀다.

(a) 양전하(positive charge)에 의한 전류 I_{pos}를 구하라.

(b) 음전하(negative charge)에 의한 전류 I_{neg}를 구하라.

(c) $A \rightarrow B$ 방향으로 흐른 총 전류는 얼마인가?

---

7) 톰슨이 실험을 통하여 전자의 전하량과 질량을 계산하였다. 원자핵이 제일 작은 물질이라고 생각했던 과학자들은 깜짝 놀랐다. 왜냐하면 전자는 원자핵의 질량의 $\frac{1}{1800}$밖에 되지 않았다.

8) 프랭클린: 1장 각주 17) 참조, 번개가 전기라는 것을 확인하였다.

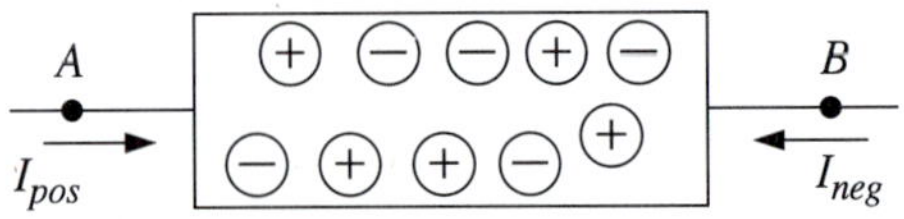

▶▶ 그림 2-2 예제 2-2 반도체에서 전류의 구성

풀이

(a) (i) 단위 시간 당(1초) 흐른 양전하의 양은

$$\frac{6.24\times10^{12}}{1\times10^{-3}}=6.24\times10^{15}\text{개}$$

(ii) 이 양을 쿨롱으로 환산하면, $6.24\times10^{15}\times1.6\times10^{-19}=10^{-3}[\mathrm{C}]$

(iii) 이것이 1초 동안 흐른 양전하의 양이므로 전류로 환산하면,

$$I_{pos}=\frac{Q}{t}=1[\mathrm{mA}]$$

(b) (i) 마찬가지로 단위 시간당(1초) 흐른 음전하의 양은

$$\frac{6.24\times10^{13}}{1\times10^{-3}}=6.24\times10^{16}\text{개}$$

(ii) 이 양은 $6.24\times10^{16}\times1.6\times10^{-19}=10^{-2}[\mathrm{C}]$

(iii) 이것이 1초 동안 흐른 음전하의 양이다. 음전하의 흐름을 전류로 환산하면 부호가 (−)가 된다. 즉,

$$I_{neg}=-\frac{Q}{t}=-10[\mathrm{mA}]$$

(c) $I_{AB}=I_{pos}-I_{neg}=11[\mathrm{mA}]$

예제 2-3 **전하와 전류의 관계**

(그림 2-3 a)는 어떤 단면에 흐른 전하의 양을 그린 것이다. 이 단면을 통과한 전류를 구하라.

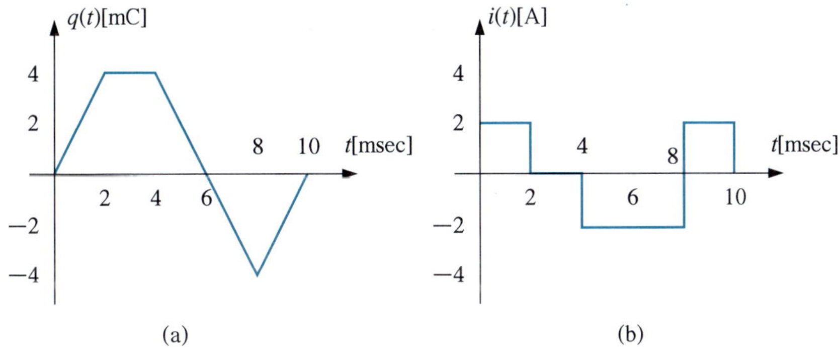

▶▶ 그림 2-3 예제 2-3 전하와 전류

힌트

수식이나 그래프로 표현되어 있는 양들을 계산할 때 제일 먼저 주의해야 할 일은 단위이다. (그림 2-3 a)에서 전하의 단위는 mC (10^{-3}C)이고, 시간 축은 msec(10^{-3}sec)으로 되어 있다.

풀이

(i) 그래프에서 전하를 수식으로 표현하면,

$$0 \le t < 2m\,\text{sec}: q = \frac{4mC}{2m\,\text{sec}}t = 2t\,[\text{mC}]$$
$$2 \le t < 4m\,\text{sec}: q = 4\,[\text{mC}]$$
$$4 \le t < 8m\,\text{sec}: q = -2t + 12\,[\text{mC}]$$
$$8 \le t < 10m\,\text{sec}: q = 2t - 20\,[\text{mC}]$$

이므로

(ii) 전류 $i = \frac{dq}{dt}$는(그림 2-3 b)

$$0 \le t < 2m\,\text{sec}: i = 2\,[\text{A}]$$
$$2 \le t < 4m\,\text{sec}: i = 0$$
$$4 \le t < 8m\,\text{sec}: i = -2\,[\text{A}]$$
$$8 \le t < 10m\,\text{sec}: i = 2\,[\text{A}]$$

전류의 표기법

전류는 방향성이 있으므로 벡터처럼 항상 '화살표'로 표시하는 것이 일반적이다. (그림 2-4)에서 보듯이 전류 I는 화살표와 함께 표기하든지, 또는 I_{AB}와 같이 전류가 들어가는 단자와 나가는 단자를 첨자로 나란히 붙여 표현한다.

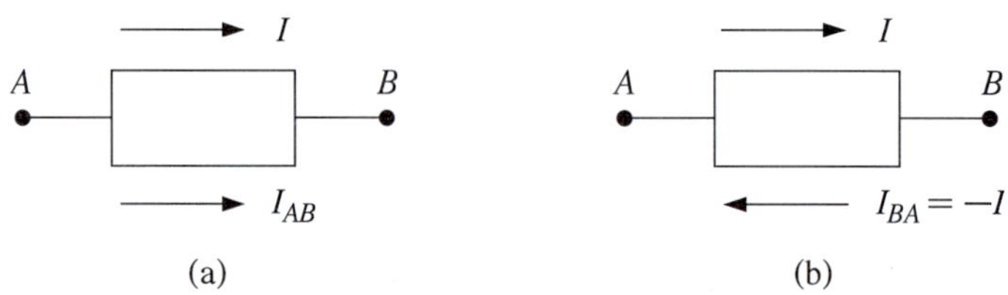

▶▶ 그림 2-4 전류의 표기법

그림에서 보면,

$I_{AB} = I$ 이고(그림 2-4 a), $I_{BA} = -I_{AB} = -I$ 이다(그림 2-4 b).

전류는 영어로 current인데 표기를 I로 하는 이유는 'electric intensity' 라는 의미를 담고 있다.[9]

2.1.2 전압(voltage)

전하의 움직임을 전류라고 하였다. 그런데 전하를 한 지점에서 다른 지점까지 옮기려면 일(work)을 해 주어야 한다. 일을 하기 위해서는 에너지가 필요하고, 이 일은 외부에서 공급하는 에너지, 즉 기전력[10]이라고 불리는 힘이 필요한데, 회로에서는 전지(전기에서는 '배터리' 라는 용어를 사용)[11]가 그 역할을 한다. 기전력은 다른 용어로 전위차(voltage difference), 전압강하(voltage drop) 또는 간단히 전압 등으로 불리며, 이 세 용어를 혼용하여 사용한다. 전압은 단위 전하를 지점 A에서 지점 B까지 운반하는 데 필요한 일(work)이다.

---

9) 프랑스어로 'intensité de courant', 즉 전류의 세기

10) 기전력(起電力): electromotive force, EMF

11) battery는 '더미' 라는 뜻이 있는데 볼타가 전지를 만들 때 아연-전해질-구리를 더미로 만들어 전압을 얻어낸 데서 기인한다.

전압

단위 전하당 한 일의 양. 단위는 볼트(volt)이다.

$$v \equiv \frac{dw}{dq}$$

1[V] = 1[J/C](Joule/Coulomb)

위치에너지와 전압

역학의 예를 이용하여 전압의 개념을 이해해 보자. (그림 2-5 a)에서 보듯이 A 지점에 있는 공의 위치에너지는

$$E_p = mgh = 1kg \times 1g \times 2m = 19.6[\mathrm{J}](g = 9.8[\mathrm{m/sec^2}])$$

바닥 B에 있는 $1kg$의 공을 C 지점으로 들어올리기 위해서는 $9.8J$의 에너지(일)가 필요하다.

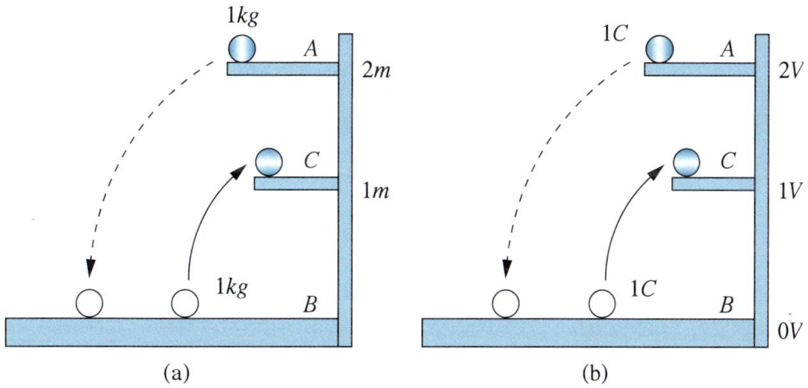

▶▶ 그림 2-5 전압: 역학에너지와 전기에너지

전압의 경우도 위치에너지 개념으로 설명할 수 있다. (그림 2-5 b)에서 보면 A 지점에 있는 $1C$의 전하는 $2J$의 일을 할 수 있고, B 지점에 있는 $1C$의 전하를 C 지점으로 끌어 올리려면 $0V$에서 $1V$로 전압을 높여야 하므로 $1J$의 에너지가 필요하다. 즉, 전압은 전기적으로 일할 수 있는 능력(역학에서 높이)이다.

전류와 전압을 함께 설명해 보자. (그림 2-6)은 물이 들어 있는 수조이다. (그림

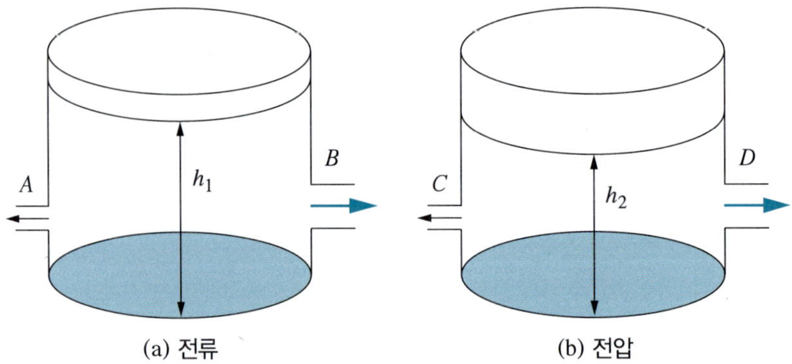

▶▶ 그림 2-6 전류와 전압

2-6 a)에서 보면 출구 B는 A보다 훨씬 넓다. 즉, 더 많은 물이 흘러 나간다. 두 그림을 비교하면 수조 (2-6 a)의 수위가 (2-6 b)의 수위보다 높으므로 (a)에서 나가는 물의 양이 더 많다. 즉, 수위는 전압이라 할 수 있고, 출구의 크기는 전류가 더 잘 흐르거나 그렇지 않은 경우를 나타낸다.

전압의 표기

전류는 소자를 관통하여 흐르는 양인 데 반하여, 전압은 소자 양쪽에 걸리는 전압 값의 차이이다. 앞의 두 그림에서 보듯이 전류는 수도관의 물의 흐름이라 생각할 수 있고, 전압은 수압을 연상하면 된다.

전압의 표기는 (그림 2-7)에서와 같이 전압이 높은 단자에 (+)를, 전압이 낮은 단자에 (-)를 붙이거나, 단자의 이름을 붙여서 표기한다. 그림에서 $V_{AB} = +V_0$이면, $V_{BA} = -V_{AB} = -V_0$이다.

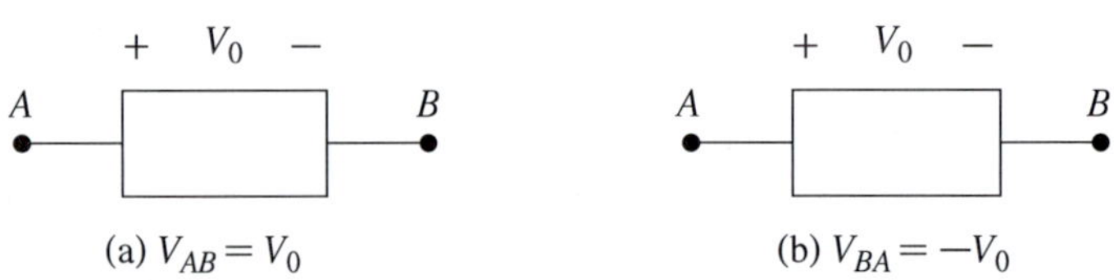

▶▶ 그림 2-7 전압의 표기

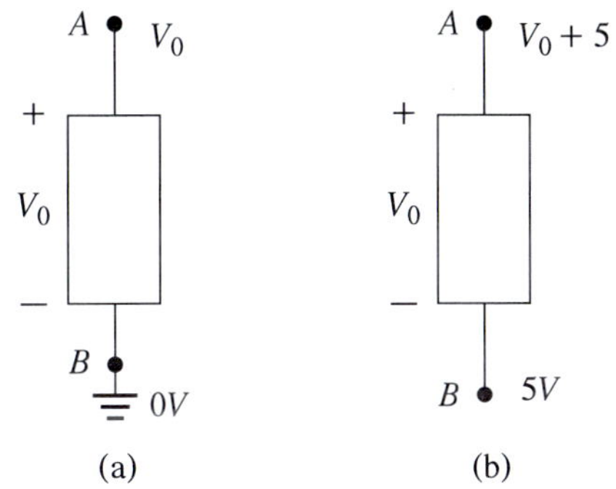

▸▸ 그림 2-8 상대적인 전압 값

전류와는 달리 전압은 상대적인 값이다. 이 의미는 *A* 단자의 전압이 *B* 단자의 전압보다 V_0볼트 높다는 뜻이다. 그런데 전압은 상대적인 값이므로 (그림 2-8 a)에서 *B* 단자의 전압이 0볼트(접지)라면 *A* 단자의 전압은 V_0볼트이지만, (그림 2-8 b)처럼 *B* 단자의 전압이 5볼트라면 *A* 단자의 전압은 $(V_0 + 5)$볼트이다.

실생활에서 전자기기들은 동작 전압과 동작 전류가 안정되어 있다. 이 값들을 정격[12] 전압, 정격 전류라 하는데 정격 전압은 0볼트를 기준으로 한 전압이며 이를 위해 기기들을 접지[13]하여야 한다. 예를 들어, 전자제품은 제품 케이스에 접지를 하고, 12V가 정격인 자동차 배터리의 음극을 차체나 엔진 블록에 연결하여 접지 효과를 얻는다.

12) 정격(定格, rating): 전자기기에는 동작 전압과 동작 전류가 표시되어 있다.
13) 접지(接地, ground): 전자기기들은 케이스에 음극을 연결하여 접지한다. 어스(earth)라고도 한다.

▶▶ 표 2-1 전압과 전류

전압	전류
전압은 소자 양단에 걸린다.	전류는 소자를 관통하여 흐른다.
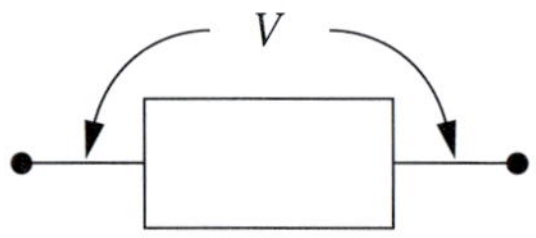	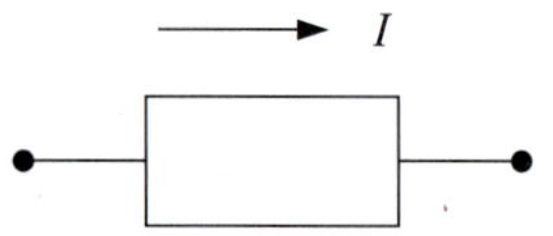
단위 전하당 한 일: $v = \frac{dW}{dq}$ [V] 단위: volt(볼트) 1 [V] = 1 [J/C]	단위 시간당 전하의 변화량: $i = \frac{dq}{dt}$ [A] 단위: ampere(암페어) 1 [A] = 1 [C/ sec]
전압의 극성	전류의 방향
$V_{AB} = V_0$ 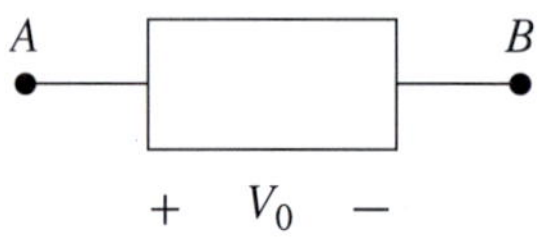	$I_{AB} = I$ 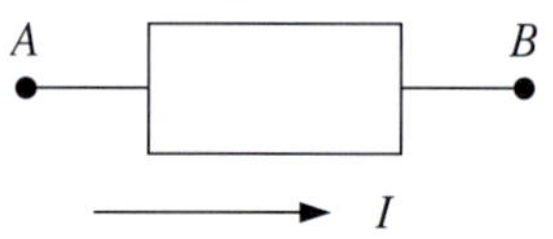
$V_{BA} = -V_0$ 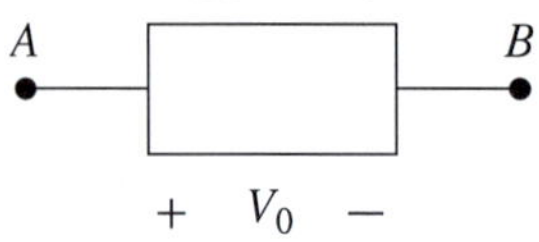	$I_{BA} = -I$ 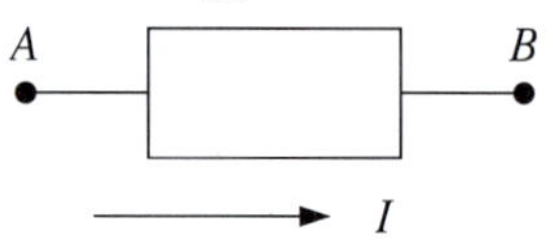

[연습 2-3] 미세한 전기량

다음 전기량의 크기가 어느 정도인지 검색을 통하여 알아보자.
(a) 스마트폰 안테나로 들어 오는 신호의 전압,
(b) EKG(Electrocardiograph)의 전압,
(c) 뇌의 시냅스 전류, (d) 번개의 전압과 전류

힌트

인터넷 검색

2.1.3 전력(electric power)

앞에서 전류와 전압의 수학적인 표현을 알아보았다.

$$i=\frac{dq}{dt}, \qquad v=\frac{dw}{dq}$$

우리가 전압과 전류를 곱한다고 하면,

$$i\times v=\frac{dq}{dt}\times\frac{dW}{dq}=\frac{dW}{dt}[\text{volt}-\text{ampere}]$$

그런데 단위 시간당 한 일 $\frac{dW}{dt}$는 전력이므로, $P=\frac{dW}{dt}$
즉, 회로소자의 전력은 $P=v\times i$로 계산할 수 있다.

예제 2-4 전기에너지

머리를 말리려고 1500와트 헤어드라이어를 10분간 사용하였다. 얼마만큼의 에너지를 소비하였는가?

풀이

$$E=P\times t=1500[\text{W}]\times 600[\text{sec}]=(1.5\times 10^3)\times 600=900\times 10^3[\text{J}]=900[\text{kJ}]$$

또는

$$E=P\times t=(1.5\times 10^3)\times(0.6\times 10^3)=0.9\times 10^6=0.9[\text{MJ}]$$

[연습 2-4] 사용 전력 계산

전력회사는 전력 사용자에게 kWh(Kilowatt-hour) 단위로 진력을 핀매헌디(요금을 매긴다). 1kWh는 1kW의 전력을 1시간 동안 사용한 양이다. (예제 2-4)에서 사용한 전력을 kWh로 계산하라.

힌트

$1[\text{kWh}]=1[\text{kW}]\times 1[\text{hour}]$

답 0.25 kWh

2.2 회로 소자(Circuit Elements)

전기회로는 여러 종류의 회로 소자들의 결합으로 이루어져 있다. 우리가 인지하는 양은 전력의 형태이지만 전력은 소자의 전류와 전압을 알면 구할 수 있다. 그러므로 이들 소자에 '걸리는 전압(voltage across)', 또는 소자에 '흐르는 전류(current through)'를 결정하는 것이 전기회로 해석의 첫째 목적이다.

(a) 흐르는 전류 (b) 걸리는 전압

▶▶ 그림 2-9 소자에 흐르는 전류와 걸리는 전압

회로가 동작하기 위해서는 회로에 에너지를 공급하는 소자와, 이 에너지를 공급받아 필요한 일을 수행하는 소자가 있어야 한다. 그러므로 전기회로를 구성하는 소자를 크게 두 형태로 나눌 수 있는데 전력을 공급하는 소자, 즉 전력을 발생시키는 소자를 능동소자라고 하고, 전력을 공급받아 일을 수행하는 소자를 수동소자라고 한다.[14] 능동소자에는 전원이 있고, 수동소자에는 저항, 커패시터, 인덕터가 있다고 하였다.

이들 회로 소자를 전기회로의 기본 소자라 한다. 트랜지스터나 OP 앰프,[15] 디지털 회로를 구성하는 논리 게이트[16] 등은 전기회로에서 취급하지 않는다. 단 트랜지스터는 종속 전원의 동작을 설명하기 위하여 등가회로의 형태로 나타낼 수 있다.[17]

회로 구성의 이해를 돕기 위해 간단한 전기회로를 구성해 보자. (그림 2-10)에 전압원과 저항으로 이루어진 간단한 회로를 소개하였다. 회로에서 보듯이 V_S라고 표시된 소자는 전압원에 해당되고, R이라고 표시된 소자가 저항이다.[18]

14) 능동소자(能動素子): active element, 수동소자(受動素子): passive element
15) OP 앰프: operational amplifier. 연산증폭기라고 함.
16) 논리 게이트: logic gate. AND, OR, NAND, NOR 등
17) 트랜지스터 회로를 이용하여 회로 해석기법의 용도를 설명하는 경우도 있다.
18) 저항기: resistor

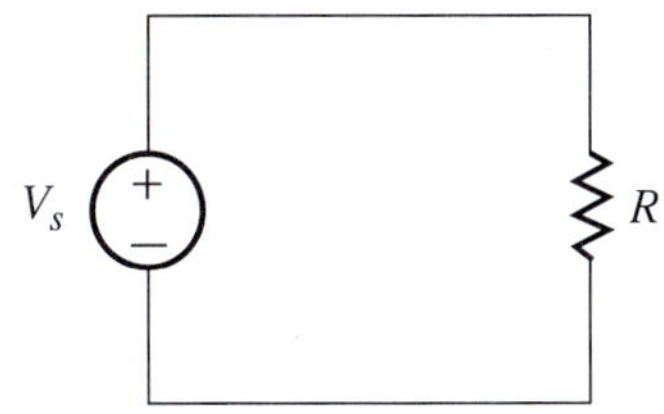

▸▸ 그림 2-10 간단한 저항회로

이렇게 회로가 구성이 되면 전원의 역할은 저항에 에너지를 공급하여 저항이 어떠한 일을 하게 하는 것이다. 실생활의 예로 손전등을 생각해 보면 쉽게 알 수 있다. 즉, 전원은 건전지이고, 저항은 꼬마 전구이며, 스위치를 켜면 전구에 불이 들어오는 것이 회로가 동작하는 것이다.

회로가 구성되면 제일 중요한 것은 회로에 전력을 공급[19]하는 전원이다. 전기회로에서 사용되는 전원은 전압원과 전류원으로 나눌 수 있다. 또한 전원은 독립전원과 종속전원으로 분류한다. 전압원은 일정한 전압을 공급하는 장치이고, 전류원은 일정한 전류를 공급하는 장치이다. 전류원의 경우 전압원과 수학적으로 등가인 모델을 사용한다.

독립전원은 회로 구성에 무관하게 독립적으로 전력을 공급하는 장치이고, 종속전원은 트랜지스터 등의 등가회로를 만들 때 나타나는 수학적 모델로서 회로 내의 다른 값에 종속되어 전력을 공급하는 장치이다. 독립 전압원은 발전기나 건전지처럼 전압을 공급하는 장치인 반면에, 독립 전류원은 전류를 공급하는 장치이다. 회로 해석에서 이들 독립전원은 이상적인 모델(ideal model)이라고 간주한다.

2.2.1 이상적인 독립전원(ideal independent sources)

독립전원이 이상적이라는 의미는 회로의 형태에 상관없이 주어진 값(전압이나 전류)을 항상 일정하게 유지하는 능동소자를 뜻한다. 독립 전압원은 회로에 전류가 얼마나 흐르는가에 상관없이 동일한 전압을 공급하는 장치이다. 실용적인 전압원은 내부 저항이 있는데 전류가 흐르면 이 저항에 의한 전압강하 때문에 표시된 전

19) 공급(供給): supply, deliver. 소비(消費)는 absorb, dissipate

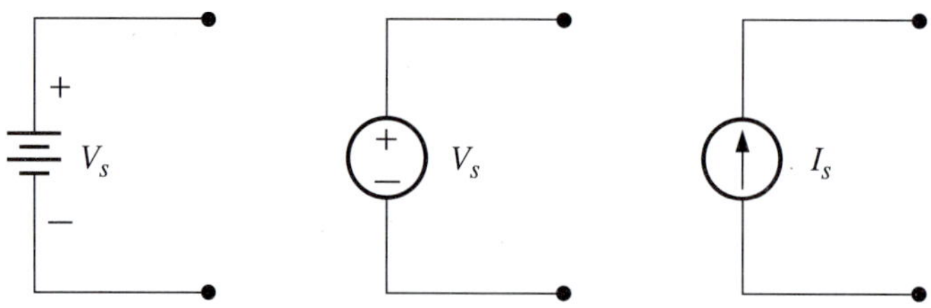

(a) 전압원　(b) 전압원　(c) 전류원

▸▸ 그림 2-11 이상적인 독립전원의 회로 표기

압 값을 나타낼 수 없다. 그러므로 이상적인 독립 전압원은 내부 저항 $R_s = 0$인 수학 모델이다.[20)]

자동차 배터리를 예로 들어 보자. 야간에 전조등을 모두 켜놓고 자동차의 시동을 걸면 시동 모터가 엔진을 돌리는 동안 전조등이 흐려지는 것을 관찰할 수 있다. 그 이유는 시동 모터를 구동하려면 큰 전류가 필요한데, 이때 배터리에서 공급하는 전압이 일시적으로 낮아져 전조등에 정격 전압을 공급하지 못하기 때문이다.[21)]

독립 전류원은 회로에 걸리는 전압 값에 상관없이 일정한 전류를 회로에 공급하는 장치이다. 독립 전류원은 실제로 존재하지는 않지만[22)] 독립 전압원을 수학적 등가로 만들 수 있으며 특히 병렬회로를 해석할 때 유리하다.

독립전원의 비활성화[23)]

앞으로 회로 해석기법을 배우면서 주어진 독립전원을 비활성화시키는 경우를 보게 된다. 독립전원의 비활성화는 전압 값 또는 전류 값을 0으로 만드는 것이다. 독립 전압원에서 $V_s = 0$의 의미는 단자 전압이 0이므로 단락이라는 뜻이고(그림 2-12 a), 독립 전류원의 경우 $I_s = 0$이면 단자 사이에 전류가 흐르지 않으므로 개방으로 간주한다(그림 2-12 b).

20) 실제 전원은 항상 내부 저항이 있다.
21) 자동차 배터리는 일반적으로 12V이고 용량은 AH(Ampere-Hour)를 사용한다. 배터리 용량이 60AH이면 60A로 1시간 사용하면 배터리가 모두 방전된다는 의미이다.
22) 실험적으로 만들 수는 있다. 수학적으로 전압원의 등가로 사용한다.
23) 전원의 비활성화: 전원 값을 0으로 만드는 일. deactivate, kill

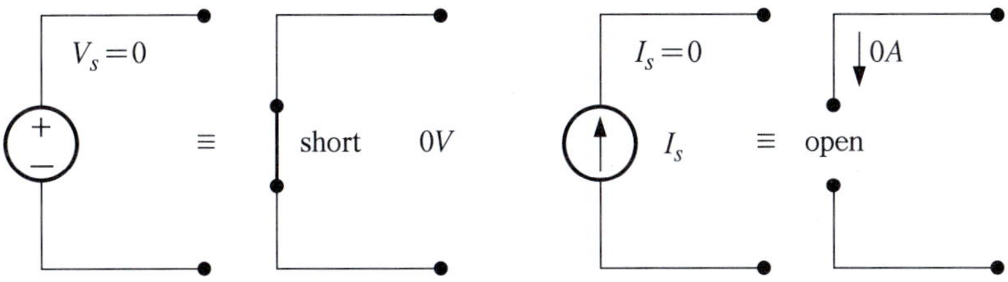

(a) 전압원 (b) 전류원

▶▶ 그림 2-12 독립전원의 비활성화

▶▶ 표 2-2 이상적인 전원

이상적인 독립 전압원	이상적인 독립 전류원
공급하는 전류에 상관없이 단자에 일정한 전압을 유지한다.	단자에 걸리는 전압에 상관없이 회로에 일정한 전류를 공급한다.
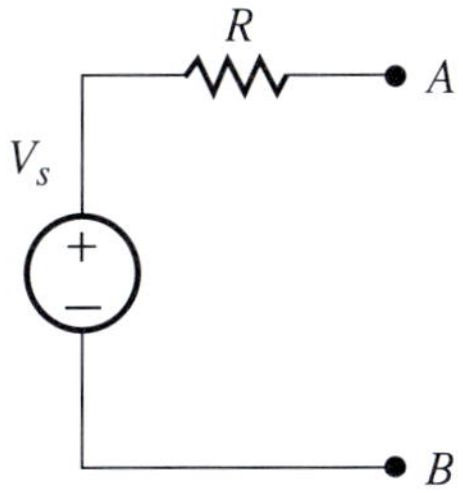	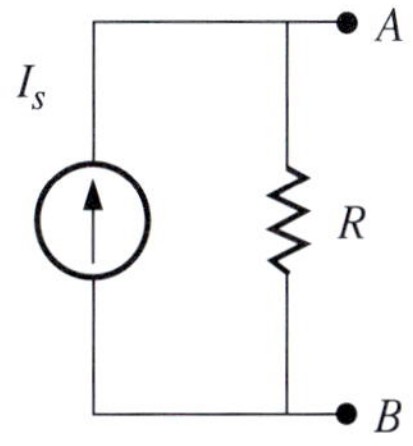

예제 2-5 독립 전원의 직렬연결

다음 회로에서 독립전원의 연결이 가능한지 판정하라.

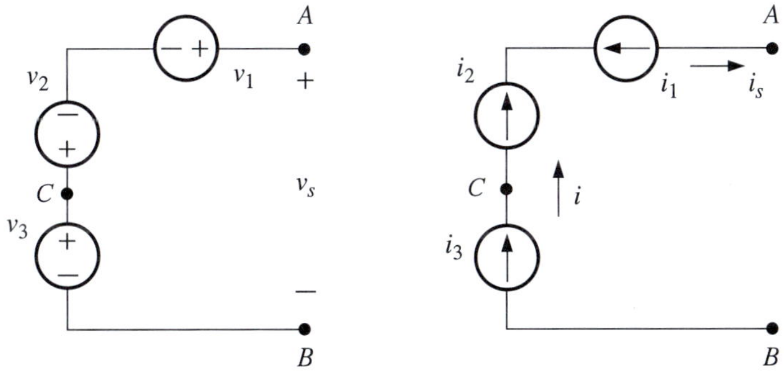

(a) 전압원 (b) 전류원

▶▶ 그림 2-13 예제 2-5 독립전원의 직렬연결

풀이

(i) (그림 2-13 a) 전압원의 직렬연결: 가능

세 전압원은 각각 단자 A, B에 전압을 공급한다: $v_s = v_1 - v_2 + v_3$

(ii) (그림 2-13 b) 전류원의 직렬연결: 불가능

단자 C로 들어가는 전류 i는 i_3일까, 아니면 i_2일까?

만약 $i_2 \neq i_3$ 이면 불일치(inconsistent).

즉, 직렬로 연결된 전류원은 값이 같아야 한다.

[연습 2-5] 독립전원의 병렬연결

다음 회로에서 독립전원의 연결이 가능한지 판정하라.

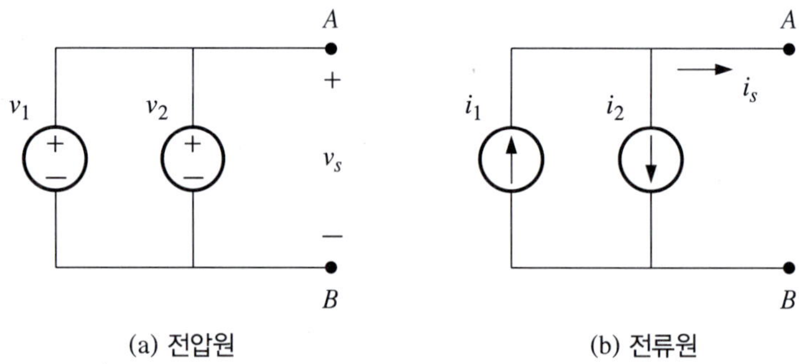

▶▶ 그림 2-14 연습 2-5 독립전원의 병렬연결

힌트

$V_{AB} = v_s$는 v_1일까, 아니면 v_2일까?

답 (a) 불가능, (b) 가능

2.2.2 이상적인 종속전원(ideal dependent sources)

종속전원은 물리적으로 존재하는 것이 아니라 트랜지스터나 OP 앰프를 해석할 때 등가회로로서 나타나게 된다. 종속전원은 회로 내의 다른 곳의 전압 또는 전류에

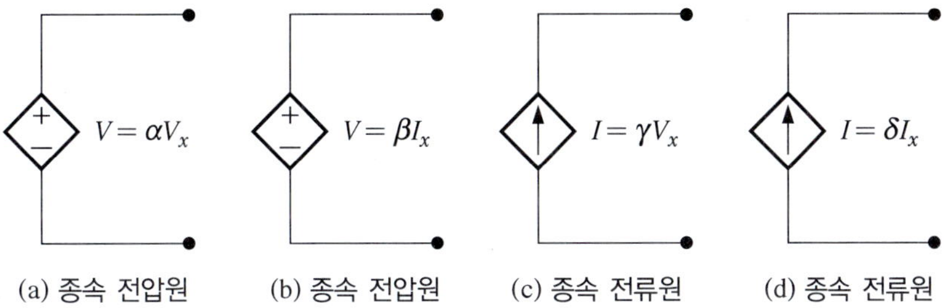

▸▸ 그림 2-15 종속전원의 심볼

의해 전압 값 또는 전류 값이 제어되는 소자이다. (그림 2-13)에서 보면 V_x와 I_x는 회로 내의 다른 소자의 전압 또는 전류이다.

종속전원의 값 $V=\alpha V_x$, $V=\beta I_x$, $I=\gamma V_x$, $I=\delta I_x$에서 계수가 되는 α, β, γ, δ의 단위를 살펴보면,

$V=\alpha V_x \rightarrow \alpha$: 상수,
$V=\beta I_x \rightarrow \beta$: 저항,
$I=\gamma V_x \rightarrow \gamma$: 저항의 역수(컨덕턴스),
$I=\delta I_x \rightarrow \delta$: 상수

의 차원을 갖는다.

종속전원과 회로 변수

다음 그림에 종속전원이 있는 회로를 보였다. (그림 2-16 a) 회로에서는 종속 전압원 V_α의 전압 값이 소자 A에 흐르는 전류 I_x에 의해 결정된다. 마찬가지로 (그림 2-16 b)에서는 회로소자 C의 전압 V_x에 의해 종속 전류원 I_β의 값이 정해진다. 앞으로 회로해석을 배우다 보면 해석을 쉽게 하기 위해서 회로 구조를 바꿀 경우가 발생한다. 그러나 종속전원에 영향을 미치는 회로 소자는 절대로 구조를 바꾸면 안 된다.

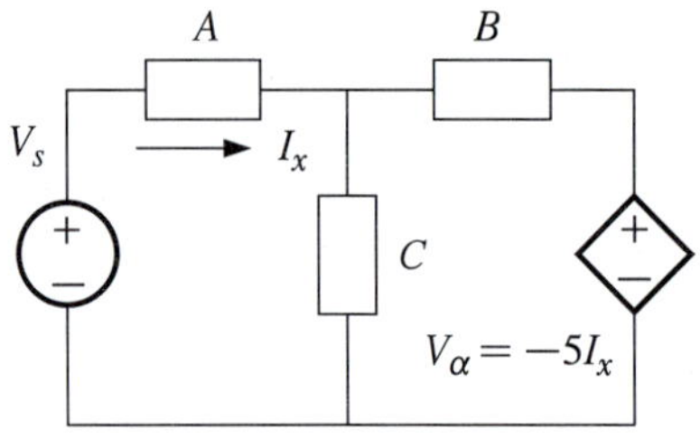

(a) 종속 전압원 (b) 종속 전류원

▸▸ **그림 2-16** 종속전원의 응용 예

예제 2-6 종속전원의 계산

다음 회로에서 I_o와 V_o를 구하라.

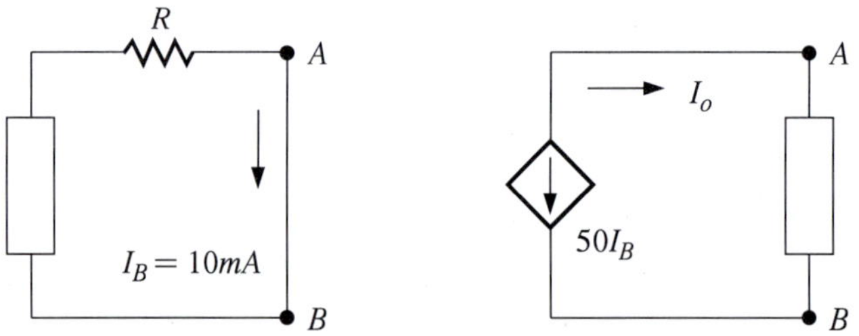

▸▸ **그림 2-17** 예제 2-6 종속전원의 계산

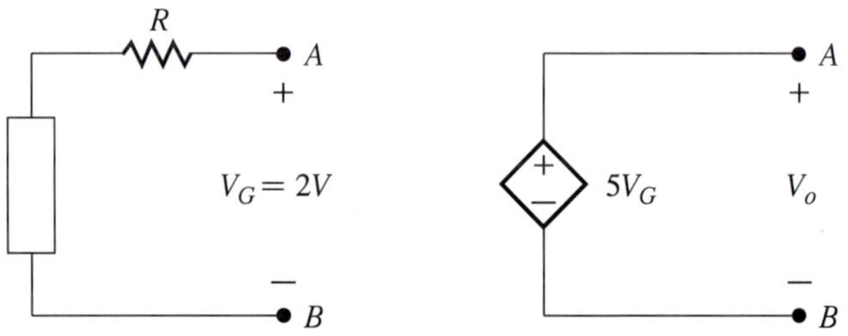

▸▸ **그림 2-18** 예제 2-6 종속전원의 계산

풀이

(i) (그림 2-17) 회로: $I_o = I_{AB} = -50I_B = -50(10mA) = -500mA$

(ii) (그림 2-18) 회로: $V_o = 5V_G = 10V$

2.3 | 저항과 옴의 법칙(Ohm's Law)

이제 수동소자의 하나인 저항과 그에 관련된 회로 법칙에 대해 공부해 보자. 회로에 이용하는 수동소자 중 커패시터, 인덕터는 저항과 더불어 과도회로[24]를 구성하는 중요한 소자이다. 이들 회로는 간편하게 RC, RL, 그리고 RLC 회로라고 하는데 6장과 7장에서 배우기로 한다.

옴의 법칙[25]

옴은 실험적으로 저항의 전압-전류의 관계를 밝혀냈다. 우리가 옴의 법칙이라고 부르는 회로이론의 가장 중요한 법칙은 다음과 같이 설명한다.

> **옴의 법칙**
> 저항 양단에 걸리는 전압은 저항을 통해 흐르는 전류에 비례한다.

즉, $V \propto I$이고 이 방정식의 비례상수가 R이다. 옴의 법칙의 수학적 표현은

$$V = R \times I$$ [26]

이 식을 변형하면 $I = \frac{V}{R}$로 쓸 수 있으며, 이 비례상수를 저항이라 하며 단위는 이 성질을 밝혀낸 옴(Ohm)을 기려서 옴(ohm, 기호는 Ω)이라 한다.

저항과 저항율

전기 저항은 전류의 흐름을 방해하는 성질이 있고, 표기는 R이다.[27]

---

24) 과도(過渡)회로: transient circuit. 시간이 경과하면 응답이 소멸되는 회로

25) Ohm(1787~1854): 실험적으로 저항의 전압-전류 관계를 밝힘(1826). 카벤디쉬(Cavendish)가 먼저 발견하였으나 발표를 하지 않았다고 한다(1781).

26) 전압과 전류의 표기: 전압과 전류는 대문자로 V, I 또는 소문자로 v, i로 표시한다. 값이 일정하면 대문자 V, I로, 값이 변하면 소문자 v, i로 쓰기로 하자. 과도현상이나 교류를 공부할 때 주의하기 바란다.

27) 저항: resistance, 저항기: resistor

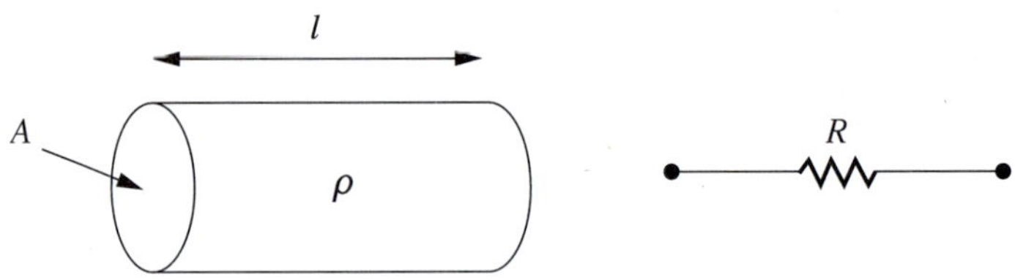

▶▶ 그림 2-19 저항과 회로 심볼

모든 물질은 전하의 흐름에 대항하는 전기적인 성질을 가지고 있는데 이 성질을 저항률이라 하고 ρ(로)로 표기한다.[28)]

길이가 l(미터, m)이고, 단면적이 $A(\text{m}^2)$인 물질의 저항은 다음과 같이 표현한다.

$$R = \rho \frac{l}{A}[\Omega]^{29)}$$

그러므로 저항률은

$$\rho = R \frac{A}{l}[\Omega \cdot \text{m}]$$

도체와 부도체

전류가 잘 통하는 물질을 도체(導體, conductor)라 하고 전류가 통과하기 어려운 물질을 부도체(不導體), 또는 절연체(絕緣體, insulator)라고 한다. 물질의 전기 전도성은 물질 안에 얼마나 많은 자유 전자[30)]가 있는가에 따라 달라진다. 대표적인 도체로는 은(Ag), 구리(Cu), 금(Au), 알루미늄(Al) 등이 있고, 절연체로는 유리, 운모(mica), 종이 등이 있다.

도체와 부도체 중간에 반도체(semiconductor)가 있는데 반도체 소자의 재료로는 실리콘(Si)과 게르마늄(Ge)이 있다. 반도체 물질은 전자 궤도의 제일 외각에 네 개의 자유 전자가 있어서 조건에 따라 도체와 부도체의 성질을 가진다. 회로 소자를 연결해 주는 전선으로는 구리나 알루미늄을 사용하는데 반도체 칩 내부의 결선은

28) 저항률(抵抗率): resistivity, ρ(rho): 영어의 r에 해당하는 그리스 문자
29) omega: 영어의 w에 해당하는 그리스 문자
30) 자유 전자(free electron): 전류의 원천이 되는 전자. 전자 궤도의 최외각에 위치

▶▶ 표 2-3 물질의 저항률

물질	저항률	용도
은(silver)	1.64×10^{-8}	도체
구리(copper)	1.72×10^{-8}	
금(gold)	2.45×10^{-8}	
알루미늄(aluminum)	2.8×10^{-8}	
탄소(carbon)	4×10^{-5}	반도체
게르마늄(germanium)	47×10^{-2}	
실리콘(silicon)	6.4×10^{2}	
종이(paper)	10^{10}	절연체
유리(glass)	10^{12}	

금으로 한다. 폐기된 반도체 칩을 가공하면 소량의 금이 추출된다.[31)]

저항에서의 전압강하

저항에 전류를 흘리면 전압강하가 발생한다. (그림 2-20 a)에서 저항 R에 (+)의 전류를 흘려주면 전류가 흘러 들어가는 단자의 전압이 전류가 흘러 나가는 단자의 전압보다 높게 된다. 즉, $V_{AB} = V_A - V_B = RI > 0$

만약 (+)전류가 단자 B로 흘러 들어가면, $V_{BA} = RI$가 된다(그림 2-20 b).

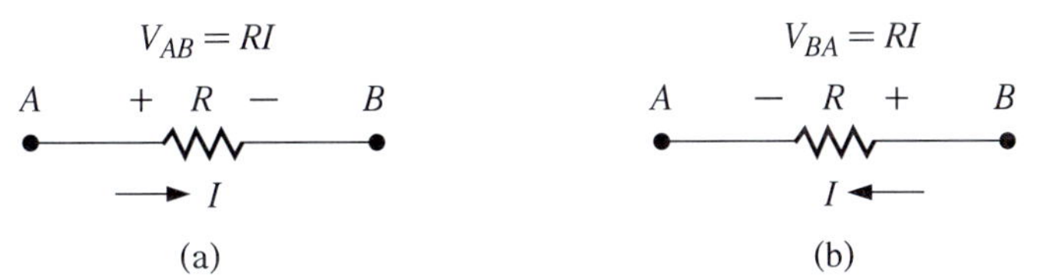

▶▶ 그림 2-20 저항에서의 전압강하

31) 반도체와 금: 금은 은에 비해 저항률이 크지만 반도체 내부에 사용되는 이유는 금의 유연성 때문이다. 전선을 얇고 길게 늘이면 은은 부스러지고 구리는 부러지는 데 반하여 금은 아주 가늘고 길게 늘일 수 있다.

저항에서의 전류 방향

반면에 저항에 전압을 인가하면 전류는 전압이 (+)인 단자에서 (−)인 단자로 흘러간다. (그림 2−21 a)에서 $V_{AB} > 0$이면 전류는 A에서 B 방향으로 흐른다.
즉, $I_{AB} > 0$이다.

▸▸ **그림 2−21** 저항의 전류 방향

반면에 (그림 2−21 b)의 경우 $V_{BA} > 0$이므로 전류는 $I_{BA} > 0$이다. 다시 말해서 전압은 극성이 중요하고 전류는 방향이 중요하다. 전압이 마이너스 값이면 극성을 바꿔야 하고, 전류가 마이너스 값이면 반대 방향으로 흐른다는 의미이다.

단락과 개방(Open and Short)

회로의 두 단자가 서로 붙어 있으면 단락, 서로 떨어져 있으면 개방이라 한다. 두 단자 사이의 저항이 0, 즉 $R = 0$이면 옴의 법칙에 의하여 두 단자 사이의 전압은

$$V = RI = (0)I = 0$$

이 경우의 회로를 단락회로(短絡回路, short circuit)라고 한다. 단락회로는 단자의 전압 $V = 0$이고 전류는 어떤 값이라도 상관없다(그림 2−22 a).

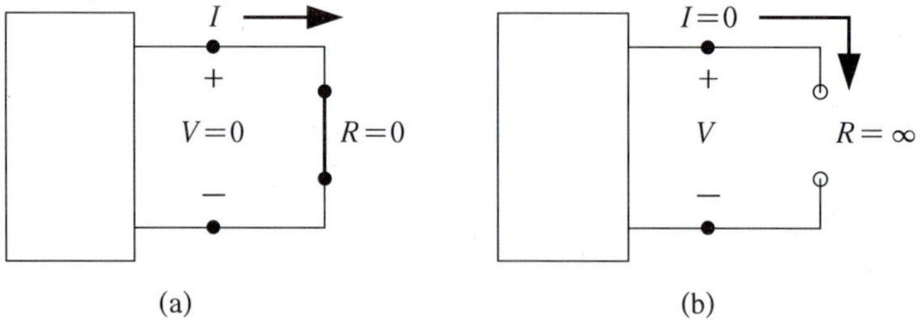

▸▸ **그림 2−22** 단락회로와 개방회로

반면에, 두 단자 사이의 저항이 무한대, 즉 $R=\infty$이면 두 단자가 연결이 끊긴 상태를 의미하며, 당연히 전류는 흐를 수 없다(그림 2-22 b). 이런 경우를 개방회로(開放回路, open circuit)라고 한다.

$$I=\lim_{R\to\infty}\frac{V}{R}=0$$

컨덕턴스(conductance)

저항은 전류의 흐름을 방해하는 성질이므로 저항의 역수는 전류의 흐름이 원활한 정도를 나타낸다고 할 수 있다. 이 저항의 역을 컨덕턴스라 하고 G로 표기한다.

$$G=\frac{1}{R}\left[\frac{1}{\Omega}\right]=[\mathrm{S}](\mathrm{siemens})^{32)}$$

$$V=RI=\frac{1}{G}\leftrightarrow I=GV$$

(그림 2-23)에 전압-전류-저항의 관계를 일목요연하게 계산할 수 있는 그림을 그렸다.

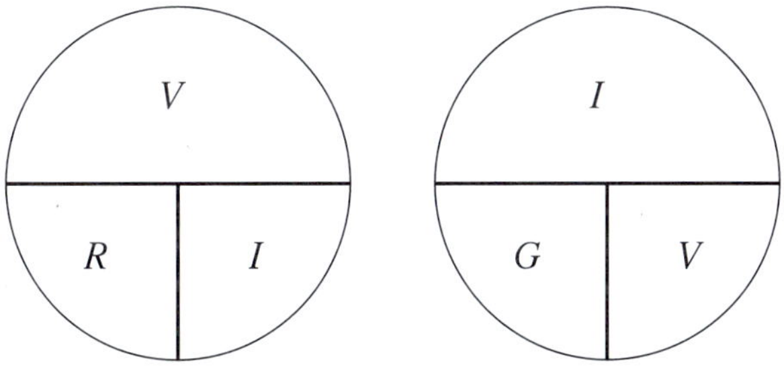

▸▸ 그림 2-23 전압, 전류와 저항 및 컨덕턴스

32) 저항의 역수: 과거에는 'ohm'을 거꾸로 써서 'mho(모)'라고 하였으나 현재는 "지멘스"를 사용

예제 2-7 간단한 저항회로

(그림 2-24)에 보인 회로에서 저항에 흐르는 전류 I_5와 저항에 걸리는 전압 V_5를 구하라.

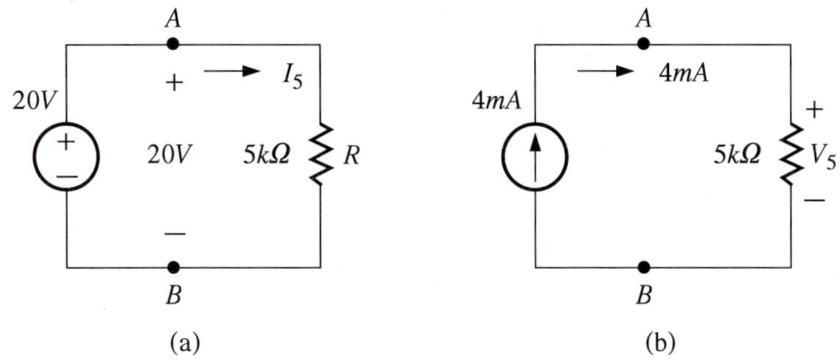

▸▸ 그림 2-24 예제 2-7 간단한 저항회로

풀이

(i) (그림 2-24 a)의 회로는 독립 전압원으로 회로를 구동한 경우이다.

(ii) 회로에서 보면 단자 A, B 사이의 전압은 $V_{AB}=20V$이고 이 전압은 저항에 모두 걸리므로 $V_5=V_{AB}$이다. 그러면,

$$I_5=\frac{V_5}{R}=\frac{V_{AB}}{5k\Omega}=4mA$$

(iii) (그림 2-24 b)의 회로는 독립 전류원으로 구동한 경우이다. 이 회로에서 단자 A를 통과한 전류는 모두 저항으로 흘러 들어가므로,

$V_5=IR=(4mA)\times(5k\Omega)=20V$

2.4 키르히호프의 법칙(Kirchhoff's Law)

옴의 법칙은 저항에서 전압과 전류의 비례 관계를 규명한 법칙이다. 회로는 연결이 되어야 작동을 하므로 모든 회로에 적용할 수 있는 기본 법칙인 키르히호프의 법칙을 설명하도록 한다. 키르히호프의 법칙은 크게 전류법칙과 전압법칙으로 나눌 수 있다.[33]

회로는 소자가 서로 연결되어 상호 작용을 하는 시스템이므로 회로 연결로 인하여 제한된 조건들을 제공해 준다. 이것을 제약 조건(constraint)이라 하는데, 회로 해석의 중요한 키 역할을 한다. 옴의 법칙은 소자 개개에 대해 적용할 수 있는 반면 키르히호프의 법칙은 연결된 소자 상호 간에 적용할 수 있는 유용한 법칙이다.

2.4.1 키르히호프의 전류법칙(KCL, Kirchhoff's Current Law)

키르히호프의 법칙을 논의하기에 앞서 회로 구조와 명칭에 대하여 설명하자. 회로 소자의 양끝을 단자(端子, terminal)라 하고 두 개 이상의 회로 소자가 서로 연결된 단자를 노드[34]라고 한다. KCL은 노드에서의 전류에 관한 법칙이다. (그림 2-25 a)에서 단자 A, A', A''는 같은 단자이고, 단자 B, B', B''도 같은 단자이다. 즉, 실제 회로는 (그림 2-25 b)와 같을 것이다. 다시 말해, 이 회로는 노드가 3개인 회로이다.

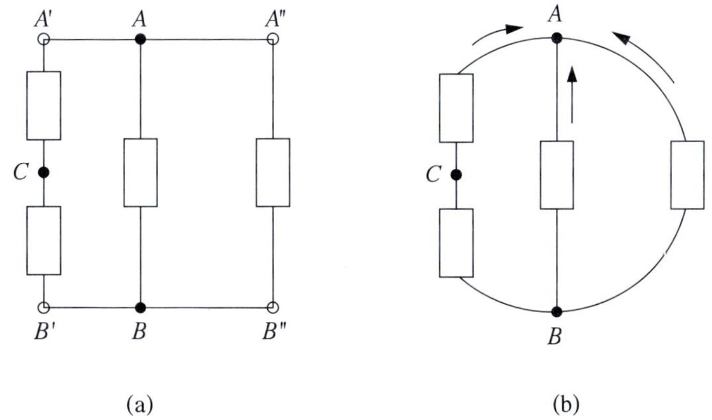

▶▶ 그림 2-25 노드의 설명

33) 전류법칙: KCL, 전압법칙: KVL
34) node: 한글로 마디라고도 하지만 이 책에서는 '노드'로 표기한다.

회로이론에서의 모든 법칙은 기본적인 물리 법칙을 따르고, KCL은 전하 보존 법칙을 따른다.

> **전하 보존 법칙(conservation of charge)**
> 회로를 흐르고 있는 전하는 외부로 사라지거나 소멸될 수 없다.
> 즉, 회로 내의 전하의 총량은 변할 수 없다.

이제 (그림 2-25 b)와 같이 노드 A에 전류가 흘러 들어간다고 하자. 이 전류들은 어떤 관계가 있을까? 노드 A에서의 전류를 (그림 2-26 a)에 다시 그렸다. 그림에서처럼 노드로 흘러 들어가는 전류를 모두 더하면 임의의 값 α가 된다고 하자.

$$i_1 + i_2 + i_3 = \alpha$$

그런데 노드는 단순한 연결점을 나타낸 것이므로 노드에는 전하가 저장될 수 없다. 즉 $\alpha = 0$이 되어야 한다. 즉, $i_1 + i_2 + i_3 = 0$이다.

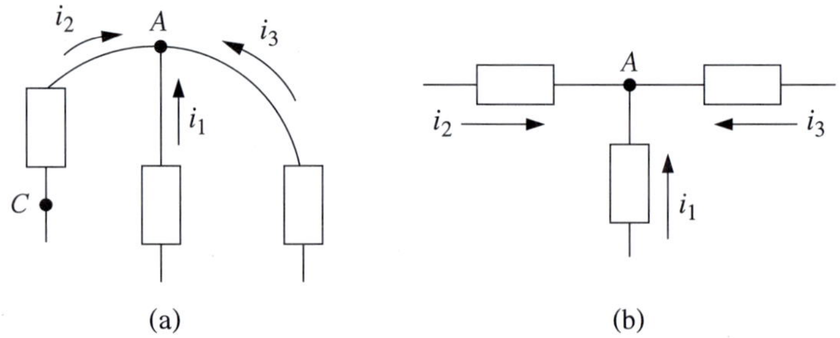

▶▶ **그림 2-26** 노드에서의 전류

전류의 방향과 부호

(그림 2-27 a)에서 보면 노드 A로 흘러 들어가는 전류의 합은 $(i_1 + i_2)$, 노드 A를 거쳐 나가는 전류의 합은 $(i_3 + i_4 + i_5)$이다. 노드에서 전류가 사라지거나 생성되지 않으므로,

$$i_1 + i_2 = i_3 + i_4 + i_5$$

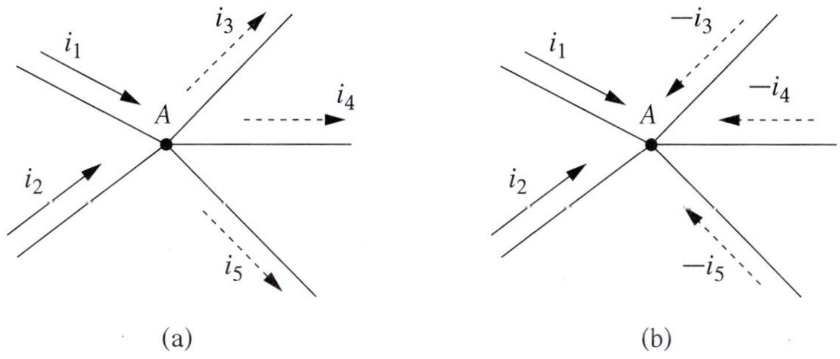

▶▶ 그림 2-27 노드의 전류

그런데 (그림 2-27 b)에서 보면 $-i_3$, $-i_4$, $-i_5$는 노드로 흘러 들어가는 전류가 되는데, 이들 모두를 합하면,

$$(i_1 + i_2) + (-i_3) + (-i_4) + (-i_5) = (i_3 + i_4 + i_5) + (-i_3 - i_4 - i_5) = 0$$

즉, 노드로 흘러 들어가는 전류의 합은 0이다. 마찬가지 이유로 노드에서 흘러 나가는 전류의 합도 0이 된다. 그러므로 KCL은 다음과 같이 표현할 수 있다.

> **KCL**
> 한 노드로 흘러 들어가는(entering to) 전류의 총 합은 0이다.
> 또는 한 노드에서 흘러 나오는(leaving from) 전류의 총 합은 0이다.

예제 2-8 KCL 적용

다음 그림에서 KCL을 이용하여 전류 i를 구하라.

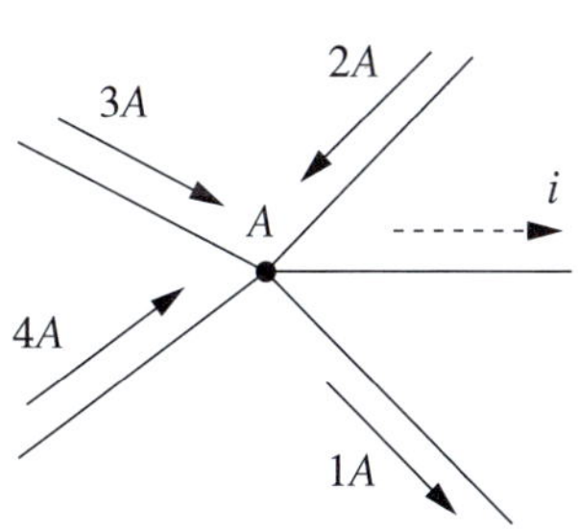

▶▶ 그림 2-28 예제 2-8 KCL 적용

힌트

전류는 방향에 의해 부호가 정해진다. 노드에서 나가는 전류를 (+)로 정하면 노드로 들어가는 전류는 (–)가 된다.

풀이

(i) 노드에서 나가는 전류를 (+)로 하면,

$(+i)+(-2)+(-3)+(-4)+(+1)=0 \rightarrow i=8A$

(ii) 만약 노드로 들어가는 전류를 (+)로 정하면,

$(-i)+(+2)+(+3)+(+4)+(-1)=0 \rightarrow i=8A$

[연습 2-6] 교류에서의 KCL

다음 회로에서 회로소자 (4)에 흐르는 전류를 구하라.

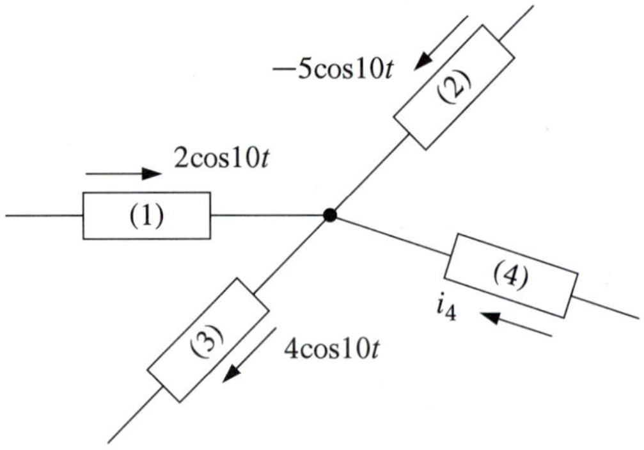

▶▶ 그림 2-29 연습 2-6 교류에서의 KCL

힌트

교류에서 주파수는 동일한 것으로 간주한다.

답 $i_4=7\cos(10t)[A]$

2.4.2 키르히호프의 전압법칙(KVL, Kirchhoff's Voltage Law)

KCL과 마찬가지로 회로소자가 서로 연결되면 소자 상호간의 작용은 에너지 보존법칙을 만족할 수밖에 없다. 회로에 소자를 연결하여 전류가 흐를 수 있게 한 길(경로, path)을 폐회로[35]라고 한다. (그림 2-25 a) 회로를 폐회로의 관점에서 (그림 2-30)에 다시 그렸다. 이 회로에서 폐회로는 시계방향으로 소자를 따라가면 C-A'-A-B-B'-C, A-A''-B''-B-A, C-A'-A-A''-B''-B-B'-C 등 3개가 있다.

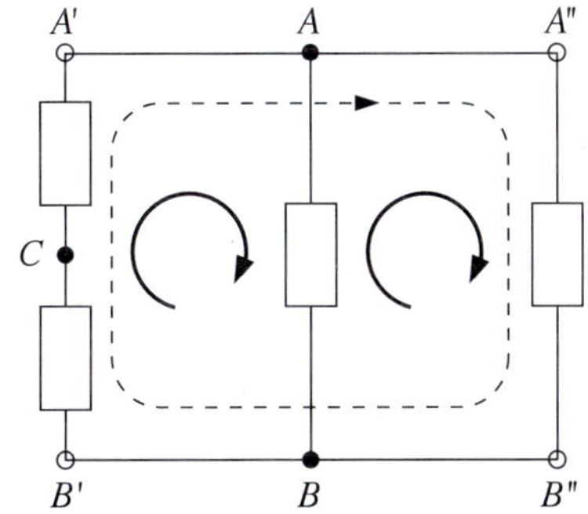

▸▸ 그림 2-30 폐회로

(그림 2-31)은 트랜지스터의 등가회로이다. 왼쪽 루프 $ABCA$와 오른쪽 루프 DCD는 폐회로이다. 반면에 B-D-C-B는 B와 D가 연결되어 있지 않아서 폐회로를 형성하지 못한다.

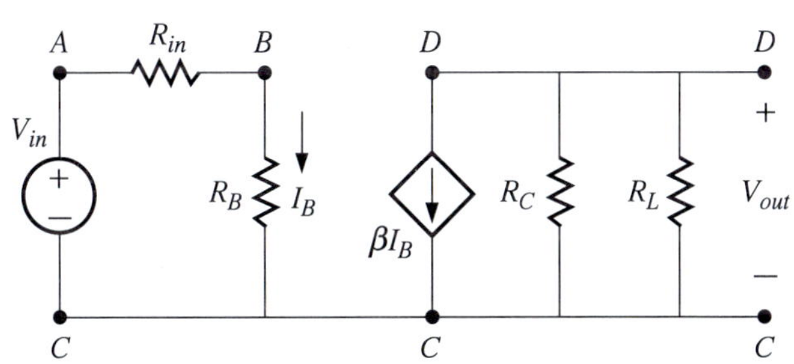

▸▸ 그림 2-31 폐회로: 트랜지스터 등가회로

35) 폐회로(閉回路, closed path): 한 노드에서 시작하여 다시 그 노드로 돌아오는, 전류가 흐를 수 있는 길. 루프(loop)라고 한다.

KVL은 에너지 보존법칙에 근거한 것이다.

에너지 보존법칙(conservation of energy)
격리된 시스템에서 에너지의 총량은 변하지 않는다.
즉, 에너지는 생성되거나 없어지지 않는다.

KVL을 설명하면,

KVL
폐회로를 일주하며 계산한 전압강하의 합은 0이다.

(그림 2-32 a)의 폐회로에서 시계방향[36]을 따라 노드 A에서부터 소자의 전압강하의 합을 구하면,

$$V_{AB}+V_{BC}+V_{CA'}+V_{A'A}=0 \rightarrow v_2+v_3-v_1+V_{A'A}=0$$

그런데 A와 A'는 같은 점이고 동일한 노드는 전위차가 없으므로, $V_{A'A}=0$이다. 즉,

$$v_2+v_3-v_1=0$$

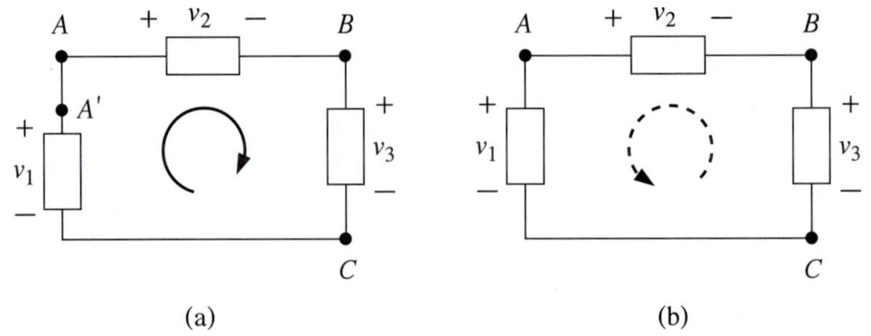

▸▸ 그림 2-32 KVL의 설명

36) 시계방향(clockwise): 시계 바늘이 진행하는 방향. 그 반대 방향은 반시계방향(counterclockwise)

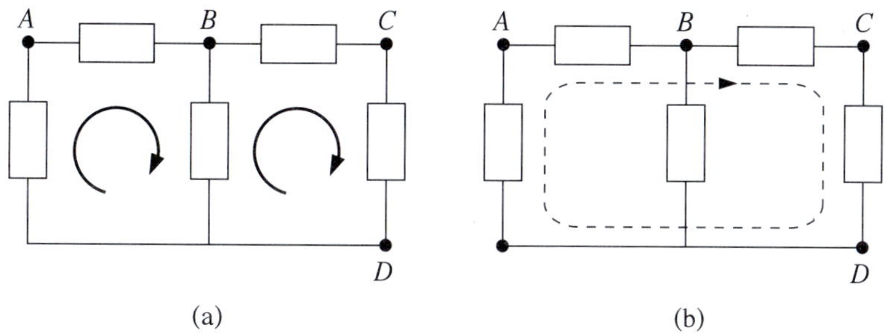

▶▶ 그림 2-33 세 개 루프의 KVL

전압강하[37]란 전압이 높은 곳을 기준으로 얼마만큼 전압이 떨어졌는가(drop)를 나타내는 값이다. 만약 전압상승의 관점에서 수식을 쓰면(노드 A에서 시작),

$$-v_2 - v_3 + v_1 = 0$$

이 식은 전압강하 식에 (−1)배를 한 것과 같다. (그림 2-32 b)처럼 반시계방향으로 전압강하의 합을 구하면(노드 A에서 시작),

$$v_1 - v_3 - v_2 = 0$$

이 식은 시계방향으로 전압상승의 합을 구한 식과 같다.

만약 회로가 여러 개의 루프로 이루어져 있다면 KVL을 어떻게 전개하여야 할까?

(그림 2-33 a)는 루프가 세 개 있는 회로이다(A–B–D–A, B–C–D–B, A–B–C–D–A). 이 경우 작은 루프 A–B–D–A와 B–C–D–B에서 KVL을 적용하면,

$$V_{AB} + V_{BD} + V_{DA} = 0$$
$$V_{BC} + V_{CD} + V_{DB} = 0$$

이 두 식을 더하면,

$$(V_{AB} + V_{BD} + V_{DA}) + (V_{BC} + V_{CD} + V_{DB}) = 0$$

37) 전압강하: voltage drop, 전위차(voltage difference), 전압 모두 같은 의미로 사용

그런데 $V_{BD} = -V_{DB}$이므로,

$$V_{AB} + V_{BC} + V_{CD} + V_{DA} = 0$$

즉, 외곽의 루프 A–B–C–D–A에서도 KVL을 만족한다(그림 2-33 b).

예제 2-9 KVL 적용

다음 회로에 KVL을 적용하여 $v = V_{AB}$를 구하라.

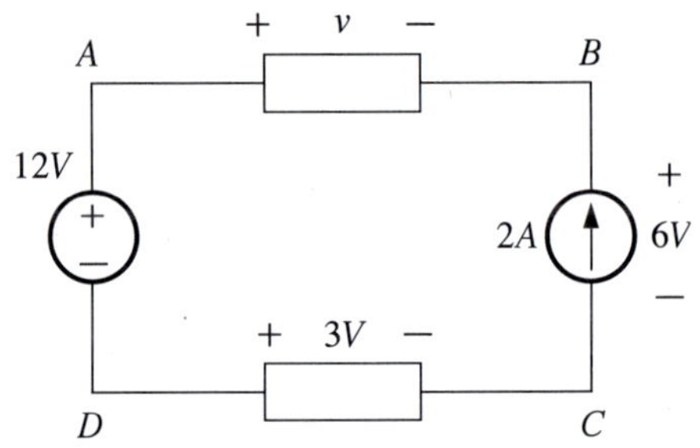

▸▸ 그림 2-34 예제 2-9 KVL 적용

힌트

시계방향으로(즉, $A \to B \to C \to D \to A$ 방향) 전압강하의 합을 구하면?

풀이

(i) 시계방향으로

$V_{AB} + V_{BC} + V_{CD} + V_{DA} = 0 \to (+v) + (+6) + (-3) + (-12) = 0$

즉, $v = 9V$

(ii) 만약 반시계방향으로 전압강하의 합을 구하면($A \to D \to C \to B \to A$),

$(+12) + (+3) + (-6) + (-v) = 0 \to v = 9V$

예제 2-10 KVL 적용

다음 회로에서 v_0와 v_x를 구하라.

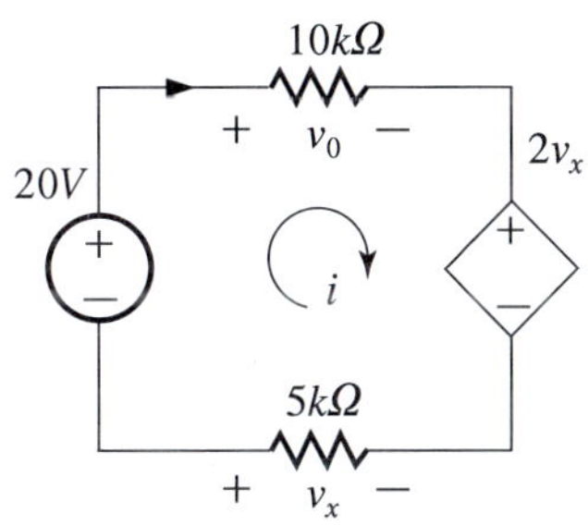

▶▶ 그림 2-35 예제 2-10 KVL

풀이

(i) 그림처럼 시계방향으로 루프에 전류를 지정하고 KVL을 적용하면,

$$20 = 10ki + 2v_x + 5ki = 15ki + 2v_x$$

(ii) 그런데 종속 전압원은 $v_x = -5ki$

즉, $20 = 15ki + 2v_x = 15ki + 2(-5ki) = 5ki \rightarrow i = 4mA$이므로

(iii) $v_0 = 40V,\ v_x = -20V$

[연습 2-7] KVL, KCL 적용

옴의 법칙과 키르히호프의 법칙을 이용하여 (a) i_o, (b) 각 소자의 전력(부호없이)을 구하라.

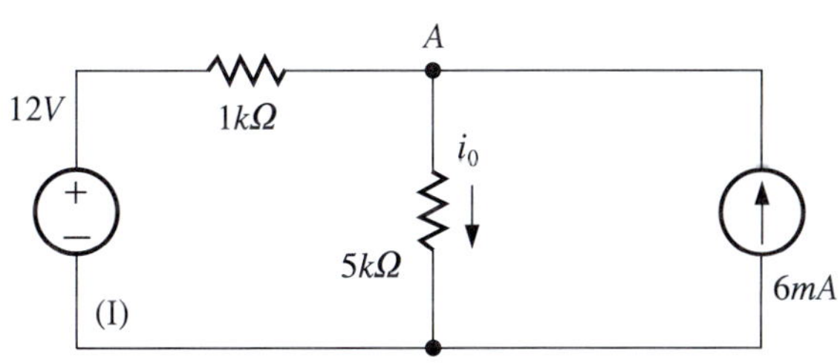

▶▶ 그림 2-36 연습 2-7 회로

힌트

루프 (I)에서 KVL, 단자 A에서 KCL 적용

답 (a) $i_o = 3\,[mA]$

(b) $P_{12} = V \times I = (12)(3m) = 36\,[mW]$, $P_{10k} = I^2 R = (3m)^2 (10k) = 9\,[mW]$,
$P_{50k} = I^2 R = (3m)^2 (50k) = 45\,[mW]$, $P_{6m} = V \times I = (15)(6m) = 90\,[mW]$

▶▶ 표 2-4 KVL과 KCL

KVL	KCL
폐루프에서 각 소자의 전압강하의 합은 0이다.	노드에 유입되는 전류의 합은 0 이다. (노드에서 나가는 전류의 합은 0 이다)

2.5 전력과 에너지(Power and Energy)

저항에 전류를 흘리면 열이 발생하는 것을 실생활에서 자주 경험하게 된다. PC나 TV의 발열 현상이라든지, 통화 중인 스마트폰은 열을 발생시킨다. 난방용 전열기, 헤어 드라이어는 이 성질을 이용한 것이다. 백열전구는 전기에너지의 95% 이상을 열로 방출하고 단지 5% 미만 정도가 빛에너지로 쓰인다. 그러면 이런 전기에너지, 또는 전력은 어떻게 계산하여야 할까? 전력회사로부터 정격 전압의 전류를 공급받지만 세탁기나 냉장고를 운용하는 것은 전력이다. 인간은 전압이나 전류를 감지하는 것이 아니라 전력이나 에너지를 감지하여 정보를 얻고 있다.

전력(electric power)

단위 시간당 공급, 또는 소비하는 에너지의 양

$$P \equiv \frac{dE}{dt} = \frac{dW}{dt}$$

단위는 [W](watt, 와트)

여기서 W는 일을 나타내는 표기이고 E는 에너지를 나타내는 표기이다. 즉, 에너지와 일은 같다. 그런데 이 식은 앞에서 보았듯이,

$$\frac{dW}{dt}=\frac{dW}{dq}\frac{dq}{dt}=V\times I\rightarrow P=V\times I$$

즉, 전력은 전압과 전류의 곱으로 표현된다. 시간 구간 t_0에서 t까지 전력을 공급했거나 소비했다면,

$$\int_{t_0}^{t} P\,dt=\int_{t_0}^{t} V\times I\,dt=\int_{t_0}^{t}\frac{dW}{dt}dt=\int_{t_0}^{t} dW=W(t)-W(t_0)$$

우리는 현재 직류에 대해서만 다루므로 전력 계산이 혼란스럽지 않다. 그러나 교류전력은 여러 형태로 표현된다.[38] 저항의 전력은 옴의 법칙을 이용하면 다음과 같이 다양한 형태로 표현할 수 있다.

$$P=V\times I=(IR)\times I=I^2R,\ \ P=V\times I=V\times\frac{V}{R}=\frac{V^2}{R}$$

이 식을 (잘 사용하지는 않지만) 컨덕턴스를 이용하여 표현하면,

$$P=V\times I=V\times(VG)=V^2G=\frac{I^2}{G}$$

예제 2-11 저항에서의 전력 계산

다음 회로에서 저항에서 소비하는 전력을 구하라.

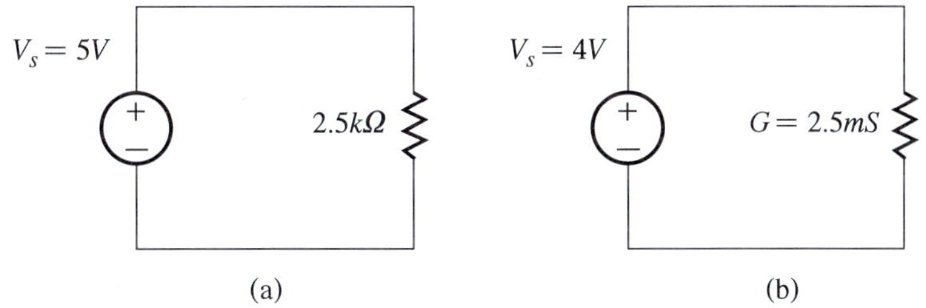

▶▶ 그림 2-37 예제 2-11 저항의 전력

38) 교류전력의 분류: 순간전력(instantaneous power), 평균전력(average power), 복소전력(complex power), 피상전력(apparent power), 유효전력(real power), 무효전력(reactive power). 모두 교류전력을 표현하는 용어이다.

풀이

(i) (그림 2-37 a)의 회로에서 저항의 전력 $P_R = \frac{V_R^2}{R} = \frac{(5)^2}{2.5 \times 10^3} = 10\,[\mathrm{mW}]$

(ii) (그림 2-37 b)의 회로에서 $P_R = GV_R^2 = (2.5mS) \times (4)^2 = 40\,[\mathrm{mW}]$

수동부호 규정

전력은 단위 시간당 공급 또는 소비하는 에너지라고 하였다. 즉, 전력의 공급과 소비는 반대되는 개념이므로 전력을 수식으로 표현할 때 부호가 필요할 것이다(+와 −). 그러면 회로 소자가 전력을 공급하는지 아니면 소비하는지를 어떻게 판정할 수 있을까? 저항으로 만들어진 전열기는 열을 발생시킨다. 전열기는 전원에서 전력을 공급받아 전기에너지를 열에너지 형태로 소비하는 것이다. 전력회사는 각 가정에 전력을 공급하고 요금을 받는데, 이렇듯 전력 계산(공급 또는 소비)을 위한 협약이 수동부호 규정이다.

> **수동부호 규정(passive sign convention)**
> 소비하는 전력의 부호를 (+)로 규정한다.

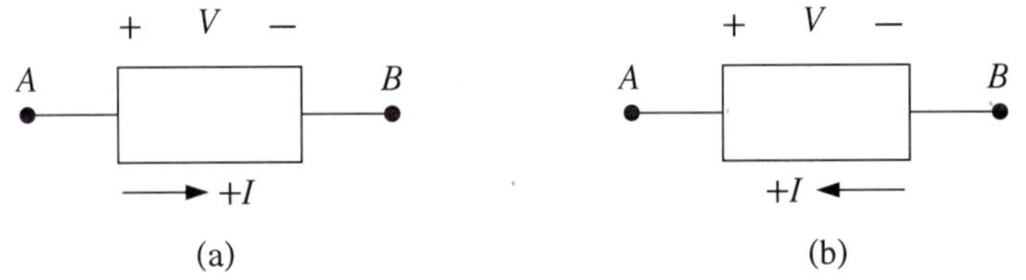

▸▸ 그림 2-38 수동부호 규정

즉, (+)의 전류가 회로 소자의 전압이 (+)인 단자로 흘러 들어가면 전력을 (+)로 한다. (그림 2-38 a)에서는

$$P = (+V) \times (+I) = (+)VI > 0$$

그렇다면, (+)의 전류가 소자의 전압이 (−)인 단자로 흘러 들어가면 전력의 부호가 (−)가 된다. (그림 2-38 b)에서는

▶▶ 그림 2-39 저항의 전력 계산

$$P=(-V)\times(+I)=(-)VI<0$$

저항에 (+) 전류를 흘리면 전류가 흘러 들어가는 방향에서 전류가 흘러 나가는 단자로 전압강하가 발생한다. 즉, 전류가 흘러 들어가는 단자의 전압이 상대적으로 (+)이다. 즉, (그림 2-39 a)에서 단자 A에서 단자 B로 (+) 전류를 흘리면 A의 전위가 B의 전위보다 높게 된다.

즉, $V_A - V_B = V_{AB} > 0$

이때 저항의 전력을 계산하면,

$$P_R=(V_{AB})\times(+I)=(+)V_{AB}I>0$$

마찬가지로 (그림 2-39 b)에서 $V_{AB}>0$이면 전류는 A에서 B 방향으로 흐른다. 저항은 수동소자이므로 전류를 흘려주는 방향에 따라 전압강하가 발생하고, 전압이 (+)인 단자에서 (−)인 단자로 전류가 흐른다. 그러므로 이때의 전력은

$$P_R=(V)\times(+I_{AB})=(+)V\times I_{AB}>0$$

즉, 저항의 전력은 항상 (+)이다. 저항은 전력을 소비만 하므로 소비된 전력은 항상 (+)로 한다. 그러면 회로 소자의 전력이 (−)이면 전력을 공급하는 것이 된다. (그림 2-40)은 전력-전압-전류-저항의 관계를 도식화한 것이다.

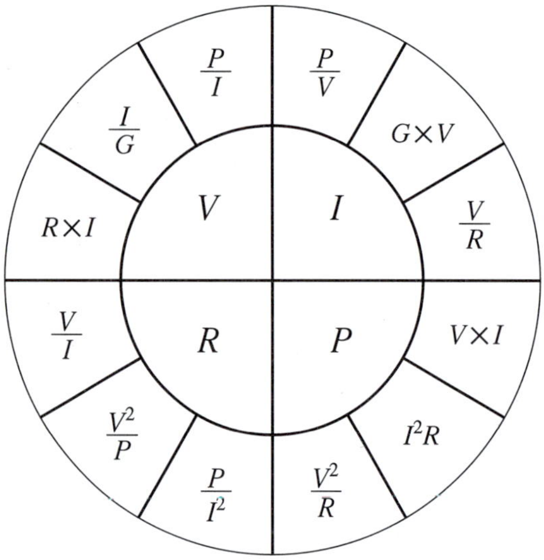

▶▶ **그림 2-40** 전압, 전류, 전력 및 저항의 관계

전원의 전력

전원은 회로에 에너지를 공급하는 장치이다. 수동부호 규정에 따라 전력을 소비하는 저항의 전력을 (+)로 간주했으므로 전력을 공급하는 전원의 전력은 (−)가 될 것이다. 그러나 회로 구성에 따라 전원이 전력을 공급하거나 소비할 수도 있다. (그림 2-41 a)에서 전류는 독립 전압원의 (−) 단자로 흘러 들어가므로 독립 전압원의 전력은

$$P_s = (-)V_s \times I = (-)V_s I < 0$$

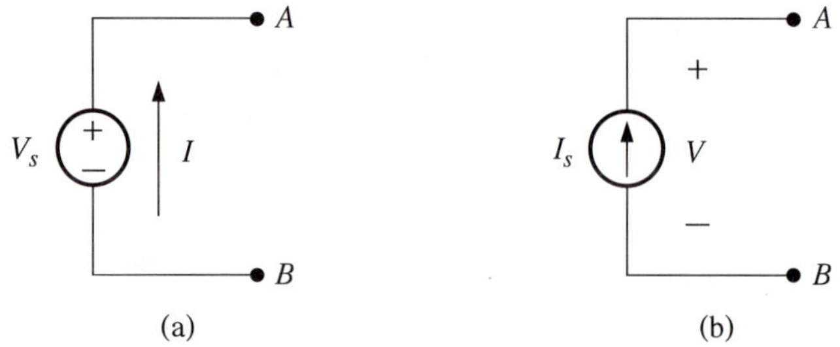

▶▶ **그림 2-41** 전원의 전력

(그림 2-41 b)의 독립 전류원에서는 전류가 $B \rightarrow A$로 흘러 들어가는데 B 단자는 A

단자에 대해 전압이 (–)이므로 전류는 (–) 단자에서 (+) 단자로 흘러 들어가는 것이다.

$$P_s = (-)V \times I_s = -VI_s < 0$$

그러나 전원이라고 모두 전력을 공급하는 것은 아니다. 자동차의 배터리처럼 운행 중에는 엔진의 동력을 이용하여 교류 발전기를 구동시키고 정류기를 이용하여 직류로 바꾸어 배터리를 충전하고, 엔진을 정지한 상태에서 라디오를 듣거나 램프를 켤 경우에는 배터리가 전력을 공급하게 된다. 그러므로 회로에서 전원의 전력 계산은 수동부호 규정에 따라 계산을 하여야 한다.

▶▶ 표 2-5 수동부호 규정

passive sign convention	
전력 소비(dissipate, absorb)	전력 공급(supply, deliver)
전압이 (+)인 단자로 (+) 전류가 흘러 들어갈 때, $P = (+)V \times I = +VI > 0$ 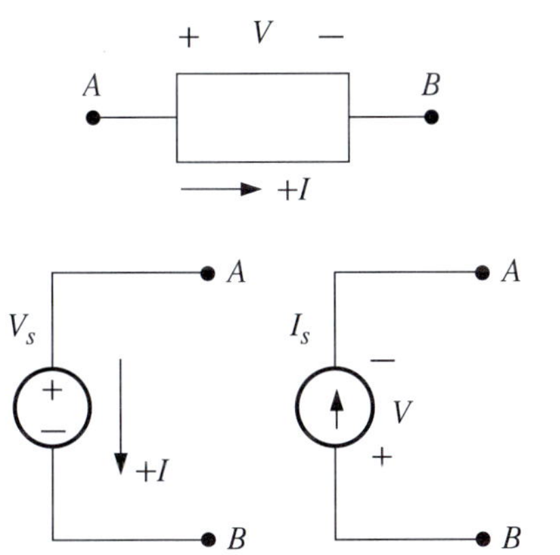	전압이 (–)인 단자로 (+) 전류가 흘러 들어갈 때, $P = (-)V \times I = -VI < 0$ 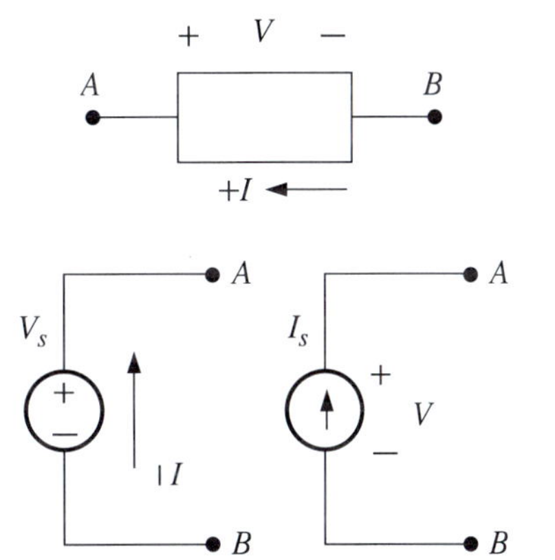

예제 2-12 소자의 전력

다음 회로에서 소자의 전력을 계산하라.

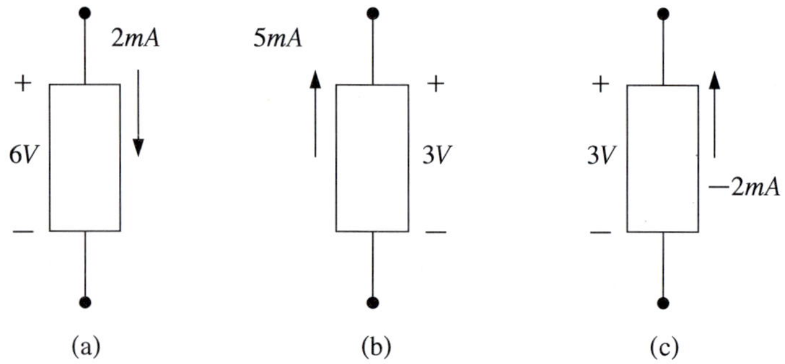

▶▶ 그림 2-42 예제 2-12 소자의 전력

풀이

(i) (그림 2-42 a) $P=(+6V)\times(+2mA)=+12[mW]>0$: 소비

(ii) (그림 2-42 b) $P=(-3V)\times(+5mA)=-15[mW]<0$: 공급

(iii) (그림 2-42 c) $P=(-3V)\times(-2mA)=+6[mW]>0$: 소비

예제 2-13 전원의 전력

다음 회로에서 전원 S_1과 S_2의 전력을 구하라.

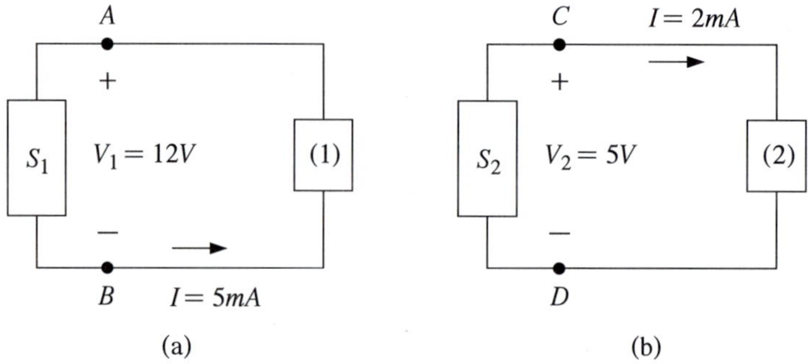

▶▶ 그림 2-43 예제 2-13 전원의 전력 계산

풀이

(i) (그림 2-43 a)의 회로: 전원 S_1에서 전류는 단자 $A \to B$로 흐른다.

(ii) 즉, 전류는 (+) 단자에서 (−) 단자로 흘러가므로 수동부호 규정에 의하여,

$P_{s_1} = (+)V_{AB} \times (5mA) = (+)60\,[\mathrm{mW}] > 0$: 소비

(iii) (그림 2-43 b)의 회로: 전원 S_2에서는 전류는 $D \to C$ 방향으로 흐른다.

(iv) 전류는 (−) 단자에서 (+) 단자로 흐르므로 전력은

$P_{s_2} = (-)V_{CD} \times (2mA) = -10\,[\mathrm{mW}] < 0$: 공급

예제 2-14 **옴의 법칙, 키르히호프의 법칙 이용**

다음 회로에서 옴의 법칙과 키르히호프의 법칙을 이용하여

(a) 전류 i_S와 i_o, (b) 각 소자의 전력을 구하라(공급 또는 소비).

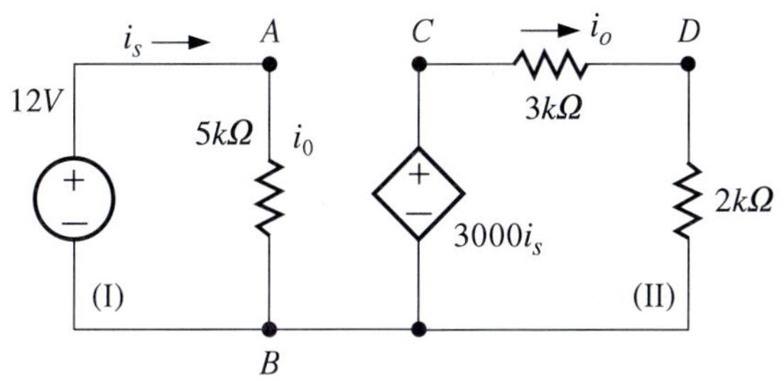

▶▶ 그림 2-44 예제 2-14의 회로

힌트

(i) 루프 (I)과 루프 (II)는 폐루프를 형성하지 않는다.

(ii) 트랜지스터 등가회로이다.

풀이

(a) (i) 루프 (I)에서 KVL, $i_S = \dfrac{12V}{6k\Omega} = 2mA$이고,

(ii) 루프 (II)에서 KVL 적용하면, $3000i_S = 5ki_o \to i_o = 1.2mA$

(b) (i) 루프 (I)에서 $P_{12} = -V \times I = (12V)(2mA) = -24\,[mW]$, 공급

$P_{6k} = I^2R = (2m)^2(6k) = 24\,[mW]$, 소비

(ii) 루프 (II)에서 $P_{i_s} = -V \times I = -(6V)(1.2mA) = -7.2\,[mW]$, 공급

$$P_{3k} = I^2 R = (1.2m)^2 (3k) = 4.32\,[mW]$$, 소비
$$P_{2k} = I^2 R = (1.2m)^2 (2k) = 2.88\,[mW]$$, 소비

회로에서의 에너지 보존 법칙(Conservation of Energy)

모든 물리계는 에너지가 보존된다. 즉, 투입된 에너지는 다른 곳으로 새어 나가지 않고 모두 그 시스템에서 소비된다는 뜻이다. 회로가 구성되면 에너지 보존 법칙에 의해 회로 내의 총 에너지의 합은 0이 된다. 즉, 소비하는 에너지와 공급하는 에너지의 양은 같다.

$$\sum_{S} P = 0$$

이 식에서 S는 시스템(회로)을 가리킨 것이다.

연습 풀이

[연습 2-1]

$Q = -1.602 \times 10^{-19} \times 10^{8}[C] = -1.602 \times 10^{-11} = 16.02 \times 10^{-12} = 16.02[pC]$

[연습 2-2]

(a) $i = \frac{dq}{dt} = 10(100)\cos(100t) \times 10^{-6} = \cos(100t)[mA]$

(b) $i = \frac{dq}{dt} = \{(50)(-20)e^{-20t}\cos(50t) + (50)(-50)e^{-20t}\sin(50t)\} \times 10^{-9}$

$= -e^{-20t}\{\cos(50t) + 2.5\sin(50t)\}[\mu A]$

[연습 2-3]

인터넷 검색

[연습 2-4]

$1.5[kW] \times \frac{1}{6}[h] = 0.25[kWh]$

[연습 2-5]

(i) (그림 2-14 a) 전압원의 병렬연결: 불가능
단자 A, B의 전압은 v_1일까, 아니면 v_2일까?
또는 폐회로에서 시계방향으로 KVL을 적용하면, $v_2 - v_1 = 0$
즉, 두 전압원이 동일해야 한다.

(ii) (그림 2-14 b) 전류원의 병렬연결: 가능
$i_s = i_1 - i_2$

[연습 2-6]

노드로 들어가는 전류를 (+)로 가정하면,

$2\cos 10t + (-5\cos 10t) - 4\cos 10t + i_4 = 0 \rightarrow i_4 = 7\cos(10t)[A]$

[연습 2-7]

$10k\Omega$의 저항에 흐르는 전류를 I라고 하자(방향은 왼쪽에서 오른쪽으로).

(a) (i) 왼쪽 루프에서(루프 I) 시계방향으로 KVL : $-12+1ki+5ki_o=0$,

(ii) 단자 A에서 KCL(나가는 전류를 +) : $i_o=i+6m$,

(iii) 두 식을 연립하면,

$$-12+1ki+5k(i+6m)=-12+6ki+30=0 \rightarrow i=-3mA$$

(iv) 즉, $i_o=3[mA]$

(b) 각 소자의 전력을 계산하면, $P_{12}=V\times I=(12)(3m)=36[mW]$,

$P_{10k}=I^2R=(3m)^2(10k)=9[mW]$,

$P_{50k}=I^2R=(3m)^2(50k)=45[mW]$, $P_{6m}=V\times I=(15)(6m)=90[mW]$

2장 문제

전하량

01 소자에 다음과 같은 전류가 흘렀다면 전하량은 얼마인가?

(a) $i(t) = (2t + 3)[\text{mA}],\ q(0) = 2C$

(b) $i(t) = 20\sin(10t)[\mu\text{A}],\ q(0) = 1C$

답 (a) $q(t) = (t^2 + 3t + 2)[\text{C}]$, (b) $q(t) = -2\cos(10t) + 3$

전류

02 전하 $q(t) = -0.1(t + 0.1)e^{-10t}[\text{C}]$가 단자 A로 흘러 들어갔다.

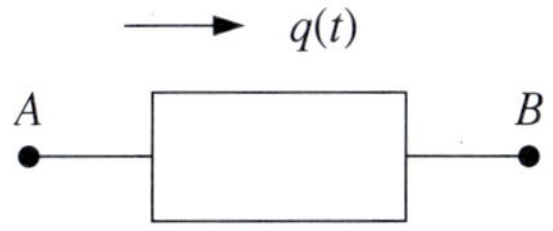

(a) 전류 $i(t)$를 구하라.

(b) 전류의 최대치를 구하라.

답 (a) $i(t) = te^{-10t}[\text{A}]$, (b) $i(t)_{\text{max}} = 0.037[\text{A}]$

전류원의 병렬 연결

03 다음 회로에서 전류 I를 구하라.

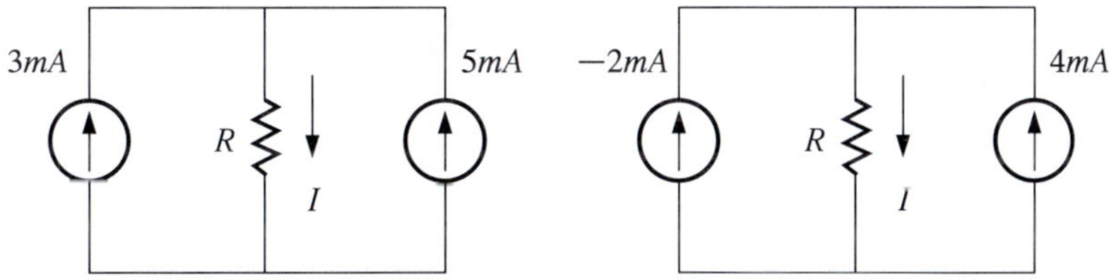

(a) (b)

답 (a) $I = 8mA$, (b) $I = -6mA$

전압원의 연결

04 다음 회로의 연결이 유효한지(valid)를 밝히고 그 이유를 설명하라.

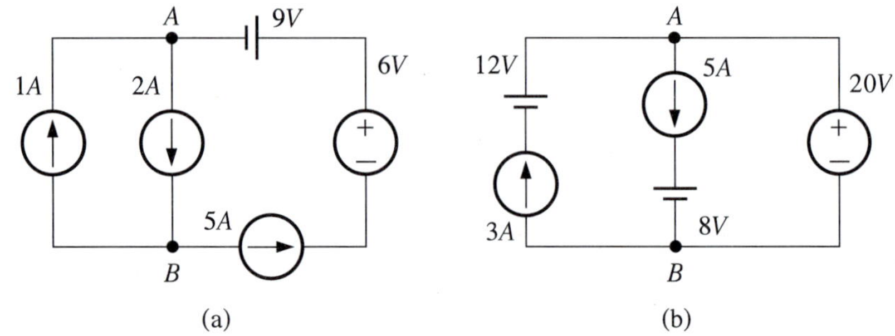

답 (a) invalid, (b) valid

독립전원의 연결

05 (a) 다음 연결이 타당한지 여부를 밝혀라. (b) 각 소자의 전력을 구하라(부호없이).

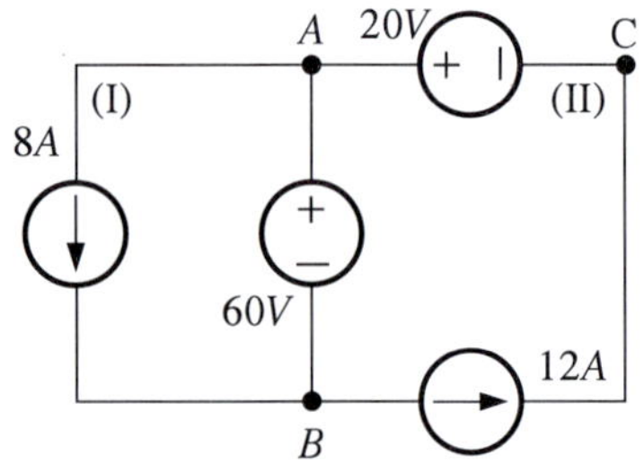

답 (a) 타당하다. (b) $P_{8A} = (8)(60) = 480W$, $P_{60V} = (60)(4) = 240W$, $P_{20V} = (20)(12) = 240W$, $P_{12A} = (40)(12) = 480W$

전원의 연결

06 다음 회로에서 (a) 연결이 유효한가? (b) 전원의 전력을 계산하라.

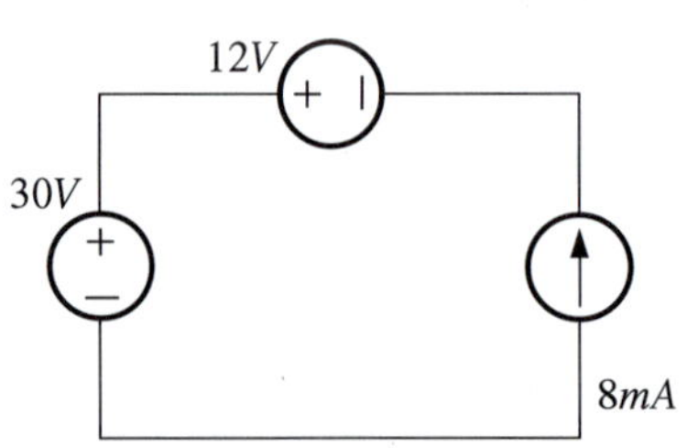

답 (a) 유효하다. (b) $P_{30V}=(+)(30)(8m)=240mW$: 소비,
$P_{10V}=(-)(12)(8m)=-96mW$: 공급,
$P_{8m}=(+)(-18)(8m)=-144mW$: 공급

전원의 전류

07 다음 회로에서 i_6와 i_G를 구하라.

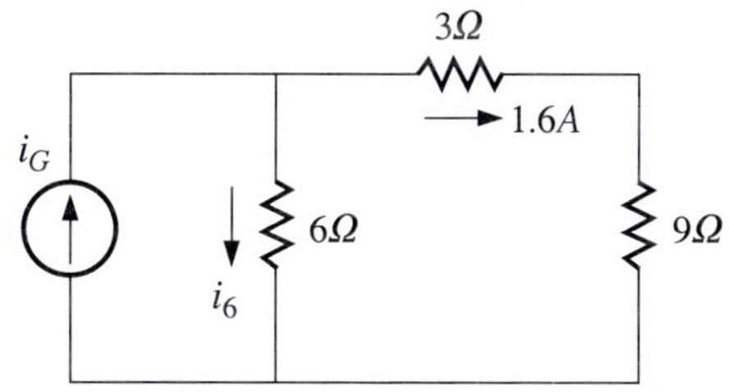

답 $i_6=3.2A$, $i_G=4.8A$

개방과 단락

08 다음 회로에서 I_1, I_2, I_3와 V_{AB}를 구하라.

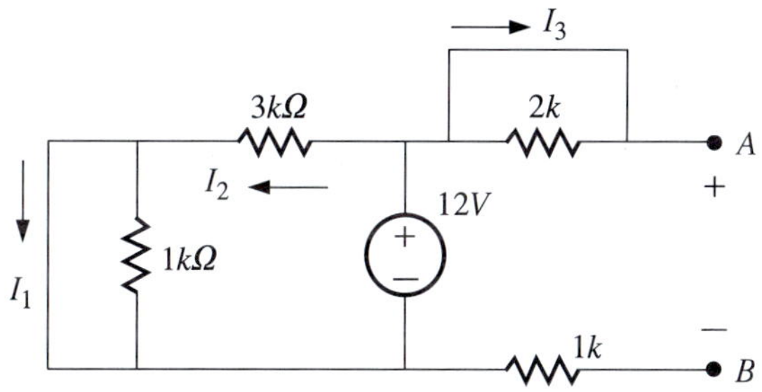

답 $I_1=I_2=4mA$, $I_3=0$, $V_{AB}=12V$

옴의 법칙

09 다음 회로에서 전류 I를 구하라.

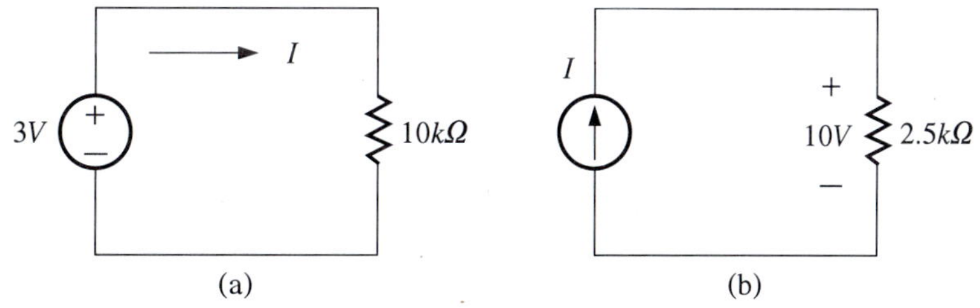

답 (a) $I = 0.3mA$, (b) $I = 4mA$

옴의 법칙

10 다음 회로에서 V를 구하라.

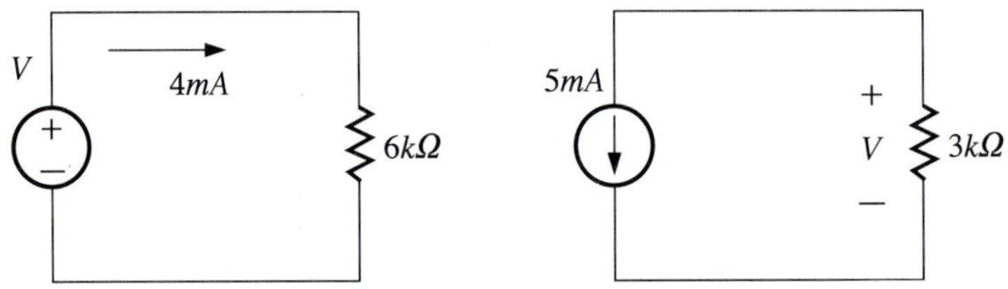

(a) (b)

답 (a) $V = 24V$, (b) $V = -15V$

KCL

11 다음 회로에서

(a) 미지 전류 I_1, I_2를 구하되 방향도 표시하라.

(b) 미지 전류 I_1, I_2, I_3, I_4를 구하되 방향도 표시하라.

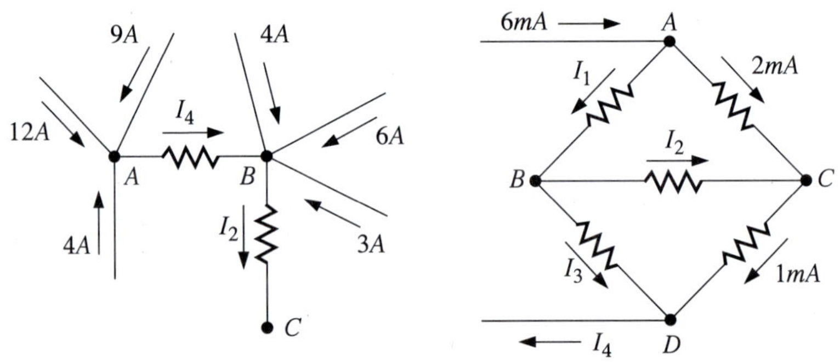

(a) (b)

답 (a) $I_1 = 25A$, $I_2 = 38A$, (b) $I_1 = 4mA$, $I_2 = -1mA$, $I_3 = 5mA$, $I_4 = 6mA$

KVL

12 다음 두 회로에서 전압 V_{AB}를 극성과 함께 구하라.

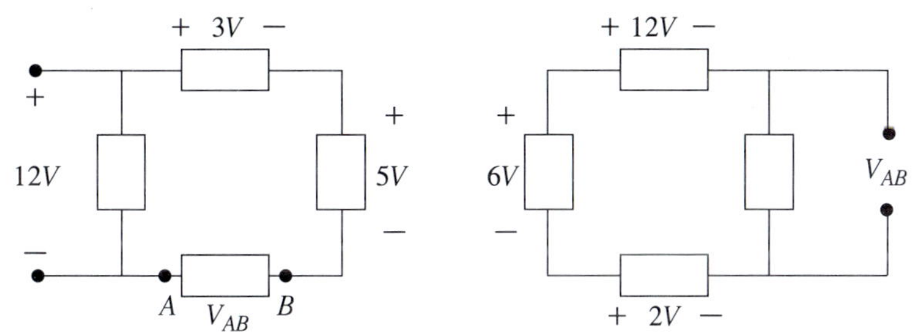

(a) (b)

답 (a) $V_{AB} = -4V$, (b) $V_{AB} = -4V$

KVL

13 다음 두 회로에서 전압 V_1, V_2를 극성과 함께 구하라.

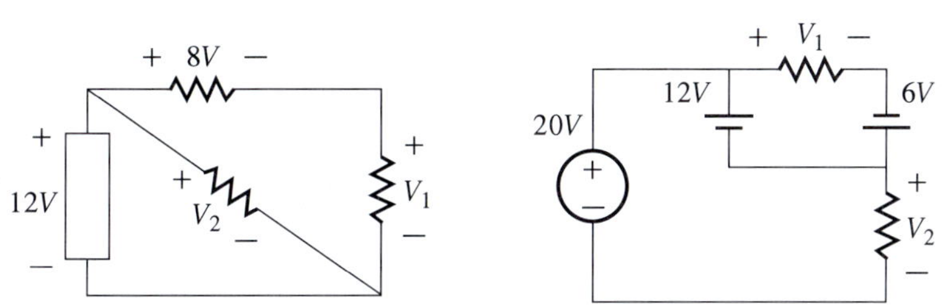

(a) (b)

답 (a) $V_1 = 4V$, $V_2 = 12V$, (b) $V_1 = 18V$, $V_2 = 8V$

종속전원의 계산

14 다음 회로에서 i_x를 구하라.

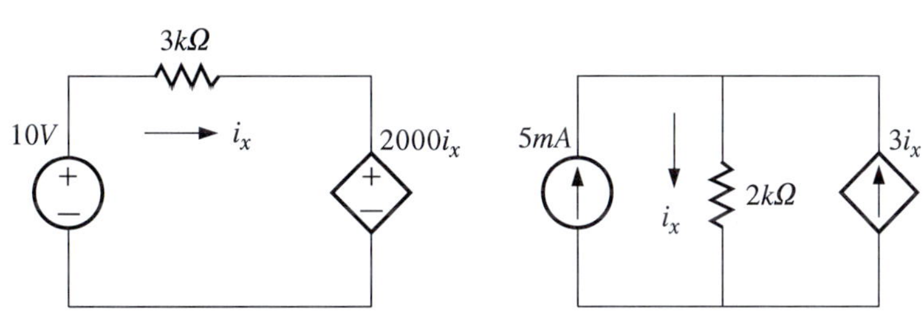

(a) (b)

답 (a) $i_x = 2mA$, (b) $i_x = -2.5mA$

종속전원의 계산

15 다음 회로에서 v_x를 구하라.

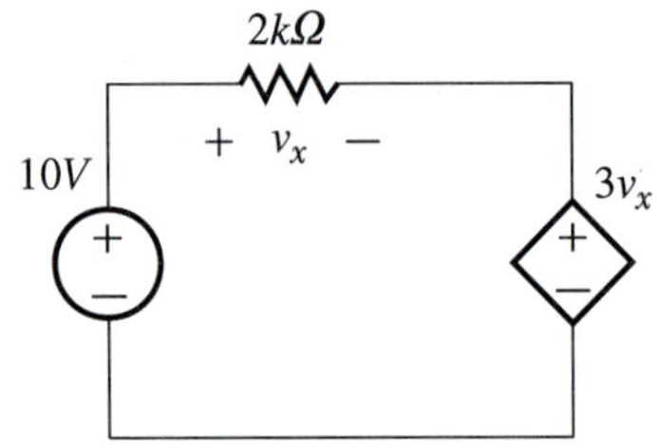

(a)

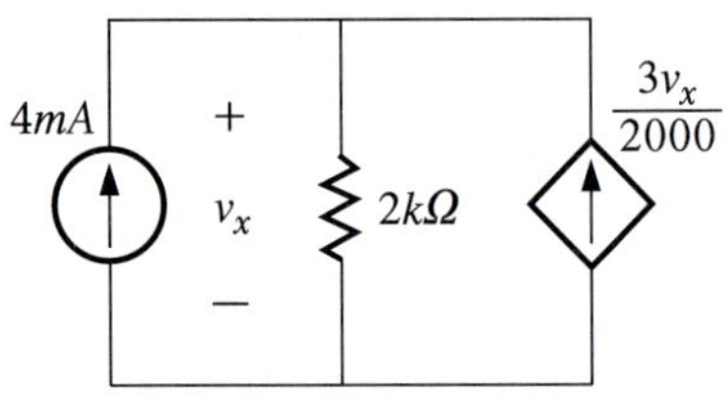

(b)

답 (a) $v_x = 2.5V$, (b) $v_x = -4V$

KCL과 KVL

16 다음 회로에서 V_0를 구하라.

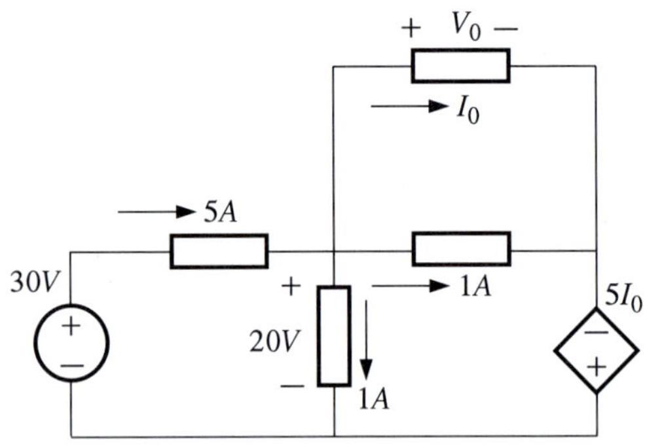

답 $V_0 = 35V$

전자회로에서의 전압 표현

17 다음은 전자회로에서 보여지는 회로 그림이다. V_A를 구하라.

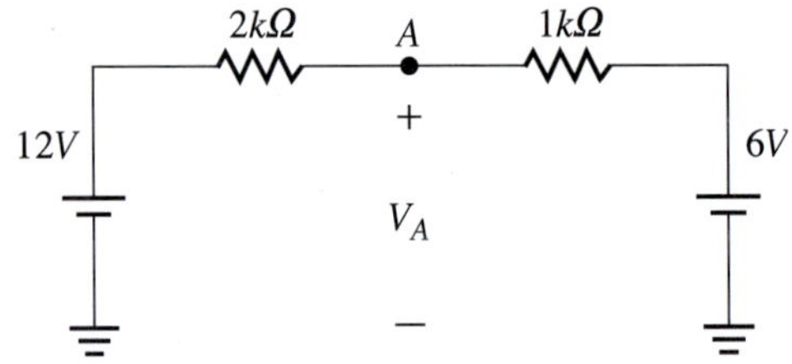

답 $V_A = 8V$

전자회로에서의 전압 표현

18 다음 회로에서 V_A, V_B를 구하라.

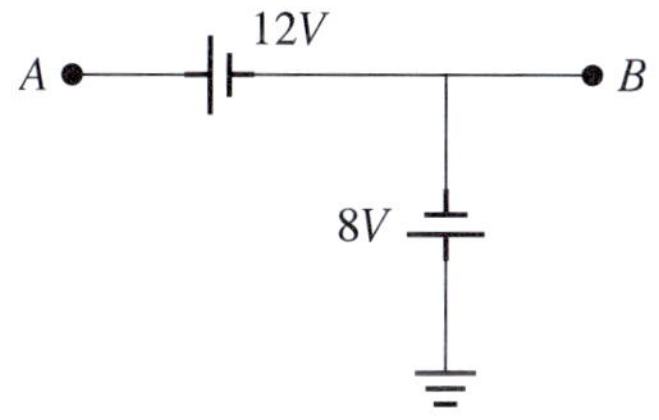

(a)

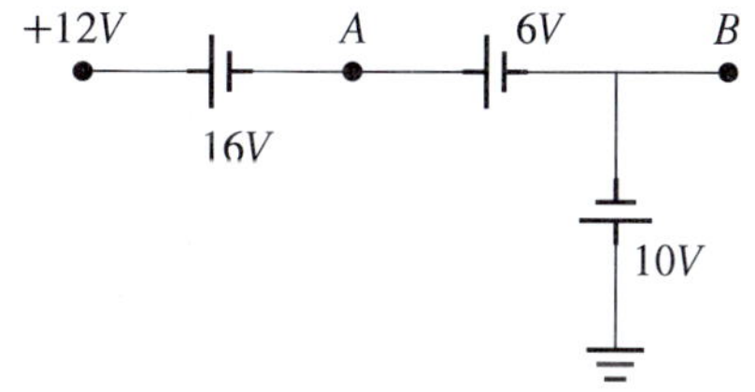

(b)

답 (a) $V_A = 4V$, $V_B = -8V$, (b) $V_A = -4V$, $V_B = -10V$

KVL과 KCL

19 다음 회로에서

(a) 전압 v_1, v_2와 전류 $i_3 \sim i_8$을 모두 구하라.

(b) 단자 A, C, D, F로 들어가는 전류의 합이 0 이 됨을 확인하라.

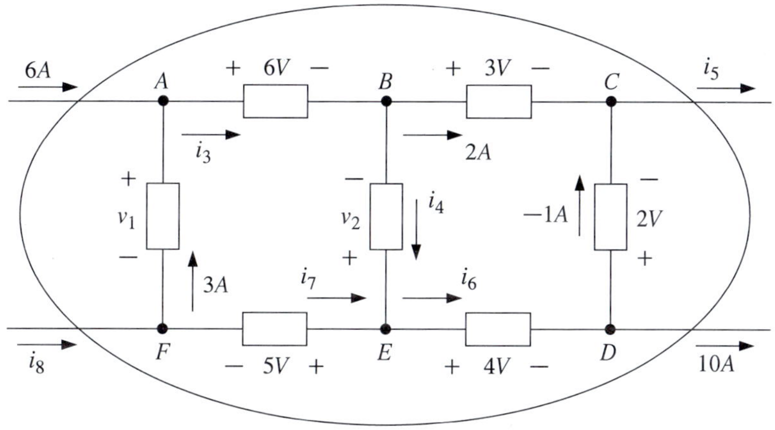

답 (a) $v_1 = 8V$, $v_2 = 3V$, $i_3 = 9A$, $i_4 = 7A$, $i_5 = 1A$, $i_6 = 9A$,
$i_7 = 2A$, $i_8 = 5A$

(b) 타원 밖에서 유입되는 전류: $6 + i_8 = 11A$

타원 밖으로 유출되는 전류: $i_5 + 10 = 11A$

전력 계산

20 다음 회로에서 $v_0 = 100V$이다.

(a) 이 연결이 유효한가?

(b) 각 소자의 전력을 계산하라

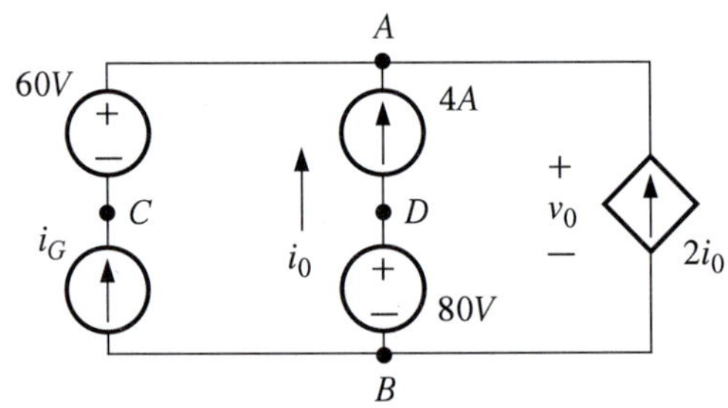

답 (a) 유효하다.

(b) $V_{AB} = v_0 = 100V \rightarrow V_{AD} = 20V$, $V_{CB} = 40V$, $i_0 = 4A \rightarrow i_G = -12A$, 이다.

$P_{60V} = (+)(60)(12) = 720W$, $P_{iG} = (-)(40)(-12) = 480W$,

$P_{4A} = (-)(20)(4) = -80W$, $P_{80V} = (-)(80)(4) = -320W$,

$P_{i0} = (-)(100)(-8) = -800W$

전력 계산

21 다음 회로에서 회로 소자 A, B의 전력 P_A, P_B를 구하고 소비하는지 또는 공급하는지를 밝혀라.

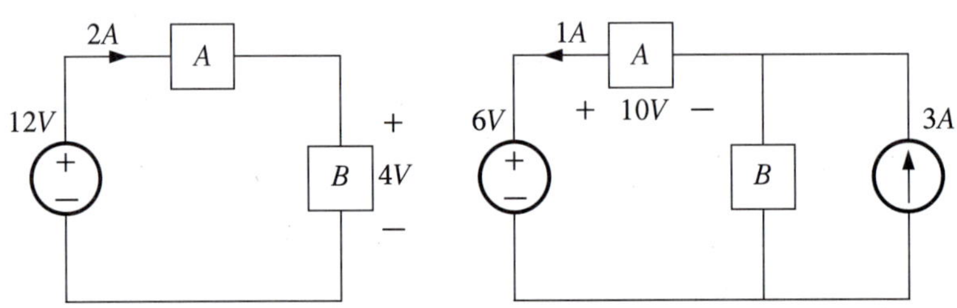

(a) (b)

답 (a) $P_A = +16W$: 소비, $P_B = +8W$: 소비

(b) $P_A = -10W$: 공급, $P_B = -8W$: 공급

전력 계산

22 다음 회로에서 회로 소자 A, B의 전력 P_A, P_B를 구하고 소비하는지 공급하는지를 밝혀라.

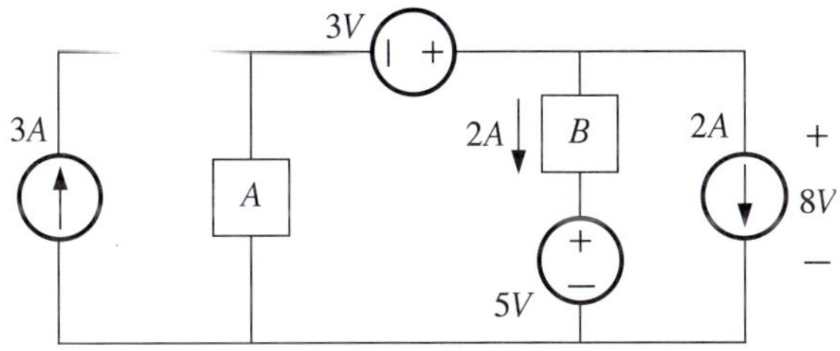

답 $P_A = -5W$: 공급, $P_B = +6W$: 소비

전력 계산

23 다음 회로에서 $v_1(t) = 3(1 - e^{-t})V$, $v_2(t) = (3e^{-t} - 1)V$, $i_1(t) = 3e^{-t}A$, $i_2(t) = (3e^{-t} - 1)A$이다(모두 $t > 0$).

(a) 회로 소자 A, B에서 소비하는 전력을 구하라.

(b) 시간 구간 $0 \le t \le 1[\text{sec}]$에서 소비한 에너지를 구하라.

(c) 모든 소자가 소비한 전력이 0이 됨을 보여라.

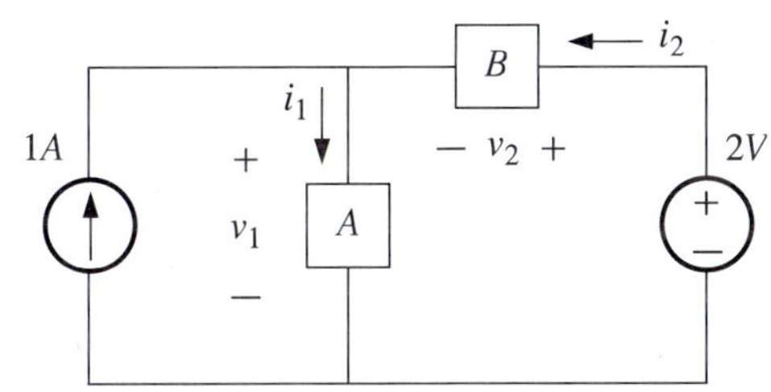

답 (a) $P_A = 9(e^{-t} - e^{-2t})W$, $P_B = (9e^{-2t} - 6e^{-t} + 1)W$

(b) $W_A = 1.80J$, $W_B = 1.10J$

전력 계산

24 다음 회로에서 부하 8Ω에 공급하는 전력을 구하라.

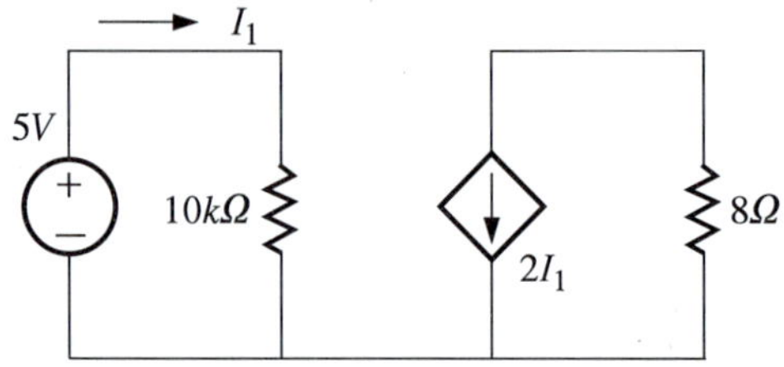

답 $P_L = 0.8mW$

전력 계산

25 (a) 회로 (a)에서 전류 I를 구하라.

(b) 이 회로를 회로 (b)와 같이 변경하였다. 전류 I를 구하라.

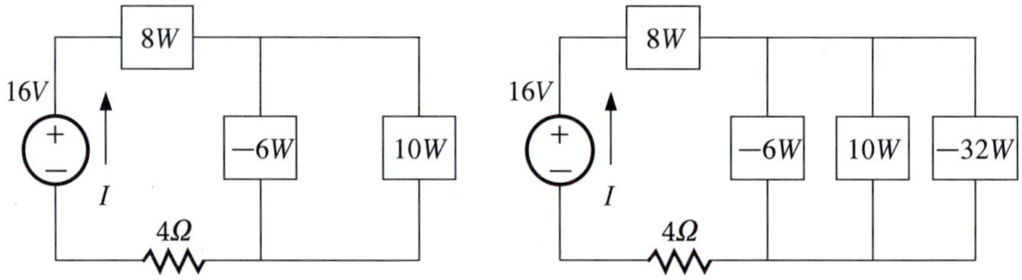

(a) (b)

답 (a) $I = 1A$ 또는 $3A$, (b) $I = -1A$ 또는 $5A$

● ● ● *Table*

CHAPTER 03

저항회로

Contents

03 CHAPTER 저항회로

2장에서 기본 회로 소자인 저항과 전원을 소개하였다. 옴의 법칙, 키르히호프의 전류법칙과 전압법칙, 저항에서의 전압강하와 전류와의 관계, 저항에서 소비하는 전력, 전원의 전력 판정(공급 또는 소비) 등은 앞으로 공부하게 될 회로해석에 기초를 제공한다.

회로는 전원과 회로 소자가 복잡하게 연결되어 있는 시스템[1]이다. 저항 회로만을 고려할 때, 저항의 직렬 또는 병렬로 연결된 회로는 가장 단순한 회로 연결이다. 3장에서는 회로해석을 위한 용어를 정리하고, 간단한 저항회로를 이용하여 회로해석 기법을 익히도록 한다. 또한 저항의 복잡한 연결이라 할 수 있는 델타-와이 연결을 소개하도록 한다.

회로는 소자들이 유기적으로 연결된 것이므로 회로가 어떻게 구성되더라도 물리법칙 안에서 작동할 수밖에 없다. 그러므로 회로가 구성되면 회로 연결 자체에 해결의 실마리를 가지고 있다.

3.1 루프(loop), 노드(node), 브랜치(branch)[2]

회로에서 회로 소자를 연결하는 방법은 매우 다양하다. 그러므로 회로의 연결 형태, 즉 회로망(network)[3]의 형태 및 용어에 대한 기본적인 개념을 이해해야 한다. 회로 소자의 연결은 다양한 형태가 존재하지만 체계적인 해석을 위하여 직렬, 병렬,

1) 시스템(system): 계(係), 물리적인 장치
2) 루프, 노드, 브랜치: loop(망), node(마디), branch(가지)
3) 회로망(network)과 회로(circuit): 회로해석에서는 두 용어를 혼용에서 쓰고 있다. 구태여 구분하자면 회로망은 모든 소자들의 연결이고, 회로는 적어도 하나 이상의 폐회로(closed loop)가 존재하는 회로망이다.

직 · 병렬, 델타–와이 연결 등을 다루도록 한다.

회로 구조를 공부할 때는 소자들이 연결된 형태를 논의하기에 앞서 기본적인 회로망의 용어인 브랜치, 노드, 루프 등을 설명할 필요가 있다.

> **브랜치(branch, 가지):** (단자가 2개인) 2단자 소자 한 개를 가리킨다.
>
> **노드(node, 마디):** 두 개 이상의 소자가 연결된 점(단자)[4]이다.
>
> **루프(loop, 망):** 폐회로(closed path)를 가리킨다. 즉, 한 노드에서 출발하여 회로 내의 여러 노드를 (한 번만) 거쳐 원래 시작한 노드로 돌아오는 길이다.

(그림 3–1)은 우리가 해석하려는 회로의 형태이다. (그림 3–1 a)는 일반적으로 텍스트에 그려지는 회로 형태이고 (그림 3–1 b)는 노드를 확실히 구분할 수 있도록 다시 그린 것이다.

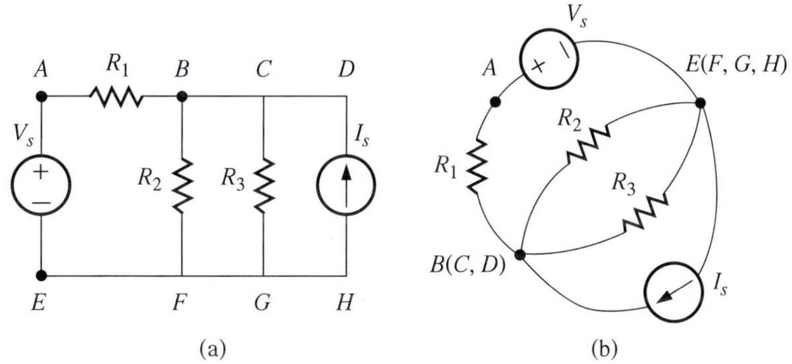

▸▸ **그림 3–1** 회로 구조

브랜치는 회로 소자의 수이므로 모두 5개이고(V_S, I_S, R_1, R_2, R_3), 노드는 (그림 3–1 b)를 참조하면 모두 3개인 것을 확인할 수 있다(A, B, E). (그림 3–1 a)에서 위쪽의 B, C, D는 모두 같은 단자이고 아래 E, F, G, H도 동일한 단자이다. 노드는 일반적으로 도트(•) 표시를 함으로써 구분을 확실히 한다.

4) 단자: terminal, 소자의 한쪽 끝 단

루프의 수

루프는 폐회로이다. 위 회로에서 루프의 수는 모두 몇 개일까? 루프 중에서 단일 루프(single loop)를 메쉬(mesh)라고도 한다. (그림 3-1 a)에서 메쉬(한 칸으로 구분된 것)는 3개이고($A-B-F-E-A$, $B-C-G-F-B$, $C-D-H-G-C$), 2개의 메쉬로 이루어진 루프는 2개이며($A-B-C-G-F-E-A$, $B-C-D-H-G-F-B$), 3개의 메쉬로 이루어진 루프는 1개이다($A-B-C-D-H-G-F-E-A$). 즉, 이 회로에서 루프의 개수는 6개이다.[5)]

저항의 연결

회로를 처음 공부할 때 가장 어렵게 느껴지는 것 중 하나는 소자의 연결이 직렬(series)인지, 또는 병렬(parallel)인지 판별하는 것이다. 직렬 연결은 두 개의 회로 소자가 배타적으로(exclusively) 한 노드만을 공유하는 형태이고, 연결된 소자들에는 동일한 전류가 흐른다. 반면에 병렬 연결은 여러 개의 회로 소자가 동일한 두 노드를 공유하는 형태이며, 병렬로 연결된 소자에 걸리는 전압은 같다.

(그림 3-2 a)는 저항이 직렬로 연결된 회로이고 (그림 3-2 b)는 병렬로 연결된 회로이다. (그림 3-2 b) 회로에서 R_3와 R_4는 직렬 연결이지만 두 저항을 합하면 (R_3 + R_4)와 R_1, R_2가 병렬로 연결된 회로가 된다.

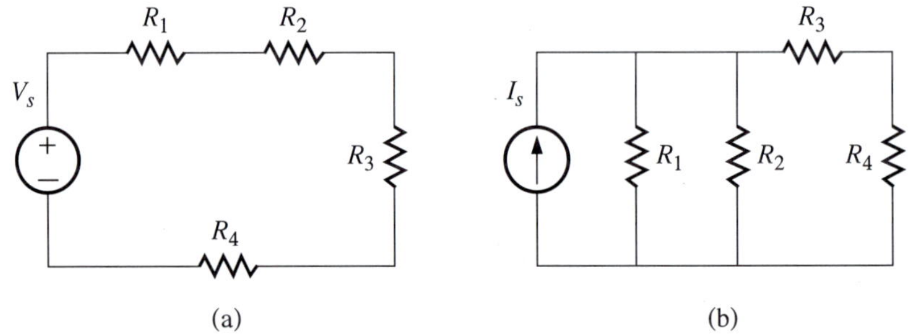

▸▸ **그림 3-2** 저항 직병렬 회로

(그림 3-3) 회로에서 (그림 3-3 a)는 저항의 직병렬 변환 과정을 거치면 등가저

5) 루프와 메쉬: 이 책에서는 루프와 메쉬를 구태여 구분하지 않는다. 앞으로 루프 해석법을 적용할 때 단일 루프에 대한 회로방정식을 만든다. 그러나 단일 루프가 아닌 루프에서 회로방정식을 만들면 편리한 경우도 있다.

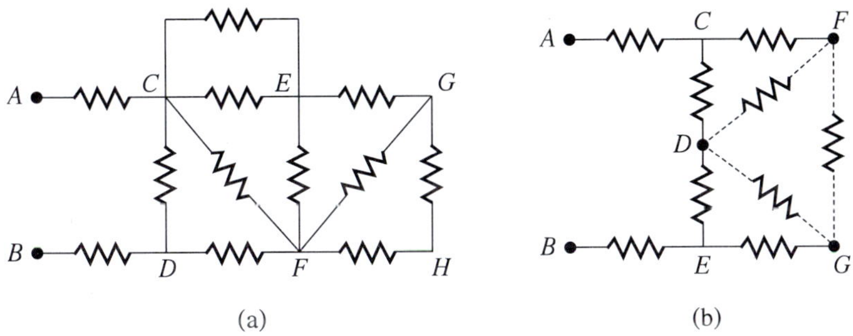

▶▶ 그림 3-3 복잡한 저항회로

항을 만들 수 있는 회로이고, (그림 3-3 b)는 단자 *DFG*가 델타(점선 부분) 형태로 되어 와이 형태로 변환하면 등가저항을 구할 수 있다. 그러나 이렇게 복잡한 저항회로는 실제로는 효용성이 없어서 자주 다루지는 않는다.

예제 3-1 **브랜치, 노드, 루프**

(그림 3-4 a)의 회로에서 브랜치, 노드, 루프의 개수를 각각 구하라. 직렬로 연결된 소자와 병렬로 연결된 소자는 어떤 소자들인가?

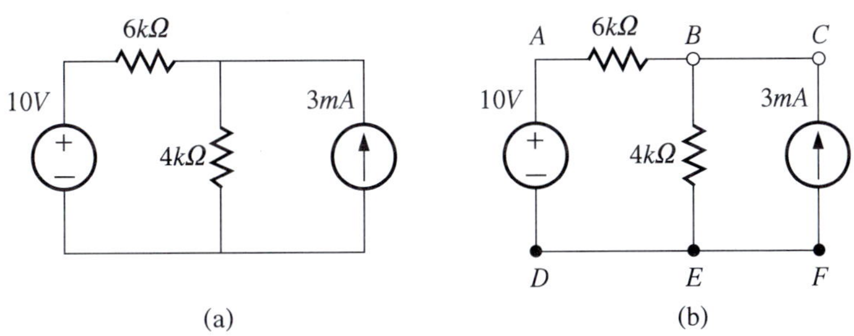

▶▶ 그림 3-4 예제 3-1 브랜치, 노드, 루프

풀이

(i) 브랜치의 수는 회로 소자의 개수이므로 전원 2개, 저항 2개 모두 4개이다. 공통 단자를 묶은 회로를 (그림 3-4 b)처럼 다시 그렸다.

(ii) 이 그림에서 보면 단자 *B*–*C*는 공통이고, 단자 *D*–*E*–*F*도 공통이다. 그러므로 독립된 단자는 A, B, D 3개가 된다.

(iii) 루프는 *ABEDA*, *BCFEB*, *ABCFEDA* 3개가 되는데 *ABEDA*, *BCFEB*는 메쉬이다.

전압원과 $6k\Omega$ 저항은 직렬로 연결되어 있고, 전류원과 $4k\Omega$ 저항은 병렬로 연결되어 있다(동일한 단자 $B-C$와 $E-F$에 연결).

델타–와이(Δ–Y) 연결

저항의 연결이 직렬도 병렬도 아닌 경우를 종종 보게 된다. 그러한 연결 중 적당한 변환을 하면 회로의 다른 저항들과 직병렬 연결로 쉽게 변환되는 연결이 있다.

에너지 회로(발전기나 송전 선로)에서 종종 보이는 이 회로 연결은 필요에 따라 델타 연결은 와이 연결로, 와이 연결은 델타 연결로 변환하여 해석할 수 있다.

(그림 3–5 a)에 보인 델타 연결은 그 모양이 파이(π)와 같아서 파이 연결이라고도 한다(그림 3–5 b). 또한 (그림 3–6 a)의 Y 연결은 (그림 3–6 b)처럼 그리면 T 형태의 연결이 된다.

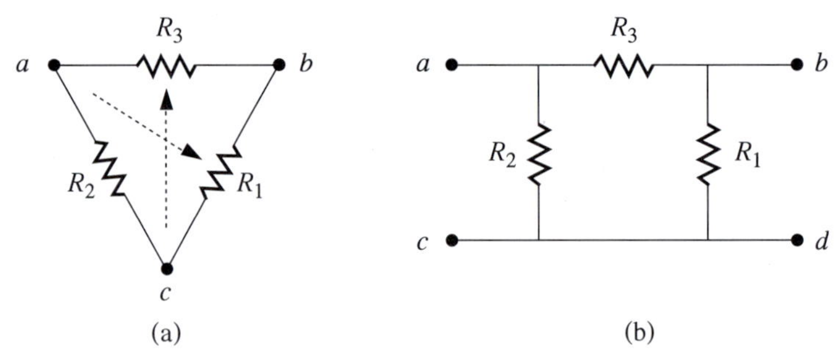

▸▸ **그림 3–5** 델타–파이($\Delta-\pi$) 연결

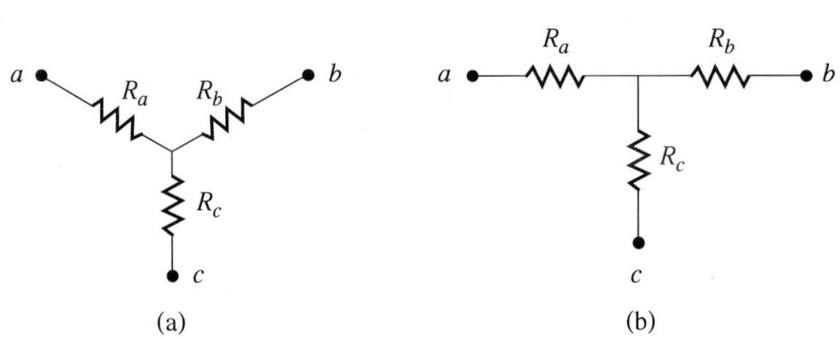

▸▸ **그림 3–6** 와이–티($Y-T$) 연결

3.2 | 단일 루프(single loop) 회로

KCL과 KVL을 활용하여 간단한 회로의 해석을 시도해 보자. 회로에 루프가 한 개인 단일 루프 회로를 통하여 KVL 적용법을 이해하고, 노드가 두 개인 단일 노드쌍 회로를 이용하여 KCL을 적용하는 방법을 예제를 통하여 공부한다. 이 두 경우는 실용적인 회로에서 많이 접하게 되는, 간단하지만 중요한 회로 형태로서 회로 소자에서의 전압 분배와 전류 분배를 이해할 수 있는 회로이다.

먼저 단일 루프 회로에 대한 예제를 통하여 직렬회로에서 전압이 어떻게 배분되는지를 이해하고, 이어서 단일 노드쌍 회로의 예제를 다루면서 병렬회로에서 전류가 배분되는 방법을 이해한다.

단일 루프 회로는 회로 소자가 서로 직렬로 연결된 회로이다. 키르히호프의 전압 법칙(KVL)에 의하면 단일 루프 내의 전압강하의 합은 0이다. 회로가 직렬이면 소자에는 동일한 전류가 흐르며, 이 사실을 수식으로 표현하면,

$$\sum_{m} V_m + \sum_{k} IR_k = 0$$

이 식에서 V_m은 전원의 전압, IR_k는 저항에서의 전압강하이다. 즉, KVL은 루프의 전류를 구하는 문제가 된다.

예제 3-2 단일 루프 회로: 전압 분배

다음 회로에서

(a) 각각의 저항에 걸리는 전압을 구하고 그 결과에 대해 논의하라.

(b) 전원에서 본 등가저항을 구하라.

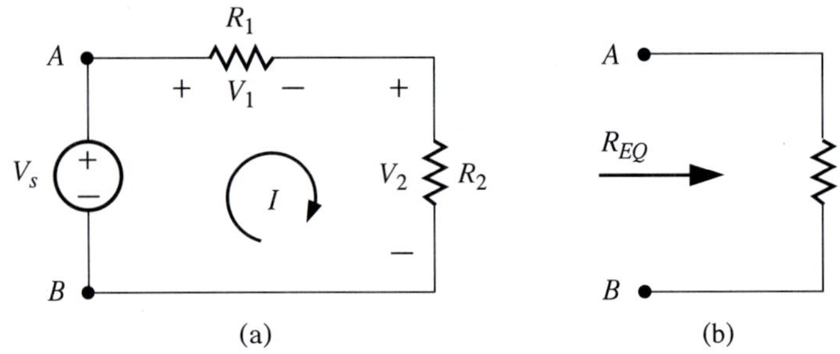

▸▸ 그림 3-7 예제 3-2 단일 루프 회로

풀이

(a) (i) 단일 루프에 연결되어 있는 소자에는 동일한 전류가 흐르므로 루프에서 시계방향으로 전압강하의 합을 구해 보자.

(ii) (그림 3-7 a)에 보인 전류 방향으로 소자의 전압강하를 합하면

$$-V_s + V_1 + V_2 = 0$$

(iii) 그런데 저항의 전압강하는 각각 $V_1 = IR_1$, $V_2 = IR_2$이므로

(iv) 전압강하의 합을 모두 더하면

$$-V_s + IR_1 + IR_2 = 0 \rightarrow V_s = I(R_1 + R_2)$$

(b) (i) (그림 3-7 b)에서처럼 전원에서 본 회로의 등가저항을 R_{EQ}라고 하면

$$V_s = I(R_1 + R_2) = IR_{EQ} \rightarrow R_{EQ} = R_1 + R_2$$

(ii) 루프의 전류는 $I = \dfrac{V_s}{R_1 + R_2}$ 이므로 각 저항의 전압강하는

$$V_1 = IR_1 = \frac{V_s}{R_1 + R_2} R_1 \propto R_1 : R_1\text{에 비례}$$

$$V_2 = IR_2 = \frac{V_s}{R_1 + R_2} R_2 \propto R_2 : R_2\text{에 비례}$$

그러므로 두 개의 저항이 직렬로 연결되어 있을 때 각 저항의 전압강하는 저항값에 비례한다.

> 직렬 회로에서는 큰 저항에 전압이 더 많이 걸린다.

체계적인 문제 풀이법

앞으로 회로해석의 다양한 기법을 배울 것이다. 이 말의 의미는 회로 구조가 더욱 복잡해진다는 뜻이다. 복잡한 구조의 회로를 해석하기 위해서 어떤 해석 방법을 활용해야 할지 어려움을 겪을 때가 있다.

회로해석은 뚜렷한 목표가 있다. 즉, 특정 소자의 전압 또는 전류를 구하는 것이다. 아무리 복잡한 회로라도 키르히호프의 법칙과, 저항에서 옴의 법칙은 항상 성립하므로 주어진 회로 안에 방정식을 만들 수 있는 실마리가 포함되어 있다.

이제 회로해석을 체계적으로 할 수 있는 방법을 찾아보자. 누구나 어떤 문제에 부딪치면 각자 문제해결의 시작점을 찾는 방법이 있을 것이다. 여기에서 제공하는 방법은 독특하다거나 획기적인 방법은 아니지만 이 방법을 통하여 각자 나름대로의 문제 풀이 스타일을 정착시키면 좋을 것이다.

회로를 해석하는 문제가 주어졌다면 주어진 회로를 이해하고 문제를 푸는 과정을 다음 네 가지 체계적인 순서로 진행해 보자.

> Given?, Find What?, Methods(How)?, Verification?

(G) Given?: 무엇이 주어졌는가?
- (i) 항상 회로도를 그린다: 전압원, 전류원, 저항의 단위는 무엇인가?
- (ii) 저항의 연결: 직렬 또는 병렬, 직병렬?
- (iii) 전압원으로 구동되는가 또는 전류원으로 구동되는가?

(F) Find What?: 무엇을 구하라고 요구하는가?
- (i) 저항에 걸리는 전압 또는 저항에 흐르는 전류?
- (ii) 저항 또는 전원의 전력?
- (iii) 전원에서 본 회로의 등가저항?

(M) Methods?: 어떤 방법을 이용할 것인가?
- (i) KCL, KVL, 옴의 법칙은 항상 성립한다
- (ii) 직병렬 저항의 간략화?

(V) Verification?: 검산, 풀이가 정당한가?
- (i) 구한 해가 상식적인 값인가, 단위가 적당한가?
- (ii) 구한 수치를 대입해 본다.

이제 위에 설명한 순서대로 간단하지만 앞의 [예제 3-2]를 다시 풀어 보자.

[연습 3-1] 예제 3-2: 체계적인 해석법

예제 3-2를 체계적으로 풀기 위해 필요한 사항을 나열해 보자.

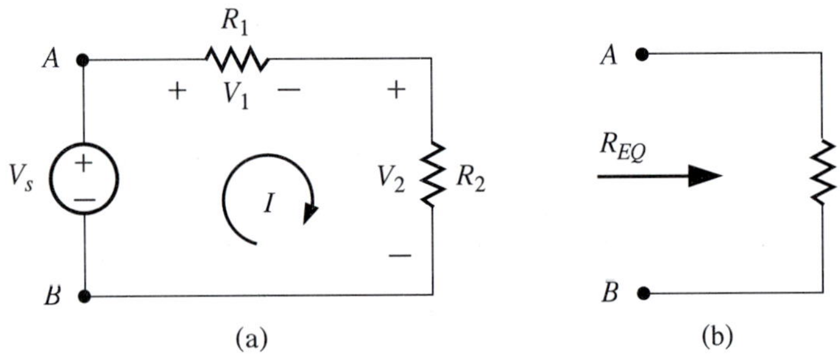

▸▸ 그림 3-8 연습 3-1 단일 루프 회로

답 Given?: 회로 관찰을 통하여

(G-1) 단일 루프회로, 독립 전압원 V_s, 직렬저항 R_1, R_2

(G-2) 단일 루프 회로이므로 소자에 동일한 전류가 흐른다: KVL

Find What?: 전압 배분

(FW-1) V_1과 R_1, V_2와 R_2와의 관계?

(FW-2) 그 결과 전원에서 본 등가저항 R_{EQ}?

Methods?: 단일 루프 회로

(M) KVL 이용, 옴의 법칙: $V=RI$

(V) 검산: $V_1+V_2=\frac{V_s}{R_1+R_2}R_1+\frac{V_s}{R_1+R_2}R_2=V_s\frac{R_1+R_2}{R_1+R_2}=V_s$

물론 이 연습은 간단한 문제이기 때문에 여기에 제시한 방법으로 푸는 것은 아주 번거롭다. 하지만 이런 연습을 통하여 각자 더 좋은 방법을 찾을 수 있다면 얼마나 좋을까?

예제 3-3 **단일 루프 회로: 전압 분배**

다음 단일 루프 회로에서 V_{BD}를 구하라.

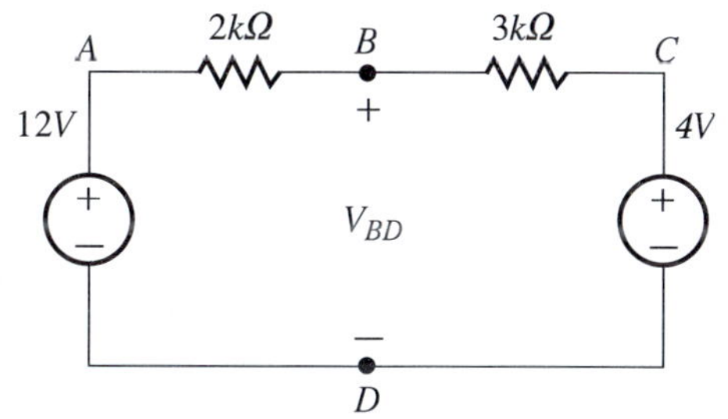

▸▸ 그림 3-9 예제 3-3 단일 루프 회로

(G-1) 단일 루프 회로: 전류 공통, KVL

(G-2) 이중첨자: $V_{BD} = V_B - V_D = V_{BA} + V_{AD} = V_{BC} + V_{CD}$

(G-3) 저항은 kilo-ohm(10^3), 전류는 mA(10^{-3})

(FW) V_{BD}?

(M) (G-1), (G-2)에서 이미 주어졌다.

풀이

(i) (G-1) 루프에 전류가 시계방향으로 흐른다고 가정하고(I_{AB}) 단자 A에서부터 전류 방향으로 전압강하를 계산하면,

$V_{AB} + V_{BC} + V_{CD} + V_{DA} = 0;$

$2kI_{AB} + 3kI_{AB} + 4 - 12 = 0 \rightarrow I_{AB} = 1.6mA = I$: 루프 전류(G-3)

즉, $V_{BD} = V_{BC} + V_{CD} = 3kI + 4 = 8.8V$(G-2)

(ii) 전류가 반시계방향으로 흐른다고 가정하면(I_{AD}),

$V_{AD} + V_{DC} + V_{CB} + V_{BA} = 0;$

$12-4 + 3kI_{AD} + 2kI_{AD} = 0 \rightarrow I_{AD} = -1.6mA$

$V_{BD} = V_{BA} + V_{AD} = 2k(-1.6\text{m}) + 12 = 8.8V$

[연습 3-2] 단일 루프 회로: 전압 분배

다음 회로에서 $V_{AD}=3V$이다. V_S를 구하라.

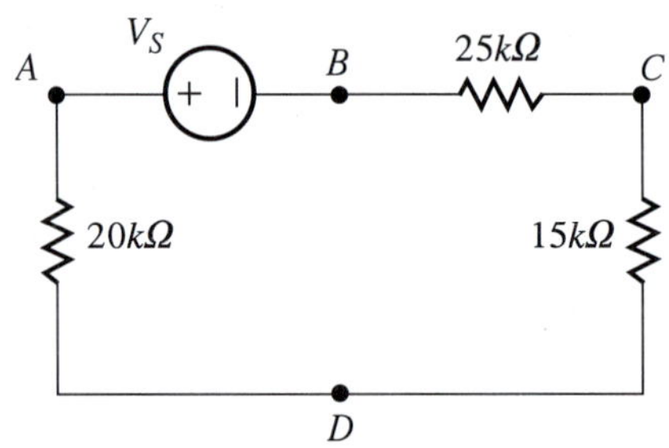

▸▸ 그림 3-10 연습 3-2 단일 루프 회로

힌트

(i) 루프 전류 I의 방향을 어떻게 정할까?

(ii) 문제에서 주어진 것은?; $V_{AD}=20k\,I$, 또는 $V_{AD}=-20k\,I$

답 $V_S=9V$

예제 3-4 단일 루프 회로: 종속전원이 있는 경우

다음 회로에서 단자 B, D의 전압 v_1을 구하라.

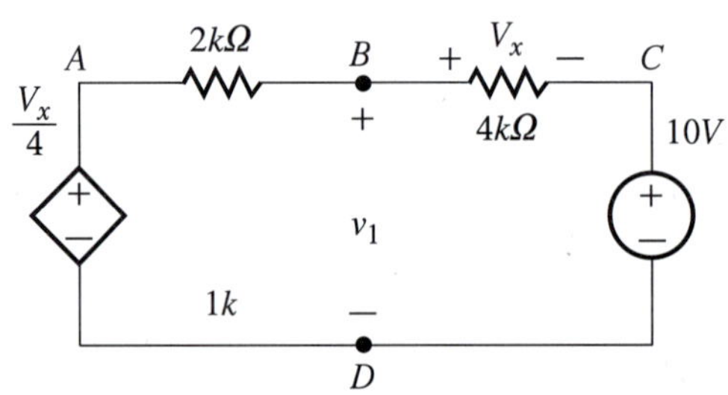

▸▸ 그림 3-11 예제 3-4 단일 루프 회로

(G-1) 단일 루프 회로: KVL

(G-2) 종속 전압원: $\frac{V_x}{4} = \frac{V_{4k}}{4} = \frac{V_{BC}}{4}$

(G-3) $V_{BD} = V_{BC} + V_{CD} = V_{BA} + V_{AD}$

(G-4) 저항은 $k\Omega$, 전류는 mA

(FW) $v_1 = V_{BD} = V_{BC} + 10$

(M) KVL, 옴의 법칙

풀이

(i) 루프 전류 I가 시계방향으로 흐른다고 가정하여 KVL을 적용하면,

$$2kI + 4kI + 10 - \frac{V_x}{4} = 0$$

(ii) 종속 전압원은 $V_x = 4kI$이므로(G-2),

$$2kI + 4kI + 10 - 1kI = 0 \rightarrow I = -2mA(G-4)$$

(iii) 즉, $v_1 = V_{BD} = V_{BC} + V_{CD} = 4kI + 10 = 2V(G-3)$

또는 $v_1 = V_{BA} + V_{AD} = -2kI + \frac{V_x}{4} = -2k(-2m) + \frac{(-2m)(4k)}{4} = 2V(G-3)$

이제 앞에서 설명한 체계적인 해석법을 명심하고 각자 스스로의 방법을 개발해 보자.

[연습 3-3] 단일 루프 회로: 종속전원이 있는 경우

다음은 단일 루프 회로이다. 회로에서

(a) 전압 v_0를 구하라.

(b) 전력을 공급하는 전원이 어떤 것인지 밝혀라.

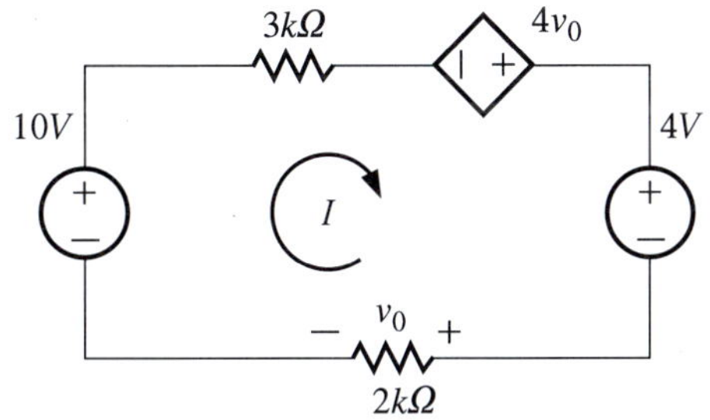

▸▸ 그림 3-12 연습 3-3 단일 루프 회로

(G-1) 이 회로를 보고 알 수 있는 내용을 열거해 보라.

(G-2) 수동부호 규정에 의해 공급하는 전력은 (-)이다.

(M-1) v_0를 구하기 위해서 필요한 기법은?

(M-2) 전원의 전력 계산은?

답 (a) $v_0 = -4V$, (b) $4V$ 독립 전압원과 $4v_0$ 종속 전압원

예제 3-5 전원에서 본 등가저항

다음 회로에서 독립전원에서 본 등가저항을 구하라.

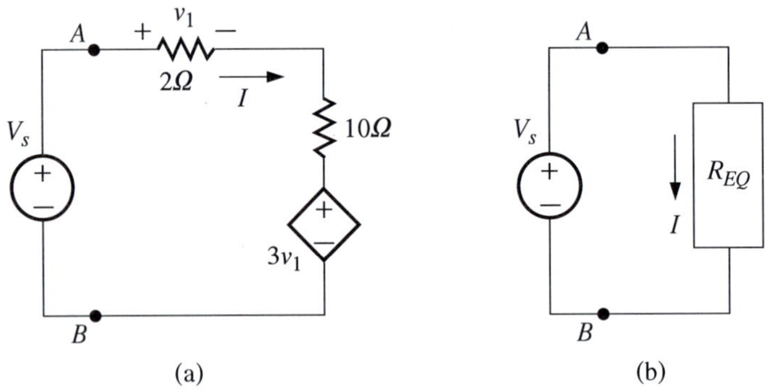

▶▶ 그림 3-13 예제 3-5 회로의 등가저항

(G-1) 종속전원의 값은?

(G-2) 독립전원에서 본 등가저항? $R_{EQ} = \frac{V_s}{I}$

풀이

(i) 루프에 KVL을 적용하면,

$V_s = 2I + 10I + 3v_1$

(ii) 종속 전압원은 $3v_1 = 3(2I) = 6I$

(iii) 이 식을 대입하면,

$$V_s = 12I + 3v_1 = 18I \rightarrow R_{EQ} = \frac{V_s}{I} = \frac{18I}{I} = 18\Omega$$

[연습 3-4] 종속전원이 있는 경우

다음 회로에서

(a) 전압 v_{BD}를 구하라.

(b) 전력을 공급하는 전원이 어떤 것인지 밝혀라.

(c) 독립전원에서 본 회로의 등가저항은 얼마인가?

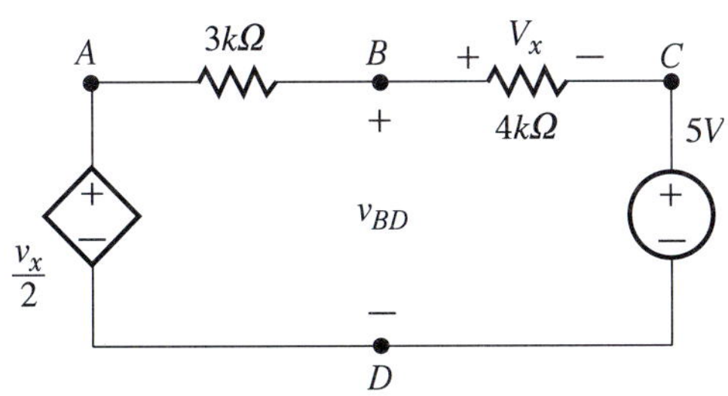

▸▸ 그림 3-14 연습 3-4 단일 루프 회로

힌트

(i) 전압강하 계산의 시작점은? A부터, C부터?

(ii) 전원에서 본 회로의 등가저항: $R_{EQ} = \frac{v_S}{I}$

답 (a) $v_{BD} = 1\,[V]$, (b) $5V$ 독립전압원, (c) $R_{EQ} = 5k\Omega$

3.3 단일 노드쌍(single node-pair) 회로

단일 노드쌍 회로는 소자들이 두 노드에 병렬로 연결되어 있는 회로이다. 노드에서 회로 해석을 할 경우에는 키르히호프의 전류법칙을 이용해야 한다. 한 노드에서 전류는 다음 관계식을 만족한다.

$$\sum_m I_m + \sum_k I_k = \sum_m I_m + \sum_k \frac{V}{R_k} = 0$$

I_m은 전류원의 전류값이며, I_k는 저항에 흐르는 전류인데, 병렬회로는 두 단자에 걸리는 전압이 같은 회로이므로 옴의 법칙을 이용하면 노드 전압을 구하는 방정식이 된다.

예제 3-6 단일 노드쌍 회로: 전류 분배

다음 회로는 두 개의 저항이 병렬로 연결되어 있다.

(a) 각 저항에 흐르는 전류를 구하고 그 결과에 대해 설명하라.

(b) 전원에서 본 등가저항을 구하라.

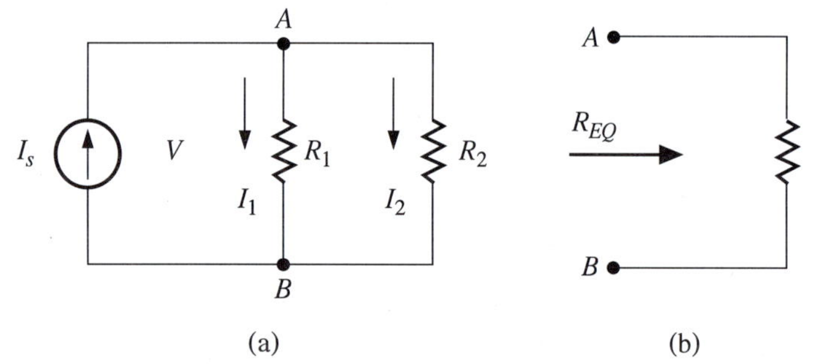

▶▶ 그림 3-15 예제 3-6 전류 분배회로

(G-1) 노드 A, B가 세 소자에 공통이다: 병렬

(G-2) 노드 A 또는 B에서 KCL을 적용할 수 있다.

(G-3) 회로가 병렬이므로 단자 전압은 같다.

(FW-1) I_1, I_2

(FW-2) 전류 I_1, I_2와 저항 R_1, R_2와의 관계

(FW-3) 전원에서 본 등가저항

(M-1) 노드 A에서 KCL, 옴의 법칙 $I=\frac{V}{R}$

(M-2) $R_{EQ}=\frac{V}{I_s}$

풀이

(a) (i) 단자 A로 들어가는 전류의 합을 구하면(M-1),

$$I_s+(-I_1)+(-I_2)=0$$

(ii) 단자 A, B의 전압 $V_{AB}=V$라고 하자(G-3).

옴의 법칙에 의하여 저항에 흐르는 전류는(M-2), $I_1=\frac{V}{R_1}$, $I_2=\frac{V}{R_2}$,

$I_s=I_1+I_2=\frac{V}{R_1}+\frac{V}{R_2}=V\left(\frac{1}{R_1}+\frac{1}{R_2}\right)$이므로,

$$V=\frac{I_s}{\frac{1}{R_1}+\frac{1}{R_2}}=\frac{I_s}{\frac{R_2+R_1}{R_1R_2}}=\frac{R_1R_2}{R_1+R_2}I_s$$

(iii) 그러면(FW-1, 2)

$I_1=\frac{V}{R_1}=\frac{1}{R_1}\frac{R_1R_2}{R_1+R_2}I_s=\frac{I_s}{R_1+R_2}R_2\propto R_2$; R_2에 비례

$I_2=\frac{V}{R_2}=\frac{1}{R_2}\frac{R_1R_2}{R_1+R_2}I_s=\frac{I_s}{R_1+R_2}R_1\propto R_1$; R_1에 비례

두 개의 저항이 병렬로 연결되어 있는 경우 전류는 저항 크기에 반비례한다.

병렬회로는 작은 저항에 더 큰 전류가 흐른다.

(b) (i) 전류원에서 본 회로의 등가저항을 R_{EQ}라고 하면,

$I_s = \frac{V}{R_{EQ}}$이므로,

$$(ii)\ R_{EQ} = \frac{V}{I_s} = \frac{\frac{R_1 R_2}{R_1 + R_2} I_s}{I_s} = \frac{R_1 R_2}{R_1 + R_2} = R_1 // R_2$$

또는 $\frac{1}{R_{EQ}} = \frac{1}{R_1} + \frac{1}{R_2}$

▸▸ 표 3-1 전압 분배와 전류 분배

전압 분배	전류 분배
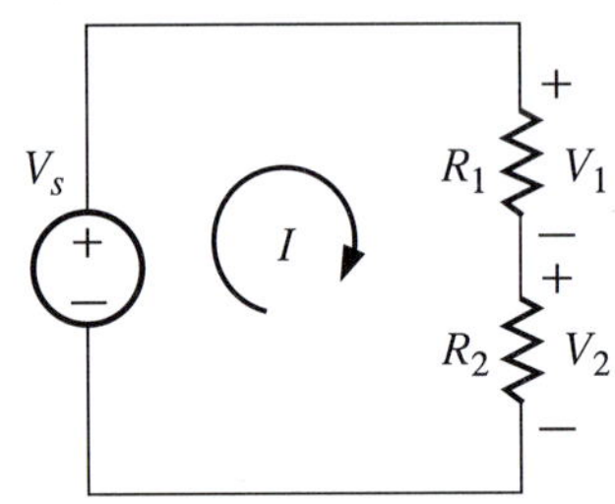	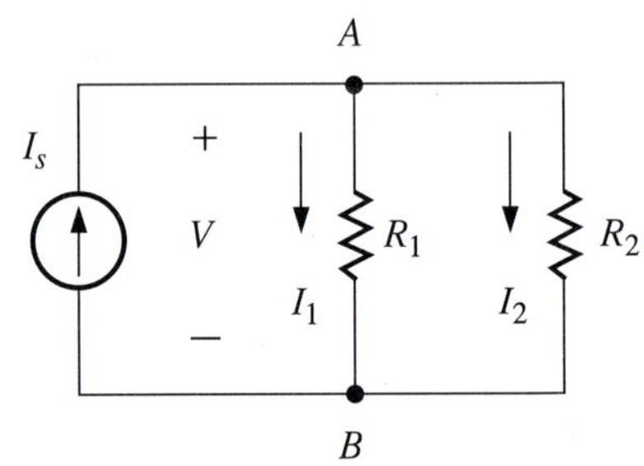
KVL 적용 $V_s = V_1 + V_2 = R_1 I + R_2 I$ $R_{EQ} = R_1 + R_2$	KCL 적용 $I_s = I_1 + I_2 = \frac{V}{R_1} + \frac{V}{R_2}$ $R_{EQ} = \frac{R_1 R_2}{R_1 + R_2}$

예제 3-7 단일 노드쌍 회로

다음 단일 노드쌍 회로에서 전류 i_0를 구하라.

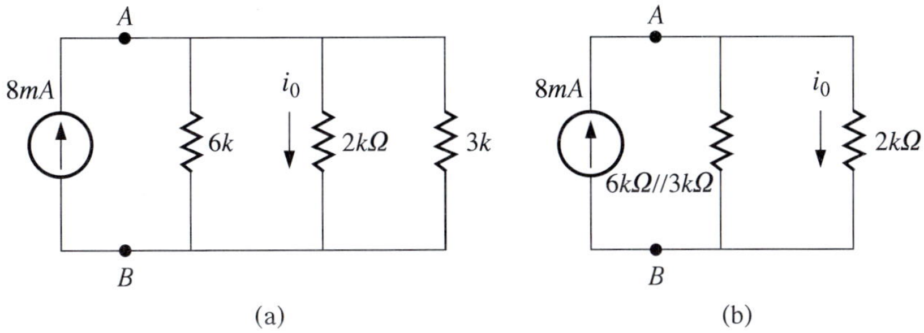

▸▸ **그림 3-16** 예제 3-7 단일 노드쌍 회로

(G-1) 병렬 저항회로
(G-2) $2k\Omega$은 건드리지 않는다.
(FW) $i_0 = i_{2k}$
(M) 전류 배분

풀이

(i) 단자 A, B의 전압을 V_{AB}라고 하면,

$$\frac{V_{AB}}{6k} + \frac{V_{AB}}{2k} + \frac{V_{AB}}{3k} = \frac{(1+2+3)}{6k} V_{AB} = 8mA \rightarrow V_{AB} = 8V$$

그러므로 $i_0 = \frac{V_{AB}}{2k} = 4mA$ (그림 3-16 a)

(ii) 또는 $2k\Omega$에 흐르는 전류만을 구하는 것이므로, 병렬저항을 간단히 하면

$(6k//3k = 2k)$, $i_0 = \frac{8mA}{2} = 4mA$ (그림 3-16 b)

(iii) $8mA$의 전류는 저항의 역수에 비례하여 배분이 된다.

즉, $\frac{1}{6k} : \frac{1}{2k} : \frac{1}{3k} = \frac{2}{12k} : \frac{6}{12k} : \frac{4}{12k} \rightarrow \frac{4}{3}mA : 4mA : \frac{8}{3}mA$

예제 3-8 **단일 노드쌍 회로**

다음 회로에서 물음에 답하라.

(a) i_0를 구하라.

(b) 전력을 제일 많이 소비하는 저항을 구하라.

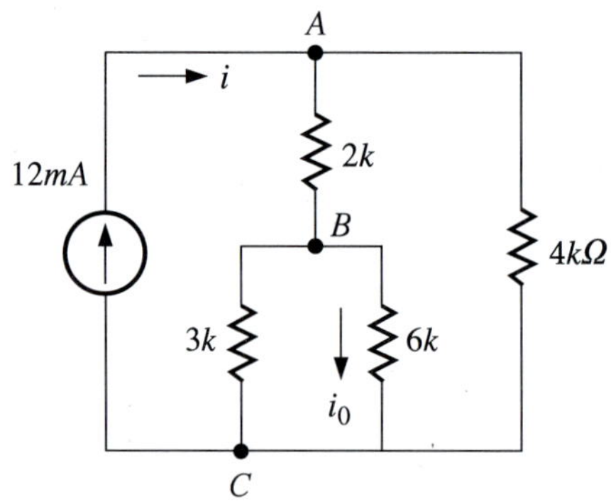

▶▶ **그림 3-17** 예제 3-8 단일 노드쌍 회로

(G) $V_{BC}=?\rightarrow i_{3k}=?,\ V_{AC}=?$

(FW) $i_0=\dfrac{V_{BC}}{6k}$

(M) 병렬=동일 전압, 직렬=동일 전류

풀이

(a) (i) 노드 B, C는 단일 노드쌍이고(즉, 두 저항에 걸리는 전압이 같다),

$6ki_0=3ki_{3k}=V_{BC}$이므로

(ii) $3k\Omega$에 흐르는 전류는(위에서 아래로) $i_{3k}=2i_0$,

그러므로 $i_{AB}=i_{2k}=i_0+i_{3k}=3i_0$

(iii) 단자 A, C의 전압 V_{AC}는 $4k\Omega$에도 걸리므로

$V_{AC}=2ki_{2k}+6ki_0=12ki_0=4ki_{4k}\rightarrow i_{4k}=3i_0$

노드 A에서 나가는 전류의 합은 $i=i_{2k}+i_{4k}=6i_0=12mA\rightarrow i_0=2mA$

(b) (i) 각 저항에서 소비하는 전력을 계산하면,

$P_{2k}=(3i_0)^2\times 2k=72\,[\text{mW}]$

$P_{3k}=(2i_0)\times 3k=48\,[\text{mW}]$

$P_{6k}=(i_0)^2\times 6k=24\,[\text{mW}]$

$P_{4k}=(3i_0)^2\times 4k=144\,[\text{mW}]$

(ii) 전력 소비가 제일 많은 저항은 $4k\Omega$

[연습 3-5] 단일 노드쌍 회로

다음 단일 노드쌍 회로에서
(a) v_0와 i_0를 구하라.
(b) 두 전류원의 전력을 구하라.

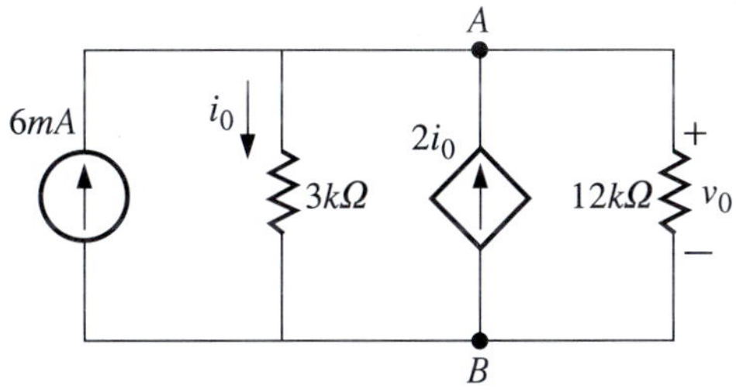

▶▶ 그림 3-18 연습 3-5 단일 노드쌍 회로

힌트

단일 노드쌍 회로: KCL

답 (a) $i_0 = -8mA$, $v_0 = -24V$

(b) 독립전원의 전력 $P_{6m} = -(6m) \times v_0 = -(6m)(-24) = +144mW > 0$: 소비

독립전원의 전력 $P_{i0} = -(2i_0) \times v_0 = -(-16m) \times (-24) = -384mW < 0$: 공급

3.4 직병렬 저항의 계산

저항의 직렬 연결

직렬은 소자가 연이어 연결된 것이다. 이미 단일 루프 회로에서 보았듯이 직렬회로는 루프에 동일한 전류가 흐르므로 KVL을 적용하여 등가(equivalent) 저항을 구할 수 있다.

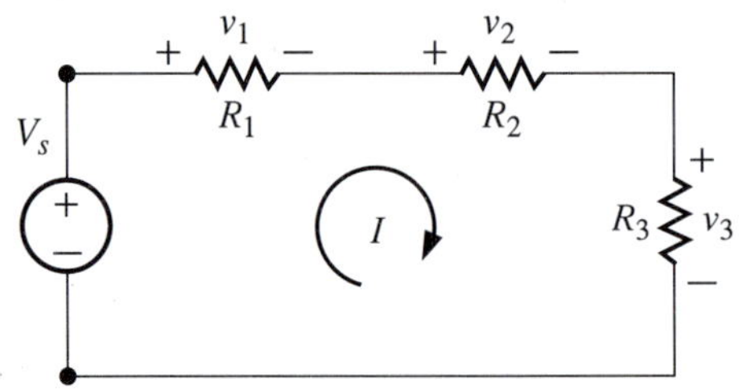

▶▶ 그림 3-19 직렬 저항회로

계산의 편의를 위해 (그림 3-19)처럼 저항 3개가 직렬로 연결된 회로를 생각해 보자. 루프에는 동일한 전류가 흐르므로 저항에서의 전압강하는 각각

$$v_1 = IR_1,\ v_2 = IR_2,\ v_3 = IR_3$$

이므로, 회로의 전체 저항을 R_{EQ}라고 하면,

$$V_s = v_1 + v_2 + v_3 = I(R_1 + R_2 + R_3) = IR_{EQ}$$

즉, $R_{EQ} = R_1 + R_2 + R_3$

만약 N개의 저항이 직렬로 연결되어 있다면 등가저항은

$$R_{EQ} = \sum_{k=1}^{N} R_k$$

회로의 전류는 $I = \dfrac{V}{R_{EQ}}$

저항의 병렬 연결

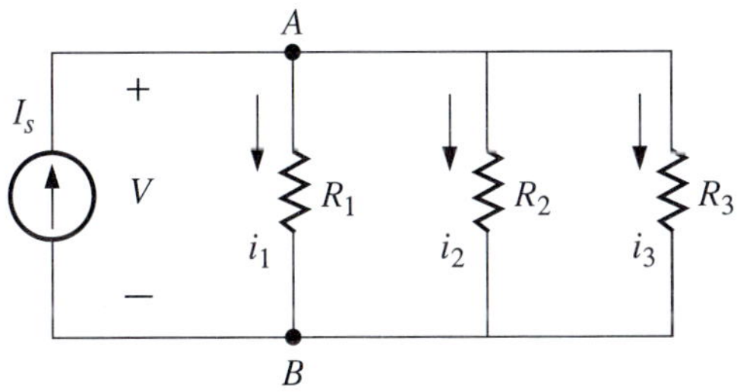

▶▶ 그림 3-20 병렬 저항회로

병렬은 동일한 두 단자에 모든 소자가 연결된 구조이다. 병렬저항에 걸리는 전압은 같으므로 단자 전압 V는

$$V = i_1 R_1 = i_2 R_2 = i_3 R_3$$

(그림 3-20)에서 노드 A에 KCL을 적용하면,

$$I_s = i_1 + i_2 + i_3 = \frac{V}{R_1} + \frac{V}{R_2} + \frac{V}{R_3} = \frac{V}{R_{EQ}}$$

즉, $\frac{1}{R_{EQ}} = \frac{1}{R_1} + \frac{1}{R_2} + \frac{1}{R_3} = \frac{R_2 R_3 + R_3 R_1 + R_1 R_2}{R_1 R_2 R_3}$

N개의 저항이 병렬로 연결된 경우 저항의 역수인 컨덕턴스를 이용하면,

$$\frac{1}{R_{EQ}} = \frac{1}{R_1} + \frac{1}{R_2} + \cdots + \frac{1}{R_N} = G_1 + G_2 + \cdots + G_N = G_{EQ}$$

즉, $G_{EQ} = \sum_{k=1}^{N} G_k$

▶▶ 표 3-2 직병렬 저항의 계산

직렬저항의 계산	병렬저항의 계산
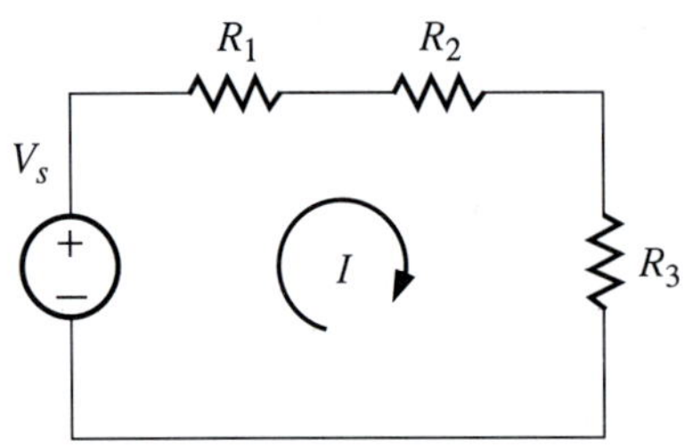	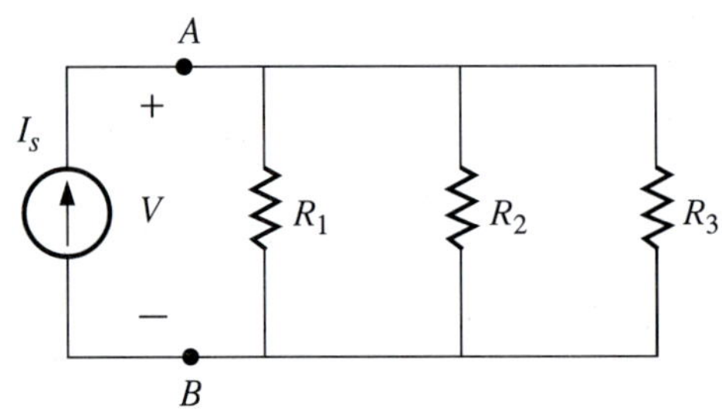
KVL 적용 $R_{EQ} = R_1 + R_2 + \cdots = \sum_{k=1}^{n} R_k$	KCL 적용 $\frac{1}{R_{EQ}} = \frac{1}{R_1} + \frac{1}{R_2} + \cdots = \sum_{k=1}^{n} \frac{1}{R_k}$ $G_{EQ} = G_1 + G_2 + \cdots = \sum_{k=1}^{n} G_k$

예제 3-9 직병렬 저항회로

다음 회로에서 i_1과 v_0를 구하라.

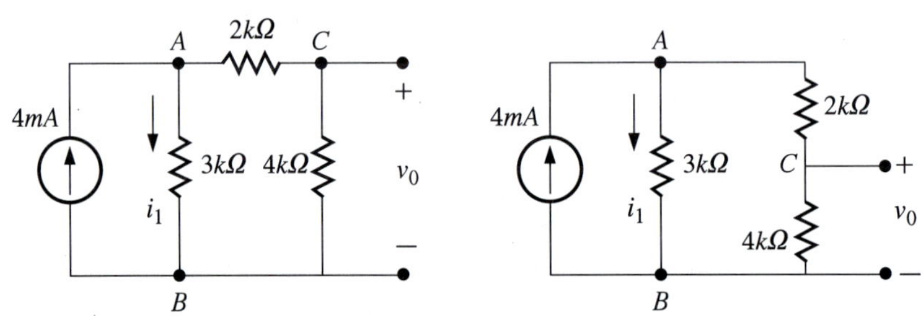

▶▶ 그림 3-21 예제 3-19 직병렬 저항회로

(G-1) 저항 $2k\Omega$과 $4k\Omega$은 직렬
(G-2) 전류 배분 회로

풀이

(i) 출력 저항 $4k\Omega$은 $2k\Omega$ 저항과 직렬로 연결되어 있고$(4k + 2k)$,

(ii) 이 직렬저항이 $3k\Omega$과 병렬로 연결되어 있다.

(iii) 그러므로 (그림 3-21 b)에서 보듯이 전류는 저항 크기의 반비례로 배분되므로

$$i_1 = \frac{2k + 4k}{3k + (2k + 4k)} \times (4m) = \frac{8}{3} mA$$

(iv) 그러므로

$$i_2 = \frac{4}{3} mA, \quad v_0 = 4ki_2 = \frac{16}{3} V$$

예제 3-10 복잡한 저항회로의 해석

(그림 3-22)의 저항회로에서 단자 A, B에서 본 등가저항을 구하라.

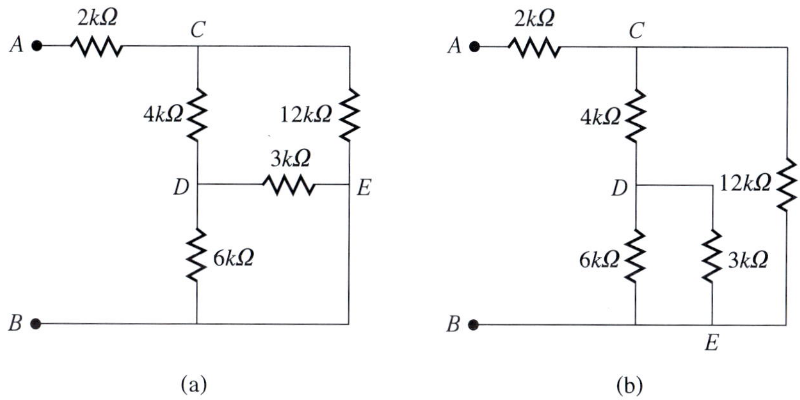

▶▶ 그림 3-22 예제 3-10 직병렬 저항의 계산

(G-1) 직렬인 저항과 병렬인 저항은 어떤 것인가?

(G-2) 단자에 이름을 붙여준다.

(G-3) 회로를 보기 쉽게 다시 그린다.

(F) $R_{AB} = ?$

(M) 직렬, 병렬의 판정법은?

풀이

(i) 저항이 복잡하게 연결되어 있는 회로는 그 기하학적 형태 때문에 어렵게 느껴진다.

(ii) 이런 회로를 가장 간편하게 해석하는 방법은 각 노드에 이름을 표기하는 것이다. 이렇게 하면 어떤 두 저항이 직렬인지 또는 병렬인지를 확실히 판단할 수 있다.

(iii) (그림 3-22 a) 회로의 단자를 살펴보자. 단자 E는 단자 B와 동일한 단자이다. 그러므로 두 저항 $3k\Omega$와 $6k\Omega$은 단자 $D-B(E)$와 연결되어 있는 병렬저항이다. 또한 $12k\Omega$ 저항은 $C-B(E)$와 연결되어 있다.

(iv) 이 사실을 이용하여 회로를 (그림 3-22 b)처럼 다시 그렸다. 그러므로 회로의 등가저항 R_{AB}는

$R_{AB} = 2k + (4k + R_{DB}) \,//\, 12k,\quad R_{DB} = 6k \,//\, 3k = 2k$이므로

$R_{AB} = 2k + (4k + 2k) \,//\, 12k = 2k + 4k = 6k\Omega$

[연습 3-6] 복잡한 저항회로의 해석

(그림 3-23 a)의 회로에서 단자 A, B에서 본 등가저항을 구하라.

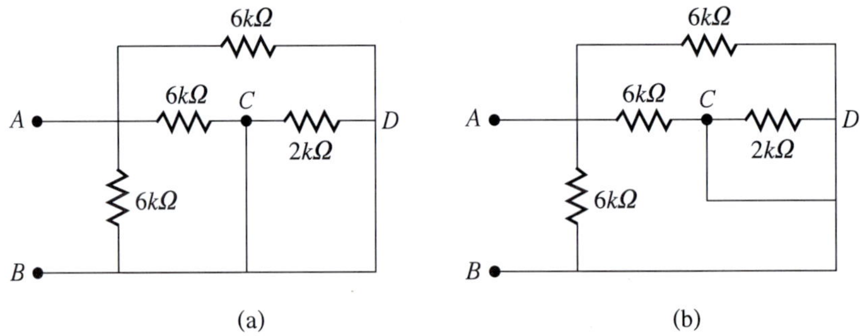

▶▶ 그림 3-23 연습 3-6 등가저항

힌트

단자에 이름을 붙이자. (그림 3-23 b) 참조

답 $R_{AB} = 2k\Omega$

[연습 3-7] 복잡한 저항회로의 해석

다음 회로에서 전류 i_0를 구하라.

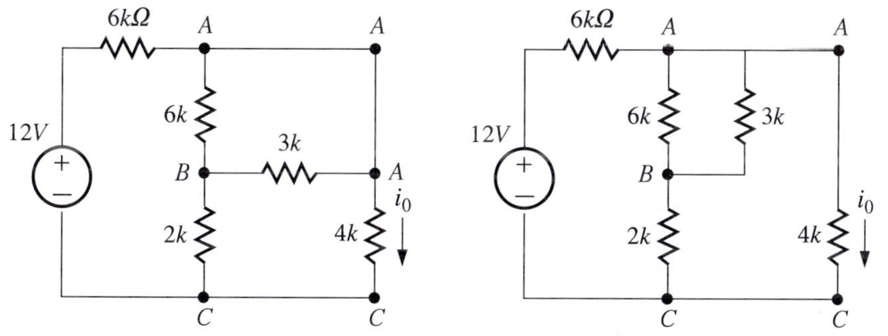

▶▶ 그림 3-24 연습 3-7의 회로

힌트

(i) 단자에 이름을 붙이자.

(ii) 병렬저항을 구분하자.

답 0.75 [mA]

3.5 | 델타-와이 변환

(그림 3-25 a)에 보인 회로를 해석해 보자. 이 회로는 실용적으로는 쓰임새가 별로 없지만 이 델타-와이 구조는 발전기나 송전 회로에 나타나는 회로이다. 회로에서 다섯 개의 저항은 직병렬 구조로 되어 있고 지금까지 소개한 간략화 방법으로는 해석할 수 없다.

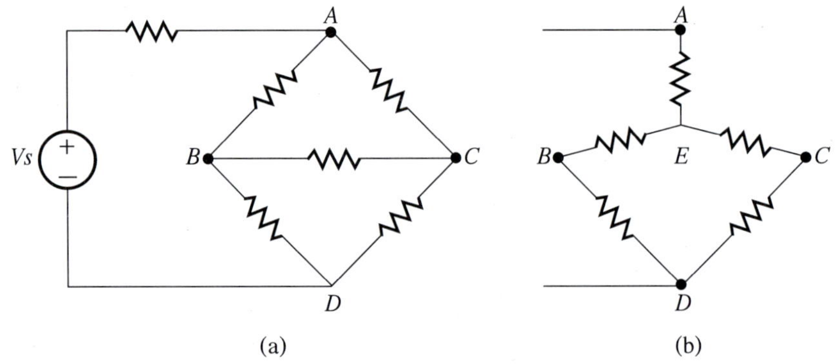

▶▶ 그림 3-25 델타-와이 변환 회로

노드 *ABC* 또는 *BCD*는 삼각형 구조(Δ-구조)로 되어 있는데 이 구조는 약간의 계산으로 (그림 3-25 b)에 보인 것처럼 역으로 된 Y 형태로 바꿀 수 있다. 그러면 (그림 3-25 b)에서 저항 *EBD*와 *ECD*는 병렬 연결이므로 회로의 등가저항을 구할 수 있다.

이제 델타-와이(Δ-Y) 또는 티-파이(T-π) 구조의 저항회로를 변환하는 방법을 소개해 보자. 이 변환 과정은 계산량이 많지만 결과를 쉽게 기억할 수 있도록 단자와 저항의 이름을 다음 방법으로 정한다(그림 3-26).

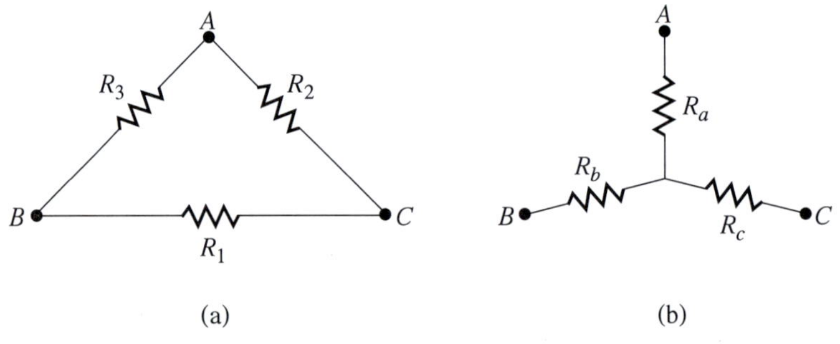

▶▶ 그림 3-26 델타-와이 연결의 명명법

먼저 Δ-연결에서 단자 *A*, *B*, *C*와 마주보는 저항을 각각 R_1, R_2, R_3로 이름을 붙이고, Y-연결에서는 단자 *A*, *B*, *C*와 직접 연결되어 있는 저항을 각각 R_a, R_b, R_c로 정하자.[6] 단자 *A*, *B*, *C*의 순서도 오른손을 감아쥐는 방향으로 정하자.[7]

6) Y가 영어이므로 저항의 첨자를 영어로 a, b, c로 하고 Δ-연결에서는 저항의 첨자를 1, 2, 3으로 하였다.
7) 발전기는 3상이라서 출력 단자가 세 개 있는데, 명명법으로는 오른손을 감아쥐는 방법(right-hand rule)과 왼손을 감아쥐는 방법(left-hand rule)이 있다.

$\Delta \rightarrow \mathrm{Y}$ 변환

이제 단자 A, B에서의 저항 R_{AB}를 구해 보자. (그림 3-27 a)에서 보면 Δ-연결에서 단자 A, B에서 본 등가저항은

$$R_{\Delta AB} = R_3 // (R_1 + R_2) = \frac{R_3 R_1 + R_3 R_2}{R_3 + R_1 + R_2}$$

이 등가저항은 (3-27 b)의 Y-연결에서 단자 A, B에서 본 등가저항

$$R_{YAB} = R_a + R_b$$

와 같아야 한다. 즉, $R_{\Delta AB} = R_{YAB}$

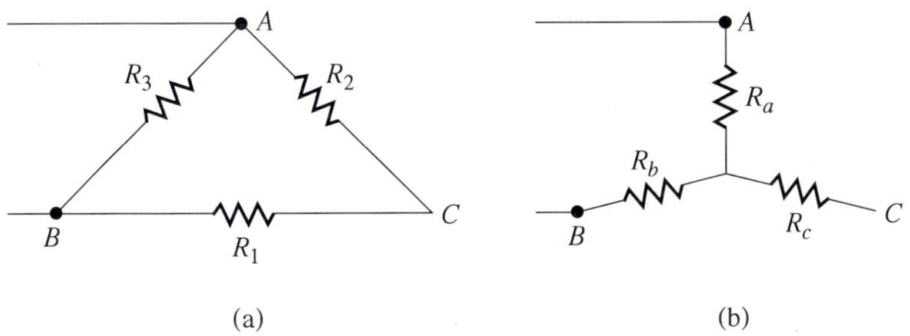

▶▶ 그림 3-27 델타-와이 변환 과정

단자 B, C와 C, A에서도 마찬가지로, $R_{\Delta BC} = R_{YBC}$, $R_{\Delta CA} = R_{YCA}$

$$R_{\Delta BC} = R_1 // (R_2 + R_3) = \frac{R_1 R_2 + R_1 R_3}{R_1 + R_2 + R_3}, \quad R_{YBC} = R_b + R_c$$

$$R_{\Delta CA} = R_2 // (R_3 + R_1) = \frac{R_2 R_3 + R_2 R_1}{R_2 + R_3 + R_1}, \quad R_{YCA} = R_c + R_a$$

각 단자에서의 저항 관계를 다시 정리하면,

$$R_{\Delta AB} = R_3 // (R_1 + R_2) = \frac{R_3 R_1 + R_3 R_2}{R_3 + R_1 + R_2} = R_a + R_b = R_{YAB}$$

$$R_{\Delta BC} = R_1 // (R_2 + R_3) = \frac{R_1 R_2 + R_1 R_3}{R_1 + R_2 + R_3} = R_b + R_c = R_{YBC}$$

$$R_{\Delta CA}=R_2 // (R_3+R_1)=\frac{R_2R_3+R_2R_1}{R_2+R_3+R_1}=R_c+R_a=R_{YCA}$$

양변을 모두 더하면 $(R_{\Delta AB}+R_{\Delta BC}+R_{\Delta CA}=R_{YAB}+R_{YBC}+R_{YCA})$

$$\frac{2(R_1R_2+R_2R_3+R_3R_1)}{R_1+R_2+R_3}=2(R_a+R_b+R_c)$$

결론적으로

$$R_a+R_b+R_c=\frac{R_1R_2+R_2R_3+R_3R_1}{R_1+R_2+R_3}$$

그런데

$$R_b+R_c=\frac{R_1R_2+R_1R_3}{R_1+R_2+R_3}$$

이므로, 위 식에서 빼면,

$$R_a=\frac{R_2R_3}{R_1+R_2+R_3}$$

이 결과를 살펴보면

> 분모는 Δ-연결의 저항의 합이고,
> 분자는 단자 A를 공유하는 저항 R_2, R_3의 곱이다.

Y-연결의 R_b, R_c도 이 관계를 이용해서 구해 보면,

$$R_b=\frac{R_3R_1}{R_1+R_2+R_3},\ R_c=\frac{R_1R_2}{R_1+R_2+R_3}$$

Y → Δ 변환

번거롭지만 Y-연결을 Δ-연결로 변환하는 과정을 알아보자.

식 $R_a = \dfrac{R_2R_3}{R_1+R_2+R_3}$, $R_b = \dfrac{R_3R_1}{R_1+R_2+R_3}$ 에서 R_2와 R_3를 소거해 본다.

$$\frac{R_a}{R_b} = \frac{\dfrac{R_2R_3}{R_1+R_2+R_3}}{\dfrac{R_3R_1}{R_1+R_2+R_3}} = \frac{R_2}{R_1} \rightarrow R_2 = R_1\frac{R_a}{R_b}$$

$$\frac{R_a}{R_c} = \frac{\dfrac{R_2R_3}{R_1+R_2+R_3}}{\dfrac{R_1R_2}{R_1+R_2+R_3}} = \frac{R_3}{R_1} \rightarrow R_3 = R_1\frac{R_a}{R_c}$$

$$R_a = \frac{R_2R_3}{R_1+R_2+R_3} = \frac{R_1\dfrac{R_a}{R_b}\times R_1\dfrac{R_a}{R_c}}{R_1+R_1\dfrac{R_a}{R_b}+R_1\dfrac{R_a}{R_c}} = \frac{R_1R_1\dfrac{R_aR_a}{R_bR_c}}{R_1\left(1+\dfrac{R_aR_c+R_aR_b}{R_bR_c}\right)}$$

즉, $R_a = \dfrac{R_1R_1\dfrac{R_aR_a}{R_bR_c}}{R_1\left(1+\dfrac{R_aR_c+R_aR_b}{R_bR_c}\right)} = R_1\dfrac{R_aR_a}{R_aR_b+R_bR_c+R_cR_a}$

그러므로 $R_1 = \dfrac{R_aR_b+R_bR_c+R_cR_a}{R_a}$

정리하면,

> 분모는 Y-연결에서 단자 Δ와 연결된 저항이고(R_a)
> 분자는 두 저항의 곱의 합이다.

마찬가지로 이 결과를 그대로 적용하면,

$$R_2 = \frac{R_aR_b+R_bR_c+R_cR_a}{R_b}, \quad R_3 = \frac{R_aR_b+R_bR_c+R_cR_a}{R_c}$$

▶▶ 표 3-3 Δ — Y 변환

<table>
<tr><th>Δ to Y</th><th>Y to Δ</th></tr>
<tr><td>
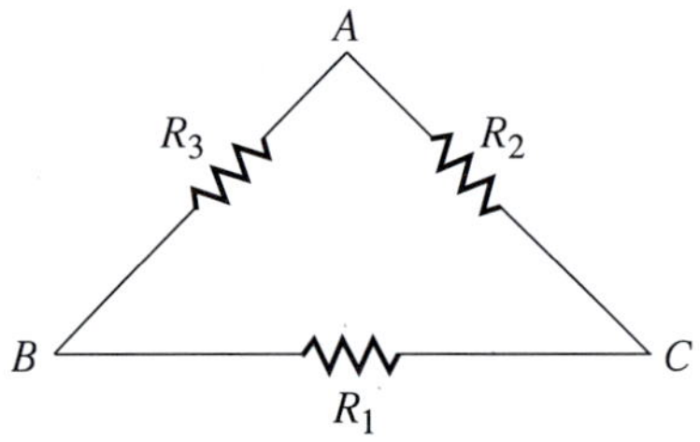

⬇
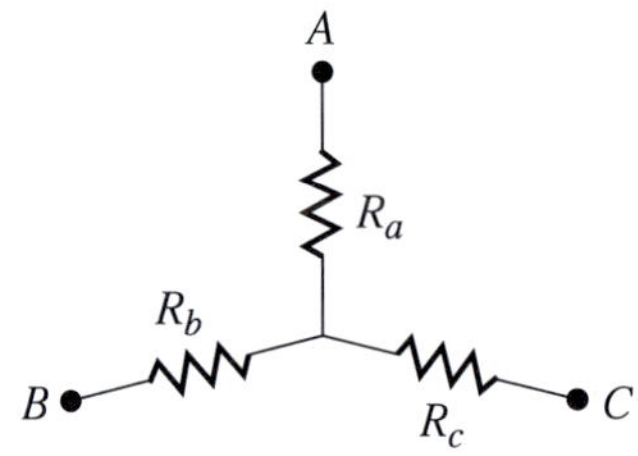

</td><td>
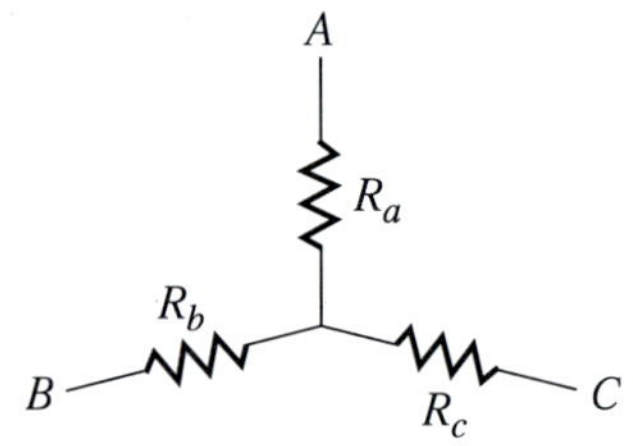

⬇
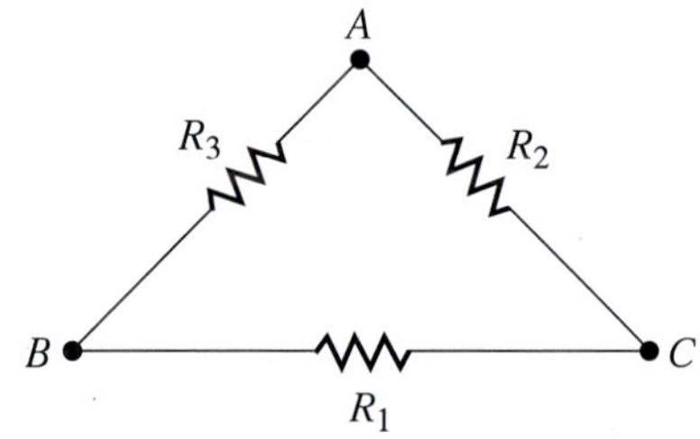

</td></tr>
<tr><td>
$R_a = \dfrac{R_2 R_3}{R_1 + R_2 + R_3}$

$R_b = \dfrac{R_3 R_1}{R_1 + R_2 + R_3}$

$R_c = \dfrac{R_1 R_2}{R_1 + R_2 + R_3}$

분자: $(a \to 23)$, $(b \to 31)$, $(c \to 12)$

분모: $R_1 + R_2 + R_3$
</td><td>
$R_1 = \dfrac{R_a R_b + R_b R_c + R_c R_a}{R_a}$

$R_2 = \dfrac{R_a R_b + R_b R_c + R_c R_a}{R_b}$

$R_3 = \dfrac{R_a R_b + R_b R_c + R_c R_a}{R_c}$

분자: $R_a R_b + R_b R_c + R_c R_a$

분모: $1 \to a$, $2 \to b$, $3 \to c$
</td></tr>
</table>

예제 3-11 예제 3-16 $\Delta \to$ Y 변환

다음 회로(그림 3-28)에서

(a) 전원에서 공급하는 전류 i_1을 구하라.

(b) 단자 B, C에 흐르는 전류 i_2를 구하라.

(c) 단자 B, C에 흐르는 전류가 0이 되도록 $14k\Omega$ 저항을 바꾸어라.

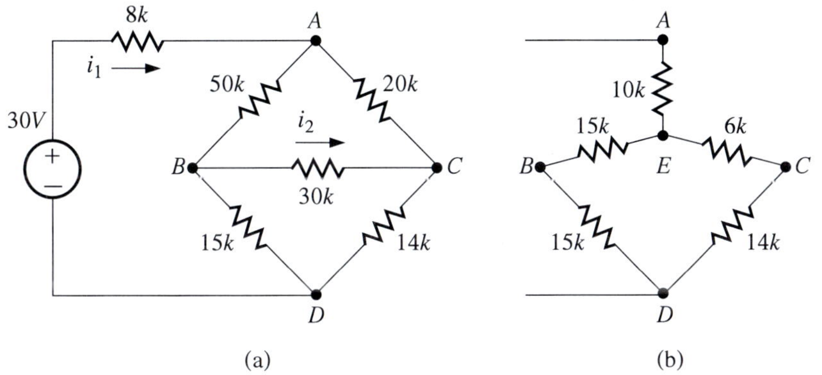

▶▶ 그림 3-28 예제 3-11 델타-와이 연결

(G-1) Δ-연결 ABC와 BCD 중 어느 성분을 간단히 할까?
(G-2) ABC의 저항값이 간결(Y에서 분모가 된다)

풀이

(a) (i) 먼저 단자 A, B, C의 Δ-연결을 Y-연결로 바꿔 보자.

$$R_{YAB} = \frac{50k \times 20k}{50k + 30k + 20k} = 10k\Omega, \quad R_{YBC} = \frac{50k \times 30k}{50k + 30k + 20k} = 15k\Omega,$$

$$R_{YCA} = \frac{50k \times 20k}{50k + 30k + 20k} = 6k\Omega$$

(ii) 정리하면, (그림 3-28 b)와 같은 회로가 되는데, 전원에서 본 등가저항은

$$R_{EQ} = 8k + 10k + (15k + 15k) \,//\, (6k + 14k) = 30k\Omega$$

(iii) 즉, $i_1 = \dfrac{30}{R_{AB}} = 1mA$

(b) (i) (그림 3-28 b)에서

$$V_{BC} = V_{BE} + V_{EC} = -\, i_{BE}(15k) + i_{EC}(6k)$$

(ii) 전류 i_{EB}와 i_{EC}는 단자 A를 통하여 흐르는 전류가 경로 EBD와 ECD로 배분된다.
즉,

$$i_{EB} = (1mA)\frac{20k}{30k + 20k} = 0.4mA, \quad i_{EC} = (1mA)\frac{30k}{30k + 20k} = 0.6mA$$

(iii) 그러므로

$$V_{BC} = -i_{BE}(15k) + i_{EC}(6k) = -6 + 3.6 = -2.4V$$

(iv) $i_{BC} = i_2 = \dfrac{V_{BC}}{R_{BC}} = \dfrac{-2.4V}{30k\Omega} = -0.08mA$

(c) (i) 단자 B, C에 전류가 흐르지 않으면 개방되었다는 의미이므로 회로를 아래 그림처럼 그릴 수 있다.

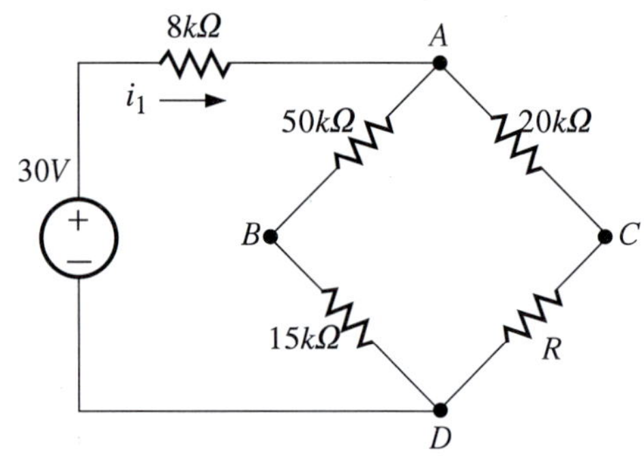

▶▶ 그림 3-29 예제 3-11의 등가회로

(ii) (그림 3-29)에서 보면 $i_{AB} = \dfrac{V_{AD}}{65k}$, $i_{AC} = \dfrac{V_{AD}}{20k+R}$ 이고,

(iii) 전류가 흐르지 않으면 단자 B, C의 전압은 같다.

$$V_{AB} = 50k \times i_{AB} = \frac{300k}{13k} = V_{AC}$$

$$V_{AC} = \frac{30}{20k+R} \times 20k = \frac{600k}{20k+R} = \frac{300}{13k} \rightarrow R = 6k\Omega$$

(iv) 그런데 이 회로 구조를 휘트스톤 브리지라고 부르고,[8] 미지 저항 R은 다음과 같이 구한다.

$$R = \frac{20k \times 15k}{50k} = 6k\Omega \, (R \times 50k = 20k \times 15k)$$

8) Wheatstone(1802~1875): 영국의 발명가. 미지의 전기저항을 측정할 수 있는 wheatstone bridge 발명(마름모꼴 회로 구조를 브리지 회로라고 한다). 세 개의 저항을 알고 있는 상태에서 B-C 단자에 전류를 측정할 수 있는 검류계를 장치하여 전류가 0이 될 때까지 저항을 바꾸어 실험한다.

[연습 3-8] 델타-와이 변환

다음 회로에서 전원에서 공급하는 전류 i_0를 구하라.

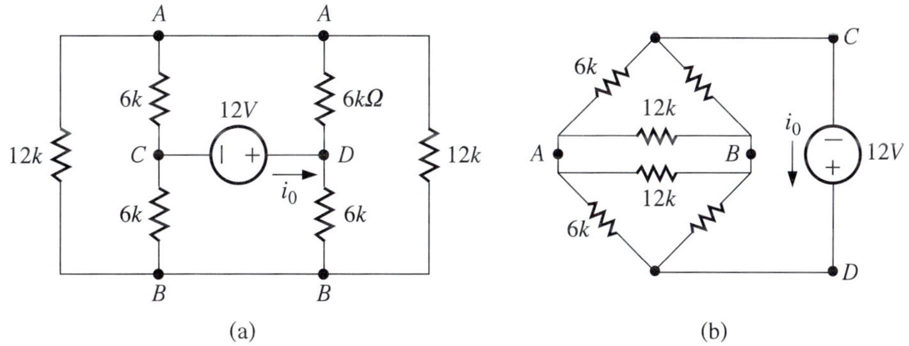

▶▶ 그림 3-30 연습 3-8 델타-와이 연결

힌트

(i) 변형한 회로는 (b)

(ii) $\Delta \rightarrow Y$: $R_a = \dfrac{R_2 R_3}{R_1 + R_2 + R_3}$

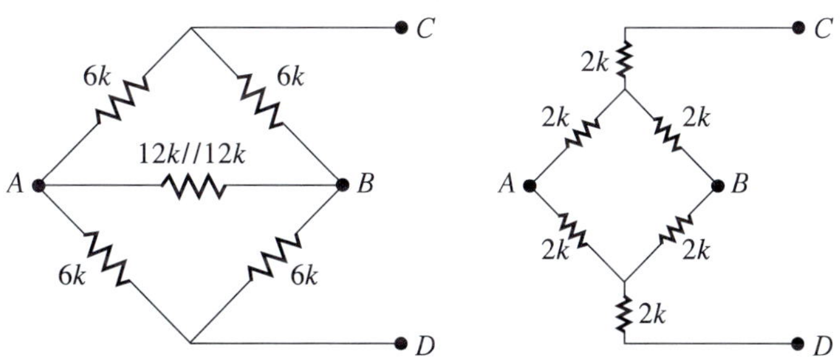

▶▶ 그림 3-31 연습 3-8의 등가회로

답 $i_o = 2mA$

연습 풀이

[연습 3-1]

(G-1) 단일 루프회로, 독립 전압원 V_s, 직렬저항 R_1, R_2

(G-2) 단일 루프 회로이므로 소자에 동일한 전류가 흐른다: KVL

(FW-1) V_1과 R_1, V_2와 R_2와의 관계?

(FW-2) 그 결과 전원에서 본 등가저항 R_{EQ}?

(M) KVL 이용, 옴의 법칙: $V=RI$

(V) 검산: $V_1+V_2=\dfrac{V_s}{R_1+R_2}R_1+\dfrac{V_s}{R_1+R_2}R_2=V_s\dfrac{R_1+R_2}{R_1+R_2}=V_s$

[연습 3-2]

시계방향으로 루프 전류 I를 지정하자.

(i) 단자 A에서부터 KVL 적용: $V_S+25k\,I+15k\,I+20k\,I=0 \rightarrow V_S=-60k\,I$

(ii) $V_{AD}=-20k\,I=3V \rightarrow I=-0.15mA$

(iii) 즉, $V_S=-60k\,I=(-60k)(-0.15m)=9V$

[연습 3-3]

(a) (i) 그림과 같이(시계방향으로) 전류 방향을 지정하고 루프에 KVL을 적용하면,

$$-10+3kI-4v_0+4+2kI=0$$

(ii) 종속 전압원은 $v_0=2kI$

(iii) 정리하면, $6=3kI-8kI+2kI=-3kI$

(iv) 즉, 전류는 $I=-2mA$: 전류는 그림에서 지정한 방향과 반대이다.

(v) 그러므로 구하려는 전압은 $v_0=-4V$

(b) 전원의 전력을 구해 보면,

(i) $10V$ 독립 전압원: $P_{10}=-V\times I=-(10)\times(I)=-(10)(-2m)=+20mW$

$4v_0$ 종속 전압원: $P_{4v_0}=-V\times I=-(4v_0)\times I=-(-16)(-2m)=-32mW$

$4V$ 독립 전압원: $P_{4V}=+V\times I=+(4)\times(I)=(4)(-2m)=-8mW$

(ii) 전력을 공급하는 전원은 $4V$ 독립 전압원과 $4v_0$ 종속 전압원이다.

[연습 3-4]

노드 A부터 전압강하의 합을 구하자. 루프 전류 I

(a) (i) 종속 전압원 값: $v_x = 4kI$

(ii) $3kI = 4kI = 5 - \frac{v_x}{2} = 3kI + 4kI + 5 - \frac{4kI}{2} = 0$, 즉 $I = -1mA$

(iii) $v_{BD} = 4kI + 5 = 1[V]$

(b) (i) $P_{5V} = -(5)(1m) = -5[mW]$: 공급

(ii) $P_{DS} = -\frac{v_x}{2} \times I = -(2)(-1m) + 2[mW]$: 소비

(c) $R_{EQ} = \frac{V}{I} = \frac{5}{1m} = 5k\Omega$

[연습 3-5]

(a) (i) 전류는 방향이 있으므로 전류의 방향을 먼저 정해야 한다.

(ii) 그림에서 단자 $A \rightarrow B$로 흐르는 전류의 합을 구해 보자.

$12k\Omega$에 흐르는 전류는 $i_{12k} = \frac{1}{4} i_0$이므로, 왼쪽 브랜치에서부터

$-6m + i_0 - 2i_0 + \frac{1}{4} i_0 = 0$

즉, $-\frac{3}{4} i_0 = 6mA \rightarrow i_0 = -8mA$

(iii) 그러므로 $v_0 = 3ki_0 = -24V$

(b) (i) 전원의 전력은 항상 전력을 공급하는지 또는 소비하는지를 밝혀야 한다.

$P_{6m} = -(6m) \times v_0 = -(6m)(-24) = +144mW > 0$: 소비

$P_{i0} = -(2i_0) \times v_0 = -(-16m) \times (-24) = -384mW < 0$: 공급

(ii) 이 결과의 검산을 위해 저항에서 소비되는 전력을 계산하면,

$P_{12k} = \frac{v_0^2}{12k} = \frac{(-24)^2}{12k} = 48mW$

$P_{3k} = \frac{v_o^2}{3k} = \frac{576}{3k} = 192mW$

(iii) 소비하는 총 전력은 $P_{\text{dissipate}} - 144m + 48m + 192m = 384mW$

즉, $P_{\text{supply}} = P_{\text{dissipate}}$: 저항에서 소비하는 전력과 전원이 공급하는 전력은 같다.

[연습 3-6]

(i) (그림 3-23 a)에서 보듯이 노드에 이름을 붙였다(C, D). 그러면 $B-C$, $B-D$는 동일한 단자임을 알 수 있다.(즉, $B-C-D$는 동일한 단자)

(ii) 그러므로 C, D에 연결되어 있는 $2k\Omega$ 저항은 단락된 상태이다. 회로를 (그림 3-23

b)처럼 다시 그리면 등가저항은

$R_{AB} = 6k \,//\, 6k \,//\, 6k = 2k\Omega$

[연습 3-7]

오른쪽 회로에서

(i) 저항 $6k\Omega$의 오른쪽: $R_{ABC} = ((6k//3k) + 2k)//4k = 2k\Omega$

(ii) 전원에서 본 등가저항은 $R_{EQ} = 8k\Omega$

(iii) 전원이 공급하는 전류는 $i = 1.5mA$

(iv) 즉, $V_{AC} = 3V \rightarrow i_o = 0.75mA$

[연습 3-8]

(i) 회로를 변형하면, 두 개의 델타 연결 형태이다.

(ii) 그러면 델타-와이 변환에서 $R_a = \dfrac{R_2 R_3}{R_1 + R_2 + R_3} = 2k\Omega$

(iii) 전원에서 본 등가저항은 $R_{EQ} = 2k + (4k//4k) + 2k = 6k\Omega$이므로

(iv) $i_o = 2mA$

3장 문제

단일 루프 회로

01 다음 단일 루프 회로에서

(a) 전류 I를 구하라.

(b) 전압 V_1, V_2를 구하라.

(c) 전압 V_1, V_2가 저항에 비례하여 분배됨을 확인하라.

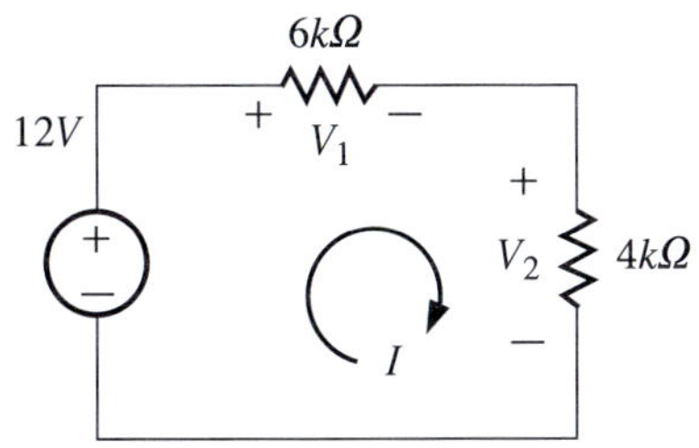

답 (a) $I = 1.2mA$, (b) $V_1 = 7.2V$, $V_2 = 4.8V$, (c) $\frac{V_1}{V_2} = \frac{6k}{4k}$

단일 루프 회로

02 다음 회로에서 단자 B, D의 전압 V_{BD}를 구하자.

(a) $V_{BD} = V_{BC} + V_{CD}$로 계산하여 구하라(시계방향).

(b) $V_{BD} = V_{BA} + V_{AD}$로 계산하여 구하라(반시계방향).

(c) 두 결과가 같음을 확인하라.

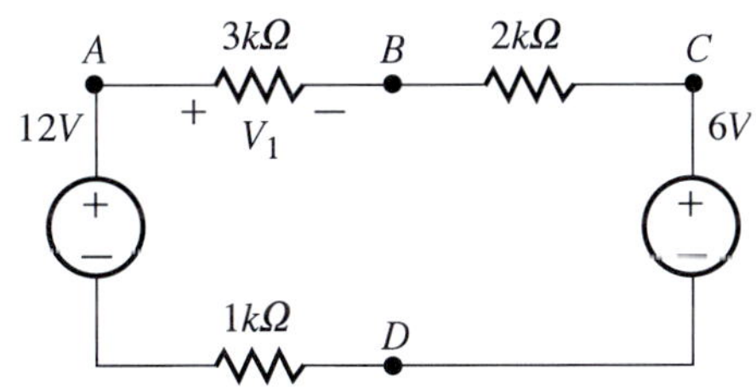

답 (a) 시계방향: $V_{BD} = 8V$, (b) 반시계방향: $V_{BD} = 8V$, (c) 두 결과가 같다.

단일 루프 회로

03 다음 회로에서 V_x를 구하라.

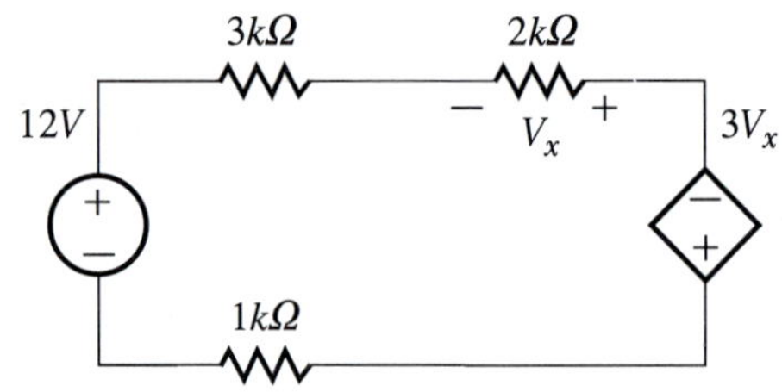

답 $V_x = -2V$

단일 루프 회로

04 다음 회로에서 V_x를 구하라.

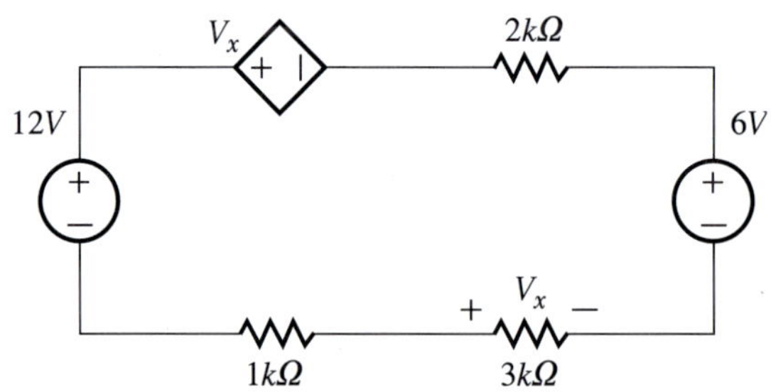

답 $V_x = 1.5V$

단일 로드쌍 회로

05 다음 회로에서

(a) 전압 V를 구하라.

(b) 전류 I_1, I_2를 구하라.

(c) 전류 I_1, I_2가 저항의 역비례로 배분됨을 확인하라.

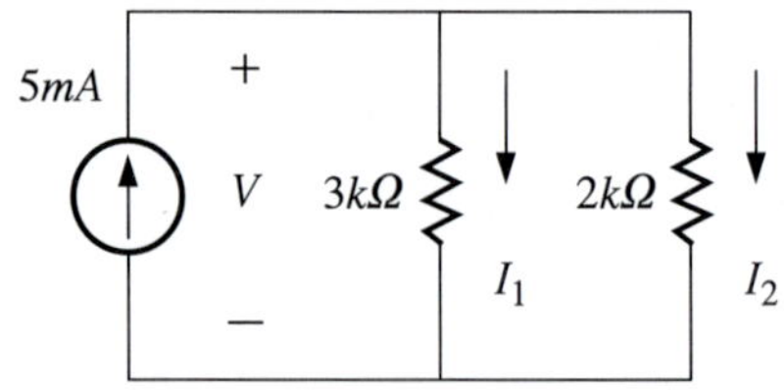

답 (a) $V = 6V$, (b) $I_1 = 2mA$, $I_2 = 3mA$, (c) $\dfrac{I_1}{I_2} = \dfrac{2k}{3k}$

단일 노드쌍 회로

06 다음 회로에서 브랜치 전류를 구하여 이 전류들이 저항의 역수에 비례하여 배분됨을 확인하라.

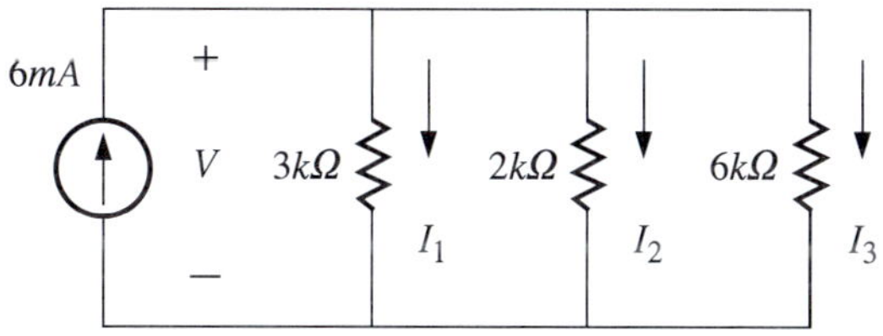

답 $I_1 = 2mA,\ I_2 = 3mA,\ I_3 = 1mA$

전류 비는 $I_1 : I_2 : I_3 = 2:3:1 = \frac{1}{3k} : \frac{1}{2k} : \frac{1}{6k}$

단일 노드쌍 회로

07 다음 회로에서 브랜치 전류를 구하여 이 전류들이 저항의 역수에 비례하여 배분됨을 확인하라.

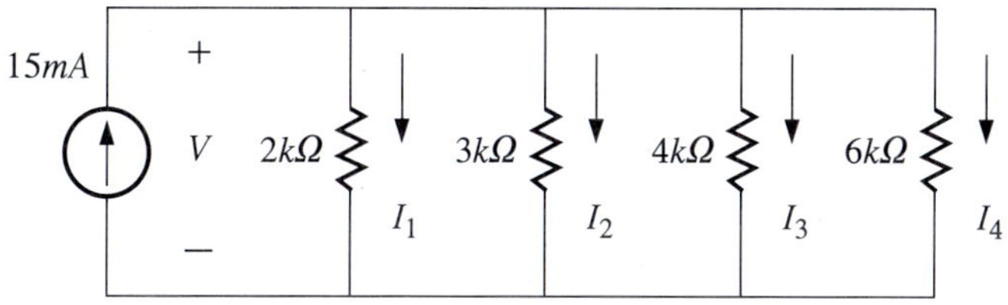

답 $I_1 = 6mA,\ I_2 = 4mA,\ I_3 = 3mA,\ I_4 = 2mA$

전류 비는 $I_1 : I_2 : I_3 : I_4 = 6m : 4m : 3m : 2m = \frac{1}{2k} : \frac{1}{3k} : \frac{1}{4k} : \frac{1}{6k}$

단일 노드쌍 회로

08 다음 회로에서 $I_1 = 3mA$이다.

(a) I_2와 I_3를 구하라.

(b) 부하 R_L은 얼마인가?

(c) 부하에서 소비하는 전력을 구하라.

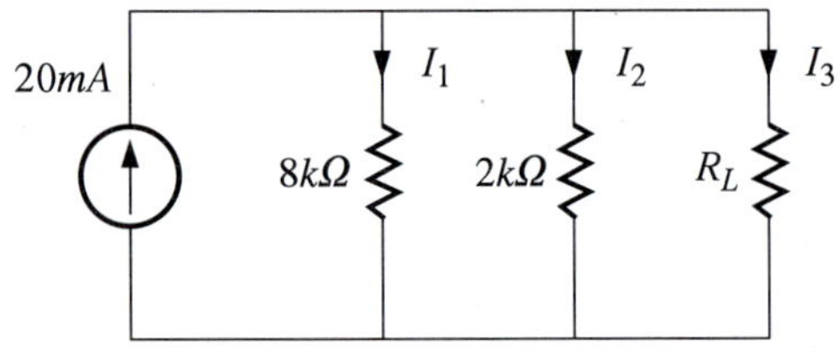

답 (a) $I_2 = 12mA$, $I_3 = 5mA$, (b) $R_L = 4.8k\Omega$, (c) $P_L = 120mW$

단일 노드쌍 회로

09 전원이 공급하는 전력이 $400mW$였다. 저항 R을 구하라.

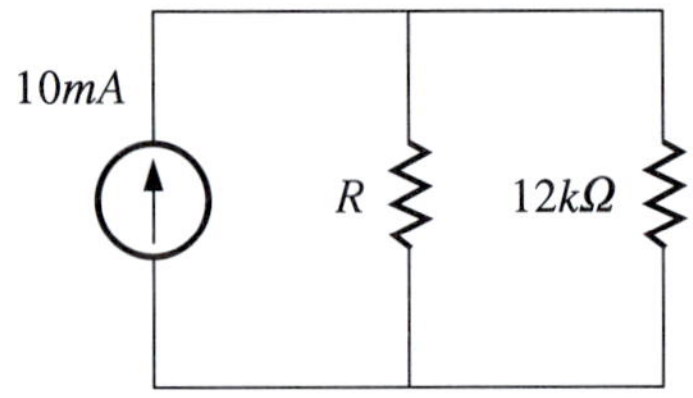

답 $R = 6k\Omega$

단일 노드쌍 회로

10 다음 그림에서

(a) 전류 I_1을 α와 R로 표현하라.

(b) $I_1 = 2mA$, $\alpha = 2$일 때 저항 R에서 소비하는 전력을 구하라.

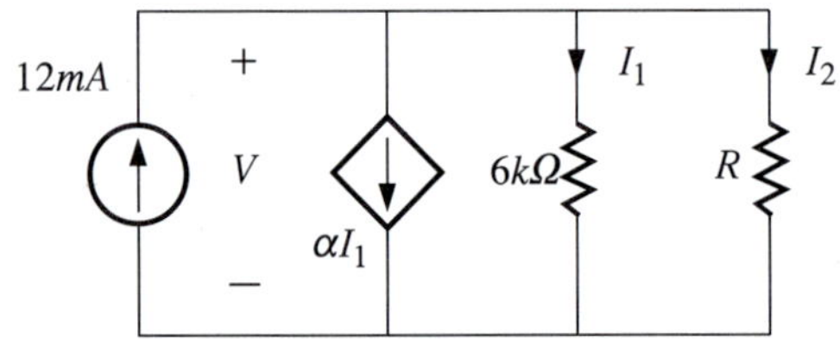

답 (a) $I_1 = \dfrac{12m}{1 + \alpha + 6k/R}$, (b) $P_R = 144mW$

단일 노드쌍 회로

11 다음 회로에서 V_0를 구하라.

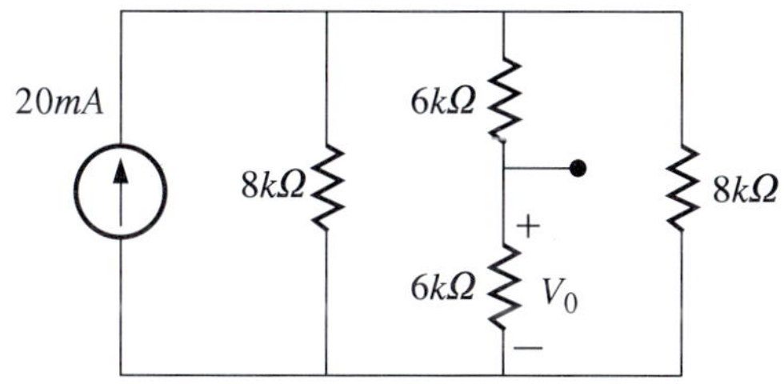

답 $V_0 = 30V$

단일 노드쌍 회로

12 다음 회로에서 I_0를 구하라.

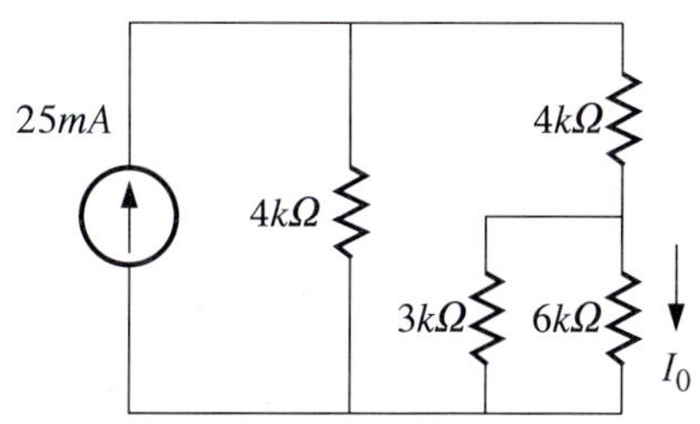

답 $I_0 = \frac{10}{3} mA$

단일 노드쌍 회로

13 다음 회로에서 부하에 흐르는 전류 I_L을 구하라.

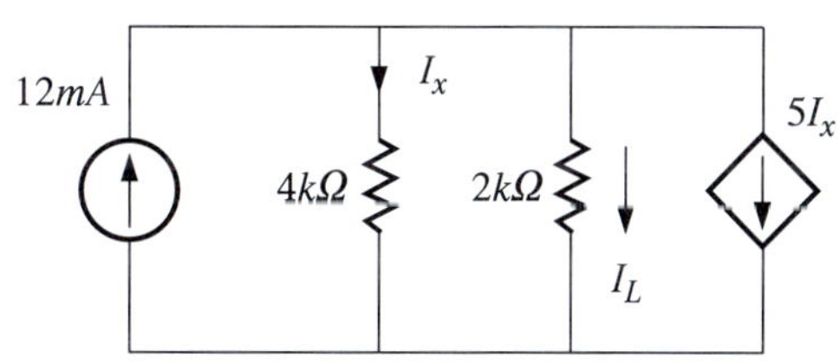

답 $I_L = 3mA$

단일 노드쌍 회로

14 다음 회로에서

(a) v_0와 i_0를 구하라.

(b) 전력을 공급하는 전류원을 찾아라.

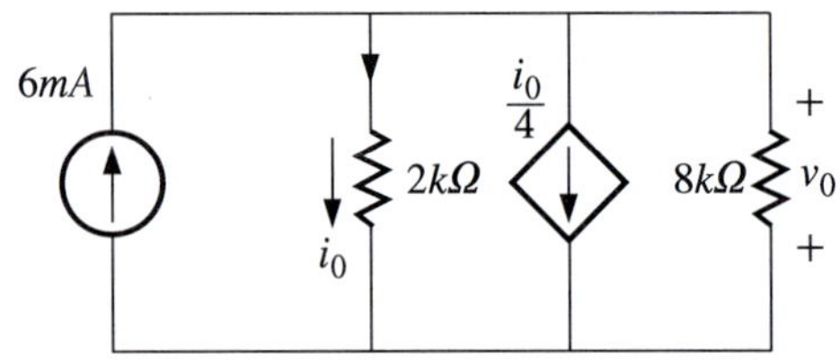

답 (a) $v_0 = 8V$, $i_0 = 4mA$, (b) P_{6m}: 공급

단일 노드쌍 회로

15 다음 회로에서

(a) 전류 I_1, I_2, I_3를 구하라.

(b) 이 값이 컨덕턴스 $1mS$, $2mS$, $5mS$에 비례함을 확인하라.

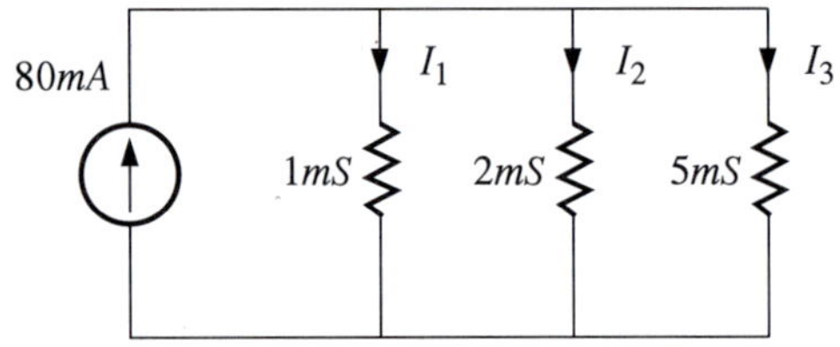

답 (a) $I_1 = 10mA$, $I_2 = 20mA$, $I_3 = 50mA$,

(b) $I_1 : I_2 : I_3 = 10m : 20m : 50m$

단일 노드쌍 회로

16 다음 회로에서 $I_1 = 5mA$였다. 저항 R을 구하라.

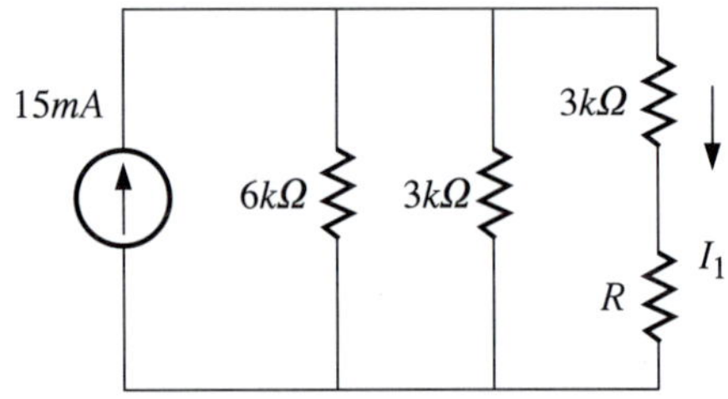

답 $R = 1k\Omega$

저항 직병렬

17 다음 회로에서 등가저항 R_{AB}를 구하라.

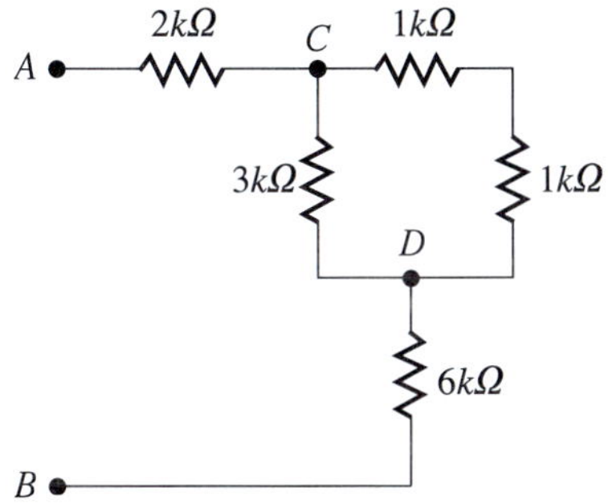

답 $R_{AB} = 9.2k\Omega$

저항 직병렬

18 다음 회로에서 등가저항 R_{AB}를 구하라.

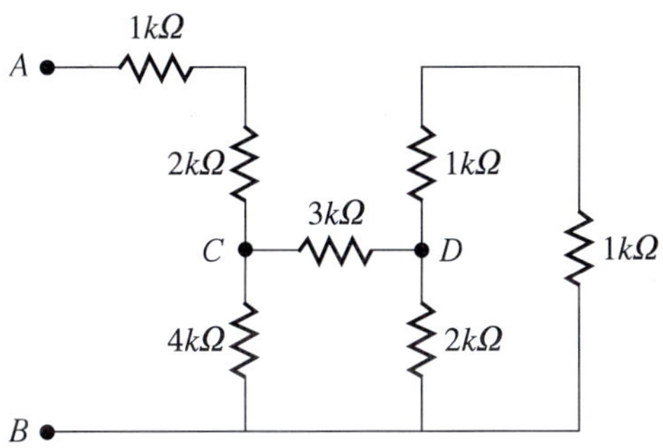

답 $R_{AB} = 5k\Omega$

저항 직병렬

19 다음 회로에서 등가저항 R_{AB}를 구하라.

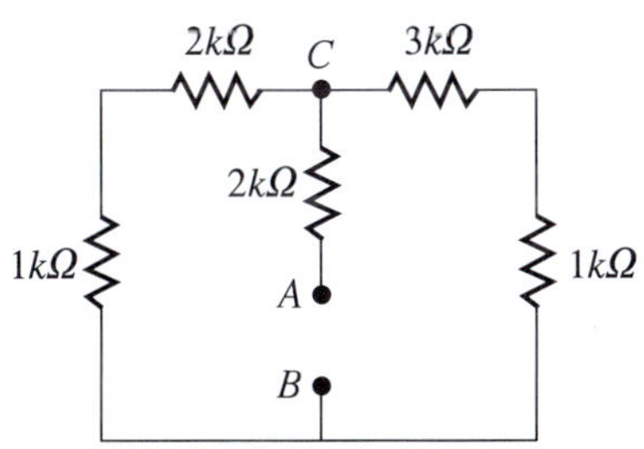

답 $R_{AB} = \frac{26}{7} k\Omega$

저항 직병렬

20 다음 회로에서 등가저항 R_{AB}를 구하라.

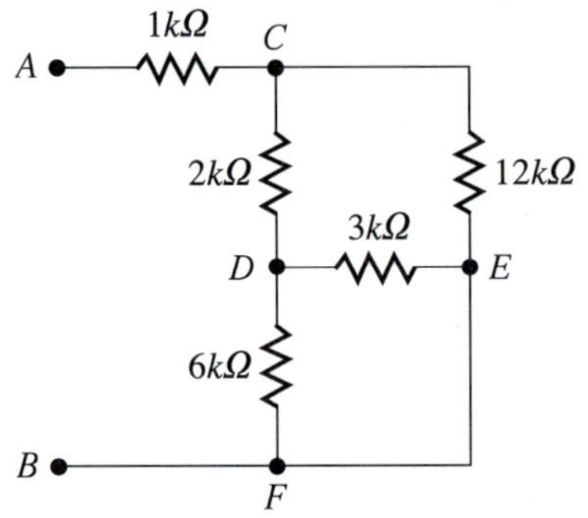

답 $R_{AB} = 4k\Omega$

저항 직병렬

21 다음 회로에서 등가저항 R_{AB}를 구하라.

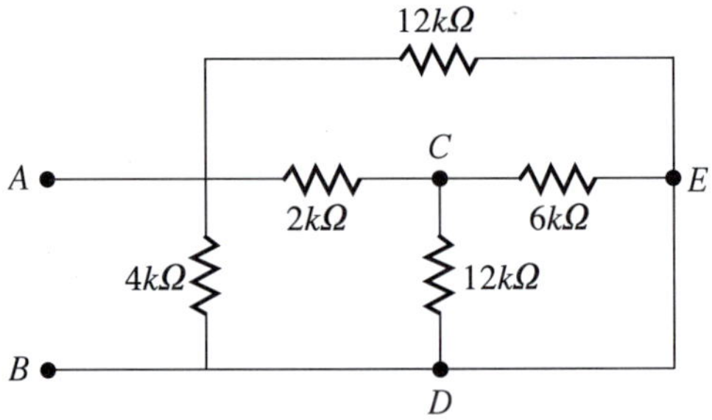

답 $R_{AB} = 2k\Omega$

저항 직병렬

22 다음 회로에서 등가저항 R_{AB}를 구하라.

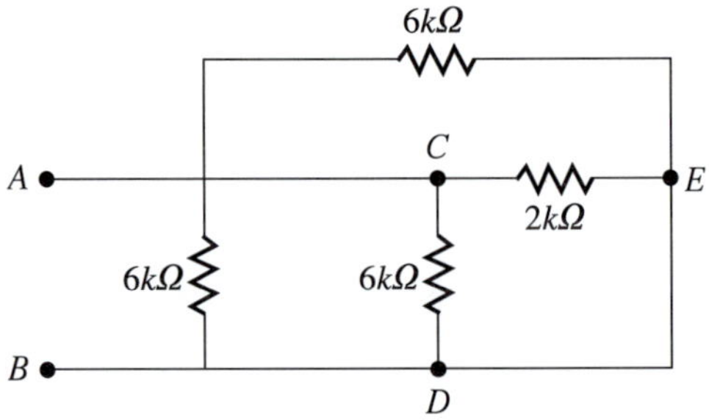

답 $R_{AB} = 1k\Omega$

델타-와이 연결

23 다음 Δ −연결을 Y −연결로 바꾸어라.

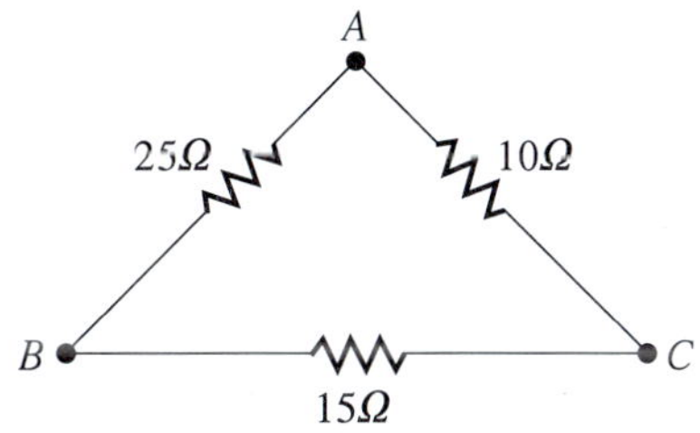

답 $R_a = 5\Omega$, $R_b = 7.5\Omega$, $R_c = 3\Omega$

델타-와이 연결

24 다음 Y −연결을 Δ −연결로 바꾸어라.

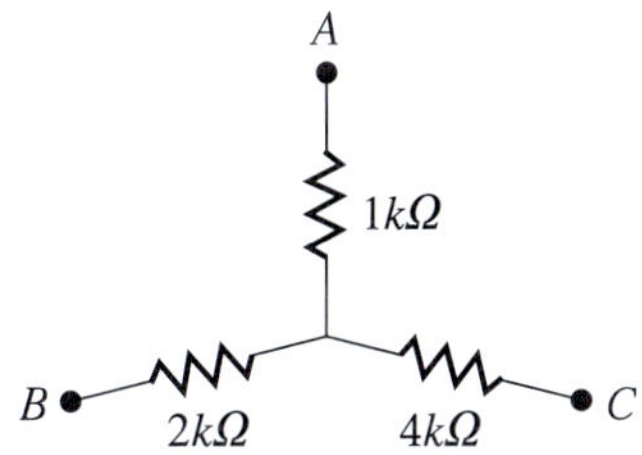

답 $R_1 = R_{BC} = 14k\Omega$, $R_2 = R_{CA} = 7k\Omega$, $R_3 = R_{AB} = 3.5k\Omega$

델타-와이 연결

25 다음 회로에서 (그림 a)의 Y −연결(ABD)을 (그림 b)와 같이 Δ −연결로 바꾸어 등가저항 R_{AB}를 구하라.

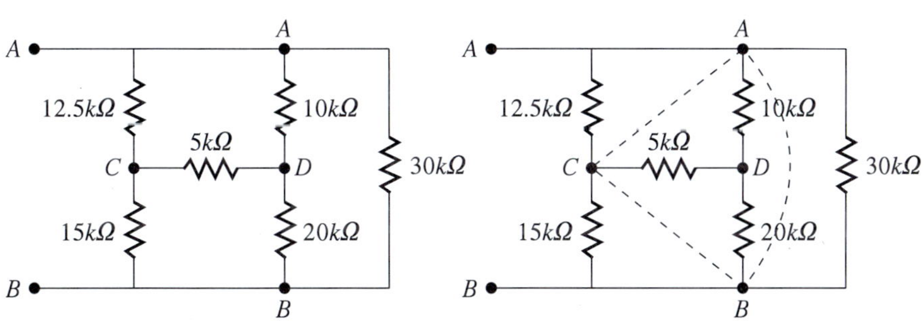

(a) (b)

답 $R_{AB} = 9.63k\Omega$

Table

CHAPTER 04

회로 해석법

Contents

04 CHAPTER 회로 해석법

2장과 3장에서 전기회로를 해석하기 위한 기초적인 회로 법칙을 공부하였다. 기초적인 회로 법칙을 다시 살펴보면,

> 옴의 법칙
> 키르히호프의 전류 법칙(KCL)
> 키르히호프의 전압 법칙(KVL)

또한 이 법칙들을 이용하여 유도된 관계들은

> 저항 직병렬 회로
> 전압 분배, 전류 분배

이제 우리는 이 법칙들을 이용하여 모든 회로에 직접 적용할 수 있는 체계적이고 유용한 회로 해석법을 배우려 한다. 그 하나는 키르히호프의 전압법칙(KVL)을 이용한 루프 해석법(loop analysis)이고, 다른 하나는 노드 해석법(node analysis)인데 키르히호프의 전류법칙(KCL)을 이용한다. 이 두 해석법은 회로 해석 전체를 통하여 가장 중요한 회로 해석 방법이어서 4장에서는 이들 해석법에 대해 집중적으로 공부한다.

회로 해석은 회로 소자의 전압이나 전류를 구하는 과정이라 하였다. 즉, 회로 해석은 소자의 전류 또는 전압이 미지수인 연립 일차방정식을 세우는 과정이라고 생각하면 된다. 3장에서 보았듯이 KVL은 루프의 전압강하와 연관이 있으므로 루프 안에서 각 소자의 전압강하를 이용하여 전압 방정식을 만들고($V = RI$), 이를 루프

전류가 미지수인 방정식으로 변환하면 된다.

반면에 KCL은 노드 전류와 관련된 법칙이므로 노드에서 전류 방정식을 만들어 각 소자에 걸리는 전압이 미지수인 방정식으로 변환하는 것이다($I=\frac{V}{R}$). 한 가지 명심해야 할 것은 어떤 해석법을 선택하든 방정식을 만들되 방정식의 수를 줄여야 한다는 것이다.

회로 방정식의 수

회로 해석은 KVL을 이용하여 루프 방정식을 만들어 해석하는 방법과 KCL을 이용하여 노드 방정식을 만들어 해석하는 방법 등 다양한 방식이 존재한다. 그러나 체계적인 회로 해석법은 루프 해석법과 노드 해석법이라 할 수 있는데 과연 회로 방정식의 개수를 어떻게 알 수 있을까? 브랜치(즉, 회로소자)의 개수가 B개인 회로를 생각해 보자. 모든 회로소자의 전압이나 전류 값을 알고 싶다고 해서 B개의 회로 방정식이 필요할 것 같지는 않다. 노드가 N개이면 $(N-1)$개의 노드 방정식이 필요하다. 그렇다면 루프 방정식은 몇 개가 필요할까?

적어도 한 개의 브랜치가 다른 루프와 겹치지 않을 때 이 루프를 독립 루프라고 하며 회로 방정식의 개수를 결정하는 중요한 역할을 한다(독립 루프는 메쉬이다). 브랜치 수를 B, 노드 수를 N, 독립 루프 수를 L이라 하면 독립 루프의 개수가 루프 방정식의 개수가 된다. 회로의 브랜치, 루프, 노드의 수를 이용하여 루프 방정식의 개수를 구하면,

$$L=B-(N-1)$$

이 식을 'fundamental theorem of network topology' 라고 한다.

일차 연립방정식의 풀이는 많이 사용하는 가우스(Gauss) 소거법, 행렬식을 이용하는 크래머(Cramer) 방법, 역행렬을 이용한 방법 등이 있는데, 이 책에서는 계산이 간결하고 체계적인 크래머 방법을 소개하도록 한다. 일차 연립방정식의 해법에 관해서는 부록(I-C)을 참고하기 바란다.

먼저 그동안 배운 방법으로 간단한 예제를 풀어 보고 회로 해석 기법을 도입하도록 한다. 4장의 예제에서는 3장에서 제안하였던 G-FW-M-V 방법을 제공하여 주어진 문제에 대하여 깊이 생각하는 방법을 익히도록 한다.

역 추적법(back-tracking)

역 추적법은 전원에서 먼 곳의 저항부터 차례로 간소화하여 전원이 공급하는 전류를 구한 다음 역순으로 전압, 전류 분배를 이용하여 원하는 값을 구하는 과정이다. 그러나 이 과정은 간단한 회로에만 적용할 수 있다.

예제 4-1 역 추적법

다음과 같은 회로에서 v_o를 구하라.

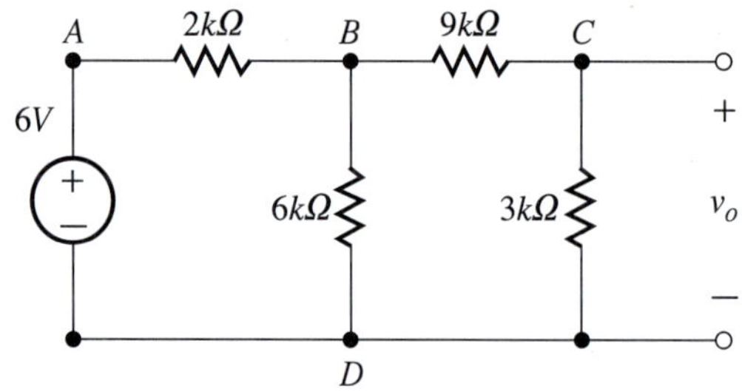

▸▸ 그림 4-1 예제 4-1 역 추적법

(G-1) 맨 오른쪽 저항의 전압을 구하는 문제
다른 저항들을 간단히 할 수 없다.
(FW) $v_o = v_{3k} = 3k \times i_{3k}$
(M) 전원이 공급하는 전류를 구한 후 전류 분배를 이용해 보자.

풀이

지금까지 배운 회로 해석법에서 우리가 선택할 수 있는 방법은 저항 직병렬을 이용하여 회로를 단일 루프 회로나 단일 노드쌍 회로로 만드는 것이다. 이를 위하여 주어진 회로를 (그림 4-2 a)와 같이 다시 그렸다.

(i) (그림 4-2 a)에서 $9k\Omega$과 $3k\Omega$은 직렬이고 이들 합성 저항은 $6k\Omega$과 병렬이다.
(ii) 즉, $R_{BD} = 6k // 12k = 4k$이므로,
회로는 (그림 4-2 b)처럼 단일 루프 회로가 된다.

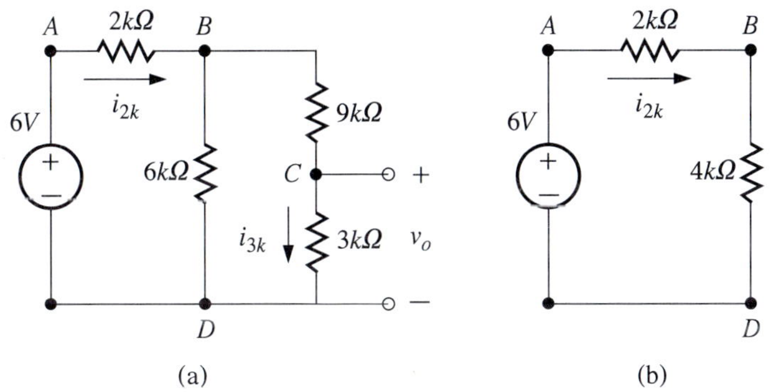

▶▶ 그림 4-2 예제 4-1 회로 해석 방법

(iii) 단일 루프 회로이므로 $2k\Omega$에 흐르는 전류를 i_{2k}라 가정하고,[1] 루프에서 KVL을 적용하여 방정식을 만들어 풀면,

$$6 = 2ki_{2k} + 4ki_{2k} \rightarrow i_{2k} = 1mA$$

(iv) 전류 i_{2k}는 단자 B에서 $6k\Omega$과 $12k\Omega$에 분배되므로(그림 4-2 a), $3k\Omega$에 흐르는 전류 i_{3k}는 전류 분배법칙에 의하여

$$i_{3k} = \frac{6k}{6k+12k} i_{2k} = \frac{1}{3} mA$$

(v) 즉, 출력 전압은 $v_o = (3k) \times i_{3k} = 1V$

(vi) 검산을 해 보면(그림 4-2 a),

$$V_{AB} + V_{BD} = (2k)\, i_{2k} + (12k)\, i_{3k} = 2 + 4 = 6V$$

그러므로 이 풀이의 해는 맞는 답이 된다.

이 풀이 방법은 2장에서 배웠던 저항 합성을 이용한 방법인데 이 방법을 역 추적법(back-tracking)이라 한다. 즉, 전원에서 멀리 떨어진 저항부터 간략화하여 단일 루프를 만들었다. 그러나 이 방법은 회로가 복잡해지면 여간 성가신 일이 아니다.

1) 회로에서 소자에 흐르는 전류의 표시는 화살표를 이용한다. 특정한 소자의 전류 표기는 그 값을 첨자로 사용하는 방법도 있다.

[연습 4-1] 역 추적법

다음 회로에서 역 추적법을 이용하여 전류 i_o를 구하라.

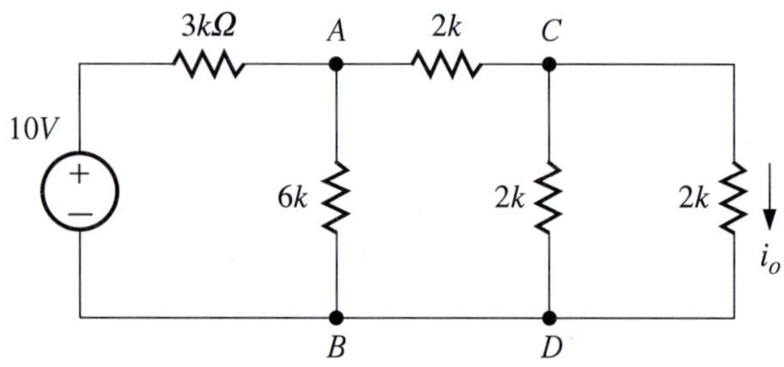

▶▶ 그림 4-3 연습 4-1의 회로

힌트

(i) 단자 C, D의 병렬저항을 간단히 하자. $2k//2k$

(ii) 간략화한 회로

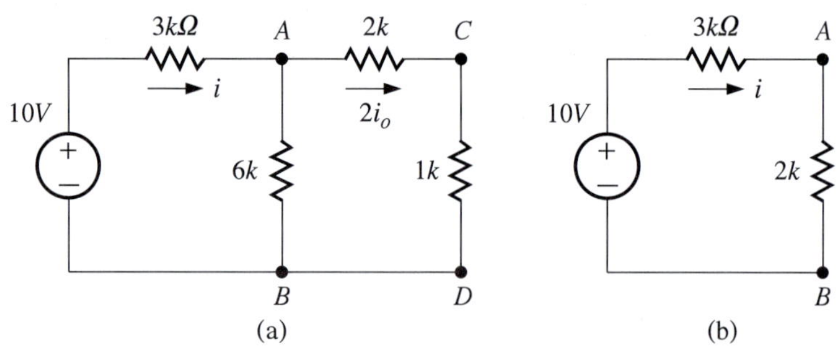

▶▶ 그림 4-4 연습 4-1의 힌트

답 $i_o = \frac{2}{3}[mA]$

이제 KCL과 KVL을 적절히 이용하여 회로 해석을 체계적으로 할 수 있는 방법을 소개한다. 체계적인 회로 해석법으로는 노드 해석법과 루프 해석법이 있는데, 노드 해석법은 노드에서 KCL을 이용하는 방법이고 루프 해석법은 폐루프에서 KVL을 적용하는 방법이다.

노드 해석법은 모든 회로에 적용할 수 있는 일반적인 방법인 반면에 루프 해석법은 평면적인 회로에만 적용할 수 있는 제한적인 방법이다. 평면적인 회로란 브랜치가 겹쳐지지 않고 평면에 그릴 수 있는 회로이다. 노드 해석법이 모든 회로에 적용할 수 있고 회로 방정식의 수도 줄일 수 있는 방법이긴 하지만 직관적으로 회로 방정식을 만들 수 있는 루프 해석법을 먼저 다루기로 한다.

4.1 루프 해석법[2)]

루프 해석법은 루프에서 회로소자의 전압강하를 이용하여 루프 전류를 미지수로 하는 방정식을 만드는 방법이다. 즉, 루프 해석법은 루프에 KVL을 적용하는 것이다.

> 루프 해석법에 사용되는 기법
> KVL: 폐루프에서 전압강하의 합은 0(zero)이다.

일반적으로 저항은 알고 있는 값(기지수, known value)이므로 루프 해석법에서 구하려는 값(미지수, unknown value)은 루프의 전류이다. 루프 해석법은 회로의 구조만 보고도 쉽게 방정식을 만들 수 있어 노드 해석법보다는 쉽게 생각되지만 방정식의 수가 많아질 수도 있다.

루프 해석법에서 루프 전류의 방향 설정

루프 해석법을 적용할 경우 루프 전류의 방향은 일관성 있게 설정하여야 한다. 지면 상에 회로를 그린다면 왼쪽부터 그리는 것이 일반적이다. 그러므로 회로 구조상 시계방향으로 루프 전류의 방향을 설정하는 것이 타당할 것이다. 어떤 회로 구조에서는 루프 전류를 반시계방향으로 선택할 수도 있지만 가급적 전류의 방향을 동일하게 지정하는 일관성을 유지하는 것이 편리하다.

2) 루프 해석법과 메쉬(mesh) 해석법: 교재에 따라서는 메쉬 해석법이란 명칭을 사용하는데 이 책에서는 루프와 메쉬를 특별히 구분하지 않는다. 메쉬는 단일 루프(single loop)

루프 전류(loop current)와 브랜치 전류(branch current)

시계방향으로 설정한 (그림 4-5)에서 저항 R_1, R_2, R_3에 흐르는 전류를 각각 I_1, I_2, I_3라고 하자. 그러면 루프 전류 i_1, i_2는 두 저항 R_1, R_2에 흐르므로, $I_1 = i_1$, $I_2 = i_2$가 된다.

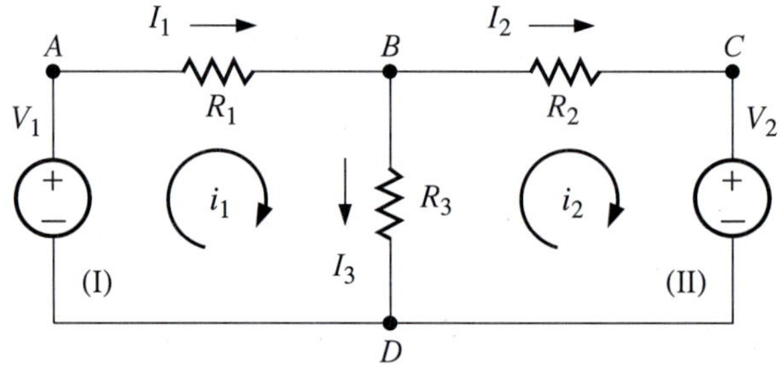

▶▶ 그림 4-5 브랜치 전류와 루프 전류

그리고 노드 B에서 KCL을 적용하면,

$$I_1 = I_2 + I_3 \rightarrow I_3 = I_1 - I_2 = i_1 - i_2$$

소자에 흐르는 전류를 브랜치 전류라고 하는데 저항 R_1과 R_2에 흐르는 브랜치 전류는 루프 전류 i_1, i_2와 같지만, 저항 R_3는 두 루프에 공통이므로 여기에 흐르는 브랜치 전류는 $I_3 = i_1 - i_2$, 즉 두 루프 전류의 차이이다.

예제 4-2 루프 해석법

다음 회로에서 루프 해석법을 적용하여 저항 R_3에 흐르는 전류 I_3를 구하라.

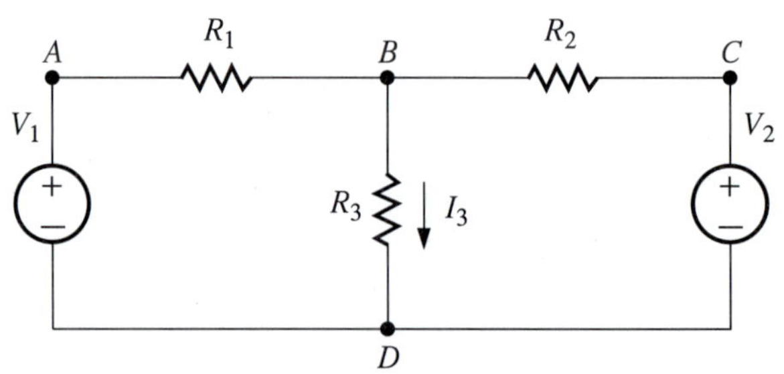

▶▶ 그림 4-6 예제 4-2 루프 해석법

(G-1) 전원 때문에 저항을 합성할 수 없다: 루프 3개
(G-2) 방정식의 수: $L = B - (N-1) = 2$개
(M) 방정식 2개: 2개의 루프에서 KVL을 적용하면?

풀이

(그림 4-7 a)의 회로에서 루프는 $ABDA$, $BCDB$, $ABCDA$ 등 3개이다. 루프가 3개이므로 3개의 루프 방정식을 만들 수 있다. 그림에서 시계방향으로 전압강하의 합을 구하면

루프 $ABDA$: $-V_1 + V_{AB} + V_{BD} = 0$

루프 $BCDB$: $V_{BC} + V_2 + V_{DB} = 0$

루프 $ABCDA$(점선): $-V_1 + V_{AB} + V_{BC} + V_2 = 0$

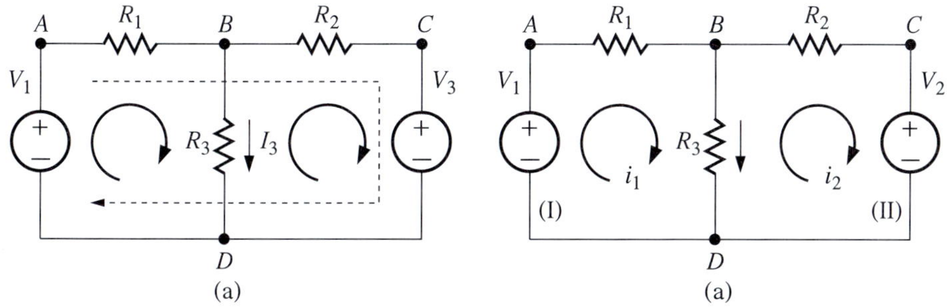

▸▸ 그림 4-7 예제 4-2의 힌트

그러나 이 세 개 방정식은 서로 일차 종속[3]이다. 즉, 위 두 개 방정식을 더하면 나머지 루프의 전압 방정식이 된다. 그러므로 두 개 루프를 선택하여 방정식을 만들면 우리가 필요로 하는 회로 방정식이 된다. 루프를 선택할 때 특수한 경우를 제외하면 단일 루프(메쉬)를 선택하는 것이 편리하다.

(그림 4-7 b)에서 루프 $ABDA$를 루프 (I), 루프 $BCDB$를 루프 (II)라 하고, 루프에 흐르는 전류(루프 전류)를 시계방향으로 i_1, i_2라 하여 회로를 해석하도록 하자. 저항 R_3는 두 루프에 공통이므로 여기에 흐르는 전류는 $I_3 = i_1 - i_2$이다.

3) 일차 종속: 다른 방정식으로 한 개의 방정식을 표현할 수 있을 때

예제 4-3 루프 해석법: 브랜치 전류와 루프 전류

이제 (예제 4-2)의 각각의 루프에서 KVL을 적용해 보자.

풀이

저항의 전압강하는 전류가 흘러 들어가는 방향에 따라 극성이 정해지므로 루프에 KVL을 적용할 때는 루프 전류의 방향에 따라 전압강하를 계산하여야 한다.

(i) (그림 4-7 b) 루프 (I)에서

$I_1R_1 + I_3R_3 - V_1 = 0 \rightarrow V_1 = i_1R_1 + (i_1 - i_2)R_3$

(ii) 루프 (II)에서는 루프 전류의 방향이 $I_3 = i_1 - i_2$와 반대 방향이므로,

$I_2R_2 + V_2 + (-I_3R_3) = 0 \rightarrow -V_2 = -(i_1 - i_2)R_3 + i_2R_2$

두 식을 정리하면,

$$\begin{Bmatrix} (R_1 + R_3)i_1 - R_3i_2 = V_1 \\ -R_3i_1 + (R_2 + R_3)i_2 = -V_2 \end{Bmatrix}$$

연립방정식의 행렬 표현[4)]

이 방정식을 행렬로 표현해 보자. 일차방정식의 행렬 표현은 $A\mathbf{x} = \mathbf{b}$의 형태이다. A는 계수 행렬, $\mathbf{x}$는 미지수 벡터, $\mathbf{b}$는 상수 벡터이다.

$$\begin{bmatrix} R_1 + R_3 & -R_3 \\ -R_3 & R_2 + R_3 \end{bmatrix}\begin{bmatrix} i_1 \\ i_2 \end{bmatrix} = \begin{bmatrix} V_1 \\ -V_2 \end{bmatrix} \longleftrightarrow A\mathbf{x} = \mathbf{b}$$

이 행렬의 성분을 살펴보면,

(i) 계수 행렬의 대각 성분은 모두 (+)이고, 역대각 성분은 모두 (-)이다.

(ii) 대각 성분 $(R_1 + R_3)$는 루프 (I)에 연결된 저항의 합이고,

(iii) $(R_2 + R_3)$는 루프 (II)에 연결된 저항의 합이다.

(iv) 역대각 성분 $-R_3$는 다른 루프와 공통으로 연결된 저항의 마이너스 값이다.

(v) 이 해석은 독립 전압원만 연결된 경우에 유효하다.

4) 연립방정식의 행렬 표현: 자세한 내용은 선형대수 참조

예제 4-4 **루프 해석법: 독립 전압원만 있는 경우**

다음 회로에서 $4k\Omega$의 저항이 소비하는 전력을 구하라.

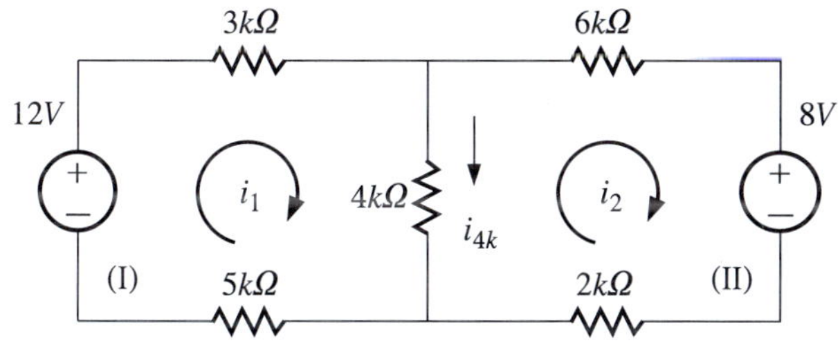

▸▸ 그림 4-8 예제 4-4 독립 전압원만 있는 경우

(G-1) 전압원으로 구동되는 전형적인 루프 해석법 문제
(G-2) 전압원은 다른 루프와 겹쳐 있지 않다(전압원이 루프 사이에 있는 경우는 다른 해석법이 필요하다).
(G-3) 저항은 kilo 단위이고 전류는 milli 단위이다.
(FW) $P_{4k} = +(i_{4k})^2 \times 4k \rightarrow i_{4k} = ?$
(M) 루프 해석법: 전류 방향을 일관성 있게 정한다.

풀이

$4k\Omega$에서 소비하는 전력은 $P_{4k} = i_{4k}^2 \times 4k$이므로 $4k\Omega$에 흐르는 전류를 구하는 문제와 같다. 그림에 표시한 것처럼 왼쪽과 오른쪽 루프를 각각 (I), (II)라 하자. 그러면

(i) 루프 (I)에서 전압강하의 합은

$$-12 + 3ki_1 + 4k(i_1 - i_2) + 5ki_1 = 0 \rightarrow 12ki_1 - 4ki_2 = 12$$

(ii) 루프 (II)에서는

$$6ki_2 + 2ki_2 + 8 + 4k(i_2 - i_1) = 0 \rightarrow 12ki_2 - 4ki_1 = -8$$

(iii) 이 방정식을 행렬로 표현하면,

$$\begin{bmatrix} 3k + 4k + 5k & -4k \\ -4k & 6k + 2k + 4k \end{bmatrix} \begin{bmatrix} i_1 \\ i_2 \end{bmatrix} = \begin{bmatrix} 12 \\ -8 \end{bmatrix}$$

(iv) 회로에서 보면,

루프 (I)에 연결되어 있는 저항은 $(3k + 4k + 5k)$이고,

루프 (II)에 연결된 저항은 $(6k + 2k + 4k)$이다.

(v) 즉, 행렬의 대각 성분은 각 루프에 연결된 저항이고, 역대각 성분의 절댓값 $4k$은 루프 (I), (II)에 공통으로 연결된 저항이다.

루프 해석법은 독립 전압원만 있는 경우에는 이렇게 직관적으로 방정식을 만들 수 있다. 크래머 방법을 이용하여 이 방정식의 해를 구해 보자.

(vi) 계수 행렬의 행렬식은(행렬식의 단위에 주의)

$$\Delta = \begin{vmatrix} 12k & -4k \\ -4k & 12k \end{vmatrix} = 144k^2 - (-4k)(-4k) = 128k^2$$ [5)]

(vii) 루프 전류 i_1, i_2에 대응되는 행렬식은 1열, 2열을 상수 행렬의 성분으로 대체한 것과 같다.

$$\Delta_1 = \begin{vmatrix} 12 & -4k \\ -8 & 12k \end{vmatrix} = 144k - (-8)(-4k) = 112k$$

$$\Delta_2 = \begin{vmatrix} 12k & 12 \\ -4k & -8 \end{vmatrix} = -96k - (-4k)(12) = -48k$$

이므로

$$i_1 = \frac{\Delta_1}{\Delta} = \frac{112k}{128k^2} = \frac{7}{8}mA,\ i_2 = \frac{\Delta_2}{\Delta} = \frac{-48k}{128k^2} = -\frac{3}{8}mA$$

(viii) 그러면 $4k\Omega$의 저항에 흐르는 전류는

$$i_{4k} = \frac{7}{8}mA - \left(-\frac{3}{8}mA\right) = \frac{5}{4}mA$$

즉, $P_{4k} = \left(\frac{5}{4}m\right)^2 (4k) = \frac{25}{4} = 6.25\,[\mathrm{mW}]$

[연습 4-2] 직관을 이용한 회로 해석

다음 회로에서

(a) 직관을 이용하여 회로방정식을 행렬로 표현하라.

(b) 크래머의 방법으로 해를 구하라.

(c) 전원이 공급하는 전력을 구하라.

---

5) k^2은 수학적으로 용인되지 않지만 여기서는 k가 10^3을 나타내는 접두어이므로 k^2은 10^6을 나타낸다고 하자.

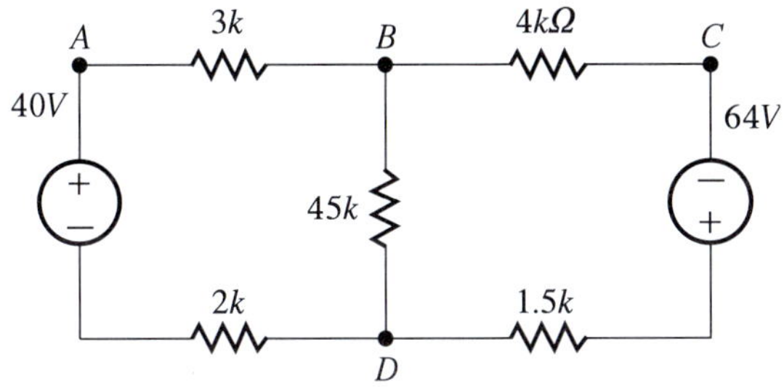

▸▸ 그림 4-9 연습 4-2의 회로

힌트

루프 전류는 시계방향으로 정하자.

답 (a) $\begin{bmatrix} 50k & -45k \\ -45k & 50.5k \end{bmatrix}\begin{bmatrix} i_1 \\ i_2 \end{bmatrix}=\begin{bmatrix} 40 \\ 64 \end{bmatrix}$, (b) $i_1 = 9.8mA,\ i_2 = 10mA$

(c) $P_{40} = -392\,[mW],\ P_{64} = -640\,[mW]$

예제 4-5 루프 해석법: 종속 전압원이 있는 경우

다음 회로에서 루프 전류 i_1, i_2를 구하라.

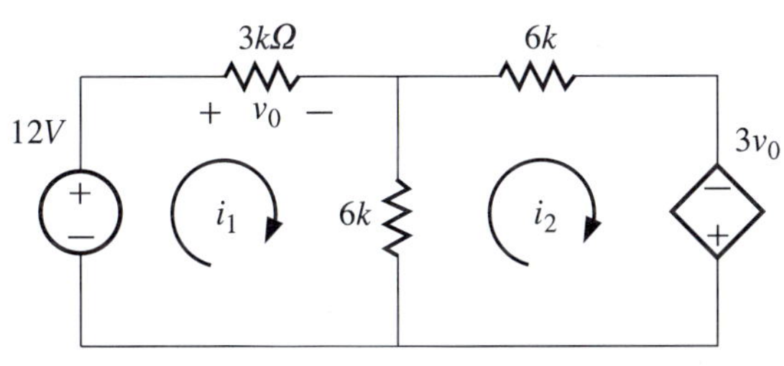

▸▸ 그림 4-10 예제 4-5 종속 전압원이 있는 경우

(G-1) 전압원으로 구동되는 회로: (일반적으로) 루프 해석법으로 푼다.
(G-2) 종속 전압원의 전압값: $v_o = 3ki_1$
(FW) 루프 전류는?
(M) 루프 해석법

풀이

(i) 먼저 종속 전류원의 값을 구한다: $v_0 = 3ki_1 \rightarrow 3v_0 = 3(3ki_1) = 9ki_1$

(ii) 두 루프에서 전압강하의 합을 구하면,

루프 (I): $12 = 3ki_1 + 6k(i_1 - i_2) \rightarrow 9ki_1 - 6ki_2 = 12$

루프 (II): $6ki_2 - 3v_0 + 6k(i_2 - i_1) = 0 \rightarrow -15ki_1 + 12ki_2 = 0$

(iii) 행렬로 표현하면,

$$\begin{bmatrix} 9k & -6k \\ -15k & 12k \end{bmatrix} \begin{bmatrix} i_1 \\ i_2 \end{bmatrix} = \begin{bmatrix} 12 \\ 0 \end{bmatrix}$$

(iv) 회로에서 루프 (I)에 연결된 저항은 $9k\Omega$, 루프 (II)에 연결된 저항은 $12k\Omega$이고, 두 루프가 공유하고 있는 저항은 $6k\Omega$이다.

행렬식을 보면 대각 성분은 두 루프에 연결된 저항의 합이지만 역대각 성분은 두 루프가 공유하는 저항의 합은 아니다. 종속 전압원이 연결되어 있는 루프 (II)에 해당하는 행의 값이 일치하지 않는다. 즉, 종속전원이 있으면 더 이상 직관적으로 방정식을 세울 수 없다.

(v) 크래머 방법으로 이 방정식의 해를 구하면,

$$\Delta = \begin{vmatrix} 9k & -6k \\ -15k & 12k \end{vmatrix} = 108k^2 - (-15k)(-6k) = 18k^2$$

$$\Delta_1 = \begin{vmatrix} 12 & -6k \\ 0 & 12k \end{vmatrix} = 144k,\ \Delta_2 = \begin{vmatrix} 9k & 12 \\ -15k & 0 \end{vmatrix} = -(-15k)(12) = 180k$$

(vi) 즉, $i_1 = \dfrac{\Delta_1}{\Delta} = \dfrac{144k}{18k^2} = 8mA,\ i_2 = \dfrac{\Delta_2}{\Delta} = \dfrac{180k}{18k^2} = 10mA$

지금까지 예제는 단일 루프를 선정하여 문제를 풀었다. 다음 예제에서 루프를 다르게 선정하는 문제를 다루어 보자.

[연습 4-3] 루프 해석법: 종속전원이 있는 경우

다음 회로에서 v_o를 구하라.

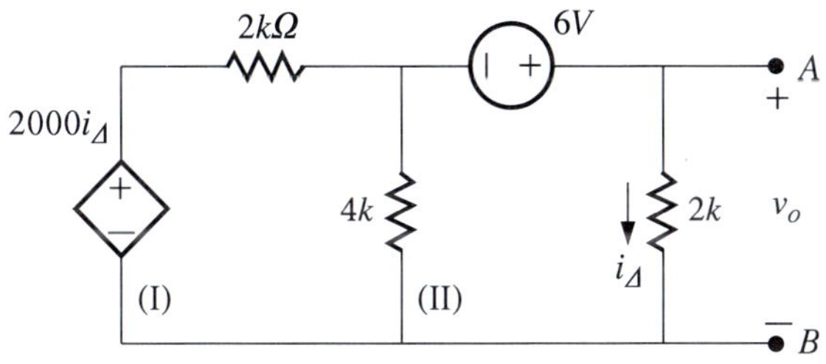

▶▶ 그림 4-11 연습 4-3의 회로

힌트

루프 전류의 방향을 잘 선택하자.

답 $v_o = 6V$

예제 4-6 루프 해석법

다음 회로에서 $4k\Omega$에서 소비하는 전력을 구하라.

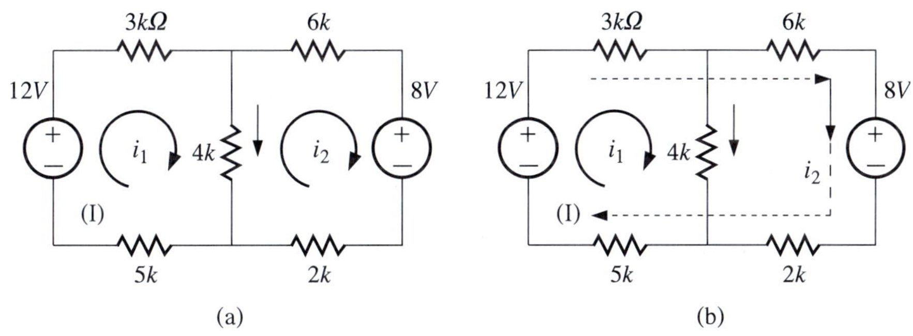

▶▶ 그림 4-12 예제 4-6 루프 해석법

(G) $4k\Omega$에서 소비하는 전력을 구하는 문제이므로 이 저항에 흐르는 전류 성분이 한 개가 되도록 할 수 없을까?

(FW) $P_{4k} = +(i_{4k})^2 \times 4k \rightarrow i_{4k} = ?$

(M) 루프 지정을 다르게 해 보자. 즉, $i_{4k} = i_1$이 되게 한다.

풀이

이 문제는 (예제 4-4)를 다시 반복한 것이다. 루프 해석법은 단일 루프를 선택하여 루프 전류를 구하는 것이 일반적인데 이 문제에서 요구하는 것처럼 $4k\Omega$에서 소비하는 전력을 구하려 할 때,

(i) (그림 4-12 a)에서처럼 전류를 지정하면 $4k\Omega$에 흐르는 전류는

$$i_{4k} = i_1 - i_2$$

(ii) 만약 (그림 4-12 b)처럼 루프를 선택하면 $4k\Omega$에 흐르는 전류는

$$i_{4k} = i_1$$

(iii) 즉, 작은 루프와 전체 루프의 전류를 각각 i_1, i_2라고 하면 $3k\Omega$과 $5k\Omega$ 저항에 흐르는 전류는 $(i_1 + i_2)$가 되고,

(iv) $6k\Omega$과 $2k\Omega$에 흐르는 전류는 i_2가 된다. 각 루프에서 전압방정식은

루프 (I): $12 = 3k(i_1 + i_2) + 4ki_1 + 5k(i_1 + i_2)$

큰 루프: $12 = 3k(i_1 + i_2) + 6ki_2 + 8 + 2ki_2 + 5k(i_1 + i_2)$

(v) 행렬식으로 정리하면,

$$\begin{bmatrix} 12k & 8k \\ 8k & 16k \end{bmatrix}\begin{bmatrix} i_1 \\ i_2 \end{bmatrix} = \begin{bmatrix} 12 \\ 4 \end{bmatrix}$$

(vi) 우리는 i_1만 구하면 되므로, 크래머 방법으로 풀면,

$$\Delta = \begin{vmatrix} 12k & 8k \\ 8k & 16k \end{vmatrix} = 192k^2 - 64k^2 = 128k^2,$$

$$\Delta_1 = \begin{vmatrix} 12 & 8k \\ 4 & 16k \end{vmatrix} = 192k - 32k = 160k,\ i_1 = \frac{\Delta_1}{\Delta} = \frac{160k}{128k^2} = \frac{5}{4}\,mA$$

즉, 회로에 따라서는 루프를 잘 선택하면 구태여 루프 전류를 모두 구할 필요가 없다.

예제 4-7 브리지(bridge) 회로

다음 브리지 회로에서

(a) $30k\Omega$저항에 흐르는 전류 i_{BC}를 구하라(방향 주의).

(b) 전원이 공급하는 전력을 구하라.

(c) 델타-와이 변환법을 이용하여 결과를 확인하라.

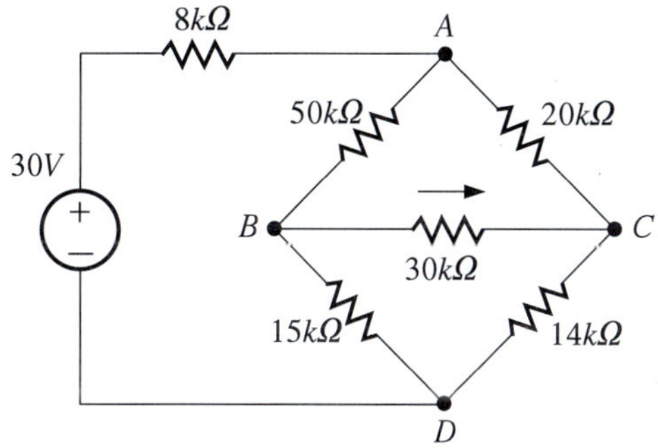

▶▶ 그림 4-13 예제 4-7 브리지 회로

(G-1) ABC, BCD는 Δ−연결이다.
(G-2) Y −연결로 변환할 수 있다(그림 4-14 b): 번거로울 수 있다.
(G-2) 독립 루프가 3개이므로 3개의 루프 방정식을 만든다.
(FW) $i_{30k} = ?$, $i_{8k} = ?$
(M) 루프 해석법: 방정식이 3개이므로 주의가 필요하다.

풀이

(a) (i) (그림 4-14 a)와 같이 루프 전류를 지정하자.

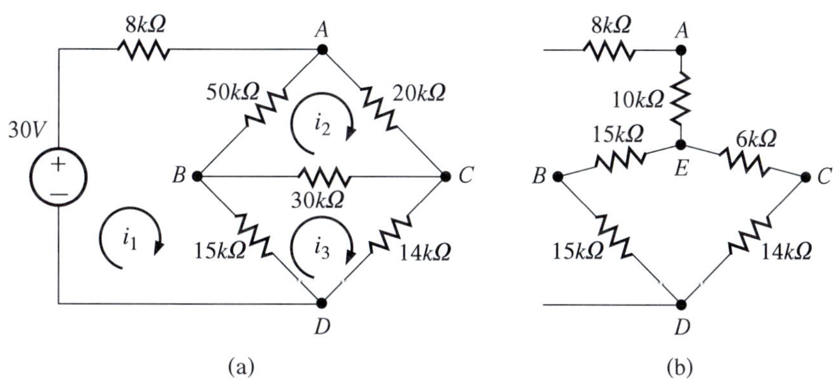

▶▶ 그림 4-14 예제 4-7 루프 해석법: 델타-와이 변환

(ii) 그러면 루프 방정식은

루프 (I): $30 = 8ki_1 + 50k(i_1 - i_2) + 15k(i_1 - i_3)$

루프 (II): $0 = 20ki_2 + 30k(i_2 - i_3) + 50k(i_2 - i_1)$

루프 (III): $0 = 14ki_3 + 15k(i_3 - i_1) + 30k(i_3 - i_2)$

(iii) 그리고 $i_{BC} = i_3 - i_2$

미지수가 3개인 방정식을 직접 푸는 것은 쉬운 일이 아니다.

(iv) 이 방정식을 정리하여 행렬로 만들면,

$$\begin{bmatrix} 73k & -50k & -15k \\ -50k & 100k & -30k \\ -15k & -30k & 59k \end{bmatrix} \begin{bmatrix} i_1 \\ i_2 \\ i_3 \end{bmatrix} = \begin{bmatrix} 30 \\ 0 \\ 0 \end{bmatrix}$$

(v) 이 루프 방정식의 해는

$i_1 = 1mA,\ i_2 = 0.68mA,\ i_3 = 0.6mA$

그러면 $i_{BC} = i_3 - i_2 = 0.08mA$

(b) $P_s = -V_s \times i_1 = -30[mW]$: 공급

(c) 델타-와이 변환법 이용

(i) (그림 4-14 b)에서처럼 변환을 하여 등가저항을 구하면,

$R_{AD} = 10k + (30k//20k) = 22k$이므로,

(ii) $i_{gk} = i_1 = 1mA = i_{AE}$이고, $V_{ED} = 30 - i_1(8k + 10k) = 12V$

(iii) $i_{BC} = \dfrac{V_{BC}}{30k}$이므로,

$V_B = (15k) \times i_{BD} = 6V,\quad V_D = (14k) \times i_{CD} = 8.4V$

그러므로 $i_{BC} = \dfrac{V_{BC}}{30k} = \dfrac{6 - 8.4}{30k} = -0.08mA$

4.2 슈퍼 메쉬-전류원이 있는 경우의 루프 해석법

루프 해석법을 적용할 때 전압원은(독립이든 종속이든) 보통 전압값이 명시되어 있으므로 루프에서 전압강하의 합을 구할 때 전압원의 처리는 문제가 없다. 그러나 전류원이 포함되어 있는 회로를 루프 해석법으로 풀 경우, 전류원의 전압값을 미리 알 방법이 없다. 이 경우 전류원의 위치에 따라 해석 방법이 달라진다.

먼저 전류원이 두 루프 사이에 끼어 있지 않다면, 즉 전류원이 회로 외각에 배치되어 있는 경우 문제를 쉽게 해결할 수 있다. 그러나 전류원이 두 루프의 공통 소자인 경우에는 새로운 방법을 찾아내야 한다. 전류원은 독립 전류원이든 종속 전류원이든 상관 없다.

예제 4-8 **루프 해석법: 독립 전류원이 다른 루프와 겹쳐지지 않은 경우**

루프 해석법을 이용하여 전압원과 전류원의 전력을 구하고, 공급 또는 소비를 밝혀라.

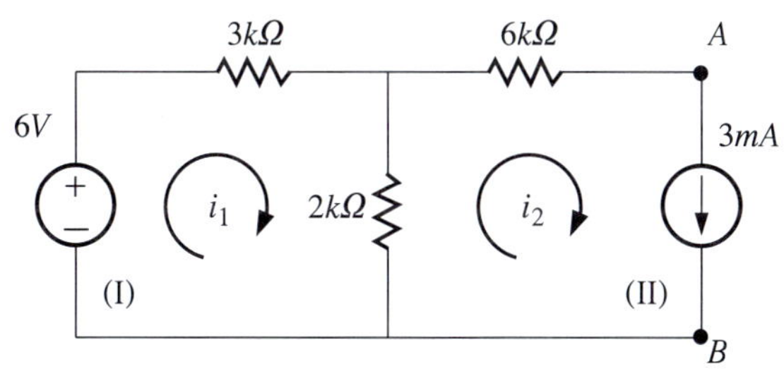

▶▶ 그림 4-15 예제 4-8 겹쳐지지 않은 전류원

(G-1) 전류원이 (회로 외곽에) 단독으로 있다. 이 전류원은 어떻게 처리하나?
(G-2) 전류원은 강제적으로 전류를 흘린다: $i_2 = 3mA$
(G-3) $P > 0$ 전력 소비, $P < 0$ 전력 공급
(FW) $P_{6V} = ?$

풀이

(i) 독립 전류원 $3mA$는 다른 루프와 겹쳐 있지 않고 회로 외각에 위치한다. 독립 전류원은 회로 구조에 상관없이 '강제적으로' 전류를 공급한다.

(ii) 그러므로 루프 (II)의 $6k\Omega$에는 회로에 표시한 방향으로 $i_2 = 3mA$가 흐른다. 그러면 $2k\Omega$에는 얼마만큼의 전류가 흐를까?

(iii) 루프가 2개 있는 회로에서 루프 전류 한 개가 구해졌으므로 방정식은 한 개만 필요하다. 루프 (I)에서 방정식은

$$6 = 3ki_1 + 2k(i_1 - i_2) = 5ki_1 + 2k \times (-3m) \rightarrow i_1 = 2.4mA$$

(iv) 그러면

$P_{6V} = -(6)(i_1) = -14.4\,[mW]$: 공급

(v) $3mA$ 전류원의 전력을 구하기 위하여 단자 A, B의 전압을 구하면,

$V_{AB} = -6ki_2 + 2k(i_1 - i_2) = 2ki_1 - 8ki_2 = 4.8 - 24 = -19.2V$

$P_{3mA} = V_{AB} \times (3mA) = -57.6mW$: 공급

[연습 4-4] 노드 해석법: 전류원이 있는 경우

다음 회로에서 $4k\Omega$에 흐르는 전류 I_o를 구하라.

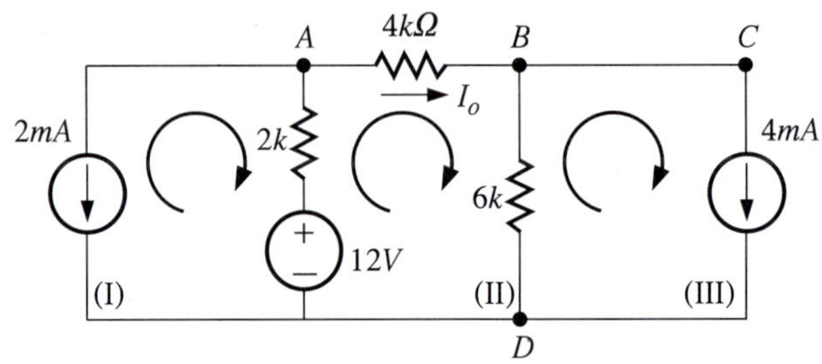

▸▸ 그림 4-16 연습 4-4의 회로

힌트

루프 (I), (II), (III)의 전류를 각각 i_1, i_2, i_3라고 하자. 그러면,

$i_1 = -2mA$, $i_3 = 4mA$

답 $I_o = \frac{8}{3}[mA]$

예제 4-9 루프 해석법: 종속 전류원이 있는 경우

다음 회로에서 종속 전류원이 소비하는 전력을 구하라.

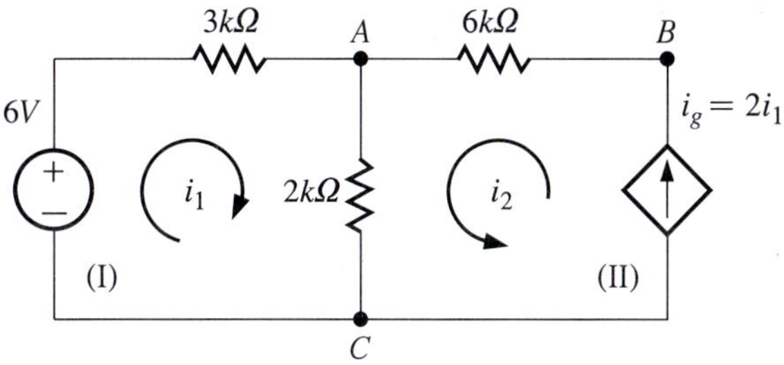

▸▸ 그림 4-17 예제 4-9 종속 전류원이 있는 경우

(G-1) 종속 전류원이 회로 외곽에 있다: $i_g = 2i_1$
(G-2) i_2의 방향을 종속 전류원의 전류 방향과 같게 해 보자.
(FW) $P_g = ? \rightarrow v_{BC} = ?$

풀이

종속 전류원이 소비하는 전력을 구하기 위해서는 종속 전류원에 흐르는 전류 i_g와 전류원에 걸리는 전압 V_{BC}를 구해야 한다. 먼저 루프 해석법으로 루프 전류를 구해 보자.

(i) (그림 4-17)의 루프 (II)에서 보면 전류원의 전류 방향이 위쪽으로 향하고 있어 이런 경우 루프 전류의 방향을 반시계방향으로 정하면 전류원의 전류는

$i_g = i_2 = 2i_1$

(ii) (그림 4-17)의 루프 (I)에서 방정식은

$$6 = 3ki_1 + 2k(i_1 + i_2) = 3ki_1 + 2k \times 3i_1 \rightarrow i_1 = \frac{2}{3}mA$$

(iii) 그러면 $i_2 = i_g = 2i_1 = \frac{4}{3}mA$가 되며, 종속 전류원의 전압 V_{BC}는

$$V_{BC} = V_{BA} + V_{AC} = 6ki_2 + 2k(i_1 + i_2) = 6k\left(\frac{4}{3}m\right) + 2k\left(\frac{2}{3}m + \frac{4}{3}m\right) = 12V$$

(iv) $P_g = -V_{BC} \times i_g = -(12) \times \left(\frac{4}{3}m\right) = -16[mW] < 0$

전력의 부호가 (-)이므로 이 종속 전류원은 전력을 공급한다.

두 루프가 전류원을 공유하는 경우–슈퍼 메쉬[6)]

루프 해석법에서 전류원(독립 전류원 또는 종속 전류원)이 회로 외각에 배치되어 있는 경우에는 전류원의 전류가 루프 전류가 되므로 큰 어려움 없이 문제를 풀 수 있다. 그라나 전류원이 두 루프 사이에 끼어 있는 경우는 문제가 좀 복잡하다. (그림 4–18)에서처럼 독립 전류원이 두 루프 사이에 끼어있는 회로의 루프 전류를 구해 보자.

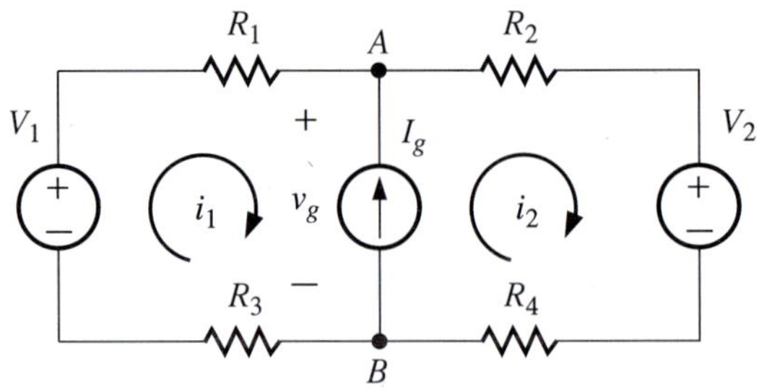

▸▸ **그림 4–18** 전류원이 루프 사이에 끼어 있는 경우

(그림 4–18)과 같이 루프 전류 i_1, i_2를 지정하고, 전류원에 걸리는 전압을 v_g라고 가정하여 각 루프의 전압강하의 합을 구해 보자.

회로의 두 루프에서 KVL을 이용하여 시계방향으로 전압강하의 합을 구하면,

루프 (I)에서: $-V_1+i_1R_1+v_g+i_1R_3=0$
루프 (II)에서: $i_2R_2+V_2+i_2R_4-v_g=0$

두 방정식에서 미지수는 i_1, i_2, v_g 등 3개인데 방정식은 2개뿐이다. 다른 한 개의 방정식은 전류원의 전류값이 될 것이다. 그러면 전류원의 전류 I_g를 i_1, i_2로 표현하자면, i_1은 $A \to B$ 방향이고 i_2는 $B \to A$ 방향이므로,

$$I_g=-i_1+i_2$$

이 3개의 방정식을 행렬로 표현하면,

6) supermesh: 가상 메쉬라고도 한다.

$$\begin{bmatrix} R_1+R_3 & 0 & 1 \\ 0 & R_2+R_4 & -1 \\ -1 & 1 & 0 \end{bmatrix} \begin{bmatrix} i_1 \\ i_2 \\ v_g \end{bmatrix} = \begin{bmatrix} V_1 \\ -V_2 \\ I_g \end{bmatrix}$$

이 회로는 미지수가 2개인 회로이지만 임의의 변수 v_g를 도입하여 3개의 방정식을 만들어 풀 수 있다. 이 임의의 변수는 필요한 변수는 아니지만 방정식을 풀기 위해 도입한 변수로 더미 변수(dummy variable)라 한다.

독립 전류원의 전류가 I_g라고 해서 $v_g = I_g R_g$처럼 전류원에 옴의 법칙을 적용할 수는 없다(R_g는 독립 전류원의 저항이라 생각되는 값). 왜냐하면 이상적인 독립 전류원의 저항은 병렬로 연결되어 있으며 그 값은 $R_g = \infty$이다.

이제, 두 루프 방정식을 다시 써서 잘 살펴보자.

루프 (I): $-V_1 + i_1 R_1 + v_g + i_1 R_3 = 0$

루프 (II): $i_2 R_2 + V_2 + i_2 R_4 - v_g = 0$

두 방정식에서 전류원의 전압 v_g의 계수의 부호가 반대가 된다. 두 루프 방정식을 더해 보면,

$$(-V_1 + i_1 R_1 + v_g + i_1 R_3) + (i_2 R_2 + V_2 + i_2 R_4 - v_g) = 0$$

즉, $(-V_1 + i_1 R_1 + i_1 R_3) + (i_2 R_2 + V_2 + i_2 R_4) = 0$

그런데 첫째 항 $(-V_1 + i_1 R_1 + i_1 R_3)$은 루프 (I)에서 전류원의 전압을 제외한 전압강하의 합이고, 두 번째 항 $(i_2 R_2 + V_2 + i_2 R_4) = 0$는 루프 (II)에서 전류원의 전압을 제외한 전압강하의 합이다. 이 관계를 회로에 적용해 보면 (그림 4-19)와 같다.

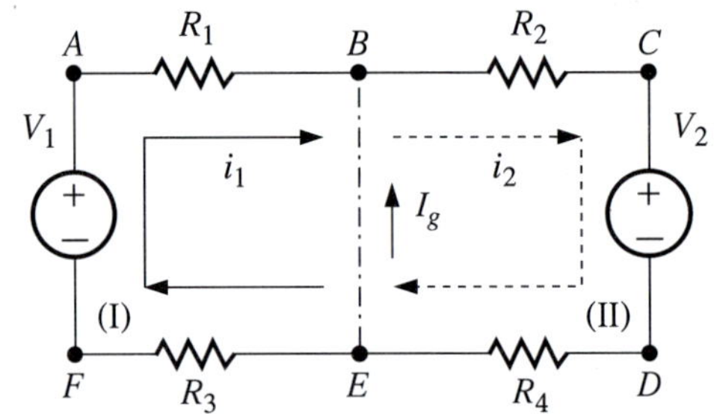

▸▸ 그림 4-19 큰 루프의 전류 성분

이 회로는 미지수가 되는 루프 전류(정확히는 메쉬 전류)가 2개이므로 방정식이 2개 필요하다. 방정식 한 개는 독립 전류원의 전류

$$-i_1+i_2=I_g \text{ 이고,}$$

다른 한 개는 위에서 구한 합산식을 이용할 수 있다.

$$\begin{Bmatrix} -i_1+i_2=I_g \\ (-V_1+i_1R_1+i_1R_3)+(i_2R_2+V_2+i_2R_4)=0 \end{Bmatrix}$$

이 방정식을 행렬로 표현하면,

$$\begin{bmatrix} -1 & 1 \\ R_1+R_3 & R_2+R_4 \end{bmatrix}\begin{bmatrix} i_1 \\ i_2 \end{bmatrix}=\begin{bmatrix} I_g \\ V_1-V_2 \end{bmatrix}$$

전류원이 두 루프 사이에 끼어 있는 회로에 루프 해석법을 적용할 때 공통 전류원을 제거한 큰 루프에서 루프 방정식을 만드는 방법을 슈퍼 메쉬법이라 한다. 슈퍼 메쉬법을 적용하는 과정은 다음과 같다.

(i) 전류원을 제거한다: open
(ii) 전류원을 포함하는 두 루프를 슈퍼 메쉬로 한다.
(iii) 슈퍼 메쉬의 전압강하의 합은 0이다.
(iv) 또 다른 방정식은 전류원의 전류이다.

예제 4-10 슈퍼 메쉬: 전류원이 루프 사이에 있는 경우

다음 회로에서 루프 해석법을 이용하여 출력 전압 v_o를 구하라.

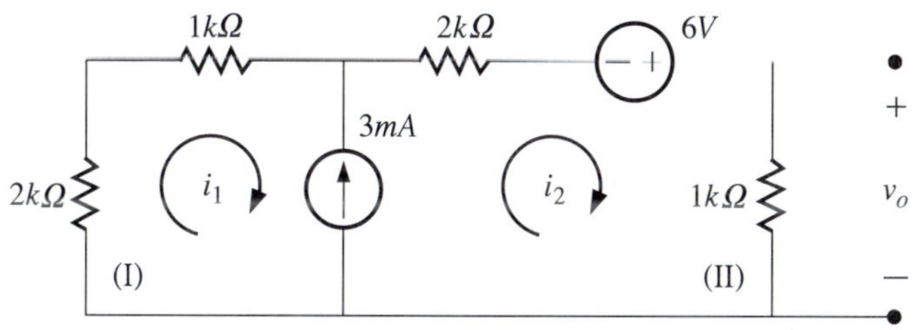

▶▶ 그림 4-20 예제 4-10 슈퍼 메쉬

(G-1) 전류원이 두 루프 사이에 끼어 있다: $i_2 = i_1 + 3mA$
(G-2) $v_o = 1k \times i_2$
(FW) $v_o = ? \rightarrow i_2 = ?$
(M) 슈퍼 메쉬로 만든다(그림 4-21).

풀이

이 회로는 두 루프 사이에 전류원이 끼어 있다.

(i) 왼쪽 루프를 (I), 오른쪽 루프를 (II)라고 하자. 그리고 구하려는 출력 전압은 $v_o = 1k \times i_2$이다.

(ii) 전류원이 두 루프 사이에 끼어 있으므로 루프 (I), (II)를 슈퍼 메쉬로 하여 방정식을 만들면(그림 4-21),

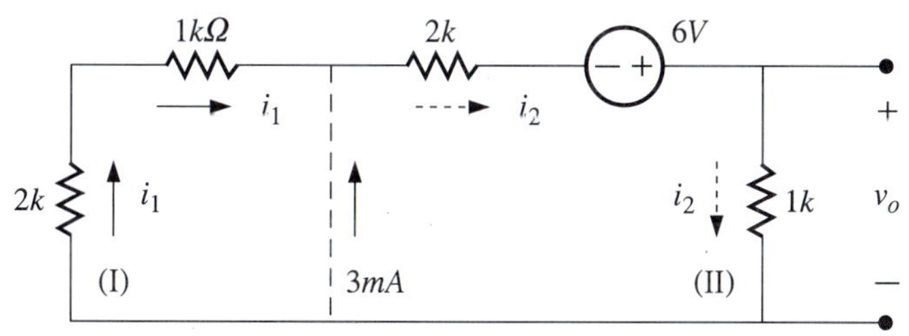

▶▶ 그림 4-21 예제 4-10 슈퍼 메쉬

슈퍼 메쉬 (I), (II): $2ki_1 + 1ki_1 + 2ki_2 - 6 + 1ki_2 = 0$

전류원: $i_1 - i_2 = -3m$

(iii) 행렬식으로 만들면,

$$\begin{bmatrix} 3k & 3k \\ 1 & -1 \end{bmatrix}\begin{bmatrix} i_1 \\ i_2 \end{bmatrix} = \begin{bmatrix} 6 \\ -3m \end{bmatrix}$$

(iv) 크래머 방법을 이용하여

$$\Delta = \begin{vmatrix} 3k & 3k \\ 1 & -1 \end{vmatrix} = -6k,$$

$$\Delta_1 = \begin{vmatrix} 6 & 3k \\ -3m & -1 \end{vmatrix} = -6 + 9 = 3,\ \Delta_2 = \begin{vmatrix} 3k & 6 \\ 1 & -3m \end{vmatrix} = -9 - 6 = -15$$

(v) 즉, $i_2 = \dfrac{\Delta_2}{\Delta} = \dfrac{-15}{-6k} = 2.5mA$이므로 $v_o = 1ki_2 = 2.5V$

[연습 4-5] 슈퍼 메쉬

루프 해석법을 이용하여 다음 회로의 루프 전류 i_1, i_2를 구하라.

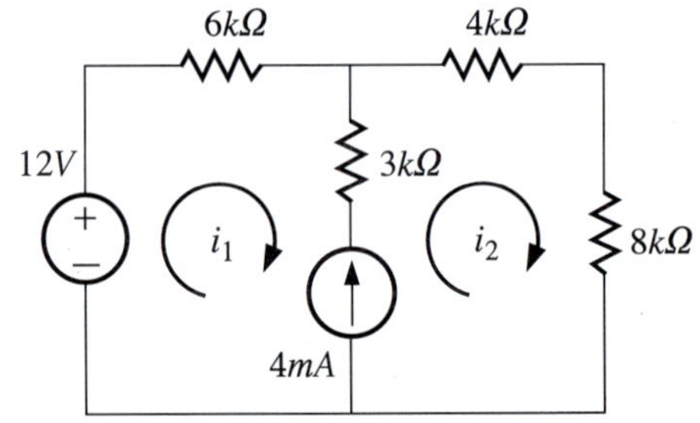

▸▸ 그림 4-22 연습 4-5 슈퍼 메쉬

힌트

(i) 끼어 있는 전류원: $4mA = i_2 - i_1$

(ii) 전류원과 직렬인 저항의 처리?

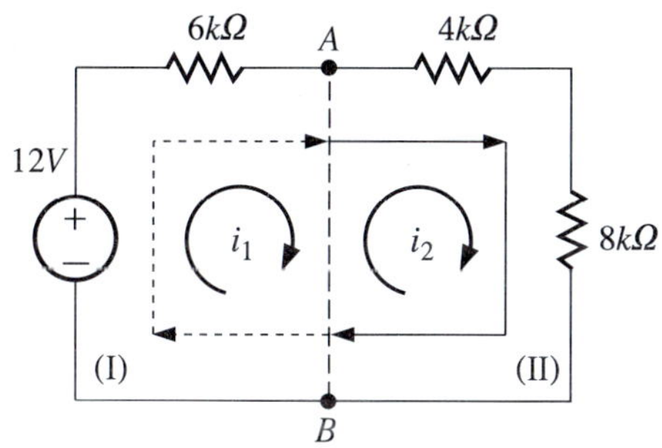

▶▶ 그림 4-23 연습 4-5의 힌트

답 $i_1 = -2mA$, $i_2 = 2mA$

여기서 확인할 점은 저항 $3k\Omega$은 회로에 아무런 영향을 미치지 못한다는 것이다.

4.3 노드 해석법(Nodal Analysis)

노드 해석법은 각 노드에서의 전류를 이용하는 방법이다. KCL을 다시 쓰면,

> **KCL**
> 노드에서 흘러 나오는(또는 흘러 들어가는) 전류의 합은 영(zero)이다.

저항은 이미 알고 있는 값이므로 노드 해석법에서 구하려는 값은 옴의 법칙에 의하여 노드의 전압이 된다($I = \frac{V}{R}$). 이제 노드 해석법을 설명하기 위해 몇 가지 준비를 하자. 전압은 임의의 두 단자 사이에서 측정되는 값이다. 노드 해석법을 적용할 때 노드 전압의 일관성을 유지하기 위해 어떤 특정 노드의 전압을 기준으로 하여야 한다. 실제의 전기 및 전자회로는 전압의 기준이 되는 단자가 있다. 그 단자를 접지(接地, ground)라고 하며 그 곳의 전압을 $0V$로 한다. 자동차는 차체나 엔진 블럭에 배터리의 음극을 연결하여 접지를 하고, 전자회로에서는 전압이 $0V$ 되는 곳을 항상

표시를 한다. 그러나 전기회로에서의 전압은 특별히 기준에 대한 설명이 없이 전압을 표시한다.

전압의 기준

전기회로에서 전압이 12*V*라고 하는 것은 상대적인 값이므로 (그림 4-24)처럼 단자 *A*의 전압은 여러 가지 값을 가질 수 있다.

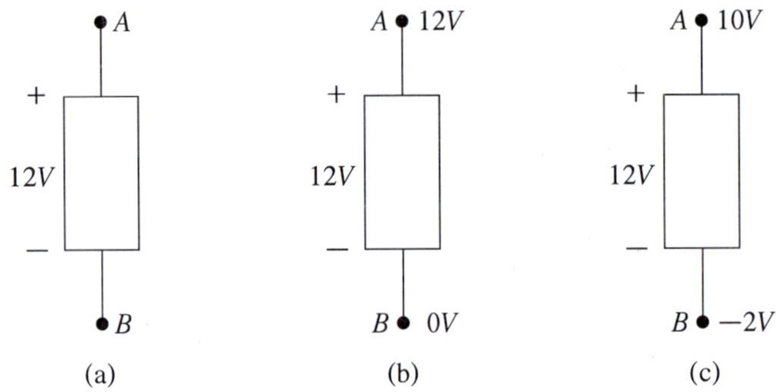

▸▸ 그림 4-24 전압의 상대적 표현

(그림 4-24)에서 보면 모든 소자의 전압이 $V_{AB} = 12V$이다. (그림 4-24 a)는 전기회로에서의 일반적인 전압 표기법이다. 전압은 상대적인 값(단자 *B*에 대한 단자 *A*의 전압 상승값)이라 하였다. 그러므로 (그림 4-24 b)에서처럼 $V_B = 0V$이면 $V_A = 12V$이고, 만약 $V_B = -2V$가 되면 $V_A = 10V$를 나타낸다(그림 4-24 c). 즉, $V_{AB} = 12V$이지만 단자 *A*의 전압은 다를 수 있다.

기준 노드의 선택

노드 해석법은 노드에서 전류 방정식을 만드는 과정이다. 전류는 옴의 법칙에 의하여 $I = \frac{V}{R}$이므로 그 노드의 전압을 지정하여야만 방정식을 만들 수 있다. 전압은 상대적인 값이라 하였으므로 어떤 노드에 대한 전압인가 하는 것이 중요하다. 그러므로 전압의 기준이 되는 노드가 필요하다. 이 노드를 기준 노드(reference node)라 하고 전압을 0*V*로 가정한다. 기준 노드는 소자가 가장 많이 연결된 노드를 선택하는 것이 일반적이다.

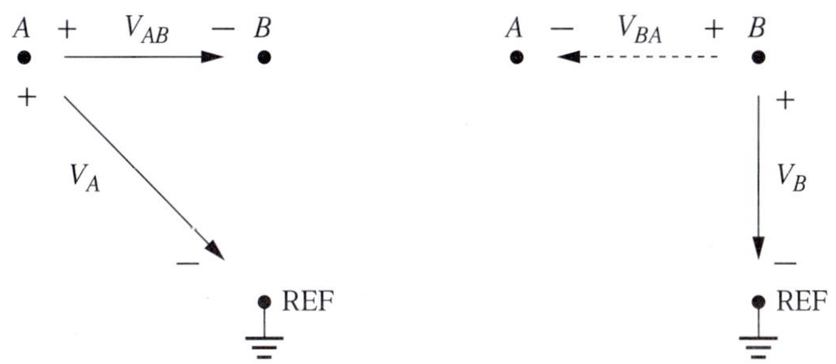

(a) (b)

▶▶ 그림 4-25 노드 해석법에서 전류 방향

노드 해석을 할 경우 노드 전류의 방향은 임의로 정할 수 있다. 그러나 회로 해석을 할 때 전류 방향을 일관성 있게 정해야 한다. 그렇지 않으면 만들어진 방정식의 부호가 일관성을 잃는다. 이 책에서는 노드에서 '나가는 전류' 성분을 (+)로 하여 계산하였다. 즉, 노드 A에서 KCL을 적용할 때는 (그림 4-25 a)에서처럼 전류가 $A \rightarrow B$, $A \rightarrow REF$ 방향이라 가정하여 노드 A에서 나가는 전류의 합을 구하면,

$$\frac{V_{AB}}{R_{AB}} + \frac{V_A}{R_A}$$

노드 B에서 KCL을 적용할 경우에는 전류가 $B \rightarrow A$, $B \rightarrow REF$ 방향으로 흐른다고 가정하여(그림 4-25 b),

$$\frac{V_{BA}}{R_{BA}} + \frac{V_B}{R_B}$$

로 계산한다.

물론 노드로 들어가는 전류를 (+)로 하여 구할 수 있다. 즉,

$$\text{노드 } A: \frac{V_{BA}}{R_{BA}} - \frac{V_A}{R_A} = -\frac{V_{AB}}{R_{AB}} - \frac{V_A}{R_A}$$

$$\text{노드 } B: \frac{V_{AB}}{R_{AB}} - \frac{V_B}{R_B} = -\frac{V_{BA}}{R_{AB}} - \frac{V_B}{R_B}$$

하지만 이렇게 하면 방정식에 (−) 부호가 많아져 계산에 어려움을 겪는다.

노드 해석법은 전류원으로 구동되는 회로 해석에 아주 유용하다. 노드 해석법을 적용하려는 회로는 전류원과 전압원(독립 또는 종속) 등으로 구동될 것이다. 루프 해석법에서는 루프 사이에 끼어 있는 전류원의 처리를 위하여 슈퍼 메쉬 개념을 도입하였다. 루프 해석법과 마찬가지로 노드 해석법에서도 전압원이 문제가 된다. 접지된(기준 노드와 연결된) 전압원은 쉽게 처리할 수 있지만(아주 쉽다), 기준 노드가 아닌 노드 사이에 연결된 전압원은 슈퍼 노드 기법을 이용해야 한다.

그러면 예제를 통하여 노드 해석법을 알아보자.

예제 4-11 노드 해석법

이제 노드 해석법을 수행해 보자. 주어진 회로(그림 4-26)는 전류원이 한 개 있는 회로이다. 이 회로에서 노드 해석법을 이용하여 각 저항에 흐르는 전류를 구하자.

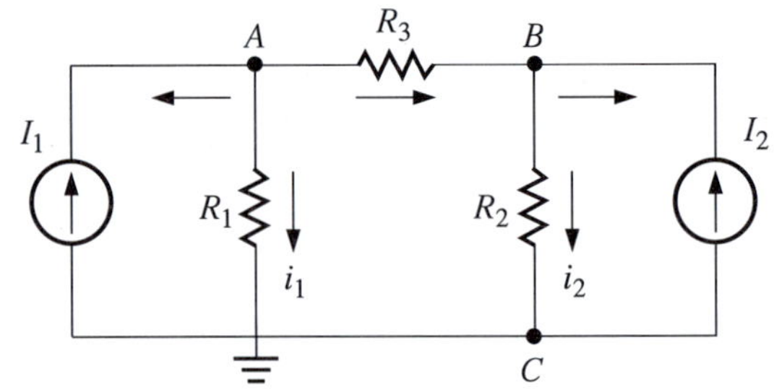

▶▶ 그림 4-26 예제 4-11 노드 해석법

(G-1) 단일 루프의 개수 3개: 방정식 3개
(G-2) 노드의 개수 3개: 방정식 2개

풀이

노드 해석법의 과정은

(i) 기준 노드(reference node)를 지정한다.

이 회로는 5개의 브랜치가 있고, 노드는 A, B, C 3개이다. 전압이 0V가 되는 기준 노드는 소자가 가장 많이 연결되어 있는 노드를 정하는 것이 일반적이라 하였다. 노드 A, B는 3개의 소자가 연결되어 있고, 노드 C는 4개의 소자가 연결되어 있다. 그러므로 노드 C를 기준 노드로 정하자.

(ii) 노드 방정식(전류 방정식)을 적용할 노드를 선정한다.

C를 기준 노드로 할 때 노드 방정식을 적용할 노드는 A와 B이다.

(iii) 그 노드에 전압을 지정한다.

기준 노드에 대한 노드 A, B의 전압을 각각 V_A, V_B라고 하자.

(iv) 노드 A, B에서 직류 성분은 3개: 각각의 노드에서 KCL을 적용한다.

노드로 들어가는 전류와 노드에서 나오는 전류의 방향은 서로 반대이다. 그러므로 전류의 방향을 부호 (+, −)로 구분한다.

(v) 노드에서 나가는 전류를 (+)로 선택하여 방정식을 세우자(전류의 순서는 아래쪽, 왼쪽, 오른쪽 위쪽으로 하였다).

노드 A: $i_1 - I_1 + i_{AB} = 0$

노드 B: $i_2 + i_{BA} - I_2 = 0$

(vi) 이들 전류 방정식에 옴의 법칙을 적용한다: $i = \frac{V}{R}$

노드 A: $i_1 = \frac{V_A}{R_1},\ i_{AB} = \frac{V_A - V_B}{R_3} \rightarrow 0 = \frac{V_A}{R_1} + \frac{V_A - V_B}{R_3} - I_1$

노드 B: $i_2 = \frac{V_B}{R_2},\ i_{BA} = \frac{V_B - V_A}{R_3} \rightarrow 0 = \frac{V_B}{R_2} + \frac{V_B - V_A}{R_3} - I_2$

(vii) 이제 방정식을 정리하면,

$$\left\{\begin{aligned} I_1 &= \left(\frac{1}{R_1} + \frac{1}{R_3}\right)V_A - \frac{1}{R_3}V_B \\ I_2 &= -\frac{V_A}{R_3} + \left(\frac{1}{R_2} + \frac{1}{R_3}\right)V_B \end{aligned}\right\}$$

$$\begin{bmatrix} \frac{1}{R_1} + \frac{1}{R_3} & -\frac{1}{R_3} \\ -\frac{1}{R_3} & \frac{1}{R_2} + \frac{1}{R_3} \end{bmatrix} \begin{bmatrix} V_A \\ V_B \end{bmatrix} = \begin{bmatrix} I_1 \\ I_2 \end{bmatrix}$$

이들 일차방정식들의 미지수는 노드 전압 V_A와 V_B이다. 이 두 방정식이 (그림 4-26) 회로를 노드 해석법으로 풀어 낸 방정식이다.

노드 방정식의 해석

저항의 역수는 컨덕턴스($G = \frac{1}{R}$)이므로 방정식을 다시 쓰면,

$$\begin{cases} I_1=(\frac{1}{R_1}+\frac{1}{R_3})V_A-\frac{1}{R_3}V_B \\ I_2=-\frac{V_A}{R_3}+\left(\frac{1}{R_2}+\frac{1}{R_3}\right)V_B \end{cases} \rightarrow \begin{cases} I_1=(G_1+G_3)V_A-G_3V_B \\ I_2=-G_3V_A+(G_2+G_3)V_B \end{cases}$$

첫 번째 식에서 (G_1+G_3)는 노드 A에 연결된 모든 컨덕턴스의 합이고, $-G_3$는 노드 A와 노드 B를 연결하는 컨덕턴스의 마이너스 값이다. 두 번째 식에서 (G_2+G_3)는 노드 B에 연결된 모든 컨덕턴스의 합이고, $-G_3$는 노드 B와 노드 A를 연결하는 컨덕턴스의 마이너스 값이다.

이 방정식을 행렬로 표현하면,

$$\begin{bmatrix} G_1+G_3 & -G_3 \\ -G_3 & G_2+G_3 \end{bmatrix}\begin{bmatrix} V_A \\ V_B \end{bmatrix}=\begin{bmatrix} I_1 \\ I_2 \end{bmatrix}$$

이 수식은 노드에서 전류가 나갈 때를 (+)로 하여 얻어진 수식을 행렬로 표현한 것이다. 이 행렬의 대각선은 각 노드에 연결된 컨덕턴스의 합이고 항상 (+)이다. 역대각선 성분은 다른 노드와 연결된 컨덕턴스에 (−)값을 취한 것이다.

직관적인 해석법

노드 해석법에서 이렇게 독립 전류원만 있는 경우, 루프 해석에서 독립 전압원이 있는 경우와 마찬가지로 체계적으로 수식을 만들 수 있다. 노드에서 전류 방정식을 만들 때 제일 중요한 것은 전류 방향의 일관성을 유지하는 것이다. 어떤 노드에서 KCL을 적용하여 전류 방정식을 만든다고 하면 가급적 그 노드에서 나가는 전류를 (+)로 하는 것이 더 체계적이다. 이 사실을 확인하기 위하여 노드 A, B에서 전류 방정식을 만들어 보자.

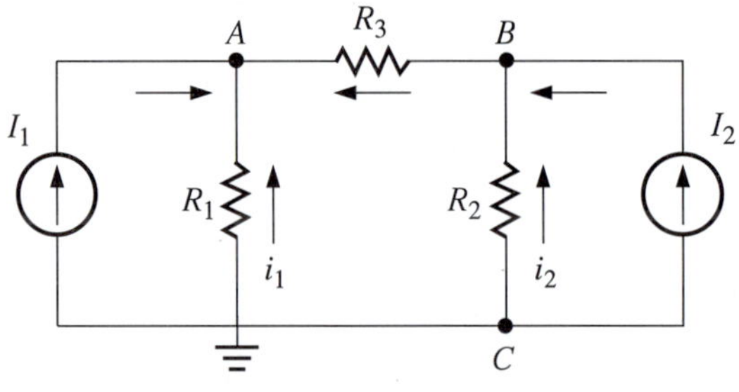

▸▸ 그림 4-27 직관적인 해석법

(i) 노드 A에서 KCL: $+i_1+I_1+i_{BA}=0 \rightarrow I_1+\dfrac{0-V_A}{R_1}+\dfrac{V_B-V_A}{R_3}=0$

(ii) 노드 B에서: $i_2+i_{AB}+I_2=0 \rightarrow I_2+\dfrac{0-V_B}{R_2}+\dfrac{V_A-V_B}{R_3}=0$

(iii) 두 식을 정리하면,

$$\begin{bmatrix} -I_1=-(\frac{1}{R_1}+\frac{1}{R_3})V_A+\frac{1}{R_3}V_B \\ -I_2=\frac{V_A}{R_3}-(\frac{1}{R_2}+\frac{1}{R_3})V_B \end{bmatrix} \rightarrow \begin{Bmatrix} -I_1=-(G_1+G_3)V_A+G_3V_B \\ -I_2=G_3V_A-(G_2+G_3)V_B \end{Bmatrix}$$

행렬로 표현된 회로 방정식을 보면 노드로 들어가는 전류를 (+)로 하는 경우 방정식의 계수의 부호에 (−)가 많아져서 풀이에 어려움을 겪는다.

예제 4-12 노드 해석법: 독립 전류원만 있는 경우

다음 회로에서 노드 해석법을 적용하여 i_1과 v_2를 구하라.

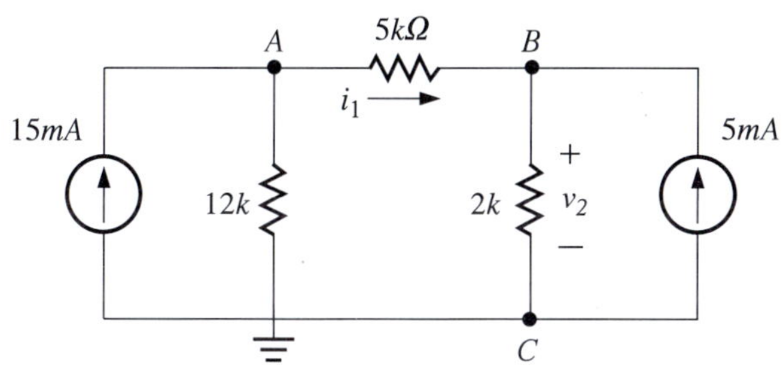

▸▸ 그림 4-28 예제 4-12 노드 해석법

(G-1) 전류원으로 구동되는 회로. 루프 3개, 노드 3개
(G-2) 전류의 부호? 노드에서 나갈 때를 (+)
(FW) 구하려는 전류는 $i_1=i_{AB}=\dfrac{V_A-V_B}{5k}$, 전압은 $v_2=V_B$

풀이

다음 순서대로 풀이를 진행해 보자.

(i) 소자가 많이 연결되어 있는 노드 C를 기준 노드로 하자.

(ii) 노드 A, B의 전압을 기준 노드에 대해 각각 V_A, V_B로 지정하자.

(iii) 노드 A, B에서 KCL을 적용하자. 노드에서 나가는 전류를 (+)로 한다.

독립 전류원만 있는 회로이므로 직관으로 방정식을 세워 보자.

$$\text{노드 } A: \left(\frac{1}{12k} + \frac{1}{5k}\right)V_A - \frac{1}{5k}V_B = 15mA$$

$$\text{노드 } B: -\frac{1}{5k}V_A + \left(\frac{1}{5k} + \frac{1}{2k}\right)V_B = -5mA$$

(iv) 이제 이 방정식을 정리하면,

$$\begin{bmatrix} \frac{1}{12k} + \frac{1}{5k} & -\frac{1}{5k} \\ -\frac{1}{5k} & \frac{1}{2k} + \frac{1}{5k} \end{bmatrix} \begin{bmatrix} V_A \\ V_B \end{bmatrix} = \begin{bmatrix} 15m \\ -5m \end{bmatrix}$$

(v) 이 방정식을 풀어 보자. 먼저,

$$\Delta = \begin{vmatrix} \frac{17}{60k} & -\frac{1}{5k} \\ -\frac{1}{5k} & \frac{7}{10k} \end{vmatrix} = \frac{119}{600k^2} - \frac{1}{25k^2} = \frac{119-24}{600k^2} = \frac{95}{600k^2}$$

$$\Delta_A = \begin{vmatrix} 15m & -\frac{1}{5k} \\ -5m & \frac{7}{10k} \end{vmatrix} = \frac{105m}{10k} + \frac{5m}{5k} = \frac{105m-10m}{10k} = \frac{95m}{10k}$$

$$\Delta_B = \begin{vmatrix} \frac{17}{60k} & 15m \\ -\frac{1}{5k} & -5m \end{vmatrix} = -\frac{85m}{60k} + \frac{15m}{5k} = \frac{-85+180m}{60k} = \frac{95m}{60k}$$

이므로,

$$\text{(vi) } V_A = \frac{\Delta_A}{\Delta} = \frac{95m/10k}{95/600k^2} = \frac{95 \times 600k^2}{95 \times 10k} = 60\,[V]$$

$$V_B = \frac{\Delta_B}{\Delta} = \frac{95m/60k}{95/600k^2} = \frac{95 \times 600k^2}{95 \times 60k} = 10\,[V]$$

[연습 4-6] 노드 해석법: 종속 전류원이 포함된 경우

종속 전류원이 포함된 회로에서 노드 해석법으로 v_o를 구하라.

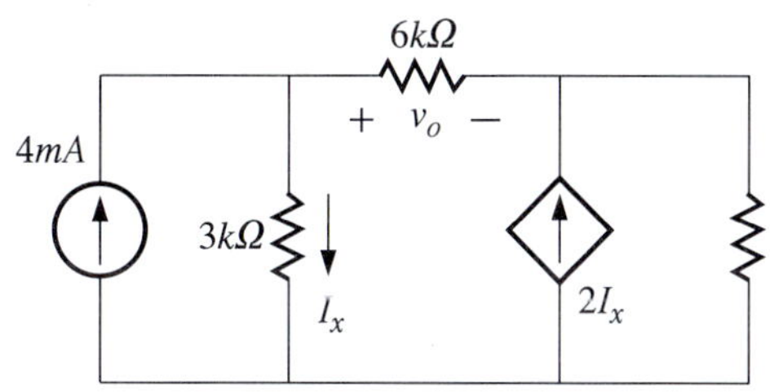

▸▸ 그림 4-29 예제 4-14 노드 해석법-종속 전류원이 포함된 경우

힌트

(G-1) 기준 노드는?, 종속 전류원은 $2I_x = 2\dfrac{V_{3k}}{I_{3k}}$

(FW) $v_o = V_{6k}$, 종속 전류원이 있는 경우에는 직관적으로 방정식을 만들 수 없다.

답 $v_o = -12V$

4.4 슈퍼 노드-전압원이 있는 경우의 노드 해석법

노드 해석법을 적용할 회로에 전압원(독립이든 종속이든)이 있는 경우를 생각해 보자. 이 전압원이 기준 노드와 연결되어 있으면(접지된 전압원) 문제를 쉽게 해결할 수 있지만, 전압원이 기준 노드와 연결되어 있지 않은 두 노드 사이에 있다면 다른 방법으로 풀어야 한다.

[연습 4-7] 노드 해석법: 전압원이 기준 노드와 연결되어 있는 경우

다음 회로에서 전류원의 전력을 구하라(노드 해석법으로 풀어라).

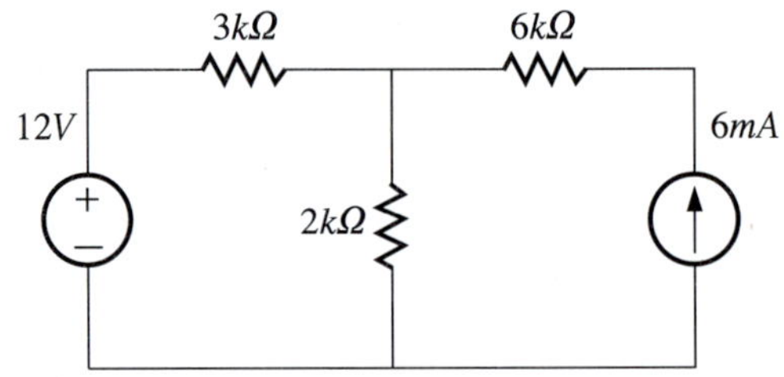

▸▸ 그림 4-30 연습 4-7 전압원과 노드 해석법

힌트

그림에서 $V_A = 12V$이므로 미지수는 한 개: $i_1 = \dfrac{V_B - 12}{3k}$

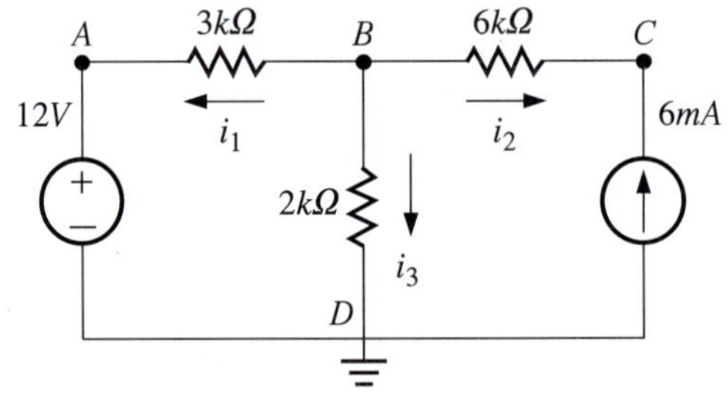

▸▸ 그림 4-31 연습 4-7의 힌트

답 $P_{6m} = -288[mW]$

전압원이 노드 사이에 끼어 있는 경우

전압원이 기준 노드에 연결되어 있는 회로는 전압원이 연결된 노드의 전압을 알 수 있으므로 해석에 문제가 없다. 하지만 다음 회로와 같이 전압원이 노드 사이에 끼어 있는 경우를 생각해 보자. 전압원이 기준 노드가 아닌 두 노드 사이에 있는 경우를 '떠 있는 전압원'(floating voltage source)이라고 한다. 전압원은 독립 전압원이든 종속 전압원이든 상관없다. 우리가 구하려는 미지수는 노드 A의 전압 V_A와 노드 B의 전압 V_B가 된다.

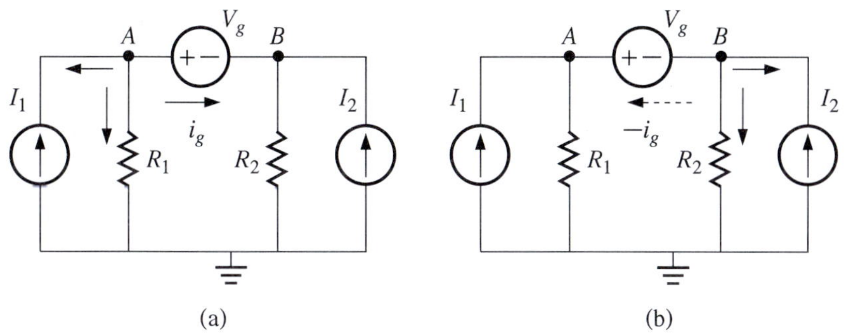

▸▸ 그림 4-32 전압원이 노드 사이에 끼어 있는 경우

(그림 4-32)의 회로에서 기준 노드를 정하고(아래 단자) 노드 A, B에서의 전압을 구하자. 독립 전압원의 전압은

$$V_g = V_A - V_B$$

이 전압원에 흐르는 전류를 더미 변수 i_g라고 가정하자(전류를 $A \rightarrow B$ 방향으로 하였지만, 방향은 중요하지 않다),

노드 A: $\frac{V_A}{R_1} - I_1 + i_g = 0$ (그림 4-32 a)

노드 B: $\frac{V_B}{R_2} - i_g - I_2 = 0$ (그림 4-32 b)

이 방정식을 행렬로 표현하면,

$$\begin{bmatrix} \frac{1}{R_1} & 0 & 1 \\ 0 & \frac{1}{R_2} & -1 \\ 1 & -1 & 0 \end{bmatrix} \begin{bmatrix} V_A \\ V_B \\ i_g \end{bmatrix} = \begin{bmatrix} I_1 \\ I_2 \\ V_g \end{bmatrix}$$

미지수가 노드 전압 V_A와 V_B, 더미 변수 i_g이고 방정식이 3개이므로 방정식의 해를 구할 수 있다.

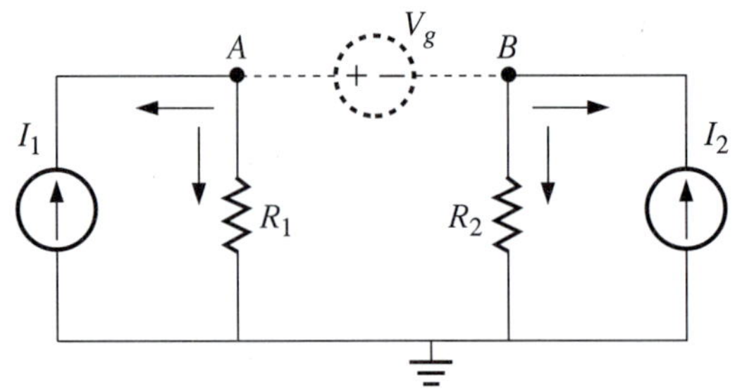

▶▶ **그림 4-33** 전압원이 노드 사이에 끼어 있는 경우

여기서도 전압원에 흐르는 전류 i_g를 V_A, V_B로 나타낼 수는 없다. 전압원의 저항을 R_g라고 가정하면,

$$i_g = \frac{V_g}{R_g} = \frac{V_A - V_B}{R_g}$$

그런데 독립 전압원은 전압값은 있지만 저항값은 알 수 없다(이상적인 독립 전압원의 저항은 $R_g = 0$이다).

그런데 두 노드 방정식에서 전압원에 흐르는 전류 항(i_g)의 부호가 반대이므로, 두 방정식을 더하면,

$$\left(\frac{V_A}{R_1} - I_1 + i_g\right) + \left(\frac{V_B}{R_2} - i_g - I_2\right) = 0$$

즉, $\left(\frac{V_A}{R_1} - I_1\right) + \left(\frac{V_B}{R_2} - I_2\right) = 0$

여기서 앞의 두 항 $\left(\frac{V_A}{R_1} - I_1\right)$은 노드 A에서 나가는 전류의 합이고,

뒤 두 항 $\left(\frac{V_B}{R_2} - I_2\right)$은 노드 B에서 나가는 전류의 합이다.

이 방정식을 회로에 적용하면 (그림 4-33)과 같다.

이 회로의 미지수는 2개이므로 2개의 방정식이 있으면 회로를 풀 수 있다. 전압원이 두 노드 사이에 끼어 있는 경우 전압원에 흐르는 전류는 생각하지 말고 두 노드에서 나가는 전류의 합을 구하면 방정식이 만들어진다. 이제 이 방법을 체계적으로 설명하자.

슈퍼 노드(supernode)[7)]

(그림 4-34)에서 전압원의 전류를 살펴보면 (+)단자에서 나오는 전류를 i라 하면 (-)단자에서 나오는 전류는 $(-i)$가 된다. 그러면,

$$i+(-i)=0$$

그런데

$i=\dfrac{V_A}{R_1}-I_1$: 노드 A로 흘러 들어가는 전류

$-i_1=\dfrac{V_B}{R_2}-I_2$: 노드 B로 흘러 들어가는 전류

즉, $i+(-i)=\left(\dfrac{V_A}{R_1}-I_1\right)+\left(\dfrac{V_B}{R_2}-I_2\right)=0$

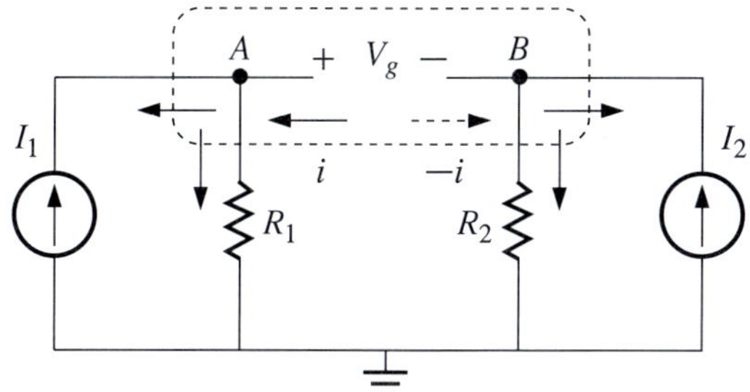

▶▶ 그림 4-34 슈퍼 노드

그러므로 노드 사이에 전압원을 포함하는 회로의 노드 해석법은 다음과 같이 정리할 수 있다.

(i) 전압원을 포함하는 노드를 슈퍼 노드(supernode)로 한다.
(ii) 슈퍼 노드에서 흘러 나오는 전류의 합은 0이다.
(iii) 또 다른 방정식은 전압원의 전압이다.

7) 슈퍼 노드: 가상 노드라고도 한다.

예제 4-13 슈퍼 노드: 전압원이 끼어 있는 회로

다음 회로에서 전압원에 흐르는 전류를 노드 해석법으로 구하고, 이 전압원이 전력을 공급하는지 또는 소비하는지를 밝혀라.

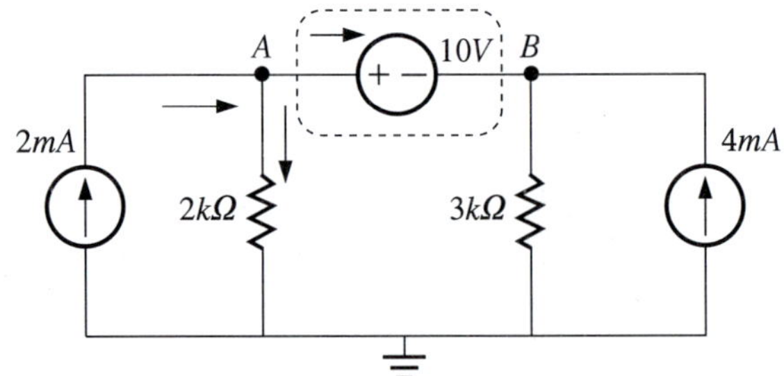

▸▸ 그림 4-35 예제 4-13 슈퍼 노드

(G-1) 단자 A, B는 슈퍼 노드
(G-2) $V_{AB} = V_A - V_B = 10V$
(FW) $i_{AB} = ?$, $P_{10V} = ?$
(M) 노드 해석법: 슈퍼 노드

풀이

(i) 전압원의 전압은 $V_A - V_B = 10$

(ii) 슈퍼 노드에서

$$\frac{V_A}{2k} - 2m + \frac{V_B}{3k} - 4m = 0 \rightarrow 3V_A + 2V_B = 36$$

$$\begin{Bmatrix} V_A - V_B = 10 \\ 3V_A + 2V_B = 36 \end{Bmatrix} \rightarrow \begin{bmatrix} 1 & -1 \\ 3 & 2 \end{bmatrix} \begin{bmatrix} V_A \\ V_B \end{bmatrix} = \begin{bmatrix} 10 \\ 36 \end{bmatrix}$$

(iii) 크래머 방법을 적용하면,

$$\Delta = \begin{vmatrix} 1 & -1 \\ 3 & 2 \end{vmatrix} = 5,\ \Delta_A = \begin{vmatrix} 10 & -1 \\ 36 & 2 \end{vmatrix} = 20 + 36 = 56,\ \Delta_B = \begin{vmatrix} 1 & 10 \\ 3 & 36 \end{vmatrix} = 6$$

(iv) $V_A = \frac{56}{5} = 11.2V$, $V_B = 1.2V(V_A - V_B = 10V)$

(v) 전압원에서 $I_{BA}=\dfrac{V_A}{2k}-2m=3.6mA$이므로,

$P_{10V}=+(10)I_{AB}=-36[mW]$: 공급

[연습 4-8] 전압원이 끼어 있는 경우의 노드 해석법

다음 회로에서 v_o를 구하라.

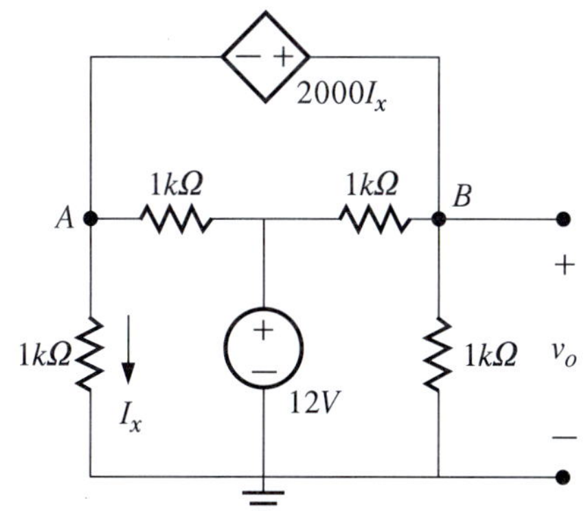

▸▸ 그림 4-36 연습 4-8의 회로

힌트

(i) 단자 A, B는 슈퍼 노드(종속 전압원)

(ii) $V_{BA}=V_B-V_A=2kI_x$, $I_x=\dfrac{V_A}{1k}$

답 $v_o=9V$

▸▸ 표 4-1 루프 해석법과 노드 해석법

루프 해석법	노드 해석법
(i) KVL을 적용할 루프 지정 (ii) 루프 전류 지정 (iii) 미지수는 루프 전류 (iv) 전압 방정식 (v) 슈퍼 메쉬: 루프 사이에 전류원이 끼어 있는 경우	(i) 기준 노드 지정 (ii) KCL을 적용할 노드 전압 지정 (iii) 미지수는 노드 전압 (iv) 전류 방정식 (v) 슈퍼 노드: 노드 사이에 전압원이 끼어 있는 경우

연습 풀이

[연습 4-1]

회로를 다음과 같이 변형한다.

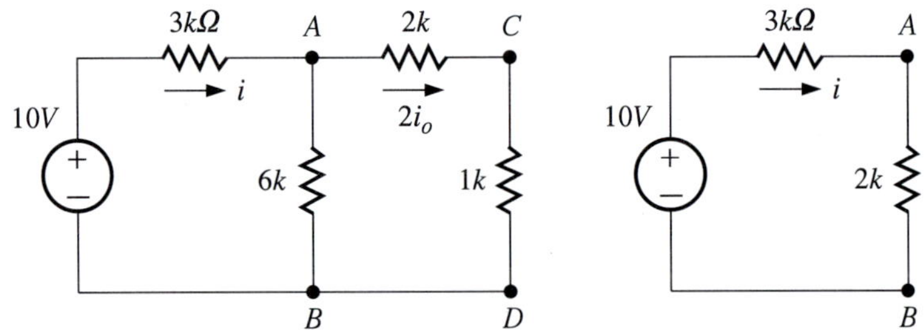

(a) (b)

그림 (a)에서 합성 저항은 $(2k+1k)//6k = 2k\Omega$이므로(그림 b)

$3k\Omega$에 흐르는 전류 i는 $10 = (3k+2k)\,i \rightarrow i = 2mA$

그러면 전류 배분에 의하여 $2i_o = \dfrac{6k}{6k+3k}\,i = \dfrac{4}{3}\,mA \rightarrow i_o = \dfrac{2}{3}\,[mA]$

[연습 4-2]

(a) $\begin{bmatrix} 50k & -45k \\ -45k & 50.5k \end{bmatrix}\begin{bmatrix} i_1 \\ i_2 \end{bmatrix} = \begin{bmatrix} 40 \\ 64 \end{bmatrix}$

(b) $\Delta = \begin{vmatrix} 50k & -45k \\ -45k & 50.5k \end{vmatrix} = 500k^2,\ \ \Delta_1 = \begin{vmatrix} 40 & -45k \\ 60 & 50.5k \end{vmatrix} = 4900k,$

$\Delta_2 = \begin{vmatrix} 50k & 40 \\ -45k & 64 \end{vmatrix} = 5000k$

$i_1 = \dfrac{4900k}{500k^2} = 9.5mA,\ \ i_2 = \dfrac{5000k}{500k^2} = 10mA$

(c) $P_{40} = -V \times I = -(40)(9.8m) = -392\,[mW],$

$P_{64} = -(64)(10m) = -640\,[mW]$

[연습 4-3]

두 루프에 시계방향으로 전류를 지정하자. 그러면 $i_2 = i_\Delta$

(i) 루프 (I)에서 $2000i_\Delta = 2ki_1 + 4k(i_1 - i_2) = 6ki_1 - 4ki_2 \rightarrow i_1 = i_2$

(ii) 루프 (II)에서 $6 = 2ki_2 + 4k(i_2 - i_1)$

(iii) 즉, $i_2 = 3mA$이고, $v_o = 2ki_2 = 6V$

[연습 4-4]

(i) 루프 전류를 시계방향으로 각각 i_1, i_2, i_3로 하자. 그러면, $i_1 = -2mA$, $i_3 = 4mA$

(ii) 루프 (II)에서 KVL: $12 = 2k(i_2 - i_1) + 4ki_2 + 6k(i_2 - i_3) = 12ki_2 + 4 - 24$

(iii) $32 = 12ki_2 \rightarrow i_2 = \frac{8}{3}mA$: $I_o = \frac{5}{3}[mA]$

[연습 4-5]

(i) 이 회로의 두 루프 사이에 전류원과 $3k\Omega$ 저항이 끼어 있는 것에 주의하고, 이 저항의 역할은 무엇일까 생각해 보자.

(ii) 전류원은 회로에 주어진 값의 전류를 강제적으로 흘려야 한다. 그러므로 $3k\Omega$ 저항에는 $4mA$의 전류가 흐른다.

(iii) 전류원을 제거하고 이 두 루프를 슈퍼 메쉬로 하여 슈퍼 메쉬 방정식을 만든다. 그런데 전류원과 연결되어 있는 $3k\Omega$ 저항은 어떻게 처리할까? 나중에 배우겠지만(5장) 전류원과 직렬로 연결된 저항은 회로에 기여하지 못하는 저항이다.

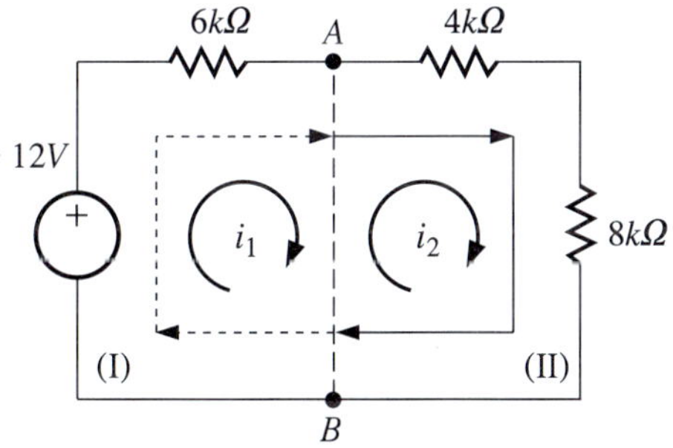

(iv) 슈퍼 메쉬의 전압강하의 합: $-12 + 6ki_1 + (4k + 8k)i_2 = 0$

(v) 전류원의 전류: $I_{AB} = i_1 - i_2 = -4mA$

(vi) 방정식을 행렬로 표현하여 크래머 방법으로 풀어보면,

$$\begin{bmatrix} 6k & 12k \\ 1 & -1 \end{bmatrix}\begin{bmatrix} i_1 \\ i_2 \end{bmatrix} = \begin{bmatrix} 12 \\ -4mA \end{bmatrix} \rightarrow \Delta = \begin{vmatrix} 6k & 12k \\ 1 & -1 \end{vmatrix} = -18k,$$

$$\Delta_1 = \begin{vmatrix} 12 & 12k \\ -4m & -1 \end{vmatrix} = -12 - (-4m)(12k) = 36V,$$

$$\Delta_2 = \begin{vmatrix} 6k & 12 \\ 1 & -4m \end{vmatrix} = -24 - 12 = -36V$$

(vii) $i_1 = \dfrac{\Delta_1}{\Delta} = \dfrac{36V}{-18k} = -2mA,\ i_2 = \dfrac{\Delta_2}{\Delta} = \dfrac{-36V}{-18k} = 2mA$

[연습 4-6]

노드 해석법은 다음 두 가지를 정해야 한다.

(i) 기준 노드를 어디로 선정할 것인가?

(ii) 다음 그림에 기준 노드와 미지 전압 V_A, V_B를 표시하였다.

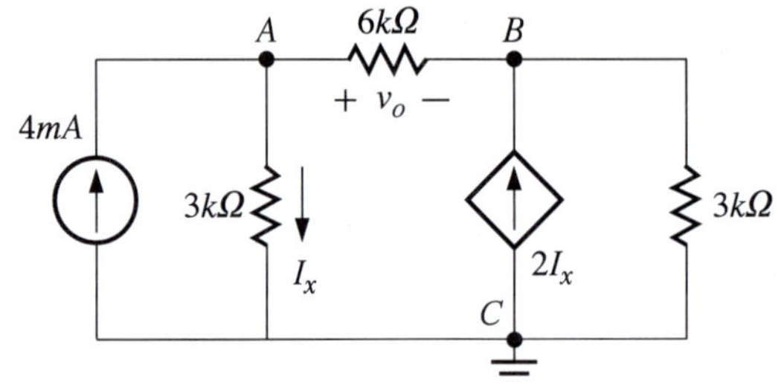

(iii) 먼저 종속 전류원은, $2I_x = 2\dfrac{V_A}{3k}$이므로,

노드 A: $\dfrac{V_A}{3k} - 4m + \dfrac{V_A - V_B}{6k} = 0$

노드 B: $-2I_x + \dfrac{V_B - V_A}{6k} + \dfrac{V_B}{3k} = -\dfrac{2V_A}{3k} + \dfrac{V_B - V_A}{6k} + \dfrac{V_B}{3k} = 0$

(iv) 이 방정식을 정리하면,

$$\left.\begin{cases} 3V_A - V_B = 24 \\ -5V_A + 3V_B = 0 \end{cases}\right\} \rightarrow \begin{bmatrix} 3 & -1 \\ -5 & 3 \end{bmatrix}\begin{bmatrix} V_A \\ V_B \end{bmatrix} = \begin{bmatrix} 24 \\ 0 \end{bmatrix}$$

(v) 크래머 방법으로 풀어 보면,

$$\Delta=\begin{vmatrix} 3 & -1 \\ -5 & 3 \end{vmatrix}=9-(-5)(-1)=4,$$

$$\Delta_A=\begin{vmatrix} 24 & -1 \\ 0 & 3 \end{vmatrix}=72,\ \Delta_B=\begin{vmatrix} 3 & 24 \\ -5 & 0 \end{vmatrix}=+120\text{이므로},$$

$V_A=18V$, $V_B=30V$가 된다.

(vi) 즉, $v_o=V_{AB}=V_A-V_B=-12V$

종속 전류원이 있는 경우에는 직관적으로 방정식을 만들 수 없다.

[연습 4-7]

아래 회로처럼 노드를 표시하고 기준 노드를 노드 D로 선택했다.

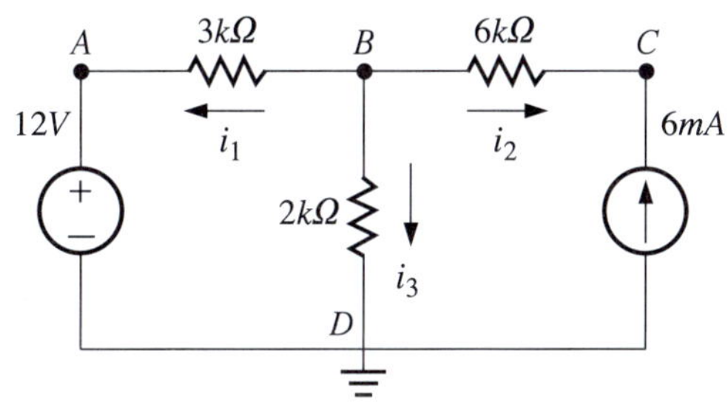

(i) 그러면 전류원의 전력은 $P_{6m}=-V_{CD}\times(6mA)$이므로, 전압 V_{CD}를 구하는 것이 문제 해결의 핵심이다.

(ii) 노드 B에서 KCL을 적용하면,

$$\frac{V_B}{2k}+\frac{V_B-V_A}{3k}-6m=0$$

(iii) 전압원은 기준 노드에 직접 연결되어 있으므로 $V_A=12V$이다.

$$\text{즉, } \frac{V_B}{2k}+\frac{V_B-12}{3k}-6m=0 \rightarrow V_B=12V$$

(iv) 그러므로 $V_{CD}=V_{CB}+V_{BD}=(6m\times6k)+12=48V$,

전류원의 전력은 $P_{6m}=-V_{CD}\times(6mA)=-288\,[mW]$: (공급)

[연습 4-8]

종속 전압원이 연결된 노드를 슈퍼 노드로 하자. 그러면

(i) 슈퍼 노드 A, B: $\frac{V_A}{1k} + \frac{V_A - 12}{1k} + \frac{V_B - 12}{1k} + \frac{V_B}{1k} = 0$

(ii) 종속 전압원은

$$2000I_x = 2000\frac{V_A}{1k} = 2V_A = V_B - V_A$$

즉, $V_B = 3V_A$

(iii) 정리하면,

$$2V_A - 12 + 2V_B - 12 = 8V_A - 24 = 0$$

$$V_A = 3V,\ V_B = v_o = 9V$$

4장 문제

루프 해석법

01 다음 회로에서 두 루프 방정식을 쓰고 V_{AB}를 구하라.

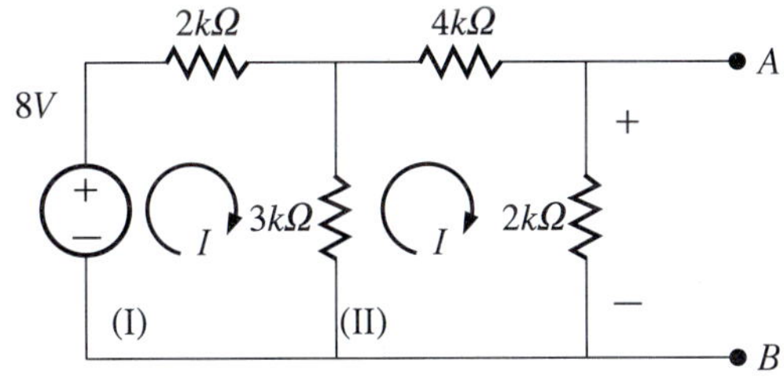

답 $\begin{Bmatrix} 5kI_1 - 3kI_2 = 8 \\ -3kI_1 + 9kI_2 = 0 \end{Bmatrix}, V_{AB} = \frac{4}{3}V$

루프 해석법

02 다음 회로는 루프가 두 개이지만 전류원 값을 알고 있기 때문에 한 개의 루프 방정식만 필요하다.

(a) 전류 I를 구하라.

(b) 전원의 전력을 구하고, 전력을 공급하는지 소비하는지를 밝혀라.

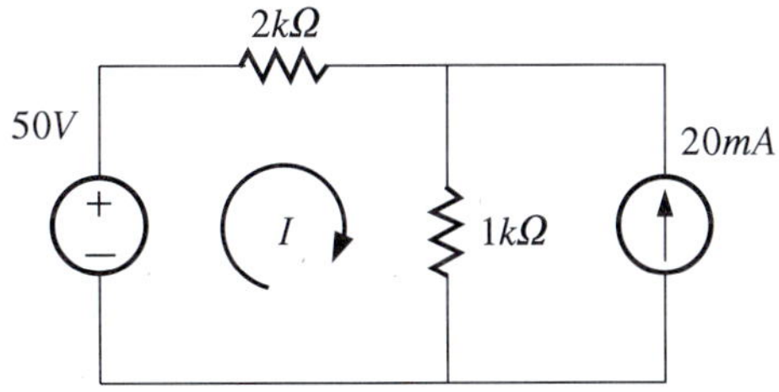

답 (a) $I = 10mA$, (b) $P_{50V} = -500mW$: 공급, $P_{20m} = -600mW$: 공급

루프 해석법

03 다음 회로는 루프가 세 개이지만 전류원 값을 알고 있기 때문에 한 개의 루프 방정식만 필요하다.

(a) 전류 I를 구하라.

(b) 두 전류원의 전력을 구하고, 전력을 공급하는지 소비하는지를 밝혀라.

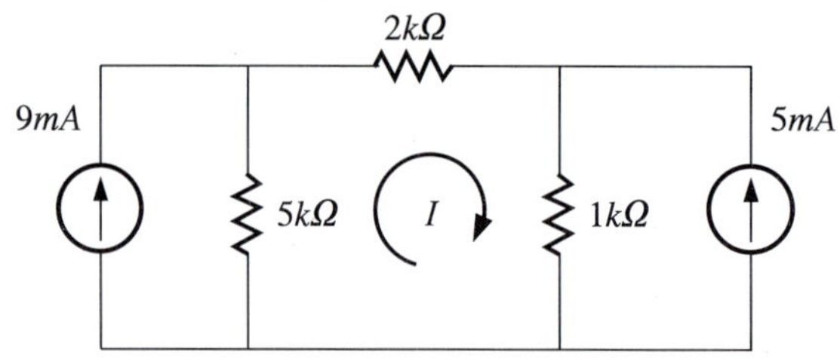

답 (a) $I = 5mA$, (b) $P_{9m} = -180mW$: 공급, $P_{5m} = -50mW$: 공급

루프 해석법

04 다음 회로에서 전류 I를 구하라. 단일 루프는 세 개이지만 회로 방정식은 한 개만 필요하다.

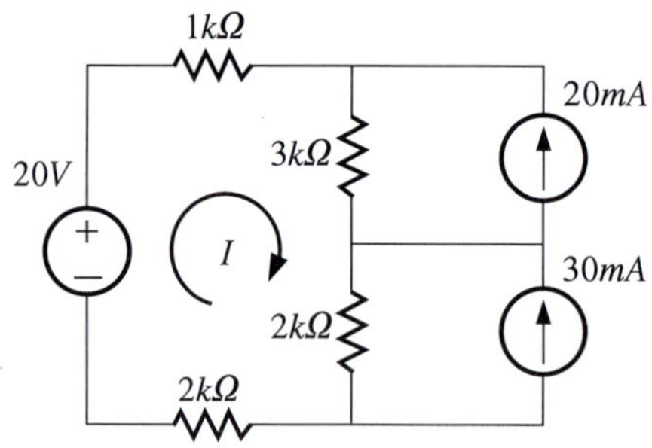

답 $I = -12.5mA$

루프 해석법

05 다음 회로에서 2kΩ에서 소비하는 전력을 구하라.

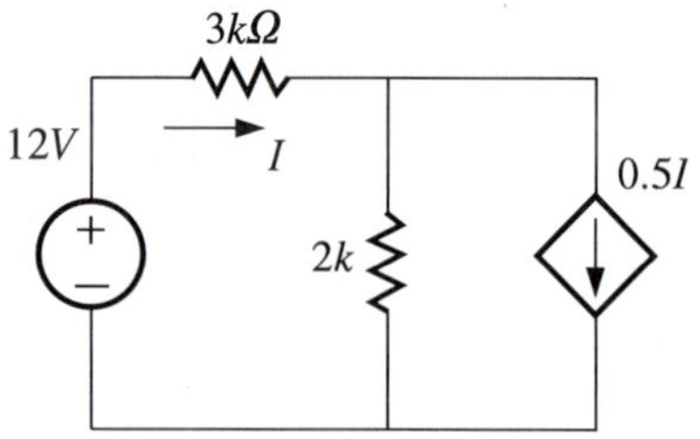

답 $P_{2k} = 4.5mW$

루프 해석법

06 다음 회로를 보고 물음에 답하라. $g_m = 4\times10^{-4}$[S]이다.

(a) 전류 I를 구하라.

(b) 전압 V_x를 구하라.

(c) 전원에서 본 등가저항을 구하라(즉, $R_{EQ} = R_{AB}$).

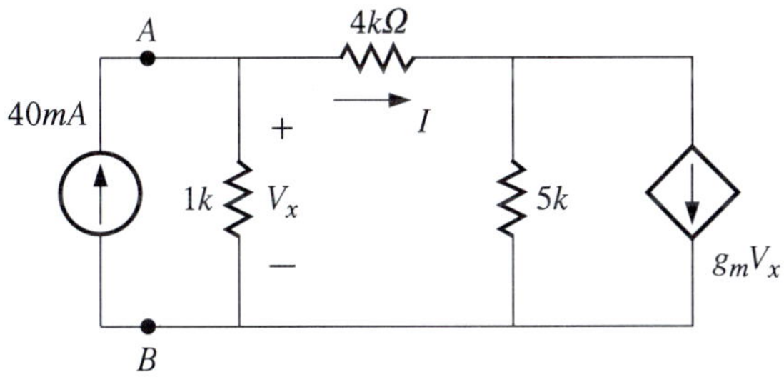

답 (a) $I = 10mA$, (b) $V_x = 30V$, (c) $R_{EQ} = 750\Omega$

루프 해석법

07 다음 회로는 두 전압원만으로 구동되고 있다.

(a) 직관으로(by inspection) 회로 방정식을 만들어라.

(b) 이 회로 방정식을 행렬로 표현하라.

(c) 크래머의 룰을 이용하여 두 루프의 전류를 구하라.

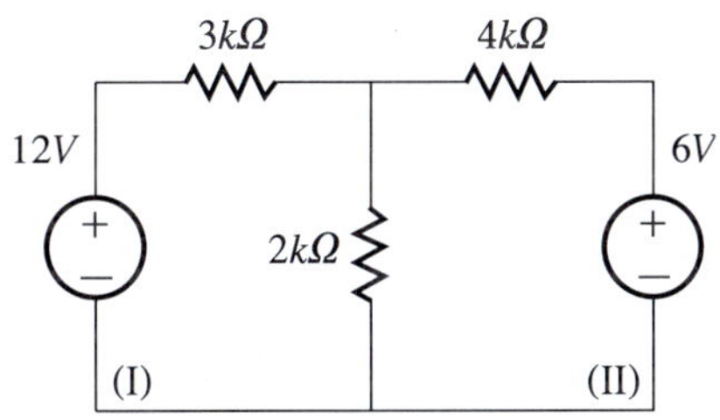

답 (a) $\begin{Bmatrix} 5kI_1 - 2kI_2 = 12 \\ -2kI_1 + 6kI_2 = -6 \end{Bmatrix}$, (b) $\begin{bmatrix} 5k & -2k \\ -2k & 6k \end{bmatrix}\begin{bmatrix} I_1 \\ I_2 \end{bmatrix} = \begin{bmatrix} 12 \\ -6 \end{bmatrix}$

(c) $I_1 = \frac{30}{13}mA$, $I_2 = -\frac{3}{13}mA$

루프 해석법

08 다음 회로는 전압원으로 구동되고 있다. 직관으로 회로 방정식을 구하고 세 루프 전류를 구하라.

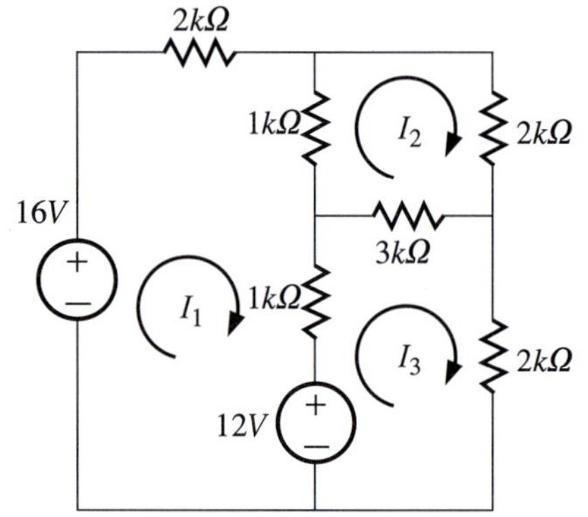

답 $$\begin{bmatrix} 4k & -1k & -1k \\ -1k & 6k & -3k \\ -1k & -3k & 6k \end{bmatrix}\begin{bmatrix} I_1 \\ I_2 \\ I_3 \end{bmatrix} = \begin{bmatrix} 4 \\ 0 \\ 12 \end{bmatrix}$$

$I_1 = 2.4mA,\ I_2 = 2.13mA,\ I_3 = 3.47mA$

루프 해석법

09 다음 회로에서 루프 전류 I_1, I_2, I_3를 구하려 한다.

(a) 루프 방정식을 만들고 행렬로 표현하라.

(b) 크래머의 룰을 이용하여 전류를 구하라.

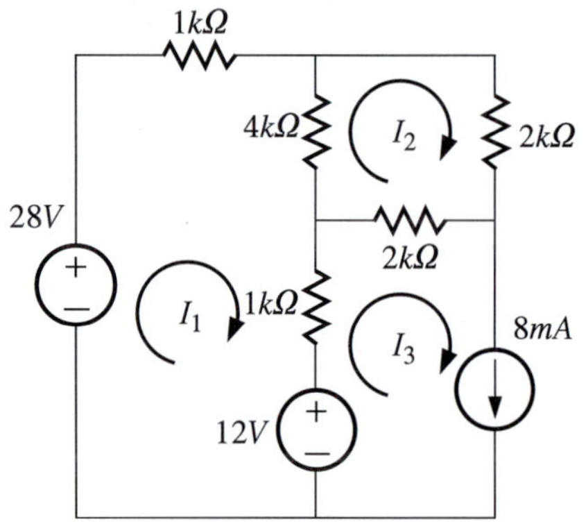

답 (a) $\begin{bmatrix} 6k & -4k \\ -4k & 8k \end{bmatrix}\begin{bmatrix} I_1 \\ I_2 \end{bmatrix} = \begin{bmatrix} 24 \\ 16 \end{bmatrix}$

(b) $I_1 = 7.5mA,\ I_2 = 5.25mA,\ I_3 = 8mA$

루프 해석법

10 다음 회로에서

(a) 루프 (I), (II), (III)에서 전류를 지정하고 행렬 형태로 루프 방정식을 만들어라.

(b) 크래머 방법으로 루프 방정식을 풀어 i_0를 구하라.

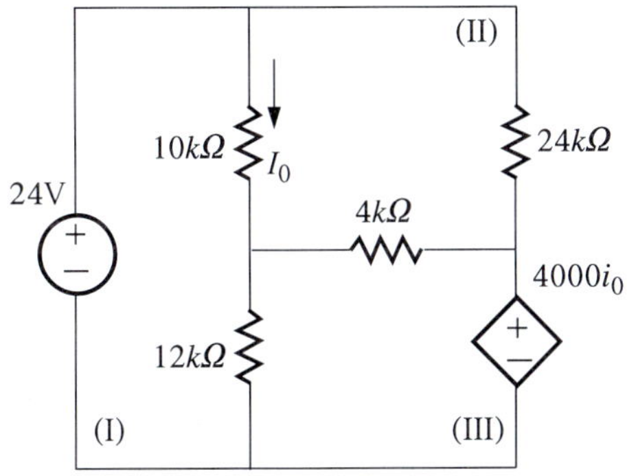

답 (a) $\begin{bmatrix} 22k & -10k & -12k \\ -10k & 38k & -4k \\ -8k & -8k & 16k \end{bmatrix}\begin{bmatrix} i_1 \\ i_2 \\ i_3 \end{bmatrix} = \begin{bmatrix} 24 \\ 0 \\ 0 \end{bmatrix}$, (b) $i_0 = 1.5mA$

루프 해석법

11 다음 회로의 루프 방정식이

$$\begin{bmatrix} 20k & -18k & -5k \\ -15k & 43k & -25k \\ -5k & -25k & 35k \end{bmatrix}\begin{bmatrix} i_1 \\ i_2 \\ i_3 \end{bmatrix} = \begin{bmatrix} 24 \\ -18 \\ 0 \end{bmatrix}$$

였다. R_1, R_2, R_3, R_4를 구하라.

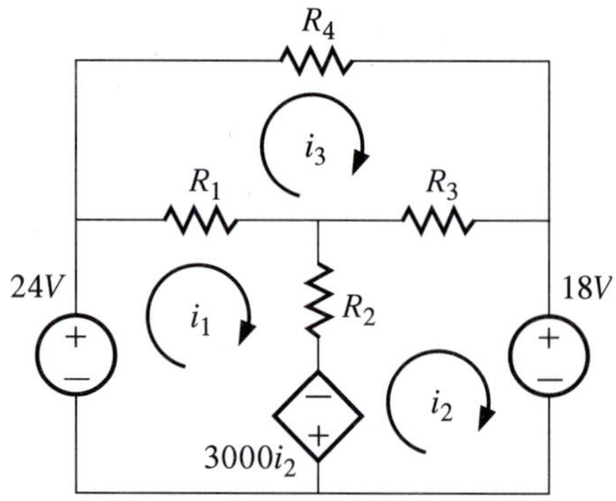

답 $R_1 = 5k\Omega,\ R_2 = 15k\Omega,\ R_3 = 25k\Omega,\ R_4 = 15k\Omega$

슈퍼 메쉬

12 다음 회로는 전류원이 루프 사이에 끼어 있다. 슈퍼 메쉬를 이용하여 회로 방정식을 만들고 독립 전류원이 공급하는 전력을 구하라.

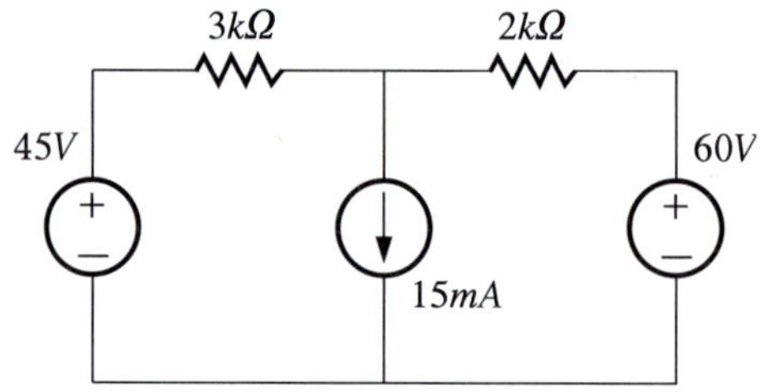

답 $\begin{bmatrix} 3k & 2k \\ 1 & -1 \end{bmatrix}\begin{bmatrix} I_1 \\ I_2 \end{bmatrix} = \begin{bmatrix} -15 \\ 15m \end{bmatrix}$,

$P_{15m} = -\ 540mW$: 공급

슈퍼 메쉬

13 다음 회로를 슈퍼 메쉬를 이용하여 회로 방정식을 만들고 종속 전류원이 공급하는 전력을 구하라.

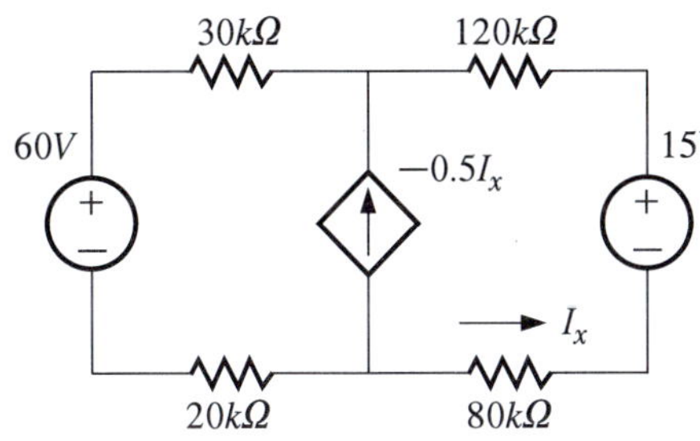

답 $P_{DS}=-5.5mW$: 공급

슈퍼 메시

14 다음 회로에서 I_o를 구하라.

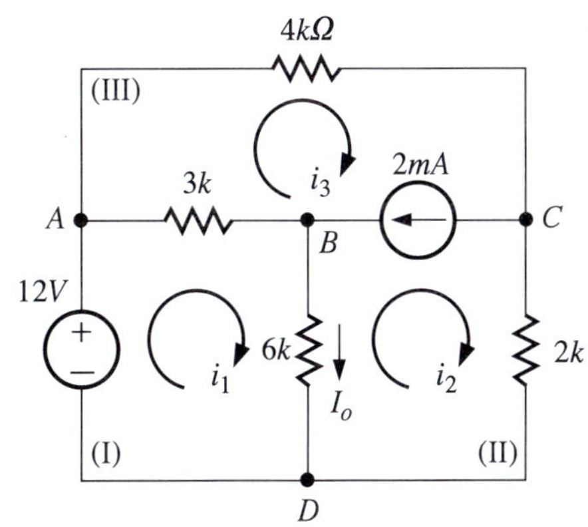

답 $I_o=2mA$

노드 해석법

15 다음 회로에서 노드 해석법을 이용하여 $6k\Omega$에 걸리는 전압을 구하라.

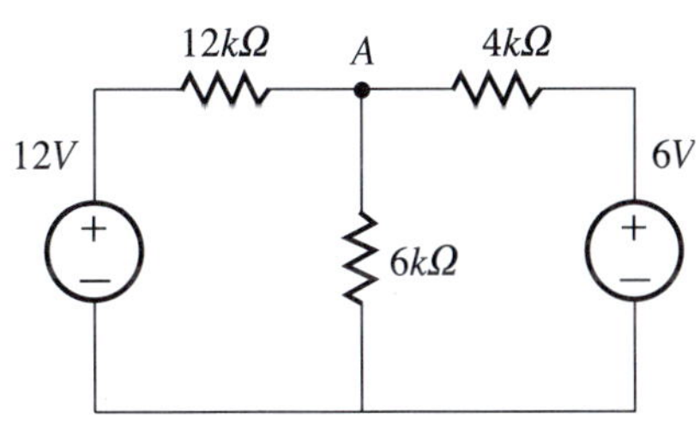

답 $V_A=5V$

노드 해석법

16 다음 회로에서 노드 해석법을 이용하여 V_1을 V_0로 표현하라.

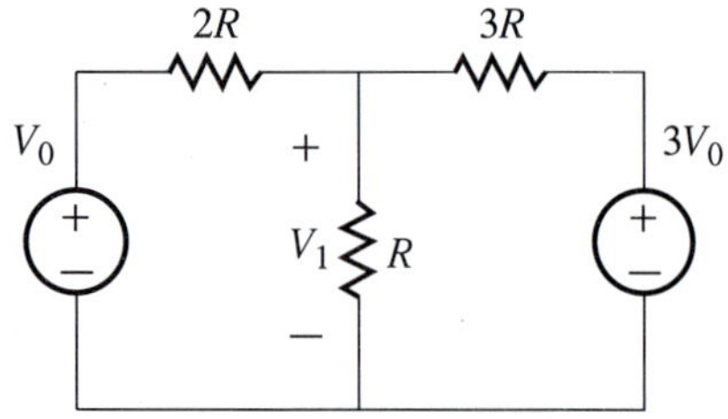

답 $V_1 = \frac{9}{11} V_0$

노드 해석법

17 다음 회로에서 V_x를 구하라(노드 해석법).

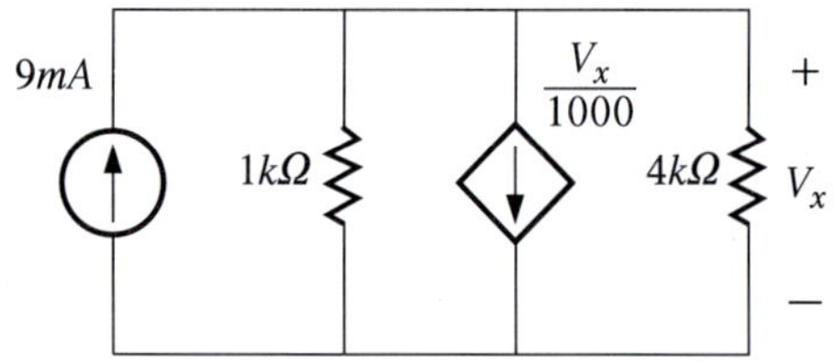

답 $V_x = 4V$

노드 해석법

18 다음 회로에서 독립 전류원이 공급하는 전력을 구하라. 노드 해석법을 이용하라.

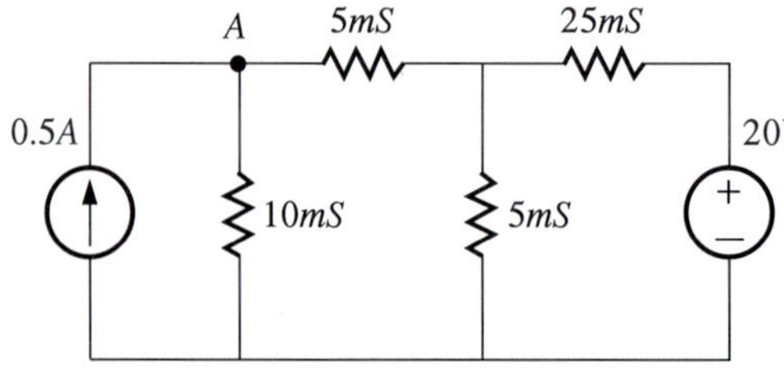

답 $P_{0.5A} = -20W$

노드 해석법

19 다음 회로를 노드 해석법을 적용하여 노드 A, B의 전압 V_A, V_B를 구하라.

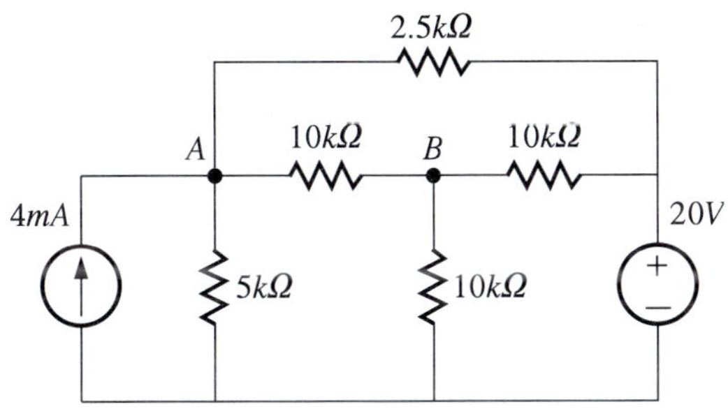

답 $V_A = 10V$, $V_B = 10V$

노드 해석법

20 다음 회로에서

(a) 노드 해석법을 이용하여 V_1, V_2를 구하라.

(b) 전원의 전력을 구하라.

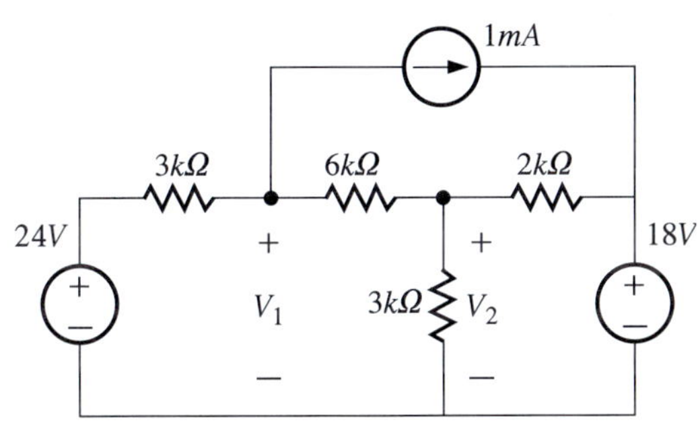

답 (a) $V_1 = 18V$, $V_2 = 12V$

(b) $P_{24V} = -48mW$: 공급, $P_{18V} = -36mW$: 공급, $P_{1mA} = 0W$

노드 해석법

21 다음 회로에서

(a) 노드 해석법을 이용하여 V_1, V_2를 구하라.

(b) 독립 전원의 전력을 구하라.

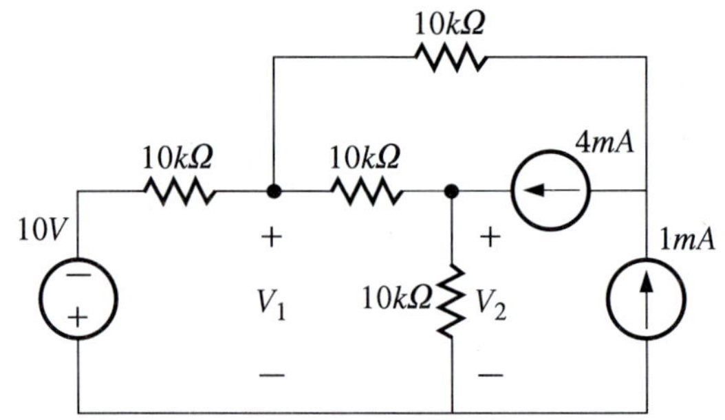

답 (a) $V_1 = -\frac{40}{3}V$, $V_2 = \frac{40}{3}V$, (b) $P_{10V} = \frac{10}{3}mW$: 소비,

$$P_{4m} = -\frac{680}{3}mW: \text{공급},\ P_{1m} = \frac{130}{3}mW: \text{소비}$$

노드 해석법

22 다음 회로에서 $g_{m1} = 0.5 \times 10^{-3}$[S], $g_{m2} = 2 \times 10^{-3}$[S]이다.

(a) V_A, V_B를 구하라.

(b) V_0를 구하라.

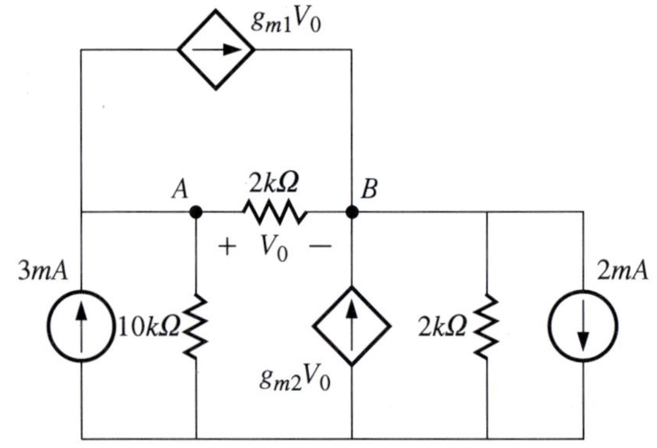

답 $V_A = 10V$, $V_B = 8V$, $V_0 = 2V$

슈퍼 노드

23 다음 회로에서 노드 B, C를 슈퍼 노드로 하여 노드 해석법을 적용하자.

(a) 노드 방정식을 구하라.

(b) V_B, V_C를 구하라.

(c) 두 전원이 공급하는 전력을 각각 구하라.

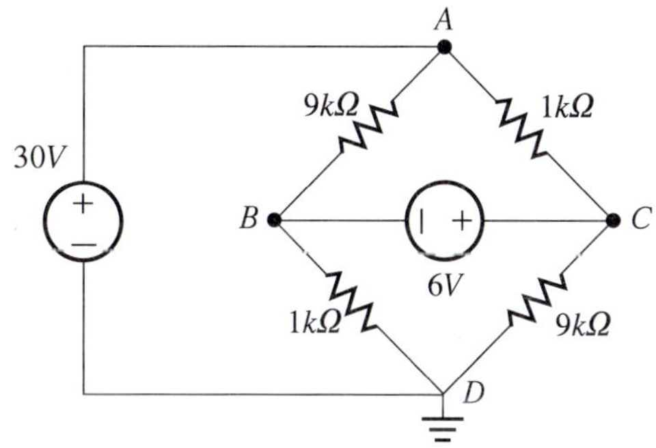

답 (a) $\begin{cases} 10V_B + 10V_C = 300 \\ V_B - V_C = -4 \end{cases}$

(b) $V_B = 12V$, $V_C = 18V$

(c) $P_{30V} = -420mW$: 공급, $P_{6V} = 60mW$: 소비

슈퍼 노드

24 다음 회로를 노드 해석법으로 풀어서,

(a) I_x를 구하라.

(b) $0.02S(50\Omega)$ 저항에서 소비하는 전력을 구하라.

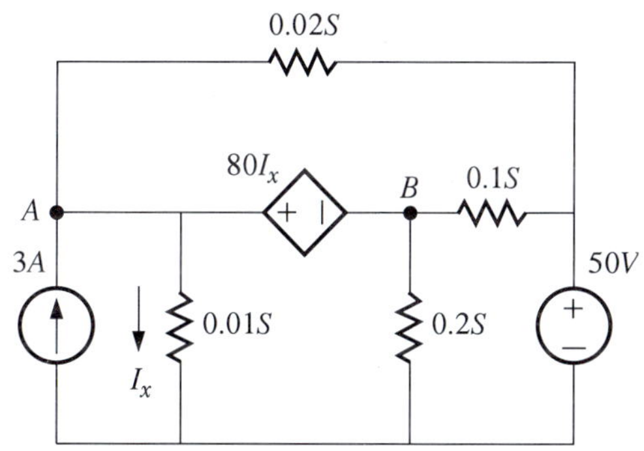

답 (a) $I_x = 1A$, (b) $P_{0.02S} = 50W$

슈퍼 노드

25 노드 해석법을 이용하여 노드 전압 모두를 구하라. $I_s = \frac{V_C}{3}$이다.

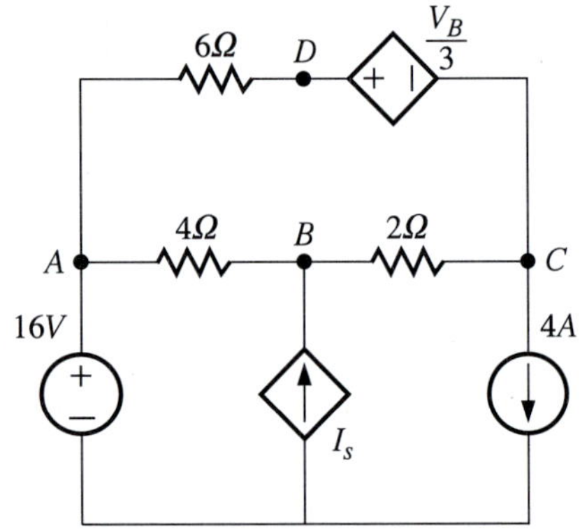

답 $V_B = 12V,\ V_C = 6V,\ V_D = 10V$

Table

CHAPTER 05

회로망 정리

Contents

05 CHAPTER 회로망 정리

4장에서 옴의 법칙, 키르히호프의 전류법칙과 전압법칙을 이용하여 진일보한 루프 해석법과 노드 해석법을 배웠다. 이 해석법들은 회로 구조를 변형시키지 않고 해석하는 방법이다. 그러나 이 방법들은 회로가 복잡해지면 계산량(방정식의 수)이 많아지는 단점이 있다. 특히 복잡한 회로를 해석할 때는 실용적으로는 개개의 회로소자에 대한 전압이나 전류를 구하기보다는 회로 전체의 입력부나 출력부에 더 많은 관심을 갖게 된다.

등가회로 변환

특정한 단자들에 대하여 회로를 변환하여도 그 단자들의 전압이나 전류가 변하지 않을 경우를 등가회로 변환이라고 한다. 직병렬 저항회로의 간소화나 저항의 델타-와이 변환, 전원의 직병렬 연결 등은 등가회로 변환의 예이며 회로 해석을 편리하게 해 준다.

5장에서는 소개할 등가회로 변환법은 위에 소개한 등가회로와는 다르게 전원의 관점에서 등가회로를 만드는 방법이다. 이 등가회로 변환은 우리가 다루는 회로가 선형이므로 가능하다.

저항의 직병렬 연결

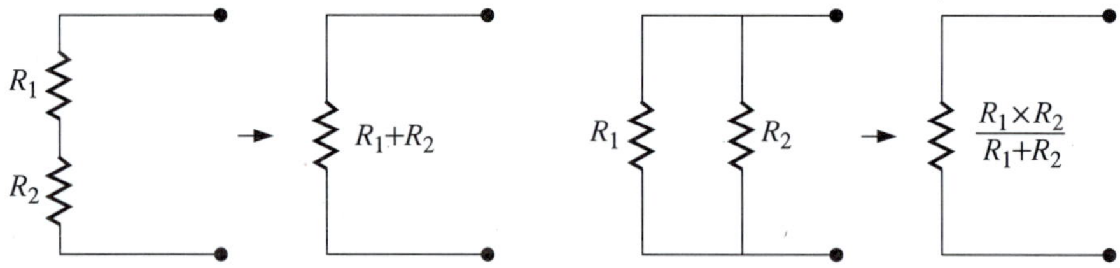

전원의 연결

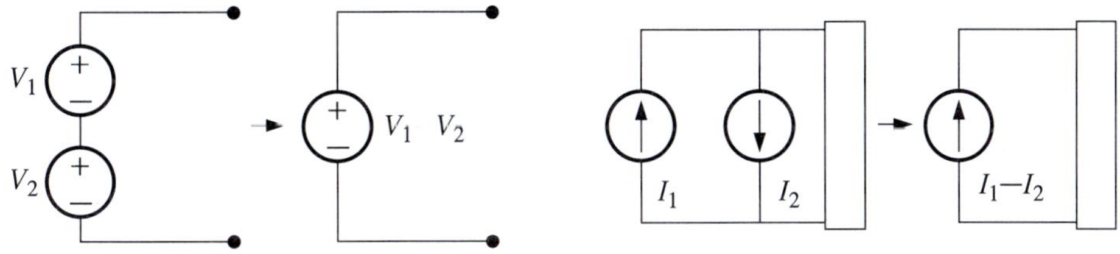

중첩 정리
전원 변환
테브넹 등가회로
노턴 등가회로

5.1 | 선형성(Linearity)과 중첩정리(Superposition)

선형성은 시스템의 입력과 출력이 선형적인, 즉 일차 함수로 표현된다는 뜻이다. 저항에서의 전압과 전류 관계식은(이상적인 저항은 선형 소자이다)

$$v = Ri$$

예를 들어, 전류 i를 두 배하여 $2i$로 하면 전압도 두 배가 되는 관계이다.

$$v = Ri \rightarrow R(2i) = 2Ri = 2v$$

(a) (b)

▶▶ 그림 5-1 선형성 예시

커패시터와 인덕터도 선형소자이다(미분과 적분은 선형 연산자이다[1]).

$$i_C = C\frac{dv_C}{dt},\ v_L = L\frac{di_L}{dt}$$

마찬가지 방법으로,

$$i_C = C\frac{dv_C}{dt} \rightarrow C\frac{d(2v_C)}{dt} = 2C\frac{dv_C}{dt} = 2i_C,$$

$$v_L = L\frac{di_L}{dt} \rightarrow L\frac{d(2i_L)}{dt} = 2L\frac{di_L}{dt} = 2v_L$$

그러면 선형성이란 무엇인가? 다음 그림으로 선형성을 이해해 보자. 시스템에는 입력과 출력[2]이 있다. 회로에서 입력은 전원이고 출력은 특정한 소자의 전압 또는 전류이다. 휴대폰의 입력은 안테나로 들어오는 전파이고 출력은 스피커나 액정에 표시된 소리나 영상이다.

이제 시스템의 입력을 x, 출력을 y라고 하자.[3] 입력과 출력이 여러 개가 되는 시스템도 있지만 입출력이 하나인 경우만 다루자.[4] 일반적으로 (전자공학에서는) 시스템의 입출력 관계를 $x \rightarrow y$로 표현한다. 만약 어떤 시스템에서 입력이 x_1일 때 출력이 y_1이고($x_1 \rightarrow y_1$로 표현), 입력이 x_2일 때 출력이 y_2라고 하자($x_2 \rightarrow y_2$). 어떤 시스템에서 다음 두 가지 사실을 만족하면 이 시스템은 선형시스템이다.

1) $y_1 = x^2,\ y_2 = x^3$이라 하자. $\frac{dy_1}{dx} = 2x,\ \frac{dy_2}{dx} = 3x^2$이고 $\frac{d(y_1 + y_2)}{dx} = 2x + 3x^2$,
즉 $\frac{d(y_1 + y_2)}{dx} = \frac{dy_1}{dx} + \frac{dy_2}{dx}$
적분도 마찬가지로 $\int (y_1 + y_2)\,dx = \frac{1}{3}x^3 + \frac{1}{4}x^4 + C,\ \int y_1\,dx = \frac{1}{3}x^3 + C_1,\ \int y_2\,dx = \frac{1}{4}x^4 + C_2$이므로
$\int (y_1 + y_2)\,dx = \int y_1\,dx + \int y_2\,dx$

2) 입력(入力): input, excitation, 출력(出力): output, response

3) 전기전자 분야에서는 입출력을 보통 x, y로 표기한다.

4) SISO: Single Input, Single Output. 다중 입출력 시스템은 MIMO(Multiple Input, Multiple Output)

homogeneity: $\alpha x \rightarrow \alpha y$
additivity: $\alpha x_1 + \beta x_2 \rightarrow \alpha y_1 + \beta y_2$

즉, 입력을 α배 하면(αx) 출력도 α배가 되고(αy), 한 입력에 α배를 하고(αx_1), 다른 입력에 β배를 하면(βx_2) 출력은 각각의 입력에 대한 출력의 α배(αy_1), β배(βy_2)의 합으로 나타나는 시스템이다.

이제 회로에서 선형성을 직접 적용할 수 있는 경우를 생각해 보자.

예제 5-1 회로의 선형성

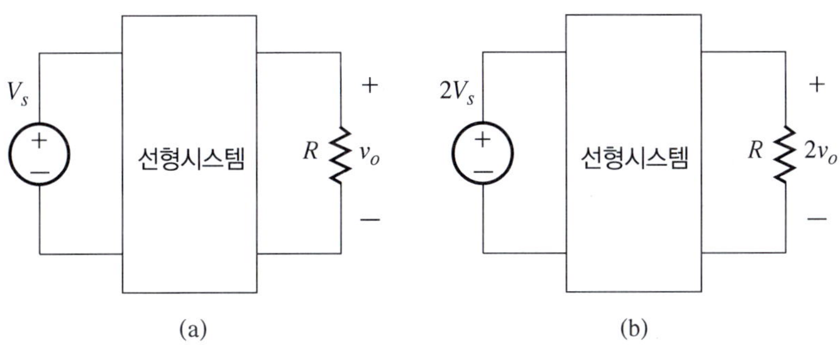

▸▸ 그림 5-2 예제 5-1 회로에서의 선형성

풀이

그림(5-2 a)는 입력이 V_s이면 출력이 v_o인 선형시스템이다. 만약 이 시스템의 입력이 $2V_s$가 되면 시스템의 선형성에 의하여 출력은 $2v_o$가 된다.

예제 5-2 회로의 선형성

(a) (그림 5-3 a) 회로에서 $v_{out} = 3V$라고 하면 V_s는 얼마인가?
(b) (그림 5-3 b) 회로에서 $v_{out} = 6V$라고 하면 V_s도 두 배가 되는가?

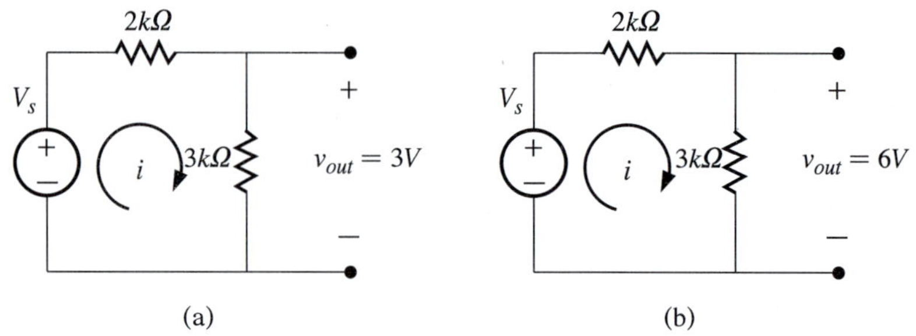

▸▸ 그림 5-3 예제 5-2 회로의 선형성

(G) $v_{out} = 3k \times i_1$

풀이

(a) (i) $v_{out} = 3ki_{3k} = 3V \rightarrow i_{3k} = 1mA$이다.

(ii) 루프에 흐르는 전류가 $1mA$이므로 $V_s = 2k(1m) + 3 = 5V$

(b) (i) $v_{out} = 3ki_{3k} = 6V \rightarrow i_{3k} = 2mA$

(ii) 즉, $V_s = 2k(2m) + 6 = 10V$

회로는 선형성을 만족한다.

[연습 5-1] 회로의 선형성

다음 회로에서(그림 5-4 a) $I_s = 12mA$이다. 이제 $4k\Omega$에 걸리는 전압 v_0를 구하려 한다. 이 문제를 선형성을 이용하여 풀어 보도록 하자. 이 문제는 전원값이 주어졌을 때 회로의 선형성을 이용하여 소자의 전압을 구하는 문제이다.

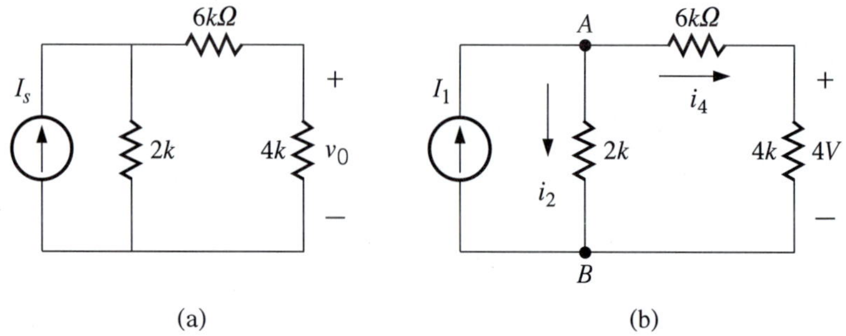

▸▸ 그림 5-4 연습 5-1 회로의 선형성

힌트

(i) $4k\Omega$ 저항에 걸리는 전압을 $4V$로 가정하자(편의상 $i_4 = 1mA$, 그림 5-4 b).

(ii) 이 경우 전류원 I_1의 전류값을 구하자.

(iii) 비례를 이용하여 $v_0 = 4\frac{I_s}{I_1}$

답 $v_0 = 8V$

예제 5-3 선형성 검증

(그림 5-5 a) 회로에서 i_1과 v_2를 구하라. 또한 (그림 5-5 b)는 전원값이 반이 되었을 때 회로이다. 선형성을 확인하라.

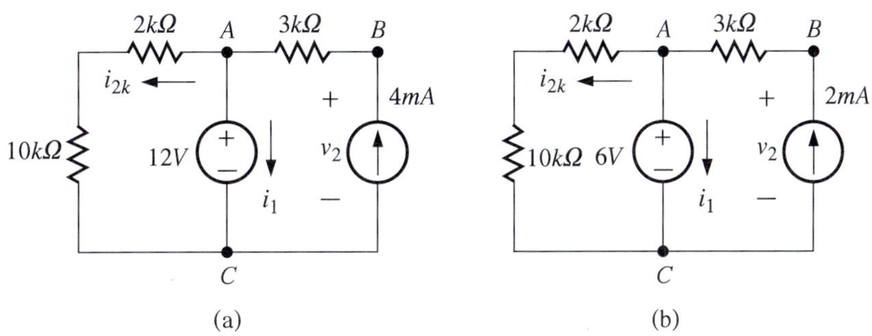

▶▶ 그림 5-5 예제 5-3 선형성 검증

풀이

(i) 먼저 (그림 5-5 a) 회로에서 $V_{AC} = 12V$이므로 $2k\Omega$ 저항에 흐르는 전류는(화살표 방향),

$$i_{2k} = \frac{12}{12k} = 1mA$$

(ii) 그러면 $i_1 = 4mA - i_{2k} = 3mA$

(iii) 또한 $v_2 = V_{BC} = V_{BA} + V_{AC} = 3k\Omega \times 4mA + 12V = 24V$

(iv) 이제 전원값을 반으로 줄인 (그림 5-5 b)의 회로의 응답이 반이 되는지 확인해 보자.

$$i_{2k} = \frac{6V}{12k} = 0.5mA\text{이고, } i_1 = 2m - 0.5m = 1.5mA$$

$$v_2 = V_{BC} = V_{BA} + V_{AC} = 3k\Omega \times 2mA + 6V = 12V$$

즉, 전원을 반으로 줄였더니 응답(i_1, v_2)도 반으로 줄어들었다.

중첩정리

중첩은 겹쳐서 적용한다는 뜻이다. 회로가 선형이면 중첩정리를 적용할 수 있다. 즉, 회로에서 중첩은 각각의 전원이 겹쳐서 적용된다는 뜻이다.

> **중첩정리**
> 여러 개의 독립 전원이 있는 회로에서 특정 소자에서의 전압이나 전류는 독립 전원이 단독으로 존재할 때 구한 값의 합과 같다.

전원이 여러 개 있는 회로에 중첩정리를 적용하려면 다음과 같은 사실을 이해해야 한다. 즉, 특정한 독립전원에 의한 소자의 전압이나 전류를 구할 때 다른 독립전원은 비활성화[5]시킨다(그 값을 0으로 한다). 이때 여타의 종속전원은 변화를 주지 않는다. 전원의 비활성화는 (그림 5-6)과 같은 회로로 대체한다.

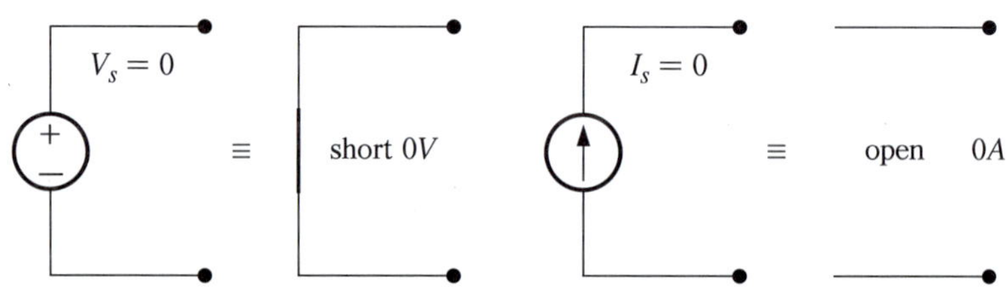

▶▶ **그림 5-6** 전원의 비활성화(deactivate)

예제 5-4 중첩정리

다음 회로에서 중첩정리를 이용하여 $4k\Omega$에 걸리는 전압을 구하라(그림 5-7 a). $V_s = 10V$, $I_s = 5mA$라고 하자.

1) 비활성화: deactivate, kill

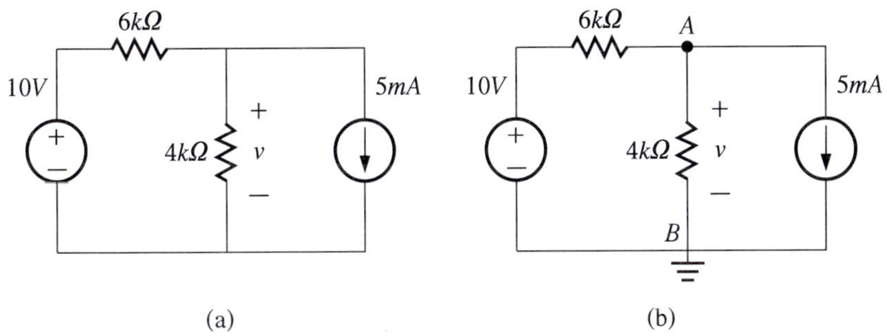

▶▶ 그림 5-7 예제 5-4 중첩정리-노드 해석법 이용

(G-1) 전형적인 노드 해석법 문제
(G-2) 전원의 비활성화: kill the source
(M-1) 노드 해석법으로 전압 v를 구하고,
(M-2) 중첩정리로 구한 결과와 비교하자.

풀이

(i) 먼저 전압 노드 해석법으로 v를 구해 보자.
(그림 5-7 b)에서 보였듯이 노드 A에서 나가는 전류의 합은 0이므로,

$$\frac{v}{4k}+\frac{v-10}{6k}+5mA=0$$

(ii) 이 식을 정리하면,

$$\frac{3v+2v-20}{12k}=-5mA \rightarrow v=-8V$$

(iii) 이제 중첩정리를 적용해 보자. 먼저 독립 전압원만으로 회로에 전력을 공급하는 경

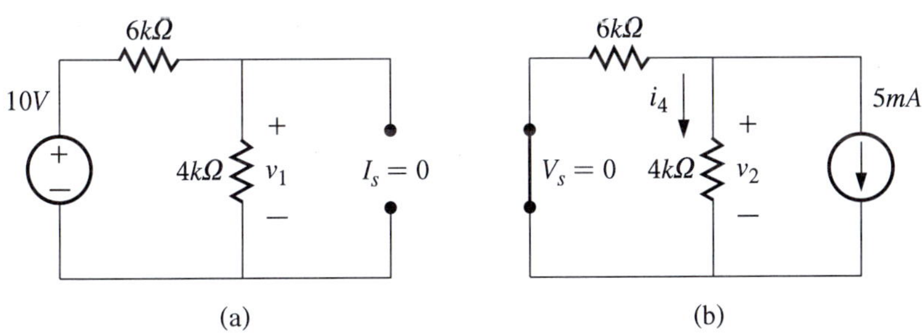

▶▶ 그림 5-8 예제 5-4 중첩정리 이용

우(그림 5-8 a)를 생각해 보자. 이때 독립 전류원을 비활성화하여야 한다.

(iv) 독립 전류원을 비활성화한다는 말은 독립 전류원에 전류를 흐르지 않게 하는 것이므로 독립 전류원을 제거하고, 전류원 단자를 개방(open, $I_s = 0$)해야 한다. 이때 $4k\Omega$의 전압을 v_1이라 하자. 그러면,

$$v_1 = \frac{4k}{6k+4k} V_s = +4V$$

(v) 다음으로 독립 전류원만 있는 경우를 생각하면(그림 5-8 b), 독립 전압원을 제거하고 전압원 단자를 단락(short, $V_s = 0$)시켜 전압원을 비활성화하자. 그러면 $4k\Omega$에 흐르는 전류는 전류 배분법칙에 의하여,

$$i_4 = \frac{6k}{6k+4k}(-I_s) = -3mA$$

(vi) 그러므로 $v_2 = i_4(4k) = -12V$

결과적으로, $v = v_1 + v_2 = -8V$가 되어 앞의 계산과 일치한다.

[연습 5-2] 중첩정리

(예제 5-3)의 회로에서 중첩정리를 이용하여 i_1, v_2를 구해 보자. (예제 5-3)에서 해는 $i_1 = 3mA$, $v_2 = 24V$이었다.

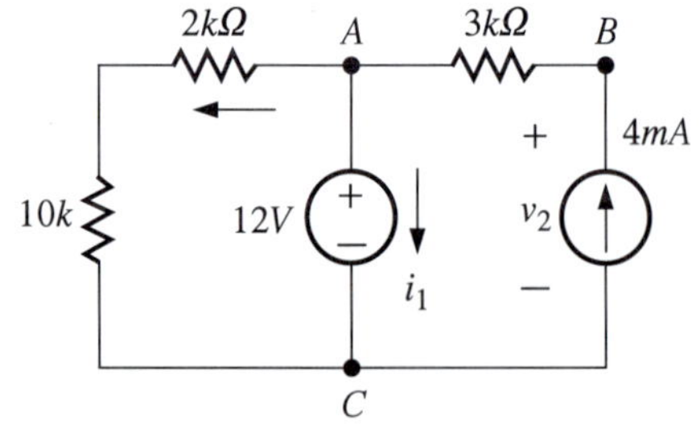

▸▸ 그림 5-9 연습 5-2의 회로

힌트

전압원만 있는 경우와 전류원만 있는 경우의 회로를 각각 그리자.

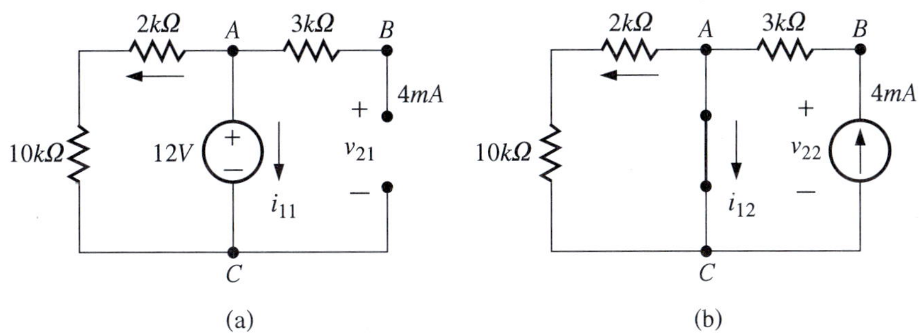

▶▶ 그림 5-10 연습 5-2 중첩정리

답 $i_1 = 3mA,\ v_2 = 24V$

예제 5-5 중첩 정리: 종속전원이 있는 경우

(그림 5-11)의 회로에서 단자 전압 V_{AB}를 중첩정리를 이용하여 풀어라.

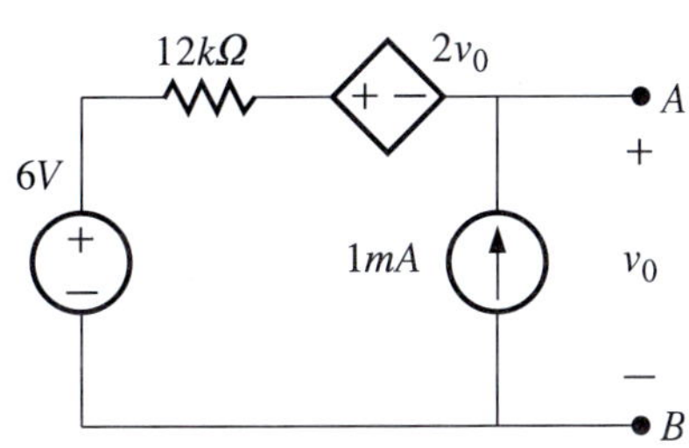

▶▶ 그림 5-11 예제 5-5 중첩정리–종속전원이 있는 경우

(G-1) 독립 전원만 kill할 수 있다.
(G-2) 종속 전압원: $2v_0 = 2V_{AB}$

풀이

(i) 먼저 독립 전압원만 있는 경우를 생각해 보자.
독립 전류원은 비활성화시키고, 종속 전압원은 건드리지 않는다(그림 5-12 a).

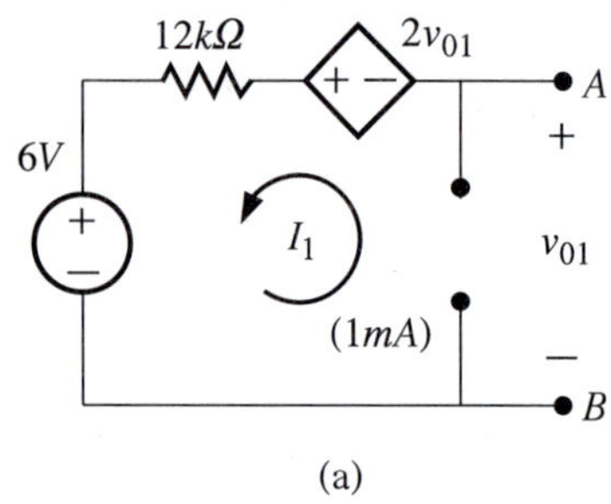

▶▶ 그림 5-12 예제 5-5 중첩정리-전원의 비활성화

단자 A, B는 연결되지 않았으므로 이 회로는 폐회로가 아니며 회로에 전류가 흐르지 않는다.

(ii) 즉, V_{01}은 (그림 5-12 a)에 나타낸 화살표 방향을 따라서

$v_{01} = -2v_{01} + 12k \times (0) + 6 \rightarrow v_{01} = 2V$

(iii) 이번에는 독립 전압원을 비활성화시키자(그림 5-12 b). 마찬가지로 종속전원은 그대로 둔다.

(iv) 이번에는 회로에 $1mA$의 전류가 흐르므로 화살표 방향대로 전압강하를 계산하면,

$v_{02} = -2v_{02} + (12k\Omega) \times (1mA) \rightarrow 3v_{02} = 12V \rightarrow v_{02} = 4V$

즉, $V_{AB} = v_0 = v_{01} + v_{02} = 6V$

(v) 루프 해석법으로 검산해 보자.

(그림 5-11)의 회로에서 전류 방향을 반시계방향으로 정하자(전류원의 전류 방향과 동일하게 하는 것이 계산하기 편리하다). 그러면

$v_0 = -2v_0 + (12k\Omega) \times (1mA) + 6 \rightarrow 3v_0 = 18V$

즉, $v_0 = 6V$이므로 같은 결과를 얻었다.

이 예제에서 얻은 중요한 사실은 중첩정리를 적용할 때 종속 전원은 그대로!

[연습 5-3] 중첩정리: 종속전원이 있는 경우

다음 회로에서 중첩정리를 이용하여 전류 I_x를 구하라.

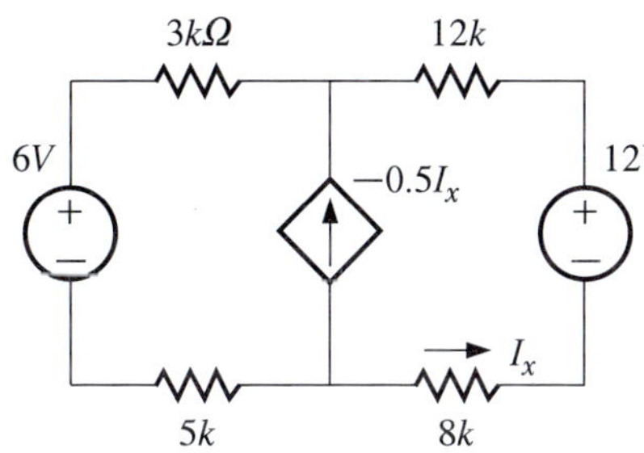

▶▶ **그림 5-13** 연습 5-3의 회로

힌트

각 전원이 단독으로 있을 경우의 회로

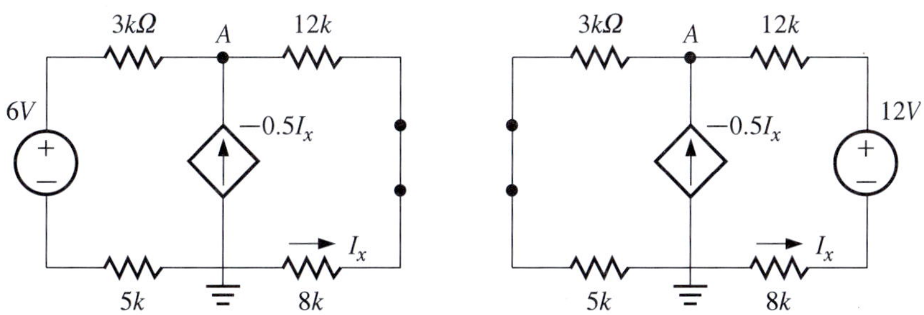

▶▶ **그림 5-14** 연습 5-3의 힌트

답 $I_x = -0.2mA$

5.2 전원 변환(source transformaton)

회로 해석에서 가장 중요한 기법은 회로를 단순화시키는 것이다. 회로의 일부분을 변경하여 해석하기에 편리한 회로로 대체했을 때 회로의 다른 부분의 전압이나 전류가 변하지 않는다면 해석이 훨씬 쉬워진다.

회로를 간소화하는 방법 중 전원 변환 방법이 있다. 전원 변환은 전압원과 전류원을 서로 변환할 수 있는 기법이다. 전원 변환은 독립전원과 종속전원 모두에 적용할 수 있다.

> **전원 변환**
> 전압원과 저항이 직렬로 연결되어 있을 때, 이 구조를 전류원과 병렬저항으로 바꿀 수 있다. 그 역도 가능하다.

독립전원의 전원 변환

두 회로가 임의의 두 단자 A, B에서 전류와 전압의 관계가 같다면 이 두 회로를 등가라고 한다. 이 두 회로가 등가임을 확인하기 위해서 단자 A, B에서 본 저항값과 단자 A, B를 단락했을 때 흐르는 단락전류 i_{SC}를 비교하거나 단자 A, B의 개방전압 v_{OC}를 비교해 보는 것이다.

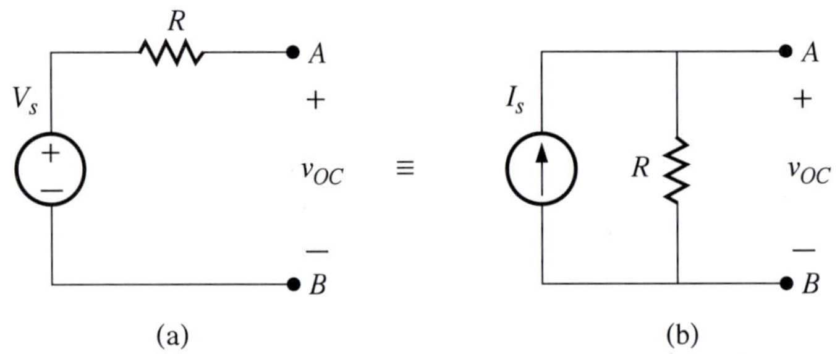

▸▸ **그림 5-15** 전원 변환

(그림 5-15 a)와 (그림 5-15 b)의 두 회로에서 전원을 비활성화시키자(독립 전압원은 단락, 독립 전류원은 개방). 두 회로에서 단자 저항 R_{AB}를 계산하면 모두 $R_{AB}=R$이다.

이제 개방전압을 비교해 보자.
(그림 5-15 a) 회로에서 단자 전압은, $V_{AB}=v_{OC}=V_s$이고,
(그림 5-15 b)에서의 단자 전압은, $V_{AB}=v_{OC}=RI_s$이므로,
이 두 회로가 단자 A, B에 대하여 등가를 이루기 위해서는

$$V_{AB}=V_S=RI_s \text{ 또는 } I_s=\frac{V_s}{R}$$

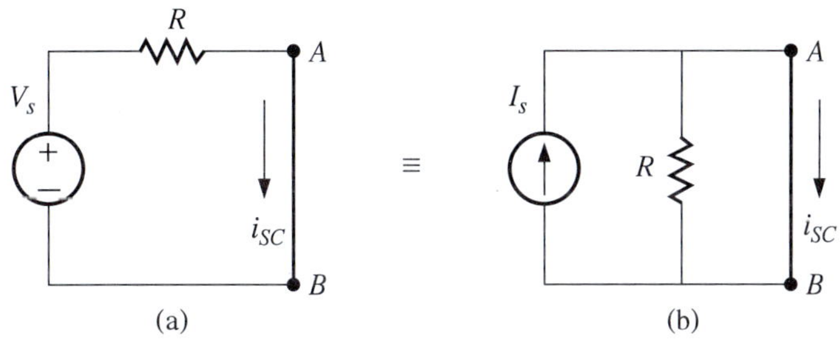

▶▶ 그림 5-16 전원 변환-단락전류의 비교

단락전류를 비교해도 마찬가지이다. 단자 A, B를 단락하고 전류를 계산하면 (그림 5-16 a)의 단락전류는 $i_{SC}=\frac{V_s}{R}$이고, (그림 5-16 b)의 단락전류는 $i_{SC}=I_s$이다.

즉, $I_s=\frac{V_s}{R}$

종속전원의 전원 변환

종속전원의 전원 변환도 독립전원의 전원 변환과 같은 방법으로 수행할 수 있다. (그림 5-17)처럼 종속 전압원과 직렬저항, 종속 전류원과 병렬저항은 서로 변환할 수 있으며, 그 값은 마찬가지로 $V_s = RI_s$의 관계가 있다.

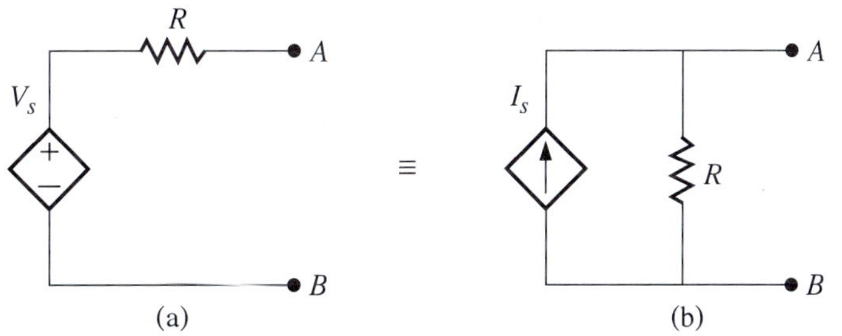

▶▶ 그림 5-17 종속전원의 전원 변환

전원 변환은 회로의 다른 부분에 영향을 미치지 않는다. 그렇지만 몇 가지 주의해야 할 점이 있다.

> **전원 변환 시 주의할 점**
>
> (i) 전압원의 (+) 단자와 전류원의 화살표 방향이 일치하여야 한다.
>
> (ii) 전압원과 직렬인 저항이 꼭 있어야 한다. $R \neq 0$
>
> (iii) 전류원과 병렬인 저항이 꼭 있어야 한다. $R \neq \infty$

▶▶ 표 5-1 전원 변환

전원 변환

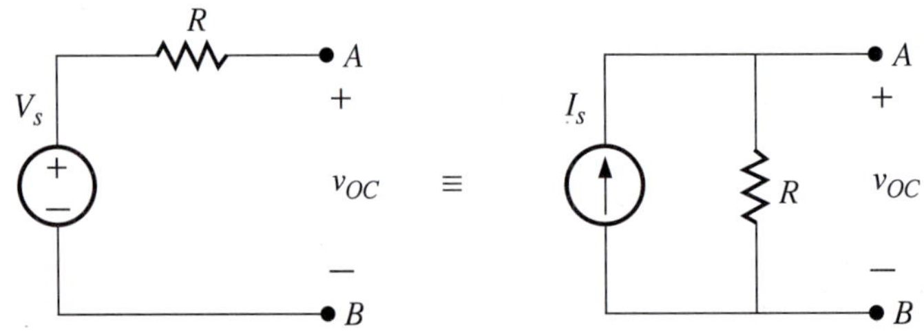

$V_s = RI_s$ $\qquad$ $I_s = \frac{V_s}{R}$

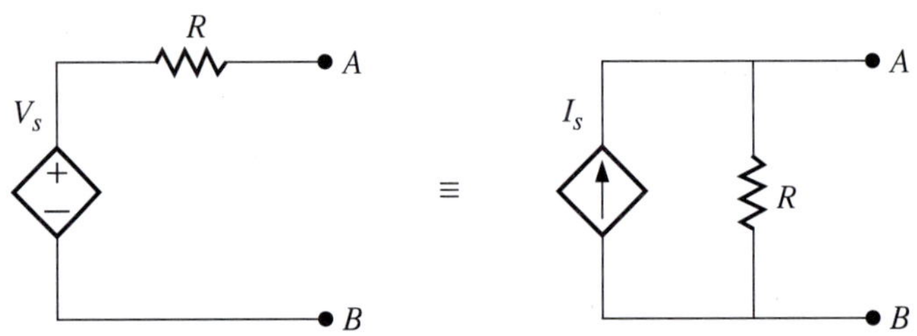

$V_s = RI_s$ $\qquad$ $I_s = \frac{V_s}{R}$

예제 5-6 전원 변환

다음과 같이 간단한 회로를 이용하여 전원 변환을 확인하자. 아래 회로에서 독립 전압원을 독립 전류원으로 전원 변환하여 전류를 계산하라.

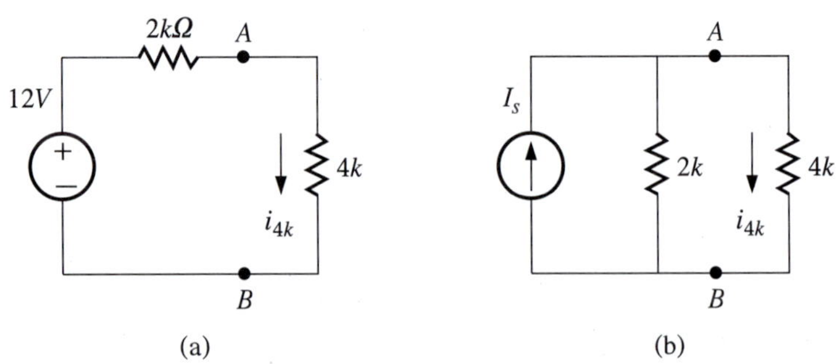

▶▶ 그림 5-18 예제 5-6 전원 변환

(G) 독립 전압원 + 직렬저항 → 독립 전류원//병렬저항

풀이

(i) (그림 5-18 a) 회로는 특별한 계산이 필요 없이 $i_{4k} = 2mA$이다.

(ii) (그림 5-18 b)에서 $I_s = \dfrac{12V}{2k} = 6mA$이고,

(iii) $i_{4k} = (6m)\dfrac{2k}{2k+4k} = 2mA$

즉, 단자 A, B에서 본 전원부는 등가이다.

예제 5-7 **전원 변환**

다음 회로(그림 5-19)를 전원 변환하여 $6k\Omega$에 걸리는 전압을 구하라.

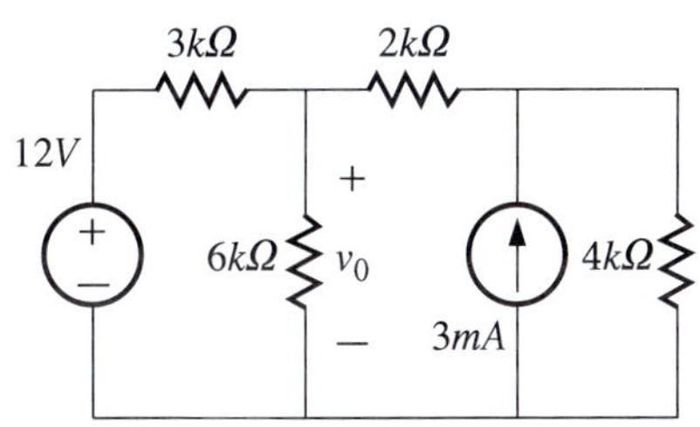

▸▸ 그림 5-19 예제 5-7 전원 변환

(G-1) 전원 변환을 할 대상(전압원-직렬저항, 전류원-병렬저항)
(G-2) 최종 회로를 직렬로 만들지 병렬로 만들지 생각해 본다.

풀이

(i) 먼저, 어떤 경우라도 필요한 값을 구하려는 저항($6k\Omega$)은 건드리지 않는다.

(ii) (그림 5-20)에 전원 변환이 가능한 전원을 보였다.

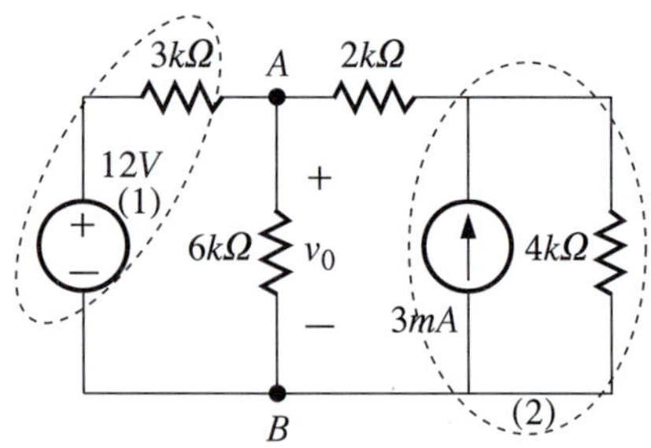

▶▶ **그림 5-20** 예제 5-7 전원 변환의 대상

이 회로를 보면 전원 변환의 후보는

(조합 1) 전압원 $12V$와 $3k\Omega$ 직렬저항,

(조합 2) 전류원 $3mA$와 $4k\Omega$ 병렬저항

인 것을 확인할 수 있다.

(iii) 그러면

(조합 1)의 직렬연결($12V \sim 3k\Omega$): 전류원과 병렬연결($\frac{12V}{3k\Omega}$ // $3k\Omega$)로 변환

(조합 2)의 병렬연결($3mA$ // $4k\Omega$): 전압원의 직렬연결($12V \sim 4k\Omega$)로 변환

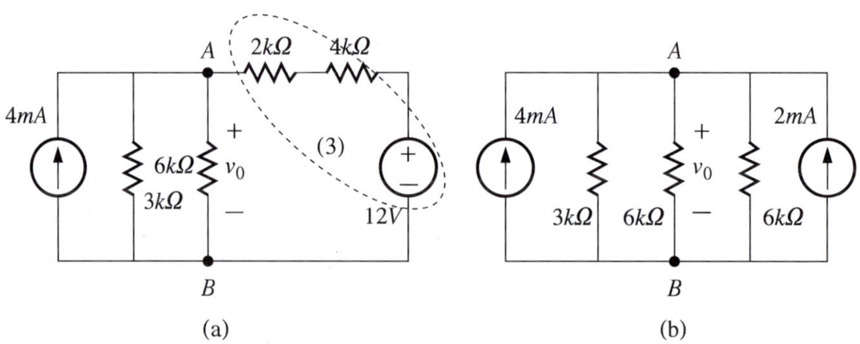

▶▶ **그림 5-21** 예제 5-7 전원 변환 과정

그 결과 얻어진 회로를 (그림 5-21 a)에 나타내었다.

(iv) 그림을 보면 최종적으로 얻어지는 회로의 구조는 병렬 형태가 될 것이라 생각할 수 있다. (그림 5-21 a)에서 오른쪽 전압원과 직렬저항($12V \sim 2k\Omega + 4k\Omega$) 연결을 (조합 3)이라 하면,

(조합 3)의 직렬 연결: 전류원과 병렬 연결($\frac{12V}{6k\Omega} = 2mA$ // $6k\Omega$)로 변환

(v) 이제 회로는 (그림 5-21 b)와 같은 형태로 변했다. 회로를 관찰하면 전류원과 모든 저항은 단자 A, B와 공통으로 연결되어 있다.

(vi) 병렬로 연결된 전류원은 전류 방향이 $B \to A$로 같으므로 두 전류원을 합친 것이 등가 전류원이 되고, 저항은 3개가 병렬로 연결되어 있지만 중간에 위치한 저항 $6k\Omega$에서의 전압을 구하는 것이 문제이므로 이 저항은 건드리지 말고 나머지 두 저항을 병렬 계산하자.

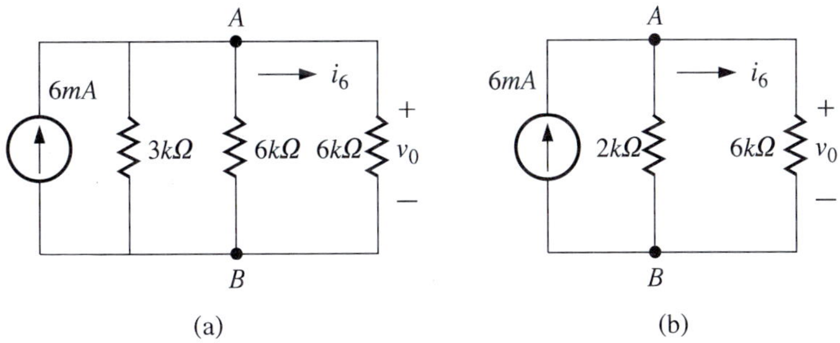

▸▸ 그림 5-22 예제 5-7 전원 변환

(vii) 저항들은 병렬이므로 계산의 편의를 위하여 (그림 5-22 a)에서처럼 저항의 위치를 바꾸자. 그러면, $3k \,//\, 6k = 2k\Omega$이므로,

전류 배분법칙에 따라서 $i_6 = 6mA \times \dfrac{2k}{2k + 6k} = 1.5mA$

[연습 5-4] 전원 변환: 종속전원이 있는 경우

전원 변환을 하여 (그림 5-23) 회로의 v_1을 구하라.

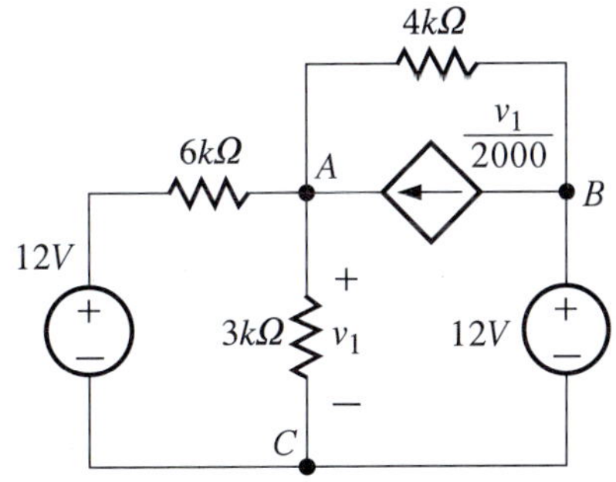

▸▸ 그림 5-23 연습 5-4 전원 변환–종속전원이 있는 경우

힌트

전원 변환 대상 전원

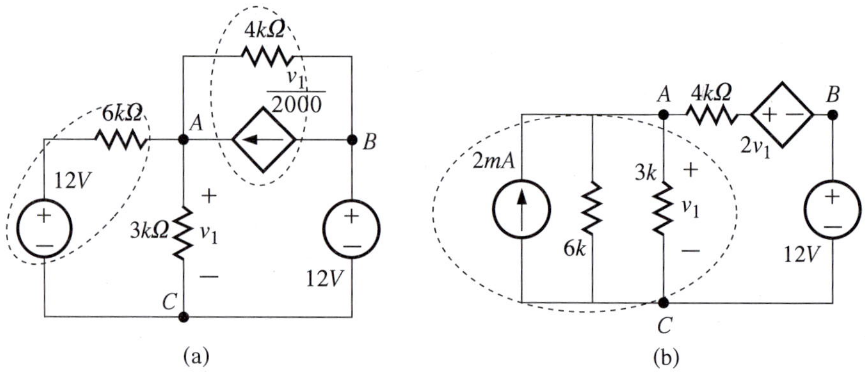

▶▶ **그림 5-24** 연습 5-4의 힌트

답 $v_1 = 20V$

5.3 테브넹 등가회로(Thevenin Equivalent Circuit)

실제 회로 해석을 할 때면 개개 소자에서의 전압이나 전류보다는 부하에 걸리는 전압이나 공급되는 전력에 관심을 가질 때가 많다. 이 경우 회로를 크게 전원부와 부하부로 나누어 생각하는 것이 편리하다. 부하는 비교적 간단한 구조지만 전원부는 복잡한 경우가 많다. 이 복잡한 전원부를 간략하게 만드는 기법 중 하나가 테브넹 정리이다(다른 하나는 노턴 정리이다).[6]

(그림 5-25 a)에 표시한 바와 같이 선형회로의 전원부는 전원이나(독립 and/or 종속) 저항, 기타 수동소자로 이루어져 있다. 이 회로를 부하의 관점에서 전원을 들여다 보면(그림 5-25 b), 전원부를 등가적으로 독립 전압원과 저항의 직렬 연결 형

6) 테브넹과 노턴은 전화회사에서 일했다(다른 시기에, 테브넹은 프랑스 체신부(PTT), 노턴은 미국의 Bell 연구소). 유선통신은 신호의 감쇄가 중요한 문제인데 늘어나는 가입자에 따른 전원부의 해석에 관심을 가졌다.

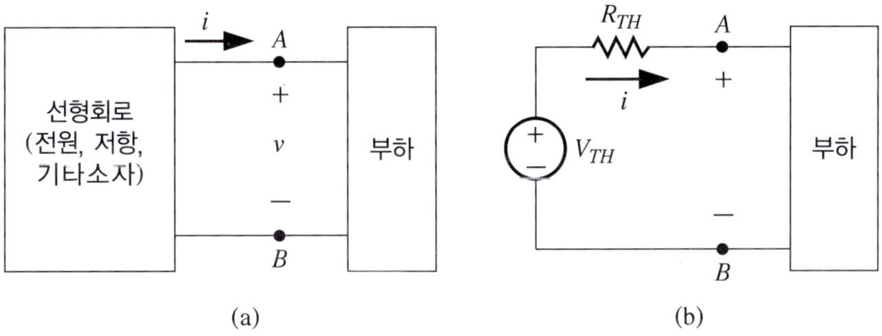

▶▶ 그림 5-25 테브넹 등가회로

태로 대체할 수 있다.

테브넹 정리

선형인 2-단자 회로의 전원부는 전압원 V_{TH}와 이 전압원과 직렬인 저항 R_{TH}로 대체할 수 있다. 이때 전원 V_{TH}는 외부 단자에서의 개방전압이고, R_{TH}는 독립전원을 비활성화했을 때 외부 단자에서 본 등가저항이다.

두 회로가 등가라는 의미는 동일한 단자에서 전압-전류의 관계가 같다는 뜻이다. 이제 (그림 5-25)의 두 회로가 등가라고 하자. 그러면 회로에서 부하를 제거하면, 단자 A, B에서 측정한 전압이 서로 같고, 독립전원을 비활성화시킨 후 단자 A, B에서 '들여다본' 저항도 서로 같다는 뜻이다.

(그림 5-26 b) 회로에서, 부하를 제거하였으므로 등가저항 R_{TH}에는 전류가 흐르지 않으므로 단자 전압 $V_{AB} = V_{TH}$이 된다. 단자 A, B를 개방하였기 때문에 V_{TH}는 개방전압이다($v_{OC} = V_{TH}$). 테브넹 등가저항 R_{TH}는 독립전원을 비활성화시켜서 구한다(독립 전압원은 단락하고, 독립 전류원은 개방한다). 즉, 단자 A, B에서 본 저항이다($R_{AB} = R_{TH}$).

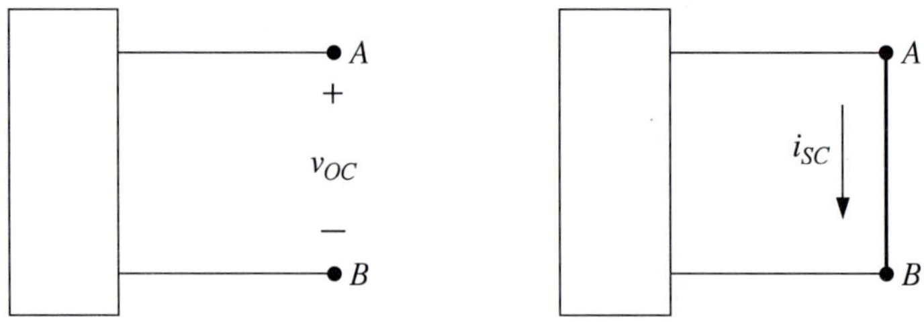

(a) (b)

▶▶ 그림 5-26 등가회로의 의미

저항값은 단자 전압을 단자에 흐르는 전류로 나누면 구할 수 있다. 그러므로 테브넹 등가저항을 직접 구할 수 없을 경우(종속전원이 있는 경우) 단자 A, B에서 측정한 전압 V_{AB}(개방전압 v_{OC}, 그림 5-26 a)와 단자 A, B를 관통하여 흐르는 전류 I_{AB}(단락전류 i_{SC}, 그림 5-26 b)를 계산하여 테브넹 등가저항을 구할 수 있다.

즉, $\dfrac{v_{OC}}{i_{SC}} = R_{TH}$

이제 주어진 회로의 테브넹 등가회로를 구해 보자. 테브넹 등가회로를 구할 때는 전원부의 전원 구성이 중요한데 전원부는 다음 세 가지 경우가 될 수 있다.

(i) 독립전원만 있는 경우
(ii) 독립전원과 종속전원이 같이 있는 경우
(iii) 종속전원만 있는 경우

독립전원만 있는 경우

개방전압은 $v_{OC} = V_{TH}$이며 등가저항은 독립전원을 비활성화시켜서 R_{AB}를 구한다. 독립전원의 비활성화는 독립 전압원은 단락해야 하고, 독립 전류원은 개방하여야 한다.

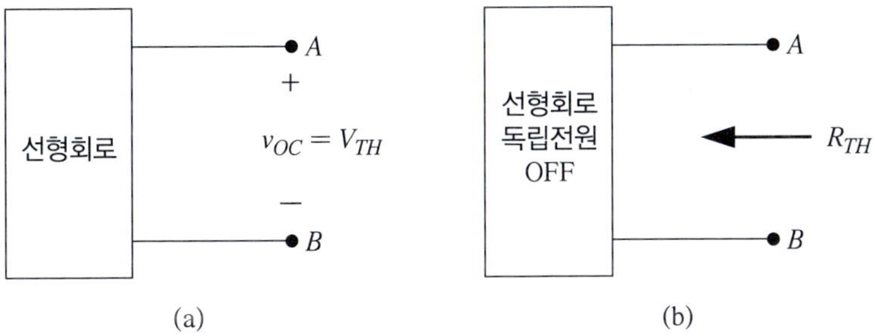

▶▶ 그림 5-27 독립전원만 있는 경우

예제 5-8 테브넹 등가회로: 독립전원만 있는 경우

다음 회로에서 단자 A, B에서 본 테브넹 등가회로를 구하라.

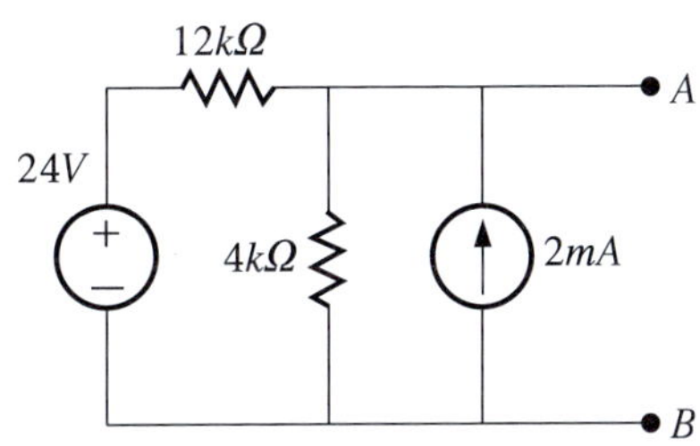

▶▶ 그림 5-28 예제 5-8 독립전원만 있는 경우

(G-1) 독립 전원만 있다: R_{TH}?
(G-2) 루프 해석법 또는 노드 해석법?

풀이

(i) 테브넹 등가저항: (그림 5-29 a)에서처럼 독립전원을 비활성화시키고 단자 A, B에서 본 등가저항을 구하면, $R_{TH} = 4k\Omega \,//\, 12k\Omega = 3k\Omega$

(ii) 테브넹 등가전압: (그림 5-29 b)에서처럼 단자 B를 기준 노드로 하여 노드 해석법을 적용하자(루프 해석법을 사용하면 방정식을 두 개 풀어야 한다).

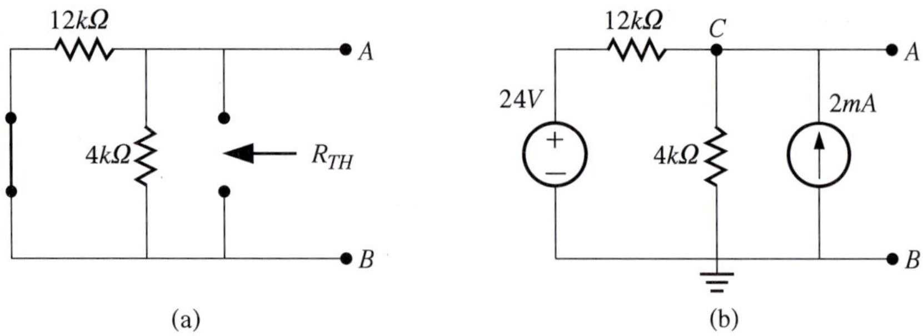

▶▶ **그림 5-29** 예제 5-8 테브넹 등가회로 구하기

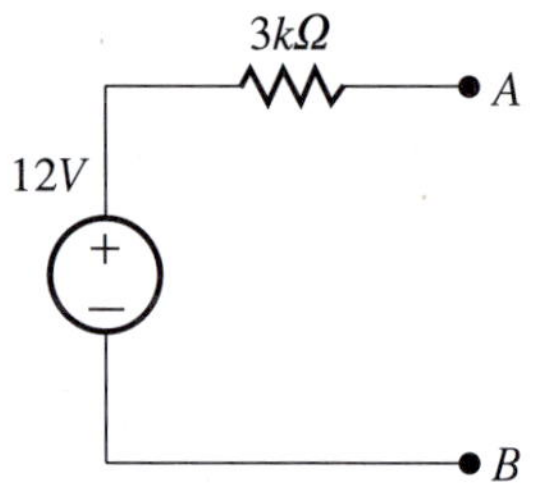

▶▶ **그림 5-30** 예제 5-8 테브넹 등가회로

(iii) 단자 C에서 KCL을 적용하면,

$$\frac{V_C}{4k}+\frac{V_C-24}{12k}-2mA=0$$

즉, $4V_C=24+24 \rightarrow V_C=12V$

(iv) 단자 C와 A는 같은 단자이므로, $V_C=v_{OC}=V_{TH}=12V$

예제 5-9 **테브넹 등가회로**

다음 회로에서 단자 A, B에서 본 테브넹 등가회로를 구하라.

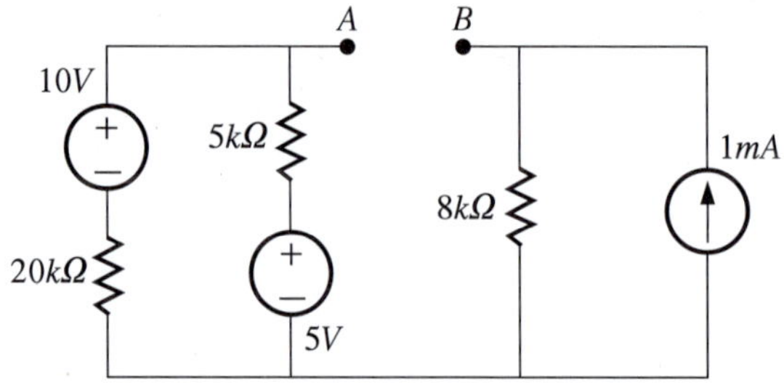

▶▶ **그림 5-31** 예제 5-9 테브넹 등가회로

(G-1) 왼쪽 부분과 오른쪽 부분은 서로 연결되어 있지 않은 독립된 회로
(G-2) 회로를 펼쳐 보라: 테브넹 등가저항을 먼저 구하라.
(G-3) (그림 5-32 b)에서 $V_{TH}=v_{OC}=V_A-V_B$, $V_A=?$, $V_B=?$

풀이

(i) 테브넹 등가저항을 먼저 구하자(쉬우므로). (그림 5-32 a)에 독립전원을 비활성화 시킨 회로를 보였다.

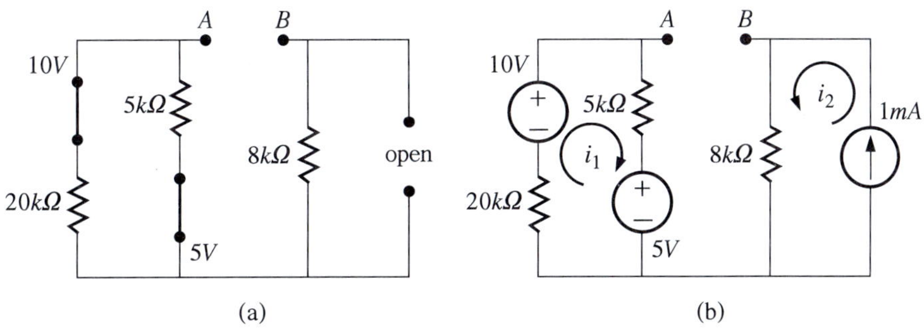

▸▸ 그림 5-32 예제 5-9 테브넹 등가회로 풀이

테브넹 등가저항은

$R_{TH}=R_{AB}=20k\ //\ 5k+8k=12k\Omega$

(ii) 테브넹 등가 전압

(그림 5-32 b) 회로를 보면 왼쪽(전압원 부분)과 오른쪽(전류원 부분)은 폐회로가 형성되어 있지 않으므로 독립적으로 계산해야 한다. 즉,

$v_{OC}=V_A-V_B$이고,

$V_B=8ki_2=8V$

(iii) 왼쪽 전압원으로 이루어져 있는 루프의 전류를 i_1이라 하면,

$V_A=5ki_1+5$이고

$10=5ki_1+5+20ki_1 \rightarrow i_1=0.2mA$

즉, $V_A=5k(0.2m)+5=6V$

그러므로 테브넹 등가전압은

$V_{TH}=V_A-V_B=-2V$

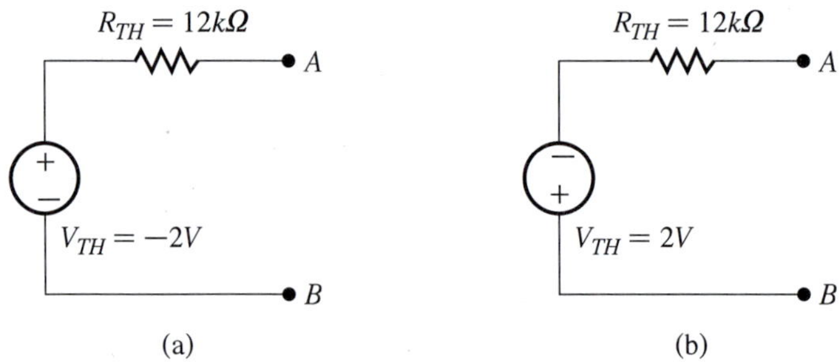

▸▸ **그림 5-33** 예제 5-12 테브넹 등가회로

한 가지 주의할 점은 $V_{TH} = -2V$이므로 테브넹 등가회로를 (그림 5-33 a)처럼 그리거나 (그림 5-33 b)처럼 그려야 한다. 어느 쪽이 더 센스가 있을까?

이 예제에서 주어진 회로의 저항이 실제 저항이므로 $R_{TH} > 0$이다. 테브넹 등가전압이 (-) 값을 가진다고 해서 $R_{TH} = -12k\Omega$이라고 쓸 수 없다. 왜냐하면 단자 A, B의 단락 전류를 구하면 그 방향은 $B \rightarrow A$이기 때문이다. 이 사실을 다음 연습으로 확인해 보자.

[연습 5-5] 테브넹 등가회로: 단락 전류

예제 5-9에서 단락 전류를 구하여 테브넹 등가저항을 구하라.

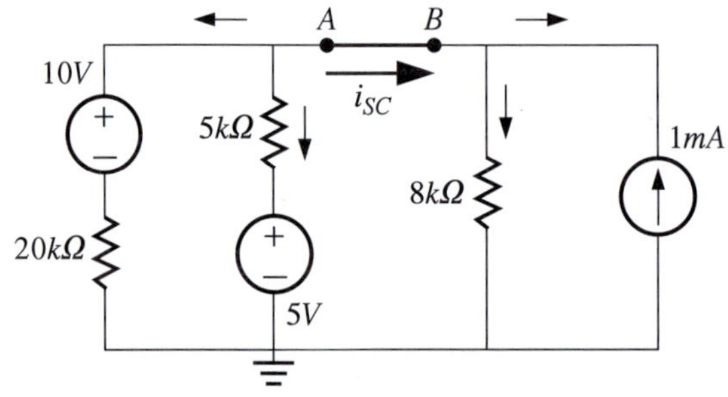

▸▸ **그림 5-34** 연습 5-5 단락 전류

힌트

(i) 단자 A의 전압을 구하려면 단자 A에서의 전류의 합을 구하면 된다.

(ii) $\frac{V_A - 10}{20k} + \frac{V_A - 5}{5k} + \frac{V_A}{8k} = 1mA$

답

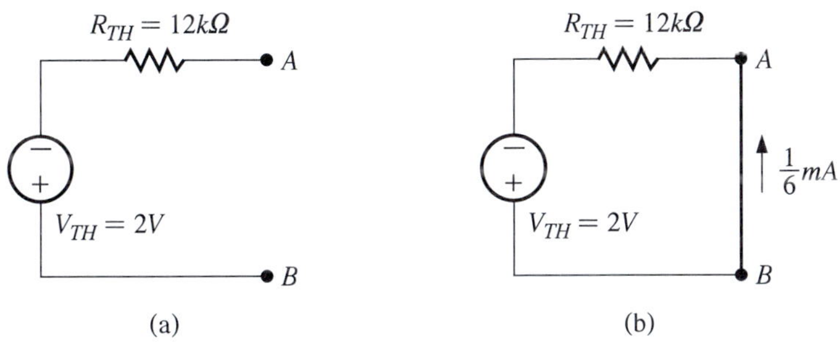

▶▶ 그림 5-35 연습 5-5 단락 전류로 계산한 테브넹 등가회로

독립전원과 종속전원이 같이 있는 경우

회로에 종속전원이 포함되어 있는 경우 다음과 같이 구한다. 종속전원은 회로의 다른 부분에 종속된 전원이므로 어떤 경우라도 비활성화할 수 없다. 그러므로 테브넹 등가저항은 회로의 개방전압과 단락 전류를 구한 후 다음과 같이 계산한다.

$$R_{TH} = \frac{v_{OC}}{i_{SC}}$$

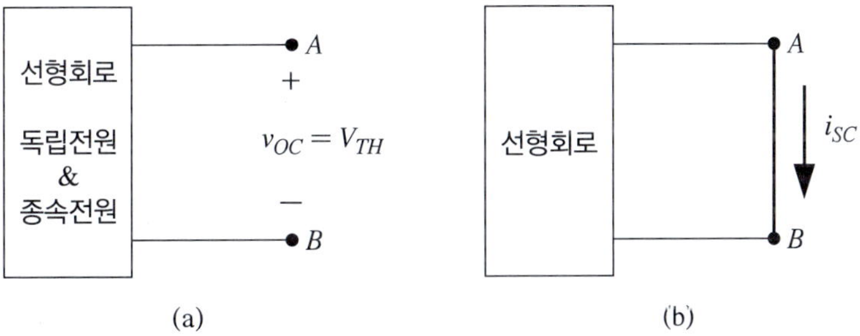

▶▶ 그림 5-36 독립전원과 종속전원이 있는 경우

예제 5-10 테브넹 등가회로: 독립전원과 종속전원이 있는 경우

독립전원과 종속전원이 있는 회로의 테브넹 등가저항을 구하라. 등가회로는 (그림 5-37 b)의 형태가 될 것이다.

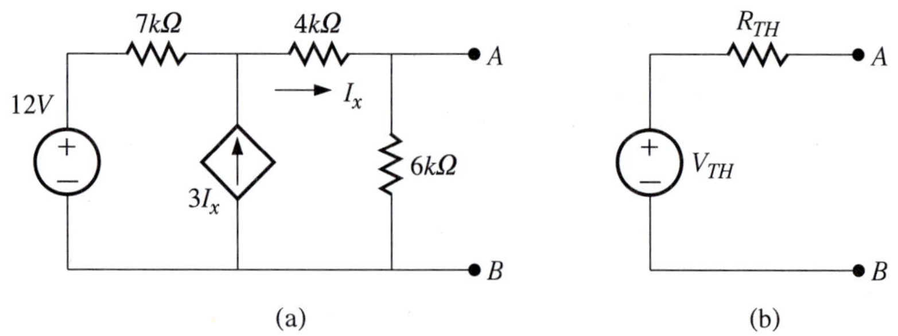

▸▸ 그림 5-37 예제 5-10 독립전원과 종속전원이 같이 있는 경우

(G-1) 종속전원이 있는 경우: 전원을 비활성화할 수 없다.

(M-1) 독립전원+종속전원의 등가회로: v_{OC}, i_{SC}, $R_{TH} = \frac{v_{OC}}{i_{SC}}$

(M-2) 복습을 위해 루프 해석법과 노드 해석법으로 풀었다.

풀이

(i) 종속전원은 독립적이지 않기 때문에 비활성화시킬 수 없다.

(ii) 그러므로 단자 A, B에서의 개방 전압과 단락 전류를 구해야 한다. 회로해석의 이해를 돕기 위해 루프 해석법(그림 5-38)과 노드 해석법(연습 5-6, 그림 5-40) 두 가지 방법으로 풀어 보자.

루프 해석법

(i) 루프 전류를 i_1, i_2라 하고 개방 전압 V_{AB}와 단락 전류 I_{AB}를 구하자.

(ii) 종속 전류원 $3I_x$가 루프 사이에 끼어 있으므로 (그림 5-38 a)와 같이 두 루프를 슈퍼메쉬로 하여 V_{AB}를 구하자. 그런데 $I_x = i_2$이다.

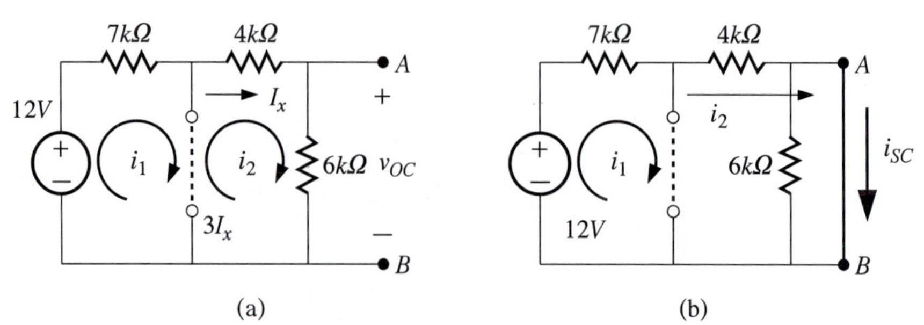

▸▸ 그림 5-38 예제 5-10 개방 전압과 단락 전류(루프 해석법)

슈퍼 메쉬: $12 = 7ki_1 + 10ki_2$

종속 전류원: $i_1 - i_2 = -3I_x = -3i_2 \rightarrow i_1 = -2i_2$(종속 전류원의 방향에 주의하자.)

(iii) 그러므로 $12 = -14ki_2 + 10ki_2 \rightarrow i_2 = -3mA$

즉, $V_{AB} = v_{OC} = 6ki_2 = -18V = V_{TH}$

(iv) 단락 전류를 구하려면 (그림 5-38 b)처럼 단자 A, B를 단락시키자. 그러면 $6k\Omega$에는 전류가 흐르지 않으므로,

$12 = 7ki_1 + 4ki_2 = 7k(-2i_2) + 4ki_2 \rightarrow i_2 = -1.2mA$

즉, $I_{AB} = -1.2mA = i_{SC}$

(v) 등가저항은

$$R_{TH} = \frac{v_{OC}}{i_{SC}} = \frac{-18V}{-1.2mA} = 15k\Omega$$

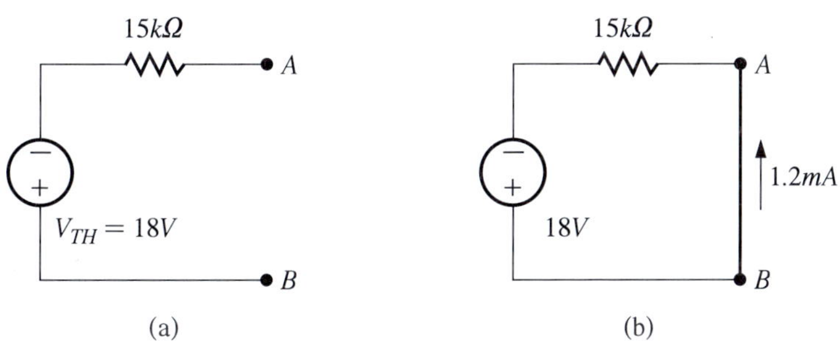

▸▸ 그림 5-39 예제 5-10 테브넹 등가회로

이 결과에서 주의할 점은 $V_{AB} = -18V$이므로 단자 B가 단자 A보다 전압이 높고, 전류는 $i_{SC} = i_{AB} = -1.2mA$이므로 전류는 $B \rightarrow A$로 흐른다.

[연습 5-6] 테브넹 등가회로

예제 5-10을 노드 해석법으로 풀어서 결과를 비교하라.

힌트

기준 노드를 B로 하고 단자 C의 전압을 V_C라고 하면,

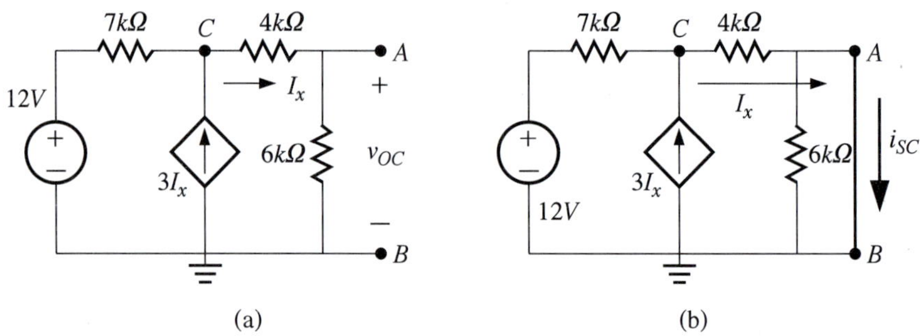

▶▶ 그림 5-40 연습 5-6 개방전압과 단락전류(노드 해석법)

답 $v_{OC}=V_{AB}=I_{AB}-18V,\ i_{SC}=I_{AB}=-1.2mA$

종속전원만 있는 경우

회로에 종속전원만 있으면 테브넹 등가회로는 저항이 된다. 구동 전원이 없으므로 회로의 개방전압이나 단락전류를 직접 구할 수는 없다. 이런 경우에는 외부 단자에 테스트 전원을 인가하여 단자의 전압과 전류를 이용하여 저항값을 구한다. 구동 전원으로 독립 전압원과 독립 전류원을 선택할 수 있는데, 어떤 것을 선택할지는 회로에 따라 달라질 수 있다.

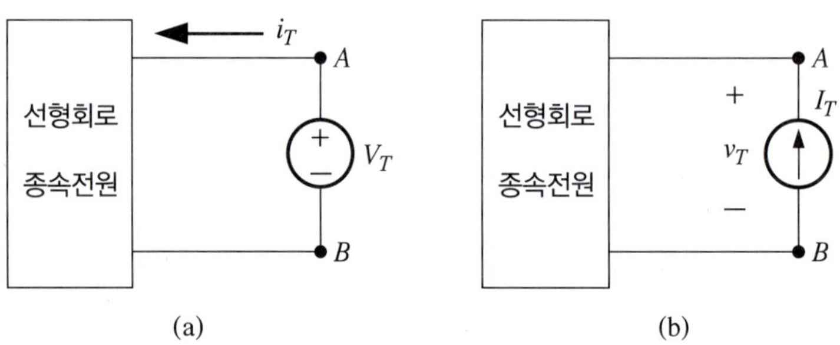

▶▶ 그림 5-41 종속전원만 있는 경우

계산의 편의를 위하여 $V_T=1V$ 또는 $I_T=1mA$(저항의 단위가 $k\Omega$인 경우)를 인가하는 것이 일반적이다. 그러면 등가저항은

$R_{TH}=\frac{1V}{i_T}$ 또는 $R_{TH}=\frac{v_T}{1mA}$이다.

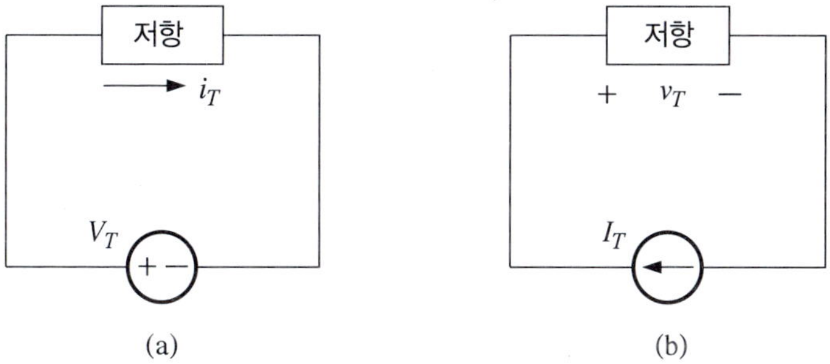

▶▶ 그림 5-42 테스트 전원의 인가

회로를 이용하여 이 사실을 확인해 보자. (그림 5-42 a)에서는 수동소자에 전압을 인가하여 i_T의 전류가 흘렀다면 $\frac{V_T}{i_T}=R$이고, (그림 5-42 b)의 회로에서 전류원 i_T를 인가하여 v_T의 전압강하가 발생하였다면 $\frac{v_T}{I_T}=R$이 된다.

예제 5-11 테브넹 등가회로: 종속전원만 있는 경우

다음 회로(그림 5-43)의 테브넹 등가회로를 구하라.

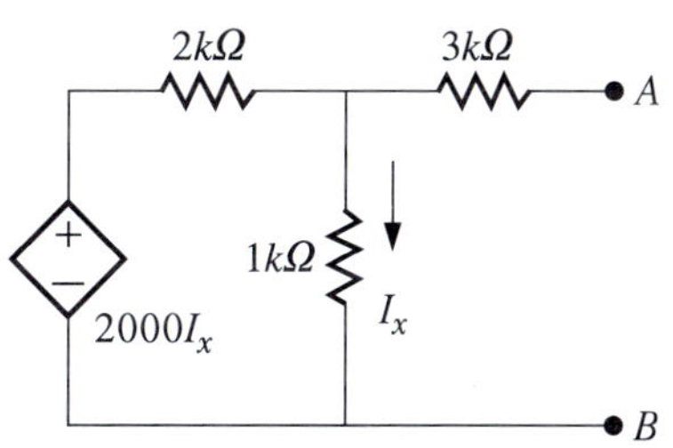

▶▶ 그림 5-43 예제 5-11 종속전원만 있는 경우

(G-1) 회로에 구동 전원이 있어야 한다.
(G-2) 단자 A, B에 구동 전원을 인가한다.
(G-3) 저항이 kilo 단위이므로 전류원을 인가할 경우 $1mA$로 한다.
(G-4) 구동 전원의 선택: 독립 전류원 또는 독립 전압원?

풀이

(i) 종속전원만 있으므로 이 회로를 구동시킬 전원을 인가해 주어야 한다.

(ii) 먼저 전압원 $V_T = 1V$를 인가하여 계산해 보고,

(iii) $1mA$ 전류원을 인가한 경우와의 계산량의 차이를 비교해 보자.

테스트 전압원 인가

이 회로(그림 5-44)는 전형적인 노드 해석법 문제이다.

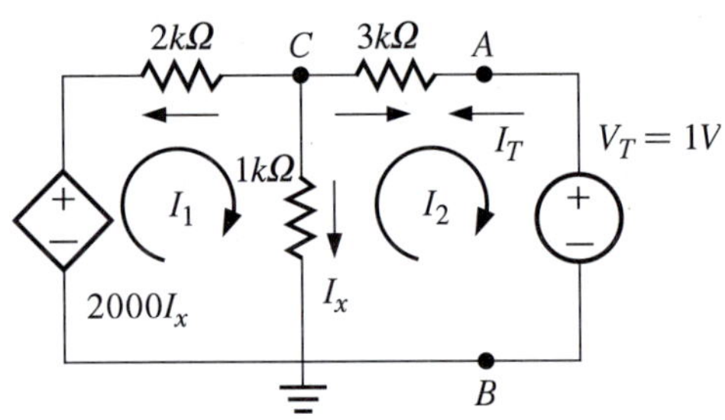

▶▶ 그림 5-44 예제 5-11 테스트 전압원 인가

(i) 기준 노드를 B로 잡고 노드 C에서 방정식을 만들면,

$$\frac{V_C}{1k} + \frac{V_C - 2000I_x}{2k} + \frac{V_C - 1}{3k} = 0$$

(ii) 종속 전압원은 $I_x = \frac{V_C}{1k} \rightarrow 2000I_x = 2V_C$

대입하면, $\frac{V_C}{1k} + \frac{V_C - 2V_C}{2k} + \frac{V_C - 1}{3k} = 0 \rightarrow 6V_C - 3V_C + 2V_C = 2$

그러면 $V_C = 0.4V$

(iii) $i_T = \frac{V_A - V_C}{3k} = \frac{0.6}{3k} = 0.2mA$

(iv) $R_{TH} = \frac{V_T}{i_T} = 5k\Omega$

테스트 전류원 인가

이제 전류원을 인가하여 계산해 보자.

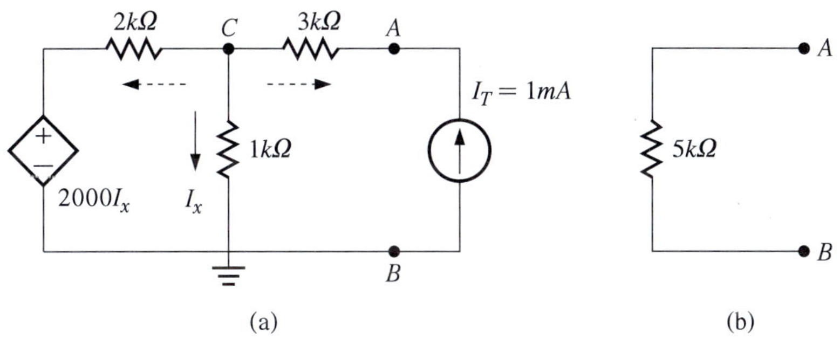

▶▶ 그림 5-45 예제 5-11 테스트 전류원 인가

(i) 단자 B를 기준 노드로 하고 단자 C에서 노드 방정식을 세워 보자(그림 5-45 a). 종속 전원의 관계식은

$I_x = \frac{V_C}{1k} \rightarrow 2000I_x = 2V_C$이므로,

(ii) 노드 C에서 나가는 전류의 합을 구하면(전류 방향에 일관성을 유지해야 한다고 했다),

$$\frac{V_C}{1k} + \frac{V_C - 2000I_x}{2k\Omega} - 1mA = 0$$

(iii) 정리하면, $\frac{V_C}{1k} + \frac{V_C - 2V_C}{2k\Omega} - 1mA = \frac{2V_C - V_C}{2k} - 1mA = 0$

즉, $V_C = 2V$이다.

(iv) 인가된 전류원의 단자 전압 V_{AB}를 구해야 하므로,

$V_{AB} = V_{AC} + V_C = (3k\Omega)(1mA) + 2 = 5V$

즉, $R_{TH} = \frac{V_{AB}}{1mA} = 5k\Omega$

전압원, 전류원 중 어떤 것을 선택하는 것이 해석에 더 편리한가?

[연습 5-7] 테브넹 등가회로: 종속전원만 있는 경우

다음 회로에서 단자 A, B에서 테브넹 등가저항을 구하라.

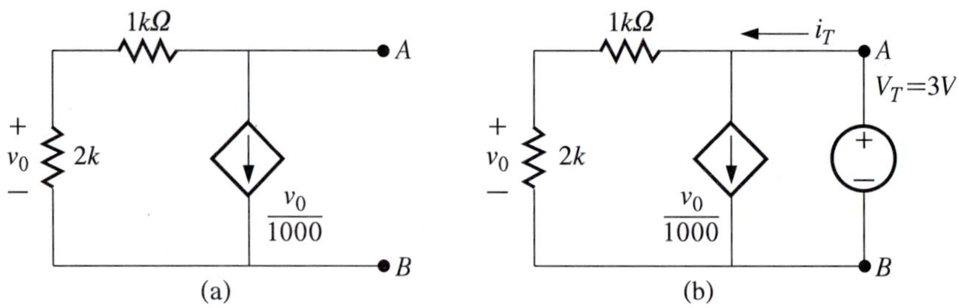

▶▶ 그림 5-46 연습 5-7 종속전원만 있는 경우

힌트

(i) 테스트 전압원 $V_T = 3V$를 인가하자(Why?)

(ii) 그러면, $v_0 = ?$

답 $R_{TH} = 10k\Omega$

▶▶ 표 5-2 테브넹 등가회로

독립전원만 있는 경우	
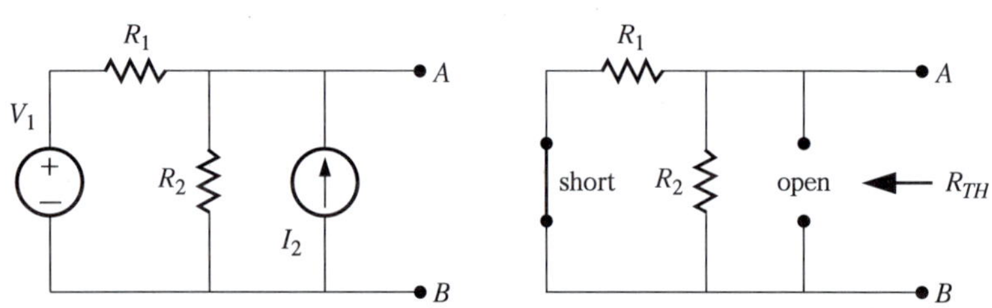	등가저항 R_{TH} 독립전원 kill 전압원 short 전류원 open $v_{OC} = V_{AB}$
독립전원+종속전원	
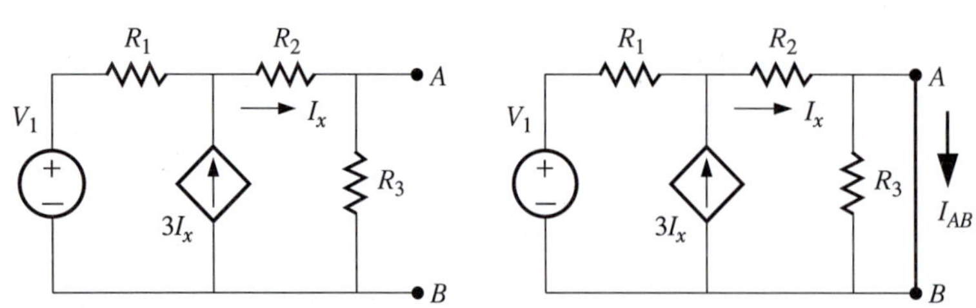	개방 전압 $v_{OC} = V_{AB}$ 단락 전류 $i_{SC} = I_{AB}$ 등기저항 $R_{TH} = \frac{v_{OC}}{i_{SC}}$

종속전원만 있는 경우

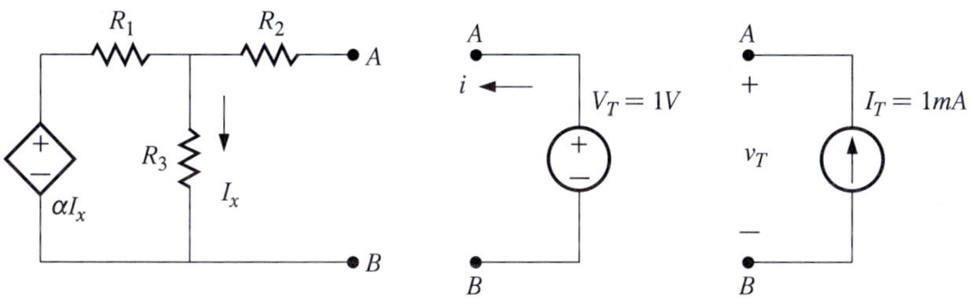

테스트 전원 인가
(전압원 또는 전류원)

$R_{TH} = \frac{1V}{i_T}$

또는 $R_{TH} = \frac{v_T}{1A}$

5.4 노턴 등가회로(Norton Equivalent Circuit)

테브넹 등가회로는 선형회로의 전원부를 독립 전압원 V_{TH}, 이 전압원과 직렬인 저항 R_{TH}로 변환한 등가회로이다. 전압원과 직렬 저항으로 연결된 회로는 전원 변환을 하면 전류원과 병렬저항의 연결로 바꿀 수 있는데 이것이 바로 노턴 등가회로이다.

즉, (그림 5-47 a)와 같은 선형회로는 (그림 5-47 b)와 같이 전원부가 독립 전류원과 저항의 병렬 연결로 대체할 수 있다. 전원부는 전원(독립 and/or 종속)과 저항, 기타 수동소자로 구성될 수 있다.

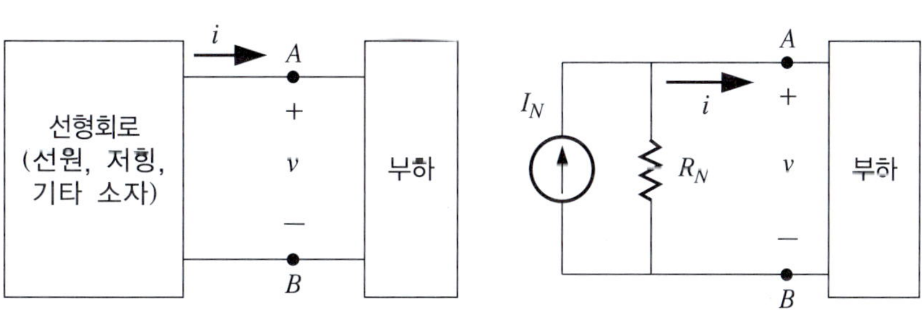

(a) (b)

▶▶ 그림 5-47 노턴 등가회로

노턴 정리
선형인 2-단자 회로는 전류원 I_N, 이 전압원과 병렬인 저항 R_N으로 대체할 수 있다.
이때 전류원 I_N은 외부 단자를 단락했을 때의 단락 전류이고,
R_N은 독립전원을 비활성화했을 때 외부 단자에서 본 등가저항이다.

노턴 등가회로는 (그림 5-48)에서 부하를 제거하고 단자 A, B를 단락했을 때의 단락 전류가 서로 같고, 전원부의 독립전원을 비활성화하고 단자 A, B에서 전원 쪽으로 '들여다본' 저항 R_{AB}도 서로 같다는 뜻이다.

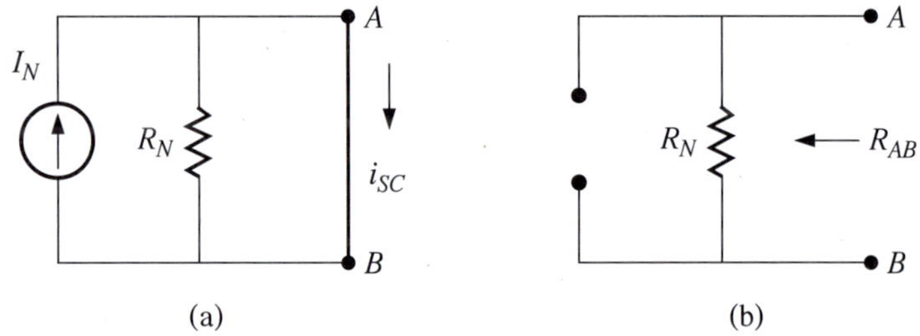

▶▶ **그림 5-48** 노턴 등가회로 계산

(그림 5-48 a)에서 보면 단락전류 $i_{SC} = I_{AB}$가 노턴 등가전류 I_N이고, 노턴 등가저항 $R_N = R_{AB}$이다(그림 5-48 b).

앞에서 언급한 대로 독립 전압원과 직렬저항으로 이루어진 회로는 전원 변환으로 독립 전류원과 병렬인 저항으로 변환할 수 있다. 그러므로 테브넹 등가회로와 노턴 등가회로의 관계는

$I_N = \dfrac{V_{TH}}{R_{TH}}$, $R_N = R_{TH}$이다.

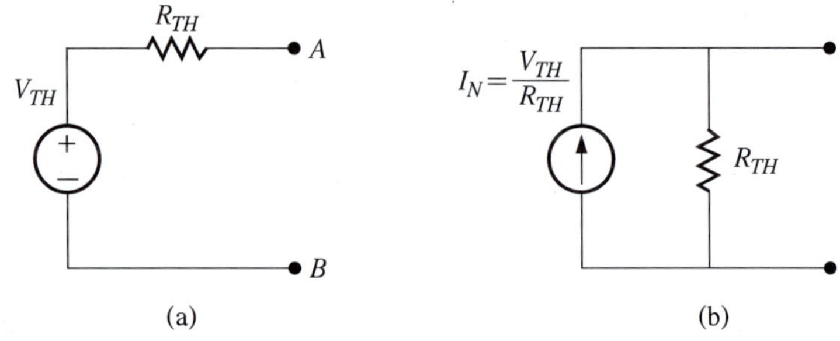

▶▶ **그림 5-49** 테브넹 등가회로와 노턴 등가회로-전원 변환

노턴 등가회로는 테브넹 등가회로를 전원 변환하면 쉽게 구할 수 있다. 노턴 등가회로에 대한 예제를 풀어보도록 하자.

예제 5-12 노턴 등가회로: 독립전원만 있는 경우

다음 회로(그림 5-50)의 노턴 등가회로를 구하라.

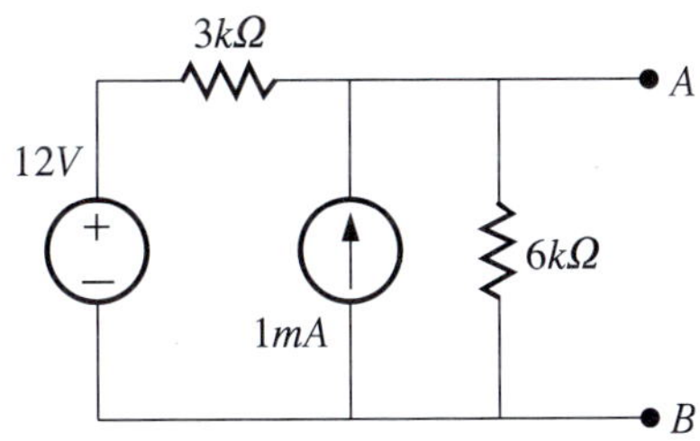

▶▶ 그림 5-50 예제 5-12 노턴 등가회로-독립전원만 있는 경우

(G) 독립전원만 있는 경우: 독립전원의 비활성화

풀이

(i) 노턴 등가저항(그림 5-51)

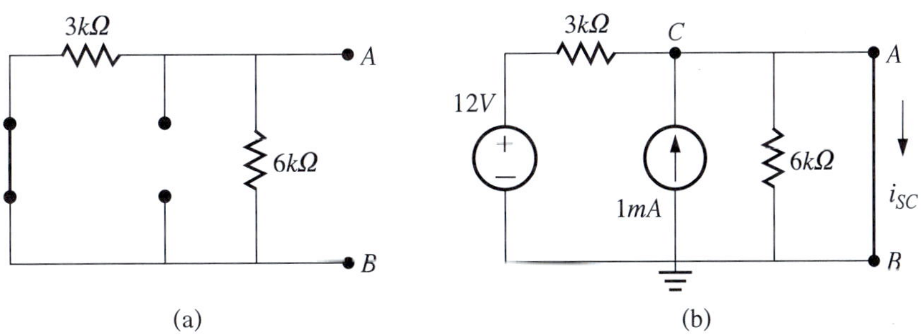

▶▶ 그림 5-51 예제 5-12 노턴 등가회로-독립전원만 있는 경우

독립전원을 비활성화시키고 단자 A, B에서 본 등가저항을 구하면 두 저항은 병렬이므로,

$R_{AB} = 3k \,//\, 6k = 2k\Omega = R_N$

(ii) 단락 전류

(그림 5-51 a)와 같이 단자 A, B를 단락하고 단락 전류를 구하면, 전류는 $6k\Omega$ 저항에는 흐를 수 없고 모두 단자 A, B로 흐른다.

$$I_{AB} = 1mA + \frac{12V}{3k} = 5mA = i_{SC} = I_N$$

(iii) 그러면 노턴 등가회로는 전류원 $I_N = 5mA$와 병렬인 저항 $R_N = 2k\Omega$의 연결이다.

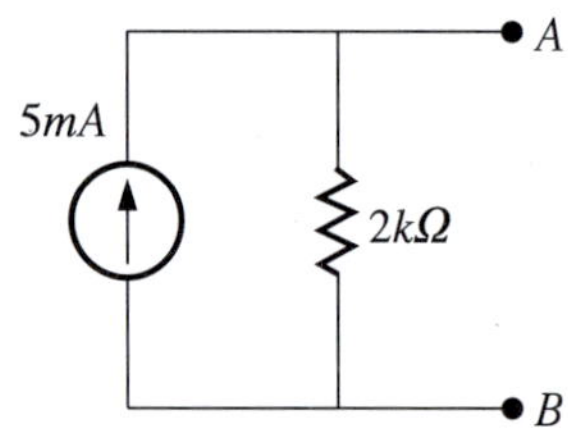

▶▶ 그림 5-52 예제 5-12 노턴 등가회로

[연습 5-8] 테브넹 등가회로

(예제 5-12) 회로의 테브넹 등가회로를 구하고 이 결과를 비교하라.

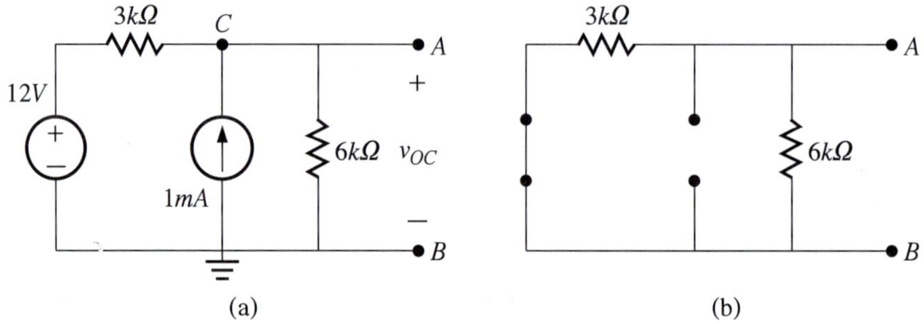

▶▶ 그림 5-53 연습 5-8 테브넹 등가회로

힌트

(i) 회로 그림, R_{TH}, v_{OC}

(ii) 노드 해석법을 적용해 보자.

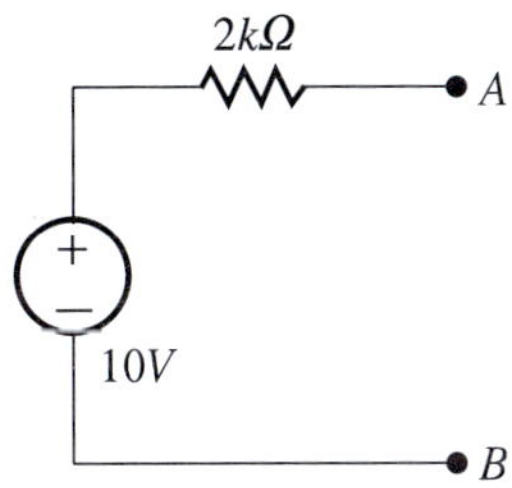

▶▶ 그림 5-54 연습 5-8 테브넹 등가회로

테브넹 등가회로와 노턴 등가회로 그리고 전원 변환

독립전원과 종속전원이 같이 있는 경우나 종속전원만 있는 경우의 노턴 등가회로를 구하려면 테브넹 등가회로를 구한 후에 전원 변환을 하는 것이 편리하다. 종속전원만 있는 경우는 저항이 되므로 구태여 구분할 필요가 없다.

예제 5-13 노턴 등가회로: 종속전원만 있는 경우

다음 회로의 노턴 등가회로를 구하라.

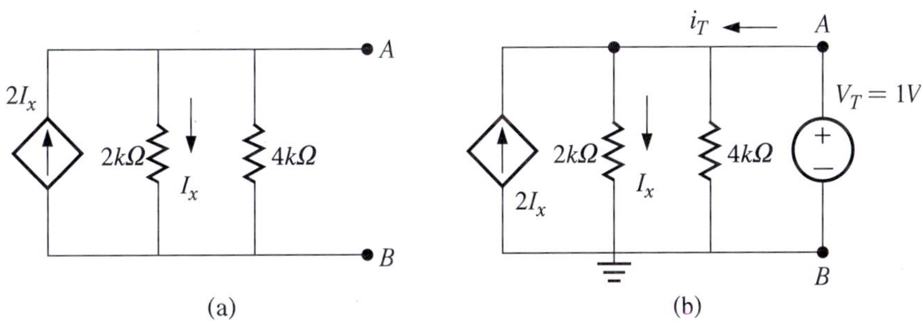

▶▶ 그림 5-55 예제 5-13 종속전원만 있는 경우

(G) 구동 전원이 없는 경우: 테스트 전원 인가

풀이

이 회로는 독립전원이 없으므로 외부 단자에 독립전원을 인가해 주어야 한다. 테스트 전압원을 인가하여 결과를 구해 보자.

(i) 전압원 V_T를 인가하여(그림 5-55 b) 이 전압원에서 회로로 흘러 들어가는 전류를 i_T라고 하면 등가저항은 $R_{TH} = \frac{V_T}{i_T}$로 구할 수 있다. 계산 편의상 $V_T = 1V$를 인가하자.

(ii) 그러면 단자 B를 기준 노드로 하고 단자 A에서 노드 해석법을 적용하여(이 회로는 단일 노드쌍 회로),

$$2I_x + \frac{V_T}{2k} + \frac{V_T}{4k} = (2)\frac{V_T}{4k} + \frac{V_T}{2k} + \frac{V_T}{4k} = \frac{2V_T + 2V_T + V_T}{4k} = \frac{5V_T}{4k} = i_T$$

$$\frac{V_T}{i_T} = 0.8k\Omega$$

[연습 5-9] 노턴 등가회로: 테스트 전류원 인가

위 예제(예제 5-13)에서 테스트 전류원을 인가하여 결과를 구하고 어떤 방법이 편리한지를 논하라.

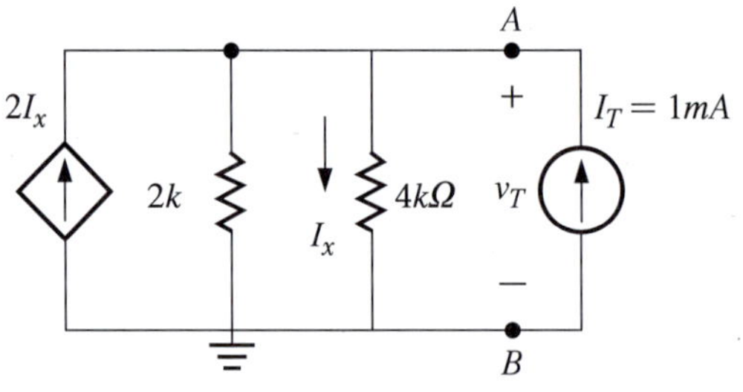

▶▶ 그림 5-56 연습 5-9 전류원 인가

답 동일하다.

5.5 최대 전력 전달(Maximum Power Transfer)의 조건

회로 설계의 기본 목적은 부하에 전력을 공급하기 위한 것이다. 전원값이 고정되어 있는 경우 부하에 전력을 최대로 전달하기 위한 방법을 생각해 보자. 부하는 저항이므로 부하에 흐르는 전류를 i라고 할 때 부하의 전력은 $P_L = i^2R_L$의 형태로 표현된다. 이 상황을 논리적으로 추론해 보자.

(i) 부하저항 R_L을 크게 해야 할까?
그런데 부하저항을 크게 하면 부하에 흐르는 회로의 전류가 감소할텐데……

(ii) 그 방법보다는 전력은 전류의 자승 형태이므로(i^2) 전류를 크게 하면 될까?
그러나 전류를 크게 하면 전원부에 있는 등가저항의 전압강하가 커져서 부하에 공급되는 전압이 작아진다.
부하에 걸리는 전압을 v_L라고 할 때 부하의 전력은 $P_L = \frac{v_L^2}{R_L}$의 형태로도 표현된다.
이 식을 이용하면 어떻게 될까?

(iii) 부하저항 R_L을 작게 하면 될까? 그러나 부하저항을 작게 하면 부하에 걸리는 전압 $v_L = iR_L$이 작아진다.

(iv) 이 방법보다는 부하에 걸리는 전압을 크게 할 수밖에 없다.
부하의 전압을 크게 하려면 부하에 흐르는 전류를 크게 해야 되는데, 그러면 논의가 다시 원점으로 돌아간다.

회로는 테브넹 변환을 통하여 전원부와 부하부로 나눌 수 있는데 과연 어떤 조건에서 부하에 전력이 최대로 전달될까를 생각해 보자.

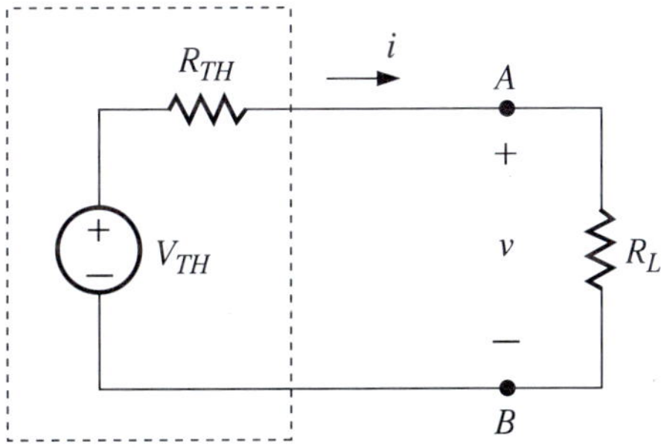

▸▸ 그림 5-57 최대 전력 전달

(그림 5-57)에서 회로에 흐르는 전류는 $i = \frac{V_{TH}}{R_{TH} + R_L}$이다. 그러면 부하의 전력은

$$P_L = i^2 R_L = \left(\frac{V_{TH}}{R_{TH} + R_L}\right)^2 R_L = V_{TH}^2 \frac{R_L}{(R_{TH} + R_L)^2}$$

이 전력이 최대가 되기 위해서는 전력을 미분한 값이 0이 되어야 한다. 왜냐하면

$$\frac{dP_L}{dR_L} = 0$$

이 되는 값에서 전력이 극대값을 가진다. V_{TH}는 상수이므로,

$$\frac{dP_L}{dR_L} = \frac{d}{dR_L}\left[V_{TH}^2 \frac{R_L}{(R_{TH}+R_L)^2}\right] = V_{TH}^2 \frac{d}{dR_L}\frac{R_L}{(R_{TH}+R_L)^2} = 0$$

그러므로

$$\frac{d}{dR_L}\frac{R_L}{(R_{TH}+R_L)^2} = 0$$

이 되는 조건을 찾으면 된다. 함수 곱의 미분은

$$\frac{d}{du}(u^a v^b) = au^{a-1}v^b + bu^a v^{b-1} = u^a v^b\left(\frac{a}{u}+\frac{b}{v}\right) = u^a v^b \frac{av+bu}{uv}$$

이므로, 위 식에서 $u = R_L$, $v = (R_{TH} + R_L)$로 놓으면,

$$\frac{d}{dR_L}\frac{R_L}{(R_{TH}+R_L)^2} = \frac{d}{du}(u^1 v^{-2}) = \frac{R_L}{(R_{TH}+R_L)^2} \times \frac{(1)(R_{TH}+R_L)+(-2)R_L}{R_L(R_{TH}+R_L)}$$

이 식을 정리하면,

$$\frac{d}{dR_L}\frac{R_L}{(R_{TH}+R_L)^2} = \frac{R_L}{(R_{TH}+R_L)^2} \times \frac{R_{TH}-R_L}{R_L(R_{TH}+R_L)} = \frac{R_{TH}-R_L}{(R_{TH}+R_L)^3} = 0$$

즉, $R_{TH} = R_L$

부하에 최대 전력을 전달하기 위한 조건은 부하저항이 전원의 테브넹 등가저항과 같을 때이다. 이때 전달되는 최대 전력은

$$P_{L(\max)} = i^2 R_L = \frac{V_{TH}^2}{(2R_{TH})^2} R_{TH} = \frac{V_{TH}^2}{4R_{TH}}$$

예제 5-14 최대 전력 전달

다음 회로에서 부하에 전력을 최대로 전달하고 싶다.

(a) 부하저항을 얼마로 해야 하는가?

(b) 이때 부하에서 소비되는 전력은?

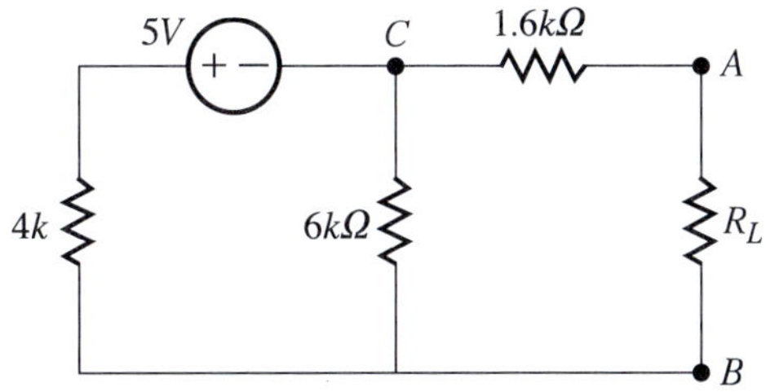

▶▶ 그림 5-58 예제 5-14 최대 전력 전달

> (G-1) 최대 전력 전달: 부하에서 본 테브넹 등가회로?
> (G-2) 부하 단자를 제거하고 테브넹 등가회로를 구한다.

힌트

최대 전력 전달 문제는 테브넹 등가회로를 구하는 문제와 같다.

풀이

(a) 먼저 이 회로의 (부하에서 본) 테브넹 등가회로를 구해야 한다.

(i) 부하를 제거하고 단자 A, B에서 본 등가저항은(전압원 단락)

$R_{TH} = 1.6k + 4k \,//\, 6k = 4k\Omega$

(ii) 부하저항이 테브넹 등가저항과 같을 때 최대로 전력이 전달되므로

$R_L = R_{TH} = 4k\Omega$

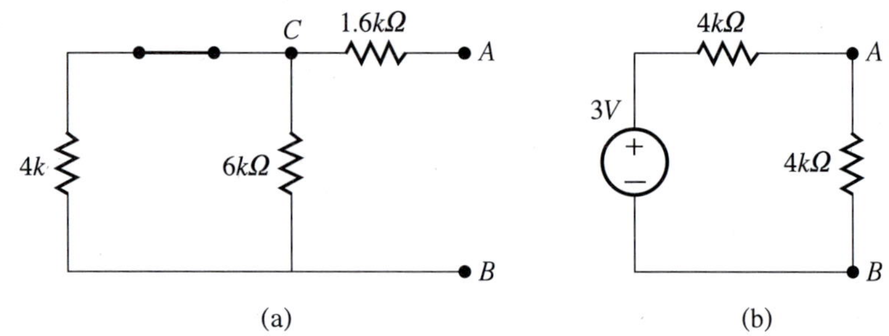

▶▶ 그림 5-59 예제 5-14 최대 전력 전달

(b) 부하에서 소비되는 전력을 구하자.

(i) 단자 A, B의 개방 전압은(그림 5-59)

$$V_{AB} = V_{OC} = V_{6k} = (5)\frac{6k}{4k + 6k} = 3V$$

(ii) 이때 부하에서 소비하는 전력은,

$$P_{L,(\max)} = i^2 R_L = \frac{V_{TH}^2}{4R_{TH}} = \frac{(3)^2}{4 \times 4k} = \frac{9}{16}[\text{mW}]$$

연습 풀이

[연습 5-1]

(i) (그림 5-4 b)에서 $v_0 = 4V$ 이면 $4k\Omega$의 저항에 흐르는 전류는 $i_4 = 1mA$이다.

(ii) 이 전류는 $6k\Omega$의 저항에도 동일하게 흐르므로 옴의 법칙에 의하여,

$V_{AB} = (6k\Omega + 4k\Omega) \times (1mA) = 10V$

(iii) 이 전압은 $2k\Omega$의 저항에 걸리는 전압이므로 $i_2 = 5mA$이다.

(iv) 그러므로 $v_0 = 4V$일 때 독립 전류원의 전류는 $I_1 = i_2 + i_4 = 6mA$이다.

(v) 그런데 전류원의 전류는 실제로 $12mA$이므로 회로의 선형성에 의해,

$I_1 = 6mA \rightarrow v_0 = 4V,\ I_s = 12mA \rightarrow v_0 = 8V$

[연습 5-2]

(i) 먼저 전압원만 있는 경우와 전류원만 있는 경우의 회로를 각각 그리자.

(그림 a)에 보인 것처럼 독립 전압원만 있는 경우를 생각하자(독립 전류원이 개방되었음을 확인하라).

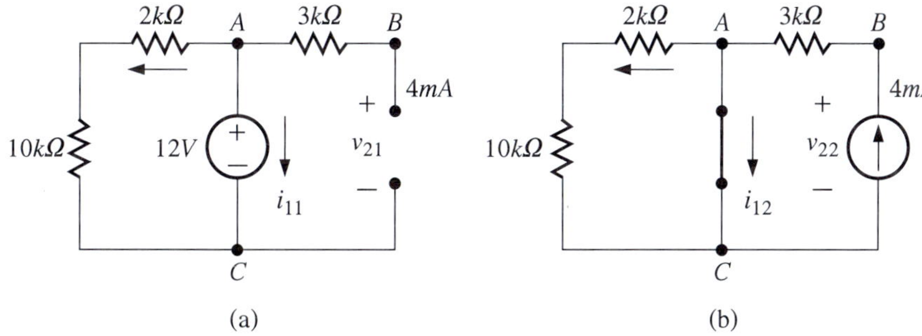

(ii) 회로의 오른쪽은 개방되어 있으므로 전류가 흐르지 않는다. 이때 전압원에 흐르는 전류를 i_{11}이라 하면, 이 전류는 두 저항($2k\Omega$과 $10k\Omega$)에 공급하는 전류이므로,

$i_{11} = -\ 1mA$

(iii) 또한 독립 전류원 단자의 전압 v_{21}은($3k\Omega$ 저항에는 전류가 흐르지 않으므로 전압강하가 없다. 즉, $V_{AB} = 0$)

$v_{21} = V_{BC} = V_{BA} + V_{AC} = 12V$

(iv) 이제 독립 전류원만 있는 (그림 b) 회로를 살펴보자(독립 전압원은 단락되어 있다). 전압원의 전류를 i_{12}라고 하면 전압원 단자 A, C가 단락되어 있으므로 이 단자에 연결되어 있는 저항($2k\Omega$과 $10k\Omega$)에는 전류원이 공급하는 전류가 흐르지 않는다.

$i_{12} = 4mA$

(v) 독립 전류원에 걸리는 전압은

$v_{22} = V_{BC} = V_{BA} + V_{AC} = 12V$

(vi) 이제 각각의 결과를 더하면,

$i_1 = i_{11} + i_{12} = -1m + 4m = 3mA$

$v_2 = v_{21} + v_{22} = 24V$

즉, (예제 5-3)의 결과와 일치한다.

[연습 5-3]

단자 A에서 노드 해석법을 이용하자.

(i) $6V$ 전압원만 있는 경우

$$+0.5I_x + \frac{V_{A1}-6}{3k+5k} + \frac{V_{A1}}{12k+8k} = 0,\ I_x = -\frac{V_{A1}}{12k+8k} \rightarrow 0.5I_x = -\frac{V_{A1}}{40k}$$

(ii) 두 식을 정리하면, $-\dfrac{V_{A1}}{40k} + \dfrac{V_{A1}-6}{8k} + \dfrac{V_{A1}}{20k} = \dfrac{-V_{A1}+5V_{A1}-30+V_{A1}}{40k} = 0 \rightarrow$

$V_{A1} = 6V$

(iii) $12V$ 전압원만 있는 경우

$$+0.5I_x + \frac{V_{A2}}{3k+5k} + \frac{V_{A2}-12}{12k+8k} = 0,\ I_x = -\frac{V_{A2}-12}{12k+8k} \rightarrow 0.5I_x = -\frac{V_{A2}-12}{40k}$$

(iv) 즉, $\dfrac{V_{A2}}{8k} + \dfrac{V_{A2}-12}{40k} = \dfrac{5V_{A2}+V_{A2}-12}{40k} = 0 \rightarrow V_{A2} = 2V$

(v) $V_A = 8V$이므로, $I_x = \dfrac{12-V_A}{20k} = -0.2mA$

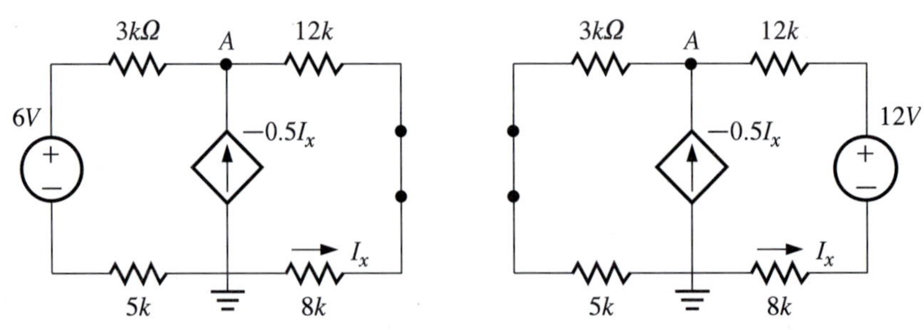

[연습 5-4]

(i) 전원 변환을 할 수 있는 연결이 두 개 있다. (그림 5-24 a)에서 보듯이,
(조합 1) 독립 전압원과 직렬저항: 독립 전류원과 병렬저항으로,
(조합 2) 종속 전류원과 병렬저항: 종속 전압원과 직렬저항으로
그 결과는 (그림 a)가 되는데,

(ii) 회로 구조로 보아 왼쪽 독립 전류원과 병렬저항을 전원 변환하면 전체 회로는 단일 루프 회로가 되어 문제 해석이 쉬워진다.

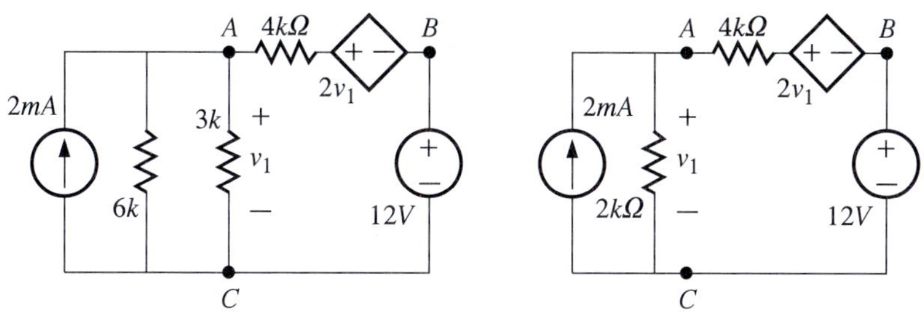

(a) (b)

(iii) 그러나 우리가 관심을 가지는 $3k\Omega$ 저항이 병렬로 연결되어 있어 이 저항을 어떻게 처리해야 할지 심사숙고 해야 한다. 그런데 (그림 a)에서 보면 구하려는 전압은 단자 A, C의 전압 $v_1 = V_{AC}$이므로 $3k\Omega$ 저항을 $6k\Omega$과 병렬 처리를 하여 회로를 훼손하더라도 문제를 푸는 데 지장이 없다.

(iv) 이제 $6k \,//\, 3k = 2k\Omega$의 병렬저항을 독립 전류원과 함께 전압원의 형태로 변환할 수 있다(그림 b).

(v) 이제 변환 결과로 얻어진 다음 회로에서 KVL을 적용하면

$4 = 2ki + 4ki + 2v_1 + 12 = 6ki + 12 + 2v_1$

또한 $v_1 = -2ki + 4$(또는 $v_1 = V_{ABC} = 4ki + 2v_1 + 12$)

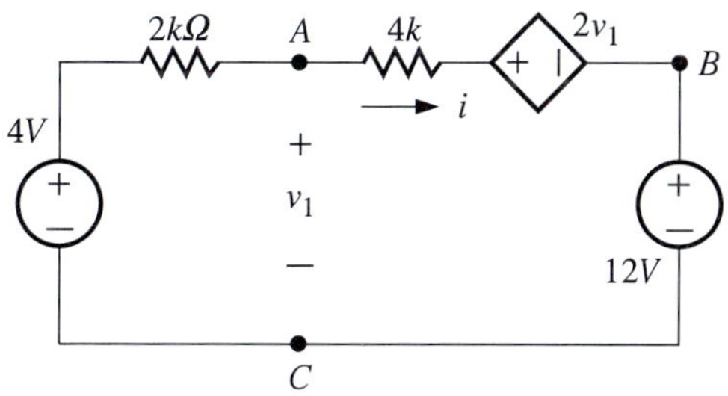

(vi) 정리하면, $4 = 6ki + 12 + 2v_1 = 6ki + 12 + 2(-2ki + 4) = 2ki + 20$

즉, $i = -8mA$가 되고, $v_1 = -2ki + 4 = 20V$

[연습 5-5]

(i) 단자 A의 전압 V_A를 구하려면 단자 A(또는 B)에서 나가는 전류의 합을 구하면 된다.

$$\frac{V_A - 10}{20k} + \frac{V_A - 5}{5k} + \frac{V_A}{8k} = 1mA$$

(ii) 즉, $2V_A - 20 + 8V_A - 40 + 5V_A = 40 \rightarrow 15V_A = 100$

$$V_A = \frac{20}{3}V$$

(iii) 그러면

$$i_{SC} - \frac{V_A}{8k} + 1m = 0 \rightarrow i_{SC} = i_{AB} = -1m + \frac{20}{24k} = \frac{-4}{24k} = \frac{-1}{6k}$$

테브넹 등가저항은

$$R_{TH} = \frac{v_{OC}}{i_{SC}} = \frac{-2}{\frac{-1}{6k}} = 12k\Omega$$

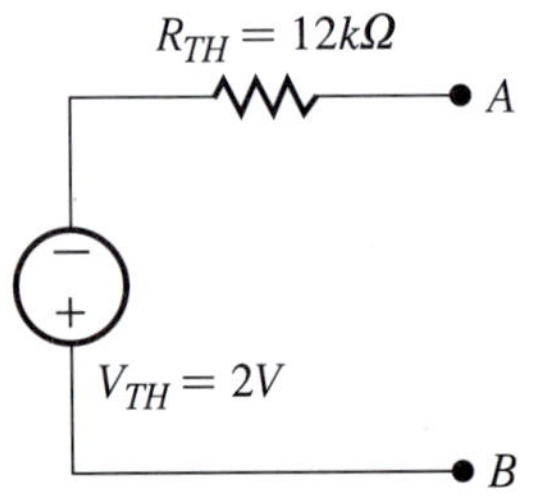

(a)

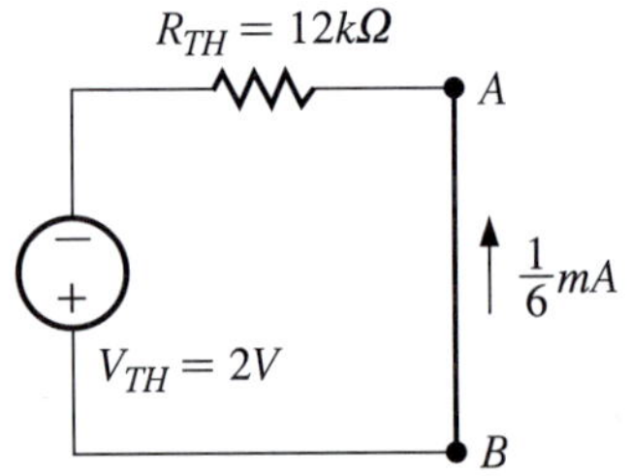

(b)

이 계산에서 보면 단락전류는 $B \rightarrow A$로 흐른다.

[연습 5-6]

(i) 기준 노드를 B로 하고 단자 C의 전압을 V_C라고 하면(그림 5-40 a),

$$-3I_x + \frac{V_C - 12}{7k} + \frac{V_C}{10k} = \frac{-3V_C}{10k} + \frac{V_C - 12}{7k} + \frac{V_C}{10k} = \frac{-2V_C}{10k} + \frac{V_C - 12}{7k} = 0$$

즉, $-14V_C + 10V_C - 120 = 0$이므로 $V_C = -30V$이고,

(ii) 전압 분배법칙에 의해,

$$V_{AB} = (-30)\frac{6k}{4k+6k} = -18V = v_{OC}$$

(iii) (그림 5-40 b)에서 단락 전류를 구하면,

$$-3I_x + \frac{V_C - 12}{7k} + \frac{V_C}{4k} = \frac{-3V_C}{4k} + \frac{V_C - 12}{7k} + \frac{V_C}{4k} = \frac{-2V_C}{4k} + \frac{V_C - 12}{7k} = 0$$

즉, $-14V_C + 4V_C - 48 = 0$이므로 $V_C = -4.8V$가 되고 단락 전류는

$$i_{SC} = \frac{-4.8V}{4k} = -1.2mA$$

(iv) 루프 해석법의 결과와 일치한다.

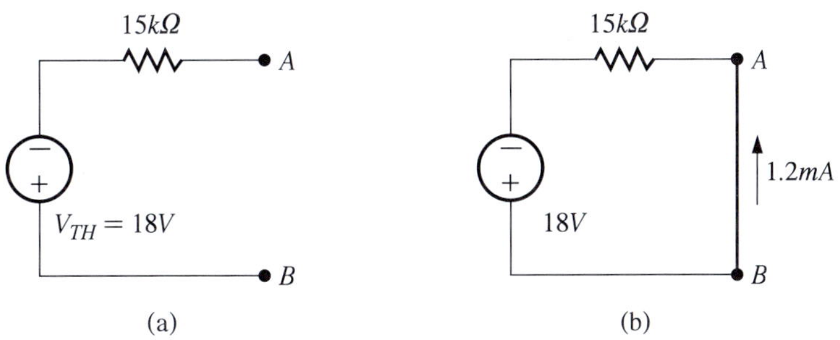

[연습 5-7]

(i) $v_0 = 2V$이고, $i_T = \frac{2}{1000} + 1m = 3mA$

(ii) $R_{TH} = \frac{V_T}{i_T} = \frac{3}{3m} = 10k\Omega$

[연습 5-8]

$$-1mA + \frac{V_C - 12}{3k} + \frac{V_C}{6k} = -1mA + \frac{2V_C - 24 + V_C}{6k} = 0 \rightarrow V_C = v_{OC} = 10V = V_{TH}$$

등가저항은 $R_{TH} = R_N = 2k\Omega$

[연습 5-9]

(i) 단자 A, B에서 KCL을 적용하면,

$$2I_x + \frac{v_T}{2k} + \frac{v_T}{4k} = 2\frac{v_T}{4k} + \frac{v_T}{2k} + \frac{v_T}{4k} = \frac{2v_T + 2v_T + v_T}{4k} = 1mA$$

(ii) 즉, $5v_T = 4V \rightarrow R_{TH} = 0.8k\Omega$

5장 문제

선형성

01 다음 회로에서

(a) V_0를 I_s로 표현하라.

(b) 전류원을 $5I_s$로 하였을 때 V_0가 5배가 되는지 확인하라.

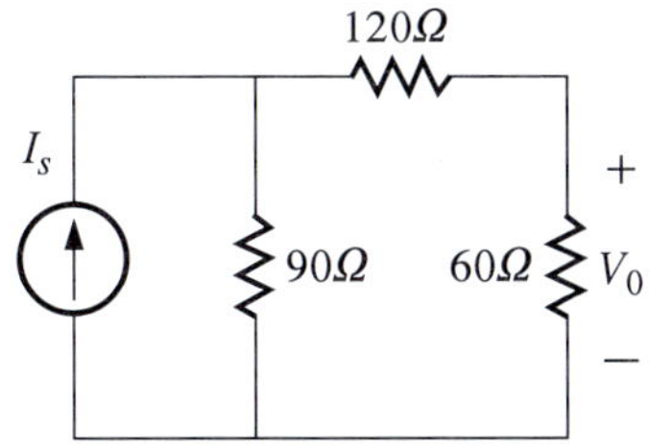

답 (a) $V_0 = 20I_s$, (b) $V_{0(5)} = 5V_0$

중첩정리

02 중첩정리를 이용하여 v_0를 구하라.

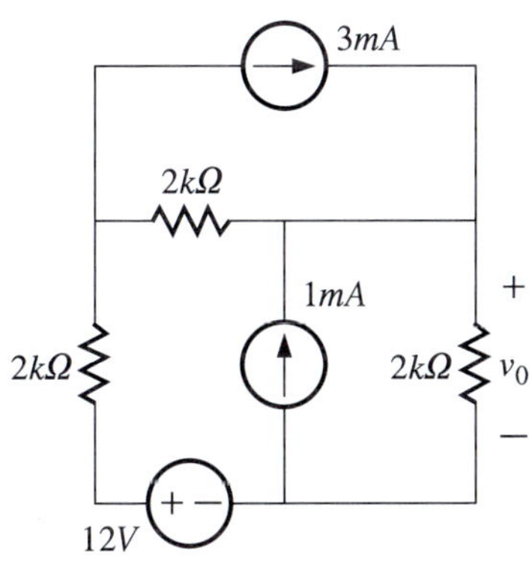

답 3mA만 있는 경우: $v_{01} = 2V$, 1mA만 있는 경우: $v_{02} = \frac{4}{3}V$, 12V만 있는 경우: $v_{03} = 4V$, $v_0 = \frac{22}{3}V$

중첩정리

03 중첩정리를 이용하여 v_0를 구하라.

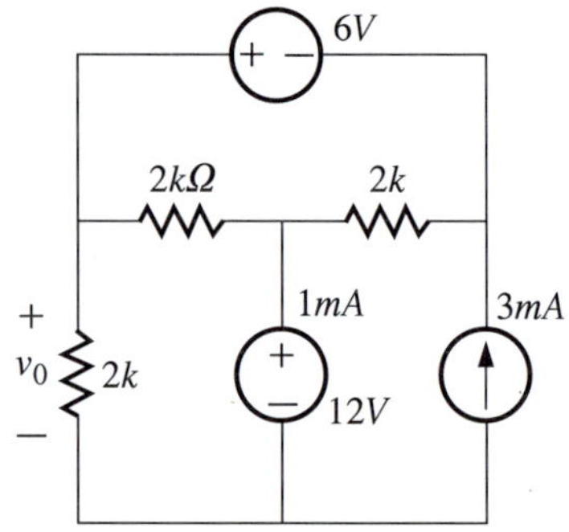

답 $6V$ 전압원만 있는 경우: $v_{01}=2V$, $12V$ 전압원만 있는 경우: $v_{02}=8V$

$3mA$ 전류원만 있는 경우: $v_{03}=2V$, $v_0=12V$

중첩정리

04 중첩정리를 이용하여 다음 회로의 v_0를 구하라.

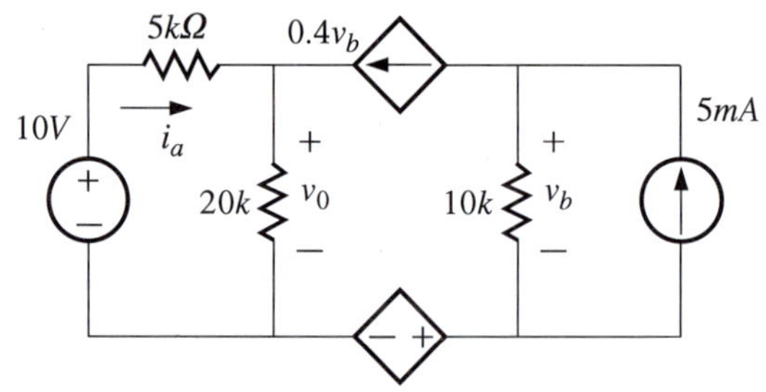

답 $v_0=24V$

전원 변환

05 다음 회로에서

(a) 전원 변환을 하여 전압원이 한 개인 회로로 바꿔라.

(b) 전원 변환을 하여 전류원이 한 개인 회로로 바꿔라.

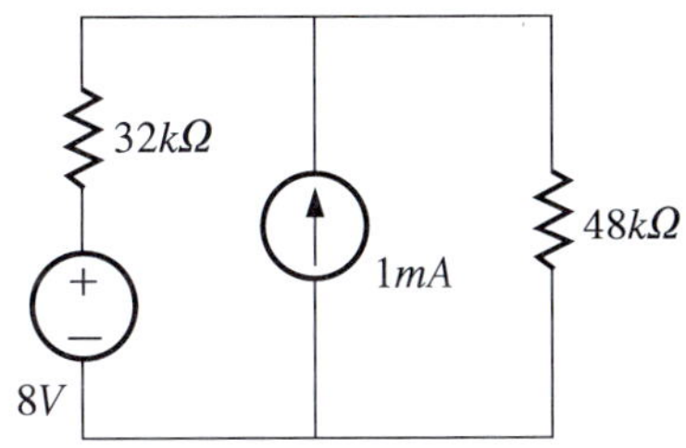

답 (a) $40V$ 전압원과 직렬인 $80k\Omega$ 저항

(b) $1.25mA$ 전류원과 병렬인 $32k\Omega // 48k\Omega = 19.2k\Omega$

전원 변환

06 전원 변환을 하여 i_0를 구하라.

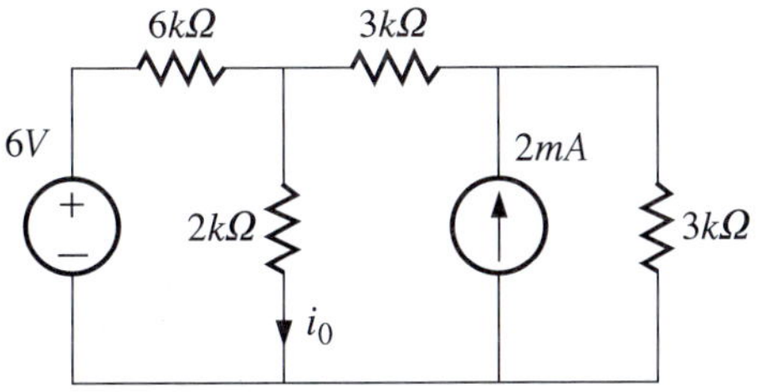

답 $i_0 = 1.2mA$

전원 변환

07 전원 변환을 하여 v_0를 구하라.

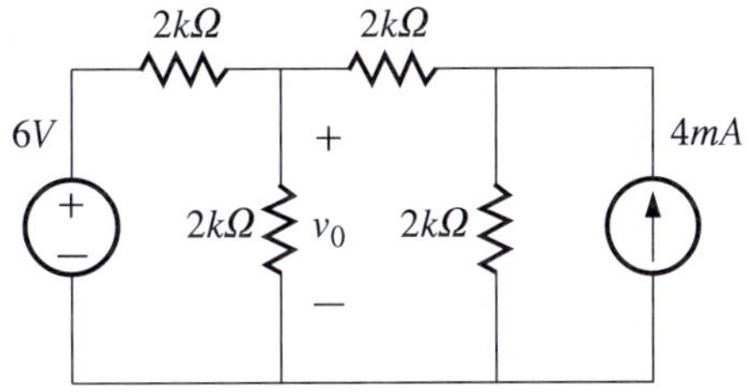

답 $v_0 = 4V$

전원 변환

08 전원 변환을 하여 i_0를 구하라.

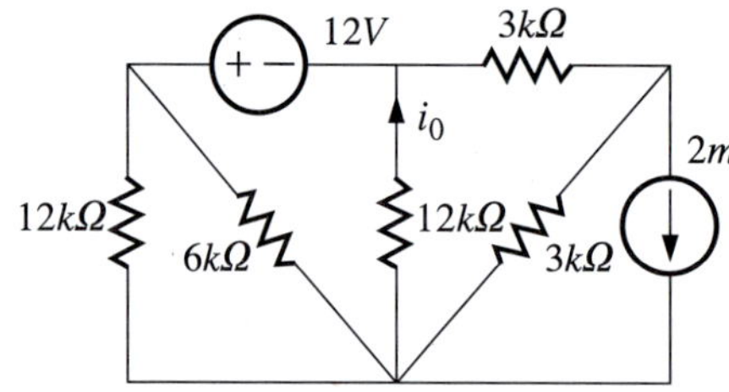

답 $i_0 = \frac{2}{3}mA$

전원 변환

09 전원 변환을 하여 i_0를 구하라.

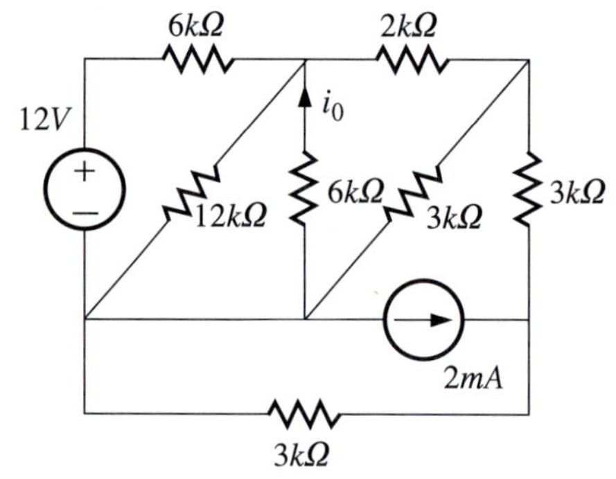

답 $i_0 = -\frac{5}{8}mA$

테브넹 등가회로

10 다음 회로의 테브넹 등가회로를 구하라.

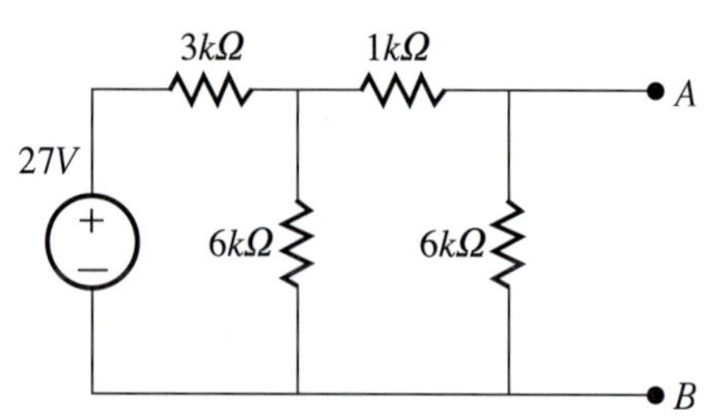

답 테브넹 등가저항: $R_{TH} = 2k\Omega$, $V_{TH} = 12V$

테브넹 등가회로

11 다음 회로의 테브넹 등가회로를 구하라.

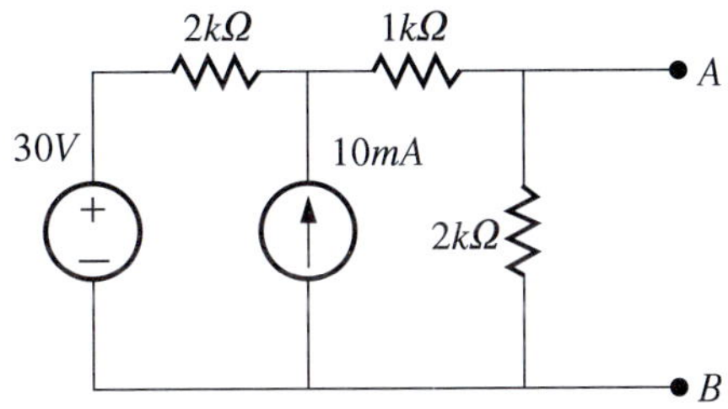

답 $R_{TH} = 1.2k\Omega$, $V_{TH} = 20V$

테브넹 등가회로

12 다음 회로의 테브넹 등가회로를 구하라.

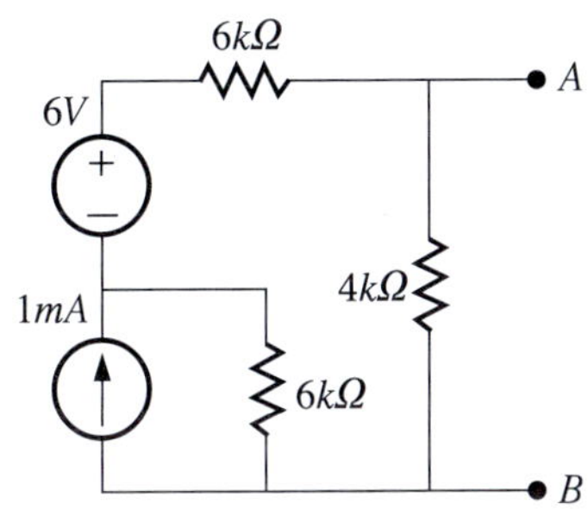

답 $R_{TH} = 3k\Omega$, $V_{TH} = 3V$

테브넹 등가회로

13 다음 회로의 테브넹 등가회로를 구하라.

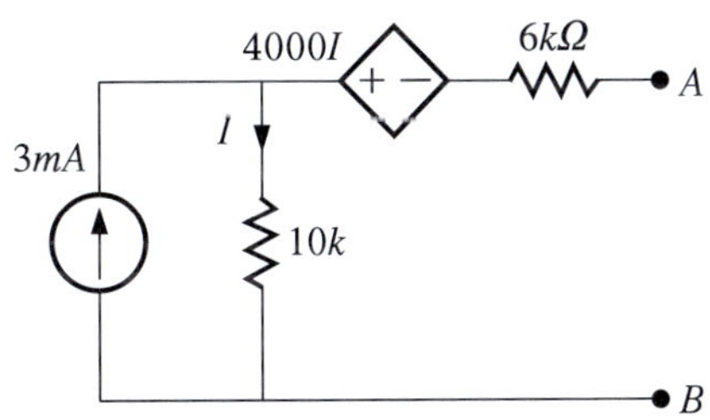

답 $V_{TH} = 18V$, $R_{TH} = 12k\Omega$

테브넹 등가회로

14 다음 회로의 테브넹 등가회로를 구하라.

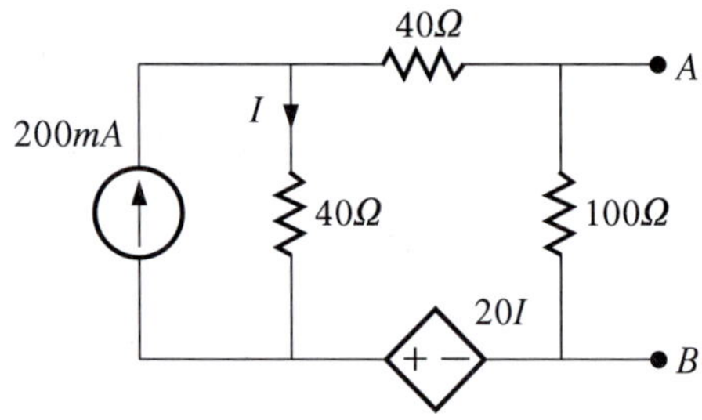

답 $V_{TH} = 6V$, $R_{TH} = 50\Omega$

테브넹 등가회로

15 다음 회로에서

(a) $n = 0.5$일 때 단자 A, B에서 본 테브넹 등가회로를 구하라.

(b) $V_{OC} = V_{AB} = 0$이 되는 n을 구하라.

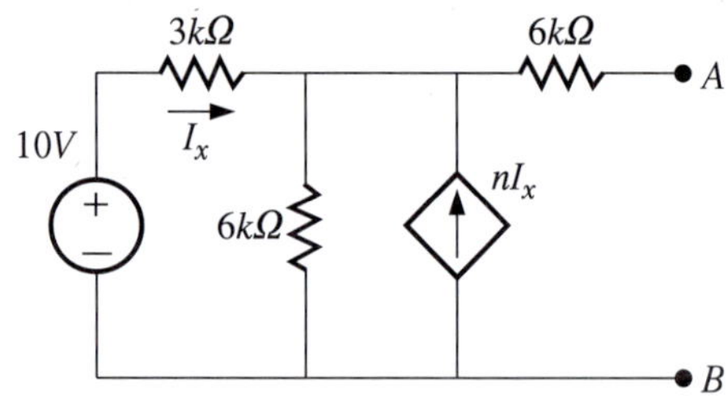

답 (a) $V_{TH} = 7.5V$, $R_{TH} = 7.5k\Omega$, (b) $n = -1$일 때

테브넹 등가회로

16 다음 회로에서 단자 A, B에서 본 테브넹 등가회로를 구하라.

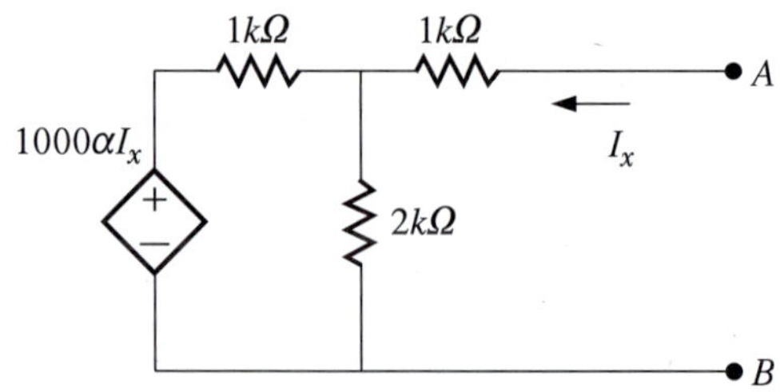

답 $R_{TH} = \dfrac{2\alpha + 5}{3} k\Omega$

테브넹 등가회로

17 단자 A, B에서 본 테브넹 등가회로를 구하라.

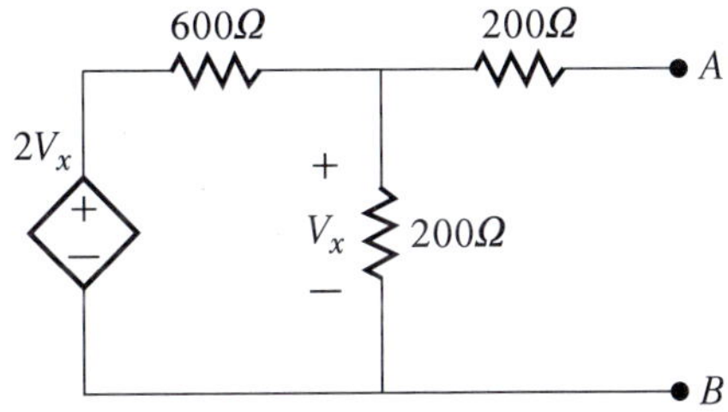

답 $R_{TH} = 500\Omega$

테브넹 등가회로

18 단자 A, B에 테스트 전원 $V_T = 3V$를 인가하여 테브넹 등가회로를 구하라.

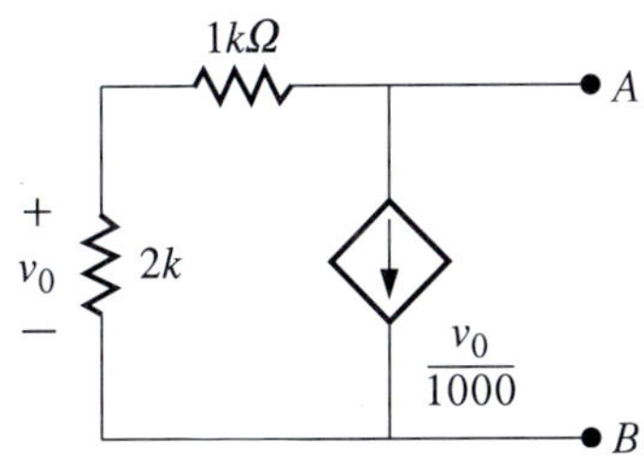

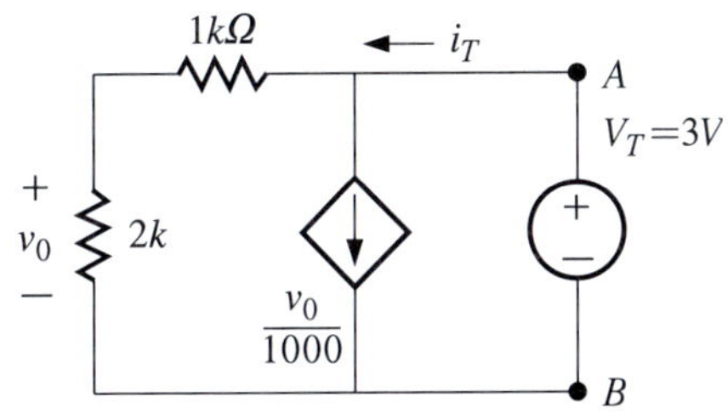

답 $R_{TH} = 1k\Omega$

테브넹 등가회로

19 단자 A, B에서 본 테브넹 등가회로를 구하라.

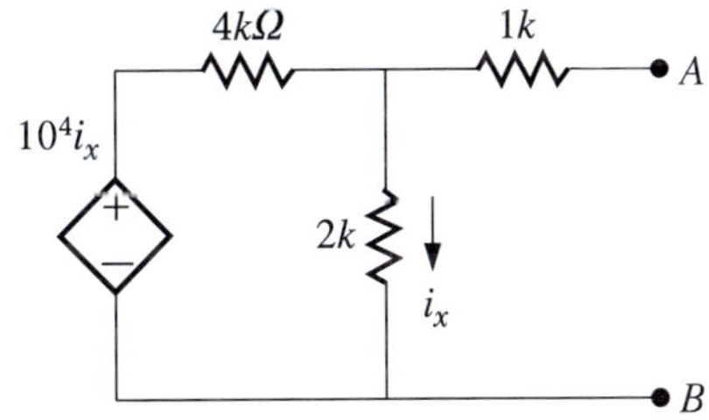

답 $R_{TH} = 3k\Omega$

노턴 등가회로

20 다음 회로의 노턴 등가회로를 구하라.

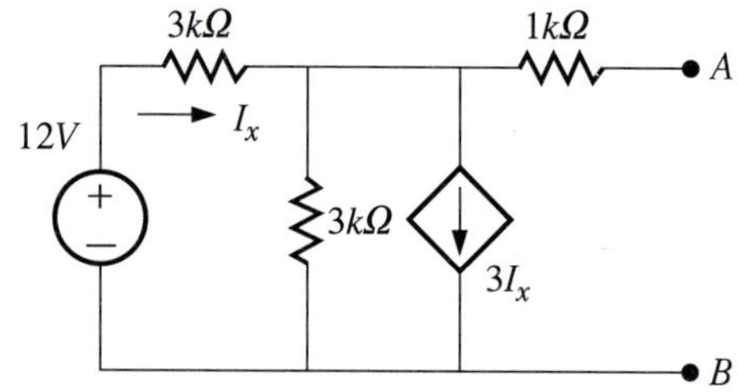

답 $I_{SC}=12mA,\ R_N=2k\Omega$

노턴 등가회로

21 다음 회로의 노턴 등가회로는?

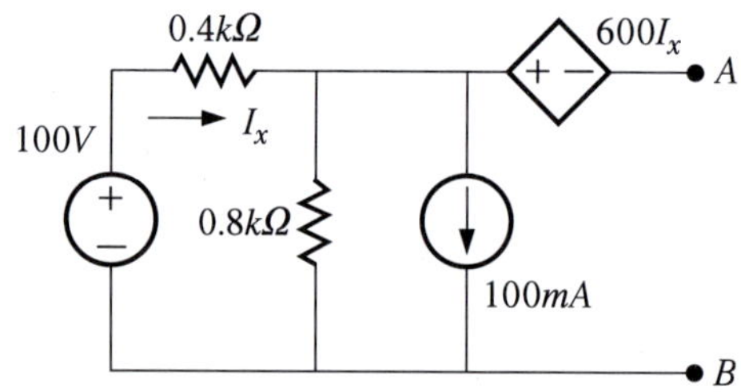

답 $I_N=I_{AB}=-\frac{3}{40}[A],\ R_N=\frac{2}{3}k\Omega$

노턴 등가회로

22 단자 A, B에서 본 노턴 등가회로를 구하라.

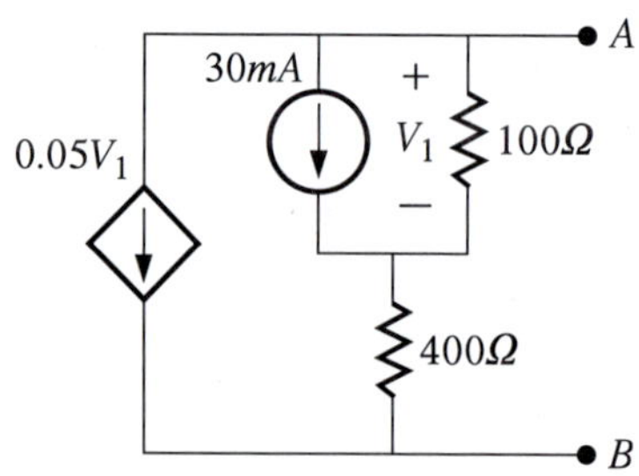

답 $R_N=125\Omega,\ I_N=-126mA$

노턴 등가회로

23 단자 A, B에서 본 노턴 등가회로를 구하라.

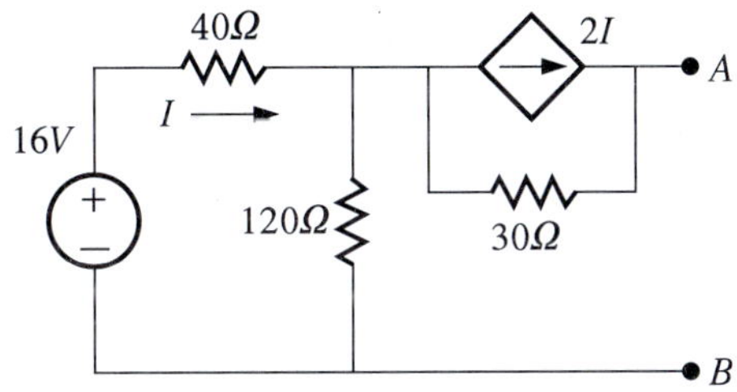

답 $R_N = 15\Omega$, $I_{SC} = 1.2A$

최대 전력 전달

24 다음 회로에서

(a) 전력을 최대로 전달하기 위한 R_L 값은?

(b) 그때 부하에서 소비한 전력은?

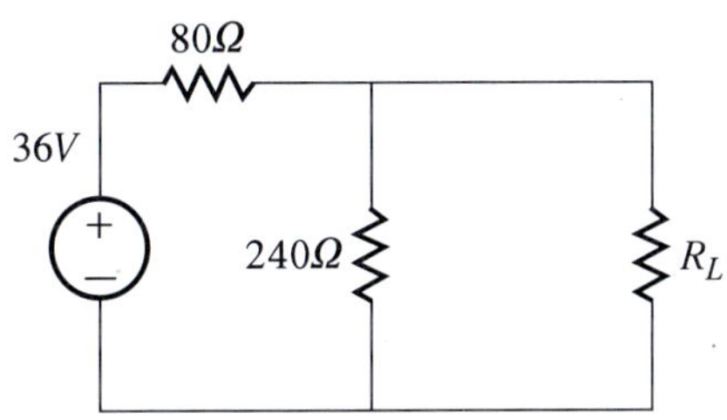

답 (a) $R_L = 60\Omega$, (b) $P_L = 3.04W$

최대 전력 전달

25 다음 회로에서

(a) 전력을 최대로 전달하기 위한 R_L 값은?

(b) 그때 부하에서 소비한 전력은?

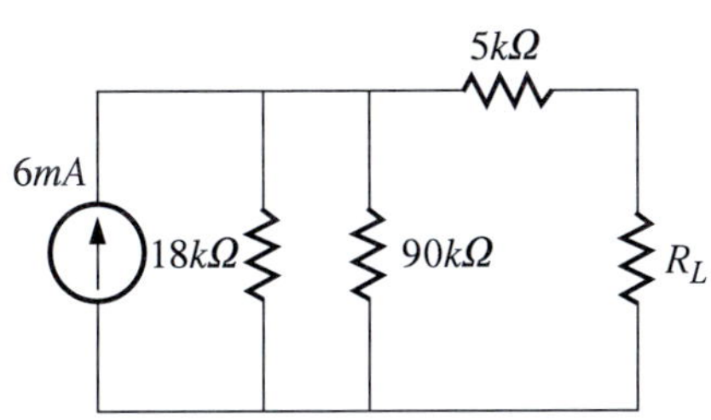

답 (a) $R_L = 25k\Omega$, (b) $P_L = 16.2mW$

Table

CHAPTER 06

과도 회로-에너지 저장소자

Contents

06 CHAPTER 과도 회로-에너지 저장소자

수동(受動) 소자는 말 그대로 수동적인 동작을 하는 소자이다. 저항은 전압을 인가하면 전류가 흘러 에너지를 소비(dissipate)하고 전압을 끊으면 전류도 즉시 끊긴다. 이러한 저항의 전압-전류의 관계를 옴의 법칙이라 한다. 즉, $V = RI$이다.

이제 우리는 전기회로에서 사용되는 또 다른 형태의 수동 소자를 공부하도록 한다. 커패시터와 인덕터는 에너지를 저장하는 성질이 있다.[1] 이들 소자는 회로 구성에 따라 에너지를 저장(store)하거나 방출(deliver)한다. 이런 이유로 이들 소자를 에너지 저장소자[2]라고 한다.

모든 전자기기나 휴대용기기는 직류(DC)를 사용한다. 우리가 필요로 하는 신호는 세기가 미약하여 증폭을 해야 하는데 증폭에 필요한 전력은 직류를 통하여 공급한다. 직류 전력은 건전지로 공급하는 경우도 있지만 대부분은 교류를 직류로 만들어 사용한다. 직류는 먼저 교류를 정류(rectifying)하고 평활화(smoothing)하는 과정을 거친 후 기기의 정격에 맞는 전압으로 평탄하게 한다(regulating). 이 평활화하는 과정을 이제 우리가 배울 커패시터가 담당하게 된다.

전류가 흐르는 전선에는 자기장이 유도되는데 이 자기장의 크기가 변하면 전압이 유도된다. 이 원리를 이용한 것이 발전기와 전동기이다. 우리가 사용하는 전기는 이 원리로 만들어진 것이다. 코일에 흐르는 전류가 시간적으로 변하면 전압을 유도한다. 이 코일을 인덕터라고 부른다.

커패시터와 인덕터의 물리적 배경이 되는 전장과 자장은 부록에서 다루기로 하고 우리는 이들의 전기적인 성질만을 공부하기로 한다. 전장과 자장은 전기자기학 과목에서 자세히 배우게 될 것이다.

인덕터와 커패시터의 전압-전류 관계식은 모두 미분 형태이다.

---

1) 이상적인 경우(ideal case). 실제 커패시터와 인덕터(practical case)는 저항 성분을 가지고 있다.
2) 에너지 저장소자: energy storage element

$$v_L = L\frac{di_L}{dt} \rightarrow i_L = \frac{1}{L}\int_{-\infty}^{t} v_L(t)\,dt$$

$$i_C = C\frac{dv_C}{dt} \rightarrow v_C = \frac{1}{C}\int_{-\infty}^{t} i_C(t)\,dt$$

인덕터의 전압-전류 관계는 $v_L = f(i_L)$ 형태를 가지고, 커패시터의 경우는 $i_C = f(v_C)$이다. 옴의 법칙 $V = RI$에 익숙한 우리에게는 같은 형태의 전압-전류 표현인 인덕터가 익숙할 수 있지만 커패시터가 인덕터에 비해 실제 회로 응용에서 많이 쓰이므로 커패시터 회로에 대해 집중적으로 배우도록 한다. 인덕터 회로는 유사한 형태의 방정식으로 표현되므로 쉽게 응용할 수 있다. 커패시터와 인덕터는 회로에 단독으로 쓰이지 않고 저항과 함께 사용된다.

커패시터나 인덕터가 저항과 결합한 회로를 RC 회로 또는 RL 회로라고 하는데 이 회로들은 회로방정식이 1계 도함수를 포함하는 미분방정식으로 표현되므로 1계 회로[3]라고 하며 커패시터와 인덕터가 같이 있는 회로는 회로방정식이 2계 미분방정식으로 표현되므로 2계 회로라고 하는데, 이 회로는 7장에서 다루기로 한다.

6.1 커패시터(capacitor)

커패시터는 콘덴서[4]라고 부르기도 했는데 용어 'capacity', 'condense'가 의미하는 대로 무엇인가를 저장하는 장치이다. 커패시터는 전장[5]에 에너지를 저장한다. 두 도체 사이에 절연체[6]가 끼어 있으면 도체 양끝에 전하가 모이게 된다. 이 전하들을 정전하[7]라고 하는데 이 전하들이 에너지를 공급하는 원천이다. 커패시터는 에너지 저장능력과 더불어 주파수 특성 때문에 다양한 응용에 쓰인다.

3) 1계 회로: first-order circuit, 회로방정식이 1계 미분방정식으로 표현되는 회로 RC 회로, 또는 RL 회로
4) condenser: 축전기(蓄電器), 전기를 저장하는 장치
5) 전장(電場): electric field, 전하 사이에 힘이 작용하는 범위
6) 절연체(絕緣體): dielectric material, 전기가 안 통하는 물질
7) 정전하(靜電荷): electrostatic charge

커패시턴스의 형성

평행한 두 개의 도체 사이에 절연체가 채워져 있는 평판을 생각해 보자.

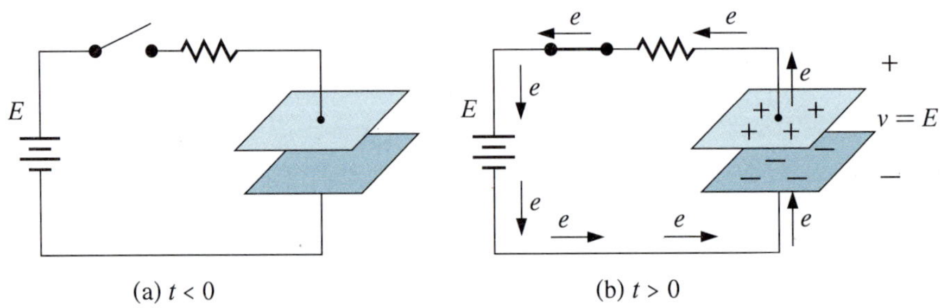

▶▶ 그림 6-1 절연체 사이의 평행한 두 도체판

(그림 6-1)에 평행인 두 도체판(사이에는 공기가 있다)을 그렸다. $t < 0$에서는 두 평행판의 순 전하(net charge)는 0이다. $t = 0$에서 스위치를 ON(close) 하면 위쪽 도체판의 전자들은 배터리의 양극으로 끌려오게 된다. 그러면 위 도체판은 음전하를 빼앗겼으므로 (+)가 될 것이고, 전원의 음극 단자에서 밀려난 전자들은 아래쪽 도체판에 도달하게 되어 여기에는 전자들이 모이게 된다. 이 과정은 두 도체판의 전위차가 배터리의 전압 E가 될 때까지 계속된다.

이러한 구조, 즉 절연체로 분리된 두 도체판을 커패시터라고 하며, 커패시턴스는 이 평행판에 전하를 저장할 수 있는 능력이다.

커패시턴스의 표현

커패시턴스의 단위 패럿(farad)은 단위 전압당 전하이다. 즉, 커패시터의 커패시턴스는 다음 식으로 표현된다.

$$C = \frac{Q}{V}[\text{Coulomb/Volt}] = [\text{F}]$$

1패럿
1쿨롱의 전하가 1볼트 전위차가 있는 평판 사이에 놓여 있을 때

1패럿은 실용적으로는 매우 큰 단위여서 보통 10^{-6}F(micro–farad, μF) 또는 10^{-12}F(pico–farad, pF) 단위의 커패시터를 사용한다.

면적이 A인 두 평행판이 거리 d만큼 떨어져 있다면 커패시턴스는

$$C = \frac{\varepsilon_0 A}{d}$$

로 표현된다. 여기서 진공에서의 유전율 $\varepsilon_0 = 8.85 \times 10^{-12}$[F/m]이다.

1[F] 용량의 커패시터를 만들려면 평행판이 어느 정도 크기인지 계산해 보자.

두 평행판 사이의 거리 $d = 1\,[\text{mm}] = 1 \times 10^{-3}\,[\text{m}]$라고 하면,

$$A = \frac{C \times d}{\varepsilon_0} = \frac{1 \times 1 \times 10^{-3}}{8.85 \times 10^{-12}} = 1.13 \times 10^{8}\,[\text{m}^2]$$

즉, 평행판의 넓이가 서울시 크기의 15% 정도가 되어야 한다.

커패시터의 전압–전류 관계

옴의 법칙 $V = RI$는 저항의 전압–전류 관계식이다. 커패시터의 전압–전류 관계는 어떻게 될까? 커패시턴스 식으로부터 이 관계를 유도하자.

$$C = \frac{Q}{V} \rightarrow Q = CV$$

시간에 따른 변화량은 일반적으로 소문자로 표현한다. 이 식을 다음과 같이 표현하자(커패시턴스는 상수라 가정한다).

$$q = Cv$$

전류는 전하의 미분값이므로$\left(i = \dfrac{dq}{dt}\right)$, 양변을 미분하면,

$$\frac{dq}{dt} = i = \frac{d(Cv)}{dt} = C\frac{dv}{dt}$$

전압 v는 커패시터에 걸린 전압이고, 전류 i는 커패시터를 흐르는 전류이므로 첨자

▸▸ 그림 6-2 커패시터의 심볼과 전압-전류의 부호

를 이용하면,

$$i_C = C\frac{dv_C}{dt}$$

이 식을 전압-전류 형태로 표현하면 적분하여,

$$v_C = \frac{1}{C}\int_{t_0}^{t} i_C(t)\,dt + v_C(t_0)$$

여기서 $v_C(t_0)$는 초기에 커패시터에 걸린 전압이다.

예제 6-1 커패시터에 흐르는 전류

(그림 6-3)에 커패시터에 걸린 전압 파형을 보였다. 커패시터에 흐르는 전류를 구하라. 단, $C = 2\mu F$이다.

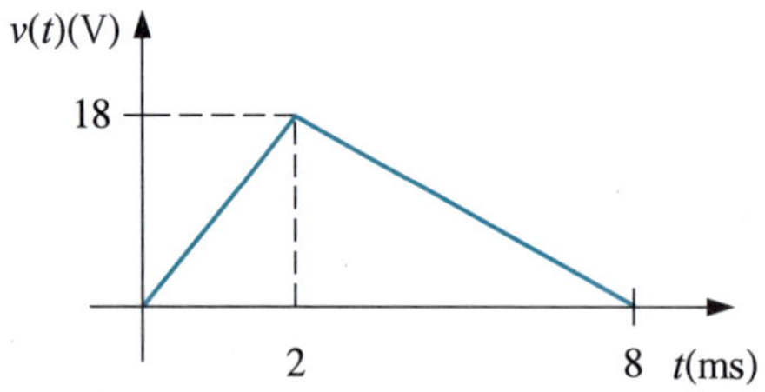

▸▸ 그림 6-3 예제 6-1 커패시터의 전압 파형

(G-1) 시간 축의 단위는?
(G-2) (그림 6-3) 전압의 수식은?; 두 구간이다.

풀이

(i) $0 \le t < 2ms : v(t) = \dfrac{18}{2\times10^{-3}}t = 9\times10^{3}t$

$2 < t < 8ms : v(t) = \dfrac{-18}{6\times10^{-3}}t + 24 = -3\times10^{3}t + 24$

(ii) 그러면 전류는

(그림 6-3 a): $i_C = C\dfrac{dv}{dt} = (2\times10^{-6})(9\times10^{3}) = 18[\text{mA}]$

(그림 6-3 b): $i_C = C\dfrac{dv(t)}{dt} = (2\times10^{-6})(-3\times10^{3}) = -6[\text{mA}]$

(iii) 전류 파형을 그려 보면,

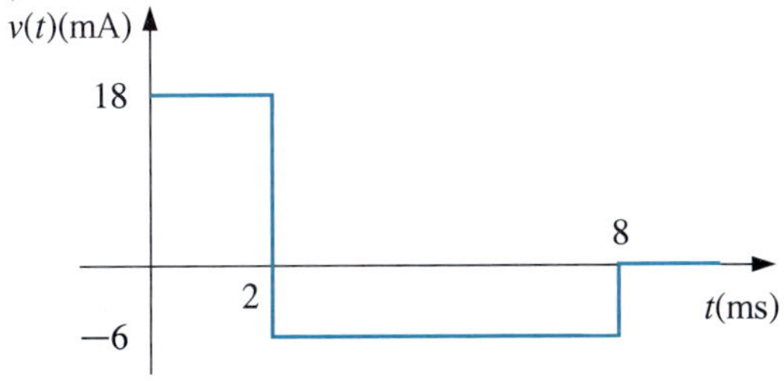

▸▸ 그림 6-4 예제 6-1 전류 파형

[연습 6-1] 커패시터에 흐르는 전류

(그림 6-5)에 커패시터에 걸린 전압 파형을 보였다. 커패시터에 흐르는 전류를 구하라. 단 $C = 2mF$, $V_0 = 50V$, $V_m = 20V$이다.

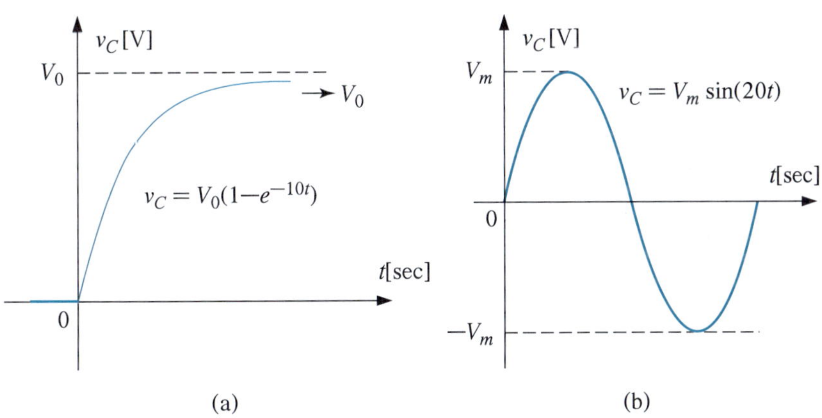

▸▸ 그림 6-5 연습 6-1 커패시터 전압

힌트

(i) (그림 6-5 a) 파형은 지수함수이고 (그림 6-5 b) 파형은 사인파이다.

(ii) 미분 $\frac{d(e^{-at})}{dt} = ?$, $\frac{d(\sin\omega t)}{dt} = ?$

답 (a) $i_C = e^{-10t}$[A]

(b) $i_C = 0.8\cos(20t)$[A]

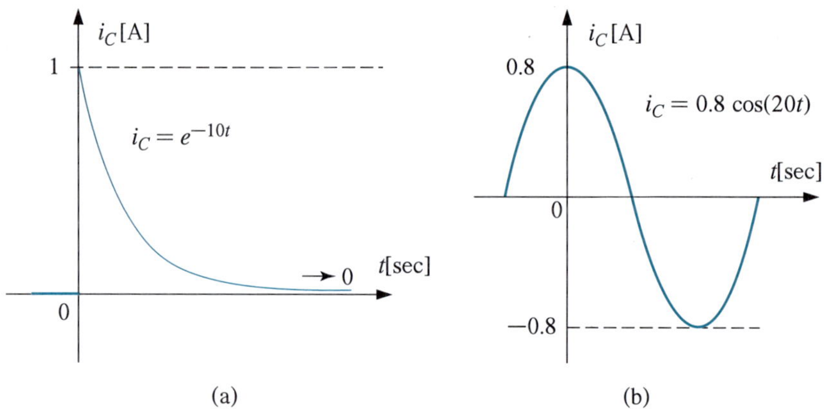

▶▶ **그림 6-6** 연습 6-1 결과 파형

전류 파형 (그림 6-6 a)를 보면 전류는 지수적으로(exponentially) 감소한다. 즉, 충전이 진행되면서 커패시터에 흐르는 전류는 감소한다. (그림 6-6 b)의 전류 파형은 코사인인데 커패시터의 전압보다 90° 먼저 간다(위상이 앞선다).

예제 6-2 커패시터에 걸리는 전압

(그림 6-7)에 커패시터에 흐르는 전류 파형을 보였다. 커패시터에 걸리는 전압을 구하라. 커패시턴스 $C = 20\mu F$이다.

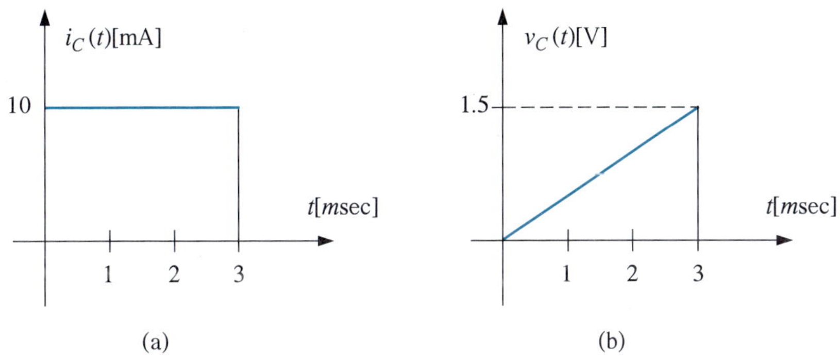

▶▶ **그림 6-7** 예제 6-2 커패시터 전압

(G-1) 커패시터에 흐르는 전류는 상수값이다.
(G-2) 상수는 적분하면 일차식이 된다.

풀이

$$v_C(t) = \frac{1}{C}\int_{-\infty}^{t} i_C(t)\,dt = \frac{1}{20\times10^{-6}}\int_{-\infty}^{t} (10\times10^{-3})\,dt = \frac{10^{-2}\times10^{6}}{20}t = 500t[\text{V}]$$

예제 6-3 **삼각파와 커패시터**

초기에 충전이 안 된 $2\mu F$ 커패시터에 그림과 같은 삼각파(triangle wave) 전류가 인가되었다.
(a) 삼각파의 파형을 구하라.
(b) 커패시터에 걸리는 전압을 구하라.

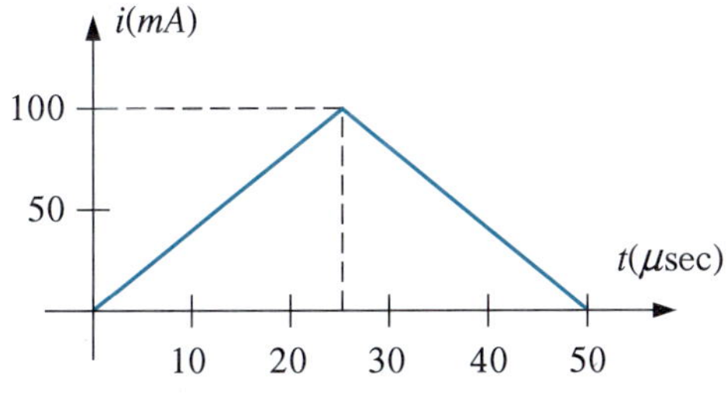

▶▶ **그림 6-8** 예제 6-3 커패시터에 인가된 전류

(G-1) 커패시터에 흐르는 전류는 상숫값이다.
(G-2) 상수는 적분하면 일차식이 된다.

풀이

(i) 전압 또는 전류값이 파형으로 주어진 경우 파형의 수식을 만들어야 하는데, 이때 주의해야 할 일은 x 축의 시간 단위(이 문제에서는 μsec)와 y 축의 전압(또는 전류)의 단위(이 문제에서는 mA)이다.

(ii) (그림 6-8)의 삼각파는 구간 $0 \le t < 25[\mu\text{sec}]$에서는 증가하고 그 이후에는 감소한다($25 \le t < 50[\mu\text{sec}]$).

(a) (i) 구간 $0 \le t < 25[\mu\text{sec}]$에서 전류는 일차식이므로 $i(t) = at + b$의 형태이고 기울기 a는

$$a = \frac{100mA}{25\mu\text{sec}} = 4\times10^3 \rightarrow i(t) = 4\times10^3 t$$

(ii) 구간 $25 \le t < 50[\mu\text{sec}]$ 동안 $i(t) = -4\times10^3 t + b$의 형태이므로 이 구간에서의 기울기는 -4×10^3이고

$i(t = 50\mu\text{sec}) = -4\times10^3(50\times10^{-6}) + b = 0$, 즉 $b = 200[mA]$

(iii) 그러므로 전류 파형은

$$i(t) = \begin{cases} 4\times10^3 t, & 0 \le t < 25\mu\text{sec} \\ -4\times10^3 t + 200\times10^{-3}, & 25\mu\text{sec} \le t < 50\mu\text{sec} \end{cases}$$

(b) 커패시터 전압은 $v_C(t) = \frac{1}{C}\int_{t_0}^{t} i(t)\,dt + v_C(t_0)$이므로,

(i) 구간 $0 \le t < 25[\mu\text{sec}]$ 동안

$$v_C(t) = \frac{1}{2\times10^{-6}}\int_0^t (4\times10^3 t)\,dt + v_C(0) = (1\times10^9)\left[t^2\right]_0^t + 0$$

$$= 1\times10^9 t^2[\text{V}]$$

(ii) 구간 $25 \le t < 50[\mu\text{sec}]$ 동안

$$v_C(t) = \frac{1}{2\times10^{-6}}\int_{t_0}^t (200\times10^{-3} - 4\times10^3 t)\,dt + v_C(t_0)$$

(iii) 위 식에서 $t_0 = 25\mu\text{sec}$이므로 이 구간에서의 초기 조건은

$$v_C(t = 25\mu\text{sec}) = 1\times10^9\times(25\times10^{-6})^2 = (625)\times10^{-3} = 0.625[\text{V}]$$

(iv) 이제 $25 \le t < 50[\mu \sec]$에서 적분을 두 부분으로 나누어 계산하면,

$$\frac{1}{2\times10^{-6}}\int_{25\mu}^{t}(200\times10^{-3})dt=\frac{200\times10^{-3}}{2\times10^{-6}}[t]_{25\mu}^{t}=10^{5}(t-25\times10^{-6})$$
$$=(0.1\times10^{6})t-2.5$$
$$\frac{1}{2\times10^{-6}}\int_{25\mu}^{t}(-4\times10^{3}t)dt=\frac{4\times10^{3}}{2\times10^{-6}}\left[\frac{t^{2}}{2}\right]_{25\mu}^{t}$$
$$=-10^{9}\times(t^{2}-625\times10^{-12})=(-10^{9})t^{2}+0.625$$

(v) 그러므로 시간 구간 $25 \le t < 50[\mu \sec]$에서의 커패시터의 전압은

$$v_C(t)=(-10^{9}t^{2}+0.625)+(0.1\times10^{6}t-2.5)+0.625$$
$$=-(10^{9})t^{2}+(0.1\times10^{6})t-1.25$$

(vi) 커패시터 전압은

$$v_C(t)=\begin{cases}1\times10^{9}t^{2}, & 0\le t<25\mu\sec\\ -10^{9}t^{2}+0.1\times10^{6}t-1.25, & 25\mu\sec\le 1<50\mu\sec\end{cases}$$

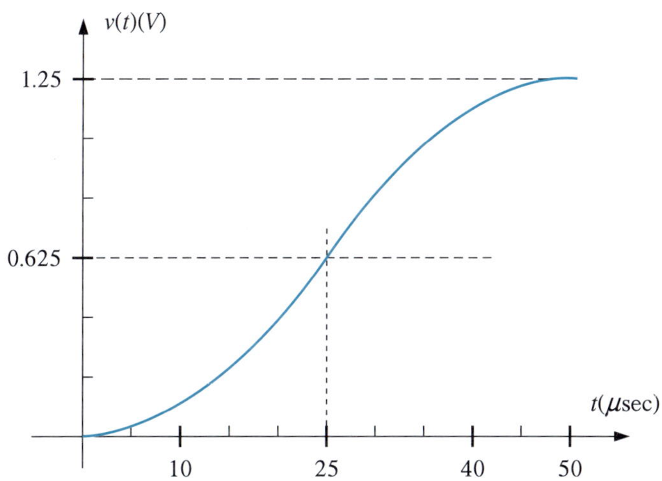

▶▶ 그림 6-9 예제 6-3 커패시터의 전압 파형

커패시터의 전력과 에너지

소자의 전력은 전압, 전류의 곱으로 표현된다. 커패시터의 전압, 전류를 v, i라고 하면,

$$P_C = v \times i = v \times C\frac{dv}{dt}$$

그러므로 커패시터에 저장되는 에너지는

$$W_C = \int_{-\infty}^{t} P_C\,dt = \int_{-\infty}^{t} Cv\frac{dv}{dt}\,dt = \int_{v(-\infty)}^{v(t)} Cv(dv)$$

(시간에 대한 적분구간은 $[-\infty, t]$이므로 전압에 대한 적분구간은 $[v(-\infty), v(t)]$으로 바꿔야 한다.) 그러므로

$$W_C = \int_{v_C(-\infty)}^{v_C(t)} Cv(t)\frac{dv}{dt}\,dt = \frac{1}{2}C\Big[v^2(t)\Big]_{v(-\infty)}^{v(t)} = \frac{1}{2}C\Big[v^2(t) - v^2(-\infty)\Big]$$

그런데 $t = -\infty$인 경우 커패시터는 충전되지 않은 상태로 간주한다. 그러므로

$$W_C = \frac{1}{2}Cv^2(t)$$

$q = Cv$이므로

$W_C = \frac{1}{2}C\frac{q^2}{C^2} = \frac{q^2}{2C}$로도 쓸 수 있다.

커패시터의 성질: 간단한 RC 회로

커패시터의 전기적 현상을 알아보기 위해 간단한 RC 회로를 소개한다. 여기서는 커패시터의 전압과 전류에 대한 정성적인[8] 설명만 하도록 하고 자세한 내용은 RC 회로를 다룰 때 하기로 한다. 커패시터는 초기에 충전이 되어 있지 않았다고 생각하자.

8) 정성적인: qualitative. 성질에 대한 설명

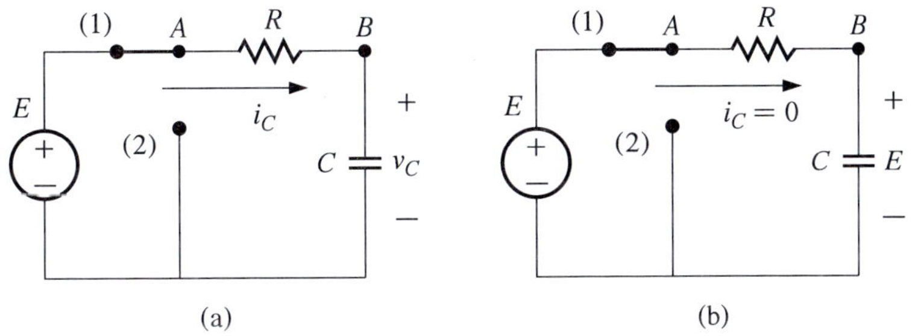

▶▶ **그림 6-10** 간단한 RC 회로

(그림 6-10 a)에서처럼 스위치가 (1)의 위치에 있을 때 전류는 저항을 거쳐 커패시터로 흘러 충전[9)]을 시작한다. 그런데 커패시터는 어느 정도까지 충전을 할까? 여기서 커패시터의 충전 과정을 살펴 보자. 커패시터에 전류가 흐르면 충전 중이고 전류가 더 이상 흐르지 않으면 충전이 완료된다. 즉, 커패시터에 흐르는 전류 $i_C = 0$일 때까지 충전은 지속된다. 커패시터의 전류가 0이면 저항에는 전압강하가 없으므로 (그림 6-10 b),

$$V_{AB} = V_A - V_B = 0$$

즉, $V_A = V_B = E = v_C$

회로에 직류 전압 E를 인가하였고, 커패시터에는 직류 전압 $v_C = E$이 충전되어 있다. 이 사실을 커패시터의 전압-전류 관계식에 대입하면,

$$i_C = C\frac{d(v_C)}{dt} = \frac{d(E)}{dt} = 0$$

커패시터에 일정한 전압 E가 걸려 있으므로 흐르는 전류는 0이 된다(상수를 미분하면 0). 즉, 커패시터에는 전류가 흐르지 않으므로 개방 상태가 된다.

> 커패시터의 전압이 일정하면 개방 상태이다.

9) 충전(充電)은 charge, 방전(放電)은 discharge

커패시터의 전압과 전류 파형

(그림 6-11)에 커패시터의 전압과 전류 파형을 보였다. 전원이 연결되면 커패시터의 전압은 0V부터 가파르게 상승하다가 천천히 최댓값에 도달한다(그림 6-11 a). 반면에 커패시터의 전류는 전압이 인가되면 초기값이 회로의 최대 전류값인 $i_C = \frac{E}{R}$에서부터 감소하여 0으로 접근한다(그림 6-11 b).

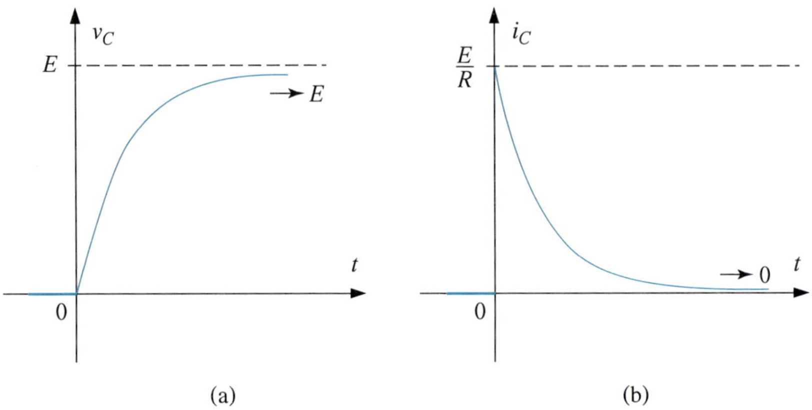

▶▶ 그림 6-11 스위치 (1)의 위치: 충전 중 커패시터의 전압과 전류 파형

이런 파형의 변화(증가 또는 감소)를 지수적이라고 하는데, 커패시터의 전압과 전류 파형은 지수적으로 증가하고 감소한다[10]고 한다. 이 파형은 커패시터나 인덕터가 저항과 결합되어 있을 경우에 나타나는 전형적인 파형이다.

충전(charge)과 방전(discharge)

전원을 연결한 순간에서 커패시터 전압과 전류를 다시 생각해 보자. 스위치를 ON한 순간 커패시터 전압은 $v_C(0) = 0$이다. 어떤 두 단자의 전압이 0이라는 의미는 이 두 단자가 단락이란 뜻이므로, 커패시터에 전원을 연결한 '순간에는' 커패시터는 단락회로와 같다. 그러면 커패시터 전류는 회로에서 허용하는 최댓값이 된다.

즉, $i_C(0) = \frac{E}{R}$ 이다.

10) 지수적으로 증가하고 감소한다: exponentially increase and decrease. 증가하고 감소하는 형태가 지수 e^{at}의 형태이다.

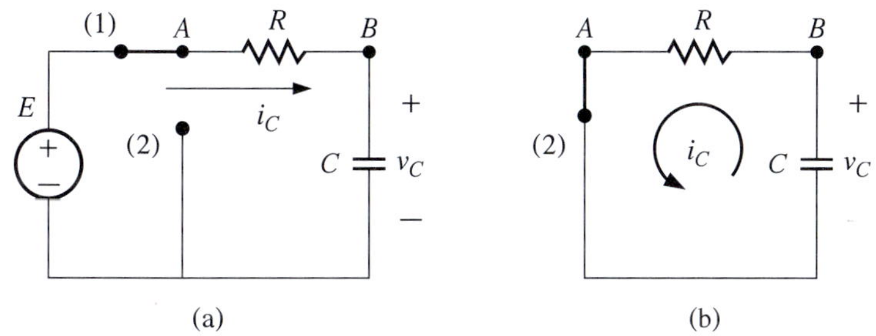

▶▶ 그림 6-12 스위치 (2)의 위치: (그림 6-10) 다시 그림

이제 커패시터가 충전을 완료한 후 스위치를 (2)의 위치에 놓고 전압-전류 파형을 고찰하도록 하자(그림 6-12 b). 커패시터는 $v_C = E$만큼 에너지를 저장하였으므로 연결된 저항에 전력을 공급할 수 있다. 편의상 스위치를 (1) → (2)로 옮겨지는 순간을 $t = 0$이라 하자. 커패시터 전압은 $v_C = E$로부터 시작하여 $v_C = 0$이 될 때까지 에너지를 내놓고(방전), 이 에너지는 저항에서 열로 변환된다.

(그림 6-13 a)에서 보면 $t < 0$과 $t > 0$에서(스위칭 순간) 커패시터 전압은 그 값을 유지한다.

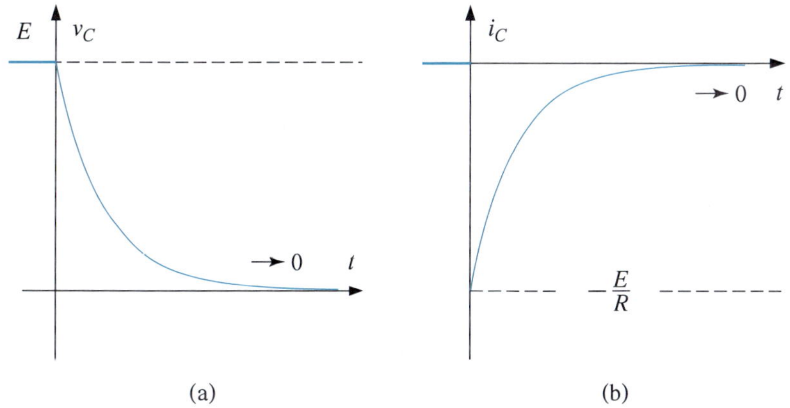

▶▶ 그림 6-13 스위치 (2)의 위치: 방전 중 커패시터의 전압과 전류 파형

즉, $v_C(0^-) = v_C(0^+) = E$[11] 이다.

11) 0^-: $t = 0$(스위치 ON) 바로 이전(ust before), 0^+: $t = 0$ 직후(just after)

커패시터 전류는 (그림 6-13 b)에서 $t < 0$인 동안, 즉 스위치가 옮겨 지기 전 커패시터 전류는 0이었는데 스위칭 순간, 즉 $t \geq 0$이 되면, $i_C(0^+) = -\frac{E}{R}$로 음수가 된다. 즉, 커패시터 전류는 순간적으로 방향을 바꾸게 된다.

스위치가 (1) 위치에 있었을 때(그림 6-12 a 회로), 전류는 $A \rightarrow B$ 방향으로 흐르지만 스위치가 (2)의 위치에 있을 때(그림 6-12 b 회로), 전류는 $B \rightarrow A$ 방향으로 흐른다. 전압은 그 부호를 바꾸지 않고 그대로 유지하는 반면에 전류는 방향을 바꾼다. 이 사실은 커패시터의 중요한 물리적 성질이다(전력의 관점에서 보면 커패시터가 에너지를 공급해야 하므로 당연한 귀결이다).

이 현상을 다음과 같이 설명할 수 있다. 커패시터의 전압-전류 관계식은

$$i_C = C\frac{dv_C}{dt}$$

이므로 도함수의 정의에 의하여,

$$\frac{i_C}{C} = \frac{dv_C}{dt} = \lim_{\Delta t \to 0}\frac{v_C(t+\Delta t) - v_C(t)}{(t+\Delta t) - t} = \lim_{\Delta t \to 0}\frac{v_C(t+\Delta t) - v_C(t)}{\Delta t}$$

이 식에서 $\Delta t \rightarrow 0$일 경우 $v_C(t+\Delta t) - v_C(t) = B \neq 0$이면,

$$\frac{i_C}{C} = \lim_{\Delta t \to 0}\frac{v_C(t+\Delta t) - v_C(t)}{\Delta t} = \lim_{\Delta t \to 0}\frac{B}{\Delta t} = \infty$$

커패시터의 전류가 무한대(∞)가 되는 것은 물리적으로 불가능하므로 커패시터의 전압은 $v_C(t+\Delta t) = v_C(t)$이 된다. 즉,

> 커패시터의 전압은 갑자기 변할 수 없다.

그러므로 스위치가 (1) → (2)로 바뀌는 순간에 전압은 극성을 바꾸지 않고 전류의 방향이 바뀐다. 전력으로 이 사실을 확인할 수도 있다. 커패시터가 충전을 할 때는

전원에서 전력을 공급받으므로,

$$P_C = (+)v_C \times i_C > 0\text{: 전력 소비}$$

커패시터가 방전할 때 전력은

$$P_C = (+)v_C \times (-i_C) = -v_C i_C < 0\text{: 전력 공급}$$

6.2 커패시터 직병렬 연결

이제 커패시터가 직렬 또는 병렬로 연결되어 있을 때 등가 커패시턴스를 구하는 방법을 소개하고 RC 회로로 넘어가자. 커패시터가 직렬 또는 병렬로 연결된 경우 그 합성 커패시턴스는 어떻게 변할까? 우리는 저항의 직병렬 회로를 분석할 때 KVL(직렬)과 KCL(병렬)을 이용하였다. 여기서도 KVL과 KCL을 이용하여 등가 커패시턴스 C_{EQ}를 구해 본다.

6.2.1 커패시터 직렬 연결

커패시터가 직렬 또는 병렬로 연결되어 있는 경우 등가 커패시턴스는 어떻게 될까? 저항의 직병렬처럼 단순하게 계산할 수 있을까? 다음 예제를 통하여 등가 커패시턴스를 구해 보자.

예제 6-4 커패시터의 직렬 연결

두 커패시터 C_1, C_2가 직렬로 연결된 회로에서 등가 커패시턴스 C_{EQ}를 구하라.

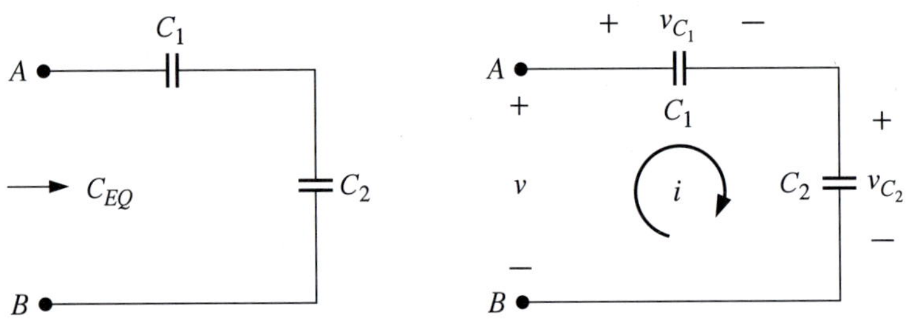

▶▶ 그림 6-14 예제 6-4 커패시터 직렬연결

(G-1) 직렬회로에서의 루프 전류?
(M) KVL

풀이

(i) 직렬회로에는 회로에 동일한 전류가 흐르므로 (저항회로에서와 마찬가지로) 전류를 미지수로 하는 방정식을 만들어야 한다. 그러기 위해 회로에 KVL을 이용하여 전압 강하의 합을 구한다.

(ii) 단자 A, B의 전압을 $V_{AB} = v$라고 하자. 그러면

$$v = v_{C_1} + v_{C_2}$$

(iii) 그런데 커패시터의 전압-전류 관계는

$$i = C_1\frac{dv_{C_1}}{dt},\ i = C_2\frac{dv_{C_2}}{dt}$$

(iv) 동일한 전류가 흐르는 직렬회로에서 전류를 미지수로 하는 방정식을 만들기 위해 위 식을 적분하면,

$$v_{C_1} = \frac{1}{C_1}\int_{t_0}^{t} idt + v_{C_1}(t_0),$$

$$v_{C_2} = \frac{1}{C_2}\int_{t_0}^{t} idt + v_{C_2}(t_0)$$

(v) 그러면

$$v = \frac{1}{C_{EQ}}\int_{t_0}^{t} idt + v(t_0) = v_{C_1} + v_{C_2}$$

여기서 $v(t_0)$는 초기에 등가 커패시터에 저장된 전압이다.

$$v=\frac{1}{C_1}\int_{t_0}^{t} idt+v_{C_1}(t_0)+\frac{1}{C_2}\int_{t_0}^{t} idt+v_{C_2}(t_0)$$

$$=\left(\frac{1}{C_1}+\frac{1}{C_2}\right)\int_{t_0}^{t} idt+v_{C_1}(t_0)+v_{C_2}(t_0)$$

(vi) 그러므로

$$\frac{1}{C_{EQ}}=\frac{1}{C_1}+\frac{1}{C_2}=\frac{C_2+C_1}{C_1C_2}\to C_{EQ}=\frac{C_1C_2}{C_1+C_2}$$

초기 커패시터 전압은 $v(t_0)=v_{C_1}(t_0)+v_{C_2}(t_0)$

커패시터 직렬연결은 저항의 병렬연결과 같은 형태의 계산이다.

[연습 6-2] 커패시터 직렬 연결

두 커패시터가 직렬로 연결되어 있다. 오랜 시간이 지난 후 그림과 같이 전압이 측정되었다면 V_{AB}를 구하라.

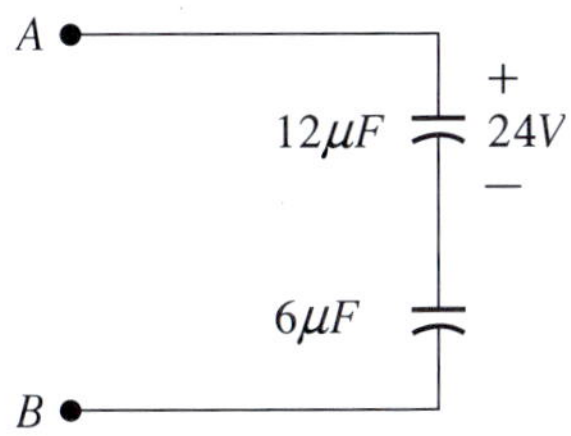

▸▸ 그림 6-15 연습 6-2 커패시터의 전압

힌트

$Q=C_1V_1=C_2V_2=C_{EQ}V_{AB}$

답 $V_{AB}=72V$

6.2.2 커패시터 병렬 연결

예제 6-5 **커패시터의 병렬 연결**

두 커패시터 C_1, C_2가 병렬로 연결된 회로에서 등가 커패시턴스 C_{EQ}를 구하라.

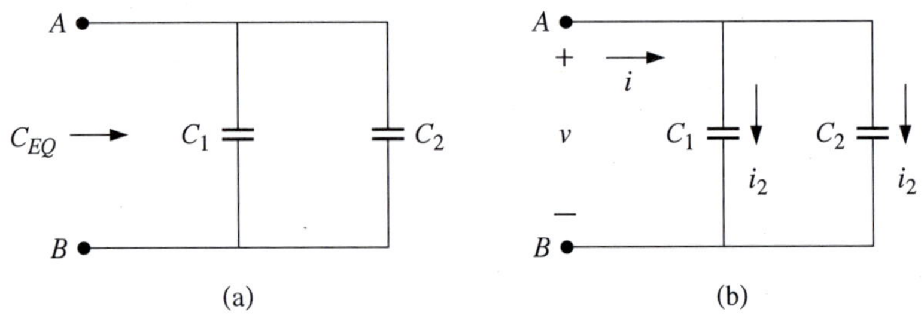

▶▶ **그림 6-16** 예제 6-5 커패시터 병렬 연결

(G-1) 병렬회로에서의 단자 전압은 동일하다.
(M) KCL

풀이

(i) 병렬회로에는 회로소자에 동일한 전압이 걸리므로 KCL을 이용하여 전류의 합을 구한다. 커패시터의 전압-전류 관계는

$i_1 = C_1\dfrac{dv}{dt}$, $i_2 = C_2\dfrac{dv}{dt}$이고,

(ii) $i = i_1 + i_2 = C_{EQ}\dfrac{dv}{dt}$

(iii) 즉, $i = i_1 + i_2 = C_1\dfrac{dv}{dt} + C_2\dfrac{dv}{dt} = (C_1 + C_2)\dfrac{dv}{dt} = C_{EQ}\dfrac{dv}{dt}$

그러므로 $C_{EQ} = C_1 + C_2$

커패시터 병렬 연결은 저항의 직렬 연결과 같은 계산법을 따른다.

▶▶ 표 6-1 커패시터 직병렬 연결

커패시터 직렬 연결	커패시터 병렬 연결
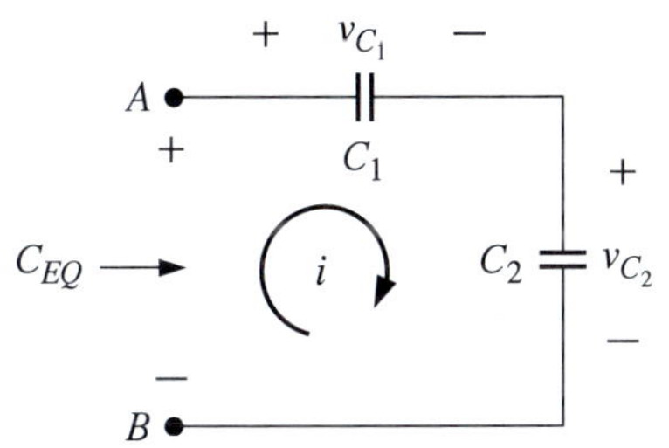	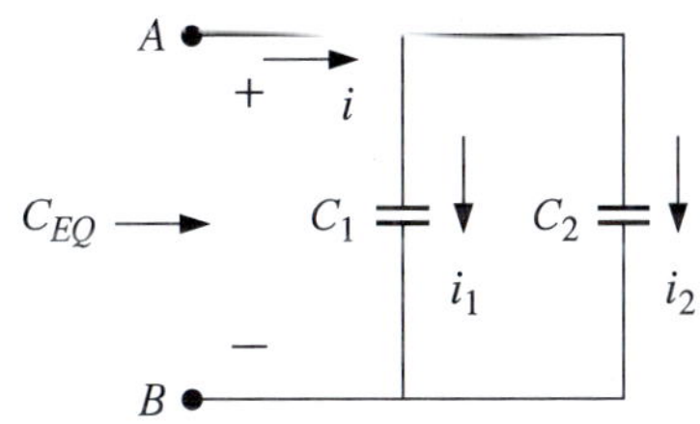
$v_{AB}=\frac{1}{C_{EQ}}\int_{-\infty}^{t} idt,$	$i=C_{EQ}\frac{dv_{AB}}{dt},$
$v_{AB}=v_{C_1}+v_{C_2}=\frac{1}{C_1}\int_{-\infty}^{t} idt+\frac{1}{C_2}\int_{-\infty}^{t} idt$	$i=i_1+i_2=C_1\frac{dv_{AB}}{dt}+C_2\frac{dv_{AB}}{dt}$
$\frac{1}{C_{EQ}}=\frac{1}{C_1}+\frac{1}{C_2}$	$C_{EQ}=C_1+C_2$

예제 6-6 커패시터 직병렬 회로

다음 회로에서 단자 A, B에서 본 등가 커패시턴스는 얼마인가?

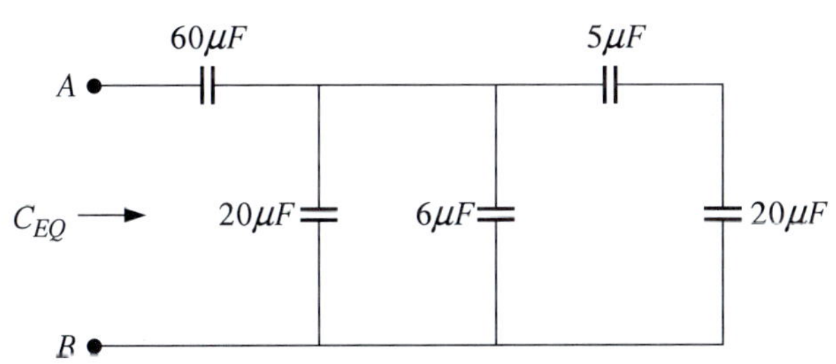

▶▶ 그림 6-17 예제 6-6 등가 커패시턴스

(M) 원하는 단자의 먼 곳부터

풀이

등가회로는 값을 구하려는 단자의 제일 먼 쪽부터 계산하여 점진적으로 그 단자에 접근해야 한다. 그러므로 회로 오른쪽부터 값을 계산하여 간략히 하자.

(i) 직렬 커패시턴스 $5\mu F$과 $20\mu F$: $\dfrac{5\mu \times 20\mu}{5\mu + 20\mu} = 4\mu F$

(ii) 이 값과 $6\mu F$의 병렬연결: $6\mu + 4\mu = 10\mu F$

(iii) 이 결과와 $20\mu F$의 병렬연결: $20\mu + 10\mu = 30\mu F$

(iv) 이 값과 $60\mu F$이 직렬연결이므로,

등가 커패시턴스는 $C_{EQ} = \dfrac{30\mu \times 60\mu}{30\mu + 60\mu} = 20\mu F$

[연습 6-3] 커패시터의 전압

다음 회로에서 각각의 커패시터에 걸리는 전압을 구하라.

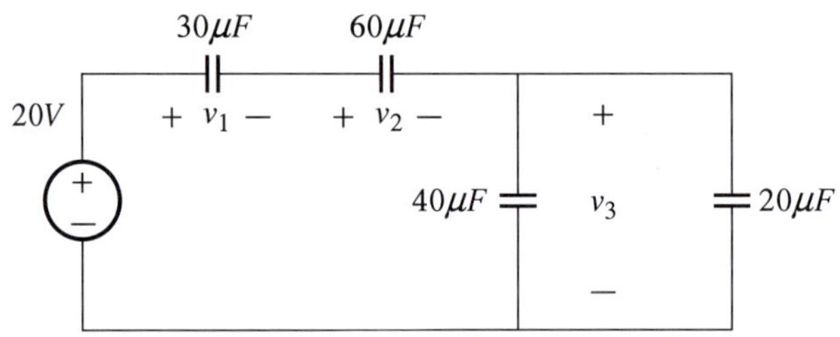

▶▶ 그림 6-18 연습 6-3 커패시터의 전압 배분

힌트

$Q = CV$, 등가 커패시턴스 C_{EQ}에 대하여 $Q_{totla} = C_{EQ}(20)$

답 $v_1 = 10[V]$, $v_2 = 5[V]$, $v_3 = 5[V]$

6.3 전원이 없는 RC 회로

회로에 저항만 있는 경우 회로방정식은 대수방정식[12]으로 표현되지만 커패시터와 저항이 결합된 회로의 회로방정식은 1계 미분방정식[13]으로 표현된다. 그래서 RC 회로를 1계 회로[14]라고도 부른다(RL 회로도 마찬가지).

1계 회로를 해석할 때 두 가지 형태의 에너지원을 생각할 수 있다. 그 하나는 외부의 도움 없이 에너지 저장소자에 에너지가 저장되어 있는 경우이고, 다른 하나는 외부에서 전원을 인가하는 경우이다.

앞에서 설명하였지만 커패시터가 어떻게 충전을 하는지 다시 한 번 알아보자.

예제 6-7 RC 회로

다음 회로에서(그림 6-19 a)

(a) 커패시터는 얼마만큼 충전이 될까?

(b) 커패시터에서 본 등가저항은 얼마인가?

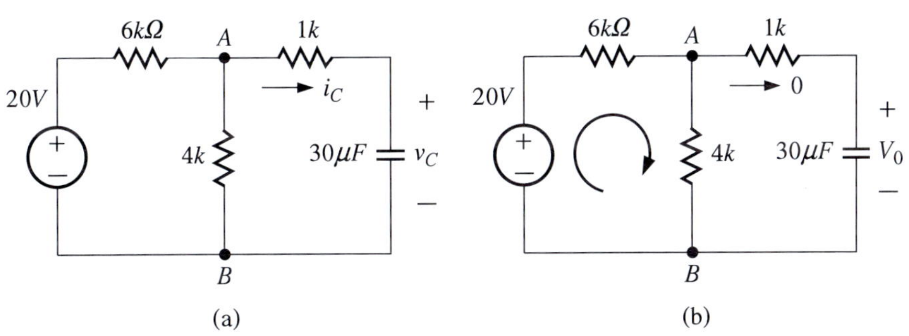

▶▶ 그림 6-19 예제 6-7 RC 회로

> (G-1) 커패시터가 충전을 마치면 전류가 흐르지 않는다: open
> (G-2) 커패시터가 open되면 단자의 전압은?
> (G-3) 등가저항: kill the sources

12) 대수방정식(代數方程式): algebraic equation. $a_n x^n + a_{n-1} x^{n-1} + \cdots + a_1 x + a_0 = 0$ 형태의 방정식

13) 미분방정식(微分方程式): differential equation. 방정식에 도함수가 있는 방정식. $\frac{dy(t)}{dt} + ay(t) = 0$

14) 1계 회로: first-order circuit. 미분방정식에서는 'order'를 '계(系)'로 해석

풀이

(a) (i) 커패시터가 충전을 끝내면 일정한 전압을 유지할 것이다. 이 전압을 V_0라고 하면,

$$i_C = C\frac{dv_C}{dt} = C\frac{d(V_0)}{dt} = 0$$

즉, 커패시터에는 전류가 흐르지 않는다.

(ii) 커패시터는 개방 상태이고 $1k\Omega$에는 전류가 흐르지 않으므로 저항의 전압강하는 0이다. 즉, 커패시터의 전압은

$v_C = V_{AB}$

(iii) (그림 6-19 b)처럼 전압원은 $6k\Omega$과 $4k\Omega$에만 전력을 공급하므로,

$$V_{AB} = v_{4k} = 20 \times \frac{4k}{6k+4k} = 8V = v_C$$

(b) 커패시터에서 본 등가저항은 전원을 비활성화(deactivate)시켜서 구한다.

(그림 6-20)에서 $R_{EQ} = 1k + 4k \,//\, 6k = 3.4k\Omega$

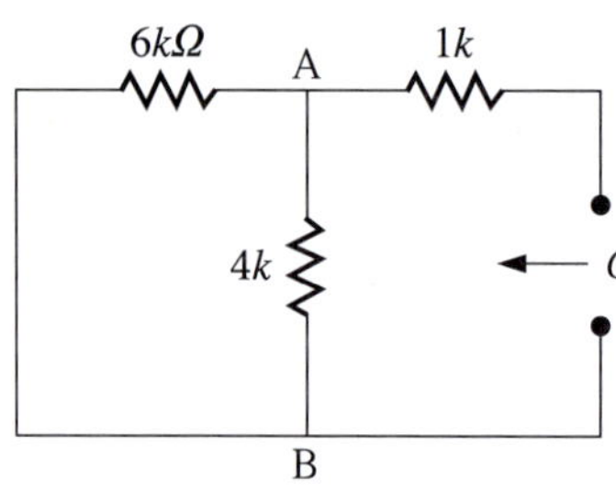

▸▸ 그림 6-20 예제 6-7 커패시터에서 본 등가저항

RC 회로의 해석

전원이 없는 RC 회로는 필요한 만큼 커패시터에 에너지를 저장한 후 전원을 차단한 경우이다. (그림 6-21 a)처럼 커패시터가 전원 전압 V_0까지 충전을 하면 회로에는 전류가 흐르지 않는다. 그러면 스위치를 (2)로 전환하여 전원을 차단한다. (그림 6-21 b)는 전압원을 전류원으로 전원 변환을 한 등가회로이다.

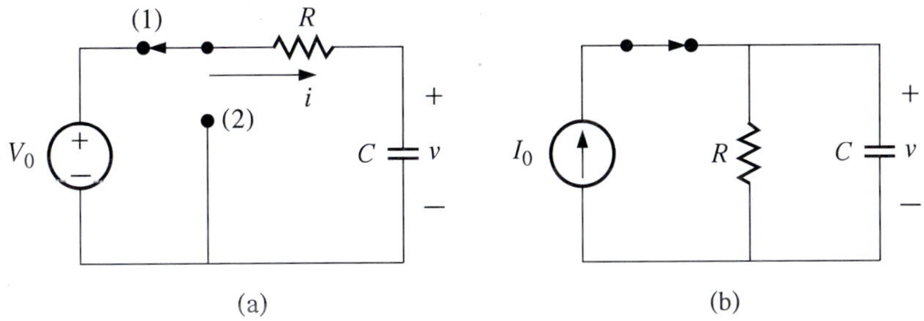

▸▸ 그림 6-21 전원이 없는 RC 회로

이제 커패시터가 충전이 완료된 후를 기준으로 회로를 해석하자. 이때의 시간을 $t = 0$이라고 하자. 그러면 스위치가 끊어지기 바로 직전 시간을 $t = 0^-$라고 표현하면,

$$v(t = 0^-) = v(0^-) = V_0$$

앞에서 설명했듯이 커패시터의 전압이 급작스럽게 변할 수 없으므로 스위치가 끊어진 바로 직후의 시간을 $t = 0^+$로 표현하면,

$$v(0^+) = v(0^-) = V_0$$

이 식이 앞으로 설명할 미분방정식의 초기 조건이 된다.

단일 루프회로 (그림 6-22)는 루프 해석법(즉, KVL)을 이용하는 것이 일반적이다. 그러나 초기 조건으로 커패시터에 충전된 전압이 주어지기 때문에 RC 회로의 해석은 전압을 미지수로 하는 방정식을 만들어야 한다. 반면에 인덕터가 포함된 회로는 전류를 미지수로 하여야 한다.

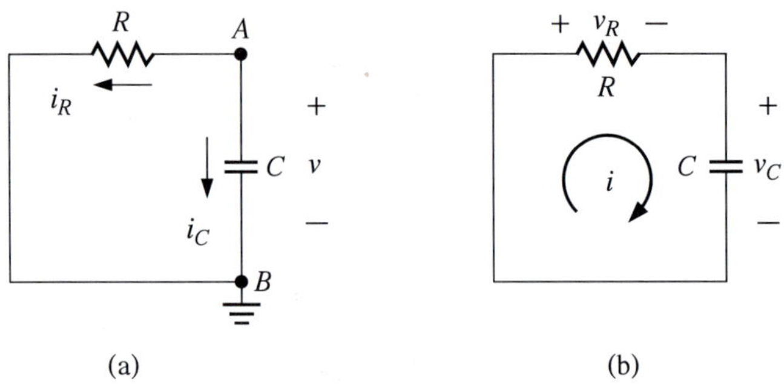

▸▸ 그림 6-22 전원이 없는 RC 회로

즉, (그림 6-22 a)의 노드 A에서 KCL을 적용하면,

$$i_C + i_R = 0$$

그런데 $i_R = \frac{V_{AB}}{R} = \frac{v_C}{R}$, $i_C = C\frac{dv_C}{dt}$이므로,

RC 회로의 회로방정식은

$$i_R + i_C = \frac{v_C}{R} + C\frac{dv_C}{dt} = 0,\ v_C(0) = V_0$$

이 회로방정식은 미지수가 전압인 상수계수 선형 1계 미분방정식이고 초기 조건 $v_C(0) = V_0$가 있으면 해를 구할 수 있다.

RC 회로는 위에서 보인 방식대로 전압을 미지수로 하는 방정식을 만들어야 한다. 회로에 KVL을 적용하여 전류를 미지수로 하는 방정식을 만들어 그 문제점을 밝혀 보자. (그림 6-22 b)에서처럼 루프 방정식을 만들면,

$$v_R + v_C = iR + v_C = 0$$

그런데 커패시터의 전압과 전류는

$$i = C\frac{dv_C}{dt},\ v_C = \frac{1}{C}\int_0^t idt + v_C(0)$$

$$v_R + v_C = iR + \frac{1}{C}\int_0^t idt + v_C(0) = 0$$

이 식은 적분 항이 있으므로 한 번 미분하여

$$v_R + v_C = R\frac{di}{dt} + \frac{i}{C} = 0 \rightarrow \frac{di}{dt} + \frac{1}{RC}i = 0$$

즉, 커패시터 전류를 미지수로 하면 전류에 관한 미분방정식이 된다. RC 회로는 커패시터의 전압이 초기 조건으로 주어지는 반면에 전류에 대한 정보는 없으므로 전류를 미지수로 하면 미분방정식의 해를 구할 수 없다. 결론적으로 RC 회로는 전압을 미지수로 하여 방정식을 만드는 것이 중요하다.

미분방정식의 풀이

방정식에 도함수가 포함되면 미분방정식이라 한다.

$$i_R + i_C = \frac{v}{R} + C\frac{dv}{dt} = 0,\ v(0) = V_0$$

도함수의 계수(order)가 1계이므로$\left(\frac{d}{dt}v\right)$, 1계 미분방정식이라고 한다. 이런 형태의 미분방정식은 가장 기초적인 미적분만 알고 있으면 쉽게 풀 수 있다. 방정식의 뒤에 쓴 조건 $v(0) = V_0$는 이 미분방정식의 해를 구할 수 있는 초기 조건이다.

전기전자공학 분야에서는 시간의 함수로 주어지는 신호를 다루는 경우가 많다. 또한 전기회로에 커패시터나 인덕터처럼 소자의 응답이 시간에 대한 변화율로 주어지는 경우 이 회로를 나타내는 방정식은 미분 또는 적분 항을 포함하게 된다.

공학 및 과학 분야에는 다양한 형태의 미분방정식이 존재하지만 전기전자공학 분야에서 나타나는 미분방정식의 대부분은 계수[15]가 상수[16]인 상수계수 선형 미분방정식이다. 상수계수 미분방정식은 간단한 방법으로 풀 수 있다. 자세한 미분방정식의 풀이법을 부록 II 에 소개하였다.

15) 계수(係數): coefficient
16) 상수(常數): constant

이제 미분방정식을 풀기 전에 필요한 수식을 다시 적어 보자.

$$\frac{dv}{dt} + \frac{v}{RC} = 0,\ v(0) = V_0$$

이 미분방정식의 해를 다음과 같은 지수함수 형태라고 가정하자(경험적으로 알고 있는 사실이고, 실제로도 그렇다).

$$v(t) = Ae^{st}$$

미분방정식에 이 해를 대입하면,

$$Ase^{st} + \frac{1}{RC}Ae^{st} = Ae^{st}\left(s + \frac{1}{RC}\right) = 0$$

즉, $s = -\frac{1}{RC}$이므로,

$$v(t) = Ae^{-t/RC}$$

계수 A는 초기 조건을 대입하여,

$$v(0) = V_0 = Ae^0 = A$$

그러므로

$$v(t) = V_0 e^{-t/RC}$$

이 전압을 RC 회로의 고유 응답[17)]이라고 한다. 고유 응답은 외부로부터 인가된 전원이 없이 회로소자에 저장되었던 에너지에 의한 회로의 응답이다.

17) 고유 응답(固有 應答): natural response

루프 해석법으로 구하기

앞에서 설명했듯이 루프 해석법을 이용하여 회로 방정식을 세워 전류를 미지수로 하는 방정식을 만들어 보자(그림 6–23).

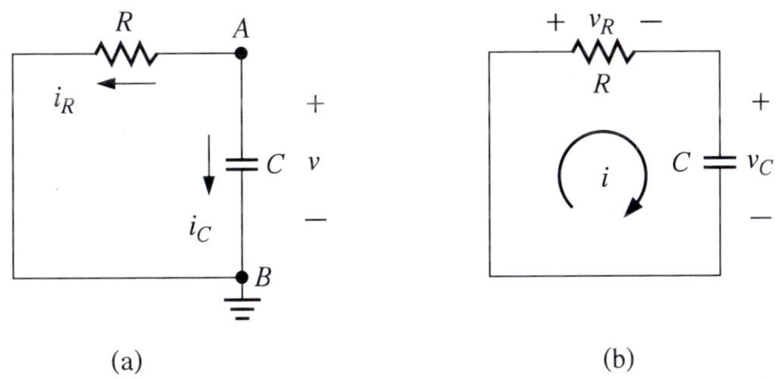

▶▶ 그림 6–23 전원이 없는 RC 회로

$$v_C + v_R = \frac{1}{C}\int_{-\infty}^{t} idt + iR = 0,\ v(0) = V_0$$

적분항이 있으므로 이 식을 미분하면,

$$\frac{i}{C} + R\frac{di}{dt} = 0 \rightarrow \frac{di}{dt} + \frac{1}{RC}i = 0$$

이 방정식은 앞에서 보인 회로방정식 $\frac{dv}{dt} + \frac{v}{RC} = 0$과 같은 형태이므로 그 해는

$$i(t) = i(0)e^{-t/RC}$$

그러나 RC 회로는 초기 조건으로 커패시터 전압이 주어지며 초기 전류값 $i(0)$는 알 수 없으므로 더 이상 계산을 진행할 수 없다.

시정수[18]

이 고유 응답에 대하여 시간 $t = 0$에서와 시간이 한참 경과한 뒤($t = \infty$)에서 결과를 구해보면,

$$v(0) = V_0 e^{(0)} = V_0\text{: 초기 조건}$$
$$v(\infty) = V_0 e^{-(\infty)} = 0\text{: 최종값}$$

위에서 보는 바와 같이 시간이 오래 경과하면 고유 응답은 0에 된다. 그러면 회로의 고유 응답이 얼마나 빨리 0으로 접근하는가를 판단할 수 있을까? 회로의 고유 응답을 다시 쓰면,

$$v(t) = V_0 e^{-t/RC}$$

함수 $e^{-t/RC}$는 단위가 없으므로 지수 성분의 RC(저항과 커패시턴스의 곱)는 시간의 단위를 갖는다([sec]). 여기서 $\tau = RC$[sec]라고 정의하면 이것을 시정수라 한다.[19]

여기서 자연 지수 e(이 수는 π와 함께 초월수[20]라고 한다)는

$$e^1 = 2.718281828\cdots$$ [21]

이고 수치적으로는 다음 값을 갖는다.

$$e^{-1} = 0.3679,\ e^{-2} = 0.1353,\ e^{-3} = 0.0498,$$
$$e^{-4} = 0.0183,\ e^{-5} = 0.0067$$

그러면

$$v(t = \tau) = V_0 e^{-\tau/RC} = V_0 e^{-1} = 0.3679 V_0$$

---

18) 시정수(時定數): time constant. 시상수(時常數)라고 하기도 한다.
19) τ(tau): 타우. 영어의 t. 시정수를 나타내는 그리스어
20) 초월수(超越數): 대수방정식의 해가 될 수 없는 수. π, e
21) $e^x = 1 + x + \frac{x^2}{2} + \frac{x^3}{6} + \frac{x^4}{24} + \frac{x^5}{120} + \frac{x^6}{720} + \frac{x^7}{5040} + \cdots$

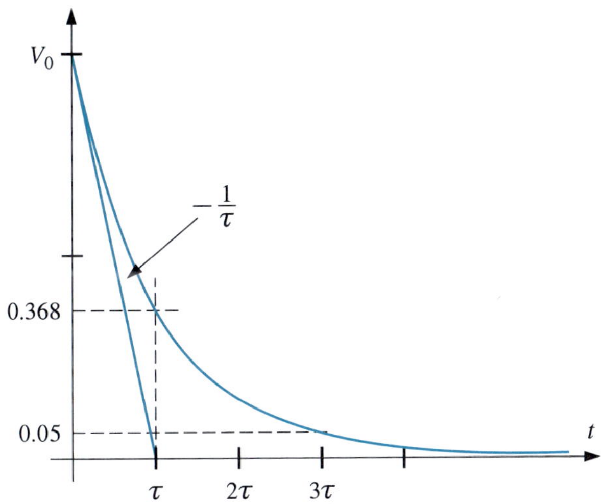

▶▶ 그림 6-24 RC 회로의 고유 응답

$$v(t=2\tau)=V_0 e^{-2\tau/RC}=V_0 e^{-2}=0.1353V_0$$
$$v(t=3\tau)=V_0 e^{-3\tau/RC}=V_0 e^{-3}=0.0498V_0$$

즉, 고유 응답은 시정수의 세 배 시간만 지나면($t=3\tau=3RC$) 초깃값 V_0의 5% 미만으로 값이 떨어진다. 시정수 τ(즉, RC)가 작으면 작을수록 응답은 더 빨리 0에 접근한다.

고유 응답에 대하여 좀 더 고찰해 보자. 고유 응답을 다시 쓰면,

$$v(t)=V_0 e^{-t/\tau}$$

이 식을 $t=0$에서 미분하면(기울기를 구하면),

$$\frac{d}{dt}\left(\frac{v(t)}{V_0}\right)\bigg|_{t=0}=-\frac{1}{\tau}e^{-t/\tau}\bigg|_{t=0}=-\frac{1}{\tau}$$

이 값은 $t=0$에서 $v(t)$의 접선 방정식의 기울기이다(그림 6-24).

저항에서 소비된 에너지

저항에 흐르는 전류는

$$i_R(t) = -i_C(t) = -C\frac{dv}{dt} = -C\frac{-V_0}{RC}e^{-t/\tau} = \frac{V_0}{R}e^{-t/\tau}$$

저항에서 소비된 전력은

$$P_R = i^2(t)R = \frac{V_0^2}{R}e^{-2t/\tau}$$

시간 구간 [0, t]에서 소비한 에너지는

$$W_R(t) = \int_0^t P_R\,dt = \int_0^t \frac{V_0^2}{R}e^{-2t/\tau} = \frac{V_0^2}{R}\left[\frac{-\tau}{2}e^{-2t/\tau}\right]_0^t$$

$$= \frac{RCV_0^2}{2R}\left[e^{-2t/\tau} - 1\right]_0^t = \frac{1}{2}CV_0^2(1 - e^{-2t/\tau})$$

$t = \infty$에서 소비된 에너지는 $W_R(\infty) = \frac{1}{2}CV_0^2$이므로 이 값은 초기에 커패시터에 저장되었던 에너지 $W_C(0) = \frac{1}{2}CV_0^2$과 같다.

예제 6-8 **RC 회로의 응답과 시정수**

RC 회로에서 시정수 값에 따라 응답 속도가 어떻게 변하는지 관찰하자. 다음 RC 회로에서 커패시터는 $V_0 = 12V$로 충전되어 있었다고 한다.

(a) $R = R_1 = 10k\Omega$일 때 $v_{C_1}(t)$를 구하라.

(b) $R = R_2 = 20k\Omega$일 때 $v_{C_2}(t)$를 구하라.

(c) 두 응답을 같은 그래프에 그려서 그 차이에 대하여 논하라.

(d) 이 RC 회로의 시정수와 응답과의 관계를 논하라.

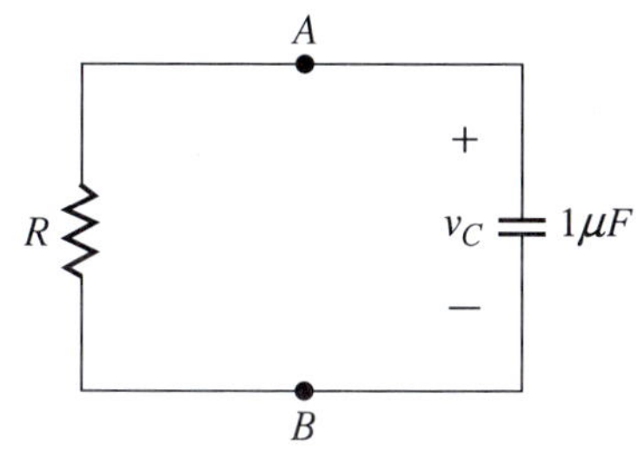

▶▶ 그림 6-25 예제 6-8 RC 회로

(G-1) RC 회로의 시정수: $\tau = RC$

(G-2) $v_C = V_0 e^{-t/\tau}$

풀이

(a) $R = R_1 = 10k\Omega$인 경우

(i) 시정수는 $\tau_1 = R_1 C = 10k\Omega \times 1\mu F = 10^{-2} = 10[\mathrm{msec}]$

(ii) 그러면 $v_{C_1}(t) = 12e^{-100t}$

(b) $R = R_2 = 20k\Omega$인 경우

(i) 시정수는 $\tau_2 = R_2 C = 20k\Omega \times 1\mu F = 20 \times 10^{-3} = 20[\mathrm{msec}]$

(ii) 그러면 $v_{C_2}(t) = 12e^{-50t}$

(c) 이 두 응답을 그리기 전에 수치를 알아보자.

$t = 10[\mathrm{msec}]$에서,

$v_{C_1}(t) = 12e^{-100(10m)} = 10e^{-1} = 3.68[\mathrm{V}]$

$v_{C_2}(t) = 10e^{-50(10m)} = 10e^{-0.5} = 6.07[\mathrm{V}]$

(d) 시정수 τ가 작으면 더 빨리 0에 접근한다.

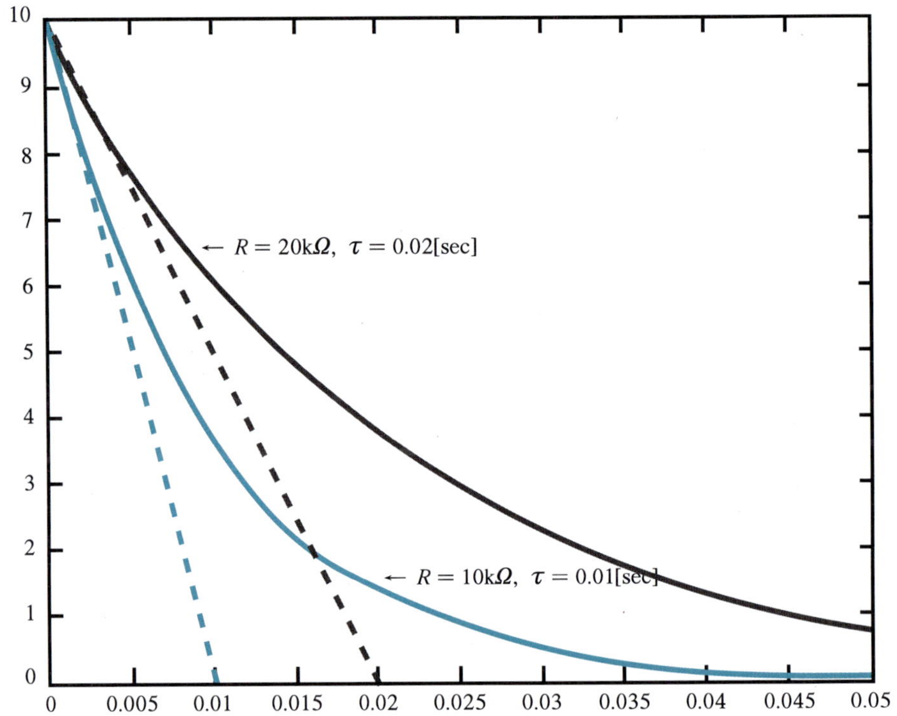

▶▶ 그림 6-26 예제 6-8 RC 회로의 응답과 시정수

예제 6-9 **전원이 없는 RC 회로**

다음 회로를 보고 $t > 0$에서 $v_1(t)$, $i(t)$, $v_C(t)$를 구하라. 단 $v_C(0) = 12V$이다.

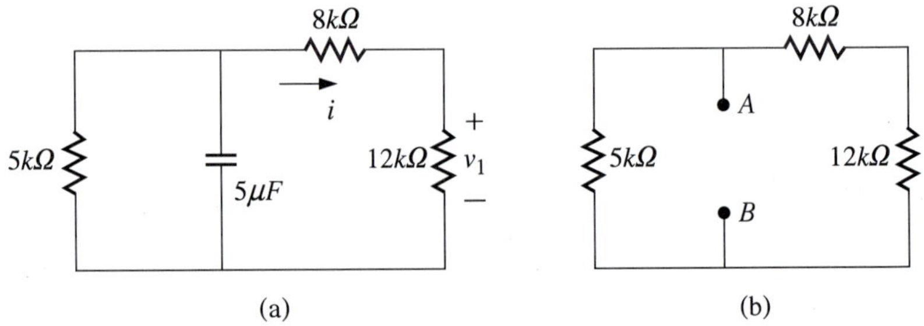

▶▶ 그림 6-27 예제 6-9 전원이 없는 RC 회로

(G–1) 초기 조건 확인
(G–2) 커패시터에서 본 등가저항?
(G–3) 시정수?
(FW) $v_C = Ae^{-t/\tau}$, $i = \dfrac{v_C}{20k}$, $v_1 = 12ki$

풀이

RC 회로의 고유 응답은 $v_C(t) = V_0 e^{-t/\tau}$이므로 시정수를 먼저 구하자.

(i) 커패시터에서 본 등가저항은 (그림 6–27 b)에 보인 것처럼 커패시터 단자 A, B에서 본 등가저항이다.

(ii) 커패시터를 제거한 단자 A, B에서 보면 $5k\Omega$과 $(8k\Omega + 12k\Omega)$이 병렬이므로 R_{AB}를 구하면,

$$R_{EQ} = R_{AB} = \frac{5k \times (8k + 12k)}{5k + 20k} = 4k\Omega$$

(iii) 그러면 시정수는

$$\tau = R_{EQ}C = 4k\Omega \times 5\mu F = 4 \times 10^3 \times 5 \times 10^{-6} = 20\,[\text{msec}]$$

(iv) 커패시터의 전압은

$$v_C(t) = 12e^{-t/\tau} = 12e^{-50t}\,[\text{V}]$$

(v) $8k\Omega$에 흐르는 전류는

$$i(t) = \frac{v_C(t)}{8k + 12k} = 0.6e^{-50t}\,[\text{mA}]$$

(vi) 그러므로 $12k\Omega$에 걸리는 전압은

$$v_1(t) = 12k\Omega \times i = 7.2e^{-50t}\,[\text{V}]$$

예제 6–10 전원이 없는 RC 회로

다음 회로에서 스위치가 오랫동안 ON 상태로 있었다. $t = 0$에서 스위치를 OFF하였다. $6k\Omega$에서 소비하는 전력을 구하라.

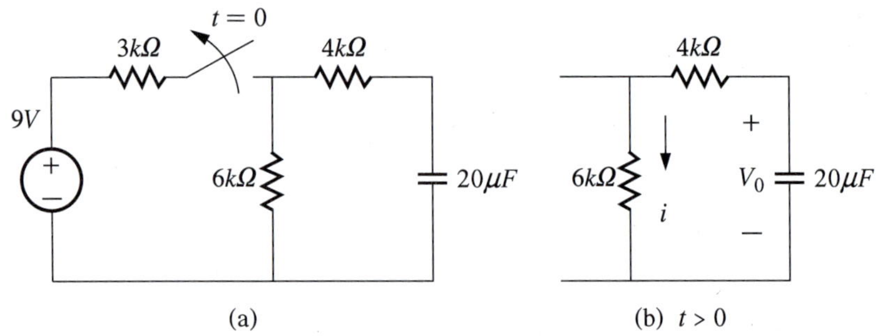

▶▶ **그림 6-28** 예제 6-10 전원이 없는 RC 회로

(G-1) $t<0$에서의 회로: 커패시터에 충전된 전압을 구하자.
(G-2) $t \geq 0$: 회로의 시정수 τ
(G-3) 저항은 kilo- 단위이므로 전류는 milli- 단위
(FW) $P_{6k}=i^2(6k)$

풀이

먼저 커패시터에 충전된 전압을 구해야 한다.

(i) 오랫동안 스위치가 ON 상태였다면 커패시터는 개방되고 저항 $4k\Omega$에는 전류가 흐르지 않는다. 그러므로 이 전압을 V_0라고 하면,

$$V_0=9\times\frac{6k}{3k+6k}=6V$$

(ii) $t \geq 0$에서 스위치가 OFF 상태가 되면 (그림 6-28 b)와 같은 회로가 된다. 이때 시정수는

$$\tau=RC=(6k+4k)\times 20\times 10^{-6}=200\times 10^{-3}=200[\text{msec}]$$

(iii) 그러면 커패시터 전압은

$$v_C(t)=6e^{-5t}[\text{V}]$$

(iv) $6k\Omega$ 저항에 흐르는 전류는

$$i(t)=\frac{v_C(t)}{10k}=0.6e^{-5t}[\text{mA}]$$

(v) 그러면 $6k\Omega$에서 소비하는 전력은

$$P_{6k}=i^2R=(0.6\times 10^{-3}e^{-5t})^2\times 6k=2.16e^{-10t}[\text{mW}]$$

[연습 6-4] 전원이 없는 RC 회로

다음 회로에서(그림 6-29) $t=0$에서 스위치가 열렸다. $t \geq 0$에서 $12k\Omega$에 흐르는 전류 i를 구하라.

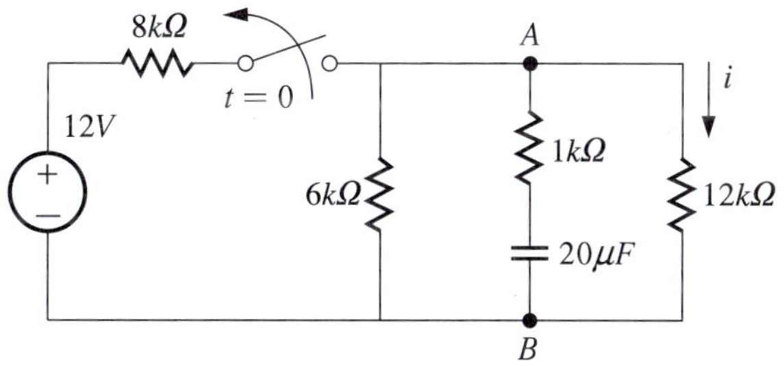

▶▶ 그림 6-29 연습 6-4 RC 회로

힌트

(i) $t<0$: $v_C(0^-)$와 $t \geq 0$: 등가저항 R_{EQ}

(ii) $v_C = V_0 e^{-t/\tau}$, $\tau = CR_{EQ}$

(iii) 커패시터에 충전된 전압

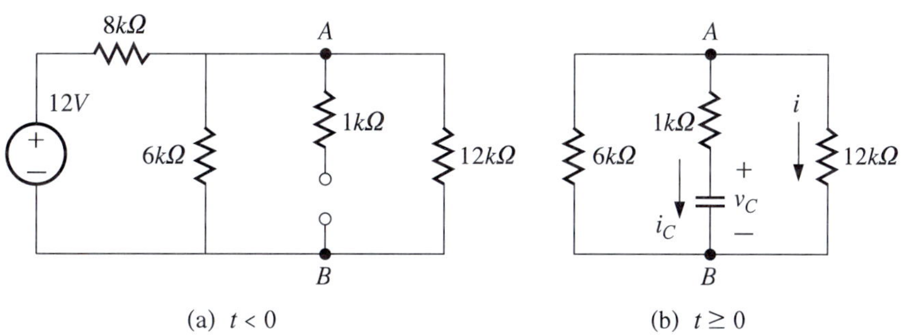

▶▶ 그림 6-30 연습 6-4 스위치를 열기 전과 후

답 $i = \frac{0.8}{3} e^{-10t}$ [mA]

예제 6-11 전원이 없는 RC 회로

다음 회로를 보고 $t>0$에서 커패시터 전압 $v_C(t)$를 구하라.

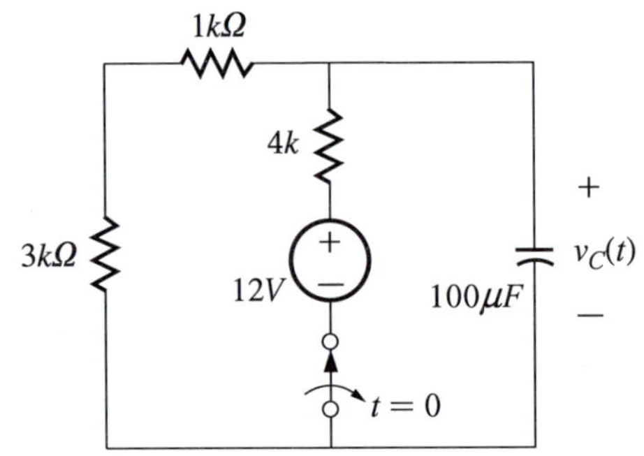

▶▶ 그림 6-31 예제 6-11의 회로

(G-1) $t<0$에서 회로는? 커패시터에 충전된 전압
(G-2) $t \geq 0$: 회로의 시정수 τ

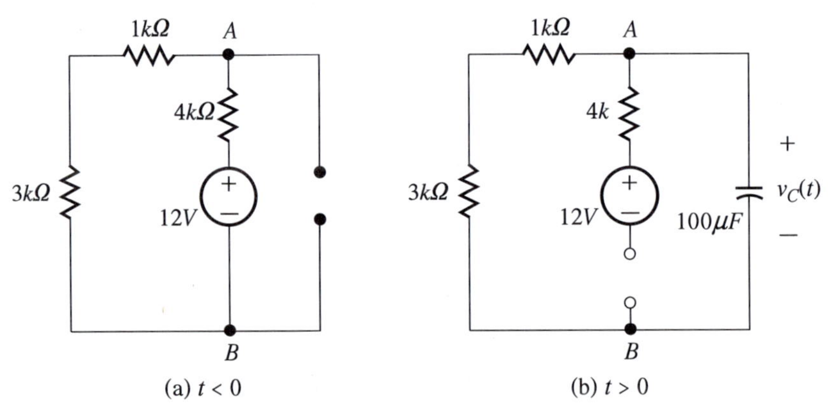

▶▶ 그림 6-32 예제 6-11 전원의 ON/OFF

풀이

(i) $t<0$에서 커패시터에 충전된 전압값을 알아보자.

(그림 6-32 a)에서 보면 커패시터에 충전된 전압은

$v_C(0^-) = V_{AB} = 6V$

(ii) $t > 0$에서(그림 6-32 b) 회로의 시정수 $\tau = (4k)(100\mu) = 4\times10^{-1}$[sec]이므로,

$v_C(t) = 6e^{-2.5t}[V]$

6.4 특이 함수[22)]

(그림 6-33)의 회로에서처럼 $t < 0$에서는 회로에 전원이 공급되지 않다가 $t = 0$이 되는 순간부터 전원이 공급되는 회로를 생각해 보자. 이렇게 갑자기 스위치를 ON 하여 회로에 전원을 인가하는 경우를 수학적으로 표현해 보고자 한다.

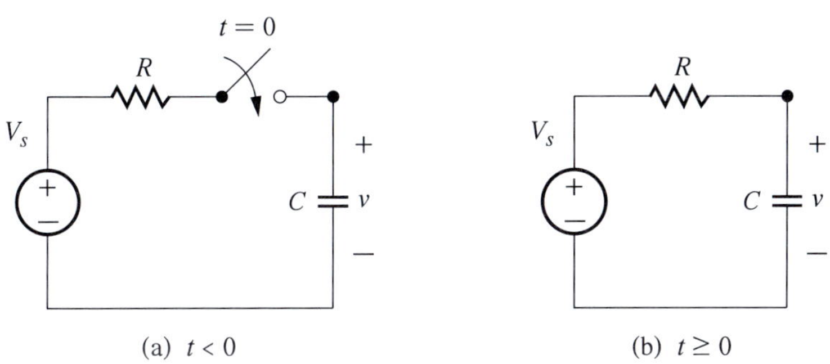

▶▶ 그림 6-33 스위칭의 표현

특이 함수는 함숫값이 불연속[23)]이거나 도함수가 불연속인 함수이고, 이 함수에는 단위 계단함수와 단위 임펄스 함수가 있다. 특이 함수는 공학분야에서 가장 유용하게 쓰이는 수학적 도구 중 하나이다.

단위 계단함수 $u(t)$[24)]

단위 계단함수는

22) 특이 함수(特異函數): singularity function
23) 불연속: discontinuity. 함수값이 연속적이지 않은 경우
24) 단위 계단함수: unit step function

▸▸ **그림 6-34** 단위 계단함수

$$u(t)=\begin{cases}1, & t>0\\ 0, & t<0\end{cases}$$

단위(unit)는 1을 뜻한다(물리량을 나타내는 미터나 킬로그램 등의 단위가 아니다). 시간 $t=0$ 바로 이전(just before)을 $t=0^-$, 바로 직후(just after)를 $t=0^+$라 표현하면, $u(0^-)=0$, $u(0^+)=1$이 된다. 불연속 점 $t=0$에서는 값이 정의되지 않는다(그림 6-34 a).

시간 $t_0>0$이라 하고 이 식을 오른쪽으로 t_0만큼 평행이동하면(그림 6-35 a),

$$u(t-t_0)=\begin{cases}1, & t-t_0>0\rightarrow t>t_0\\ 0, & t-t_0<0\rightarrow t<t_0\end{cases}$$

이 식을 t_0만큼 왼쪽으로 평행이동하면(그림 6-35 b),

$$u(t+t_0)=\begin{cases}1, & t+t_0>0\rightarrow t>-t_0\\ 0, & t+t_0<0\rightarrow t<-t_0\end{cases}$$

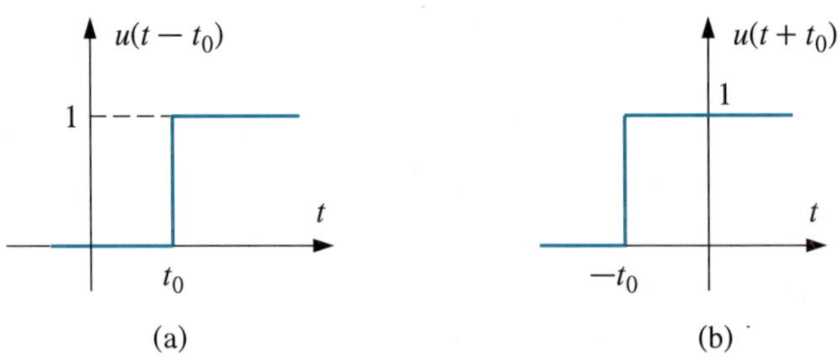

▸▸ **그림 6-35** 단위 계단함수의 평행 이동

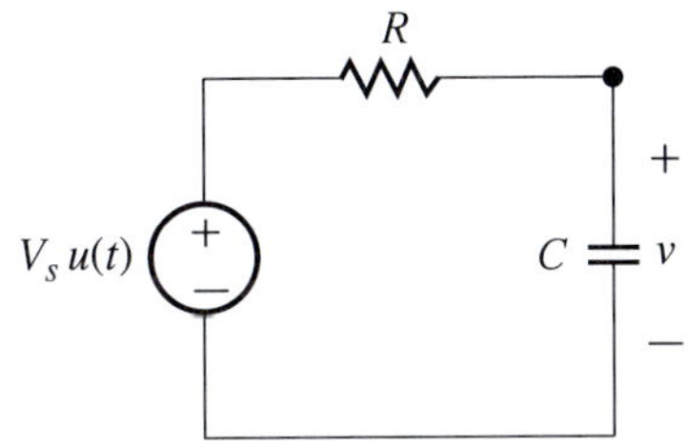

▶▶ 그림 6-36 단위 계단함수로 표현된 RC 회로

이 단위 계단함수를 이용하여 회로에 갑작스럽게 전원이 인가되거나 끊어지는 경우를 생각해 보자. (그림 6-33)의 회로에서 시간 $t = 0$에서 스위치가 ON되었다면 $t < 0$에서는 (그림 6-33 a)의 형태가 되고, 스위치가 ON된 이후는 (그림 6-33 b)의 형태로 그릴 수 있다. 이 회로의 전원을 다음과 같이 표현할 수 있다(그림 6-36).

$$V_s u(t) = \begin{cases} V_{s,} & t > 0 \\ 0, & t < 0 \end{cases}$$

단위 임펄스 함수 $\delta(t)$[25)]

또 다른 형태의 특이 함수를 소개하자. 단위 계단함수 $u(t)$를 미분하면,

$$\frac{du(t)}{dt} = \delta(t) = \begin{cases} 0, & t < 0 \\ \text{undefined} & t = 0 \\ 0, & t > 0 \end{cases}$$

그리스어 δ(델타)[26)]는 아주 작은 양을 표현한다. 단위 계단함수가 $t = 0$에서 불연속이므로 단위 임펄스 함수는 이 점에서 값이 정의되지 않으며 $t = 0$ 이외에서는 항상 $\delta(t) = 0$이다.

25) 단위 임펄스 함수: unit impulse function. 단위 충격함수

26) δ(delta): 델타. 영어의 d

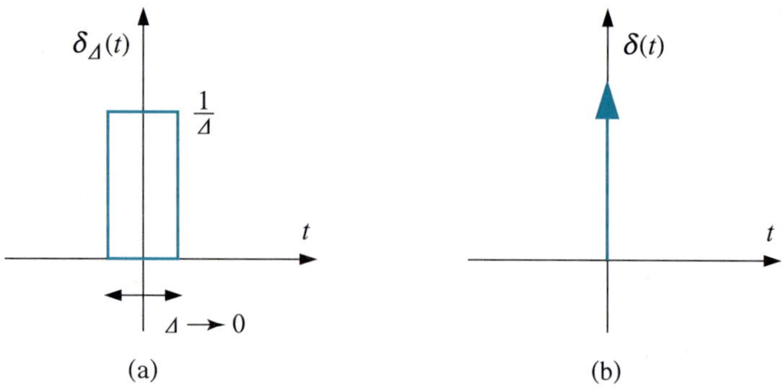

▸▸ 그림 6-37 단위 임펄스 함수

단위 임펄스 함수는 $t=0$에서 값이 정의되지는 않지만 그 적분은 존재한다.

$$\int_{-\infty}^{\infty} \delta(t)\,dt = \int_{0^-}^{0^+} \delta(t)\,dt = 1$$

적분은 넓이이므로 임펄스 함수는 넓이가 1인 함수이다. 임펄스 함수의 성질 중 가장 중요하고 유용한 성질은 다음과 같다.

임의의 함수 $f(t)$에 대하여 구간 $a \le t_0 \le b$에서 다음 적분을 생각해 본다.

$$\int_a^b f(t)\delta(t-t_0)\,dt = \int_a^b f(t_0)\delta(t-t_0)\,dt = f(t_0)\int_a^b \delta(t-t_0)\,dt = f(t_0)$$

$\delta(t-t_0)$는 $t=t_0$에서만 계산할 수 있으므로 $f(t)\delta(t-t_0)=f(t_0)$가 되고, $f(t_0)$는 시간 t에 대하여 상수이므로 시간 t에 대한 적분과 무관하여 적분 밖으로 빠져나올 수 있다. 이 성질을 샘플링 특성(sampling property)이라고 한다. 이 특성은 아날로그 신호를 디지털 신호로 변환할 수 있는 수학적 기법을 제공한다.

예제 6-12 단위 임펄스 함수

$\int_{-\infty}^{+\infty} \cos(\pi t)\delta(t)\,dt$를 구하라.

힌트

$$\int_{-\infty}^{+\infty} f(t)\delta(t)\,dt = \int_{-\infty}^{+\infty} f(0)\delta(t)\,dt = f(0)\int_{-\infty}^{+\infty} \delta(t)\,dt$$

풀이

$$\int_{-\infty}^{+\infty} \cos(t)\,\delta(t)\,dt = \int_{-\infty}^{+\infty} \cos(0)\,\delta(t)\,dt = 1$$

[연습 6-5] 단위 임펄스 함수

$x(t) = \cos(\pi t)[\delta(t) - \delta(t-1)]$이다. $\int_{-\infty}^{+\infty} x(t)\,dt$를 계산하라.

힌트

$$\int_{-\infty}^{+\infty} \cos(\pi t)\,\delta(t)\,dt = ?,\quad \int_{-\infty}^{+\infty} \cos(\pi t)\,\delta(t-1)\,dt = ?$$

답 $\int_{-\infty}^{+\infty} x(t)\,dt = 2$

6.5 RC 회로의 스텝 응답[27)]

회로에 DC 전원이 급작스럽게 인가될 때 회로의 응답을 스텝 응답이라고 한다. 이제 (그림 6-38 a)와 같이 시간 $t = 0$에서 스위치가 ON되는 회로를 생각해 보자. 이 회로는 단위 계단함수를 이용하면 (그림 6-38 b)와 같이 그릴 수 있다.

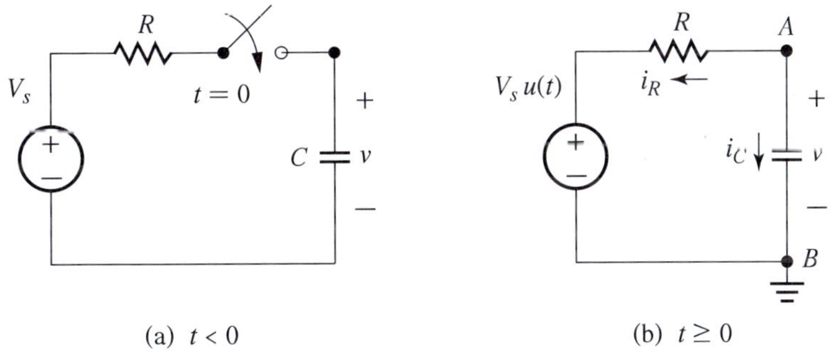

▶▶ 그림 6-38 RC 회로의 스텝 응답

27) 스텝 응답: step response. 단위 계단함수가 인가되었을 때의 응답

먼저 커패시터가 충전이 안 되어 있는 간단한 경우를 생각해 보자. 커패시터의 전압은 순간적으로 변할 수 없으므로,

$$v(0^-) = v(0^+) = 0$$

단자 B를 기준 노드로 하고 $t > 0$에서 단자 A에서 노드 해석법을 적용하면,

$$i_C + i_R = C\frac{dv}{dt} + \frac{v - V_s}{R} = 0$$

이 식을 정리하면,

$$\frac{dv}{dt} + \frac{v}{RC} = \frac{V_s}{RC}$$

이 미분방정식은 오른쪽 항이 0이 아니다. 등호 오른쪽 항이 0인 미분방정식을 제차 미분방정식[28)]이라 부르고($\frac{dv}{dt} + \frac{v}{RC} = 0$), 그렇지 않은 경우를 비제차 미분방정식[29)]이라 한다.

비제차 미분방정식의 해는 제차 미분방정식에 의한 해 v_h와 비제차 항으로 인해 얻어지는 비제차 해 v_p 두 종류 해의 합이다. 즉,

$$\frac{d(v_h + v_p)}{dt} + \frac{v_h + v_p}{RC} = \frac{dv_h}{dt} + \frac{v_h}{RC} + \frac{dv_p}{dt} + \frac{v_p}{RC} = \frac{V_s}{RC}$$

제차해는 RC 회로의 고유 응답이다.

$$\frac{dv_h}{dt} + \frac{v_h}{RC} = 0 \rightarrow v_h = Ae^{-t/RC}$$

28) 제차 미분방정식: homogeneous differential equation
29) 비제차 미분방정식: nonhomogeneous differential equation

비제차 해는 비제차 항의 형태에 의존하는데 인가 전압 V_s가 직류(상수)이므로 비제차 해는 $v_p = K$의 형태일 것이다. 그러므로 이 미분방정식의 완전해는

$$v = v_h + v_p = Ae^{-t/RC} + K$$

형태가 된다. 비제차 해를 대입하면,

$$\frac{dv_p}{dt} + \frac{v_p}{RC} = \frac{K}{RC} = \frac{V_s}{RC}$$

즉, $K = V_s$
그러므로 미분방정식의 완전해는

$$v = Ae^{-t/RC} + V_s$$

이제 초기 조건을 대입하여 계수 A를 구해 보자.

$$v(0) = Ae^{-(0)/RC} + V_s = 0 \rightarrow A = -V_s$$

RC 회로의 스텝 응답은

$$v(t) = -V_s e^{-t/RC} + V_s = V_s(1 - e^{-t/RC})$$

이때 커패시터의 전류는

$$i(t) = C\frac{dv(t)}{dt} = C\frac{d(V_s - V_s e^{-t/RC})}{dt} = -CV_s\left(\frac{1}{RC}\right)e^{-t/RC} = \frac{V_s}{R}e^{-t/RC}$$

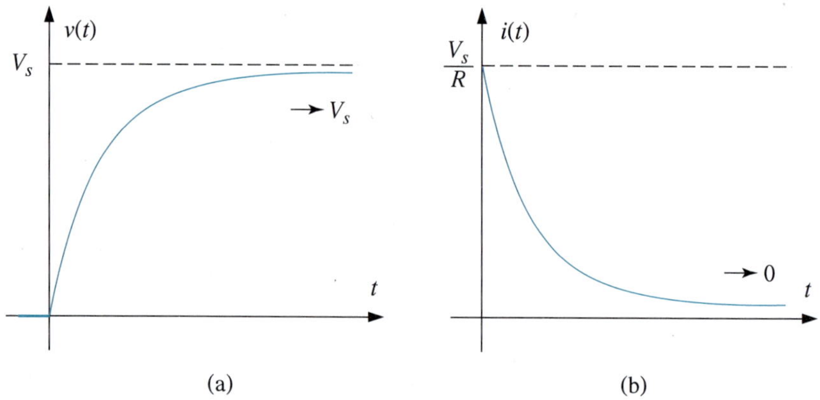

▸▸ 그림 6-39 RC 회로의 스텝 응답 파형

여기서 커패시터의 전압과 전류를 시간과 연관지어 생각해 보자. 시간 $t=0$에서 커패시터의 전압과 전류는

$$v(t=0)=V_s(1-e^{-(0)/RC})=0(\text{그림 6-39 a})$$

$$i(t=0)=\frac{V_s}{R}e^{-(0)/RC}=\frac{V_s}{R}(\text{그림 6-39 b})$$

시간 $t=0$에서 커패시터의 전압은 $v(t=0)=0$이고 전류는 $i(t=0)=\frac{V_s}{R}$이다.

물리적으로 스위치가 닫히는 순간 커패시터는 단락되며, 전류는 당연히 저항에 의해 제한된다(커패시터에 저항이 연결되어 있지 않으면 무한히 큰 전류가 흐를 수 있다!).

시간 $t=\infty$('시간이 한참 흐른 후'로 해석한다)에서 커패시터의 전압과 전류는

$$v(t=\infty)=V_s(1-e^{-(\infty)/RC})=V_s(\text{그림 6-39 a})$$

$$i(t=\infty)=\frac{V_s}{R}e^{-(\infty)/RC}=0(\text{그림 6-39 b})$$

커패시터는 전원 전압만큼 충전되고(정격이 맞으면) 이후 전류가 흐르지 않으므로 개방 상태가 된다.

커패시터가 충전되어 있는 경우

이제 (그림 6-40)의 회로처럼 커패시터가 $t < 0$에서 V_0로 충전되어 있는 경우를 생각해 보자.

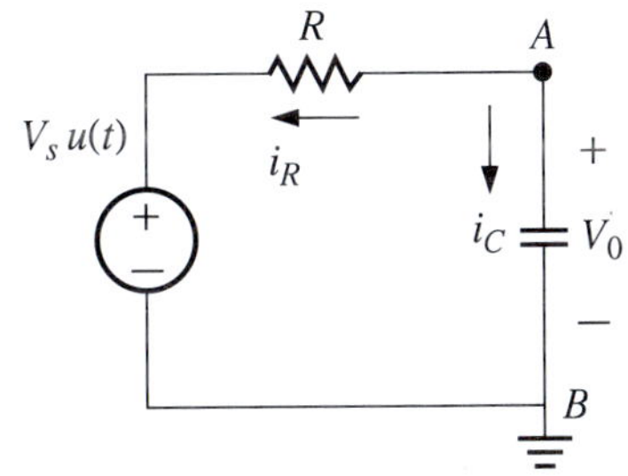

▶▶ 그림 6-40 RC 회로의 스텝 응답, 커패시터가 미리 충전이 되어 있는 경우

커패시터의 전압은 순간적으로 변할 수 없으므로,

$$v(0^-) = v(0^+) = V_0$$

마찬가지로 $t > 0$에서 단자 A에서 노드 해석법을 적용하면,

$$i_C + i_R = C\frac{dv}{dt} + \frac{v - V_s}{R} = 0 \rightarrow \frac{dv}{dt} + \frac{v}{RC} = \frac{V_s}{RC},\ v(0) = V_0$$

비제차 미분방정식의 풀이는 앞에서 설명한 방법과 동일하고 초기 조건만 다를 뿐이다.

$$v - Ae^{-t/RC} + V_s$$

초기 조건을 대입하여 계수 A를 구해 보자. $t = 0$에서,

$$v(0) = Ae^{-(0)/RC} + V_s = V_0 \rightarrow A = V_0 - V_s$$

즉, 이 미분방정식의 완전해는

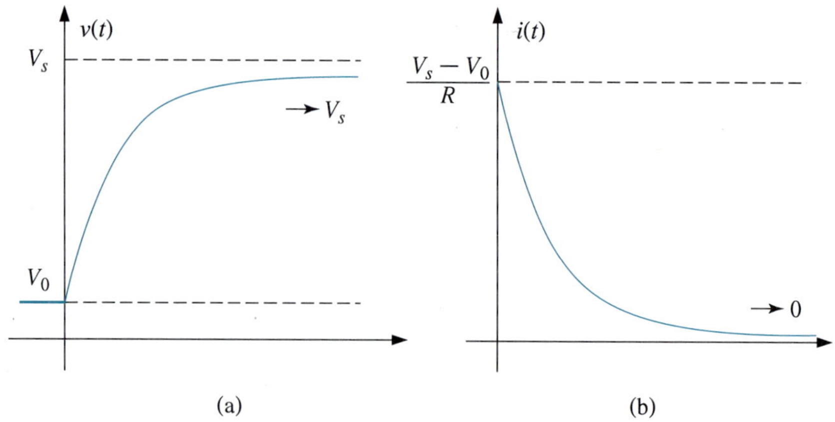

▶▶ **그림 6-41** RC 회로의 스텝 응답 파형(충전이 되어 있는 경우)

$$v = V_s + (V_0 - V_s)e^{-t/RC} = V_0 e^{-t/RC} + V_s(1 - e^{-t/RC})$$

커패시터의 전류는

$$i = C\frac{dv}{dt} = C(V_0 - V_s)\left(\frac{-1}{RC}\right)e^{-t/RC} = \frac{V_s - V_0}{R}e^{-t/RC} \text{ (그림 6-41 b)}$$

이제 이 결과를 시간에 대하여 고찰해 보자($t = 0$과 $t = \infty$). (그림 6-41 a)

$$t = 0:\ v(t = 0) = V_s + (V_0 - V_s)e^{-(0)/\tau} = V_0$$

$$t = \infty:\ v(t = \infty) = V_s + (V_0 - V_s)e^{-(\infty)/\tau} = V_s$$

V_s는 최종적으로 커패시터에 충전된 전압이 된다.

그러면, RC 회로를 해석할 때 미분방정식을 풀지 않고 구할 수 있는 방법을 생각해 보자. 커패시터의 전압식을 변형하면,

$$v(t) = V_s + (V_0 - V_s)e^{-t/RC} = v(\infty) + [v(0) - v(\infty)]e^{-t/RC}$$

여기서 $v(0)$는 커패시터의 초기 전압, $v(\infty)$는 커패시터의 최종 전압이다. 그러므로 RC 회로에서 커패시터 전압의 초깃값과 최종값을 알고 있으면 미분방정식의 계산 없이도 RC 회로의 스텝 응답(커패시터의 전압)을 구할 수 있다. 이 관계는 RL 회로에도 적용할 수 있다(인덕터 전류). 이 식은 또한 전원이 없는 경우에도 유효한 식이 된다.

만약 스위치가 시간 $t = t_0$에서 ON되었다면,

$$v(t) = v(\infty) + \left[v(t_0) - v(\infty)\right]e^{-(t - t_0)/RC}$$

이 관계를 일반화시키면,

$$x(t) = x(\infty) + \left[x(t_0) - x(\infty)\right]e^{-(t - t_0)/\tau}$$

여기서 변수 $x(t)$는 커패시터 전압(또는 인덕터 전류)이고, $x(t_0)$는 $t = t_0$에서 커패시터에 충전되었던 전압(또는 인덕터 전류), $x(\infty)$는 커패시터에 걸리는 최종 전압(또는 인덕터 전류)이다.

응답의 여러 가지 표현

인가된 전원에 대한 특정 소자의 전압이나 전류를 응답[30)]이라고 한다.

커패시터의 전압은

$$v(t) = V_s + (V_0 - V_s)e^{-t/RC} = v_f + v_n$$

v_n을 고유 응답[31)]이라 하며 회로의 고유한 구조(전원, 저항과 커패시터의 연결)에 의해 결정되는 항이다. 고유 응답은 시간이 경과하면 소멸되어 과도 응답이라고도 한다. 반면에 v_f를 강제 응답[32)]이라 하며 외부의 전원이 오랫동안 인가되었을 때의 응답으로 정상상태 응답[33)]이라고 한다.

30) 응답(應答): response
31) 고유 응답(固有 應答): natural response
32) 강제 응답(强制 應答): forced response
33) 정상상태 응답(定常狀態 應答): steady-state response

응답을 초기 조건 부분과 인가된 전압 부분으로 분리하면,

$$v(t) = V_s + (V_0 - V_s)e^{-t/RC} = V_0 e^{-t/RC} + V_s(1 - e^{-t/RC}) = v_{ZIR} + v_{ZSR}$$

제로 입력 응답[34] V_{ZIR} : 입력(V_s)이 없을 때의 응답
제로 상태 응답[35] V_{ZSR} : 초기 조건(V_0)이 없을 때의 응답

직류 회로에서 커패시터(또는 인덕터)의 전압이나 전류의 변화 과정을 이해하기 위해 과도 응답을 구하는 것에 중점을 두지만, 교류나 시스템을 공부할 때는 과도 응답보다는 시스템의 최종적인 결과, 즉 정상상태 응답이 더 중요하다.

예제 6-13 RC 회로의 스텝 응답

다음 회로에서 스위치가 오랫동안 A의 위치에 있었다. $t = 0$에서 스위치를 B의 위치로 옮겼다. $t \geq 0$에서 $v(t)$를 구하라.

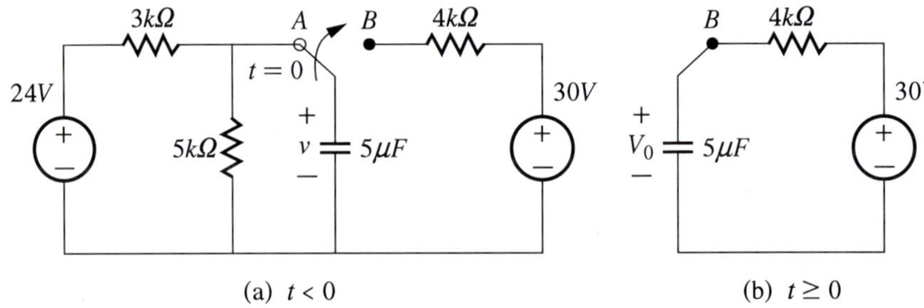

▸▸ 그림 6-42 예제 6-13 RC 회로의 스텝 응답

(G-1) $t < 0$: $v_C(0^-) = ?$
(G-2) $t \geq 0$: $\tau = ?$, $v_C(\infty) = ?$
(G-3) $t \geq 0$: $v_C = v_f + v_n$

34) 제로 입력 응답: zero-input response
35) 제로 상태 응답: zero-state response

풀이

(i) 먼저 $t < 0$에서(그림 6-42 a) 커패시터의 전압을 구해야 한다. 왜냐하면 이 값이 $t \geq 0$에서의 초기 조건이 되기 때문이다. 커패시터에 충전되는 전압을 $v(0^-) = V_0$라고 하자.

(ii) 커패시터가 충전이 완료된 이후에는 커패시터에 전류가 흐르지 않으므로 전원은 $3k\Omega$과 $5k\Omega$에 전력을 공급한다. 그러면 커패시터에 걸리는 전압은 $5k\Omega$에 걸리는 전압과 같으므로,

$$V_0 = v_{5k} = 24 \times \frac{5k}{3k + 5k} = 15V$$

(iii) 이제 $t \geq 0$에서(그림 6-42 b)

시정수: $\tau = RC = 4 \times 10^3 \times 5 \times 10^{-6} = 20\,[\text{msec}] \rightarrow \frac{1}{\tau} = 50$

$t = \infty$에서 커패시터에 충전되는 전압: $v_C(\infty) = 30V$

(iv) 그러면 응답은 $v(t) = V_s + (V_0 - V_s)e^{-t/\tau}$ 형태이므로,

$v(t) = 30 + (15 - 30)e^{-50t} = 30 - 15e^{-50t}\,[\text{V}]$

예제 6-14 **스위칭 회로**

다음 RC 회로에 (그림 6-43 b)와 같은 전압이 인가되었다. 이러한 펄스형 입력이 인가되면 커패시터는 충전과 방전을 되풀이한다. 커패시터는 최초에 충전이 되어 있지 않았다고 하자. $R = 10k\Omega$이고 $C = 1\mu F$이다.

(a) 시간 구간 $0 \leq t < 40\,[\text{msec}]$에서 커패시터 전압 $v_C(t)$를 구하라.

(b) 이 파형을 전원 파형과 함께 그려라.

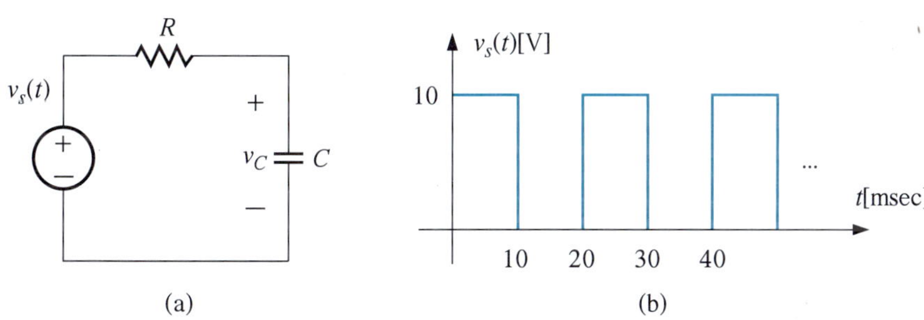

▶▶ 그림 6-43 예제 6-14 스위칭 회로

(G-1) $\tau = RC = 0.01$
(G-2) $v_C = v_f + v_n$

풀이

(i) RC 스텝 응답의 일반형은 V_i를 구간의 초깃값, V_f를 구간의 최종값이라 하면
$v_C(t) = V_f + (V_i - V_f)e^{-t/\tau}$이고,

(ii) 시정수는 $\tau = RC = 10k \times 1\mu = 10^{-2} = 10[\text{msec}]$이다.

구간 $0 \leq t < 10[\text{msec}]$

(iii) 커패시터 충전: $v_C(t) = 10 + (0 - 10)e^{-100t} = 10(1 - e^{-100t})$

(iv) $t = 10[\text{msec}]$에서 전원이 끊기므로 이때까지 커패시터가 충전한 양은
$v_C(t = 10m\sec) = 10(1 - e^{-1}) = 6.32[\text{V}]$: 다음 구간의 초깃값

구간 $10 \leq t < 20[\text{msec}]$

(v) 커패시터 방전: $v_C(t) = 0 + (6.32 - 0)e^{-100(t - 10m)}$

(vi) $t = 20[\text{msec}]$에서 다시 전원이 인가되므로 이때까지 방전한 양은
$v_C(t = 20m) = 6.32e^{-100(20m - 10m)} = 2.32[\text{V}]$: 다음 구간의 초깃값

구간 $20 \leq t < 30[\text{msec}]$

(vii) 커패시터 재충전: $v_C(t) = 10 + (2.32 - 10)e^{-100(t - 20m)} = 10 - 7.68e^{-100(t - 20m)}$

(viii) $t = 30[\text{msec}]$에서 전원이 끊기므로 이때까지 커패시터가 충전한 양은
$v_C(t = 30m) = 10 - 7.68e^{-100(30m - 20m)} = 7.17[\text{V}]$: 다음 구간의 초깃값

구간 $30 \leq t < 40[\text{msec}]$

(ix) 커패시터 재방전: $v_C(t) = 7.17e^{-100(t - 30m)}$

(x) $t = 40[\text{msec}]$에서 다시 전원이 인가되므로 이때까지 방전한 양은
$v_C(t = 40m) = 7.17e^{-100(40m - 30m)} = 2.63[\text{V}]$

구간 $40 \leq t < 50[\text{msec}]$

(xi) 커패시터 충전: $v_C(t) = 10 + (2.63 - 10)e^{-100(t - 40m)} = 10 - 7.37e^{-100(t - 40m)}$

(xii) $t = 50\,[\text{m sec}]$에서 전원이 끊기므로 이때까지 커패시터가 충전한 양은

$$v_C(t = 50m) = 10 - 7.37e^{-100(50m - 40m)} = 7.29\,[\text{V}]$$

이 값이 다음 구간에서의 초깃값이 된다.

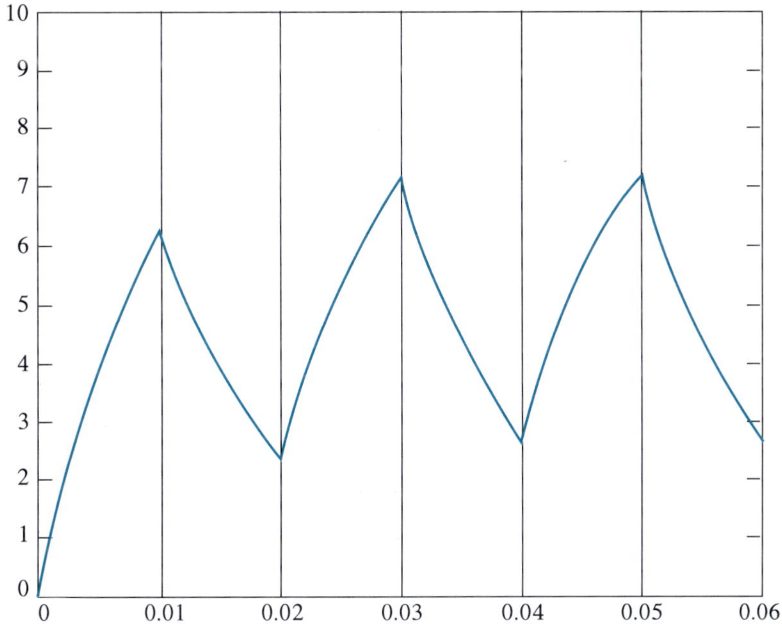

▶▶ 그림 6-44 예제 6-14 스위칭 회로의 응답 파형

6.6 | 인덕터(inductor)

이제 커패시터와 유사한 성질을 가지는 인덕터에 대하여 공부해 보자. 인덕터는 커패시터와 마찬가지로 에너지를 저장할 수 있는 또 다른 형태의 수동소자이다. 앞 절에서 언급했듯이 커패시터가 전기장(Electric Field) 안에 에너지를 저장하는 데 반하여 인덕터는 에너지를 자기장[36]안에 저장한다.

36) 자기장(磁氣場): Magnetic Field

전기 현상은 전기(電氣)와 자기(磁氣) 형태로 우리에게 보여진다. 전기적 현상은 이전에 설명했던 전압과 전류로 이해할 수 있다. 그러나 자기적 현상은 전기라는 카테고리에 묶여 그 실체를 간과하기가 쉽다. 번개가 칠 때 각종 전자 장비들이 교란을 일으키는 현상이라든지, 고압선 아래를 지날 때 라디오에 잡음이 섞인다든지 하는 것들이 자기적 현상이라 할 수 있다. 실제로 전기와 자기는 별도로 존재하는 현상이라기보다는 상호 영향을 미치는 현상이다. 그래서 전기, 전자공학에서는 전기자기학 분야를 공부한다.

두 전하 사이에서 같은 부호의 전하는 서로 밀치고 다른 부호의 전하는 서로 끌어당긴다. 이 밀치고 당기는 전기적인 힘이 미치는 방향으로 전속선(electric flux lines)이 존재하고, 이 전속선이 미치는 범위가 전기장이다. 자석의 경우에도 같은 극은 서로 밀치고, 다른 극은 서로 끌어당긴다. 두 전하와 마찬가지로 두 자석 사이에도 자속선[37](자석의 힘을 표현한 선의 다발)이 존재하고 이 묶음을 자기장이라 한다.

1820년 외르스테트가 우연히 도선 옆에 놓인 나침반이 전류가 흐를 때 움직이는 것을 발견한 이래 과학자들은 전기와 자기가 서로 어떤 연관이 있다고 생각했다. 앙페르는 이러한 전류와 자기에 관한 법칙을 발견했고, 우리는 이를 '앙페르의 법칙'이라고 부른다.[38]

패러데이의 전자 유도 법칙[39]

패러데이는 1830년 도체를 자기장 속에서 움직이면 자속선에 변형이 생겨 ('자속선을 끊는다' 고 한다) 도체 사이에 전압이 유도된다는 사실을 발견했다. 이 현상을 이용한 것이 발전기이다. 반대로 도체를 고정시키고 자기장을 움직여도 같은 효과를 얻는다. 이 현상을 설명한 것이 패러데이의 전자 유도법칙이다. 즉, 자속이 시간적으로 변하면 전압을 발생시킨다.

37) 자속선(磁束線): magnetic flux lines
38) 앙페르의 법칙: 도선에 전류가 흐르면 도선 주위에 자장이 형성된다. 전류와 자계 방향은 오른 나사의 법칙을 따른다.
39) 전자 유도(電磁 誘導, electromagnetic induction) 법칙

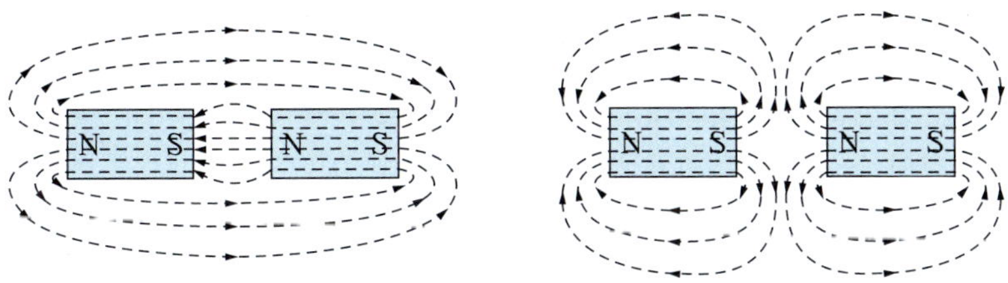

▶▶ **그림 6–45** 자석의 자속선

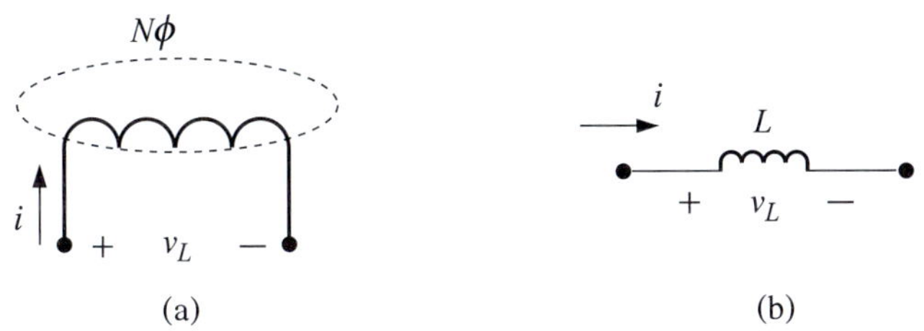

▶▶ **그림 6–46** 인덕터의 전압 유도와 회로 심볼

$$v_L = N\frac{d\phi}{dt}$$

(일반적으로 유도된 전압은 $e = \frac{d\phi}{dt}$의 형태를 쓴다.)

코일의 인덕턴스 L[40)]

코일의 인덕턴스는 코일의 재질과 단면적, 코일의 감은 수의 자승에 비례하고 코일의 길이에 반비례한다.

$$L = \frac{N^2 \mu A}{l}$$

또한 총 자속 $N\phi$는 코일에 흐르는 전류에 비례한다.

$$N\phi = Li$$

40) 인덕턴스(inductance): 인덕터 성질, 값

인덕터의 전압-전류 관계

인덕터는 도선을 코일 형태로 감아 놓은 것이다. 우리는 인덕터의 물리적 성질보다는 인덕터의 전압, 전류 관계에 더 관심이 많다. 인덕터에 전류를 흘리면 자장이 형성되고 전류가 (시간에 따라) 변하면 전압이 유도된다.

$$v = N\frac{d\phi}{dt} = N\frac{d}{dt}\left(\frac{L}{N}i\right) = L\frac{di}{dt}$$

전류는

$$di = \frac{1}{L}vdt \rightarrow i(t) = \frac{1}{L}\int_{-\infty}^{t} v(t)\,dt$$

6.7 인덕터 직병렬 연결

인덕터 직렬연결

직렬회로의 등가회로는 KVL을 이용하여 전압강하의 합을 구하면 된다. 즉,

$$v = v_1 + v_2 = L_1\frac{di}{dt} + L_2\frac{di}{dt} = L_{EQ}\frac{di}{dt}, \text{ 즉 } L_{EQ} = L_1 + L_2$$

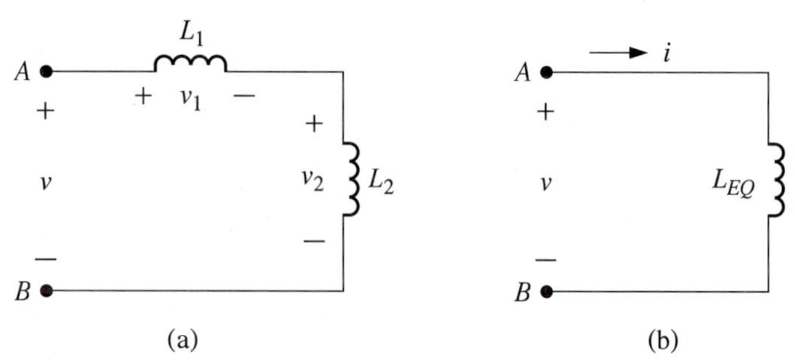

▶▶ 그림 6-47 인덕터의 직렬연결

인덕터 병렬연결

병렬회로는 단자에 동일한 전압이 걸리므로 KCL을 이용하여 노드 전류의 합을 구하면 된다.

$$i = i_1 + i_2 = \frac{1}{L_1}\int_{-\infty}^{t} vdt + \frac{1}{L_2}\int_{-\infty}^{t} vdt = \frac{1}{L_{EQ}}\int_{-\infty}^{t} vdt$$

즉, $\dfrac{1}{L_{EQ}} = \dfrac{1}{L_1} + \dfrac{1}{L_2} \rightarrow L_{EQ} = \dfrac{L_1 L_2}{L_1 + L_2}$

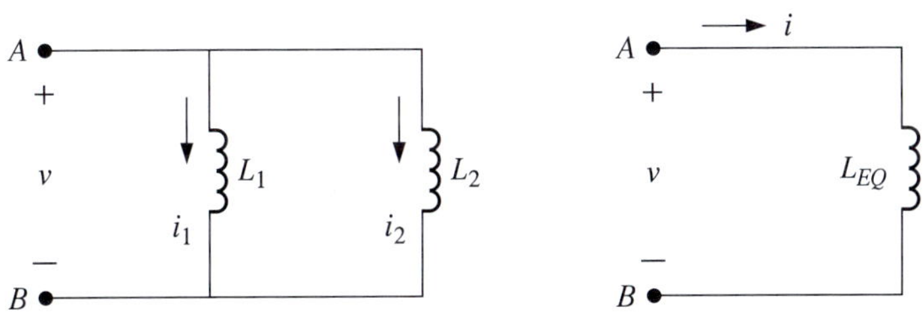

▶▶ 그림 6-48 인덕터의 병렬연결

▶▶ 표 6-2 인덕터 직병렬 연결

인덕터 직렬연결	인덕터 병렬연결
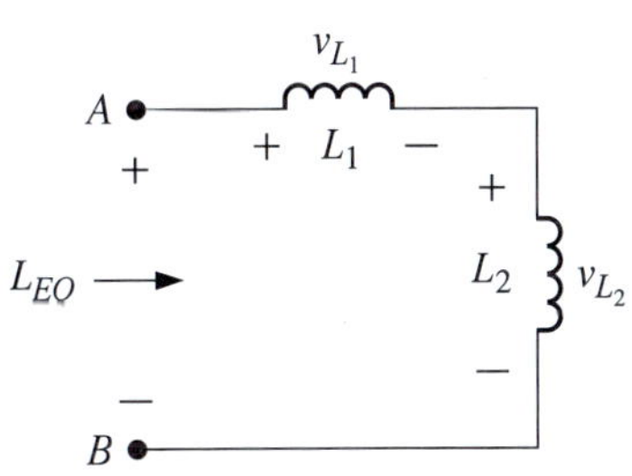	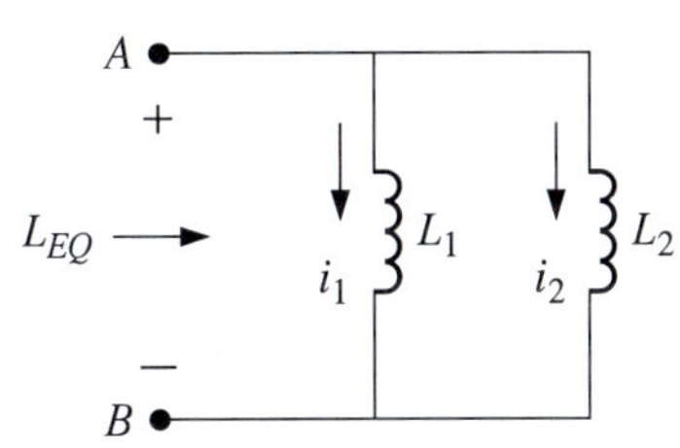
$v_{AB} = L_{EQ}\frac{di}{dt}$, $v_{AB} = v_{L_1} + v_{L_2} = L_1\frac{di}{dt} + L_2\frac{di}{dt}$ $L_{EQ} = L_1 + L_2$	$i = \frac{1}{L_{EQ}}\int_{-\infty}^{t} v_{AB}\,dt$, $i = i_1 + i_2 = \frac{1}{L_1}\int_{-\infty}^{t} v_{AB}\,dt + \frac{1}{L_2}\int_{-\infty}^{t} v_{AB}\,dt$ $\frac{1}{L_{EQ}} = \frac{1}{L_1} + \frac{1}{L_2}$

예제 6-15 인덕터의 전압

10mH 인덕터에 (그림 6-49)에서와 같은 전류가 흐른다. 인덕터에 유도되는 전압을 구하라.

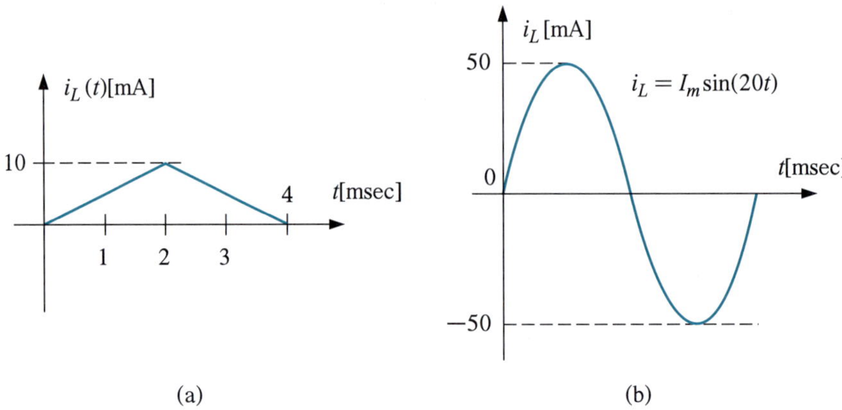

▶▶ 그림 6-49 예제 6-15 인덕터에 흐르는 전류

(G-1) $i_L(t) = ?$
(G-2) 일차식의 미분은?
(G-3) 삼각함수의 미분은?
(M) $v_L = L\dfrac{di_L}{dt}$

풀이

(a) (i) $i_L(t) = \begin{cases} 5t & 0 \le t < 2[\text{msec}] \\ 20m - 5t & 2 \le t < 4[\text{msec}] \end{cases}$ 이므로

(ii) $v_L(t) = \begin{cases} 5\times10^{-2}[\text{A}] & 0 \le t < 2[\text{msec}] \\ -5\times10^{-2}[\text{A}] & 2 \le t < 4[\text{msec}] \end{cases}$

(iii) 전압 파형은 (그림 6-50 a)

(b) (i) $i_L(t) = 50\sin(20t)[\text{mA}]$이므로

(ii) $v_L = (10^{-2})(50\times10^{-3})(20)\cos(20t) = 10^{-2}\cos(20t)[\text{V}]$

(iii) 전압 파형은 (그림 6-50 b)에서 전압은 전류보다 위상이 90° 앞선다. 커패시터의

경우 전류의 위상이 전압보다 앞서는 것을 확인하였다(연습 6-1).

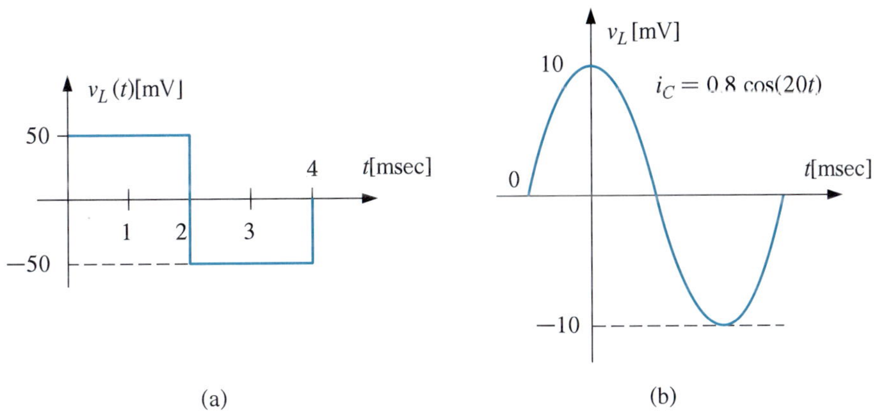

▸▸ 그림 6-50 예제 6-15의 전류 파형

[연습 6-6] 인덕터의 전압

다음 회로에서 v_{in}을 구하라.

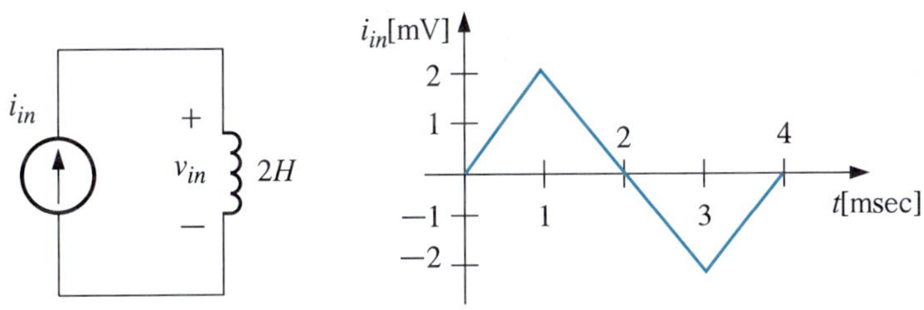

▸▸ 그림 6-51 연습 6-6 인덕터에 흐르는 전류

힌트

(i) 좌표축의 단위는?

(ii) i_{in}을 수식으로

답 $v_{in}(t) = \begin{cases} 4A & 0 \le t < 1[m\sec] \\ -4A & 1[m\sec] \le t < 3[m\sec] \\ 4A & 3[m\sec] \le t < 4[m\sec] \end{cases}$

예제 6-16 인덕터 병렬 회로

다음 회로에서 전류의 초기 조건은 $i_1 = 3mA$, $i_2 = -5mA$이다. $t \geq 0$에서 단자 전압은 $v_{AB} = -3e^{-5t}[mV]$라고 하자.

(a) 이 회로의 등가 인덕턴스는?

(b) 전류 $i(t)$는?

(c) $t \geq 0$에서 $i_1(t)$, $i_2(t)$는?

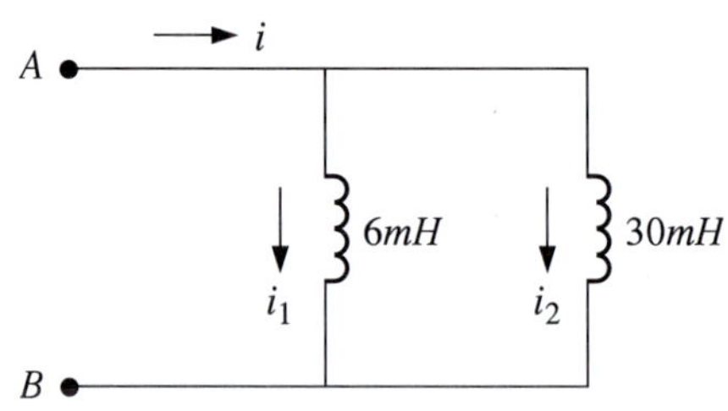

▶▶ 그림 6-52 예제 6-16 인덕터의 전류

(G) $L_{EQ} = L_1 // L_2$

(M) $i(t) - i(0) = \frac{1}{L}\int_{-\infty}^{t} v_{AB}\, dt$

풀이

먼저, $i(0^+) = i(0^-) = -2mA$

(a) $L_{EQ} = L_1 // L_2 = \frac{6m \times 30m}{360} = 5[\text{mH}]$

(b) (i) $i(t) - i(0) = \frac{1}{L}\int_{-\infty}^{t} v_{AB}\, dt = \frac{1}{5 \times 10^{-3}}\int_{0^-}^{t} (-3 \times 10^{-3})e^{-50t}\, dt$

(ii) 즉, $(-0.6)\int_{0^-}^{t} e^{-50t}\, dt = (-0.6)\left[\frac{-1}{50}e^{-50t}\right]_{-0}^{t} = 12e^{-50t} - 12[\text{mA}]$

(iii) 그러므로, $i(t) = 12e^{-5t} - 12 + i(0) = 12e^{-5t} - 14[\text{mA}]$

(c) (i) $i_1(t) - i_1(0) = \frac{1}{L_1}\int_{-\infty}^{t} v_{AB}\, dt = \frac{1}{6 \times 10^{-3}}\int_{0^-}^{t} (-3 \times 10^{-3})e^{-50t}\, dt$

(ii) $(-0.5)\int_{-0}^{t} e^{-50t}\, dt = (-0.5)\left[\frac{-1}{50}e^{-50t}\right]_{-0}^{t} = 10e^{-50t} - 10[\text{mA}]$

(iii) 즉, $i_1(t) = 10e^{-50t} - 10 + 3 = 10e^{-50t} - 7[\text{mA}]$

(iv) $i_2(t) - i_2(0) = \frac{1}{L_2}\int_{-\infty}^{t} v_{AB}\,dt = \frac{1}{30\times10^{-3}}\int_{0^-}^{t} (-3\times10^{-3})e^{-50t}\,dt$

(v) $(-0.1)\int_{-0}^{t} e^{-50t}\,dt = (-0.1)\left[\frac{-1}{50}e^{-50t}\right]_{-0}^{t} = 2e^{-50t} - 2\,[\text{mA}]$

(vi) $i_2(t) = 2e^{-50t} - 2 - 5 = 2e^{-50t} - 7\,[\text{mA}]$

인덕터의 전력과 에너지

전력은 전압과 전류의 곱이므로,

$$P = v\times i = \left(L\frac{di}{dt}\right)\times i$$

저장된 에너지는

$$W = \int_{-\infty}^{t} P_L\,dt = \int_{-\infty}^{t}\left(L\frac{di}{dt}\right)idt = L\int_{i(-\infty)}^{i(t)} idi = \frac{1}{2}L\left[i^2(t) - i^2(-\infty)\right]$$

$i(-\infty) = 0$이므로 인덕터에 저장된 에너지는

$$W = \frac{1}{2}Li^2(t)$$

직류에서 인덕터의 중요한 성질

인덕터에 흐르는 전류를 I_0(DC)라고 하면,

$$v_L(t) = L\frac{dI_0}{dt} = 0$$

소자에 걸리는 전압이 0이란 의미는 소자는 단락이 되었다는 뜻이다.

> 인덕터는 직류에서 단락 상태이다.

이제 인덕터의 전압-전류방정식에서 도함수의 정의를 되새기면,

$$v_L(t) = L\frac{di}{dt} = L\lim_{\Delta t \to 0}\frac{i(t+\Delta t) - i(t)}{(t+\Delta t) - t} = L\lim_{\Delta t \to 0}\frac{i(t+\Delta t) - i(t)}{\Delta t}$$

이 식에서 만약 $i(t+\Delta t) \neq i(t)$이라 하면 $i(t+\Delta t) - i(t) = B$(어떤 값)가 되는데, 그러면

$$v_L(t) = L\lim_{\Delta t \to 0}\frac{i(t+\Delta t) - i(t)}{\Delta t} = L\lim_{\Delta t \to 0}\frac{B}{\Delta t} = \frac{B}{0} \to \infty$$

전압이 무한대인 것은 현실적으로(물리적으로) 불가능하므로,

$$i(t+\Delta t) = i(t)$$

이어야 한다. 인덕터가 있는 회로에서 초기 조건값을 제공한다.

$$i_L(0^+) = i_L(0^-)$$

> 인덕터에 흐르는 전류는 순간적으로 변할 수 없다.

6.8 | 전원이 없는 RL 회로[41)]

이제 저항과 연결된 인덕터 회로를 해석해 보자. RL 회로의 회로방정식은 RC 회로와 형태가 유사한 미분방정식이다. 우리가 구하려는 응답은 인덕터에 흐르는 전

41) source-free RL circuit

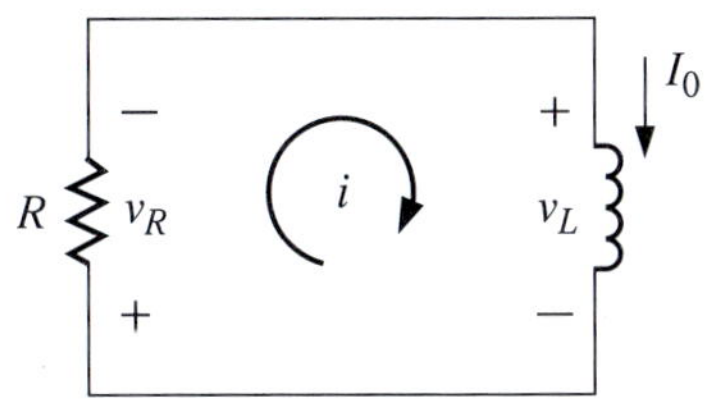

▶▶ 그림 6-53 RL 회로

류 $i_L(t)$이다. 시간 $t = 0$에서 인덕터에 I_0가 흐른다고 가정하자.

인덕터는 전류 형태로 에너지를 저장하므로 전류를 미지수로 하는 회로방정식을 만들면 된다. (그림 6-53) 회로의 루프에서 KVL을 적용하면,

$$v_L + v_R = 0 \rightarrow L\frac{di}{dt} + Ri = 0$$

$$\text{즉, } \frac{di}{dt} + \frac{R}{L}i = 0 \rightarrow \frac{di}{dt} = -\frac{R}{L}i$$

이 식은 전원이 없는 RC 회로의 방정식

$$C\frac{dv}{dt} + \frac{v}{R} = 0$$

과 같은 형태이다. 이 미분방정식은 해를 $v(t) = Ae^{st}$로 가정하여 풀거나 변수 분리법으로 풀 수 있다. RL 회로의 경우도 마찬가지로 미지수가 전류인 것을 제외하면 RC 회로와 같은 방법으로 풀면 된다. 중복을 피하기 위하여 미분방정식의 풀이 결과만을 이용하도록 하자.

RL 회로의 회로방정식의 해는 $i(t) = Ae^{-t/\tau} = I_o e^{-t/\tau}$이고,

시정수는 $\tau = \frac{L}{R}$이다.

인덕터의 전류는 급작스럽게 방향을 바꿀 수 없으므로 흐르던 방향으로 계속 흐르지만 인덕터 전압은 그 극성을 바꿔 에너지를 공급하게 된다.

$$v_L(t) = L\frac{di}{dt} = LI_0\left(-\frac{R}{L}\right)e^{-t/\tau} = -I_0 Re^{-t/\tau}$$

만약 RL 회로를 인덕터 전압을 미지수로 하여 회로방정식을 만들면,

$$v_L + v_R = 0 \rightarrow v_L + R\frac{1}{L}\int_0^t v_L dt = 0$$

미분하면,

$$\frac{dv_L}{dt} + \frac{R}{L}v_L = 0 \rightarrow v_L(t) = v_L(0)e^{-t\frac{R}{L}}$$

그런데 인덕터는 초기 조건으로 인덕터 전압이 주어지지 않았으므로 완전해를 구할 수 없다.

예제 6-17 전원이 없는 RL 회로

다음 회로에서 $i_L(0^-) = 20mA$이었다. 다음 물음에 답하라.

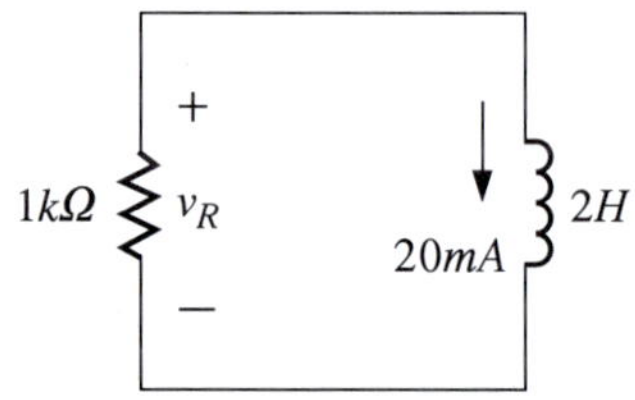

▶▶ 그림 6-54 예제 6-17의 RL 회로

(a) $t \geq 0$에서 인덕터에 흐르는 전류 $i_L(t)$를 구하라.
(b) 인덕터에 저장된 에너지를 구하라.
(c) $t \geq 0$에서 저항의 전압강하 $v_R(t)$를 구하라.
(d) 저항이 소비한 전력을 구하라.

(G) 시정수 $\tau = \frac{L}{R}$

(FW) $i_L(t) = ?,\ W_L,\ V_R,\ W_R$

(M-1) $i_L = I_o e^{-t/\tau}$

(M-2) $W_L = \frac{1}{2} L I_0^2$ 또는 $W_L = \int_0^{\infty} P_L\, dt$

(M-3) $V_R = -i_L R$

풀이

이 회로의 시정수는 $\tau = \frac{L}{R} = \frac{2}{1000} = \frac{1}{500}$

(a) $t \geq 0$에서 인덕터 전류는 $i_L(t) = 20e^{-500t}$ [mA]

(b) (i) 인덕터가 할 수 있는 일은(저장된 에너지),

$$W_L = \frac{1}{2} L I_0^2 = \frac{1}{2}(2)(20 \times 10^{-3})^2 = 400 \times 10^{-6} = 0.4\,[\text{mJ}]$$

(ii) 또는

$$v_L(t) = L\frac{di_L}{dt} = (2)(-500)(20 \times 10^{-3})e^{-500t} = -20e^{-500t}\,[\text{V}]$$

$$P_L = v_L \times i_L = -(400 \times 10^{-3})e^{-1000t} = -0.4e^{-1000t}\,[\text{W}]$$

인덕터 전력이 음수($P_L < 0$)이므로 인덕터는 에너지를 공급한다.

$$W_L = \int_0^{\infty} P_L\, dt = \int_0^{\infty} (-0.4e^{-1000t})\, dt = (-0.4)\frac{-1}{1000} = 0.4\,[\text{mJ}]$$

(c) $v_R = -i_L R = -(20 \times 10^{-3} e^{-500t})(1000) = -20e^{-500t}$ [V]

(d) $P_R = \frac{v_R^2}{R} = \frac{(400e^{-1000t})}{1000} = 0.4e^{-1000t}$ [W]

저항은 에너지를 소비하므로 $P_R > 0$이다.

예제 6-18 전원이 없는 RL 회로

다음 회로는 $t = 0$에서 스위치를 개방하였다. $t \geq 0$에서 $i(t)$를 구하라.

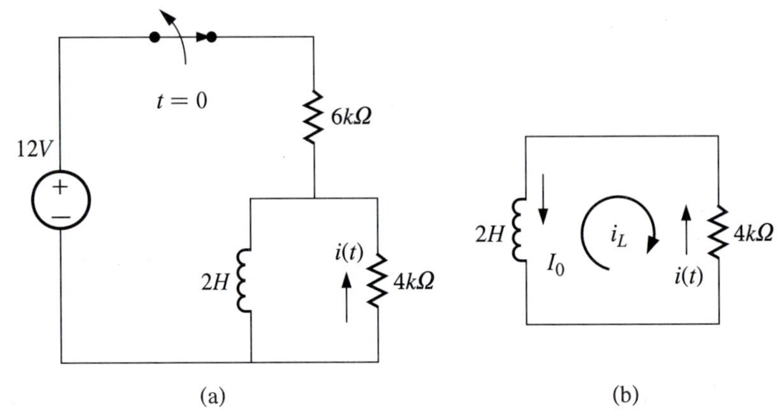

▸▸ 그림 6-55 예제 6-18 RL 회로

(G-1) $t < 0 \rightarrow i_L(0^-) = I_0$

(G-2) $t \geq 0$에서 $\tau = \frac{L}{R}$

(FW) $i(t) = i_R$

풀이

(i) 초기 인덕터 전류: $t < 0$에서 인덕터에 흐르는 전류 $I_0 = \frac{12V}{6k} = 2mA$

(ii) 이제 $t \geq 0$에서 스위치를 개방하면 (그림 6-55 b)와 같은 회로가 되고 시정수는

$$\tau = \frac{L}{R} = \frac{2}{4k} = \frac{1}{2000}$$

(iii) 인덕터 전류는 갑자기 변할 수 없으므로 초기 전류와 같은 방향으로 흐른다.

$$i_L = I_0 e^{-\frac{R}{L}t} = 2e^{-2000t}\,[\text{mA}]$$

(iv) 그러면 $4k\Omega$에 흐르는 전류는 $i(t) = i_L = 2e^{-2000t}\,[\text{mA}]$

6.9 RL 회로의 스텝 응답

(그림 6-56)과 같이 RL 회로에 전원이 연결되어 있는 회로를 해석하자. 인덕터에는 에너지가 저장되어 있지 않다고 가정하자. 즉, $i(0^-) = 0$이다.

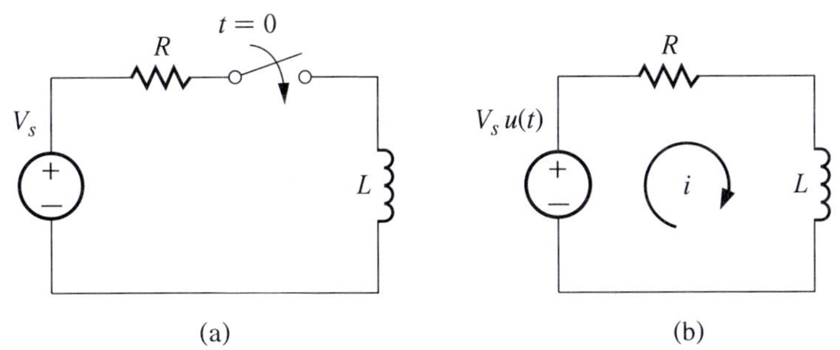

▸▸ 그림 6-56 스텝 입력과 RL 회로

$t \geq 0$에서 회로방정식은

$$V_s = v_R + v_L = Ri + L\frac{di}{dt}$$

이 비제차 미분방정식의 해는

$$i(t) = \frac{V_s}{R} + \left(i(0) - \frac{V_s}{R}\right)e^{-\frac{R}{L}t}$$

초기 조건이 없으므로($i(0) = 0$)

$$i(t) = \frac{V_s}{R}\left(1 - e^{-\frac{R}{L}t}\right)$$

인덕터의 전압은

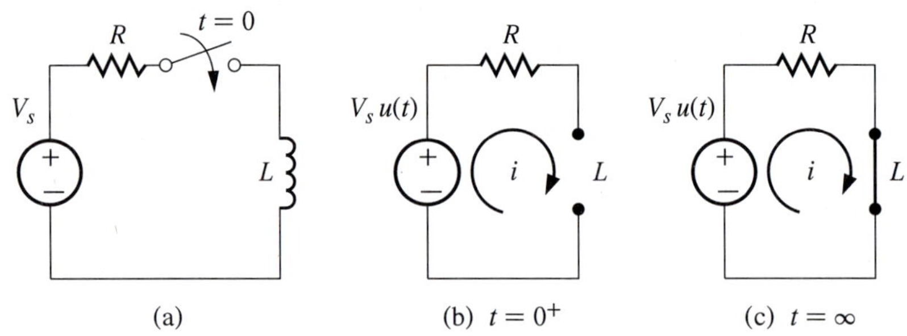

▶▶ **그림 6-57** 인덕터의 스위칭 순간

$$v_L(t) = L\frac{di}{dt} = L\frac{V_s}{R}\left(-\frac{R}{L}\right)\left(-e^{-\frac{R}{L}t}\right) = V_s e^{-\frac{R}{L}t}$$

인덕터의 전기적 성질을 정성적으로 알아보기 위해 시간 $t = 0$과 $t = \infty$에서 전압과 전류를 구해 보자(그림 6-57).

$$i(t = 0) = \frac{V_s}{R}\left(1 - e^{-\frac{R}{L}(0)}\right) = 0$$

$$v_L(t = 0) = V_s e^{-\frac{R}{L}(0)} = V_s$$

인덕터는 스위치가 닫히는 순간 전류는 $i(t) = 0$이고 전압은 V_s가 된다. 인덕터에 전류가 흐르지 않으므로 인덕터는 이 순간 개방 회로가 된다.

마찬가지로 $t = \infty$에서,

$$i(t = \infty) = \frac{V_s}{R}\left(1 - e^{-\frac{R}{L}(\infty)}\right) = \frac{V_s}{R}$$

$$v_L(t = \infty) = V_s e^{-\frac{R}{L}(\infty)} = 0$$

$t = \infty$에서 인덕터에 걸리는 전압은 $v_L(t) = 0$이므로 시간이 한참 경과하면 인덕터는 단락회로가 되며 전류는 저항에 의해 제어된다.

초기 조건이 있는 RL 회로

이제 인덕터에 에너지가 저장되어 있는 상태에서 전원을 인가한 경우를 생각해 보자. (그림 6-58)의 회로는 오랫동안 인덕터에 $12V$를 공급하다가 $t = 0$에서 이 전원을 끊고 $24V$ 전원을 연결한 경우이다.

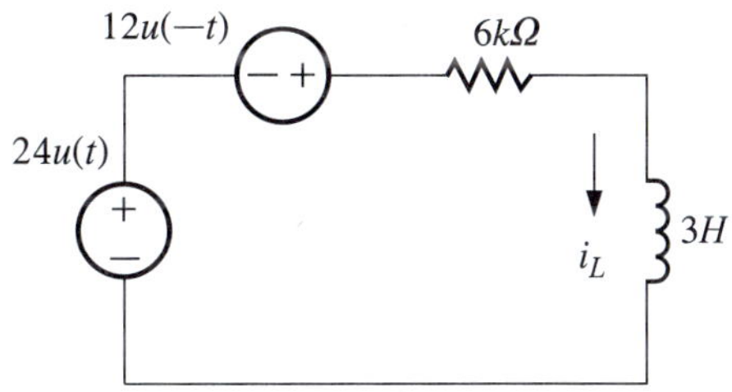

▶▶ 그림 6-58 초기 조건이 있는 RL 회로

$t < 0$과 $t \geq 0$에서 회로를 살펴보면,

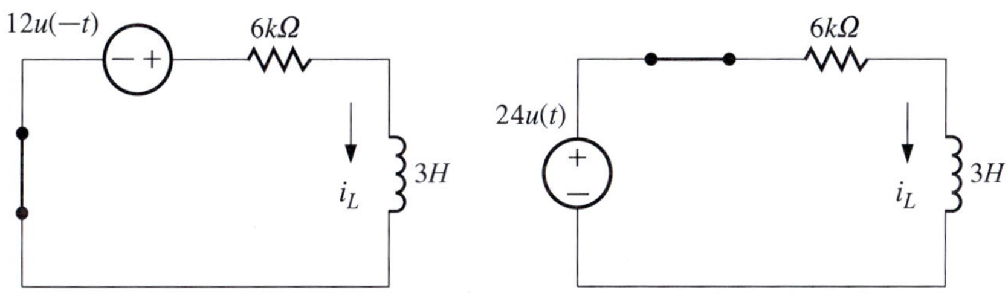

(a) $t < 0$ (b) $t \geq 0$

▶▶ 그림 6-59 $t = 0$ 주변에서의 RL 회로

$t < 0$ 이전부터 오랫동안 회로는 $12V$ 전압원으로 구동되고 있으므로 (그림 6-59 a)와 같은 회로가 된다. 이때 인덕터에 흐르는 전류는

$$i_L = I_0 = 2mA$$

이 값이 초기 조건이 된다(항상 $t < 0$에서는 초기 조건만 구하면 된다).

이제 $t \geq 0$에서 회로는 (그림 6-59 b)가 되는데 먼저 시정수를 구하면,

$$\tau = \frac{L}{R} = \frac{3}{6k} = \frac{1}{2000}$$

회로방정식은

$$24 = 6ki_L + 3\frac{di_L}{dt},\ i_L(0^-) = I_0 = 2mA$$

이 미분방정식의 해는

$$i_L(t) = \frac{V_s}{R} + \left(i(0) - \frac{V_s}{R}\right)e^{-\frac{R}{L}t}$$

의 형태가 된다. 즉,

$$i_L(t) = \frac{24}{6k} + \left(2m - \frac{24}{6k}\right)e^{-2000t} = 4 - 2e^{-2000t}\,[\mathrm{mA}]$$

RL 회로의 응답-체계적 방법

RC 스텝 응답에서 보였듯이 커패시터의 전압은

$$v_C(t) = v_C(\infty) + [v_C(t_0) - v_C(\infty)]e^{-(t-t_0)/\tau},\ \tau = RC$$

이 관계를 일반화시키면,

$$x(t) = x(\infty) + [x(t_0) - x(\infty)]e^{-(t-t_0)/\tau}$$

여기서 $x(t) = v_C(t)$, $\tau = RC$이다.

마찬가지로 RL 회로는 $x(t) = i_L(t)$라고 하면,

$$i_L(t) = i_L(\infty) + [i_L(t_0) - i_L(\infty)]e^{-(t-t_0)/\tau},\ \tau = \frac{L}{R}$$

이다.

▸▸ 표 6-3 RC 및 RL 회로의 응답–고유 응답

RC 회로(고유 응답)	RL 회로(고유 응답)
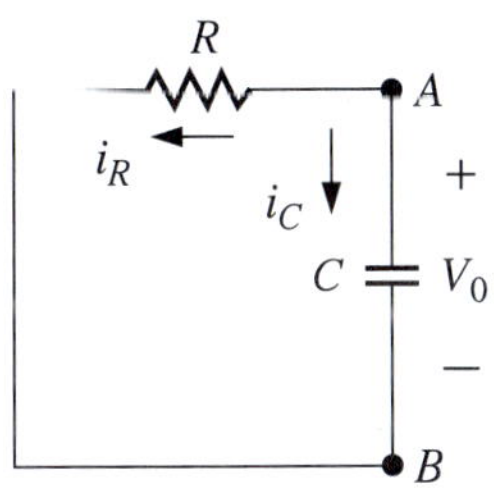 초기 조건: $v_C(0^+) = V_0$ 회로방정식(KCL): $i_C + i_R = C\frac{dv_C}{dt} + \frac{v_C}{R} = 0$ $v_C(t) = V_0 e^{-t/\tau},\ \tau = \frac{1}{RC}$	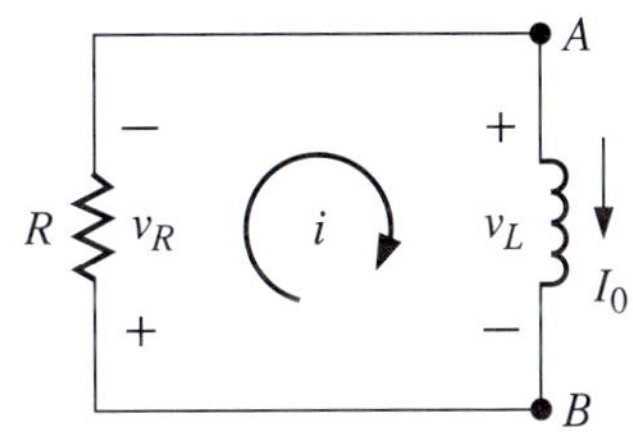 초기 조건: $i_L(0^+) = I_0$ 회로방정식(KVL): $v_L + v_R = L\frac{di_L}{dt} + Ri_L = 0$ $i_L(t) = I_0 e^{-t/\tau},\ \tau = \frac{L}{R}$

▸▸ 표 6-4 RC 및 RL 회로의 응답–강제 응답

RC 회로(강제 응답)	RL 회로(강제 응답)
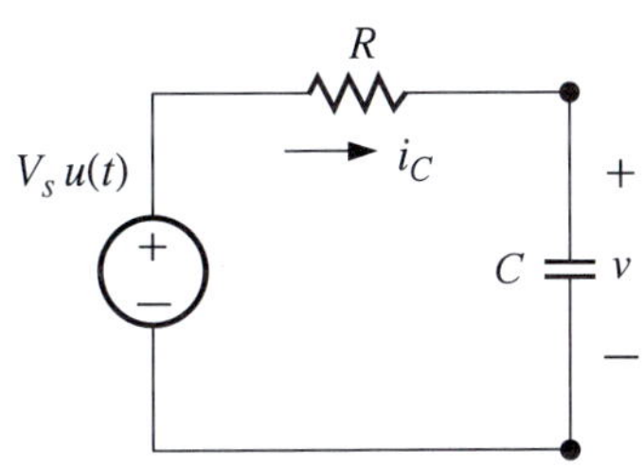 회로방정식(KCL): $t \geq 0$ $i_C + i_R = C\frac{v_C}{dt} + \frac{v_C - V_s}{R} = 0$ $v_C = v_C(\infty) + \left(v_C(0) - v_C(\infty)\right)e^{-t/\tau}$	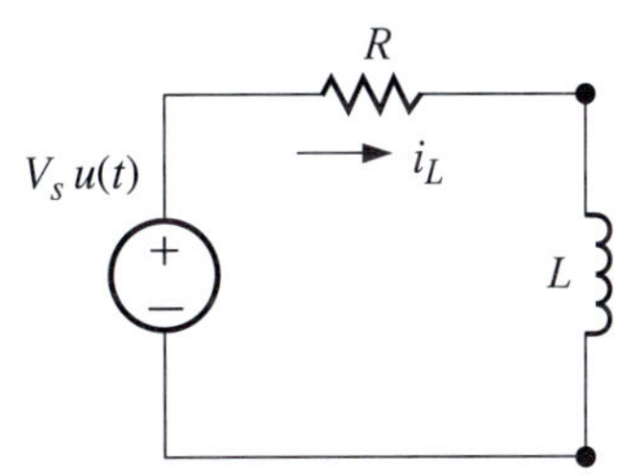 회로방정식(KVL): $t \geq 0$ $V_s = Ri_L + L\frac{di_L}{dt}$ $i_L(t) = i_L(\infty) + \left(i_L(0) - i_L(\infty)\right)e^{-t/\tau}$

RC 회로(강제 응답)	RL 회로(강제 응답)
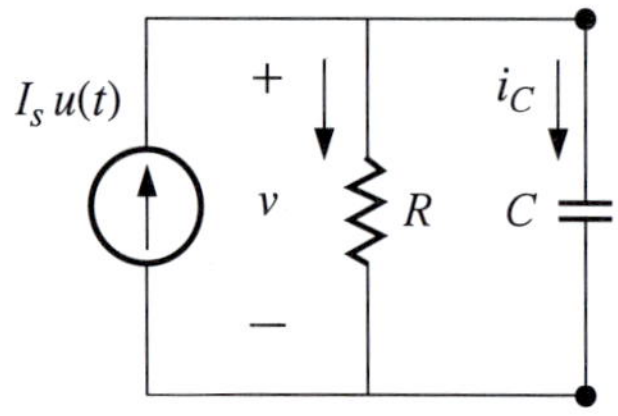	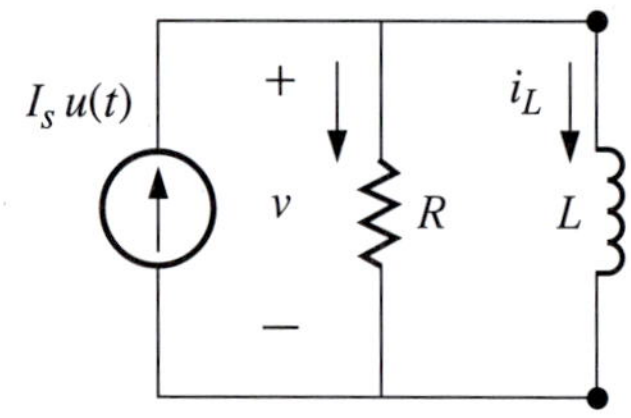
$I_s = i_R + i_C = \frac{v}{R} + C\frac{dv}{dt}$ $\frac{dv}{dt} + \frac{v}{RC} = \frac{I_s}{C}$	$v_L = L\frac{di_L}{dt} = R\left(I_s - i_L\right)$ $\frac{di_L}{dt} + \frac{R}{L}i_L = \frac{R}{L}I_s$

인덕터에 에너지가 저장되어 있는 상태에서 전원을 인가한 경우의 문제를 하나 더 풀어 보자.

예제 6-19 초기 조건이 있는 RL 회로

다음 회로에서 $t = 0$에서 스위치를 닫았다. $t \geq 0$에서 $i(t)$를 구하라.

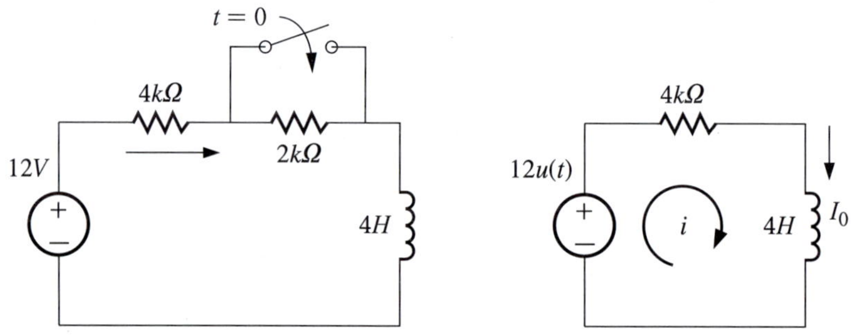

(a) $t < 0$ (b) $t \geq 0$

▶▶ 그림 6-60 예제 6-19 RL 회로

(G-1) $t < 0$에서 $I_0 = ?$
(G-2) $t \geq 0$에서 $\tau = ?$

풀이

(i) 스위치를 닫기 전, $t < 0$에서 인덕터에 흐르는 전류는

$$i_L = I_0 = \frac{12}{4k + 2k} = 2mA$$

이제 스위치를 닫으면 (그림 6-60 b)의 형태가 된다.

(ii) 이 회로의 시정수는 $\tau = \frac{L}{R} = \frac{4}{4k} = \frac{1}{1000}$

(iii) 그러면 전류는

$i(t) = \frac{V_s}{R} + \left(I_0 - \frac{V_s}{R}\right)e^{-t/\tau}$ 형태이므로

$$i(t) = 3 + (2 - 3)e^{-1000t} = 3 - e^{-1000t}\,[\text{mA}]$$

연습 풀이

[연습 6-1]

(i) $i_C = C\dfrac{dv_C}{dt}$이므로,

(그림 6-5 a): $i_C = C\dfrac{d\left(50(1-e^{-10t})\right)}{dt} = (2\times10^{-3})(-50)(-10)e^{-10t}$
$= e^{-10t}$[A]

(그림 6-5 b): $i_C = C\dfrac{d(20\sin 20t)}{dt} = (2\times10^{-3})(20)(20\cos 20t) = 0.8\cos(20t)$[A]

(ii) 전류 파형을 그려 보면,

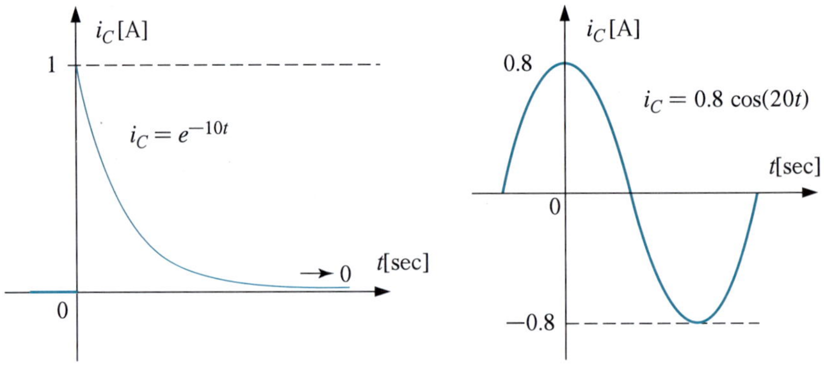

(a) (b)

[연습 6-2]

$Q = C_1V_1 = C_2V_2$이므로 커패시터에 걸리는 전압은 커패시턴스에 반비례한다. 그러므로 $6\mu F$에 걸리는 전압은 48V가 된다. $V_{AB} = 72V$

[연습 6-3]

(i) 먼저 전원에서 본 등가 커패시턴스를 구하자. $40\mu F$과 $20\mu F$은 병렬이므로 합성 커패시턴스는 $60\mu F$이 되므로,

$$C_{EQ}=\frac{1}{\frac{1}{30\mu}+\frac{1}{60\mu}+\frac{1}{(40\mu+20\mu)}}=\frac{1}{\frac{2+1+1}{60\mu}}=15\mu F$$

(ii) 도선에 흐르는 전체 전하는($q = Cv$)

$$q=C_{EQ}\times v=15\times 10^{-6}\times 20=300\times 10^{-6}[\mathrm{C}]$$

(iii) 그러면

$$v_1=\frac{q}{C_1}=\frac{300\times 10^{-6}}{30\mu F}=10[\mathrm{V}]$$

$$v_2=\frac{q}{C_2}=\frac{300\times 10^{-6}}{60\mu F}=5[\mathrm{V}]$$

$$v_3=20-v_1-v_2=5[\mathrm{V}]$$

[연습 6-4]

(i) 먼저 커패시터에 충전된 전압을 알아보자.

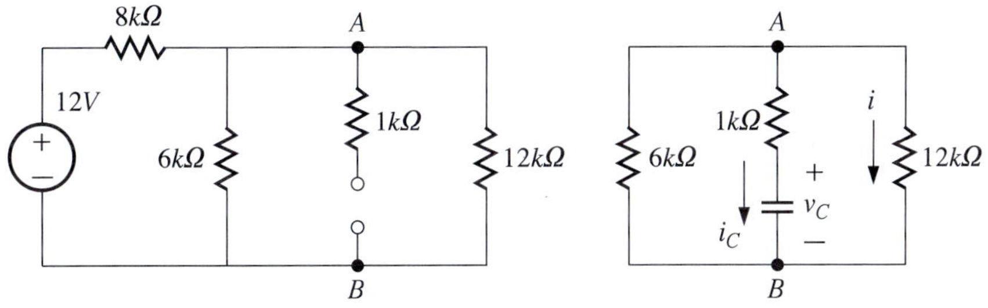

(a) $t<0$ (b) $t\geq 0$

$t<0$에서 회로는 (그림 a)와 같을 것이다. 그러면 커패시터에 충전된 전압은 $v_C=V_{AB}=v_{6k}$이므로,

$$v_C=12\times\frac{6k\,//\,12k}{8k+6k\,//\,12k}=12k\times\frac{4k}{12k}=4V$$

(ii) 이제 $t\geq 0$에서 커패시터 전압을 구해 보자(그림 b). 먼저 시정수는 $\tau=R_{EQ}C$이므로,

$$R_{EQ}=1k+6k\,//\,12k=5k\Omega$$

즉, $\tau=5k\times 20\mu=100\times 10^{-3}=0.1[\sec]$

(iii) 그러면

$v_C = v_C(0)e^{-t/\tau} = 4e^{-10t}$[V]이고,

(iv) 커패시터 전류는

$$i_C = C\frac{dv_C}{dt} = (20\times10^{-6})(-10)(6)e^{-10t} = -0.8\times10^{-3}e^{-10t}\text{[A]}$$

(v) 그러면 $i = -i_C\dfrac{6k}{6k+12k} = \dfrac{1.2\times10^{-3}}{3}e^{-10t} = \dfrac{0.8}{3}e^{-10t}$[mA]

[연습 6-5]

$$\int_{-\infty}^{+\infty} x(t)\,dt = \int_{-\infty}^{+\infty} \cos(\pi t)[\delta(t) - \delta(t-1)]\,dt$$

$$= \int_{-\infty}^{+\infty} [\cos(\pi t)\delta(t) - \cos(\pi t)\delta(t-1)]\,dt$$

그런데, $\int_{-\infty}^{+\infty} \cos(\pi t)\delta(t)\,dt = \cos(0)\int_{-\infty}^{+\infty} \delta(t)\,dt = 1$,

$\int_{-\infty}^{+\infty} \cos(\pi t)\delta(t-1)\,dt = \cos(\pi)\int_{-\infty}^{+\infty} \delta(t-1)\,dt = -1$이므로,

$$\int_{-\infty}^{+\infty} x(t)\,dt = 2$$

[연습 6-6]

전류는 $i_{in}(t) = \begin{cases} 2t & 0 \le t < 1m\sec \\ -2t+4m & 1m\sec \le t < 3m\sec \\ 2t-8m & 3m\sec \le t < 4m\sec \end{cases}$

$v_{in}(t) = L\dfrac{di_{in}}{dt}$이므로,

$$v_{in}(t) = \begin{cases} 4A & 0 \le t < 1m\sec \\ -4A & 1m\sec \le t < 3m\sec \\ 4A & 3m\sec \le t < 4m\sec \end{cases}$$

6장 문제

커패시터의 전압-전류 관계

01 다음 회로에서 i_C를 구하라(좌표축의 단위에 주의할 것).

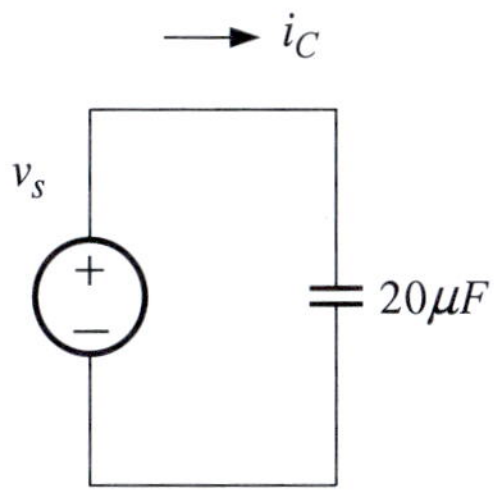

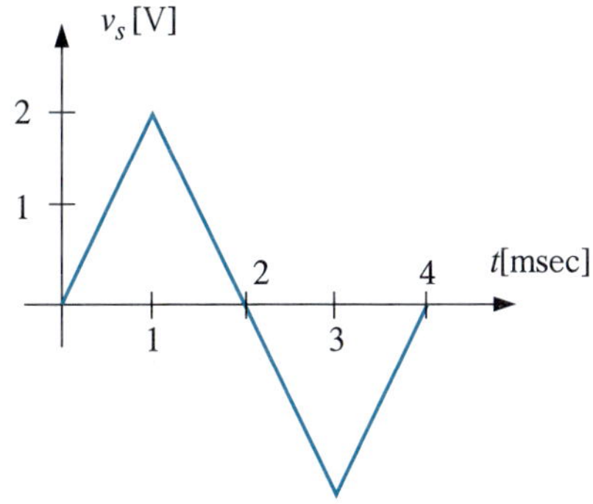

답 $i_C(t)=\begin{cases}40[\text{mA}] & 0\le t<2\text{msec}\\ -40[\text{mA}] & 2\text{msec}\le t<3\text{msec}\\ 40[\text{mA}] & 3\text{msec}\le t<4\text{msec}\end{cases}$

커패시터의 전압-전류 관계

02 다음 회로에서 v_C를 구하라(좌표축의 단위에 주의할 것).

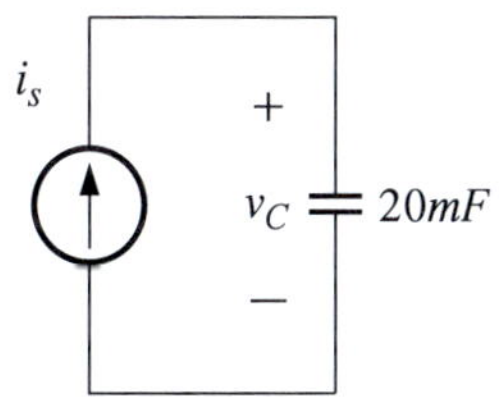

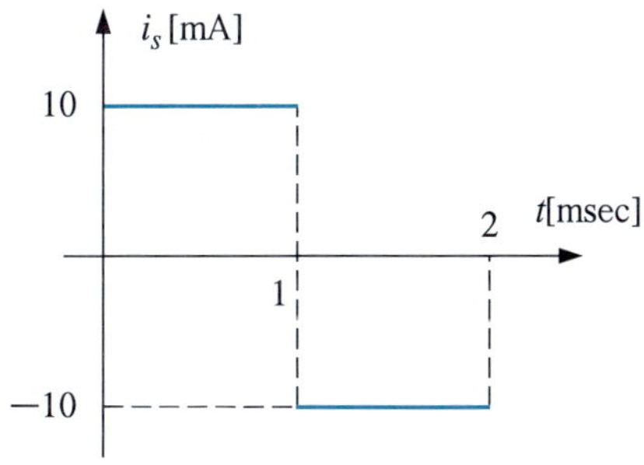

답 $v_C(t)=\begin{cases}0.5t[\text{V}] & 0\le t<1\text{msec}\\ -0.5t+0.5\times10^{-3}[\text{V}] & 1\text{msec}\le t<2\text{msec}\end{cases}$

커패시터의 전압-전류 관계

03 커패시터 회로가 v_{in}으로 구동되고 있다.

(a) i_{C_1}과 i_{C_2}를 각각 구하고 파형을 그려 보라.

(b) i_C를 구하여 $i_{C_1}+i_{C_2}=i_C$인 것을 확인하라.

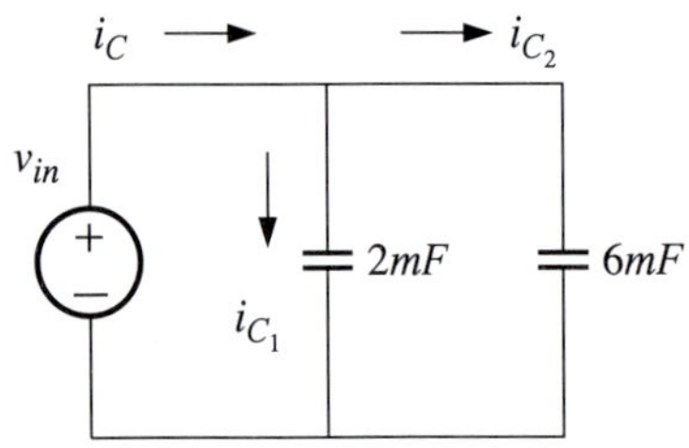

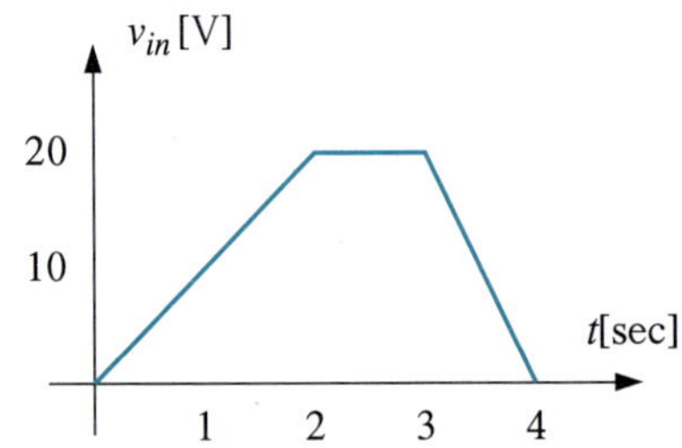

답 (a) $i_{C_1}(t)=\begin{Bmatrix} 20\,[\text{mA}] & 0 \le t < 2\,\text{sec} \\ 0 & 2\,\text{sec} \le t < 3\,\text{sec} \\ -40\,[\text{mA}] & 3\,\text{sec} \le t < 4\,\text{sec} \end{Bmatrix}$,

$i_{C_2}(t)=\begin{Bmatrix} 60\,[\text{mA}] & 0 \le t < 2\,\text{sec} \\ 0 & 2\,\text{sec} \le t < 3\,\text{sec} \\ -120\,[\text{mA}] & 3\,\text{sec} \le t < 4\,\text{sec} \end{Bmatrix}$

(b) $i_C(t)=\begin{Bmatrix} 80\,[\text{mA}] & 0 \le t < 2\,\text{sec} \\ 0 & 2\,\text{sec} \le t < 3\,\text{sec} \\ -160\,[\text{mA}] & 3\,\text{sec} \le t < 4\,\text{sec} \end{Bmatrix}$

커패시터의 전압-전류 관계

04 다음 회로에서 커패시터에 걸리는 전압 v_1과 v_2를 구하라.

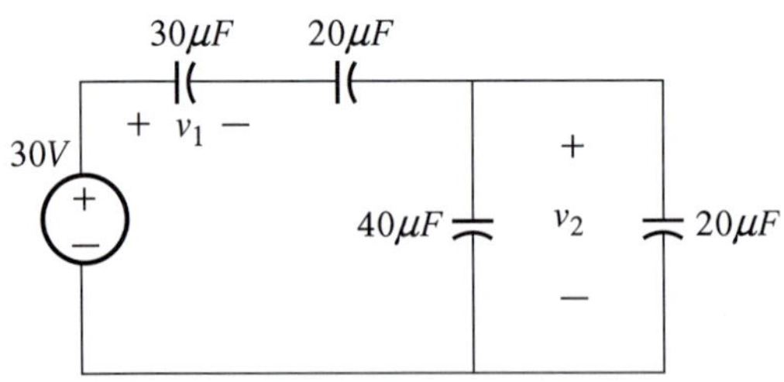

답 $v_1=10[\text{V}]$, $v_2=5[\text{V}]$

전원이 없는 RC 회로

05 다음 회로에서 $t = t_0$에서 스위치를 옮겼다. 두 커패시터는 초기에 충전이 되어있지 않은 상태였다고 한다.

(a) $t < t_0$에서 v_C를 구하라.

(b) $t \geq t_0$에서 v_C를 구하라.

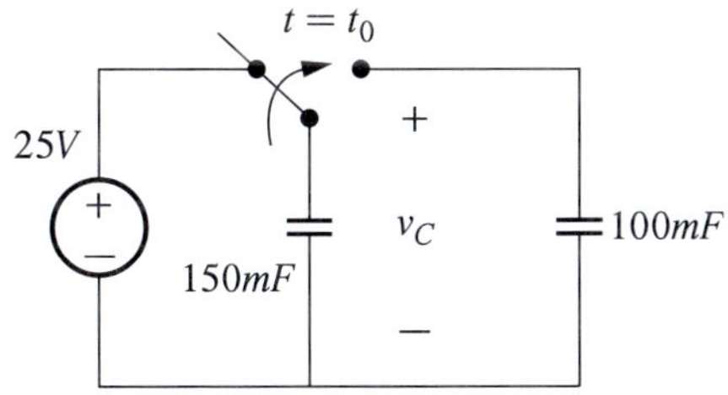

답 (a) $v_C = 25V$, (b) $v_C = 15V$

전원이 없는 RC 회로

06 다음 회로에서 $v_C(0^-) = 10V$이다.

(a) 시정수 τ를 구하라.

(b) $t > 0$에서 $v_C(t)$를 구하라.

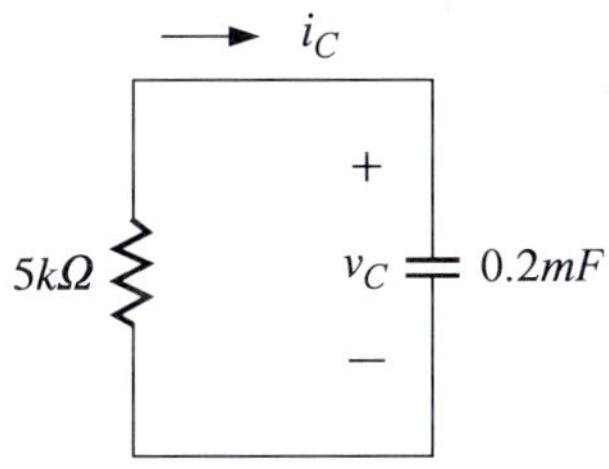

답 (a) $\tau = 1[\text{sec}]$, (b) $v_C(t) = 10e^{-t}$ [V]

전원이 없는 RC 회로

07 다음 회로에서, $t = 10\text{msec}$일 때 $v_C(t) = 6.0653V$, $t = 20\text{msec}$일 때 $v_C(t) = 3.6788V$이다. $v_C(0^-)$와 R을 구하라.

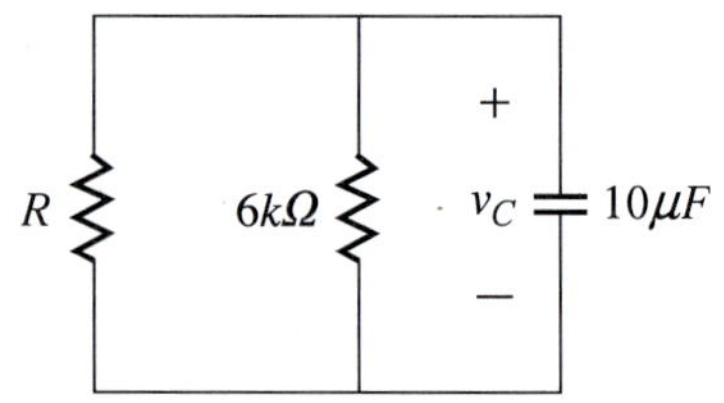

답 $v_c(0^-) = 10V,\ R = 3k\Omega$

전원이 없는 RC 회로

08 다음 회로에서 $v_C(0^-) = 60V$이다.

(a) $v_C(t)$를 구하라.

(b) $i_C(t)$를 구하라.

(c) $v_R(t)$를 구하라.

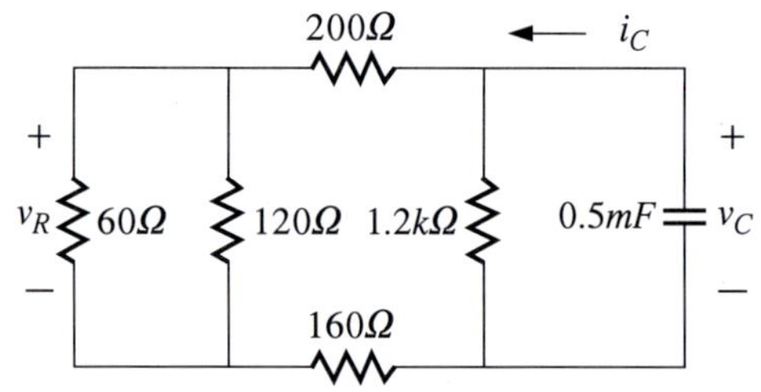

답 (a) $v_C(t) = 60e^{-20t/3}$[V], (b) $i_C(t) = 0.2e^{-20t/3}$[A],

(c) $v_R(t) = 6e^{-20t/3}$[V]

전원이 없는 RC 회로

09 다음 회로에서 $v_C(0^-) = 20V$이다.

(a) $\alpha = 1$일 때 커패시터에서 본 등가저항과 $v_C(t)$를 구하라.

(b) $\alpha = -1$일 때 커패시터에서 본 등가저항과 $v_C(t)$를 구하라.

(c) 시정수가 양수일 α의 범위를 구하라.

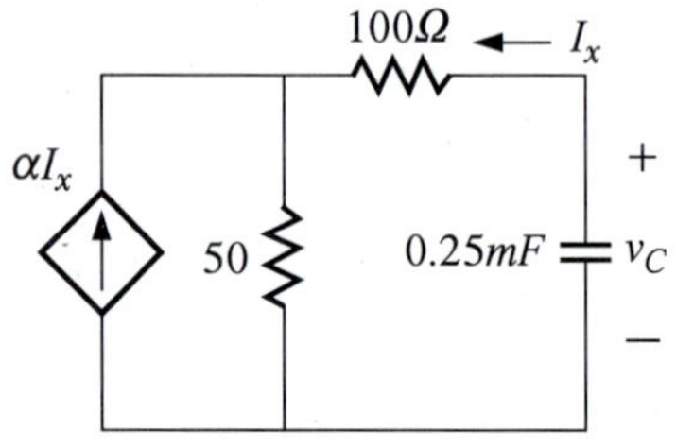

답 (a) $v_C(t) = 20e^{-20t}$[V],

(b) $v_C(t) = 20e^{-40t}$[V]

(c) $\alpha > -3$

RC 스텝 응답

10 다음 회로에서 $V_s = 12V$, $C = 1000\mu F$이다.

(a) $v_C(0^+)$를 구하라.

(b) $v_C(t)$를 구하라.

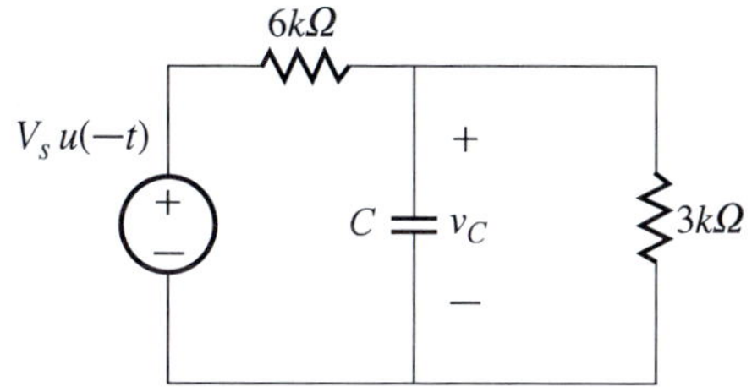

답 (a) $v_C(0^+) = 4V$, (b) $v_C(t) = 4e^{-t/2}$[V]

RC 스텝 응답

11 다음 회로에서 $C = 0.6\mu F$이다.

(a) 회로의 시정수를 구하라.

(b) $v_C(t)$를 구하라.

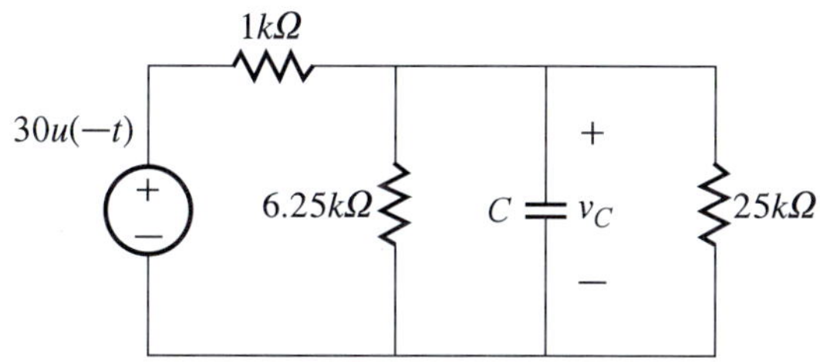

답 (a) $\tau = 0.5 \times 10^{-3}$[sec], (b) $v_C(t) = 25e^{-2000t}$[V]

RC 스텝 응답

12 다음 회로에서 커패시터는 초기에 충전이 되어 있지 않았다. $t > 0$에서

(a) 이 회로의 시정수를 구하라.

(b) $t = \infty$일 때 커패시터에 충전된 전압은 얼마인가?

(c) $v_C(t)$를 구하라.

(d) $i_C(t)$를 구하라.

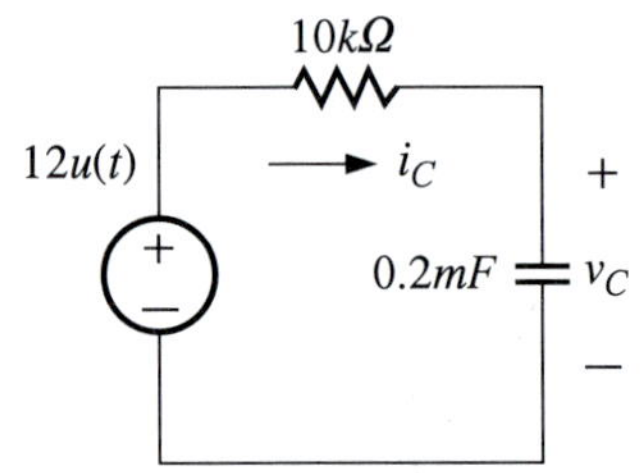

답 (a) $\tau = 2$[sec], (b) $v_C(\infty) = 12V$, (c) $v_C(t) = 12 - 12e^{-t/2}$[V], (d) $i_C(t) = 1.2e^{-t/2}$[mA]

RC 스텝 응답

13 다음 회로에서 $v_s(t) = 12u(-t) + 18u(t)V$, $C = 1mF$이다. $t > 0$에서

(a) $v_C(t)$를 구하라.

(b) $i_R(t)$를 구하라.

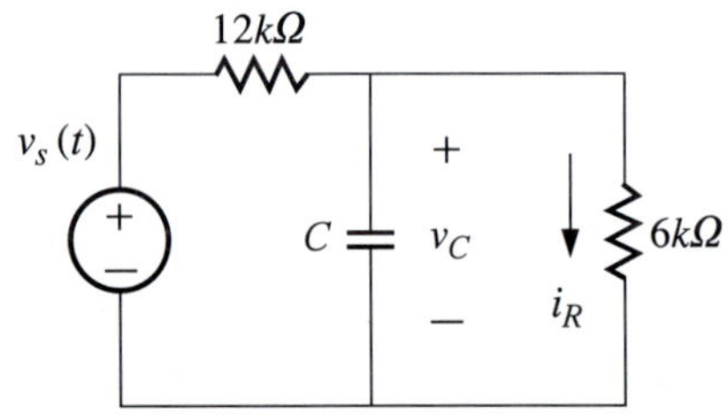

답 (a) $v_C(t) = 6 - 2e^{-t/4}$[V], (b) $i_R(t) = 1 - \frac{1}{3}e^{-t/4}$[mA]

RC 스텝 응답

14 다음 회로는 $t > 0$에서 $v_C(t) = 20 - 10e^{-0.4t}$, $i_C(t) = 0.4e^{-0.4t}$이다.

(a) C를 구하라.

(b) R을 구하라.

(c) I_s는 얼마인가?

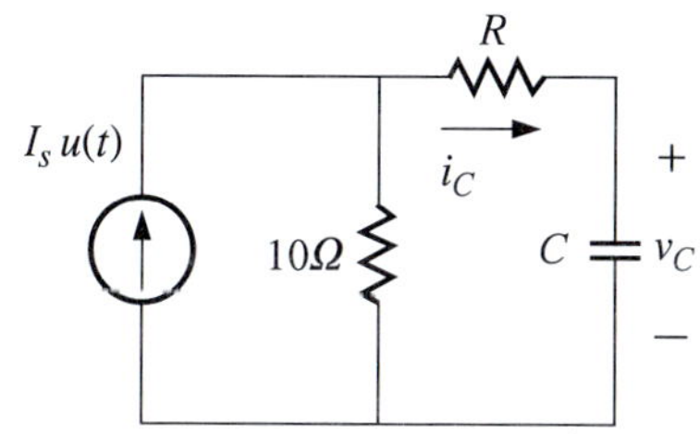

답 (a) $C = 0.1F$, (b) $R = 15\Omega$, (c) $I_s = 2A$

RC 스텝 응답

15 다음 회로에서 $I_{s_1} = 10mA$, $I_{s_2} = 20mA$, $v_C(0^-) = 15V$이다.

(a) zero–input response를 구하라. 즉, 초기 조건만 있는 경우의 v_C를 구하라.

(b) I_{s_1}만 인가되었을 때 $v_{C_1}(t)$를 구하라.

(c) I_{s_2}만 인가되었을 때 $v_{C_2}(t)$를 구하라.

(d) zero–state response를 구하라(초기 조건이 없을 때의 응답).

(e) 이 회로의 완전 응답을 구하라.

(f) 문제 (a)~(d)의 결과와 문제 (e)의 결과로 응답에 대하여 논하라.

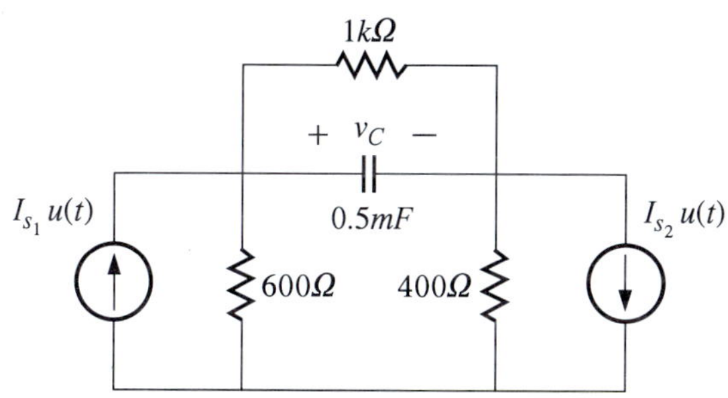

답 (a) $v_{C,ZIR}(t) = 15e^{-4t}$[V], (b) $v_{C_1}(t) = (3 - 3e^{-4t})$[V],

(c) $v_{C_2}(t) = (4 - 4e^{-4t})$[V], (d) $v_{C,ZSR}(t) = 7 \quad 7e^{-4t}$[V],

(e) $v_C(t) = 7 + 8e^{-4t}$[V]

RC 스텝 응답

16 다음 회로에서

(a) $v_C(0^-)$는 얼마인가?

(b) $t > 0$에서 $v_C(t)$를 구하라.

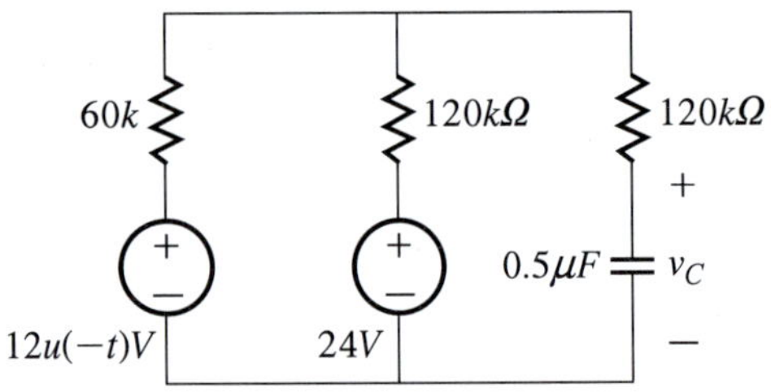

답 (a) $v_C(0^-) = 16V$, (b) $v_C(t) = 8 + (16 - 8)e^{-1.25t}$ [V]

RC 스텝 응답

17 다음 RC 회로에 구형파 전압이 200[msec]까지 인가되었다.

(a) $v_C(0^+)$는 얼마인가?

(b) 시간 구간 $0 \le t < 100$[msec] 동안 $v_C(t)$를 구하고 입력 전압과 같이 그려라.

(c) 시간 구간 $100 \le t < 200$[msec] 동안 $v_C(t)$를 구하고 입력 전압과 같이 그려라.

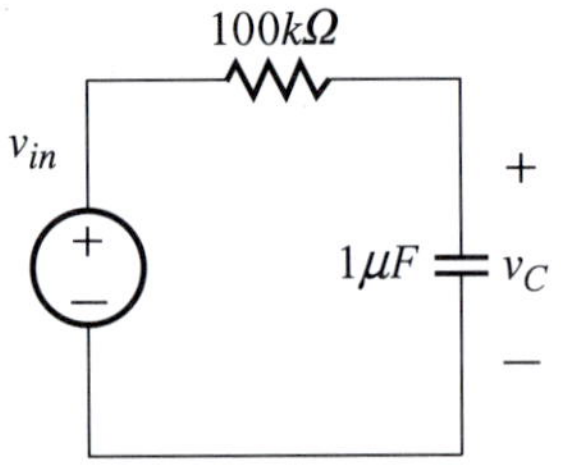

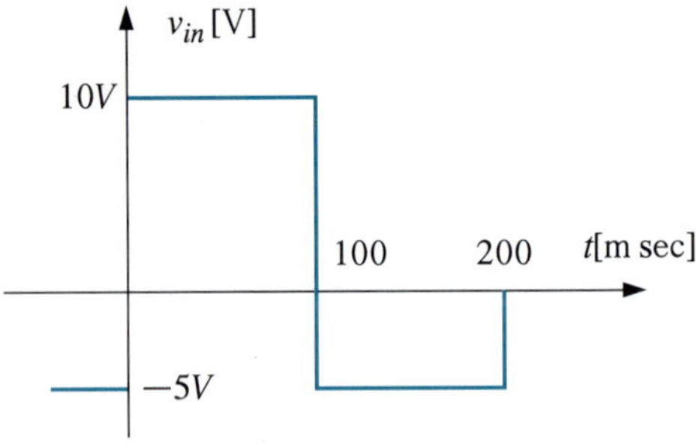

답 (a) $v_C(0^+) = v_C(0^-) = -5V$

(b) $v_C(t) = 10 - 15e^{-10t}$

(c) $v_C(t) = -5 + 9.48e^{-10t}$ [V]

RC 스텝 응답

18 다음 회로에서

(a) 커패시터에서 본 테브넹 등가회로를 구하라.

(b) $t > 0$에서 $v_C(t)$를 구하라.

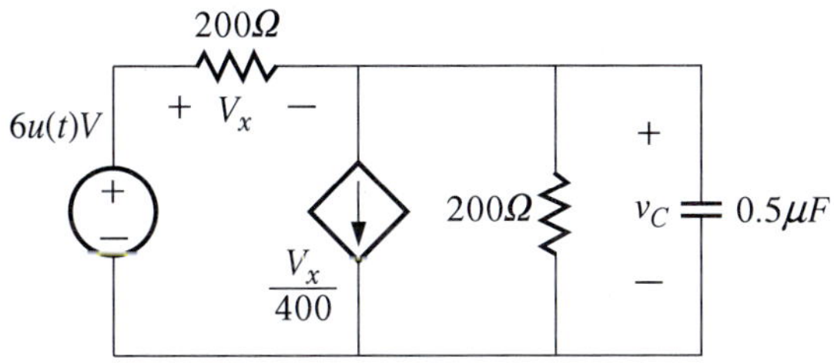

답 (a) $V_{TH} = 2V$, $R_{TH} = \frac{400}{3}\Omega$, (b) $v_C(t) = 2 - 2e^{-1500t}$

RC 스텝 응답

19 다음 회로에서 전원은 시간 $T(T > 0)$까지 전력을 공급한다. 스위치는 $t = 0$에서 닫혔다. 이제 $t > 0$에서 $v_C(t)$를 구해 보자.

(a) $v_C(0^-)$와 $v_C(0^+)$를 구하라.

(b) $0 \leq t < T$에서 $v_C(t)$를 구하라.

(c) $t \geq T$에서 $v_C(t)$를 구하라.

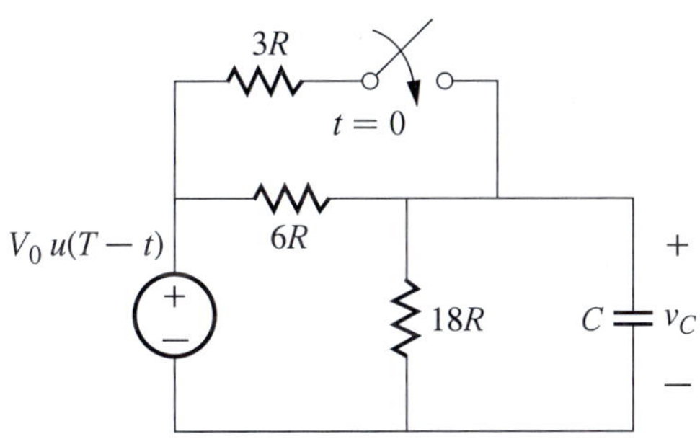

답 (a) $v_C(0^-) = 0.75V_0 = v_C(0^+)$, (b) $v_C(t) = (0.9 - 0.15e^{-t/\tau})V_0$

(c) $v_C(t) = (0.9 - 0.15e^{-T/\tau})V_0 e^{-(t-T)/\tau}$

인덕터의 전압-전류 관계

20 다음 회로에서 i_{in}을 구하라(좌표축의 단위에 주의할 것).

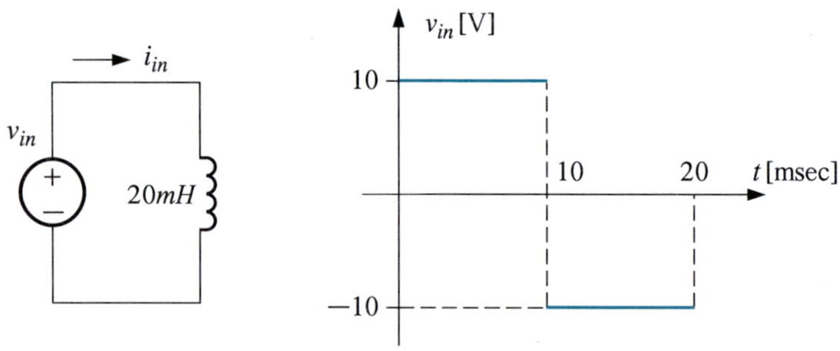

답 $i_{in}(t) = \begin{cases} 0.5\times10^3 t\,[mA] & 0 \le t < 10\text{msec} \\ -0.5\times10^3 t + 5\,[mA] & 10\text{msec} \le t < 20\text{msec} \end{cases}$

인덕터의 전압-전류 관계

21 다음 회로에서 $i_s(t) = 10\sin(1000t)$[A]이다. 인덕터의 초기 전류는 없다고 하자. $v_{out}(t)$를 구하라.

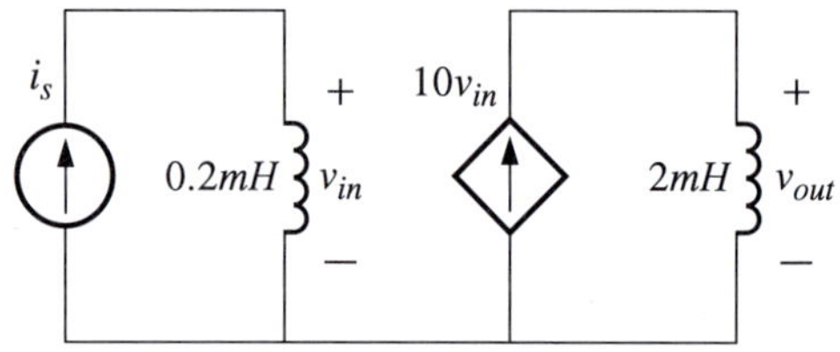

답 $v_{out} = 10\sin 1000t$[V]

인덕터 병렬회로

22 다음 회로에서 전류 $i = (2 - e^{-100t})[mA]$이다. $i_2(0) = -1mA$라고 할 때

(a) $i_1(0)$을 구하라.

(b) $v(t)$, $v_1(t)$, $v_2(t)$를 구하라.

(c) $i_1(t)$, $i_2(t)$를 구하라.

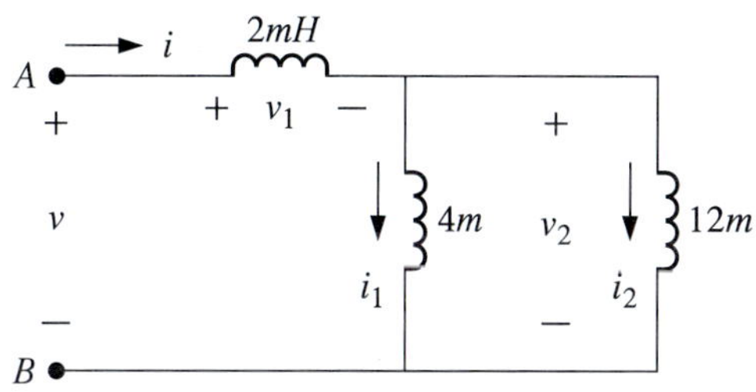

답 (a) $i_1(0) = 2mA$,

(b) $v(t) = 0.5e^{-100t}[mV]$, $v_1(t) = 0.2e^{-100t}[mV]$, $v_2(t) = 0.3e^{-100t}[mV]$

(c) $i_1(t) = 9.5 - 7.5e^{-100t}[mA]$, $i_2(t) = 1.5 - 2.5e^{-100t}[mA]$

인덕터와 커패시터

23 다음 회로에서 $i_{in}(t) = 20e^{-10t}$[mA]이다.

(a) $v_C(t)$를 구하라.

(b) $v_L(t)$를 구하라.

(c) $v_{in}(\infty)$는 얼마인가?

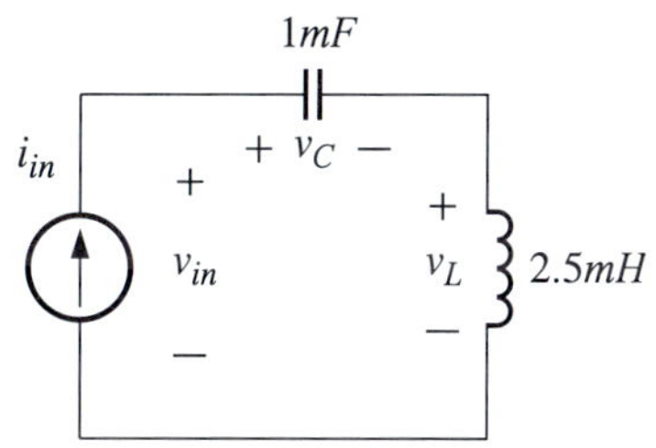

답 (a) $v_C(t) = 2(1 - e^{10t})$[V], (b) $v_L(t) = -0.5e^{-10t}$[mV],

(c) $v_{in}(\infty) = 2V$

전원이 없는 RL 회로

24 다음 회로에서 $i_L(0^-) = 10mA$이다. $t > 0$에서

(a) 이 회로의 시정수는?

(b) $v_R(0)$는 얼마인가?

(c) $v_R(t)$를 구하라.

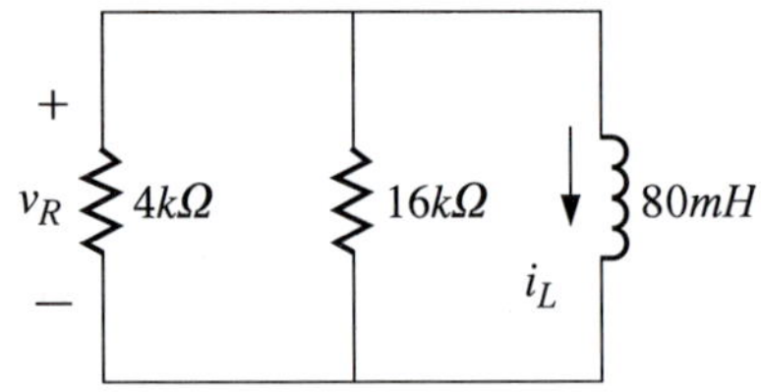

답 (a) $\tau = 25\mu\text{sec}$, (b) $v_R(0) = -32V$, (c) $v_R(t) = -32e^{-40000t}$[V]

전원이 없는 RL 회로

25 $i_L(1\text{msec}) = 1.353mA$, $i_L(2\text{msec}) = 0.183mA$이다.

(a) 저항 R은 얼마인가?

(b) $i_L(t)$를 구하라.

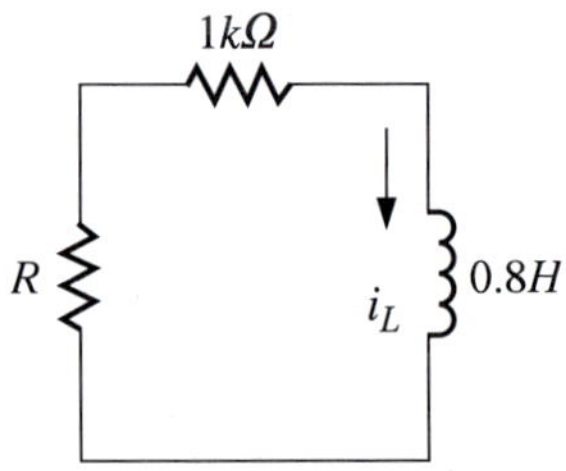

답 (a) $R = 600\Omega$, (b) $i_L(t) = 10e^{-2000t}$[mA]

전원이 없는 RL 회로

26 다음 회로에서 $i_L(0^-) = 25mA$이다.

(a) 인덕터에서 본 테브낭 등가회로를 구하라.

(b) $i_L(t)$를 구하라.

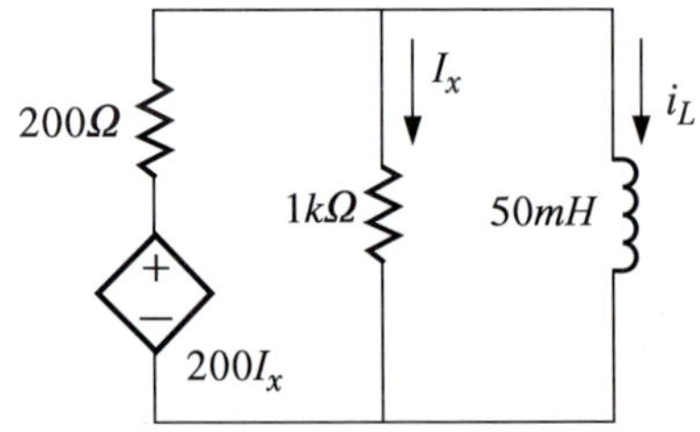

답 (a) $R_{TH} = 200\Omega$, (b) $i_L(t) = 25e^{-4000t}$[mA]

전원이 없는 RL 회로

27 다음 회로에서 $I_s = 10mA$이다.

(a) $i_L(0^+)$는 얼마인가?

(b) $t > 0$에서 이 회로의 시정수는 얼마인가?

(c) $t > 0$에서 $v_R(t)$를 구하라.

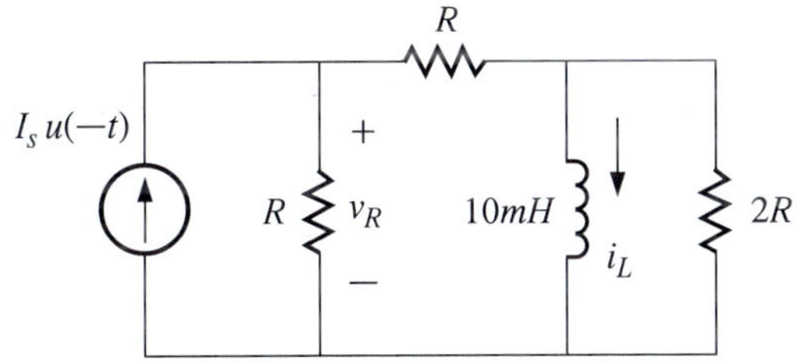

답 (a) $i_L(0^+) = 5mA$, (b) 시정수 $\tau = \frac{10m}{R}$, (c) $v_R(t) = -2.5Re^{-100Rt}$[mV]

RL 스텝 응답

28 다음 회로에서

(a) $i_L(0^-)$는 얼마인가?

(b) $t > 0$에서 $i_L(t)$를 구하라.

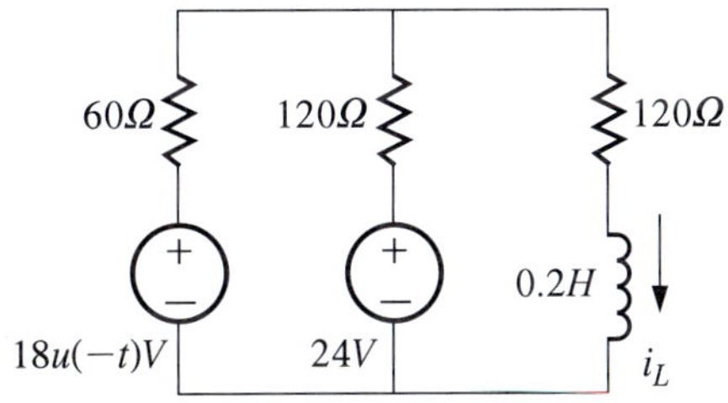

답 (a) $i_L(0^-) = \frac{1}{8}A$, (b) $i_L(t) = \frac{1}{20} + \frac{3}{40}e^{-800t}$[A]

RL 스텝 응답

29 다음 회로를 보고 $t > 0$에서

(a) $i_L(t)$를 구하라.

(b) 인덕터 전압 $v_L(t)$를 다음 식을 이용하여 구하라.

$$x(t) = x(\infty) + \left(x(0) - x(\infty)\right)e^{-t/\tau}$$

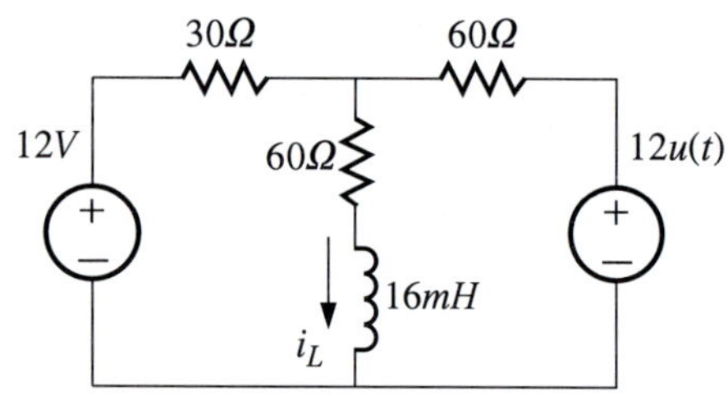

답 (a) $i_L(t) = 0.15 + (0.1 - 0.15)e^{-5000t}$[A], (b) $v_L(t) = 4e^{-5000t}$[V]

RL 스텝 응답

30 다음 회로를 보면 $t = 0$에서 스위치가 개방되었다. $t \geq 0^+$에서

(a) 전류 $i_0(t)$를 구하라.

(b) 전압 $v_0(t)$를 구하라.

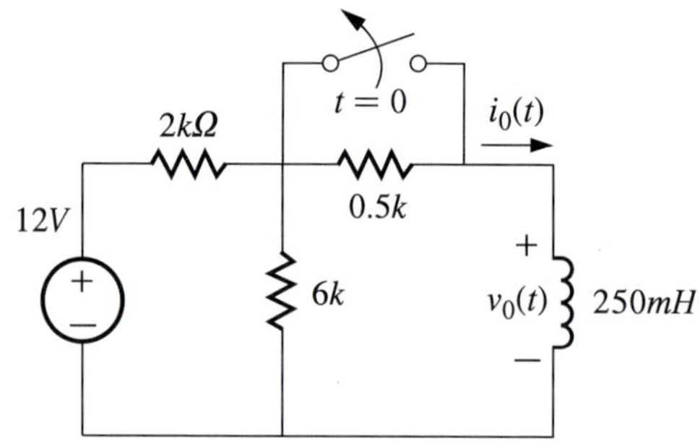

답 (a) $i_0(t) = 4.5 + 1.5e^{-8000t}$ [mA]

(b) $v_0(t) = -3e^{-8000t}$ [V]

● ● ● Table

CHAPTER 07

RLC 회로

Contents

07 CHAPTER RLC 회로

6장에서 회로방정식이 1계 미분방정식으로 표현되는 RC, RL 회로를 다루었다. 이제 커패시터와 인덕터가 같이 있는 2계 회로에 대하여 소개하도록 한다.

6장에서 보았듯이 RC 또는 RL 회로는 회로방정식이 1계 미분방정식으로 표현되었다. 커패시터와 인덕터가 함께 있는 회로는 커패시터 전압을 미지수로 하는 방정식을 만들든지, 아니면 인덕터 전류를 미지수로 하는 방정식을 만들든지 회로방정식이 2계 미분방정식이 될 것이다.

RLC 회로 해석의 이해를 돕기 위해 먼저 저항이 없는 LC 회로에 대하여 알아보기로 하자.

7.1 LC 회로

커패시터와 인덕터는 전압-전류 관계가 미분 형태로 주어진다. 즉,

$$i_C = C\frac{dv_C}{dt}$$

$$v_L = L\frac{di_L}{dt}$$

만약 $i_C = i_L$이라 하면,

$$v_L = L\frac{di_L}{dt} = L\frac{di_C}{dt} = LC\frac{d^2v_C}{dt^2}$$

또는 $v_L = v_C$라고 하면,

$$i_C = C\frac{dv_C}{dt} = C\frac{dv_L}{dt} = LC\frac{d^2 i_L}{dt^2}$$

즉, LC 회로의 회로방정식은 2계 미분방정식 형태가 된다. 예제를 통하여 LC 회로의 응답에 대하여 연구해 보자.

예제 7-1 커패시터의 에너지가 인덕터로 방전되는 회로

(그림 7-1 a) 회로는 커패시터에 충전을 한 후(스위치 1) 인덕터로 방전시키는 회로이다(스위치 2). 커패시터가 V_0로 충전된 후 $t = 0$에서 스위치를 (2)로 전환하여 (그림 7-1 b) 회로 형태가 되었다.

(a) KCL을 적용하여 회로방정식을 구하라.
(b) KVL을 적용하여 회로방정식을 구하라.
(c) 구해진 두 회로방정식에 대하여 논하라.
(d) 해의 형태를 구하라.

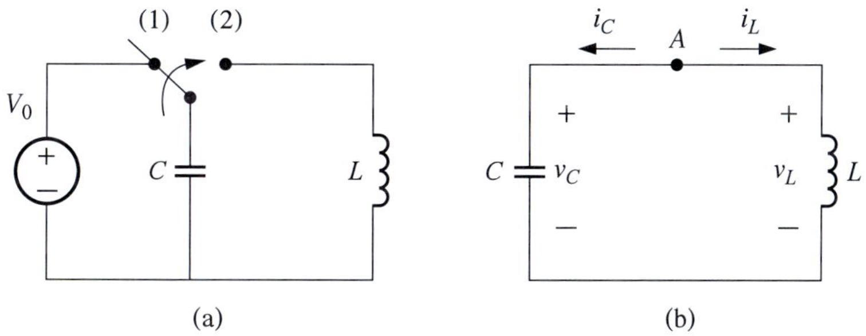

▶▶ 그림 7-1 예제 7-1 LC 회로

(G-1) KCL: 미지수 전류, KVL: 미지수 전압
(G-2) $i_C = C\dfrac{dv}{dt}$, $v_L = L\dfrac{di}{dt}$
(FW) 회로방정식과 해의 형태?
(M) 상수계수 선형 2계 미분방정식의 해법은?
(V) 주파수 ω의 개념

풀이

(a) (i) KCL을 이용하면(그림 7-1 b),

$$i_C + i_L = 0 \rightarrow C\frac{dv_C}{dt} + i_L = 0$$

(ii) 미지수가 커패시터 전압과 인덕터 전류 2개이므로 한 번 미분하면,

$$C\frac{d^2 v_C}{dt^2} + \frac{di_L}{dt} = 0$$

(iii) 그런데 $L\frac{di_L}{dt} = v_L = v_C$이므로,

$$C\frac{d^2 v_C}{dt^2} + \frac{di_L}{dt} = 0 \rightarrow \frac{d^2 v_C}{dt^2} + \frac{v_C}{LC} = 0$$

(b) (i) KVL을 이용하면,

$$v_L + v_C = 0 \rightarrow L\frac{di_L}{dt} + v_C = 0$$

(ii) 마찬가지로 한 번 더 미분하면,

$$L\frac{d^2 i_L}{dt^2} + \frac{dv_C}{dt} = 0$$

(iii) 그런데 $C\frac{dv_C}{dt} = i_C = i_L$

$$L\frac{d^2 i_L}{dt^2} + \frac{i_L}{C} = 0 \rightarrow \frac{d^2 i_L}{dt^2} + \frac{i_L}{LC} = 0$$

(c) 풀이 (a), (b)에서 보듯이,

$$\frac{d^2 v_C}{dt^2} + \frac{v_C}{LC} = 0, \frac{d^2 i_L}{dt^2} + \frac{i_L}{LC} = 0$$

(i) 모두 선형 상수계수 2계 미분방정식이다(L과 C는 상수).

(ii) KCL을 이용하면 회로방정식은 커패시터 전압 v_C에 대한 미분방정식이고,

(iii) KVL을 이용하면 회로방정식은 인덕터 전류 i_L에 대한 미분방정식이다.

(d) 상수계수 2계 선형 미분방정식 $\frac{d^2 y}{dt^2} + ay(t) = y'' + ay = 0$의 해

(i) 사인이나 코사인을 두 번 미분하면 부호가 반대인 자기 자신이 되는 것을 알고 있다. 즉, $y = K\cos(\omega t + \theta)$라고 가정하면(주파수는 항상 양수이다),

(ii) $y' = -\omega K\sin(\omega t + \theta)$, $y'' = -\omega^2 K\cos(\omega t + \theta)$이므로,

(iii) $y'' + ay = -\omega^2 K\cos(\omega t+\theta) + aK\cos(\omega t+\theta)$

$= (-\omega^2 K + aK)\cos(\omega t+\theta) = 0$

즉, $-\omega^2 K + aK = 0 \to a = \omega^2,\ y = K\cos(\sqrt{a}\,t+\theta)$

예제 7-2 LC 회로의 응답

위 예제에서 K와 θ를 구하여 커패시터 전압을 정하라.

> (G-1) $\dfrac{d^2 v_C}{dt^2} + \dfrac{v_C}{LC} = 0,\ v_C(t) = K\cos(\omega t+\theta)$
>
> (FW) $K,\ \theta$
>
> (M) 계수를 구하는 방법: 미정계수법

풀이

(i) 2계 미분방정식으로 표현되는 커패시터 전압은

$$\frac{d^2 v_C}{dt^2} + \frac{v_C}{LC} = 0 \to v_C(t) = K\cos(\omega t+\theta)$$

(ii) $\omega^2 = \dfrac{1}{LC}$이므로 $\omega = +\dfrac{1}{\sqrt{LC}}$

여기서 상수 K와 θ를 구해야 한다.

(iii) 초기 조건은

$$\begin{cases} v_C(0^+) = V_0 \\ i_C(t) = C\dfrac{dv_C}{dt} \to \dfrac{dv_C(0^+)}{dt} = \dfrac{i_C(0^+)}{C} = \dfrac{i_L(0^+)}{C} \end{cases}$$

이다.

(iv) 그러면 $v_C(0^+) = V_0 = K\cos(\theta)$

또한 초기 전류 $i_L(0^+) = i_C(0^+) = 0$이므로,

$$\left.\frac{dv_C}{dt}\right|_{t=0^+} = \frac{i_C(0^+)}{C} = -\omega K\sin(\omega t+\theta)\Big|_{t=0^+} = -\omega K\sin\theta = 0 \to \theta = 0$$

(v) 즉, $v_C(t) = V_0 \cos\left(\frac{t}{\sqrt{LC}}\right)$

[연습 7-1] LC 회로의 응답: 사인과 코사인

위 예제에서 $v_C(t) = K_1 \sin(\omega t + \phi)$로 가정하여 결과가 같음을 보여라.

힌트

사인과 코사인은 위상차만 있다.

답 같은 결과를 얻었다.

예제 7-3 LC 회로의 응답: 인덕터 전류

위 예제에서 같은 초기 조건으로 인덕터 전류를 구하라.

> (G-1) 상수계수 선형 2계 미분방정식의 해의 형태는 같다.
> (G-2) $i_L(t) = K\cos(\omega t + \theta)$

풀이

(i) 회로방정식이 같은 형태이므로 $L\frac{d^2 i_L}{dt^2} + \frac{i_L}{C} = 0 \rightarrow \frac{d^2 i_L}{dt^2} + \frac{i_L}{LC} = 0$

해는 $i_L(t) = K\cos(\omega t + \theta)$이고,

(ii) 미분방정식의 해에 미지수가 2개 있으므로(K, θ) 2개의 초기 조건이 필요하다.

(iii) $i_L(0^+) = 0 \rightarrow i_L(0) = K\cos\theta = 0$, 즉 $\theta = 90°$

(iv) $v_L = L\frac{di_L}{dt} = v_C$이므로 $\frac{di_L(0^+)}{dt} = \frac{v_C(0^+)}{L} = \frac{V_0}{L}$

$$\frac{di_L(0^+)}{dt} = -\omega K\sin\theta = -\omega K\sin(90°) = \frac{V_0}{L}$$

$$-\frac{K}{\omega_0} = -\frac{K}{\sqrt{LC}} = \frac{V_0}{L} \rightarrow K = -V_0\sqrt{\frac{C}{L}}$$

(v) $\cos(\omega t+90°)=-\sin(\omega t)$이므로

$$i_L(t)=K\cos(\omega t+\theta)=-V_0\sqrt{\frac{C}{L}}\cos(\omega t+90°)=V_0\sqrt{\frac{C}{L}}\sin(\omega t)$$

이 LC 회로의 파형은 사인파이다. 실제의 커패시터나 인덕터는 저항 성분이 있으므로 감쇠가 일어나지만 커패시터를 적당히 충전해 주면 일정한 주파수를 가지는 사인파를 만들 수 있다. 이 LC 회로는 L과 C를 잘 선택하면 원하는 주파수의 신호와 동조(tuning, 특정 주파수를 선택하는 것)시킬 수 있다.

[연습 7-2] 커패시터의 전류

(예제 7-2)에서 커패시터 전압 $v_C(t)=V_0\cos\left(\frac{t}{\sqrt{LC}}\right)$를 구하였다. 이 결과로 (예제 7-3)의 결과가 타당한지 확인하라.

힌트

$i_C+i_L=0$

답 $i_C=-V_0\sqrt{\frac{C}{L}}\sin\frac{t}{\sqrt{LC}}=-i_L$

7.2 전원이 없는 RLC 회로

2계 미분방정식으로 표현되는 RLC 회로는 소자들의 연결 형태에 따라 직렬 또는 병렬 연결로 분류할 수 있지만 회로방정식의 형태는 같고 방정식의 계수만 달라진다. 특히 2계 미분방정식은 초깃값이 2개 있어야 완전한 해를 구할 수 있다.

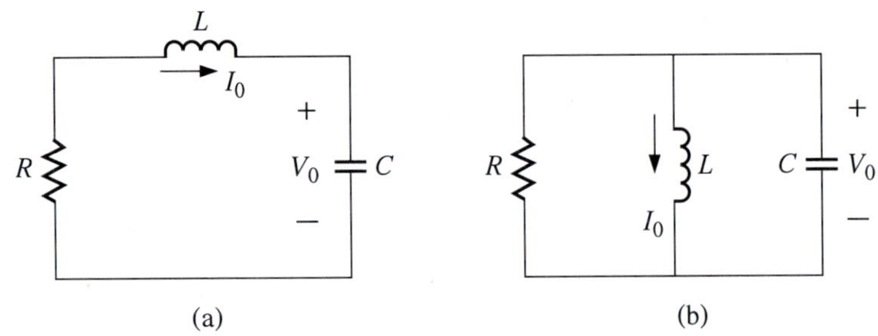

▸▸ 그림 7-2 RLC 직렬 및 병렬 회로

2계 미분방정식의 해는 2차 함수와 밀접한 관계가 있다. 전기회로에서 나타나는 미분방정식은 계수가 상수(constant)인 선형 미분방정식이다. 왜냐하면 RLC 회로의 저항, 커패시터, 인덕터는 실제 소자이기 때문이다. 그런데 상수 계수 선형 미분방정식은 정형화된 풀이법이 존재하고 그 해는 e^{st} 형태이다.

전원이 없는 경우의 RLC 회로는 커패시터나 인덕터에 저장된 에너지로 회로를 구동시키게 된다. 그러면 초기 조건은

$$v_C(0^-) = v_C(0^+) = V_0$$

또는

$$i_L(0^-) = i_L(0^+) = I_0$$

RLC 직렬 회로와 병렬 회로에 대한 풀이를 [표 7-1]에 요약하였다.

▶▶ **표 7-1** 전원이 없는 RLC 직병렬 회로

<table>
<tr><th>직렬 RLC 회로</th><th>병렬 RLC 회로</th></tr>
<tr><td>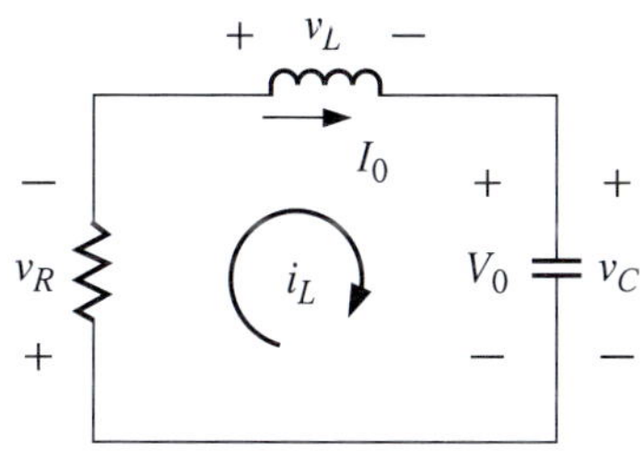
</td><td>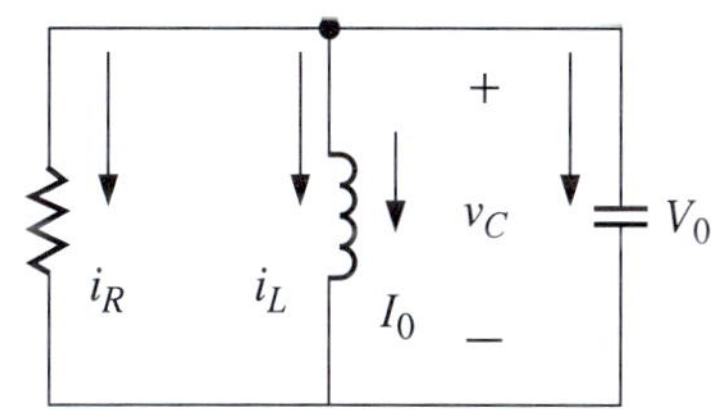
</td></tr>
<tr><td>RLC 직렬: KVL 적용 $i_L = i_C = i_R$
$v_R + v_L + v_C = 0$</td><td>RLC 병렬: KCL 적용 $v_C = v_L = v_R$
$i_R + i_L + i_C = 0$</td></tr>
<tr><td>(i) 인덕터 전류 i_L을 미지수로
$Ri_L + L\frac{di_L}{dt} + \frac{1}{C}\int_{-\infty}^{t} i_L(t)\,dt = 0$
미분: $R\frac{di_L}{dt} + L\frac{d^2 i_L}{dt^2} + \frac{i_L}{C} = 0$
정리하면,
$\frac{d^2 i_L}{dt^2} + \frac{R}{L}\frac{di_L}{dt} + \frac{i_L}{LC} = 0$</td><td>(i) 인덕터 전류 i_L을 미지수로
$\frac{v_L}{R} + i_L + C\frac{dv_L}{dt} = 0,\ v_L = L\frac{di_L}{dt}$
$\frac{L}{R}\frac{di_L}{dt} + i_L + LC\frac{d^2 i_L}{dt^2} = 0$
정리하면,
$\frac{d^2 i_L}{dt^2} + \frac{1}{RC}\frac{di_L}{dt} + \frac{i_L}{LC} = 0$</td></tr>
<tr><td>(ii) 커패시터 전압 v_C를 미지수로
$Ri_C + L\frac{di_C}{dt} + v_C = 0,\ i_C = C\frac{dv_C}{dt}$
$RC\frac{dv_C}{dt} + LC\frac{d^2 v_C}{dt^2} + v_C = 0$
정리하면,
$\frac{d^2 v_C}{dt^2} + \frac{R}{L}\frac{dv_C}{dt} + \frac{v_C}{LC} = 0$</td><td>(ii) 커패시터 전압 v_C를 미지수로
$\frac{v_C}{R} + \frac{1}{L}\int_{-\infty}^{t} v_C(t)\,dt + C\frac{dv_C}{dt} = 0$
미분하면,
$\frac{1}{R}\frac{dv_C}{dt} + \frac{v_C}{L} + C\frac{d^2 v_C}{dt^2} = 0$
정리하면,
$\frac{d^2 v_C}{dt^2} + \frac{1}{RC}\frac{dv_C}{dt} + \frac{v_C}{LC} = 0$</td></tr>
</table>

전원이 없는 RLC 회로방정식의 일반화[1)]

앞의 (표 7-1)에서 보듯이 RLC 직렬 회로나 병렬 회로의 회로방정식은 같은 2계 미분방정식 형태이다. 즉,

$$\frac{dx^2}{dt^2} + a\frac{dx}{dt} + bx(t) = 0$$

여기서 $x(t)$는 $i_L(t)$이거나 $v_C(t)$를 나타내고 $a = \frac{R}{L}$(직렬) 또는 $a = \frac{1}{RC}$(병렬), $b = \frac{1}{LC}$를 나타낸다.

위와 같은 상수계수 선형 미분방정식의 해는 $x(t) = Ae^{st}$ 형태이다.

$$\frac{dx}{dt} = Ase^{st}, \quad \frac{d^2x}{dt^2} = As^2e^{st}$$

이므로, 이 결과를 미분방정식에 대입하면,

$$As^2e^{st} + aAse^{st} + bAe^{st} = Ae^{st}(s^2 + as + b) = 0$$

$A \neq 0$, $e^{st} \neq 0$이므로

$$s^2 + as + b = 0$$

가 되어야 한다. 이 2차방정식을 2계 회로의 특성방정식(characteristic equation)이라 한다. 2차방정식의 해는 근의 공식을 이용하면,

$$s = \frac{-a \pm \sqrt{a^2 - 4b}}{2}$$

특성방정식이 두 근을 가지고 있으므로 RLC 회로도 두 개의 해가 존재한다. 이 두

1) 미분방정식의 해: 미분방정식의 풀이는 부록 Ⅱ 참조

해는 따로 존재하는 것이 아니고 각각의 선형 결합 형태로 나타난다.

이제 2차방정식은 판별식에 따라 세 가지 형태의 근을 가질 수 있으므로 각각에 대하여 논의해 보자.

(1) 두 실근을 갖는 경우: $D = a^2 - 4b > 0$

두 실근을 s_1, s_2라고 하면,

$$x_1(t) = A_1 e^{s_1 t},\ x_2(t) = A_2 e^{s_2 t}$$

$$\text{즉, } x(t) = A_1 e^{s_1 t} + A_2 e^{s_2 t}$$

상수 A_1과 A_2는 다음과 같이 구한다.

$$x(0^+) = A_1 e^{s_1 t} + A_2 e^{s_2 t}\Big|_{t=0^+} = A_1 + A_2$$

$$\frac{dx(t)}{dt}\Big|_{t=0^+} = s_1 A_1 + s_2 A_2$$

(2) 복소근을 갖는 경우: $D = a^2 - 4b < 0$

이 경우,

$$s = \frac{-a \pm \sqrt{a^2 - 4b}}{2} = \frac{-a \pm \sqrt{-(4b - a^2)}}{2} = \frac{-a \pm j\sqrt{4b - a^2}}{2} = -\sigma \pm j\omega_d$$

여기서 $\sigma = \frac{a}{2}$, $\omega_d = \frac{\sqrt{4b - a^2}}{2}$이다.

그러면 이 미분방정식의 해는 복소수 형태가 되어

$$x(t) = A_1 e^{s_1 t} + A_2 e^{s_2 t} = A_1 e^{-\sigma t} e^{+j\omega_d t} + A_2 e^{-\sigma t} e^{-j\omega_d t}$$

이제 이 식을 우리가 쉽게 이해할 수 있는 식으로 유도해 보자. 오일러 항등식

$$e^{j\theta}=\cos\theta+j\sin\theta$$

를 이용하여

$$A_1e^{-\sigma t}e^{+j\omega_d t}=A_1e^{-\sigma t}(\cos\omega_d t+j\sin\omega_d t)$$
$$A_2e^{-\sigma t}e^{-j\omega_d t}=A_2e^{-\sigma t}(\cos\omega_d t-j\sin\omega_d t)$$

이므로 $e^{-\sigma t}$로 묶으면,

$$\begin{aligned}x(t)&=e^{-\sigma t}\left[(A_1+A_2)\cos\omega_d t+j(A_1-A_2)\sin\omega_d t\right]\\&=e^{-\sigma t}(B_1\cos\omega_d t+B_2\sin\omega_d t)\end{aligned}$$

이 경우 계수 B_1, B_2는

$$x(0^+)=e^{-\sigma t}(B_1\cos\omega_d t+B_2\sin\omega_d t)\Big|_{t=0^+}=B_1$$
$$\frac{dx(t)}{dt}\Big|_{t=0^+}=-\sigma B_1+\omega_d B_2$$

물론 두 삼각함수의 합은 다음과 같이 합성할 수도 있다.

$$x(t)=e^{-\sigma t}(B_1\cos\omega_d t+B_2\sin\omega_d t)=Ce^{-\sigma t}\cos(\omega_d t+\theta)$$

여기서

$$C=\sqrt{B_1^2+B_2^2},\ \theta=\tan^{-1}\frac{B_2}{B_1}$$

(3) 중근을 갖는 경우: $D=a^2-4b=0$

중근일 경우는

$$s=-\frac{a}{2}$$

▶▶ 표 7-2 직병렬 RLC 회로의 수치

직렬 RLC 회로	병렬 RLC 회로
$a = \frac{R}{L}$	$a = \frac{1}{RC}$
$\omega = \frac{1}{\sqrt{LC}}$	$\omega = \frac{1}{\sqrt{LC}}$
damping factor $\alpha = \frac{R}{2L}$	damping factor $\alpha = \frac{1}{2RC}$
공진 주파수 $\omega_0 = \frac{1}{\sqrt{LC}}$	공진 주파수 $\omega_0 = \frac{1}{\sqrt{LC}}$

가 되고 해는[2)]

$$x(t) = (A_1 + A_2 t)e^{st}$$

계수 A_1, A_2는

$$x(0^+) = (A_1 + A_2 t)e^{st}\Big|_{t=0^+} = A_1$$

$$\left.\frac{dx(t)}{dt}\right|_{t=0^+} = sA_1 + A_2$$

이제까지 전원이 없는 RLC 직렬 또는 병렬 회로의 응답을 살펴보았다. 앞에서의 설명에서 보았듯이 직렬이든 병렬이든 같은 형태의 회로방정식을 만들 수 있으므로 직렬 또는 병렬에 따라 계수만 조정하면 된다.

RLC 회로는 회로 소자의 구체적인 응답(전압 또는 전류)보다는 응답의 형태에 더 관심을 갖는다. 앞에서 정리한 내용을 다시 쓰면,

(i) 두 실근의 경우($D = a^2 - 4b > 0$): 과 제동(overdamping)

2) 계수낮춤법 이용: 부록 Ⅱ 참조

(ii) 복소근의 경우($D = a^2 - 4b < 0$): 과소 제동(underdamping)
(ii) 중근의 경우($D = a^2 - 4b = 0$): 임계 제동(critically damping)

댐핑[3]은 회로 소자에 의존하고 에너지를 소비한다. 전기에서는 저항이 댐핑을 야기시키고 역학에서는 마찰이 댐핑의 주요 원인이다. 과 제동은 댐핑이 커서 진동이 일어나지 않고, 댐핑이 작은 과소 제동은 진동이 발생한다. 임계 제동은 댐핑이 진동을 막을 수 있는 크기일 때를 말한다.

다음 예제들을 통하여 세 가지 경우의 변화를 살펴보자.

예제 7-4 전원이 없는 직렬 RLC 회로

다음 직렬 RLC 회로에서 세 가지 저항값에 대한 응답을 구하려고 한다. 회로는 초기에 커패시터에 저장된 에너지로 구동된다고 하자. 커패시터에 충전된 전압은 $v_C(0) = 10V$이다. 응답의 차이를 비교하기 위해 정착 시간(settling time)을 구해보자. 정착 시간은 응답이 최댓값의 1% 이하가 되는 시간을 말한다.
(a) $R = 405\Omega$일 때 응답과 정착 시간을 구하라.
(b) $R = 0\Omega$일 때 응답과 정착 시간을 구하라.
(c) $R = 180\Omega$일 때 응답과 정착 시간을 구하라.

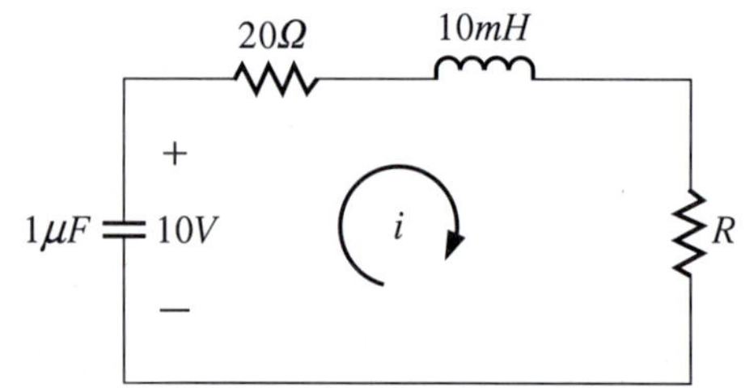

▶▶ 그림 7-3 예제 7-4 전원이 없는 직렬 RLC 회로

(G-1) RLC 직렬 회로의 미지수
(G-2) RLC 직렬 회로의 회로방정식은?
(FW) 각각의 응답은?

3) 댐핑(damping, 제동): monotonic decrease in peak amplitude of oscillation. 진동의 최대치의 단조로운 감소

풀이

(i) 커패시터 전압이 초기 조건으로 주어졌으므로 커패시터 전압을 미지수로 하는 회로 방정식을 만들자.

(ii) 시계방향으로 전압강하의 합은 $v_C = v_R + v_L$

즉, $v_C = R_{EQ} i + L\frac{di}{dt}$이다.

(iii) 그런데 $i = -C\frac{dv_C}{dt}$이므로

$$v_C = R_{EQ} i + L\frac{di}{dt} = -R_{EQ}C\frac{dv_C}{dt} - LC\frac{d^2 v_C}{dt^2}$$

정리하면 $v_C = R_{EQ}C\frac{dv_C}{dt} + LC\frac{d^2 v_C}{dt^2} = 0$: $\frac{d^2 v_C}{dt^2} + \frac{R_{EQ}}{L}\frac{dv_C}{dt} + \frac{v_C}{LC} = 0$

(iv) 그러면 회로의 특성 방정식은

$$s^2 + \frac{R_{EQ}}{L}s + \frac{1}{LC} = 0$$

(a) $R = 405\Omega$인 경우

(i) $a = \frac{R_{EQ}}{L} = \frac{425}{10m} = 42500$, $b = \frac{1}{LC} = \frac{1}{10m \times 1\mu} = 10^8$이므로,

(ii) 특성방정식은 $s^2 + 42500s + 10^8 = 0$

$D = (4.25 \times 10^4)^2 - 4 \times 10^8 > 0$: 과 제동인 경우

$$s = \frac{-42500 \pm \sqrt{(42500)^2 - 4 \times 10^8}}{2} = \frac{-42500 \pm 37500}{2}$$

$$= -2500, -40000$$

(iii) 그러면

$$v_C(t) = A_1 e^{-2500t} + A_2 e^{-40000t}$$

계수 구하기($R = 405\Omega$)

(i) $v_C(0^+) = 10 = A_1 + A_2$

$$\frac{dv_C(0^+)}{dt} = \frac{i_C(0^+)}{C} = \frac{i_L(0^+)}{C} = 0 = s_1 A_1 + s_2 A_2$$

(ii) 즉,

$$\begin{cases} A_1 + A_2 = 10 \\ -2500A_1 - 40000A_2 = 0 \end{cases} \rightarrow \begin{cases} A_1 = \frac{32}{3} \\ A_2 = -\frac{2}{3} \end{cases}$$

(iii) 그러므로

$$v_C(t) = \frac{32}{3}e^{-2500t} - \frac{2}{3}e^{-40000t}[\text{V}]$$

(iv) 커패시터 전압의 최댓값은 10V였으므로 정착 시간은 최댓값의 1%인 0.1V에서 구할 수 있다.

$$0.1 = \frac{32}{3}e^{-2500t} - \frac{2}{3}e^{-40000t}$$

(v) 두 번째 지수항 $e^{-40000t}$는 e^{-2500t}보다 빨리 감소하므로 두 번째 지수항을 무시하면,

$$0.1 \approx \frac{32}{3}e^{-2500t} \rightarrow e^{-2500t} = \frac{3}{320}$$

(vi) 양변 로그를 취하여 정착 시간을 구하면, $-2500t = \ln\frac{3}{320}$

$t_s = 1.87[\text{msec}]$

즉, 커패시터 전압은 1.87[msec]이면 소멸한다고 할 수 있다.

(b) $R = 0\Omega$인 경우

(i) $a = \frac{R_{EQ}}{L} = \frac{20}{10m} = 2000,\ b = \frac{1}{LC} = \frac{1}{10m \times 1\mu} = 10^8$이므로,

(ii) 특성방정식은 $s^2 + 2000s + 10^8 = 0$

$D = (2 \times 10^3)^2 - 4 \times 10^8 < 0$: 과소 제동인 경우

그러면 특성방정식의 근은($s = \sigma \pm j\omega_d$)

$$s = \frac{-2000 \pm \sqrt{4 \times 10^6 - 4 \times 10^8}}{2} = \frac{-2000 \pm j19900}{2} = -1000 \pm j9950$$

(iii) 그러면

$$v_C(t) = e^{-1000t}(B_1 \cos 9950t + B_2 \sin 9950t)$$

계수 구하기($R = 0\Omega$)

(i) $v_C(0^+) = 10 = B_1$

$$\frac{dv_C(0^+)}{dt} = \frac{i_C(0^+)}{C} = 0 = -\sigma B_1 + \omega_d B_2 = -1000B_1 + 9950B_2$$

(ii) 즉,

$$\begin{Bmatrix} B_1 = 10 \\ -1000B_1 - 9950B_2 = 0 \end{Bmatrix} \rightarrow \begin{cases} B_1 = 10 \\ B_2 = 1.005 \end{cases}$$

(iii) 그러므로

$$v_C(t) = e^{-1000t}(10\cos 9950t + 1.005\sin 9950t)[\text{V}]$$

(iv) 마찬가지로 정착 시간을 구하면,

$$0.1 \approx 10e^{-1000t}\cos 9500t \rightarrow t_s = 6.69\,[\text{msec}]$$

진동 주기는 $T = \dfrac{2\pi}{\omega_d} = \dfrac{2\pi}{9950} = 0.63\,[\text{msec}]$

(c) $R = 180\Omega$인 경우

(i) $a = \dfrac{R_{EQ}}{L} = \dfrac{200}{10m} = 20000,\ b = \dfrac{1}{LC} = \dfrac{1}{10m \times 1\mu} = 10^8$이므로,

(ii) 특성방정식은 $s^2 + 20000s + 10^8 = 0$

$D = (2 \times 10^4)^2 - 4 \times 10^8 = 0$: 임계 제동인 경우

그러면 특성방정식의 근은

$$s = \frac{-20000}{2} = -10000:\ \text{이중근}$$

(iii) 그러면

$$v_C(t) = (A_1 + A_2 t)e^{-10000t}$$

계수 구하기($R = 180\Omega$)

(i) $v_C(0^+) = 10 = A_1$

$$\frac{dv_C(0^+)}{dt} = \frac{i_C(0^+)}{C} = 0 = -sA_1 + A_2 = -10^4 A_1 + A_2$$

(ii) 즉,

$$\begin{Bmatrix} B_1 = 10 \\ -10^4 A_1 + A_2 = 0 \end{Bmatrix} \rightarrow \begin{cases} A_1 = 10 \\ A_2 = 10^5 \end{cases}$$

(iii) 그러므로

$$v_C(t) = 10(1 + 10^4 t)e^{-10000t}[\text{V}]$$

(iv) 마찬가지로 정착 시간을 구하면,

$$0.1 \approx 10(1+10^4 t)e^{-10^4 t} \rightarrow t_s = 0.67[\text{msec}]$$

이제 이 세 가지 응답을 그려 보자.

(그림 7-4)에서 보면 임계 제동인 경우 제일 먼저 0에 도달하고 과소 제동은 지속적으로 진동한다.

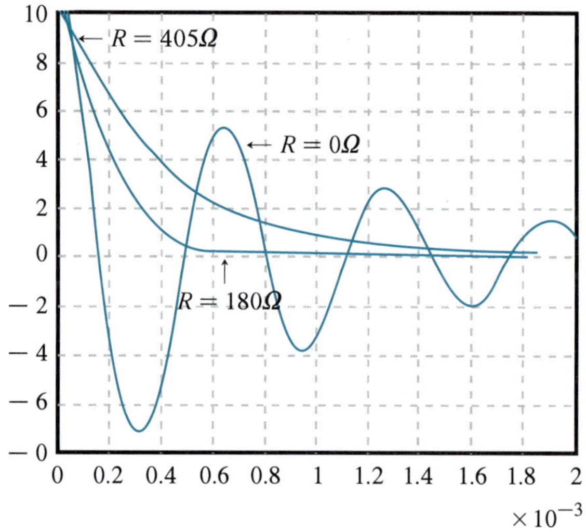

▶▶ **그림 7-4** 예제 7-4의 응답 곡선

예제 7-5 **전원이 없는 병렬 RLC 회로**

다음 병렬 회로에서 $v(0^+) = 12V$, $i_L(0^+) = -132mA$이다.

(a) $t = 0^+$에서 각 소자에 흐르는 전류를 구하라.

(b) $\left.\dfrac{dv(t)}{dt}\right|_{t=0^+}$ 값을 구하라.

(c) $v(t)$를 구하라.

(d) 정착 시간을 구하라.

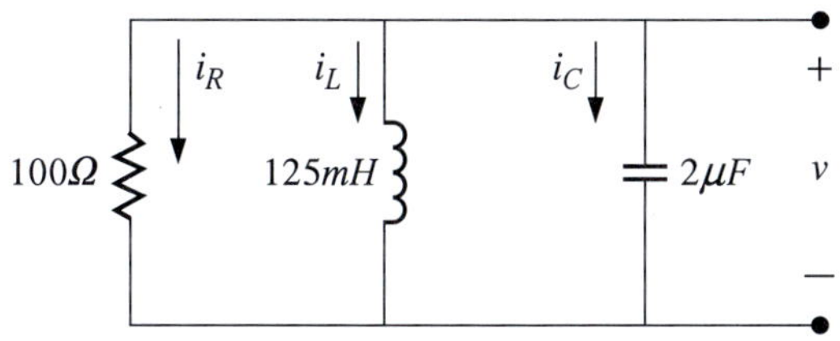

▶▶ 그림 7-5 예제 7-5 전원이 없는 병렬 RLC 회로

(G-1) 병렬 회로의 미지수는?
(G-2) 병렬 RLC 회로의 특성방정식?
(FW) 각 소자의 전류
(M) 상수 계수 선형 2계 미분방정식의 해법

풀이

(a) (i) 먼저 위 노드에 KCL을 적용하면,

$$i_R(0^+) + i_L(0^+) + i_C(0^+) = 0$$

(ii) $i_L(0^+) = -132mA$이므로 $i_R(0^+)$, $i_C(0^+)$를 구하면 된다.

(iii) $i_R(0^+) = \frac{v(0^+)}{R} = \frac{12}{100\Omega} = 120mA$이므로,

$$i_C(0^+) = i_L(0^+) - i_R(0^+) = -(-132mA) - 120mA = 12mA$$

(b) (i) $C\frac{dv(t)}{dt} = i_C(t)$이므로, $\frac{dv(t)}{dt} = \frac{i(t)}{C}$

(ii) $t = 0^+$에서 $\frac{dv(0^+)}{dt} = \frac{i(0^+)}{C} = \frac{12\times10^{-3}}{2\times10^{-6}} = 6000$

(c) (i) 특성방정식을 구해 보자. 특성 방정식의 계수는

$$a = \frac{1}{RC} = \frac{1}{100\times2\times10^{-6}} = \frac{10^6}{200} = 5\times10^3$$

$$b = \frac{1}{LC} = \frac{1}{0.125\times2\times10^{-6}} = \frac{10^6}{0.25} = 4\times10^6$$

(ii) 특성 방정식은 $s^2 + 5000s + 4\times10^6 = 0$

해는

$$s = \frac{-5000 \pm \sqrt{(5\times10^3)^2 - 16\times10^6}}{2} = \frac{-5000 \pm 3000}{2} = -1000,\ -4000$$

(iii) 즉, $v(t) = A_1 e^{-1000t} + A_2 e^{-4000t}$

(iv) $v(0^+) = A_1 + A_2 = 12$

$$\frac{dv(0^+)}{dt} = -1000A_1 - 4000A_2 = 6000$$

(v) 계수를 계산하면

$$\begin{Bmatrix} A_1 + A_2 = 12 \\ -1000A_1 - 4000A_2 = 6000 \end{Bmatrix} \rightarrow \begin{cases} A_1 = 18 \\ A_2 = -6 \end{cases}$$

즉, $v(t) = 18e^{-1000t} - 6e^{-4000t}$

(d) (그림 7-6)에 이 회로의 응답 성분 $18e^{-1000t}$와 $-6e^{-4000t}$를 함께 그렸다. 그래프를 보면 두 번째 지수항 $-6e^{-4000t}$는 첫째 항보다 빠르게 소멸한다. 그러므로 둘째 항을 무시하면 정착 시간은 대략

$$0.12 \approx 18e^{-1000t} \rightarrow \ln\frac{0.12}{18} = -1000t \rightarrow t = 5.01\,[\text{msec}]$$

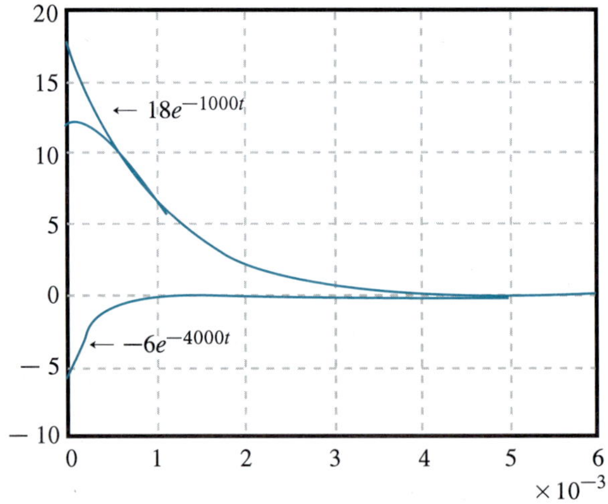

▶▶ **그림 7-6** 예제 7-5의 응답

7.3 RLC 회로의 스텝 응답

전원이 있는 RLC 회로는 (그림 7-7 a)와 같은 직렬 연결이거나 (그림 7-7 b)와 같은 병렬 연결일 것이다. 앞 절에서 보았듯이 RLC 회로의 회로방정식은 같은 형태의 미분방정식으로 표현되므로 전원이 있는 회로방정식의 일반적 형태에 대하여 먼저 고찰해 보자.

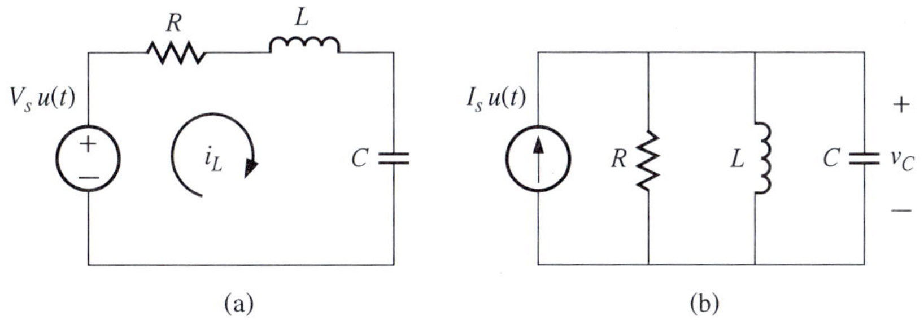

▶▶ 그림 7-7 RLC 회로의 스텝 응답

전원이 있는 RLC 회로의 회로방정식은

$$\frac{d^2x(t)}{dt^2}+a\frac{dx(t)}{dt}+bx(t)=f(t)=F(\text{상수})$$

의 형태가 될 것이다. $x(t)$는 커패시터 전압이거나 인덕터 전류이고 $f(t)$는 인가된 전압이나 전류값이다(직렬 연결인 경우는 전압원, 병렬 연결인 경우는 전류원으로 회로를 구동하는 것이 상식이다).

위 식과 같은 미분방정식을 비제차 미분방정식이라 하고 이 방정식의 해는 두 가지 해의 선형 결합으로 이루어진다. 즉,

$$\frac{d^2x(t)}{dt^2}+a\frac{dx(t)}{dt}+bx(t)=0+F$$

으로 쓸 수 있으므로

$$\frac{d^2 x_n(t)}{dt^2} + a\frac{dx_n(t)}{dt} + bx_n(t) = 0$$

의 해 x_n과

$$\frac{d^2 x_F(t)}{dt^2} + a\frac{dx_F(t)}{dt} + bx_F(t) = F$$

의 해 x_F의 결합이다.

제차 미분방정식

$$\frac{d^2 x_n(t)}{dt^2} + a\frac{dx_n(t)}{dt} + bx_n(t) = 0$$

의 해 x_n은 RLC 회로의 고유 응답(natural response)이고,

$$\frac{d^2 x_F(t)}{dt^2} + a\frac{dx_F(t)}{dt} + bx_F(t) = F$$

의 해 x_F는 스텝 응답(step response)[4]이다.

즉, 비제차 미분방정식의 완전해는

$$x(t) = x_n + x_F$$

로 쓸 수 있다. 이 식에서 전원이 상숫값이므로 x_F도 상숫값을 가진다. 이 해를 미분방정식에 대입하면,

$$\frac{d^2(x_n + x_F)}{dt^2} + a\frac{d(x_n + x_F)}{dt} + b(x_n + x_F)$$
$$= \left(\frac{d^2 x_n}{dt^2} + a\frac{dx_n}{dt} + bx_n\right) + \left(\frac{d^2 x_F}{dt^2} + a\frac{dx_F}{dt} + bx_F\right) = 0 + F$$

이 전개식에서 남는 항은

4) 또는 강제 응답(forced response)

$$bx_F = F \rightarrow x_F = \frac{F}{b}$$

이렇게 계수가 상수인 미분방정식의 스텝 응답은 상수해를 가진다. 여기서 x_F는 값이 일정한 커패시터 전압이거나 인덕터 전류이다. 이 말의 의미는 커패시터 전압이 상숫값이면 커패시터에는 전류가 흐르지 않으므로 커패시터는 open 상태이다. 마찬가지로 인덕터 전류가 상숫값이면 인덕터에 걸리는 전압이 0이므로 인덕터는 short 상태이다. 즉, x_F는 커패시터가 open된 상태 또는 인덕터가 short된 상태에서의 값이다.

▶▶ 표 7-3 RLC 직병렬 회로의 스텝 응답

직렬 RLC 회로	병렬 RLC 회로
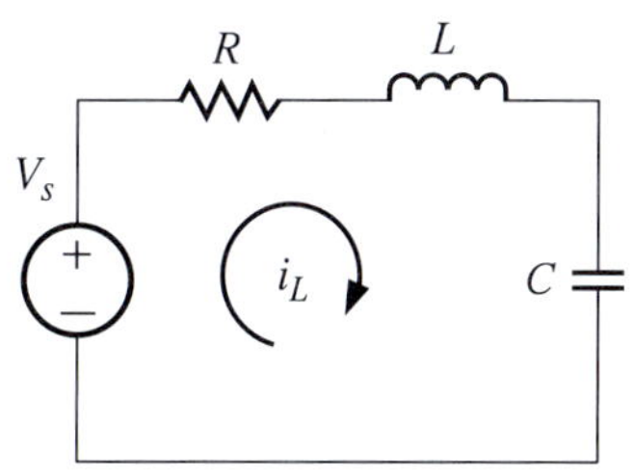	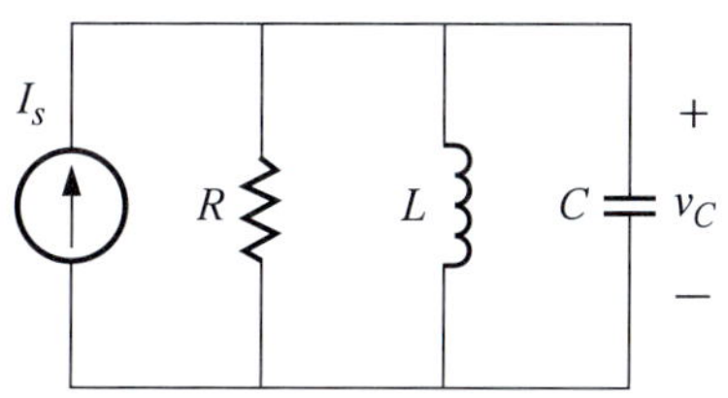
KVL 적용: $v_R + v_L + v_C = V_s$	KCL 적용: $i_R + i_L + i_C = I_s$
$Ri_L + L\frac{di_L}{dt} + v_C = V_s$	$\frac{v_C}{R} + i_L + C\frac{dv_C}{dt} = I_s$
$\rightarrow i_L = i_C = C\frac{dv_C}{dt} \rightarrow \frac{di_L}{dt} = C\frac{d^2 v_C}{dt^2}$	$\rightarrow v_C = L\frac{di_L}{dt} \rightarrow \frac{dv_C}{dt} = L\frac{d^2 i_L}{dt^2}$
대입하면,	대입하면,
$RC\frac{dv_C}{dt} + LC\frac{d^2 v_C}{dt^2} + v_C = V_s$	$i_L + \frac{L}{R}\frac{di_L}{dt} + \frac{d^2 i_L}{dt^2} = I_s$
$\rightarrow \frac{d^2 v_C}{dt^2} + \frac{R}{L}\frac{dv_C}{dt} + \frac{v_C}{LC} = \frac{V_s}{LC}$	$\rightarrow \frac{d^2 i_L}{dt^2} + \frac{1}{RC}\frac{di_L}{dt} + \frac{i_L}{LC} = \frac{I_s}{LC}$
스텝 응답 overdamped case:	스텝 응답 overdamped case:
$v_c = V_f + A_1 e^{s_1 t} + A_2 e^{s_2 t}$	$i_L = I_f + A_1 e^{s_1 t} + A_2 t e^{s_2 t}$

underdamped case:	underdamped case:
$v_C = V_f + e^{-\sigma t}(B_1 \cos \omega_d t + B_2 \sin \omega_d t)$	$i_L = I_f + e^{-\sigma t}(B_1 \cos \omega_d t + B_2 \sin \omega_d t)$
critically damped case:	critically damped case:
$v_C = V_f + A_1 e^{st} + A_2 t e^{st}$	$i_L = I_f + A_1 e^{st} + A_2 t e^{st}$
입력이 전압으로 주어졌다.	입력이 전류로 주어졌다.
$v_C(\infty) = V_f = V_s$	$i_L(\infty) = I_f = I_s$

위 표에서 보듯이 직렬 회로는 전류가 공통이지만 입력(driving force)이 전압으로 주어져서 커패시터 전압을 미지수로 하여 회로방정식을 만들면 자동적으로 비제차해 $V_f = v_C(\infty) = V_s$를 알 수 있다. 마찬가지로 병렬인 경우에는 단자 전압이 공통이지만 입력이 전류로 주어져서 인덕터 전류를 미지수로 하여 회로방정식을 만들면 자동적으로 비제차해 $I_f = i_L(\infty) = I_s$를 알 수 있다.

이제 예제를 통하여 RLC 회로의 스텝 응답을 익혀 보자.

예제 7-6 RLC 직렬 회로의 스텝 응답

다음 회로에서 인덕터와 커패시터가 충전되어 있지 않다고 하자.

(a) $t > 0$에서 $v(t)$를 구하라.

(b) $t > 0$에서 회로에 흐르는 전류 $i(t)$를 구하라

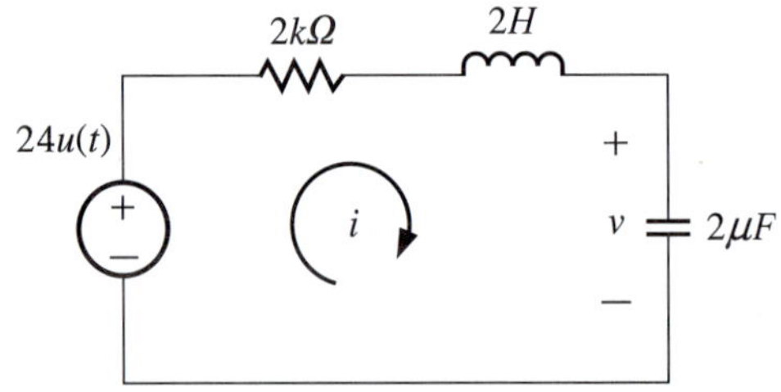

▶▶ 그림 7-8 예제 7-6 RLC 직렬 회로의 스텝 응답

(G-1) 최종 조건: $V_f = v(\infty) = 24V$

(G-2) 특성방정식: 직렬 RLC이므로, $s^2 + \frac{R}{L}s + \frac{1}{LC} = 0$

(FW) 커패시터의 전압

(M) 상수 계수 선형 2계 미분방정식

풀이

(a) (i) 직렬 RLC 회로이고, 특성방정식의 형태는 $s^2 + as + b = 0$

(ii) $a = \frac{R}{L}$, $b = \frac{1}{LC}$이므로,

$a = \frac{2000}{2} = 1000$, $b = \frac{1}{2 \times 2 \times 10^{-6}} = 25 \times 10^4$

(iii) 그러면 $D = a^2 - 4b = (1000)^2 - (4 \times 25 \times 10^4) = 0$

특성방정식은 중근을 가진다: $s = -500, -500$

(iv) 전압원으로 구동되는 회로이므로 커패시터의 전압으로 표현하면,

$v(t) = 24 + A_1 e^{-500t} + A_2 te^{-500t}$

계수 구하기

(i) $v(0^+) = 24 + A_1 = 0 \rightarrow A_1 = -24$

초기 전류(인덕터 전류)는 0이라고 하였으므로,

$\frac{i(0^+)}{C} = \frac{dv(0^+)}{dt} = -500A_1 e^{-(0)} + A_2 e^{-(0)} - 500A_2(0)e^{-(0)} = 0$

(ii) 즉, $A_2 = 500A_1 = -12000$

$v(t) = 24 - 24e^{-500t} - 12000te^{-500t}$

(b) (i) $i(t) = i_C(t) = C\frac{dv(t)}{dt}$

(ii) $\frac{dv(t)}{dt} = -24(-500)e^{-500t} + (-12000)e^{-500t} + (-12000)(-500)te^{-500t}$

$= (6 \times 10^6)te^{-500t}$

(iii) 그러므로

$i(t) = C\frac{dv(t)}{dt} = 12te^{-500t}$

[연습 7-3] 초기 조건이 있는 RLC 회로의 스텝 응답

다음 회로에서 $t=0$에서 스위치를 (1)에서 (2)로 옮겼다. $i_0(t)$를 구하라.

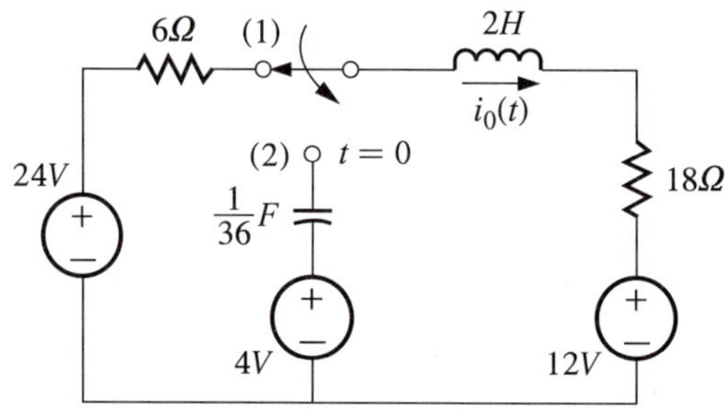

▶▶ 그림 7-9 연습 7-3의 회로

힌트

(i) $t<0$, $t>0$인 경우의 회로도

(ii) 회로의 특성방정식은 $s^2+\frac{R}{L}s+\frac{1}{LC}=0$

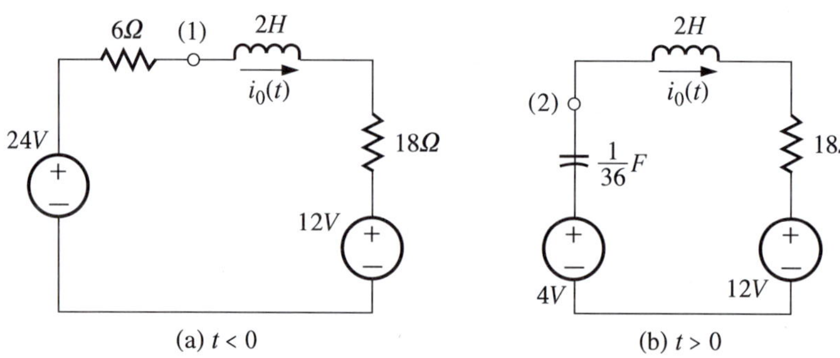

▶▶ 그림 7-10 연습 7-3의 힌트

답 $i_0=-\frac{11}{6}e^{-3t}+\frac{14}{6}e^{-6t}$[A]

예제 7-7 RLC 병렬 회로의 스텝 응답

다음 병렬 RLC 회로의 응답에 대하여 논의해 보자. 커패시터와 인덕터는 초기에 충전되어 있지 않았다고 가정하고 저항이 $R=1k\Omega$, 250Ω, 200Ω인 경우에 대하여 해석을 해 보사. 단 $I_s=10mA$이다.

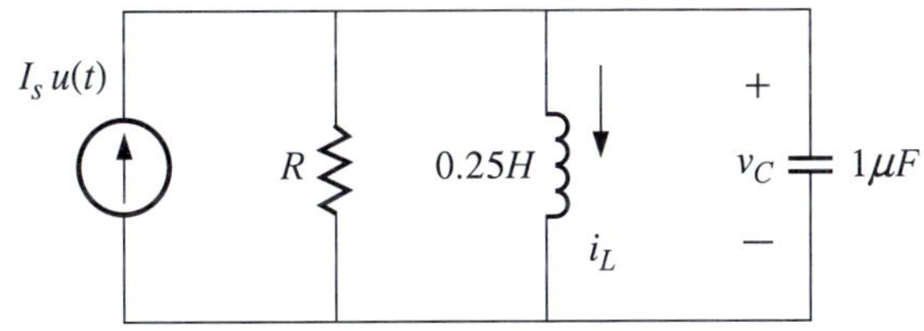

▸▸ 그림 7-11 예제 7-7 RLC 병렬 회로의 스텝 응답

(G-1) 특성방정식: 병렬 RLC이므로, $s^2+\frac{1}{RC}s+\frac{1}{LC}=0$

(G-2) 초기 조건이 없으므로, $i_L(0^+)=0$, $v_C(0^+)=0$

(G-3) 최종 조건은 $I_f=i_L(\infty)=10mA$

(FW) 3 cases: $R=1k\Omega$, 250Ω, 200Ω

풀이

(a) $R=1k\Omega$인 경우

(i) $\frac{1}{RC}=\frac{1}{1\times10^3\times1\times10^{-6}}=1000$

$\frac{1}{LC}=\frac{1}{0.25\times1\times10^{-6}}=\frac{10^6}{0.25}=4\times10^6$

(ii) 그러면 $s^2+1000s+4\times10^6=0\rightarrow s_{1,2}=-500\pm j3873=\sigma\pm j\omega_d$

(iii) 전원이 전류원이므로 응답의 형태는

$i_L(t)=e^{-\sigma t}\left[A\cos(\omega_d t)+B\sin(\omega_d t)\right]+I_f$이다.

계수 계산($R=1k\Omega$)

(i) $i_L(0^+)=0=A+I_f=A+10mA\rightarrow A=-10m$

(ii) $v_C(0^+) = v_L(0^+) = 0 \rightarrow v_L(0^+) = L\left.\frac{di_L}{dt}\right|_{t=0^+} = 0$이므로,

$$\frac{di_L}{dt} = (-\sigma)e^{-\sigma t}[A\cos(\omega_d t) + B\sin(\omega_d t)]$$
$$+e^{-\sigma t}[-\omega_d A\sin(\omega_d t) + \omega_d B\cos(\omega_d t)]$$

$$\left.\frac{di_L}{dt}\right|_{t=0} = -\sigma A + \omega_d B = 0$$

(iii) 즉, $B = \frac{\sigma A}{\omega_d} = \frac{500 \times 10 \times 10^{-3}}{3873} = 1.29 \times 10^{-3}$

$$i_L(t) = e^{-500t}[-10\cos(3873t) + 1.29\sin(3873t)] + 10\,[\mathrm{mA}]$$

(b) $R = 250\Omega$일 경우

(i) $\frac{1}{RC} = \frac{1}{0.25 \times 10^3 \times 1 \times 10^{-6}} = \frac{1000}{0.25} = 4000$

$$\frac{1}{LC} = \frac{1}{0.25 \times 1 \times 10^{-6}} = \frac{10^6}{0.25} = 4 \times 10^6$$

(ii) 그러면 $s^2 + 4000s + 4 \times 10^6 = 0 \rightarrow s_{1,2} = -2000, -2000$

(iii) 특성방정식이 중근인 경우: $i_L(t) = e^{-2000t}(K_1 + K_2 t) + 10\,[\mathrm{mA}]$

계수 계산($R = 250\Omega$)

(i) $i_L(0^+) = K_1 + 10mA = 0 \rightarrow K_1 = 10mA$

(ii) $\frac{di_L}{dt} = (-2000)e^{-2000t}(K_1 + K_2 t) + K_2 e^{-2000t}$

$$\frac{v_C(0^+)}{L} = \frac{v_L(0^+)}{L} = 0 = \left.\frac{di_L}{dt}\right|_{t=0^+} = (-2000)K_1 + K_2 = 20 + K_2$$

(iii) 즉, $K_2 = -20[\mathrm{A}]$

$$i_L(t) = e^{-2000t}(-10 - 20000t) + 10\,[\mathrm{mA}]$$

(c) $R = 200\Omega$일 경우

(i) $\frac{1}{RC} = \frac{1}{0.2 \times 10^3 \times 1 \times 10^{-6}} = \frac{1000}{0.2} = 5000$

$$\frac{1}{LC} = \frac{1}{0.25 \times 1 \times 10^{-6}} = \frac{10^6}{0.25} = 4 \times 10^6$$

(ii) 그러면 $s^2 + 5000s + 4\times10^6 = 0 \rightarrow s_{1,2} = -1000, -4000$

(iii) 서로 다른 실근: $i_L(t) = A_1 e^{-1000t} + A_2 e^{-4000t} + I_f$

계수 계산($R = 200\Omega$)

(i) $i_L(0^+) = 0 = A_1 + A_2 + 10m$

$\dfrac{di_L}{dt} = -1000A_1 e^{-1000t} - 4000A_2 e^{-4000t}$ 이고,

$$\frac{v_C(0^+)}{L} = \frac{v_L(0^+)}{L} = 0 = \left.\frac{di_L}{dt}\right|_{t=0^+} = -1000A_1 - 4000A_2 \rightarrow A_1 = -4A_2$$

(ii) $A_1 = -\dfrac{40}{3}m,\ A_2 = \dfrac{10}{3}m$

$$i_L(t) = -\frac{40}{3}e^{-1000t} + \frac{10}{3}e^{-4000t} + 10\,[\text{mA}]$$

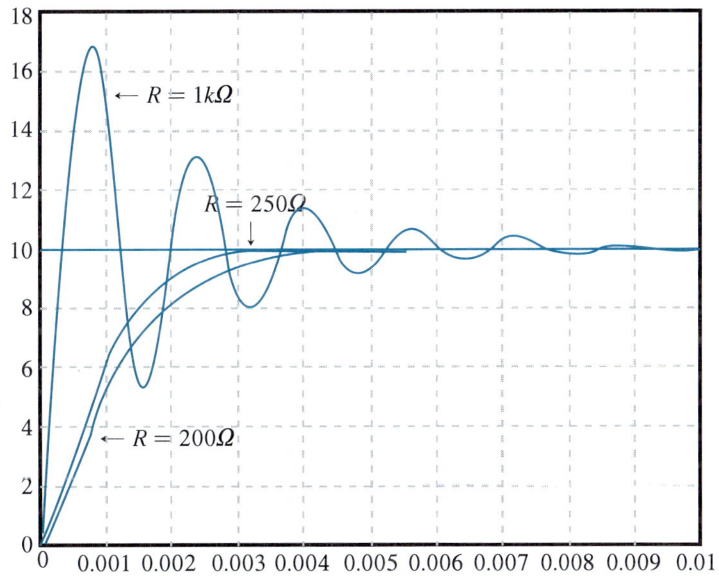

▶▶ 그림 7-12 예제 7-7 세 가지 경우의 응답

연습 풀이

[연습 7-1]

(i) 먼저 초기 조건은

$$\begin{cases} v_C(0^+) = V_0 \\ i_C(t) = C\dfrac{dv_C}{dt} \rightarrow \dfrac{dv_C(0^+)}{dt} = \dfrac{i_C(0^+)}{C} = \dfrac{i_L(0^+)}{C} \end{cases}$$

이고,

(ii) $\dfrac{d^2 v_C}{dt^2} + \dfrac{v_C}{LC} = 0 \rightarrow v_C(t) = K_1 \sin(\omega t + \phi)$이라 가정하면,

초기 조건으로부터

$v_C(0^+) = K_1 \sin(\phi) = V_0,$

$$\frac{dv_C(0^+)}{dt} = \frac{i_L(0^+)}{C} = \omega K_1 \cos(\phi) = 0 \rightarrow \phi = 90°$$

(iv) 즉, $v_C(0^+) = K_1 \sin(90°) = K_1 = V_0$

그러면 $v_C(t) = V_0 \sin(\omega t + 90°) = V_0 \cos(\omega t) = V_0 \cos\left(\dfrac{t}{\sqrt{LC}}\right)$

(v) 같은 결과를 얻었다.

[연습 7-2]

(i) $i_C + i_L = 0 \rightarrow i_C = -i_L$이다.

(ii) 커패시터 전류는 $i_C = C\dfrac{dv_C}{dt} = C\dfrac{d}{dt}\left\{V_0 \cos\left(\dfrac{t}{\sqrt{LC}}\right)\right\}$

$$i_C = CV_0\left(\frac{1}{\sqrt{LC}}\right)\left(-\sin\frac{1}{\sqrt{LC}}\right) = -V_0\sqrt{\frac{C}{L}}\sin\frac{t}{\sqrt{LC}} = -i_L$$

[연습 7-3]

(i) 초기 조건 $t < 0$에서(그림 7-10 a) $i_0(0^-) = 0.5A$이다.

(ii) $t > 0$에서 이 회로는 전원이 있는 직렬 RLC 회로이다(그림 7-10 b)

(iii) 그러면 회로의 특성방정식은 $s^2+\frac{R}{L}s+\frac{1}{LC}=0$: $\frac{R}{L}=9,\ \frac{1}{LC}=18$

(iv) 즉, $s^2+9s+18=(s+3)(s+6)=0$

(v) 해의 형태는 $v_C=V_f+A_1e^{-3t}+A_2e^{-6t}$: $V_f=-8V$

계수 구하기

(i) $v_C(0)=V_f+A_1+A_2=0 \rightarrow A_1+A_2=8$

(ii) $i_C=C\frac{dv_C}{dt}=\frac{1}{36}(-3A_1-6A_2)=0.5 \rightarrow -3A_1-6A_2=18$

(iii) 해를 구하면 $A_1=22,\ A_2=-14$

(iv) 커패시터의 전압은 $v_C(t)=-8+22e^{-3t}-14e^{-6t}[V]$

(v) 인덕터 전류는

$$i_0=i_C=C\frac{dv_C}{dt}=\frac{1}{36}(-66e^{-3t}+84e^{-6t})=-\frac{11}{6}e^{-3t}+\frac{14}{6}e^{-6t}[A]$$

7장 문제

LC 회로

01 다음 회로에서 $t=0$에서 스위치를 열었다.

(a) $v_C(0^+)$와 $i_L(0^+)$를 구하라.

(b) $t=0$에서 커패시터와 인덕터에 저장된 에너지는 얼마인가?

(c) $t>0$에서 $v_C(t)$를 구하라.

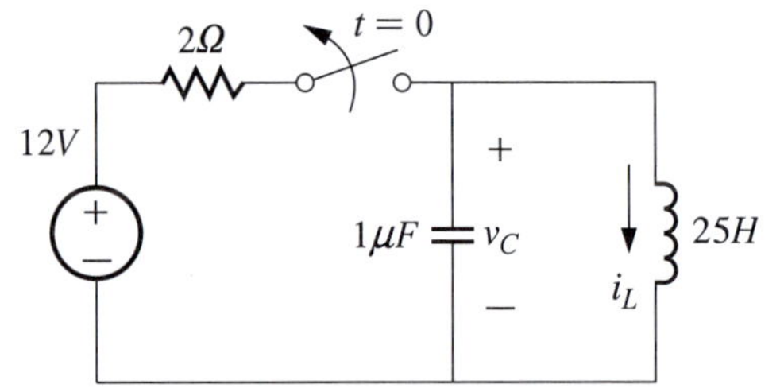

답 (a) $i_L(0^+)=6A$, $v_C(0^+)=0V$, (b) $W_L=450[\text{J}]$, $W_C=0$

(c) $v_C(t)=30\sin(200t)[\text{mV}]$

LC 회로

02 $t=0$에서 스위치를 옮겼다. 응답의 주파수가 $50Hz$가 되도록 L을 정하라.

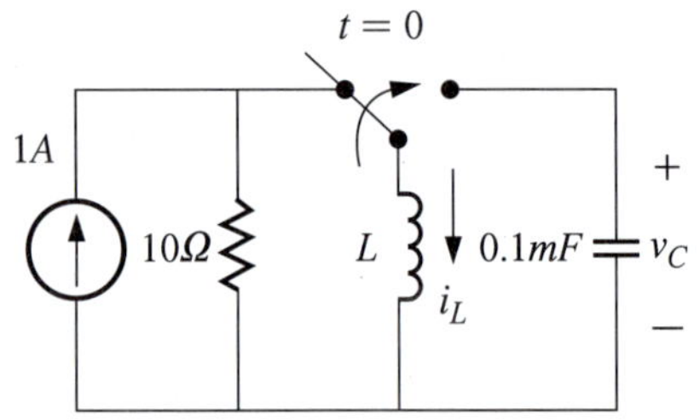

답 $L=\dfrac{10000}{2500}=4H$

전원이 없는 RLC 병렬회로

03 다음 회로에서 $v_C(0) = -1V$, $i_L(0) = 4A$이다. $v_C(t)$를 구하라.

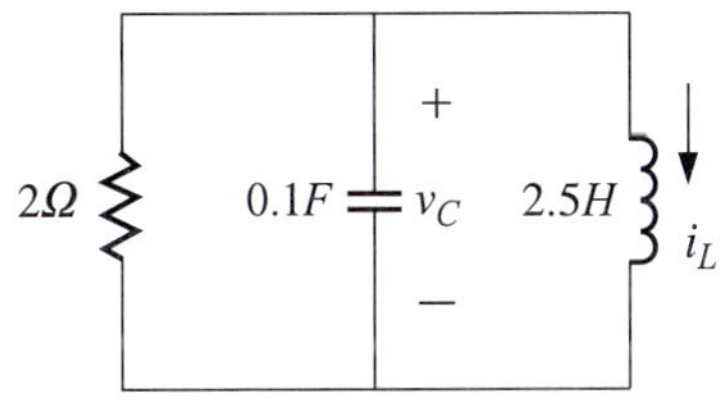

답 $v_C(t) = 12e^{-4t} - 13e^{-t}$ [V]

전원이 없는 RLC 병렬회로

04 다음 회로에서 $i_L(0) = 1A$, $v_C(0) = 20V$이다. $v_C(t)$와 $i_L(t)$를 구하라.

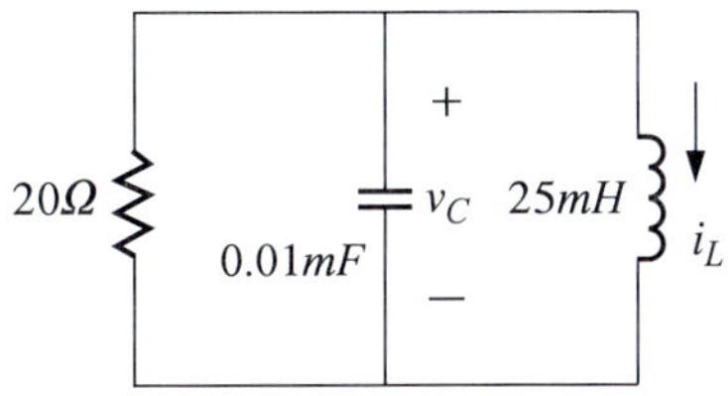

답 $v_C(t) = 60e^{-4000t} - 40e^{-1000t}$ [V],

전원이 없는 RLC 직렬회로

05 다음 회로에서 $v_C(t)$와 $i_L(t)$를 구하라. 단 $v_C(0) = -5V$, $i_L(0) = 1A$이다.

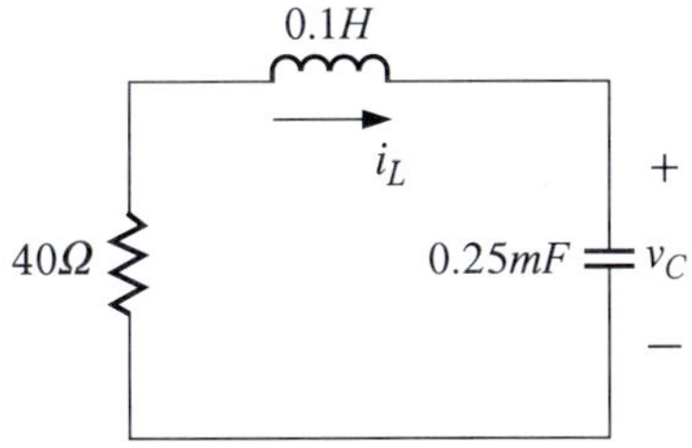

답 $v_C(t) = -5e^{-200t} + 3000te^{-200t}$ [V], $i_L(t) = e^{-200t} - 150te^{-200t}$ [A]

RLC 직렬회로의 스텝 응답

06 다음 회로에서 $i_L(t) = 50e^{-10t}\sin\left(10\sqrt{3}t\right)$이다.

(a) 이 응답이 나오도록 L과 C를 구하라.

(b) $v_C(t)$를 구하라.

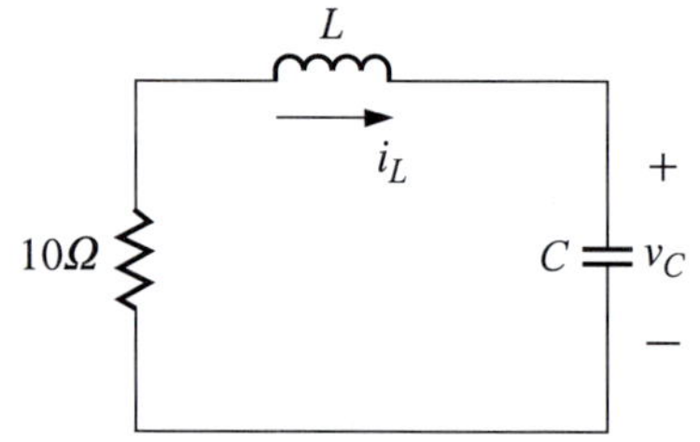

답 (a) $L = 1H,\ C = \dfrac{1}{300L} = \dfrac{1}{3}mF$

(b) $v_C(t) = -500\sqrt{3}e^{-10t}\cos\left(10\sqrt{3}t\right)$[V]

RLC 직렬회로의 스텝 응답

07 다음 회로에서 초기 조건은 $v_C(0^-) = 2V,\ i_L(0^-) = 8mA$이다.

(a) $t > 0$에서 $v_C(t)$를 구하라.

(b) $t > 0$에서 $i_L(t)$를 구하라.

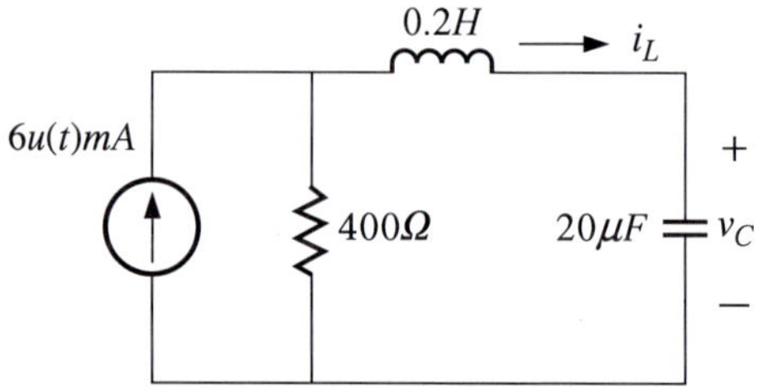

답 (a) $v_C(t) = e^{-400t}(2\cos 300t + 4\sin 300t)$[V]

(b) $i_L(t) = e^{-400t}(8\cos 300t - 44\sin 300t)$[mA]

RLC 병렬회로의 스텝 응답

08 다음 회로에서 $t = 0$에서 스위치를 닫았다.

(a) $v_C(t)$가 과 제동이 되기 위한 k를 구하라(특성방정식이 두 실근). 단 $k > 0$ 이다.

(b) $v_C(t)$가 임계 제동이 되기 위한 k를 구하라(특성방정식이 이중근). 단 $k > 0$ 이다.

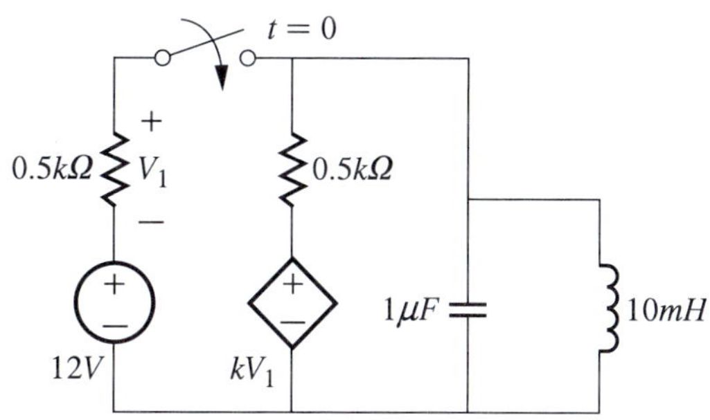

답 (a) $k > 12$, (b) $k = 12$

RLC 직렬회로의 스텝 응답

09 다음 회로에서

(a) zero-input response $i_L(t)$가 임계 제동이 되도록 C를 정하라.

(b) $i_L(t)$를 구하라. 초기 조건은 모두 0이다.

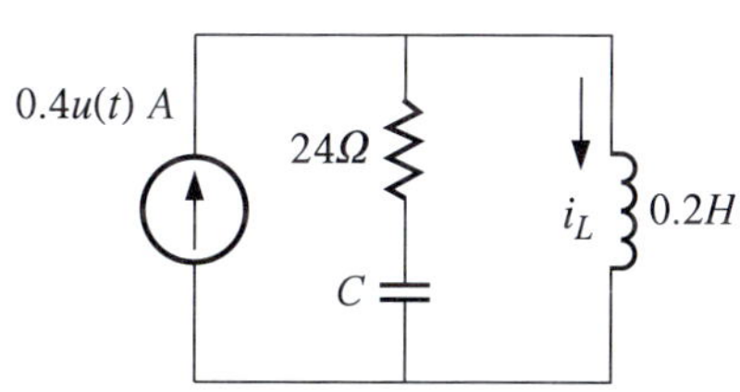

답 (a) $C = 2mF$, (b) $i_L(t) = 0.4 \quad 0.4e^{-t/\tau}$ [A]

초기 조건이 있는 RLC 회로의 스텝 응답

10 다음 회로에서 $t = 0$에서 스위치를 ON하였다.

(a) $t = 0^-$에서 회로를 그리고 $i_L(0^-)$, $i_R(0^-)$와 $v_C(0^-)$를 구하라.

(b) $t > 0$에서 인덕터의 전류 $i_L(t)$를 구하라.

(c) $t > 0$에서 $3k\Omega$ 저항에 흐르는 전류 $i_R(t)$를 구하라.

(d) $t > 0$에서 $v_C(t)$를 구하라.

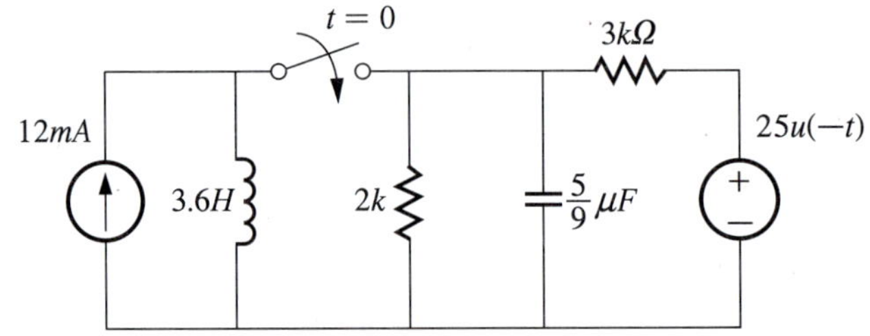

답 (a) $i_L(0^-) = 12mA,\ i_R(0^-) = -5mA,\ v_C(0^-) = 10V$

(b) $i_L(t) = 12 + 5.56e^{-500t} - 5.56e^{-1000t}$ [mA]

(c) $i_R(t) = -3.33e^{-500t} + 6.67e^{-1000t}$ [mA]

(d) $v_C(t) = -10e^{-500t} + 20e^{-1000t}$ [V]

Table

CHAPTER 08

교류 해석과 교류 전력

Contents

08 CHAPTER

교류 해석과 교류 전력

볼타[1]가 전지를 만들어 새로운 에너지 형태를 보여준 것이 1800년경이었다. 이후 패러데이[2]가 전자 유도법칙을 확립한 후에는 전기를 생산할 수 있게 되었다. 하지만 당시에는 이 전기에너지가 전기와 자기의 물리적 현상을 이해하기 위한 실험에 필요한 전력의 공급 수준에 머물렀다.

본격적으로 전력을 공급할 필요성은 에디슨의 전구의 상업화로부터 시작되었다. 에디슨은 전구를 발명한 것에 그치지 않고 가정에 빛을 밝힐 수 있는 전력 시스템을 구상하게 되었다. 전구를 만들 유리 세공, 고전압 발전기, 퓨즈(fuse), 개폐기 심지어는 전구를 끼울 소켓도 만들어야 했다. 가정에 전력을 공급할 전선과 발전소도 필요하게 되었다. 그러나 직류를 고집한 에디슨은 처절했던 교류와의 전쟁에 패하면서 전력은 교류의 시대로 넘어오게 되었다.

직류는 저장이 가능하고 전자기기를 구동하는 데 필요한 에너지이다. 모든 모바일 기기는 직류를 필요로 한다. 그러나 전기를 운반하는 데는(송전) 전선의 저항에 의한 전력 손실이 발생하고 전압을 높이거나 낮출 수 없는 직류의 사용은 근거리에 발전소가 있어야 한다는 의미였다. 현재 우리는 생산 및 운송이 편리한 교류를 채택하여 사용하고 있다. 그러나 기술의 발전으로 저장할 수 있는 직류의 사용이 점차 늘어가고 있다. 초기에 주파수를 가지고 있는 교류의 해석은 많은 계산량을 필요로 하였다. 그러나 스타인메츠[3]가 교류 해석에 복소수를 도입하면서 직류 해석과 유사한 방법으로 교류를 해석할 수 있게 되었다.

교류 해석은 직류 해석에서 소개한 키르히호프의 법칙, 노드 해석법, 루프 해석법, 중첩정리, 전원 변환, 테브넹 등가회로, 노턴 등가회로 변환 등을 그대로 적용할 수 있다.

1) Volta(1745~1827): 1800년 전자를 만듦. 이 전자를 voltaic pile, 또는 battery(더미)라고 하였다.
2) Faraday(1791~1867): 전자(電磁)유도법칙(1831년). 발전기와 전동기 이론의 기틀을 마련하였다.
3) 스타인메츠(Steinmetz, 1865~1923): 미국의 전기공학자. 교류전력 해석에 복소수 도입

8.1 사인함수

교류(AC, alternating current)[4]는 시간에 따라 변하는 전압 또는 전류를 가리킨다. 전기전자공학 분야에서 시간에 따라 변하는 신호는 여러 종류가 있지만 회로이론에서는 사인파(sinusoid) 신호에 대해 논의할 것이다. 사인파 신호는 가정에 전력을 공급하는 신호로서 삼각함수의 사인 또는 코사인 함수로 표현된다.

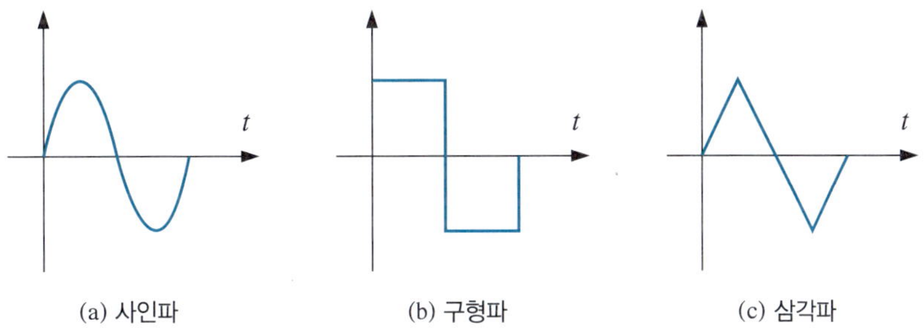

▸▸ 그림 8-1 여러 가지 교류 파형

가정용 전기는 발전소(power plant)에서 교류 발전기(alternator)에 의해 생성된다. 교류 전압은 변압기(transformer)를 이용하여 전압을 크게 높일 수 있으므로 동일한 전력을 송전하는데 작은 전류를 보낼 수 있어 전선에서 손실이 줄어든다.[5]

사인파의 발생과 정의

사인파 전류는 (+)와 (−)가 교대로 반복되므로 교류라고 부르고 교류 전압이나 전류로 구동되는 회로를 교류회로라고 한다. 사인파의 성질을 논의하기 전에 사인파 파형에 대하여 알아보자. (그림 8-2)에 사인파의 파형을 그렸다.

최댓값 V_m: 파형이 최대가 되는 값(maximum value, peak value)[6]
주기(period): T. 파형이 반복되는 시간

4) AC와 DC: 초기에 전기를 대표하는 값이 전류라고 생각하였다. 모든 전기기기는 구동되는 전압이 정해져 있다(가정용 정격전압 220V).
5) 전선에서의 전력 손실: $P_{line} = i^2 R_{line}$
6) 전자공학에서는 첨두값(peak value) V_p, 첨두간 값(peak-to-peak value) V_{pp}를 사용

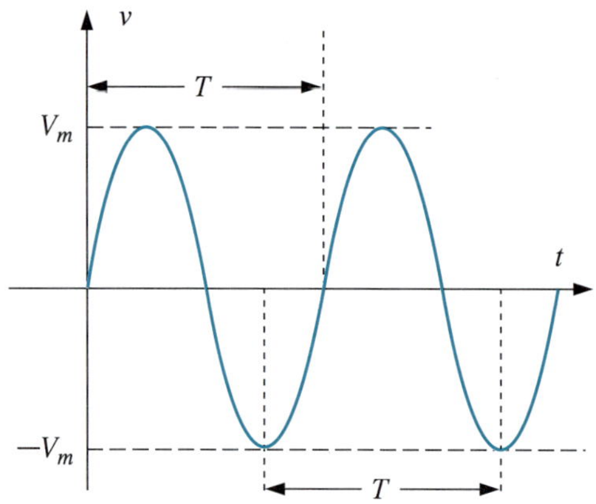

▶▶ 그림 8-2 사인 파형

주파수(frequency): f. 1초 동안 파형이 반복되는 횟수

사인파의 주기는 첨두값에서 다음 첨두값을 재거나 값이 0이 되는 지점부터 다음 0이 되는 지점을 측정하는 것이 편리하다.

사인파에 대해 알아보기 전에 주기함수에 대한 설명을 하도록 한다. 신호가 주기적으로 반복되는 함수를 주기함수라고 한다. 즉, 신호가 동일한 시간 간격에서 반복적으로 나타나는 함수이다. 신호의 주기를 T라고 하면 주기함수는 다음과 같이 표현한다.

$$f(t+T)=f(t)$$

주기 T는 신호가 반복되는 시간이므로 차원은 초(秒)[sec]이다. 주기의 역수를 주파수라고 한다.

$$f=\frac{1}{T}\,[\text{Hz}]$$

주파수는 신호가 1초 동안 반복되는 횟수이다. 전파의 주파수는 통신과 신호처리 분야의 핵심적인 개념이다. 왜냐하면 이 주파수가 있는 신호에 필요한 정보를 실어 보낼 수 있기 때문이다. 우리가 사용하는 가정용 전압의 주파수는 60[Hz]이다.

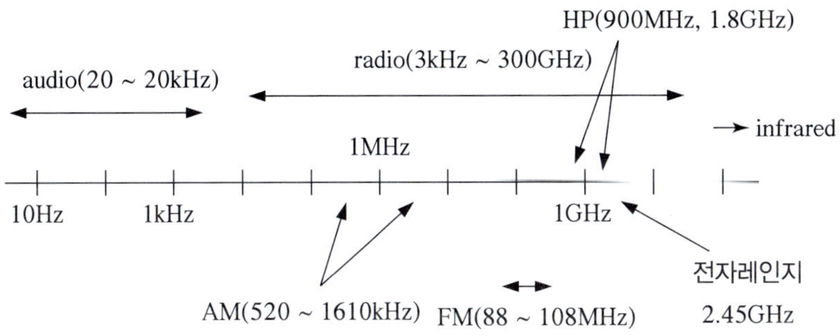

▶▶ 그림 8-3 주파수의 용도

대표적인 주기함수인 사인파 전압에 대해 생각해 보자.

$$v(t) = V_m \sin(\omega t + \phi)$$

여기서

V_m : 진폭(振幅, amplitude)
ω : 각 주파수(角周波數, angular frequency), [radian/sec] = [rad/sec]
ωt : 사인파의 독립변수(argument of the sinusiod), [rad]
ϕ : 위상각(位相角, phase angle), 원점에서 떨어진 정도

진폭 V_m은 사인파의 최댓값을 나타낸다. 전력 분야는 실효값으로 표현하고, 전자회로의 신호는 대부분 최댓값으로 표현한다. 가정용 교류전압 220V는 실효값을 나타낸다.[7]

각 주파수 ω: 단위 시간당 위상각의 변화
$\omega = \frac{2\pi}{T} = 2\pi f$

7) 실효값(effective value)

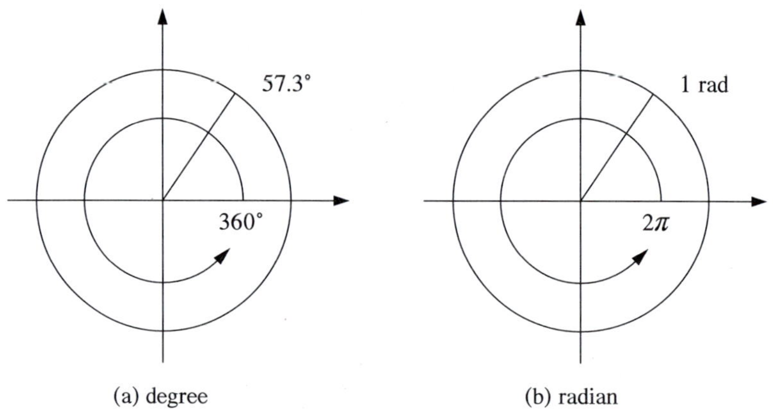

▶▶ **그림 8-4** 도(degree)와 라디안(radian)

위상각 ϕ(파이)[8]는 일반적으로 도(度, degree)로 표시한다. 그러나 ωt의 단위는 라디안(radian)이므로 위상각 ϕ도 라디안으로 표현하여 계산하여야 한다.[9] 원주를 한 바퀴 돌면 2π[rad]이므로,

$$1\,[\text{rad}] = \frac{360°}{2\pi} = \frac{180°}{\pi} = 57.30°$$ [10]

사인파라고 해서 사인(sine)만 해당하는 것이 아니다. 사인파를 시간 축의 왼쪽으로 $\frac{\pi}{2}$(90°) 이동하면 코사인(cosine)이 되기 때문이다.

$$\cos(\omega t) = \sin\left(\omega t + \frac{\pi}{2}\right) = \sin\omega t\left(\cos\frac{\pi}{2}\right) + \cos\omega t\left(\sin\frac{\pi}{2}\right)$$

8) ϕ: phi, 영어의 f에 해당하는 그리스어
9) 컴퓨터는 래디언으로 계산한다.
10) 1 래디언 = 반지름과 같은 호의 길이에 해당되는 각도

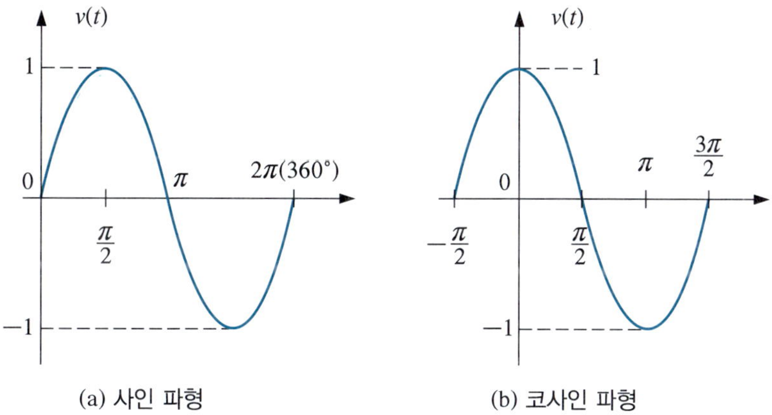

▶▶ **그림 8-5** 사인과 코사인 파형

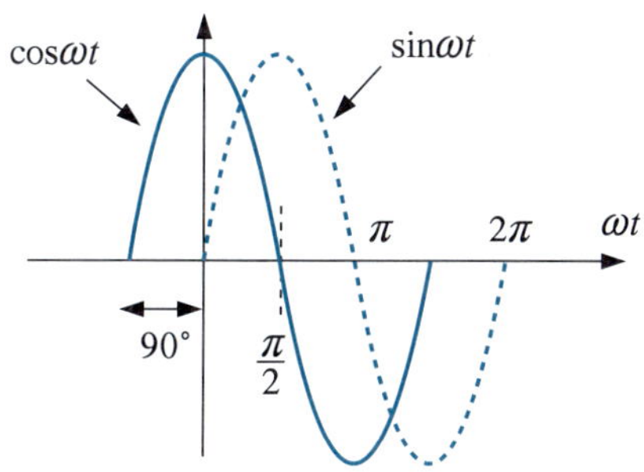

▶▶ **그림 8-6** 사인과 코사인의 위상 차

삼각함수는 주기가 T초인 주기함수이다.

$$\sin\big(\omega(t+T)\big)=\sin(\omega t+\omega T)=\sin(\omega t+2\pi)=\sin\omega t$$

즉,

$$\omega T=2\pi \rightarrow T=\frac{2\pi}{\omega}$$

앞으로 보겠지만 교류회로의 전원으로 코사인을 사용할 것이다. 그러나 삼각함수에서 먼저 배워 익숙한 사인함수로 시작하기로 한다. 사인파 신호를 그릴 때 주의해

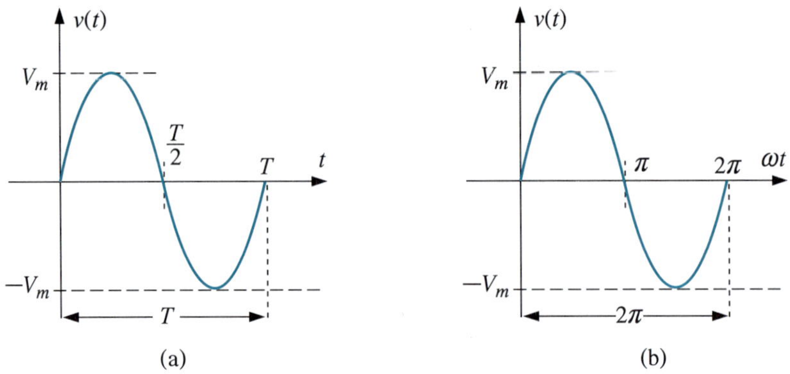

▶▶ **그림 8-7** 사인파 그리기

야 할 점은 x축(시간 축)의 단위이다. 시간 축이 t로 되어 있으면 x축과 만나는 점은 시간(sec)이 되어야 하고, 시간 축이 ωt로 되어 있으면 x축과 만나는 점은 라디안(rad)으로 표시해야 한다.

위상(位相, phase)

다음 두 신호를 비교하여 위상에 대해 알아보자.

$$v_1(t) = V_m \sin(\omega t),$$
$$v_2(t) = V_m \sin(\omega t + \phi)$$

이 두 신호를 그려 보자.

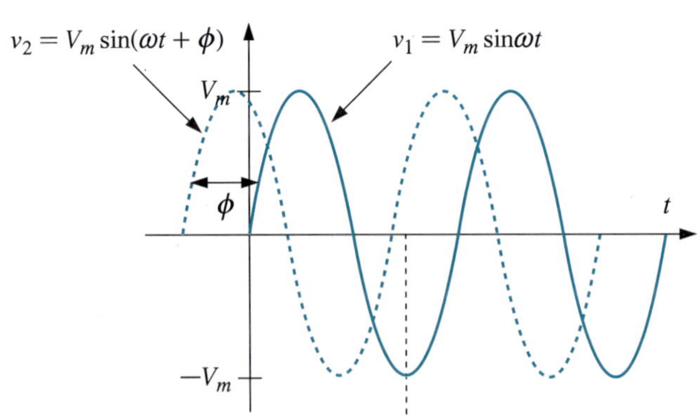

▶▶ **그림 8-8** 사인함수와 위상각

두 신호는 위상각 ϕ만큼 차이가 난다. 만약 $\phi = 0$이면 두 신호는 동상(同相, in phase)이라 한다. (그림 8-8)에서 보면 'v_2가 v_1보다 앞선다(lead)' 라고 한다. 반대로 'v_1이 v_2보다 늦다(lag)' 라고 하기도 한다.[11]

사인과 코사인은 서로 변환할 수 있다. 자세한 내용은 '부록 E. 삼각함수' 를 참조하기 바란다. 간단한 예로,

$$\sin(\theta \pm 90°) = \sin\left(\theta \pm \frac{\pi}{2}\right) = \pm\cos\theta,\ \cos(\theta \pm 90°) = \cos\left(\theta \pm \frac{\pi}{2}\right) = \mp\sin(\theta)$$

$$\sin(\theta \pm 180°) = \sin(\theta \pm \pi) = -\sin(\theta),\ \cos(\theta \pm 180°) = \cos(\theta \pm \pi) = -\cos(\theta)$$

예제 8-1 삼각함수의 값

다음 삼각함수의 값을 표시하라.

(a) $\sin(30°) = \sin\left(\frac{\pi}{6}\right),\ \sin(60°) = \sin\left(\frac{\pi}{3}\right)$

(b) $\cos(30°) = \cos\left(\frac{\pi}{6}\right),\ \cos(60°) = \cos\left(\frac{\pi}{3}\right)$

(c) $\sin(45°) = \sin\left(\frac{\pi}{4}\right),\ \cos(45°) = \cos\left(\frac{\pi}{4}\right)$

(G-1) 정삼각형과 직각이등변삼각형을 이용하여 자주 사용되는 삼각함수의 값을 계산할 수 있다.
(G-2) 정삼각형: 30°, 60°, 직각이등변삼각형: 45°

풀이

30°, 60°, 45°는 정삼각형과 직각이등변삼각형에서 나타나는 각도이다.

11) 전력에서 위상 표현: leading, lagging

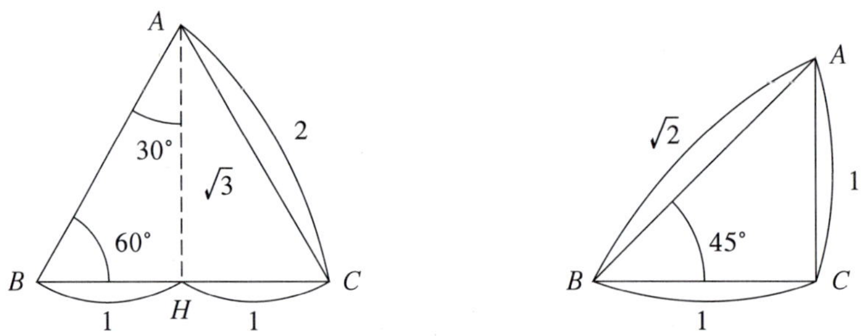

(a) 정삼각형 (b) 직각이등변삼각형

▸▸ 그림 8-9 예제 8-1 삼각함수의 값

(a) 정삼각형에서

$$\sin(30°) = \frac{BH}{AB} = \frac{1}{2},\ \sin(60°) = \frac{AH}{AB} = \frac{\sqrt{3}}{2}$$

(b) $\cos(30°) = \frac{AH}{AB} = \frac{\sqrt{3}}{2},\ \cos(60°) = \frac{BH}{AB} = \frac{1}{2}$

(c) 직각이등변삼각형에서

$$\sin(45°) = \frac{AC}{AB} = \frac{1}{\sqrt{2}},\ \cos(45°) = \frac{BC}{AB} = \frac{1}{\sqrt{2}}$$

[연습 8-1] 삼각함수 값

다음 삼각함수의 값을 표시하라.

(a) $\tan(30^\circ) = \tan\left(\frac{\pi}{6}\right),\ \tan(60^\circ) = \tan\left(\frac{\pi}{3}\right),\ \tan(45^\circ) = \tan\left(\frac{\pi}{4}\right)$

(b) $\cos(75^\circ) = \cos(45^\circ + 30^\circ)$

(c) $\sin(15^\circ) = \sin(45^\circ - 30^\circ)$

힌트

(i) $\tan\theta = \frac{\sin\theta}{\cos\theta}$

(ii) $\cos(\alpha + \beta) = \cos\alpha\cos\beta - \sin\alpha\sin\beta,\ \sin(\alpha - \beta) = \sin\alpha\cos\beta - \cos\alpha\sin\beta$

답 (a) $\tan(30^\circ) = \frac{1}{\sqrt{3}}$, $\tan(60^\circ) = \sqrt{3}$, $\tan(45^\circ) = 1$

(b) $\cos(75^\circ) = \frac{\sqrt{6} - \sqrt{2}}{4}$, (c) $\sin(15^\circ) = \frac{\sqrt{6} - \sqrt{2}}{4}$

사인파의 평균값(average value)

어떤 신호의 평균값은 그 신호를 한 주기에 걸쳐 평균한 값이다. 즉, 한 주기 동안 적분하여 그 주기로 나눈 값이다. 사인함수 $v = V_m \sin\omega t$의 평균값은

$$v_{avg} = \frac{1}{T}\int_0^T V_m \sin(\omega t)\,dt = \frac{V_m}{T}\left[-\frac{1}{\omega}\cos(\omega t)\right]_0^T$$

그런데 삼각함수를 한 주기 동안 적분하면,

$$\frac{V_m}{T}\left[-\frac{1}{\omega}\cos(\omega t)\right]_0^T = -\frac{V_m}{\omega T}[\cos(\omega T) - \cos 0] = -\frac{V_m}{\omega T}[\cos(2\pi) - \cos 0] = 0$$

사인파의 평균값은 항상 0이다. 왜냐하면 (그림 8-10)에서 보면 빗금 친 부분의 넓이와 점선 부분의 넓이가 같기 때문이다.

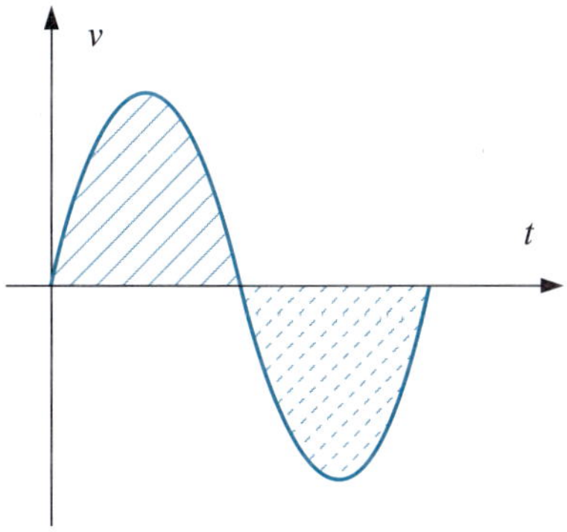

▶▶ 그림 8-10 사인파의 평균값

그러면 교류 신호의 평균값이 0이면 전력 계산은 어떻게 할까? 교류의 전력 계산

을 공부할 때 다시 한 번 언급하겠지만 교류 신호는 실효값을 사용하여 그 크기를 나타낸다.

실효값(efflective value, rms 값)

교류의 특징적인 수치 중 rms 값이 있다. rms는 root-mean-squared(자승의 평균의 제곱근)의 약자로서 교류의 실제적인 값을 나타낸다.

$$\text{rms: } V_{rms} = \sqrt{\frac{1}{T}\int_T V_m^2 \sin^2(\omega t + \phi)\, dt}$$

예제 8-2 사인파의 실효값

사인파 $v = V_m \sin\omega t$의 실효값을 구하라.

(G) $V_{rms} = \sqrt{\frac{1}{T}\int_T V_m^2 \sin^2(\omega t)\, dt}$

(M-1) 삼각함수 자승의 적분은?

$$\cos^2\theta = \frac{1+\cos 2\theta}{2},\ \sin^2\theta = \frac{1-\cos 2\theta}{2}$$

풀이

(i) 삼각함수의 자승 $\sin^2(\omega t)$, $\cos^2(\omega t)$는 적분을 그대로 수행할 수 없다.[12)]

(ii) 이 식을 삼각함수의 항등식($\sin^2\theta + \cos^2\theta = 1$)을 이용하여 변형하면,

$$\cos(\omega t + \omega t) = \cos^2(\omega t) - \sin^2(\omega t) = 1 - 2\sin^2(\omega t)$$

(iii) 즉, $\sin^2\omega t = \frac{1-\cos(2\omega t)}{2}$

(iv) 그러므로

$$\int_T V_m^2 \sin^2(\omega t)\, dt = \int_T V_m^2 \frac{1-\cos(2\omega t)}{2}\, dt = \int_T \frac{V_m^2}{2}\, dt - \frac{V_m^2}{2}\int_T \cos(2\omega t)\, dt$$

12) 삼각함수 자승의 적분: $\int \sin^2\theta d\theta = \int \frac{1-\cos(2\theta)}{2}\, d\theta$, $\int \cos^2\theta d\theta = \int \frac{1+\cos(2\theta)}{2}\, d\theta$

(v) 두 번째 항은 삼각함수의 적분이므로 적분값이 0이 되고,

$$\int_T V_m^2 dt = \frac{V_m^2}{2} T$$

(vi) 그리면

$$V_{rms} = \sqrt{\frac{1}{T}\int_T V_m^2 \sin^2(\omega t)\, dt} = \sqrt{\frac{1}{T}\frac{V_m^2 T}{2}} = \frac{V_m}{\sqrt{2}}$$

(vii) 가정용 전압 220V는 실효값이다. 즉, 가정용 전압의 최댓값은

$$V_m = 220\sqrt{2} \approx 311\,[\mathrm{V}]$$

[연습 8-2] 삼각파의 실효값

다음 삼각파(triangular wave)의 실효값을 구하라.

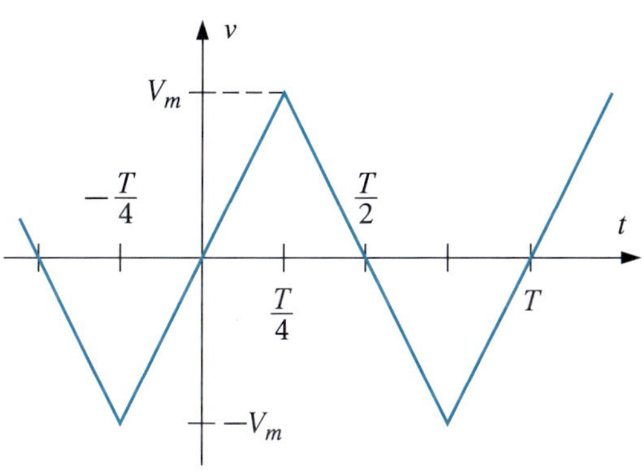

▸▸ 그림 8-11 연습 8-2 삼각파 파형

힌트

한 주기 동안 삼각파의 수식은?

답 $V_{rms} = \frac{V_m}{\sqrt{3}}\,[\mathrm{V}]$

예제 8-3 평균값과 실효값의 계산

다음 그림의 DC와 정사각파(square wave)의 평균값과 실효값을 구하라.

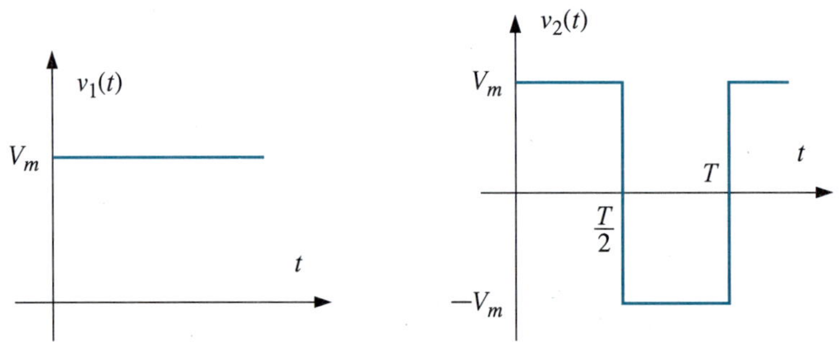

(a) DC　　(b) 정사각파

▶▶ 그림 8-12 예제 8-3 DC와 정사각파

(G) DC는 주기가 무한대(∞)인 주기함수로 생각할 수 있다.

풀이

평균값은 한 주기 동안 평균한 값이고 실효값은 rms 값이다.

(a) DC의 경우: $v_{1,\,avg} = V_m,\ v_{1,\,eff} = V_m$

(b) (i) 정사각파의 경우 값이 (+)와 (−)에 교대로 나타나므로

$$v_{2,\,avg} = 0$$

(ii) $V_{2,\,eff} = \sqrt{\frac{1}{T}\int_T v_2^2(t)\,dt}$ 인데,

$$\frac{1}{T}\int_T v_2^2(t)\,dt = \frac{1}{T}\int_0^{T/2} V_m^2\,dt + \frac{1}{T}\int_{T/2}^{T} V_m^2\,dt = \frac{V_m^2}{T}\left(\frac{T}{2}+\frac{T}{2}\right) = V_m^2$$

(iii) 즉, $V_{2,\,eff} = \sqrt{\frac{1}{T}\int_T v_2^2(t)\,dt} = V_m$

8.2 | 복소 지수함수와 삼각함수

삼각함수를 복소수로 표현할 수 있는 방법은 오일러[13]가 알아냈다. 교류에서 복소 지수함수의 사용은 복잡한 교류 계산을 간편하게 할 수 있게 해 준다. 이제 교류에서 필요한 복소함수에 대하여 간략히 살펴보자.

복소수(複素數, complex number)는 실수와 허수의 결합으로 표현되는 수이다.

> 복소수의 표시:
> $z = a + jb$ (a, b는 실수)
> $j = i = \sqrt{-1}$

전기전자공학 분야에서는 허수의 표현을 i 대신 j를 사용한다. 왜냐하면 i는 전류를 나타내는 기호로 사용되기 때문이다. a를 복소수의 실수부(real part), b를 복소수의 허수부(imaginary part)라고 한다. 즉,

$$a = \Re e\{z\},\ b = \Im m\{z\}$$

여기서 $\Re e\{\cdot\}$는 복소수의 실수부를, $\Im m\{\cdot\}$는 복소수의 허수부를 가리킨다.

복소수에서 허수 부분의 부호가 반대인 것을 공액(conjugate)이라 한다.[14]

$$z^* = \bar{z} = a - jb$$

그러면

$$z + z^* = 2a\text{: 순 실수}$$
$$z - z^* = j2b\text{: 순 허수}$$
$$z \times z^* = |z|^2 = a^2 + b^2\text{: 복소수의 크기 계산}$$

13) 오일러(Euler, 1707~1783): 스위스의 수학자, 오일러 항등식 $e^{j\theta} = \cos\theta + j\sin\theta$, π, e 이름을 붙임

14) 공액 복소수: 켤레 복소수, complex conjugate, 복소수는 복합적인 수

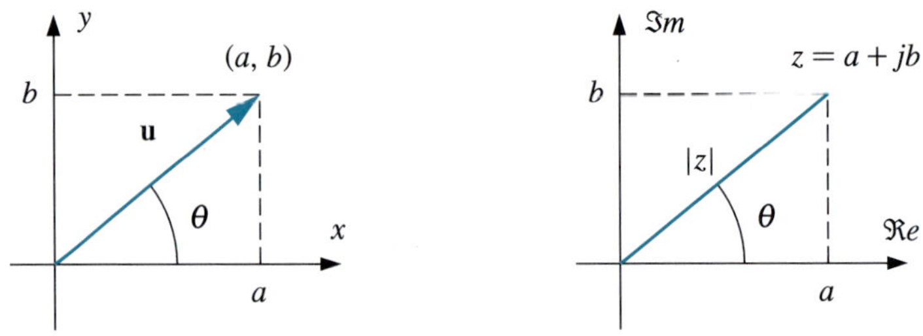

(a) 2차원 평면 (b) 가우스 복소평면

▸▸ 그림 8-13 가우스 복소평면

$|z|$는 복소수의 크기(절댓값)를 나타낸다.

복소수는 두 개의 실수 (a, b)로 표현할 수 있으므로 2차원 벡터처럼 생각하여 2차원 평면에 그릴 수 있다. 이 평면을 가우스 복소평면이라 하며 x축을 실수축, y축을 허수축으로 하여 복소수를 평면상에 표현할 수 있다.

복소수는 $z = a + jb$처럼 직각좌표 형식(rectangular coordinate form)으로 표현할 수도 있고,

$$z = r\angle\theta$$

처럼 극좌표 형식(polar coordinate form)으로 표현할 수도 있다. 여기서 복소수의 크기[15]는

$$r = |z| = \sqrt{a^2 + b^2}$$

이 복소수가 실수축과 이루는 편각을 위상(phase)이라 하고,

$$\tan\theta = \frac{b}{a} \rightarrow \arg(z) = \theta = \tan^{-1}\frac{b}{a}, \quad -\pi \le \theta \le \pi$$

15) 복소수의 크기: magnitude라고 한다.

복소 지수함수(complex exponential function)는 지수함수의 지수 부분이 복소수로 이루어진 함수이다. 지수함수의 형태는

$$y = a^x$$

여기서 a를 밑(base), x를 지수(指數, exponent)라 한다. 공학이나 자연과학에서는 자연대수의 밑인 e를 밑으로 하는 지수함수를 사용한다.[16)]

$$y = e^x$$

복소 지수함수는 지수함수의 지수가 복소수인 경우를 가리킨다. 특히 지수가 허수일 경우 다음과 같이 삼각함수의 합으로 표현되는데, 이 식을 오일러 항등식(Euler' s identity)이라 한다.

$$e^{j\theta} = \cos\theta + j\sin\theta$$

그러면 복소수는

$$z = r\angle\theta = r\cos\theta + jr\sin\theta = r(\cos\theta + j\sin\theta) = re^{j\theta}$$

우리는 두 형식을 같은 표현이라 간주한다.

$$r\angle\theta = r \cdot e^{j\theta} = r\cos\theta + jr\sin\theta$$

예제 8-4 복소수의 계산

$z_1 = 3 + j4$, $z_2 = 1 - j2$라고 하자.

(a) $z_1 + z_2$, $z_1 - z_2$를 계산하라.

16) e에 대한 자세한 내용은 부록 I-D(지수함수와 대수함수), 부록 I-F(복소수와 복소 지수함수)를 참고하기 바란다.

(b) $z_1 \times z_2$를 계산하라.

(c) $\frac{z_2}{z_1}$를 계산하라.

(G-1) 복소수의 덧셈, 뺄셈은 직각좌표계로,
(G-2) 곱셈, 나눗셈은 극좌표계로 계산하는 것이 편리하다.

풀이

(a) 복소수의 덧셈과 뺄셈은 실수항은 실수항끼리, 허수항은 허수항끼리 계산한다.

$z_1 + z_2 = (3 + j4) + (1 - j2) = 4 + j2$

$z_1 - z_2 = (3 + j4) - (1 - j2) = 2 + j6$

(b) 복소수의 곱셈은 다항식의 곱셈과 동일하고 결과를 실수부와 허수부로 분리하여 표현한다.

$z_1 \times z_2 = (3 + j4)(1 - j2) = 3 + j4 - j6 - j^2 8 = 11 - j2,\ j^2 = -1$

$z_1 = 3 + j4 = 5\angle 53.13^\circ,\ z_2 = 1 - j2 = 2.24\angle -63.43^\circ$이므로

$z_1 \times z_2 = 5(2.24)\angle(53.13^\circ - 63.43^\circ) = 11.2\angle -10.30^\circ$

(c) 나눗셈은 분모를 실수로 만들어 계산한다. 분모를 실수로 만들기 위해서는 분모의 공액복소수를 곱하면 된다.

$$\frac{z_2}{z_1} = \frac{z_2 \times z_1^*}{z_1 \times z_1^*} = \frac{(1 - j2)(3 - j4)}{(3 + j4)(3 - j4)} = \frac{3 - j6 - j4 + j^2 8}{25} = \frac{-5 - j10}{25} = \frac{-1 - j2}{5}$$

$$\frac{z_2}{z_1} = \frac{2.24\angle -63.43^\circ}{5\angle 53.13^\circ} = 0.45\angle -116.57^\circ$$

예제 8-5 복소수와 복소 지수

다음 복소수를 복소 지수로 변환하여 표현하라.

(a) $z_1 = 1 + j$, (b) $z_2 = -1 - j$

(M) $z = a + jb = \sqrt{a^2 + b^2}\angle\theta,\ \theta = \tan^{-1}\frac{b}{a} \rightarrow \frac{\text{imaginary}}{\text{real}}$

풀이

(a) $z_1 = 1 + j = \sqrt{1+1}\left(\frac{1}{\sqrt{2}} + j\frac{1}{\sqrt{2}}\right) = \sqrt{2}(\cos 45° + j\sin 45°) = \sqrt{2}\, e^{j45°} = \sqrt{2}\angle 45°$

(b) (i) $z_2 = -1 - j = \sqrt{1+1}\left(-\frac{1}{\sqrt{2}} - j\frac{1}{\sqrt{2}}\right)$

(ii) 그런데 $\cos\theta = -\frac{1}{\sqrt{2}}$, $\sin\theta = -\frac{1}{\sqrt{2}}$이므로 θ는 3-4분면의 값이다.

즉, $\theta = -135°$

(iii) 그러므로 $z_1 = -1 - j = \sqrt{1+1}\left(-\frac{1}{\sqrt{2}} - j\frac{1}{\sqrt{2}}\right) = \sqrt{2}\, e^{-j135°} = \sqrt{2}\angle -135°$

[연습 8-3] 복소수의 곱셈

두 복소수 $z_1 = 1 + j$, $z_2 = 1 - j$에 대하여 극좌표 형식을 이용하여 (a) $z_1 \times z_2$, (b) $\frac{z_2}{z_1}$을 계산하라.

힌트

복소수의 곱셈과 나눗셈은 극좌표 형식으로

답 (a) $z_1 z_2 = 2$, (b) $\frac{z_2}{z_1} = -1$

오일러 항등식은 사인과 코사인의 결합으로 되어 있는데, 삼각함수를 복소 지수함수의 한 부분(실수부 또는 허수부)으로 표현할 수 있다는 발상이 획기적이었다.[17) 즉, 코사인은 복소 지수함수 $e^{j\omega t}$의 실수부를 나타내고, 사인은 복소 지수함수의 허수부를 나타낸다. 이 관계를 정리하면,

$$\cos\omega t = \Re e\{e^{j\omega t}\},\ \sin\omega t = \Im m\{e^{j\omega t}\}$$

교류 해석에서 사인이나 코사인을 사용하는 것보다 복소 지수함수를 사용할 경우

17) 교류에서 복소수의 사용: 슈타인메츠(각주 3))

다음과 같은 몇 가지 이점이 있다.

(i) 커패시턴스나 인덕턴스는 교류에서 허수 형태로 표현된다.
(ii) 미적분 계산이 용이하다.
(iii) 위상각의 처리가 쉽다.

교류 해석에서 삼각함수 형태로 표현된 전원부를 복소 지수함수로 변환하여 계산한 후 전원이 사인 함수이면 결과의 허수부를 선택하고 전원이 코사인 함수이면 결과의 실수부를 선택하면 된다.

8.3 페이저(phasor)[18]의 도입

이제 앞에서 공부한 복소수를 이용하여 교류 전원을 표현해 보자. 교류 회로에 공급되는 전압이 $v(t) = V_m \cos(\omega t + \phi)$라고 표현된다면,

$$v(t) = V_m \cos(\omega t + \phi) = \Re e\left\{V_m e^{j(\omega t + \phi)}\right\}$$

그런데 지수함수의 곱의 법칙으로부터

$$\Re e\left\{V_m e^{j(\omega t + \phi)}\right\} = \Re e\left\{V_m e^{j\phi} \times e^{j\omega t}\right\}$$

라고 쓸 수 있다. 우리가 다루는 선형회로에서는 주파수가 변하지 않으므로 주파수 성분은 계산에는 포함하되 같이 쓰지 않는다면 실수부는 다음과 같이 간결하게 표기할 수 있다.

18) 페이저: 오일러 항등식을 이용한 삼각함수의 표현법

$$V_m e^{j\phi} \times e^{j\omega t} \rightarrow V_m e^{j\phi} = V_m \angle\phi\text{: } \omega t \text{ 생략}$$

여기서

$$\mathbf{V} = V_m \angle\phi$$

라고 표현하면, 코사인으로 표현된 전압은

$$\Re e\left\{V_m e^{j(\omega t + \phi)}\right\} = \Re e\left\{V_m e^{j\phi} \times e^{j\omega t}\right\} = \Re e\left\{\mathbf{V} \times e^{j\omega t}\right\}$$

로 쓸 수 있다.

우리는 새로운 값을 소개했다. 이 값

$$\mathbf{V} = V_m \angle\phi$$

를 정현파 신호 $v(t)$의 페이저 표현이라 부른다. 즉, 페이저는 정현파의 크기와 위상을 복소수로 표현한 것이다.

> 페이저: $\mathbf{V} = V_m \angle\phi$
> (i) $v(t)$는 전압의 시간 영역(time domain) 표현이다.
> (ii) $\mathbf{V}$는 전압의 주파수 영역(frequency domain) 표현
> (iii) 또는 페이저 영역(phasor domain) 표현이다.
> (iv) $\mathbf{V}$는 시간에 무관하다.
> (v) $\mathbf{V}$는 복소수이다: $\mathbf{V} = V_m e^{j\phi} = V_m \angle\phi$

예제 8-6 삼각함수와 페이저

두 신호 $x_1(t) = 10\cos(\omega t + 30°)$, $x_2(t) = 20\cos\left(\omega t - \frac{\pi}{3}\right)$가 있다. 이 신호의 합을 구하려 한다. 즉, $x(t) = x_1(t) + x_2(t)$이다.

(a) 삼각함수를 이용해서 구하라.

(b) 페이저를 이용해서 구하라.

> (M-1) 각의 분해: $\cos(\alpha+\beta)=?$
> (M-2) 삼각함수 합성: $A\cos\theta+B\sin\theta=?$
> (M-3) 페이저 $A\angle\theta \leftrightarrow A\cos(\omega t+\theta)$

풀이

(a) $x_1(t)$, $x_2(t)$를 분해하면,

(i) $x_1(t)=10(\cos 30^\circ \cos\omega t-\sin 30^\circ \sin\omega t)$,

$x_2(t)=20(\cos 60^\circ \cos\omega t+\sin 60^\circ \sin\omega t)$이므로

(ii) $\cos\omega t$와 $\sin\omega t$로 분리하여 묶으면,

$$x(t)=\cos\omega t\left(\frac{10\sqrt{3}}{2}+\frac{20}{2}\right)+\sin\omega t\left(-\frac{10}{2}+\frac{20\sqrt{3}}{2}\right)$$

$$=18.66\cos\omega t+12.32\sin\omega t=22.36\left(\frac{18.66}{22.36}\cos\omega t+\frac{12.32}{22.36}\sin\omega t\right)$$

$$=22.36\left(\cos(33.43^\circ)\cos\omega t+\sin(33.43^\circ)\sin\omega t\right)=22.36\cos(\omega t-33.43^\circ)$$

(b) $x_1(t)$, $x_2(t)$는 페이저로,

(i) $\mathbf{X}_1=10\angle 30^\circ=5\sqrt{3}+j5$, $\mathbf{X}_2=20\angle-60^\circ=10-j10\sqrt{3}$

(ii) $\mathbf{X}=\mathbf{X}_1+\mathbf{X}_2=10\angle 30^\circ+20\angle-60^\circ=(5\sqrt{3}+j5)+(10-j10\sqrt{3})$

$=(5\sqrt{3}+10)-j(10\sqrt{3}-5)=18.66-j12.32=22.36\angle-33.43^\circ$

(iii) 즉, $\mathbf{X}=22.36\angle-33.43^\circ \rightarrow x(t)=22.36\cos(\omega t-33.43^\circ)$

(iv) 이 문제를 보면 삼각함수 계산보다 페이저 계산이 훨씬 간결한 것을 알 수 있다.

[연습 8-4] 페이저 계산

전압 $v(t)=V_m\cos(\omega t+\phi)$은 페이저 형식으로 다음과 같이 표현한다.

$v(t)=V_m\cos(\omega t+\phi)=\Re e\{V_m e^{j(\omega t+\phi)}\}=V_m\angle\phi=V_m e^{j\phi}=\mathbf{V}$

다음을 계산하여 전압을 구하라.

$5\mathbf{V} - j6\mathbf{V} + 3\mathbf{V} = 20e^{j30^\circ}$

힌트

수식을 페이저 형식으로 통일하자.

답 $v(t) = 2\cos(\omega t + 66.87^\circ)$

8.4 회로 소자의 페이저 표현

교류회로는 직류회로와 마찬가지로 전원과 저항, 커패시터, 인덕터 등으로 구성된다. 그러면 이들 회로 소자 R, L, C는 교류에서 어떻게 표현될까? 즉, 회로 소자의 전압-전류의 관계를 페이저와 결부시켜 표현해 보자.

저항의 페이저 표현

저항에 전류 $i = I_m \cos(\omega t + \phi) \rightarrow \Re e\left\{I_m e^{j\phi} e^{j\omega t}\right\}$가 흐른다고 하자.

즉, $\mathbf{I} = I_m \angle\phi$

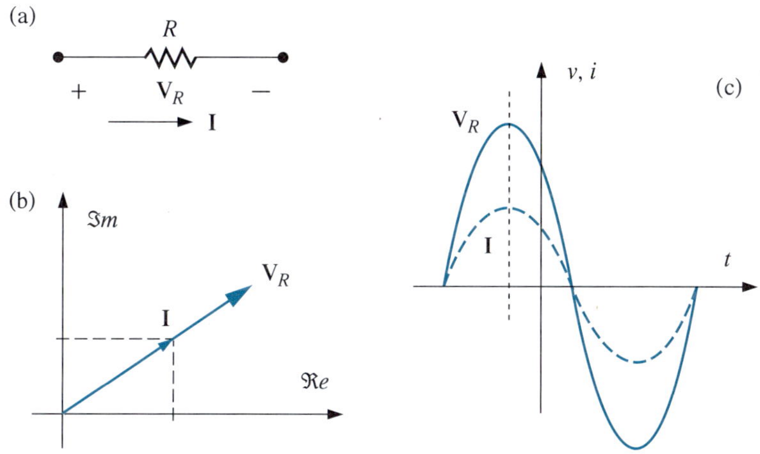

▶▶ 그림 8-14 교류에서 저항의 전압-전류 관계

그러면 저항에서의 전압강하는

$$v_R = Ri = RI_m \cos(\omega t + \phi) = R \times \Re e\left\{I_m e^{j\phi} e^{j\omega t}\right\}$$

이 값을 페이저 형식으로 표현하면,

$$\mathbf{V}_R = RI_m \angle\phi = R\mathbf{I},\ \mathbf{I} = \frac{\mathbf{V}_R}{R}$$

(그림 8-14 a)는 저항의 전압과 전류를 페이저로 표현한 것이다. 저항의 페이저 전압과 전류를 동일한 복소평면에 그려 보면 (그림 8-14 b)와 같이 같은 방향임을 알 수 있고, 시간 영역에서 전압과 전류 파형은 (그림 8-14 c)에 그렸다. 그림에서 보면 저항에서 교류 전압과 전류는 위상 차이가 없는 것을 알 수 있다. 즉, 저항에서 전압과 전류는 동상(同相, in phase)이다.

커패시터의 페이저 표현

커패시터에 흐르는 전류는 커패시터 전압의 미분으로 표현된다. 커패시터 양단의 전압을 다음과 같이 가정하자.

$$v = V_m \cos(\omega t + \phi) \rightarrow \Re e\left\{V_m e^{j\phi} e^{j\omega t}\right\}$$

그러면

$$i_C = C\frac{dv}{dt} = C\left[-V_m(\omega)\sin(\omega t + \phi)\right] = -\omega C V_m \sin(\omega t + \phi)$$

이 식을 코사인으로 바꾸면 $-\sin(\omega t) = \cos(\omega t + 90^\circ)$이므로

$$i_C = -\omega C V_m \sin(\omega t + \phi) = \omega C V_m \cos(\omega t + \phi + 90^\circ)$$

즉, $i_C = \omega C V_m \cos(\omega t + \phi + 90^\circ) = \Re e\left\{(\omega C) V_m e^{j90^\circ} e^{j\phi} e^{j\omega t}\right\}$

페이저 전류는 $(e^{j90^\circ} = \cos 90^\circ + j\sin 90^\circ = j)$

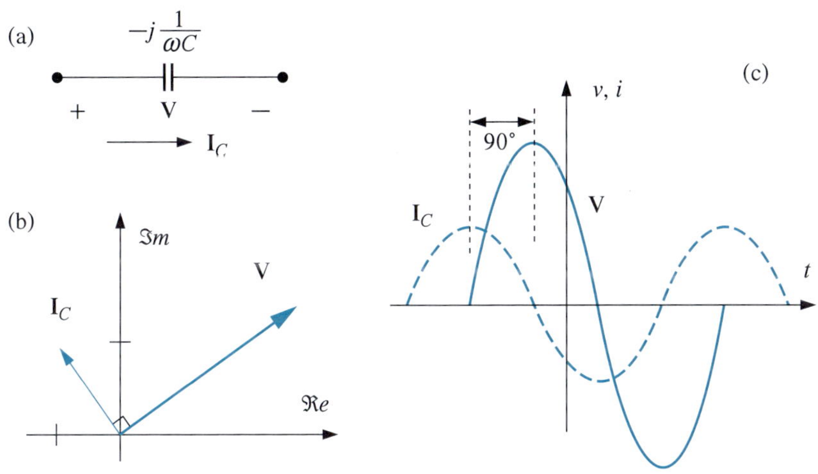

▶▶ 그림 8-15 교류에서 커패시터 전압-전류 관계

$$\mathbf{I}_C = \omega C(V_m \angle\phi e^{j90^\circ}) = \omega C(\mathbf{V}_C \angle 90^\circ) = j\omega C\mathbf{V}_C$$

즉, $\mathbf{I}_C = j\omega C\mathbf{V}$, $\mathbf{V} = \frac{\mathbf{I}_C}{j\omega C} = -j\frac{\mathbf{I}_C}{\omega C}$

이 관계를 페이저로 직접 계산하면

$$i_C = C\frac{dv}{dt} = C\Re e\left\{V_m e^{j\phi}\frac{d(e^{j\omega t})}{dt}\right\} = (j\omega C)\,\Re e\left\{V_m e^{j\phi}e^{j\omega t}\right\}$$

즉,

$$\mathbf{I}_C = j\omega C\,\mathbf{V} = \omega C\,\mathbf{V}\angle 90^\circ$$

(그림 8-15 a)는 교류에서 커패시터의 변환값을 나타내고($-j\frac{1}{\omega C}$), (그림 8-15 b)는 복소평면에서 전압과 전류를 보인 것이며, (그림 8-15 c)에서는 시간 영역에서 두 파형을 표시하였다. (그림 8-15 c)에서 보면 커패시터 전류는 전압에 비해 90° 앞선다(leading).

앞선 시간을 t_a라고 하면 시간상으로는 $t_a = \frac{90^\circ}{\omega} = \frac{\pi}{2\omega} = \frac{\pi}{2(2\pi f)}$ [sec]

그리고 주기가 $T=\frac{1}{60}$[sec]라고 하면, $t_a=\frac{\pi}{240\pi}=\frac{1}{240}$[sec]만큼 앞선다.

인덕터의 페이저 표현

인덕터에 전류 $i=I_m\cos(\omega t+\phi)\rightarrow \mathbf{I}=I_m\angle\phi$가 흐른다면,

$$v_L=L\frac{di}{dt}=L\left(-I_m\omega\sin(\omega t+\phi)\right)=-\omega LI_m\sin(\omega t+\phi)$$

그런데 $-\sin(\omega t+\phi)=\cos(\omega t+\phi+90°)$이므로,

$$v_L=-\omega LI_m\sin(\omega t+\phi)=\omega LI_m\cos(\omega t+\phi+90°)$$

커패시터 경우와 마찬가지로,

$$v_L=\omega LI_m\cos(\omega t+\phi+90°)=\Re e\left\{\omega LI_m e^{j90°}e^{j\phi}e^{j\omega t}\right\}$$

페이저 표현은

$$\mathbf{V}_L=\omega L(I_m\angle\phi e^{j90°})=\omega L(\mathbf{I}\angle 90°)=j\omega L\mathbf{I},\ (j=e^{j90°}=1\angle 90°)$$

즉, $\mathbf{V}_L=j\omega L\mathbf{I}$, $\mathbf{I}=\frac{\mathbf{V}_L}{j\omega L}$

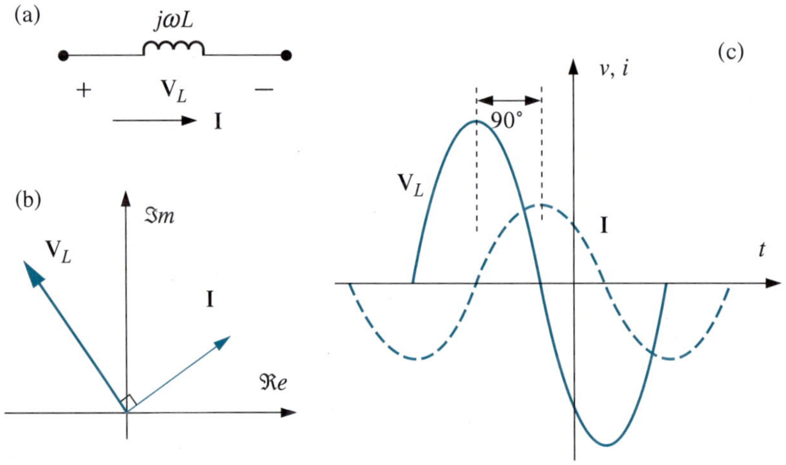

▸▸ 그림 8-16 교류에서 인덕터 전압-전류 관계

▶▶ 표 8-1 교류에서 소자의 전압-전류 관계

저항	커패시터	인덕터
$\mathbf{V}_R = R\mathbf{I}$ $\mathbf{I} = \frac{\mathbf{V}_R}{R}$	$\mathbf{V}_C = \frac{\mathbf{I}}{j\omega C} = -j\frac{\mathbf{I}}{\omega C} = -jX_C\mathbf{I}$ $\mathbf{I} = j\omega C\mathbf{V}_C$	$\mathbf{V}_L = j\omega L\mathbf{I} = jX_L\mathbf{I}$ $\mathbf{I} = \frac{\mathbf{V}_L}{j\omega L}$

(그림 8-16 a)에서는 교류에서 인덕터의 변환값을 보였고, (그림 8-16 b)는 인덕터의 페이저 전압과 전류를 그렸고, (그림 8-16 c)는 시간 영역에서 인덕터 전압과 전류 파형을 그렸다. 인덕터의 전압은 커패시터와는 반대로 전류보다 90° 앞선다. 바꿔 말하면 인덕터 전류는 전압보다 90° 뒤처진다(lagging). [표 8-1]에 교류에서 이들 세 소자의 전압-전류 관계를 정리하였다.

이제 교류에서 페이저를 이용하는 것이 왜 편리한지 예제를 통하여 확인해 보자.

예제 8-7 교류회로의 해석

다음 RL 회로에 교류 전원이 인가되었다. 회로의 전류를 구하려고 한다.
(a) 시간 영역에서의 전압을 구해 보고,
(b) 페이저 영역에서의 계산과 비교하여라.

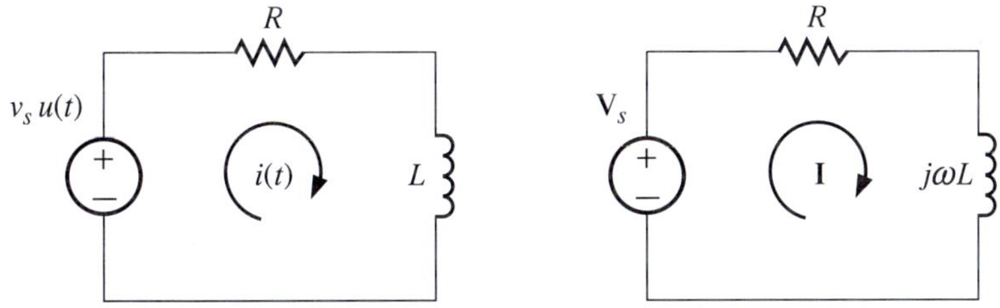

(a) $v_s = V_m \cos(\omega t + \theta_v)$ (b) $\mathbf{V}_s = V_m \angle \theta_v$

▶▶ 그림 8-17 예제 8-7 시간 영역과 주파수 영역에서 회로 해석

(G-1) 시간 영역에서 $\frac{d(\cos\omega t)}{dt} = ?$

(G-2) 페이지 영역에서 $L \rightarrow ?$

풀이

(a) (i) 루프에서 회로방정식은

$$v_s = v_R + v_L = Ri(t) + L\frac{di(t)}{dt} = V_m\cos(\omega t + \theta_v)$$

(ii) 이 회로방정식을 비제차 미분방정식이라 한다. 비제차 미분방정식의 해는 제차해와 비제차해의 합으로 표현된다.

(iii) 제차해를 $i_h(t)$, 비제차해를 $i_p(t)$라고 하면 이 회로방정식의 해는

$i(t) = i_h(t) + i_p(t)$

의 형태가 된다. 먼저 비제차해를 구해 보자.

(iv) 미분방정식의 해법을 배우지 않았다고 가정하고 해를 구하도록 한다.

미정계수법으로 계산

(i) 시간 $t \geq 0$에서 이 회로방정식의 해인 루프 전류를 $i(t) = I_m\cos(\omega t + \theta_i)$라고 가정해 보자.

(ii) 그러면 $\frac{di(t)}{dt} = -\omega V_m\sin(\omega t + \theta_i)$이므로 이 해를 회로방정식에 대입하여 계수를 비교하자.

$$L\frac{di}{dt} + Ri = -\omega LI_m\sin(\omega t + \theta_i) + RI_m\cos(\omega t + \theta_i) = V_m\cos(\omega t + \theta_v)$$

(ii) 삼각함수의 합성 법칙을 써 보면

$$A\cos\alpha - B\sin\alpha = \sqrt{A^2+B^2}\left(\frac{A}{\sqrt{A^2+B^2}}\cos\alpha - \frac{B}{\sqrt{A^2+B^2}}\sin\alpha\right)$$

(iv) 이 식에서

$$\frac{A}{\sqrt{A^2+B^2}} = \cos\beta,\ \frac{B}{\sqrt{A^2+B^2}} = \sin\beta \rightarrow \tan\beta = \frac{B}{A}$$

라고 하면,

$$A\cos\alpha - B\sin\alpha = \sqrt{A^2+B^2}(\cos\beta\cos\alpha - \sin\beta\sin\alpha) = \sqrt{A^2+B^2}\cos(\alpha+\beta)$$

가 된다.

(v) 여기서 $A = R$, $B = \omega L$이라 하면,

$$-\omega LI_m\sin(\omega t+\theta_i) + RI_m\cos(\omega t+\theta_i) = \sqrt{R^2+\omega^2L^2}\,I_m\cos(\omega t+\theta_i+\beta)$$

즉, $\sqrt{R^2+\omega^2L^2}\,I_m\cos(\omega t+\theta_i+\beta) = V_m\cos(\omega t+\theta_v)$

(vi) 미지수는 I_m과 θ_i이므로,

$$I_m = \frac{V_m}{\sqrt{R^2+\omega^2L^2}},\ \theta_i = \theta_v - \beta$$

(vii) 그러면 회로방정식의 비제차해는

$$i(t) = i_p(t) = \frac{V_m}{\sqrt{R^2+\omega^2L^2}}\cos(\omega t+\theta_v-\beta)$$

이렇게 계수를 비교하여 값을 구하는 방법을 미정계수법이라 한다.

(viii) 이제 제차해는 전원이 없는 RL 회로의 해와 같으므로,

$i_h(t) = Ae^{-(R/L)t}$의 형태가 된다.

(ix) 그러므로 루프 전류는

$$i(t) = Ae^{-(R/L)t} + \frac{V_m}{\sqrt{R^2+\omega^2L^2}}\cos(\omega t+\theta_v-\beta)$$

(x) 시간 $t = 0$에서 전류는 0이므로, 계수 A는

$$i(0) = Ae^{-(R/L)(0)} + \frac{V_m}{\sqrt{R^2+\omega^2L^2}}\cos(\theta_v-\beta) \rightarrow A = \frac{-V_m}{\sqrt{R^2+\omega^2L^2}}\cos(\theta_v-\beta)$$

(xi) 즉, 교류전압이 인가된 경우 루프 전류는

$$i(t) = \frac{-V_m}{\sqrt{R^2+\omega^2L^2}}\cos(\theta_v-\beta)e^{-(R/L)t} + \frac{V_m}{\sqrt{R^2+\omega^2L^2}}\cos(\omega t+\theta_v-\beta)$$

이제 페이저를 이용하여 이 회로를 해석해 보자. 페이저 계산을 하기 전에 전류를 관찰해 보자. 전류는 두 개의 항으로 이루어져 있다.

$$i_{tr}(t) = \frac{-V_m}{\sqrt{R^2+\omega^2 L^2}} \cos(\theta_v - \beta) e^{-(R/L)t}$$

$$i_{ss}(t) = \frac{V_m}{\sqrt{R^2+\omega^2 L^2}} \cos(\omega t + \theta_v - \beta)$$

첫째 항 $i_{tr}(t)$는 시간이 증가하면 감소하는 지수 항으로 되어 있는데 이 응답을 과도 응답(transient response)이라 부르고, 둘째 항 $i_{ss}(t)$는 시간에 따라 진동하는 삼각함수로 되어 있으며 정상상태 응답(steady-state response)이라 한다. 교류에서 충분히 안정된 상태인 정상상태 응답만 다룬다.

페이저로 계산

(i) 회로방정식을 다시 쓰면, $L\frac{di(t)}{dt} + Ri = V_m \cos(\omega t + \theta_v)$

(ii) 이 방정식을 페이저 영역에서 표현하면, $j\omega L\mathbf{I} + R\mathbf{I} = \mathbf{V} = V_m \angle\theta_v$

(iii) 즉,

$$\mathbf{I} = \frac{V_m\angle\theta_v}{R+j\omega L} = \frac{(R-j\omega L)V_m\angle\theta_v}{(R+j\omega L)(R-j\omega L)} = \frac{(R-j\omega L)V_m\angle\theta_v}{R^2+\omega^2 L^2}$$

(iv) 그런데

$R - j\omega L = \sqrt{R^2+\omega^2 L^2}(\cos\beta - j\sin\beta) = \sqrt{R^2+\omega^2 L^2}\angle-\beta$이므로,

$$\mathbf{I} = \frac{V_m\angle\theta_v}{R+j\omega L} = \frac{\sqrt{R^2+\omega^2 L^2}\angle-\beta \times V_m\angle\theta_v}{R^2+\omega^2 L^2} = \frac{V_m\angle\theta_v - \beta}{\sqrt{R^2+\omega^2 L^2}}$$

(v) 그러므로 시간 영역에서 루프 전류는

$$i(t) = \frac{V_m}{\sqrt{R^2+\omega^2 L^2}} \cos(\omega t + \theta_v - \beta)$$

이 과정에서 보듯이 교류에서는 페이저 영역에서의 계산이 시간 영역에서의 계산보다 훨씬 간편하게 수행할 수 있다. 단지 페이저 영역에서는 과도 응답을 알 수 없을 뿐이다. 교류 해석에서는 과도 현상을 다루지 않으므로 교류에서 페이저 해석이 유용하다.

8.5 임피던스(impedance)와 어드미턴스(admittance)

교류에서 R, L, C의 전압-전류 관계식을 다시 쓰면,

$$\mathbf{V}_R = R\mathbf{I}_R,\ \mathbf{V}_C = \frac{\mathbf{I}_C}{j\omega C},\ \mathbf{V}_L = j\omega L\mathbf{I}_L$$

이 관계식을 페이저 전압과 페이저 전류의 비로 표현하면,

$$\frac{\mathbf{V}_R}{\mathbf{I}_R} = R,\ \frac{\mathbf{V}_C}{\mathbf{I}_C} = \frac{1}{j\omega C},\ \frac{\mathbf{V}_L}{\mathbf{I}_L} = j\omega L$$

저항에서 옴의 법칙과 마찬가지로 페이저 영역에서 전압과 전류의 비를 다음과 같이 쓸 수 있다.

$$Z = \frac{\mathbf{V}}{\mathbf{I}},\ \mathbf{V} = Z\mathbf{I}$$

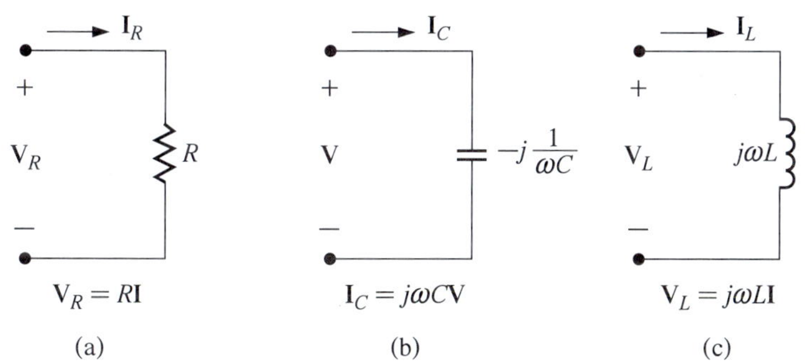

▶▶ 그림 8-18 교류에서 소자의 전압-전류

임피던스 Z

페이저 영역에서 회로 소자의 전압과 전류의 비를 임피던스[19]라고 하며 단위는 저항과 마찬가지로 옴(Ω)을 사용한다. 페이저 영역에서 저항의 임피던스는 R이고, 인

19) 임피던스: impede에서 유래

덕터의 임피던스는 $j\omega L$, 커패시터의 임피던스는 $\frac{1}{j\omega C}=-j\frac{1}{\omega C}$이다. 저항, 커패시터 또는 인덕터로 구성된 회로의 임피던스는 복소수 형태로 나타난다.

$$Z=R+jX$$

한 가지 주의할 점은 임피던스는 복소수로 나타나지만 페이저는 아니다.

리액턴스(reactance) X

임피던스의 허수 부분을 리액턴스라고 한다. 리액턴스 성분은 인덕터의 리액턴스 성분 $X_L=\omega L$과 커패시터의 리액턴스 성분 $X_C=\frac{1}{\omega C}$이다.

> **임피던스의 성질**
>
> (i) 임피던스는 저항과 마찬가지로 전류의 흐름을 방해하는(impede) 성질을 가진다.
> (ii) 시간과는 무관한 복소수이다.
> (iii) 용량성 리액턴스(capacitive reactance): 커패시터의 리액턴스 $\frac{1}{j\omega C}=-jX_C$
> (iv) 유도성 리액턴스(inductive reactance): 인덕터의 리액턴스 $j\omega L=jX_L$
> (v) 주파수에 대하여,
> 커패시터: 주파수 $\omega=0$(DC)이면 $X_C=\infty$(개방), $\omega=\infty$일 때 $X_C=0$(단락)
> 인덕터: 주파수 $\omega=0$이면 $X_L=0$(단락), $\omega=\infty$일 때 $X_L=\infty$(개방)
> (vi) 리액턴스는 응답의 진폭을 감소시키고 위상을 변화시킨다.
> (vii) 임피던스는 복소수이므로 극좌표 형식으로 표현하면,
> $Z=R+jX=|Z|\angle\theta,\ R=|Z|\cos\theta,\ X=|Z|\sin\theta$
> $|Z|=\sqrt{R^2+X^2},\ \tan\theta=\frac{X}{R}\rightarrow\theta=\tan^{-1}\frac{X}{R}$

어드미턴스 Y

임피던스의 역수를 어드미턴스라고 하며 단위는 지멘스(siemens,[S])이다.

$$Y=\frac{1}{Z}=\frac{\mathbf{I}}{\mathbf{V}}$$

어드미턴스 또한 복소수이므로, $Y=G+jB=\dfrac{1}{R+jX}$ 형태로 표현할 수 있고,

$$G=\Re e\{Y\}=\frac{R}{R^2+X^2}\text{: 컨덕턴스(conductance)}$$

$$B=\Im m\{Y\}=\frac{X}{R^2+X^2}\text{: 서셉턴스(susceptance)}$$

예제 8-8 임피던스 계산

다음 회로에서 전압 $v_s=144\cos(100t+30°)$[V]을 인가하였을 때 흐르는 전류가 $i=12\cos(100t-30°)$[A]였다. 소자의 임피던스를 구하라.

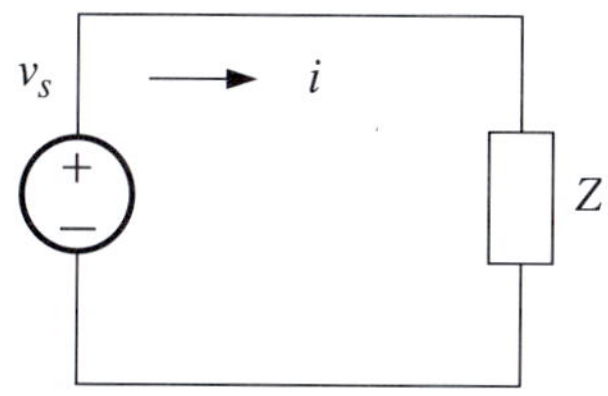

▶▶ 그림 8-19 예제 8-8 임피던스 계산

(G-1) 전압과 전류의 페이저 표현?

풀이

(i) 페이저로 전압과 전류를 표현하자.

$\mathbf{V}_s=144\angle30°$, $\mathbf{I}=12\angle-30°$이므로,

(ii) $Z=\dfrac{\mathbf{V}_s}{\mathbf{I}}=12\angle60°=6+j6\sqrt{3}[\Omega]$

[연습 8-5] 리액턴스 계산

다음 회로에서 응답 $v_0 = 0$이 되기 위한 주파수 ω를 구하라. 단 $v_s = 50\cos\omega t$이다.

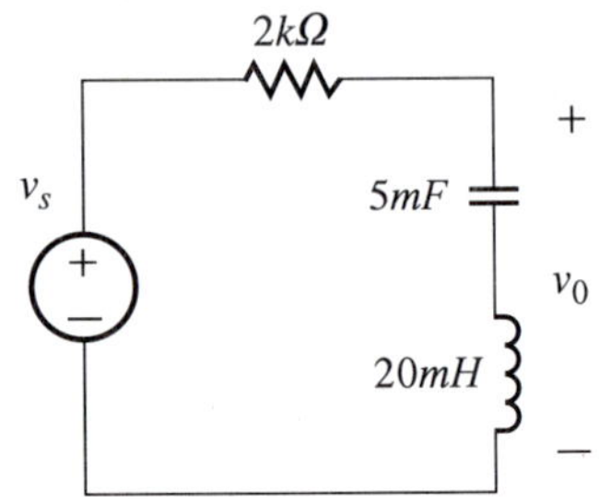

▸▸ 그림 8-20 연습 8-5 리액턴스 계산

답 $\omega = 100$[rad/sec]

8.6 교류에서 회로 해석법

교류회로에서도 직류 저항회로에서 소개한 모든 회로 법칙이 성립한다. 페이저 영역에서 회로소자의 전압-전류 관계, KCL, KVL, 노드 해석법, 루프 해석법 등을 이용할 수 있다.

KCL과 KVL

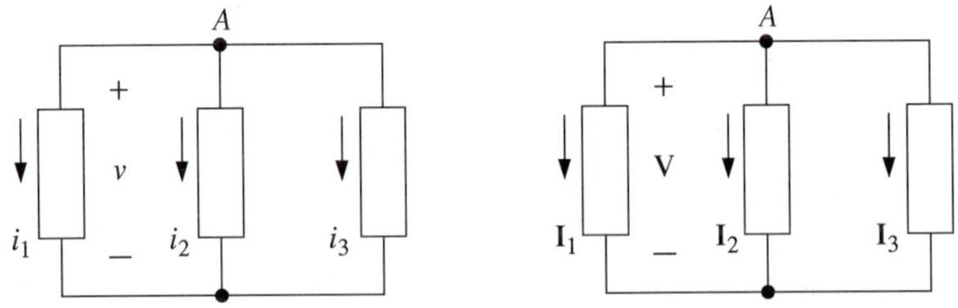

(a) 시간 영역에서 KCL (b) 페이저 영역에서 KCL

▸▸ 그림 8-21 교류에서의 KCL

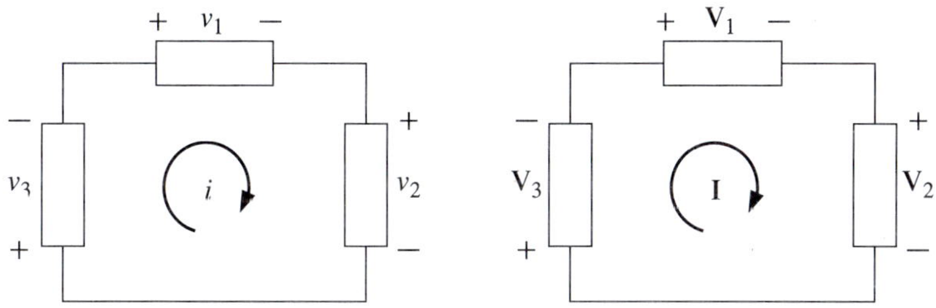

▸▸ 그림 8-22 교류에서의 KVL

(그림 8-21 a)에서 노드 A에서 나가는 전류의 합은 $i_1 + i_2 + i_3 = 0$이므로, (그림 8-21 b)에서처럼 페이저로 표현하면, $\mathbf{I}_1 + \mathbf{I}_2 + \mathbf{I}_3 = 0$

(그림 8-22 a)의 루프에서 전류 방향으로 전압강하의 합은 $v_1 + v_2 + v_3 = 0$이므로, 페이저 영역에서도(그림 8-22 b) $\mathbf{V}_1 + \mathbf{V}_2 + \mathbf{V}_3 = 0$

임피던스 직병렬 결합

두 개의 수동소자가 직렬 또는 병렬로 연결되어 있는 회로를 생각해 보자.

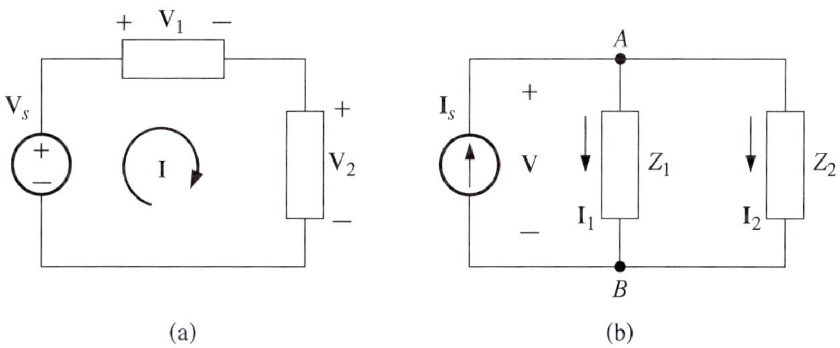

▸▸ 그림 8-23 교류에서의 전류 배분과 전압 배분

(그림 8-23 a)의 직렬회로에서 루프의 전압강하의 합은

$$\mathbf{V}_s = \mathbf{V}_1 + \mathbf{V}_2 = Z_1\mathbf{I} + Z_2\mathbf{I} = (Z_1 + Z_2)\mathbf{I} = Z_{EQ}\mathbf{I},\ Z_{EQ} = Z_1 + Z_2$$

각 소자의 전압배분은

$$\mathbf{V}_1 = Z_1\mathbf{I} = Z_1\frac{\mathbf{V}_s}{Z_{EQ}} = \frac{Z_1}{Z_1+Z_2}\mathbf{V}_s \propto Z_1$$

$$\mathbf{V}_2 = Z_2\mathbf{I} = Z_2\frac{\mathbf{V}_s}{Z_{EQ}} = \frac{Z_2}{Z_1+Z_2}\mathbf{V}_s \propto Z_2$$

회로 소자의 전압강하는 각 소자의 임피던스에 비례한다.

(그림 8-23 b)의 병렬회로에서 단자 A에서 KCL을 적용하면,

$$\mathbf{I}_s = \mathbf{I}_1 + \mathbf{I}_2 = \frac{\mathbf{V}}{Z_1} + \frac{\mathbf{V}}{Z_2} = \mathbf{V}\left(\frac{1}{Z_1} + \frac{1}{Z_2}\right) = \frac{\mathbf{V}}{Z_{EQ}}$$

즉, 병렬회로에서 등가 임피던스 $Z_{EQ} = \dfrac{Z_1 Z_2}{Z_1+Z_2}$

그러면, 각 소자의 전류 배분은

$$\mathbf{I}_1 = \frac{\mathbf{V}}{Z_1} = \frac{Z_{EQ}\mathbf{I}_s}{Z_1} = \frac{Z_2}{Z_1+Z_2}\mathbf{I}_s \propto Z_2$$

$$\mathbf{I}_2 = \frac{\mathbf{V}}{Z_2} = \frac{Z_{EQ}\mathbf{I}_s}{Z_2} = \frac{Z_1}{Z_1+Z_2}\mathbf{I}_s \propto Z_1$$

각 소자에 흐르는 전류는 임피던스 크기에 반비례한다(즉, 어드미턴스 크기에 비례한다).

시간 영역에서 표현된 회로의 교류 해석은 다음과 같은 과정을 거쳐 풀어야 한다.

(i) 전원은 주파수를 포함한 시간 영역 신호이므로 페이저로 표현한다.

(ii) 전원과 회로소자 값들을 페이저 영역에서 표현하자.

$R \rightarrow R,\ L \rightarrow j\omega L,\ C = -j\dfrac{1}{\omega C}$

(iii) 이 값들을 이용하여 페이저 영역에서 회로를 다시 그린다.

(iv) 회로 해석에 필요한 기법을 적용한다.

노드 해석법, 루프 해석법, 선형성, 중첩정리, 전원 변환, 테브넹-노턴 등가회로 등

(v) 페이저 영역에서의 결과를(전압 또는 전류) 시간 영역으로 변환한다.

그러면 그동안 배웠던 회로 해석기법을 이용하여 교류회로 해석에 도전해 보자.

예제 8-9 교류에서의 노드 해석법

다음 회로에서 커패시터의 전압 $v_o(t)$를 구하고자 한다. $t \geq 0$에서 전압원의 전압은 각각 $v_1(t) = 10\cos(t - 45°)$[V], $v_2(t) = 5\sin(t + 30°)$[V]이다.

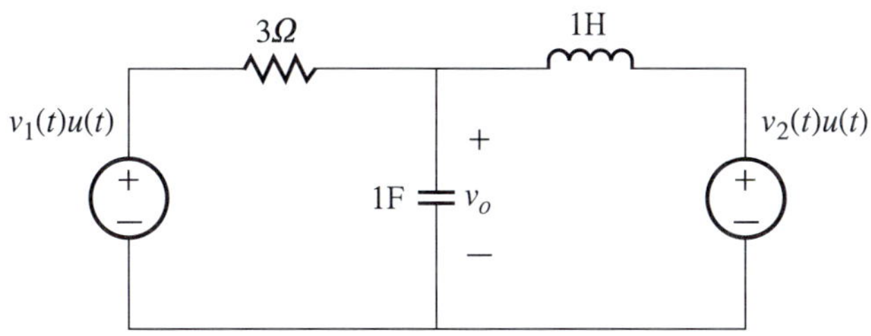

▶▶ 그림 8-24 예제 8-9 교류에서의 노드 해석법

(G-1) 전원을 페이저로 표현: 주파수는?
(G-2) 사인함수를 코사인함수로
(G-3) 소자를 주파수 영역에서 표현
(FW) $\mathbf{V}_0$=?
(M-1) 노드 해석법? 루프 해석법?
(M-2) 복소수 계산에 주의

풀이

(i) 먼저 시간 영역에서 표현된 전원과 소자를 페이저 영역의 표현으로 변환하자.

(ii) 페이저로 표현하기 위해서는 먼저 주파수를 알아야 하고, 모든 전원은 코사인 형태로 바꿔야 한다. 주파수 $\omega = 1$[rad/sec]

$v_1(t) = 10\cos(t - 45°) \rightarrow \mathbf{V}_1 = 10\angle -45°$

$v_2(t) = 5\sin(t + 30°) = 5\cos(t + 30° - 90°) \rightarrow \mathbf{V}_2 = 5\angle -60°$

(iii) 그리고 회로 소자 값은

$R = 3\Omega \rightarrow 3\Omega,\ L = 1H \rightarrow j\omega L = j1,\ C = 1F \rightarrow -j1$

(iv) 그러면 페이저 영역에서 회로를 다시 그려 보자.

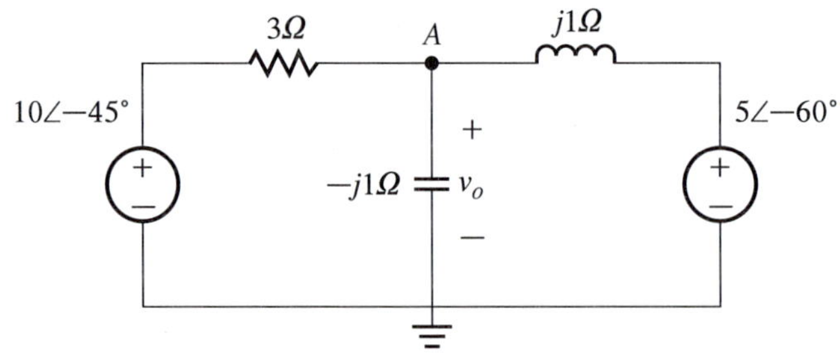

▸▸ 그림 8-25 예제 8-9 페이저 영역에서의 회로

(v) 이제 단자 A에서 KCL을 적용하면,

$$\frac{\mathbf{V}_o}{-j1}+\frac{\mathbf{V}_o-10\angle-45^\circ}{3}+\frac{\mathbf{V}_o-5\angle-60^\circ}{j1}=0$$

(vi) 분자, 분모에 $(j3)$을 곱하여 정리하면,

$-3\mathbf{V}_o+j\mathbf{V}_o+3\mathbf{V}_o=j10\angle-45^\circ+15\angle-60^\circ$

즉, $j\mathbf{V}_o=j10\angle-45^\circ+15\angle-60^\circ=j(7.07-j7.07)+7.5-j12.99$

정리하면, $j\mathbf{V}_o=14.57-j5.92=15.73\angle-22.11^\circ$

(vii) 그러므로

$j\mathbf{V}_o=\mathbf{V}_o\angle 90^\circ=15.73\angle-22.11^\circ\rightarrow\mathbf{V}_o=15.73\angle-112.11^\circ$

(viii) 시간 영역에서 전압 $v_o(t)=15.73\cos(t-112.11^\circ)$[V]

[연습 8-6] 교류에서의 노드 해석법

다음 회로에서 노드 해석법으로 인덕터 전류를 구하라. $t\geq 0$에서 전압원과 전류원은 각각 $v(t)=20\sin\left(10t-\frac{\pi}{3}\right)$[V], $i(t)=4\cos\left(10t-\frac{\pi}{4}\right)$[A]이다.

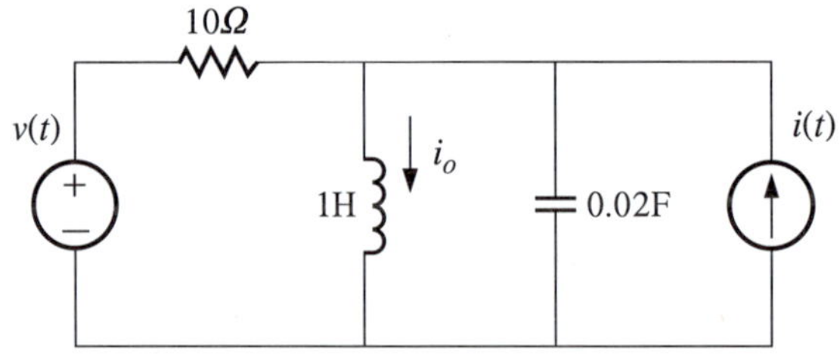

▸▸ 그림 8-26 연습 8-6 교류에서의 노드 해석법

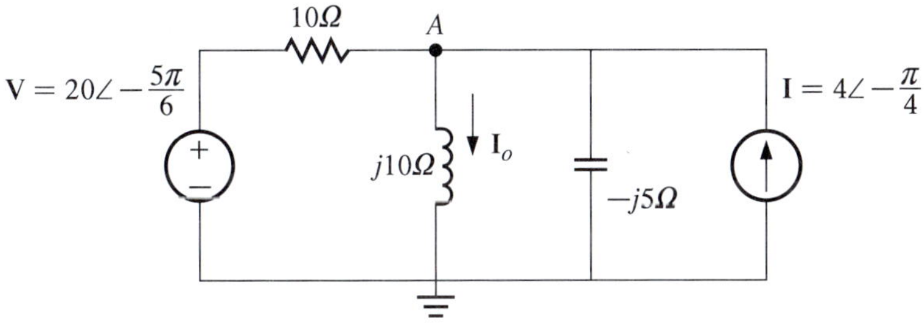

▶▶ 그림 8-27 연습 8-6 페이저 영역에서의 회로

답 $i_o(t) = 2.82\cos(10t + 150.98°)$[A]

예제 8-10 교류에서의 루프 해석법

다음 회로에서 루프 해석법을 이용하여 전류 $\mathbf{I}_1$과 $\mathbf{I}_2$를 구하라.

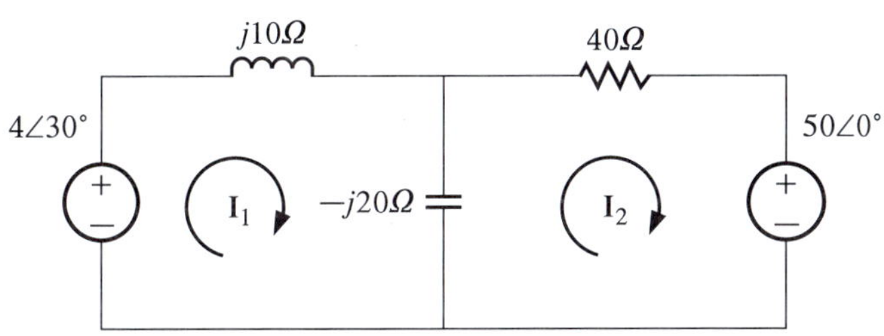

▶▶ 그림 8-28 예제 8-10 교류에서의 루프 해석법

(G-1) 페이저 영역에서의 회로
(FW) $\mathbf{I}_1$, $\mathbf{I}_2$?
(M-1) 루프 해석법?
(M-2) 크래머의 방법은 복소수 계산에서도 성립한다.

풀이

(i) (그림 8-28)에 표시한 전류 방향을 따라서 루프방정식을 만들면,

루프 (I): $4\angle 30° = j10\mathbf{I}_1 - j20(\mathbf{I}_1 - \mathbf{I}_2) = -j10\mathbf{I}_1 + j20\mathbf{I}_2$

루프 (II): $-50\angle 0° = 40\mathbf{I}_2 - j20(\mathbf{I}_2 - \mathbf{I}_1) = j20\mathbf{I}_1 + (40 - j20)\mathbf{I}_2$

(ii) 이 방정식을 행렬로 표현하자.

$$\begin{bmatrix} -j10 & j20 \\ j20 & 40-j20 \end{bmatrix}\begin{bmatrix} \mathbf{I}_1 \\ \mathbf{I}_2 \end{bmatrix} = \begin{bmatrix} 4\angle 30^\circ \\ -50\angle 0^\circ \end{bmatrix}$$

(iii) 크래머의 방법을 이용하여 해를 구하면,

$$\Delta = \begin{vmatrix} -j10 & j20 \\ j20 & 40-j20 \end{vmatrix} = -j10(40-j20) - j^2 400$$

$$= -j400 - 200 + 400 = 200 - j400 = 447.21\angle -63.43^\circ$$

$$\Delta_1 = \begin{vmatrix} 4\angle 30^\circ & j20 \\ -50\angle 0^\circ & 40-j20 \end{vmatrix} = \begin{vmatrix} 2\sqrt{3}+j2 & j20 \\ -50 & 40-j20 \end{vmatrix}$$

$$= (2\sqrt{3}+j2)(40-j20) + j1000 = 179 + j1011 = 1026.37\angle 79.98^\circ$$

$$\Delta_2 = \begin{vmatrix} -j10 & 4\angle 30^\circ \\ j20 & -50\angle 0^\circ \end{vmatrix} = \begin{vmatrix} -j10 & 2\sqrt{3}+j2 \\ j20 & -50 \end{vmatrix} = j500 - j20(2\sqrt{3}+j2)$$

$$= 40 + j(500 - 40\sqrt{3}) = 432.57\angle 84.69^\circ$$

(iv) 그러면

$$\mathbf{I}_1 = \frac{\Delta_1}{\Delta} = \frac{1026.37\angle 79.98^\circ}{447.21\angle -63.43^\circ} = 2.30\angle 143.41^\circ$$

$$\mathbf{I}_2 = \frac{\Delta_2}{\Delta} = \frac{436.26\angle 80.86^\circ}{447.21\angle -63.43^\circ} = 0.98\angle 144.29^\circ$$

예제 8-11 교류에서의 전원 변환

다음 회로를 전원 변환하여 인덕터에 걸리는 전압을 구하라. 단 $v_s = 5\cos(10^4 t)$[V]이다.

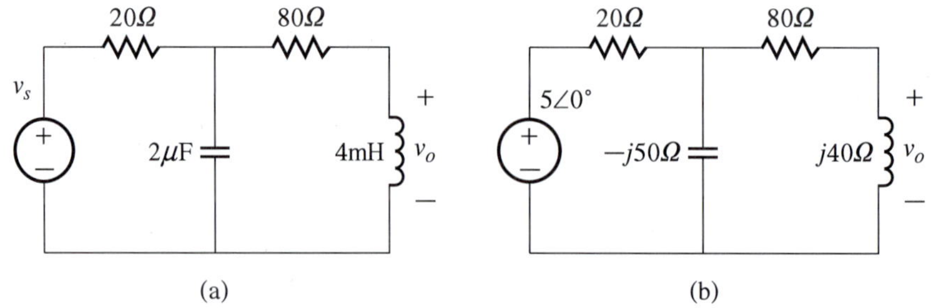

▸▸ 그림 8-29 예제 8-11 교류에서의 전원 변환

(G-1) 주파수?
(G-2) 페이저 영역에서 회로는?

풀이

(i) 전원의 주파수 $\omega = 10^4\,[\mathrm{rad/sec}]$이고 교류에서의 회로 소자값은 $\mathbf{V}_s = 5\angle 0°$

$$L = 4mH \rightarrow j\omega L = j10^4 \times 4 \times 10^{-3} = j40\,[\Omega]$$

$$C = 2\mu F \rightarrow \frac{1}{j\omega C} = -j\frac{1}{10^4 \times 2 \times 10^{-6}} = -j50\,[\Omega]$$

(ii) 먼저 시간 영역의 회로를 페이저 영역에서의 회로로 바꾼다(그림 8-29 b).

(iii) 전원 변환: 전압원과 직렬저항을 전류원과 병렬저항으로 바꾸자(그림 8-30 a)

전류원의 페이저 전류: $\mathbf{I}_s = \dfrac{5\angle 0°}{20} = 0.25\angle 0°$

(iv) 전원 변환: 병렬회로를 단일 루프 회로로 만든다(그림 8-30 b).

병렬저항과 커패시턴스를 간단히 하면,

$$Z_p = 20 \,//\, (-j50) = \frac{2(-j50)}{20 - j50} = 17.24 - j6.90$$

(v) 다시 변환되었던 전류원과 병렬저항을 전압원과 직렬저항으로 바꾸면 회로는 단일 루프가 된다(그림 8-30 b).

(vi) 이때 변환된 전압원의 값은

$$\mathbf{V} = Z_p\mathbf{I}_s = (17.24 - j6.90) \times 0.25\angle 0° = 4.81\angle -21.04°\,[\mathrm{V}]$$

(vii) 그러면 루프 전류는

$$\mathbf{I} = \frac{\mathbf{V}_1}{17.24 - j6.90 + j40 + 80} = \frac{4.81\angle -21.04°}{97.24 + j33.10}$$

$$= \frac{4.81\angle -21.04°}{102.72\angle 18.80°} = 0.047\angle -39.84°$$

(viii) 그러면

$$\mathbf{V}_o = j40\mathbf{I} = 1.88\angle(-39.84° + 90°) \rightarrow v_o(t) = 1.88\cos(10^4 t + 50.16°)$$

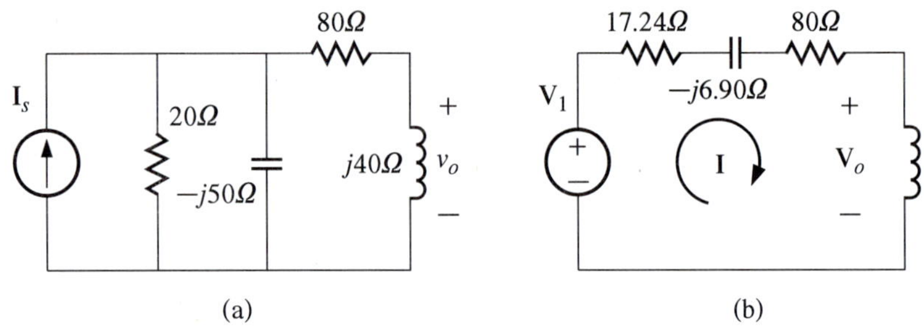

▶▶ 그림 8-30 예제 8-11 페이저 영역에서의 회로

예제 8-12 교류에서의 테브넹 등가회로

단자 A, B에서 본 테브넹 등가회로를 구하라.

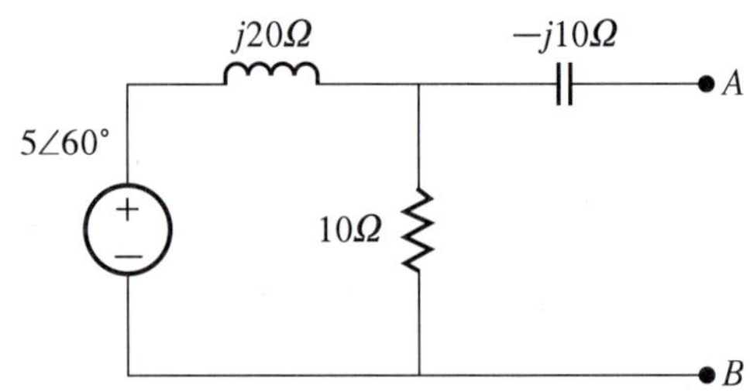

▶▶ 그림 8-31 예제 8-12 테브넹 등가회로

(G) 독립전압원 only: $Z_{TH} = Z_{AB}$, $\mathbf{V}_{TH} = \mathbf{V}_{AB}$

풀이

(i) 독립전원만 있으므로 테브넹 등가 임피던스를 먼저 구하자.

(ii) 전압원을 단락시키고 단자 A, B에서 본 등가 임피던스는

$$Z_{TH} = -j10 + (j20 \,//\, 10) = -j10 + \frac{(j20)(10)}{10 + j20} = 8 - j6$$

(iii) 단자 A, B에서의 개방 전압은

$$\mathbf{V}_{OC} = \mathbf{V}_{AB} = \mathbf{V}_s \frac{10}{j20 + 10} = 5\angle 60^\circ \times 0.45\angle -64.43^\circ = 2.24\angle -3.43^\circ$$

(iv) 구해진 테브넹 등가회로를 (그림 8-32)에 보였다.

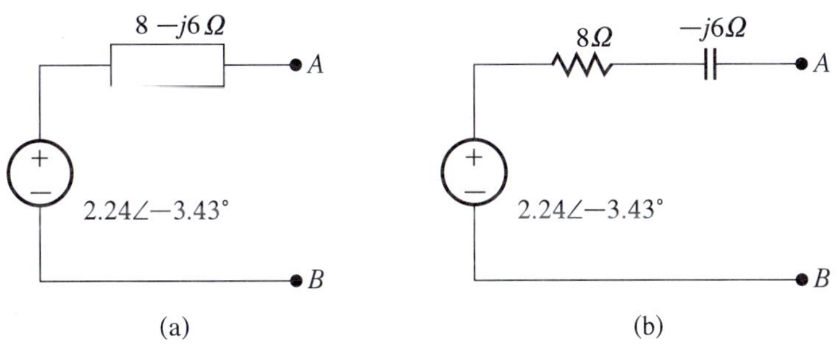

▸▸ 그림 8-32 예제 8-12의 테브넹 등가회로

[연습 8-7] 교류에서의 테브넹 등가회로

다음 회로에서 단자 A, B에서 본 테브넹 등가회로를 구하라.

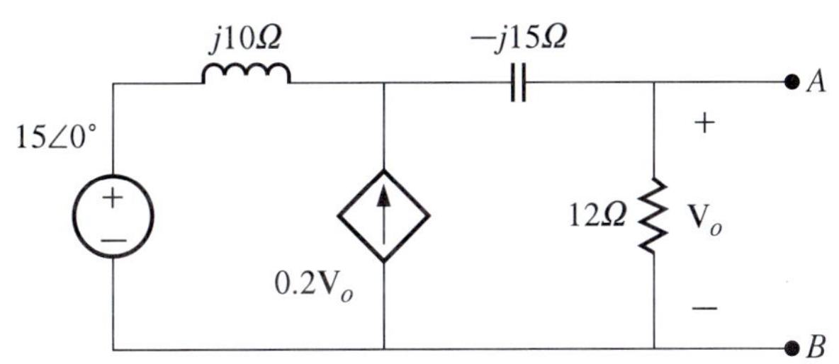

▸▸ 그림 8-33 연습 8-7 테브넹 등가회로

힌트

(i) 독립전원과 종속전원이 있는 경우

$$V_{OC}=V_{AB},\ I_{SC}=I_{AB},\ R_{TH}=\frac{V_{OC}}{I_{SC}}$$

(ii)

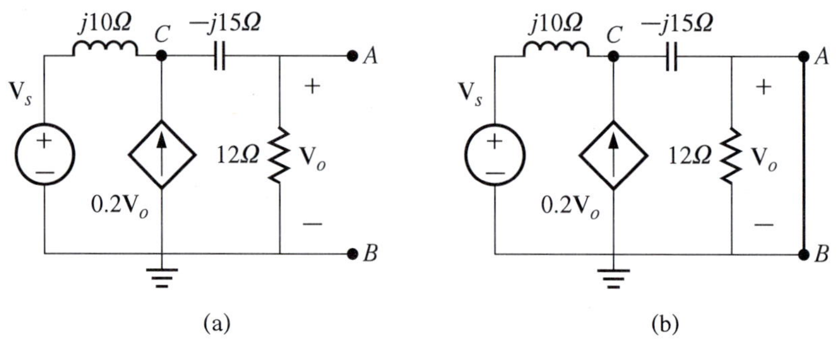

▸▸ **그림 8-34** 연습 8-7 개방 전압과 단락 전류를 구하는 회로

답 $V_{OC} = 5.74\angle 67.52^{\circ} [V]$, $\mathbf{I}_{SC} = 3\angle 90^{\circ}$, $R_{TH} = 1.76 - j0.73 [\Omega]$

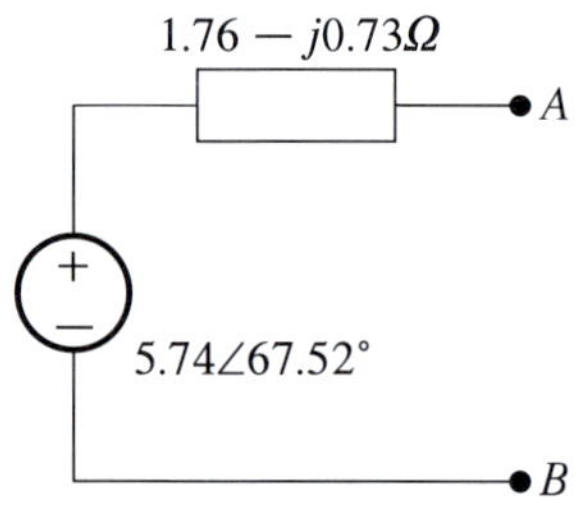

▸▸ **그림 8-35** 연습 8-7의 테브냉 등가회로

예제 8-13 교류에서의 테브냉 등가회로

(그림 8-36 a) 회로에서 단자 A, B에서 본 테브냉 등가 임피던스를 구하려 한다. 상수 α는 실수이다. 테브냉 임피던스가 순 저항이 되는 α 값을 구하라.

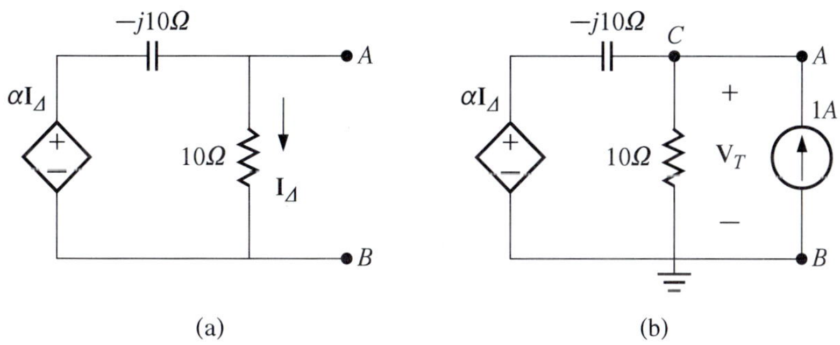

▶▶ **그림 8-36** 예제 8-13 테브넹 등가회로

> (G-1) 독립전원이 없는 경우: 외부 전원 인가
> (G-2) 임피던스가 순 저항? = 리액턴스 0
> (G-3) 테스트 전압원인가, 테스트 전류원인가?

풀이

(i) 전원이 없는 회로이므로 (그림 8-36 b)와 같이 $\mathbf{I}_T = 1\angle 0° A$의 테스트 전류원을 인가하자.

(ii) 단자 A, B의 전압을 $\mathbf{V}_T$라 하고 단자 C에서 KCL을 적용하자.

그러면 등가 임피던스는 $Z_T = \dfrac{\mathbf{V}_T}{1A} = \dfrac{\mathbf{V}_C}{1A}$

(iii) 단자 C에서 KCL을 적용하면 종속 전압원은 $\mathbf{I}_\Delta = \dfrac{\mathbf{V}_C}{10}$

$$\frac{\mathbf{V}_C}{10} + \frac{\mathbf{V}_C - \alpha\mathbf{I}_\Delta}{-j10} = 1\angle 0° \rightarrow \mathbf{V}_C(1+j) - j\alpha\mathbf{I}_\Delta = 10$$

(iv) 종속 전류원의 값을 대입하면,

$$(1+j)\mathbf{V}_C - j0.1\alpha\mathbf{V}_C = (1+j-j0.1\alpha)\mathbf{V}_C = 10$$

즉, $\mathbf{V}_C = \dfrac{10}{1+j(1-0.1\alpha)}$

(v) 그러므로 등가 임피던스는 $Z_{TH} = \dfrac{\mathbf{V}_C}{1} = \dfrac{10}{1+j(1-0.1\alpha)}$

(vi) 등가 임피던스가 순 저항이 되기 위해서는 분모의 허수부가 0이 되어야 하므로,

$\alpha = 10$

(vii) 이때 $Z_{TH} = 10\Omega$

교류에서의 노턴 등가회로

노턴 등가회로는 테브넹 등가회로를 전원 변환하면 얻을 수 있기 때문에 간단한 문제를 다루어 보자.

[연습 8-8] 교류에서의 노턴 등가회로

다음 회로에서 단자 A, B에서 본 노턴 등가회로를 구하라. 이 회로는 전류원 $i_s(t) = 5\sin(1000t - 30°)$[mA]로 구동된다.

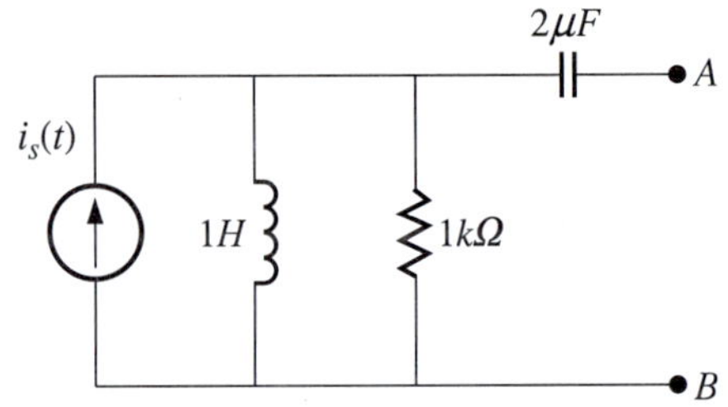

▶▶ 그림 8-37 연습 8-8 노턴 등가회로

힌트

(i) 노턴 등가회로: Z_N, I_N

(ii)

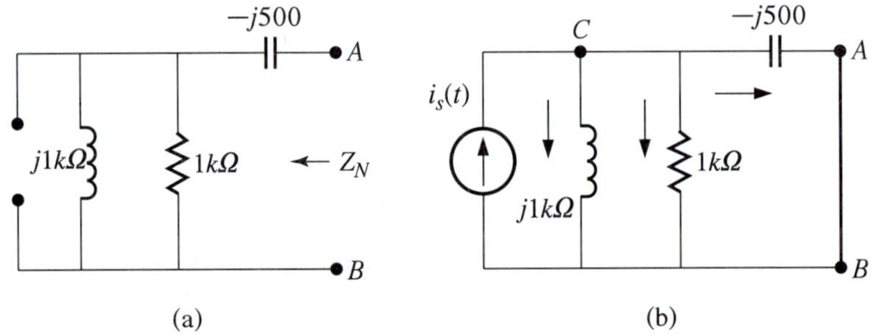

▶▶ 그림 8-38 연습 8-8 페이저 영역에서

답 $Z_N = 500[\Omega]$, $\mathbf{I}_{SC} = 7.07\angle 165°[mA]$

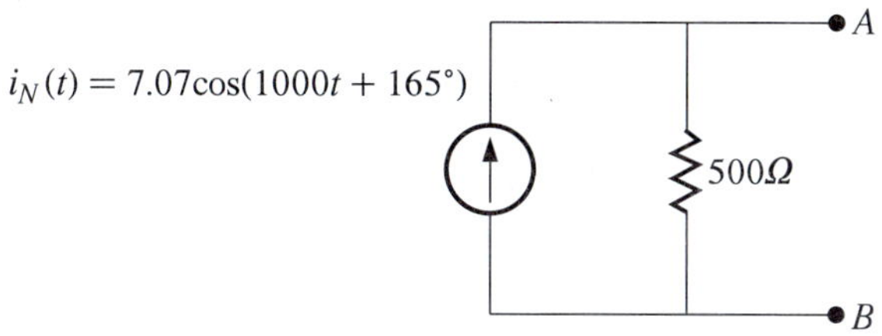

▶▶ 그림 8-39 연습 8-8 노턴 등가회로

8.7 교류에서의 전력 계산

우리는 배터리(건전지)를 이용하여 모바일(mobile) 기기를 작동시킨다. 자동차는 축전지를 이용하여 시동을 걸고 엔진의 힘으로 교류발전기를 돌려 발생한 교류 전압을 정류하여 자동차에 필요한 전기를 공급하며 여분의 에너지를 축전지에 저장한다. 지하철은 지상 구간에서는 교류를, 지하 구간에서는 직류를 사용한다. 가정에서는 교류를 공급받아 필요한 가전제품을 구동하는데, 요즈음 모든 가전제품은 직류로 구동되는 마이크로프로세서를 포함하는 디지털 소자들로 구성되어 있으므로 교류와 직류를 함께 사용한다고 볼 수 있다.

그동안 전압이나 전류를 구하는 기법들에 대하여 집중적으로 배웠지만 실제 인간이 감지하는 것은 전력의 형태이다. 전력 계산은 직류의 경우는 단순한데 반하여 교류 전력의 계산은 각별한 주의가 필요하다.

직류 전력은

$$P_{DC} = V \times I = I^2 R = \frac{V^2}{R} [\mathrm{W}]$$

그러나 교류는 시간적 변화의 특성 때문에 전력 계산에 주의가 필요하다. 교류 전력은 몇 가지 형태로 표현할 수 있는데 용어 정리를 먼저 하도록 한다.

(i) 순간 전력(instantaneous power) p

(ii) 평균 전력(average power) P_{avg}

(iii) 실효 전력(effective power) P
(iv) 복소 전력(complex power) $\mathbf{S}$
(v) 유효 전력(real power) P
(vi) 무효 전력(reactive power) Q

8.7.1 순간 전력과 평균 전력

교류는 시간에 따라 변하는 신호이다. 그러므로 특정한 순간에서의 전력을 계산하면,

$$p(t) = v(t) \times i(t) = p_{ac}$$

이제 부하의 전압과 전류를 다음과 같다고 가정하자.

$$v(t) = V_m \cos(\omega t + \theta_v)$$
$$i(t) = I_m \cos(\omega t + \theta_i)$$

그러면 특정한 순간에서의 전력은

$$p(t) = V_m \cos(\omega t + \theta_v) \times I_m \cos(\omega t + \theta_i)$$

이 값을 순간(瞬間) 전력이라 한다. 곱의 형태로 되어 있는 삼각함수는 합의 형태로 분해하여 계산하여야 한다. 위 식이 코사인의 곱으로 표현되어 있으므로,

$$\cos\alpha \cos\beta = \frac{1}{2}\cos(\alpha - \beta) + \frac{1}{2}\cos(\alpha + \beta)$$

의 관계를 이용하여 $\alpha = \omega t + \theta_v$, $\beta = \omega t + \theta_i$라 놓으면 순간 전력은

$$p(t) = \frac{1}{2} V_m I_m \cos(\theta_v - \theta_i) + \frac{1}{2} V_m I_m \cos(2\omega t + \theta_v + \theta_i)$$

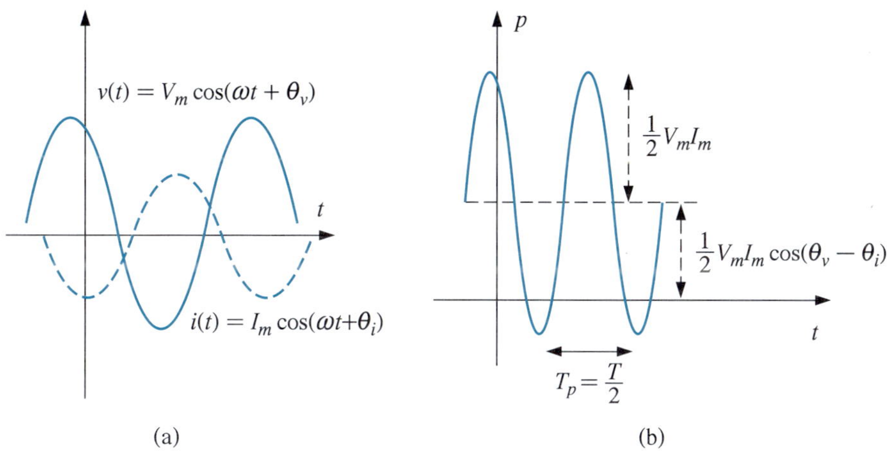

▶▶ **그림 8-40** 전류, 전압과 순간 전력 파형

(그림 8-40 a)는 전압과 전류의 파형을 보였고, (그림 8-40 b)에는 전력의 파형을 보였다. (그림 8-40 b)에서 보면 순간 전력은 직류 성분 $\frac{1}{2}V_m I_m \cos(\theta_v - \theta_i)$와 교류 성분 $\frac{1}{2}V_m I_m \cos(2\omega t + \theta_v + \theta_i)$의 합으로 되어 있음을 알 수 있다. 즉, 사인 파형 $\frac{1}{2}V_m I_m \cos(2\omega t + \theta_v + \theta_i)$을 위로 $\frac{1}{2}V_m I_m \cos(\theta_v - \theta_i)$만큼 평행 이동한 것이다. 또한 전력 파형의 주기는 반으로 줄어들었음을 알 수 있다(즉, 주파수가 $2\omega t$로 두 배가 되었다).

이제 평균 전력 P_{avg}을 구해 보자. 평균 전력은 한 주기 동안 전력을 평균한 값이므로,

$$
\begin{aligned}
P_{avg} &= \frac{1}{T}\int_T p_{ac}(t)\,dt \\
&= \frac{1}{T}\int_0^T \frac{1}{2}V_m I_m \cos(\theta_v - \theta_i)\,dt + \frac{1}{T}\int_0^T \frac{1}{2}V_m I_m \cos(2\omega t + \theta_v + \theta_i)\,dt
\end{aligned}
$$

그런데 처음 적분 항은

$$
\frac{1}{T}\int_0^T \frac{1}{2}V_m I_m \cos(\theta_v - \theta_i)\,dt = \frac{1}{2}V_m I_m \cos(\theta_v - \theta_i)
$$

두 번째 적분은 주파수가 2ω인 삼각함수로 되어 있는데, 삼각함수의 한 주기 동안 평균은 0이다.

$$\frac{1}{T}\int_0^T \frac{1}{2}V_m I_m \cos(2\omega t+\theta_v+\theta_i)\,dt=0$$

그러므로 평균 전력은

$$P_{avg}=\frac{1}{2}V_m I_m \cos(\theta_v-\theta_i)$$

즉, 평균 전력은 (그림 8-40 b)의 직류 성분과 같다.

코사인은 $\cos(\theta_v-\theta_i)=\cos(\theta_i-\theta_v)$이므로 평균 전력은 전압과 전류의 위상 차로만 표현된다.

예제 8-14 순간 전력과 평균 전력

다음 신호가 저항에서 소비되는 순간 전력과 평균 전력을 구하라.

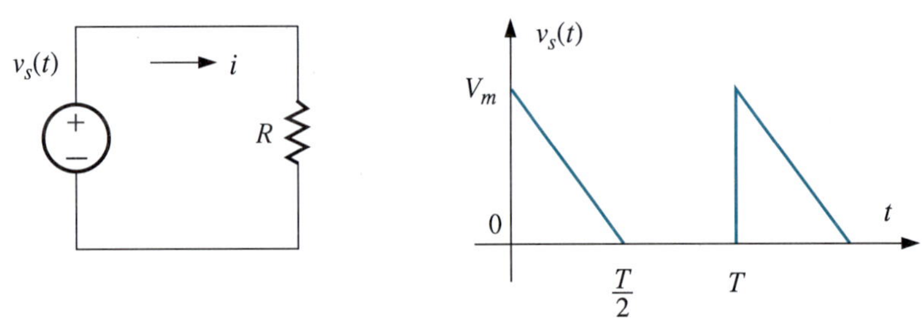

▶▶ 그림 8-41 예제 8-14 순간 전력과 평균 전력

(G) 전압을 수식으로 표현하면?

풀이

(i) 전압원은 주기 신호를 공급하므로 한 주기 동안의 파형을 표현하면,

$$v_s(t) = \begin{cases} -\frac{2V_m}{T}t + V_m & 0 \le t < \frac{T}{2} \\ 0 & \frac{T}{2} \le t < T \end{cases}$$

(ii) 순간 전력은

$$p = \frac{v^2}{R} = \left(-\frac{2V_m}{T}t + V_m\right)^2 = \frac{V_m^2}{R}\left(\frac{4}{T^2}t^2 - \frac{4}{T}t + 1\right)$$

(iii) 평균 전력은 한 주기 동안의 평균이므로,

$$P_{avg} = \frac{1}{T}\int_0^T \frac{V_m^2}{R}\left(\frac{4}{T^2}t^2 - \frac{4}{T}t + 1\right)dt = \frac{V_m^2}{RT}\int_0^{T/2}\left(\frac{4}{T^2}t^2 - \frac{4}{T}t + 1\right)dt$$

적분은 $\int_0^{T/2}\left(\frac{4}{T^2}t^2 - \frac{4}{T}t + 1\right)dt = \left[\frac{1}{3}\frac{4}{T^2}t^3 - \frac{1}{2}\frac{4}{T}t^2 + t\right]_0^{T/2}$

$$= \frac{4}{3T^2}\frac{T^3}{8} - \frac{4}{2T}\frac{T^2}{4} + \frac{T}{2} = \frac{T}{6}$$

즉, $P_{avg} = \frac{V_m^2}{6R}$

[연습 8-9] 평균 전력

임피던스 $Z = 30 + j40\,[\Omega]$인 회로에 전압 $\mathbf{V} = 200\angle 0°\,[\mathrm{V}]$가 인가되었다. 평균 전력을 구하라.

답 $P_{avg} = 240\,[\mathrm{W}]$

전력에 대해 더 공부하기 전에 페이저 영역에서는 평균 전력이 어떻게 표현되는지 알아보자. 이를 위하여 전압과 전류를 페이저로 표현하자.

$$v(t) = V_m\cos(\omega t + \theta_v) \rightarrow \mathbf{V} = V_m\angle\theta_v (\text{실제로는 } v(t) = \Re e\left\{\mathbf{V}e^{j\omega t}\right\})$$

$$i(t) = I_m\cos(\omega t + \theta_i) \rightarrow \mathbf{I} = I_m\angle\theta_v (\text{실제로는 } i(t) = \Re e\left\{\mathbf{I}e^{j\omega t}\right\})$$

평균 전력은

$$P_{avg} = \frac{1}{2} V_m I_m \cos(\theta_v - \theta_i) \rightarrow \frac{1}{2} V_m I_m \angle(\theta_v - \theta_i)$$

여기서 페이저 전류의 공액은
$\mathbf{I}^* = I_m \angle -\theta_i$이므로

$$P_{avg} = \frac{1}{2} V_m \angle \theta_v \times I_m \angle(-\theta_i) = \frac{1}{2} \mathbf{V} \times \mathbf{I}^*$$

즉, 페이저 영역에서 평균 전력은 페이저 전류의 공액과 페이저 전압의 곱이다.

위상각(phase angle)과 전력

평균 전력의 코사인 항에 대해 생각해 보자.

$$P_{avg} = \frac{1}{2} V_m I_m \cos(\theta_v - \theta_i) = \frac{1}{2} V_m I_m \cos(\theta_i - \theta_v)$$

우리가 검토할 양은 $\cos(\theta_v - \theta_i) = 1$과 $\cos(\theta_v - \theta_i) = 0$이 되는 값이다.

만약 $\cos(\theta_v - \theta_i) = 1 \rightarrow \theta_v = \theta_i$이면 전압과 전류가 동상(in phase)이고 부하는 순수한 저항이다. 만약 $\cos(\theta_v - \theta_i) = 0$이면 $\theta_v - \theta_i = \pm 90°$가 되어 전압과 전류가 90°의 위상차가 나므로 순수 리액턴스가 된다. 즉,

$$v(t) = V_m \cos(\omega t + \theta),\ i(t) = I_m \cos(\omega t + \theta \pm 90°)$$

$$Z = \frac{v(t)}{i(t)} = \frac{\mathbf{V}}{\mathbf{I}} = \frac{V_m \angle \theta}{I_m \angle \theta \pm 90°} = |Z| \angle \mp 90° \rightarrow C \text{ 또는 } L$$

이때 평균 전력은

$$P_{avg} = \frac{1}{2} V_m I_m \cos(\theta_v - \theta_i) = 0$$

순수 리액턴스는 전력을 소비하지 않는다(그럼 어디로 갈까?).

8.7.2 실효 전력

부하가 순 저항일 때($\theta_v - \theta_i = 0$) 부하에서 소비하는 평균 전력은

$$P_{avg} = \frac{1}{2} V_m I_m$$

그러면 교류전압 또는 교류전류를 순 저항부하에 인가할 때, 전압 또는 전류값의 실효성에 대해 의문을 가질 수 있다. 즉, 교류 신호가 직류와 동일한 전력을 공급하기 위한 교류의 실제적인 값(실효값)을 계산해 보자.

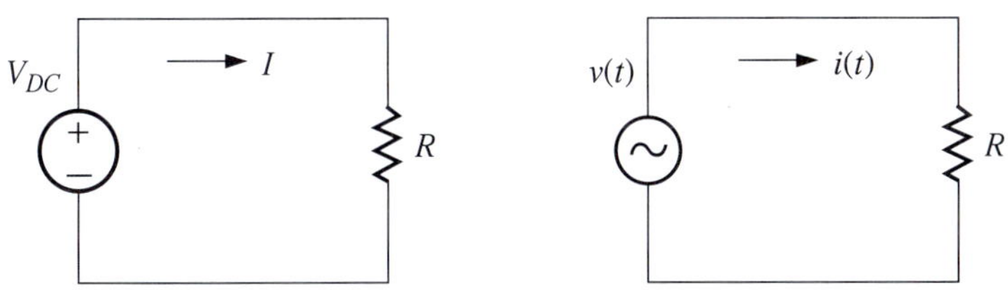

▶▶ 그림 8-42 직류와 교류에서의 전력 계산

(그림 8-42 a)에서 보듯이 저항에 직류 전압 V를 인가하면 저항에서 소비하는 전력은

$$P_{DC} = V_{DC} \times I = I^2 R = \frac{V_{DC}^2}{R}$$

이 전력과 동일한 전력을 공급하기 위한 교류전압 또는 교류전류는 얼마나 될까? 저항 회로에 공급할 교류전압을 $v(t) = V_m \cos(\omega t + \theta)$라고 하면 전력은

$$P = v \times i = \frac{v^2}{R}$$

이므로 평균 전력은

$$P_{avg} = \frac{1}{T}\int_T \frac{v^2(t)}{R}dt = \frac{1}{RT}\int_T v^2(t)\,dt = \frac{V_{DC}^2}{R}$$

여기서

$$v^2(t) = V_m^2\cos^2(\omega t + \theta) = V_m^2\frac{1 + \cos(2\omega t + 2\theta)}{2}$$

이므로,

$$\frac{1}{RT}\int_T v^2(t)\,dt = \frac{1}{RT}\int_T V_m^2\frac{1 + \cos(2\omega t + 2\theta)}{2}dt = \frac{V_m^2}{2R}$$

이 교류전력이 직류전력과 같아지기 위한 조건은

$$\frac{V_{DC}^2}{R} = \frac{V_m^2}{2R} \rightarrow V_{DC} = \frac{V_m}{\sqrt{2}}$$

이 값을 교류의 실효값(effective value)이라 한다. $V_{eff} = \frac{V_m}{\sqrt{2}}$

실효값

실효값은 교류전압 또는 교류전류가 저항에 직류와 동일한 전력을 공급하기 위해 직류로 환산한 값이다. 보통 교류에서 전압이나 전류의 표현은 실효값으로 한다. 가정용 전압 220V는 실효값을 나타낸 값이라 하였다.

교류전류에 대해 계산하면,

$$i(t) = \frac{v(t)}{R} = I_m\cos(\omega t + \phi)$$

$$I_{eff} = \sqrt{\frac{1}{T}\int_T I_m^2\cos^2(\omega t + \phi)\,dt} = \frac{I_m}{\sqrt{2}}$$

실효값은 흔히 rms(root-mean-squared) 값이라고 부른다. 그 이유는 계산 과정을 보면 알 수 있듯이 교류 신호를 자승하여 평균을 구하고 루트를 씌운 것이기 때문이다(root of mean squared).

즉, $V_{eff}=V_{rms}=\frac{V_m}{\sqrt{2}}$, $I_{eff}=I_{rms}=\frac{I_m}{\sqrt{2}}$

순 저항에서 소비하는 교류전력은

$$P_{ac}=\frac{1}{2}V_m I_m=\frac{V_m}{\sqrt{2}}\frac{I_m}{\sqrt{2}}=V_{rms}I_{rms}=V_{eff}I_{eff}$$

예제 8-15 신호의 평균값과 실효값

다음 신호의 실효값을 구하라.

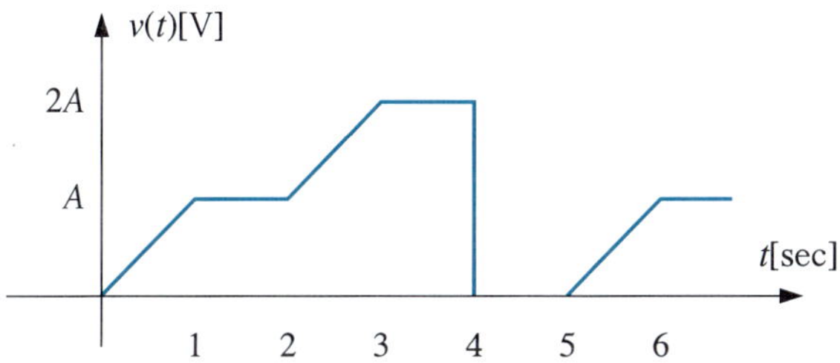

▶▶ 그림 8-43 예제 8-15의 신호

(G-1) $v(t)=?$
(G-2) 이 도형의 넓이는?

풀이

(i) 한 주기 동안 이 신호는

$$v(t)=\begin{cases} At & 0\le t<1[\text{sec}] \\ A & 1\le t<2 \\ A(t-1) & 2\le t<3 \\ 2A & 3\le t<4 \\ 0 & 4\le t<5 \end{cases}$$

(ii) 평균값은 한 주기 동안의 넓이를 주기로 나눈 것이다.

$$V_{avg} = \frac{1}{T}\int_T v(t)\,dt = \frac{1}{5}\left[\int_0^1 (At)\,dt + \int_1^2 (A)\,dt + \int_2^3 (At - A)\,dt + \int_3^4 (2A)\,dt\right]$$

$$= \frac{1}{5}\left(\left[\frac{A}{2}t^2\right]_0^1 + [At]_1^2 + \left[\frac{A}{2}t^2 - At\right]_2^3 + [2At]_3^4\right)$$

$$= \frac{A}{5}\left(\frac{1}{2} + 1 + \frac{9}{2} - 3 - 2 + 2 + 2\right) = A$$

(iii) 실효값은

$$V_{eff}^2 = \frac{1}{5}\int_T v^2(t)\,dt = \frac{A^2}{5}\left[\int_0^1 t^2\,dt + \int_1^2 1dt + \int_2^3 (t-1)^2\,dt + \int_3^4 4dt\right]$$

$$= \frac{A^2}{5}\left(\left[\frac{t^3}{3}\right]_0^1 + [t]_1^2 + \left[\frac{t^3}{3} - t^2 + t\right]_2^3 + 4[t]_3^4\right)$$

$$= \frac{A^2}{5}\left(\frac{1}{3} + 2 - 1 + 9 - 9 + 3 - \frac{8}{3} + 4 - 2 + 4\right) = \frac{23A^2}{15}$$

즉, $V_{eff} = \sqrt{\frac{23A^2}{15}}\ 1.24A\,[\mathrm{V}]$

8.7.3 복소 전력

교류전력을 어떻게 하면 간단하게 표현할 수 있을까 하는 문제는 전력 분야를 다루는 엔지니어에게는 매우 중요한 문제이다. 예를 들어, 정격이 10kW인 모터를 구동할 때 전력회사는 10kW의 전력만을 보내고 싶지만 모터의 리액턴스 성분 때문에 그 이상의 전력을 공급해야 한다. 모든 가전제품에는 리액턴스 성분(커패시터 성분과 인덕터 성분)이 함께 존재하므로 유효 전력만을 공급할 수 없다. 이제 복소 전력을 소개하고 유효 전력과 무효 전력을 계산해 보자. 복소 전력이란 전력을 복소수 형태로 표현한 것이다.

교류 부하에 공급되는 전압과 전력은

$$v(t) = V_m\cos(\omega t + \theta_v) \rightarrow \mathbf{V} = V_m\angle\theta_v$$
$$i(t) = I_m\cos(\omega t + \theta_i) \rightarrow \mathbf{I} = I_m\angle\theta_i$$

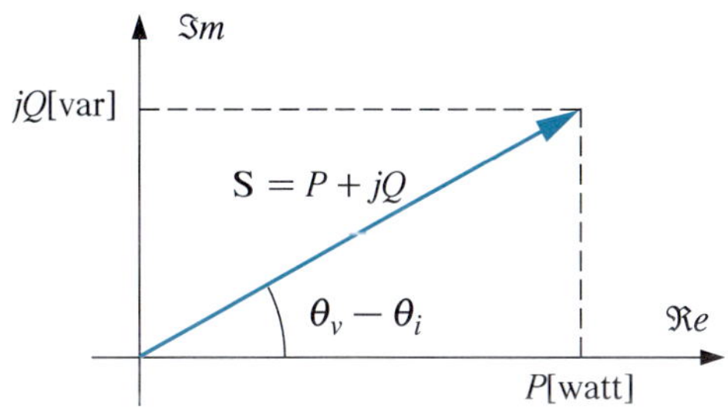

▸▸ 그림 8-44 전력 삼각형

복소 전력은 $\mathbf{S}=\frac{1}{2}\mathbf{V}\mathbf{I}^{*}$이며,

$$\mathbf{V}_{eff}=\frac{\mathbf{V}}{\sqrt{2}}=\frac{V_m}{\sqrt{2}}\angle\theta_v=V_{rms}\angle\theta_v$$

$$\mathbf{I}_{eff}=\frac{\mathbf{I}}{\sqrt{2}}=\frac{I_m}{\sqrt{2}}\angle\theta_i=I_{rms}\angle\theta_i$$

그러면

$$\mathbf{S}=\frac{1}{2}\mathbf{V}\mathbf{I}^{*}=\frac{\mathbf{V}}{\sqrt{2}}\frac{\mathbf{I}^{*}}{\sqrt{2}}=\mathbf{V}_{eff}\mathbf{I}^{*}_{eff}=V_{eff}I_{eff}\angle(\theta_v-\theta_i)$$

이 식을 복소수로 표현하면

$$\mathbf{S}=V_{eff}I_{eff}\cos(\theta_v-\theta_i)+jV_{eff}I_{eff}\sin(\theta_v-\theta_i)$$

또는 $\mathbf{S}=\frac{V_m I_m}{2}\cos(\theta_v-\theta_i)+j\frac{V_m I_m}{2}\sin(\theta_v-\theta_i)$

복소 전력을 다시 쓰면,

$$\mathbf{S}=\mathbf{V}_{eff}\mathbf{I}^{*}_{eff}=(Z\mathbf{I}_{eff})\mathbf{I}^{*}_{eff}=Z\left|\mathbf{I}_{eff}\right|^2=\frac{\left|\mathbf{V}_{eff}\right|^2}{Z^{*}}$$

즉, $\mathbf{S}=\left|\mathbf{I}_{eff}\right|^2 Z=\left|\mathbf{I}_{eff}\right|^2(R+jX)=P+jQ$

유효 전력

$$P = \Re e\{\mathbf{S}\} = |\mathbf{I}_{eff}|^2 R = V_{eff} I_{eff} \cos(\theta_v - \theta_i)$$

유효 전력은 평균 전력이고 저항에 공급되는(저항에서 소비되는) 전력이다. 이 전력이 실제로 힘을 발휘하는 유효한 전력이고 단위는 와트([W])이다.

무효 전력

$$Q = \Im m\{\mathbf{S}\} = |\mathbf{I}_{eff}|^2 X = V_{eff} I_{eff} \sin(\theta_v - \theta_i),$$

무효 전력은 전원과 부하의 리액티브 성분과 에너지의 교환으로만 나타나는 효용이 없는 전력이고 단위는 볼트-암페어-리액티브([VAR], volt-ampere reactive)를 사용한다.

여기서 X는 리액턴스이고 유도성 리액턴스(inductive reactance)일 경우는 $X > 0$, 용량성 리액턴스(capacitive reactance)일 경우는 $X < 0$이다.

피상 전력(겉보기 전력)

피상 전력은 복소 전력의 크기이고 단위는 볼트-암페어([VA], volt-ampere)이다.

$$|\mathbf{S}| = \sqrt{P^2 + Q^2}$$

예제 8-16 평균 전력

최댓값이 312V인 교류전압이 20Ω 저항에 공급된다.

(a) 저항에 공급하는 평균 전력을 구하라.

(b) 저항의 전류를 구하여 평균 전력을 계산하라.

> (G) 가정용 전압 220볼트는 최댓값이 312볼트이다.

풀이

(a) (i) $V_m = 312V$이면 $V_{eff} = V_{rms} = 220[V]$

(ii) 그러므로 $P = \frac{(V_{eff})^2}{R} = \frac{(220)^2}{20} = 2420[watts]$

(b) (i) 전류의 실효값은 $I_{eff} = \frac{V_{eff}}{R} = \frac{220}{20} = 11[A]$

(ii) $P = I_{eff}^2 R = (11)^2(20) = 2420[watts]$

예제 8-17 전력 계산

다음 RC 회로에 전압 $v(t) = 220\sqrt{2}\cos(120\pi t)[V]$가 인가되었다.

(a) 복소 전력을 구하라.

(b) 평균 전력을 구하라.

(c) 무효 전력을 구하라.

(d) 피상 전력을 구하라.

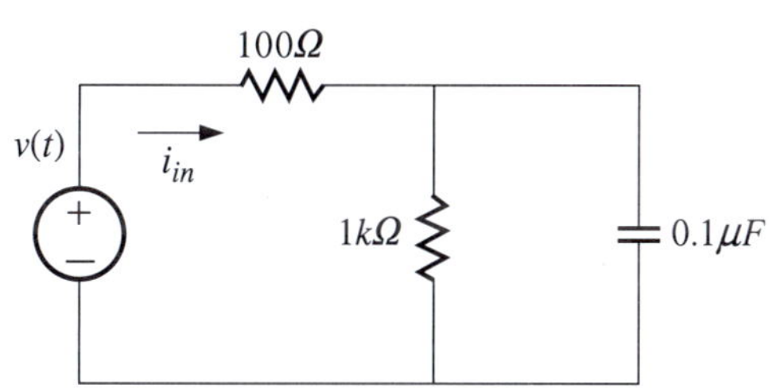

▶▶ 그림 8-45 예제 8-17 전력 계산

(G-1) $V_{eff} = ?$
(G-2) $\mathbf{S} = P + jQ$

풀이

(a) (i) 전원에서 $V_m = 220\sqrt{2}[V]$, $V_{eff} = 220[V]$, $\omega = 2\pi \times 60[rad/sec]$

(ii) 전원에서 본 부하의 임피던스 Z_{in}을 계산하면,

$j\omega C = j(120\pi) \times (1 \times 10^{-6}) = 377 \times 10^{-6}$이므로,

$$X_C = \frac{1}{\omega C} = \frac{10^6}{377} = 2.65 \times 10^3$$

$$Z_{in} = 100 + \frac{1}{1k\,//\,(-j2.65k)} = 100 + \frac{1k(-j2.65k)}{1k - j2.65k} = 975 - j330\,[\Omega]$$

(iii) $\mathbf{I}_{eff} = \frac{\mathbf{V}_{eff}}{Z_{in}} = \frac{220}{975 - j330} = 202 + j68.5 = 214\angle 18.70°\,[\text{mA}]$

(iv) 복소 전력은

$$\mathbf{S} = \mathbf{V}_{eff}\,\mathbf{I}^*_{eff} = 220\,(202 - j68.5) \times 10^{-3} = 44.44 - j15.07\,[\text{VA}]$$

(b) 평균 전력: $P = \Re e\{\mathbf{S}\} = 44.54\,[\text{W}]$

(c) 무효 전력: $Q = \Im m\{\mathbf{S}\} = -15.07\,[\text{var}]$

(d) 피상 전력: $|\mathbf{S}| = \sqrt{P^2 + Q^2} = 47.02\,[\text{VA}]$

역률(力率, power factor)과 역률 개선

피상 전력 $|S|$가 아무리 커도 결국 기기를 구동하는 전력은 유효 전력 P이므로 전력의 효율(역률)을 계산할 수 있다.

$$pf = \frac{\text{average power}}{\text{apparent power}} = \frac{P}{|S|} = \cos(\theta_v - \theta_i)$$

코사인은 각도가 작을수록 큰 값을 가지므로 $(\theta_v - \theta_i)$가 작을수록 역률이 좋아진다. 즉, 전압과 전류의 위상 차이가 작을수록 역률이 커진다. 역률이 $pf = 0.5$라는 의미는

$$\cos(\theta_v - \theta_i) = 0.5 \rightarrow \theta_v - \theta_i = \pm 60°$$

라는 뜻이다. (그림 8-46 a)에서 보면,

용량성 부하: $\mathbf{V} = Z\mathbf{I} = |Z|\angle -\theta \times I_m \angle\theta_i = V_m \angle\theta_v$: $\theta_v = \theta_i - \theta$

즉, $\theta_v - \theta_i < 0$이면 커패시터 성분이 우세한 용량성 부하이며 전류가 전압보다 앞서 간다(current is leading). 마찬가지로 (그림 8-46 b)에서는

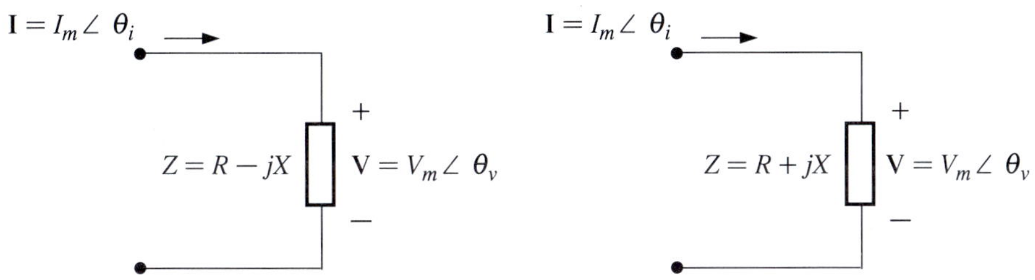

(a) 용량성 부하 (b) 유도성 부하

▸▸ 그림 8-46 용량성 부하와 유도성 부하

$$\text{유도성 부하: } \mathbf{V} = Z\mathbf{I} = |Z| \angle +\theta \times I_m \angle \theta_i = V_m \angle \theta_v : \theta_v = \theta_i + \theta$$

$\theta_v - \theta_i > 0$이면 인덕터 성분이 우세한 유도성 부하이고, 전류가 전압보다 뒤처진다(currentt is lagging).

역률 계산은 전류를 기준으로 하며, 전류가 앞서면 앞선 역률(leading *pf*), 전류가 뒤처지면 뒤진 역률(lagging *pf*)이라는 표현을 한다. 그러므로 leading *pf*는 용량성 부하를 뜻하고, lagging *pf*는 유도성 부하를 뜻한다.

예제 8-18 역률 계산

20마력짜리 모터가 *pf* = 0.8 leading으로 20마력[20]의 전력을 소비하고 있다. 모터에 공급되는 전압은 $\mathbf{V}_{motor} = 220[\text{V}]$이고 주파수는 $f = 60[\text{Hz}]$이다.

(a) 모터에 전달되는 복소 전력 **S**를 구하라.

(b) 전원의 전압과 전류($\mathbf{V}_s$, $\mathbf{I}_s$) 그리고 공급하는 전력을 구하라.

(c) 역률을 높이기 위하여 모터와 병렬로 커패시터를 연결하였다(그림 8-46 b). 그 결과 *pf* = 0.9 lagging이 되었다면 병렬로 연결된 커패시터 값은?

(d) 이때 전원이 공급한 전력을 구하라.

20) 마력(馬力, horse power): 문자 그대로 말의 힘. 증기기관의 출력을 말의 힘으로 표현한 것. Joule이 만들었다. 각종 동력기계의 출력을 표현한다. 1마력의 모터는 대략 746[W]의 전력과 같다. 건장한 인간은 0.1마력 정도의 에너지를 낼 수 있다고 한다. 자동차의 최고 출력을 마력으로 나타내기도 한다.

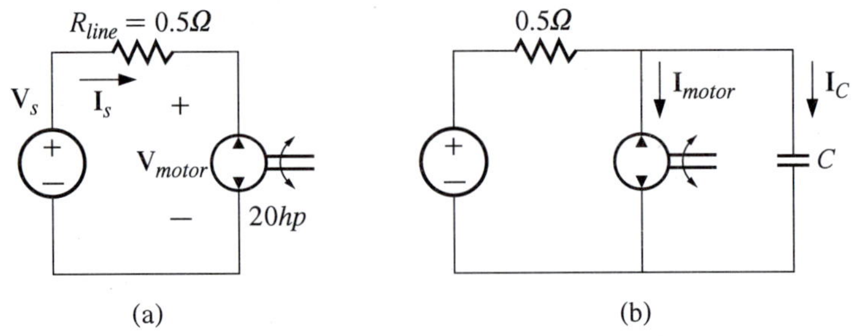

▶▶ 그림 8-47 예제 8-18 역률 계산

(G-1) lagging: 전류가 뒤처진다. $\theta_v > \theta_i$
(G-2) lagging = 유도성 부하(인덕턴스 성분이 많은)

풀이

(a) 역률 $pf = 0.8$은 $P = |\mathbf{S}_{motor}|\cos\theta = 0.8|\mathbf{S}_{motor}|$이므로,

$$|\mathbf{S}_{motor}| = \frac{P}{0.8} = \frac{20 \times 0.746}{0.8} = \frac{14.92}{0.8} = 18.65\,[\text{kVA}]$$

$\cos\theta = 0.8$이면 $\sin\theta = \sin(36.87^\circ) = 0.6$이고

이때 무효 전력은 $Q = |\mathbf{S}_{motor}|\sin\theta = 11.19\,[\text{kvar}]$

(b) (i) lagging pf: 전류가 전압보다 뒤진다.
(유도성 부하이면 커패시터 성분을 추가하여 리액티브 성분을 줄일 수 있다.)

(ii) 즉, $\mathbf{V}_{motor} = 200\angle 0^\circ\,[\text{V}_{\text{rms}}]$이라 하면,

$\mathbf{I}_{motor} = I_{motor}\angle -36.87^\circ$이다.

(iii) 그러면 복소 전력은

$\mathbf{S}_{motor} = \mathbf{V}_{motor}\mathbf{I}^*_{motor} = V_{motor}I_{motor}\angle 36.87^\circ$이므로,

$\mathbf{S}_{motor} = V_{motor}I_{motor}\angle 36.87^\circ = 18.65 + j11.19 = P + jQ$

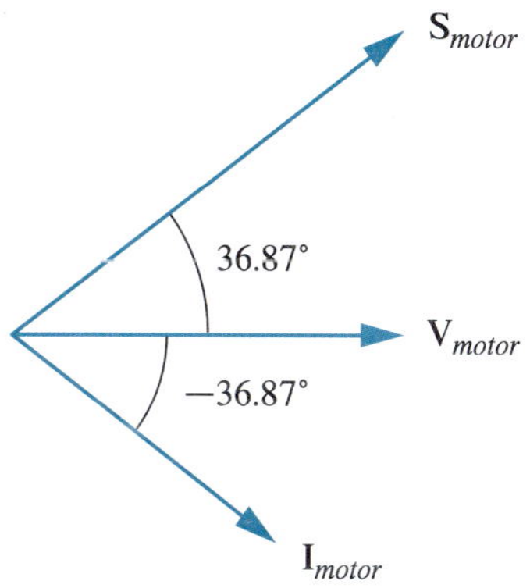

▸▸ 그림 8-48 예제 8-18 lagging power factor

(iv) 전원의 전력은 $\mathbf{S}_s = \mathbf{V}_s \mathbf{I}_s^*$이고, 전원의 전압은 $\mathbf{V}_s = R_{line} \times \mathbf{I}_s + \mathbf{V}_{motor}$이므로 $\mathbf{I}_s$를 먼저 구하면 된다.

$$\mathbf{I}_s = \mathbf{I}_{motor} : \mathbf{I}_s = \frac{\mathbf{S}_{motor}}{\mathbf{V}_{motor}} = 93.25\angle -36.87^\circ = 74.6 - j55.95\,[\mathrm{A}_{\mathrm{rms}}]$$

(v) 그러면 $\mathbf{V}_s = R_{line} \times \mathbf{I}_s + \mathbf{V}_{motor} = 0.5(74.6 - j55.95) + 200$

$$= 237.3 - j27.98\,[V]$$

(vi) 전원이 공급하는 복소 전력은

$$\mathbf{S} = \mathbf{V}_s \times \mathbf{I}_s^* = (237.3 - j27.98)(74.6 + j55.95)$$

$$= 238.94\angle -6.72^\circ \times 93.25\angle 36.87^\circ = 22.28\angle 30.15^\circ\,[\mathrm{kVA}]$$

$$= 19.27 + j11.19\,[\mathrm{kVA}]$$

이 결과는 14.92kW 모터를 돌리기 위해서 19.27kW의 전력이 필요하다는 뜻이다. 그 이유는 라인에서의 손실 때문이다.

(c) (i) 이제 pf를 0.9로 높이도록 하자. $\cos^{-1}\theta = 0.9 \rightarrow \theta = 25.84^\circ$

(ii) $pf = 0.9$이면 모터의 복소 전력은

$$\mathbf{S}_{motor,\,new} = \frac{14.92}{0.9}(\cos 25.84^\circ + j\sin 25.84^\circ) = 14.92 + j7.23\,[\mathrm{kVA}]$$

(iii) $pf = 0.8$일 때의 무효 전력은 $\mathbf{S}_{motor,\,old} = 14.92 + j11.19$이었으므로, 무효 전력을 줄이면 된다.

$$Q_{old} + Q_C = Q_{new} \rightarrow Q_C = Q_{new} - Q_{old} = 7.23 - 11.19 = -3.96\,[\mathrm{kvar}]$$

(iv) 즉, $Q_C = -3.96\,[\mathrm{kvar}]$: 용량성 무효 전력이므로 부호가 (−)이다.

무효 전력 계산은

$$Q_C = \frac{|\mathbf{V}_{motor}|^2}{X_C} = \omega C|\mathbf{V}_{motor}|^2 = 3.96$$

(v) 그러면 $C = \dfrac{3.96 \times 10^3}{\omega|\mathbf{V}_{motor}|^2} = \dfrac{3.96 \times 10^3}{2\pi(60)(200)^2} = 263\mu F$

(d) 커패시터를 장착한 후 전원이 공급한 전력을 구하기 위해서는

$\mathbf{S}_{motor,\,new} = \mathbf{V}_{motor}\mathbf{I}^*_{motor,\,new} = 14.92 + j7.23$이므로

$$\mathbf{I}_{s,\,new} = \mathbf{I}_{motor,\,new} = \left(\frac{\mathbf{S}_{motor,\,new}}{\mathbf{V}_{motor}}\right)^* = \frac{14.92 - j7.23}{200} = 74.6 - j36.15[\text{A}]$$

$$\mathbf{V}_{s,\,new} = 0.5\mathbf{I}_{s,\,new} + \mathbf{V}_{motor} = 263.41 - j18.08$$

$$\mathbf{S}_{s,\,new} = \mathbf{V}_{s,\,new}\mathbf{I}^*_{s,\,new} = (263.41 - j18.08)(74.6 - j36.15)$$

$$= 19 - j10.87[\text{kVA}]$$

역률을 0.9로 높인 후에는 14.92kW 모터를 돌리기 위해서 19.27kW의 전력 대신 19kW 전력이 소모된다.

▶▶ 표 8-2 교류에서의 전력

순간 전력	instantaneous power	$p = \frac{1}{2}V_m I_m \cos(\theta_v - \theta_i) + \frac{1}{2}V_m I_m \cos(2\omega t + \theta_v + \theta_i)$ $p = P + P\cos(2\omega t) - Q\sin(2\omega t)$
평균 전력	average power	$P = \frac{1}{2}V_m I_m \cos(\theta_v - \theta_i)$ $P = V_{eff} I_{eff} \cos(\theta_v - \theta_i)$
복소 전력	complex power	$S = P + jQ = \frac{1}{2}\mathbf{V}\mathbf{I}^* = \mathbf{V}_{eff}\mathbf{I}^*_{eff}[\text{VA}]$
피상 전력	apparent power	$\lvert S\rvert = \sqrt{P^2 + Q^2}[\text{VA}]$
유효 전력	real power	$P = \frac{1}{2}V_m I_m \cos(\theta_v - \theta_i) = \lvert\mathbf{I}_{eff}\rvert^2 R = \frac{1}{2}V_m^2 R[\text{W}]$
무효 전력	reactive power	$Q = \frac{1}{2}V_m I_m \sin(\theta_v - \theta_i) = \lvert\mathbf{I}_{eff}\rvert^2 X = \frac{1}{2}V_m^2 X[\text{VAR}]$

8.8 교류에서의 최대 전력 전달

5장에서 직류 전원이 부하에 최대 전력을 전달하기 위한 조건을 배웠다. 이제 교류 회로에서 전원이 최대 전력을 전달하기 위해서 어떤 조건이 필요한지 알아보자. (그림 8-49)에서와 같이 테브넹 등가회로로 변환한 전압원 $\mathbf{V}_{TH}$, 전원부의 테브넹 등가 임피던스 $Z_{TH}=R_{TH}+jX_{TH}$인 회로를 생각해 보자. 부하 $Z_L=R_L+jX_L$은 조정 가능하다고 가정하면 전원이 부하에 최대 전력을 전달하기 위한 조건은 $Z_L=Z_{TH}^*$이다.

즉, $R_L=R_{TH}$, $X_L=-X_{TH}$

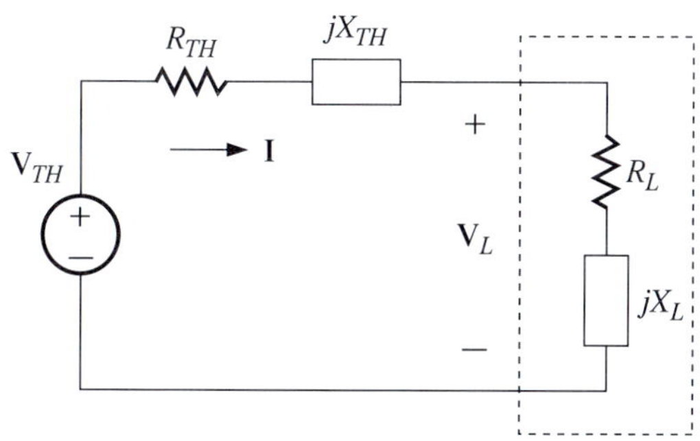

▶▶ 그림 8-49 교류에서 최대 전력 전달

이 관계를 유도하기 위하여 회로에 흐르는 전류를 **I**(페이저 전류)라고 하면,

$$\mathbf{I}=\frac{\mathbf{V}_{TH}}{Z_{TH}+Z_L}=\frac{\mathbf{V}_{TH}}{(Z_{TH}+R_L)+j(X_{TH}+Z_L)}$$

부하에 전달되는 평균 전력은

$$P=|\mathbf{I}|^2R_L=\mathbf{I}\times\mathbf{I}^*\times R_L=\frac{\mathbf{V}_{TH}^2R_L}{(R_{TH}+R_L)^2+(X_{TH}+X_L)^2}$$

전원의 임피던스 Z_{TH}는 고정된 값이고 부하 임피던스 Z_L이 변하므로 전원이 공급하는 평균 전력은 R_L과 X_L의 함수이다. 그러므로 평균 전력이 최대가 되기 위해서는

R_L과 X_L에 대한 P의 미분이 각각 0이 되어야 한다.

$$\frac{\partial P}{\partial R_L}=\frac{\partial}{\partial R_L}\frac{\mathbf{V}_{TH}^2 R_L}{(R_{TH}+R_L)^2+(X_{TH}+X_L)^2}=0$$ [21]

$$\frac{\partial P}{\partial X_L}=\frac{\partial}{\partial X_L}\frac{\mathbf{V}_{TH}^2 R_L}{(R_{TH}+R_L)^2+(X_{TH}+X_L)^2}=0$$

계산하면,

$$\frac{\partial P}{\partial R_L}=\mathbf{V}_{TH}^2\frac{(R_{TH}+R_L)^2+(X_{TH}+X_L)^2-2R_L(R_{TH}+R_L)}{\left[(R_{TH}+R_L)^2+(X_{TH}+X_L)^2\right]^2}=0$$

$$\frac{\partial P}{\partial X_L}=\mathbf{V}_{TH}^2\frac{-2X_L(X_{TH}+X_L)}{\left[(R_{TH}+R_L)^2+(X_{TH}+X_L)^2\right]^2}=0$$

두 번째 식에서

$$X_L=-X_{TH}$$

첫 번째 식은

$$(R_{TH}+R_L)^2+(X_{TH}+X_L)^2-2R_L(R_{TH}+R_L)=0$$

$$(R_{TH}+R_L)^2-2R_L(R_{TH}+R_L)=0,\ R_L=R_{TH}$$

그러므로 두 조건을 만족하려면

$$Z_L=R_L+jX_L=R_{TH}-jX_{TH}=Z_{TH}^*$$

이때 부하에 전달되는 최대 전력은

$$P_{L(\max)}=\frac{V_{TH}^2 R_{TH}}{(2R_{TH})^2}=\frac{V_{TH}^2}{4R_{TH}}$$

21) 편미분(partial differential): 전력식에는 변수가 R_L, X_L이 있는데 $\frac{\partial P}{\partial R_L}$은 R_L만 변수로 생각하고 X_L은 상수로 취급하여 미분하는 방법이다.

예제 8-19 최대 전력 전달

다음 회로에서

(a) 부하에 최대 전력을 전달하기 위한 부하의 임피던스를 구하라.

(b) 이때 부하에 전달된 전력을 구하라.

(c) 부하 저항이 $0 < R_L < 5k\Omega$의 범위에서 조정 가능하고 부하의 용량성 리액턴스가 $-2k\Omega \leq X_L < 0$ 사이에서 조정이 가능하다. 이런 상황에서 최대 전력을 전달할 수 있는 조건을 구하라.

(d) 이때 부하에 전달된 전력을 구하라.

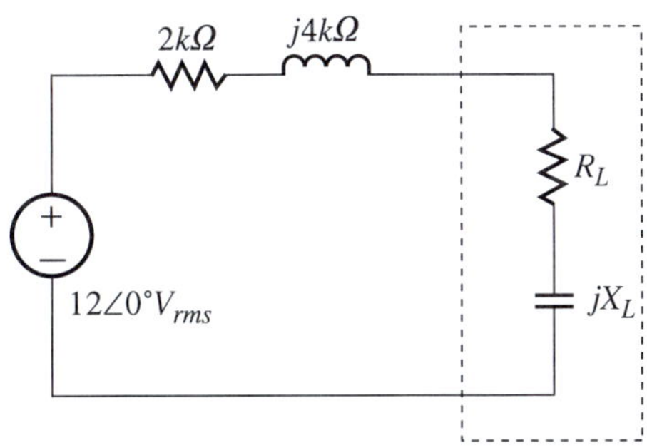

▶▶ 그림 8-50 예제 8-19 최대 전력 전달

(G) $Z_{TH} = 2k + j4k$

풀이

(a) 최대 전력 전달 조건에서

$R_L = 2k\Omega,\ X_L = -4k\Omega$

(b) $P_L = \frac{1}{4}\frac{(12)^2}{2k\Omega} = 18\,[\text{mW}]$

(c) (i) R_L과 X_L의 제한이 있는데 X_L이 최대 전력 전달 조건이 미치지 못하므로 먼저 $X_L = -2k\Omega$에 맞춘다.

$$R_L = \sqrt{R_{TH}^2 + (X_{TH} + X_L)^2} = \sqrt{(2000)^2 + (-2000 + 4000)^2} = 2.82k\Omega$$

(ii) 이 값은 $0 < R_L < 5k\Omega$ 범위 내에 있으므로,

$Z_L = 2.82k - j2k$

(d) (i) 부하에 흐르는 전류는

$$\mathbf{I} = \frac{12\angle 0°}{4.82k + j2k} = 1.95\angle -18.96° \,[\mathrm{mA}]$$

(ii) 부하에 전달된 평균 전력은

$$P = (\mathbf{I}_{eff})^2 R_L = (1.95m)^2 \times (2.82k) = 10.72\,[\mathrm{mW}]$$

예제 8-20 최대 전력 전달

라디오 수신기에 대한 해석을 해 보자. 안테나는 740kHz 전파를 수신한다. 안테나의 테브넹 등가회로는 (그림 8-51 b)와 같다.

(a) 안테나의 전력을 최대로 수신할 수 있는 수신기의 입력 임피던스 Z_{in}을 구하라.

(b) 이때 수신기에 흐르는 전류를 구하라.

(c) 수신기에 전달되는 전력을 구하라.

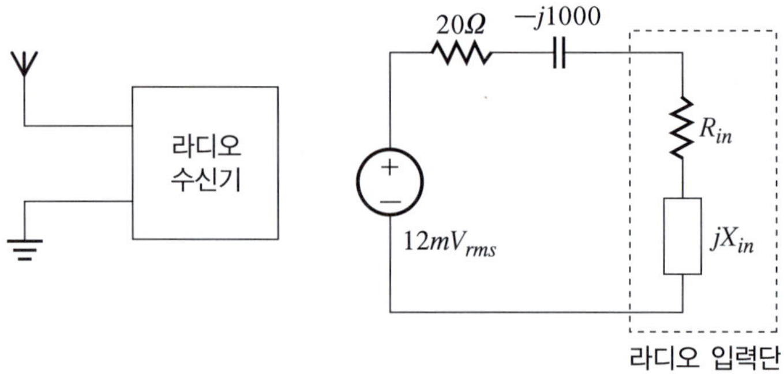

▶▶ 그림 8-51 예제 8-20 최대 전력 전달

(G-1) Z_{TH} =?
(G-2) 통신에서 증폭을 해야 하는 이유는?

풀이

(a) 최대 전력을 전달하기 위해서 라디오 수신기의 입력 임피던스는

$$Z_{in} = R_{in} + jX_{in} = R_{TH} - jX_{TH} = 20 + j1000$$

이 되어야 한다.

(b) 이때 수신기의 입력 전류는

$$\mathbf{I}_{radio} = \frac{(12m)V_{rms}}{20+20} = 0.3\,[\text{mA}]$$

(c) $P_{received} = |\mathbf{I}|^2 R_{in} = (0.3m)^2 \times 20 = 1.8\,[\mu\text{W}]$

라디오에 수신된 전력이 작으므로 당연히 증폭을 하여야 한다.

연습 풀이

[연습 8-1]

(a) $\tan(30^\circ) = \dfrac{\sin(30^\circ)}{\cos(30^\circ)} = \dfrac{1/2}{\sqrt{3}/2} = \dfrac{1}{\sqrt{3}}$, $\tan(60^\circ) = \dfrac{\sin(60^\circ)}{\cos(60^\circ)} = \dfrac{\sqrt{3}/2}{1/2} = \sqrt{3}$,

$$\tan(45^\circ) = \frac{\sin(45^\circ)}{\cos(45^\circ)} = 1$$

(b) $\cos(75^\circ) = \cos(45^\circ + 30^\circ) = \cos 45^\circ \cos 30^\circ - \sin 45^\circ \sin 30^\circ$이므로

$$\cos(75^\circ) = \frac{\sqrt{2}}{2}\frac{\sqrt{3}}{2} - \frac{\sqrt{2}}{2}\frac{1}{2} = \frac{\sqrt{6}-\sqrt{2}}{4}$$

(c) $\sin(15^\circ) = \sin 45^\circ \cos 30^\circ - \cos 45^\circ \sin 30^\circ$: $\sin(15^\circ) = \dfrac{\sqrt{6}-\sqrt{2}}{4}$

[연습 8-2]

(i) 그림에 보인 삼각파는 주기가 T인 주기함수이다. 주기함수는 임의의 한 주기 동안만 표시하면 되므로,

$-\dfrac{T}{4} < t \le \dfrac{T}{4}$에서, $v(t) = \dfrac{2V_m}{T/2}t = \dfrac{4V_m}{T}t$

$\dfrac{T}{4} < t \le \dfrac{3T}{4}$에서, $v(t) = 2V_m - \dfrac{4V_m}{T}t$

(ii) 실효값은

$$V_{rms} = \sqrt{\frac{1}{T}\int_{-T/4}^{3T/4} v^2(t)\,dt} = \sqrt{\frac{1}{T}\int_{-T/4}^{T/4}\left(\frac{4V_m}{T}t\right)^2 dt + \frac{1}{T}\int_{T/4}^{3T/4}\left(2V_m - \frac{4V_m}{T}t\right)^2 dt}$$

(iii) 처음 적분은

$$\frac{1}{T}\int_{-T/4}^{T/4}\left(\frac{4V_m}{T}t\right)^2 dt = \frac{1}{T}\frac{16V_m^2}{T^2}\left[\frac{1}{3}t^3\right]_{-T/4}^{T/4} = \frac{16V_m^2}{3T^3}\left(\frac{T^3}{64}+\frac{T^3}{64}\right) = \frac{V_m^2}{6}$$

(iv) 두 번째 적분은

$$\frac{1}{T}\int_{T/4}^{3T/4}\left(2V_m - \frac{4T_m}{T}t\right)^2 dt = \frac{4V_m^2}{T}\left[t - \frac{2}{T}t^2 + \frac{4}{3T^2}t^3\right]_{T/4}^{3T/4} = \frac{V_m^2}{6}$$

(v) 즉, $V_{rms} = \sqrt{\dfrac{V_m^2}{6} + \dfrac{V_m^2}{6}} = \dfrac{V_m}{\sqrt{3}}$ [V]

[연습 8-3]

두 복소수를 극좌표 형식으로 고치면,

$z_1 = 1 + j = \sqrt{2}\, e^{j45^\circ}$, $z_2 = 1 - j = \sqrt{2}\, e^{-j45^\circ}$

(a) $z_1 z_2 = \sqrt{2}\, e^{j45^\circ} \times \sqrt{2}\, e^{-j45^\circ} = 2$

(b) $\dfrac{z_2}{z_1} = \dfrac{\sqrt{2}\, e^{-j45^\circ}}{\sqrt{2}\, e^{j45^\circ}} = 1e^{-j90^\circ} = -1$

[연습 8-4]

(i) $5\mathrm{V} - j6\mathrm{V} + 3\mathrm{V} = (8 - j6)\,\mathrm{V} = 20e^{j30^\circ}$

(ii) $\mathrm{V} = \dfrac{20e^{j30^\circ}}{8 - j6} = \dfrac{20e^{j30^\circ}}{8 - j6} = \dfrac{20\angle 30^\circ}{10\angle -36.87^\circ} = 2\angle 66.87^\circ$

(iii) 즉, $v(t) = 2\cos(\omega t + 66.87^\circ)$

[연습 8-5]

(i) $v_0 = 0$이면 $\mathbf{V}_0 = \mathbf{I}X = 0$이므로 리액턴스 성분이 0이 되어야 한다.

즉, $X = X_L - X_C = j\omega L - j\dfrac{1}{\omega C} = 0$

(ii) 리액턴스 값은

$5mF \rightarrow \dfrac{1}{j\omega \times (5 \times 10^{-3})} = -j\dfrac{200}{\omega}$

$20mH \rightarrow j\omega(20 \times 10^{-3})$

(iii) $\dfrac{200}{\omega} = \omega(0.02) \rightarrow \omega^2 = \dfrac{200}{0.02} = 10^4$, 즉 $\omega = 100$[rad/sec]

[연습 8-6]

(i) 전원의 주파수는 $\omega = 10$[rad/sec]이고, 페이저 영역에서 인덕터와 커패시터는 각각

$L = 1H \rightarrow j10$, $C = 0.02F \rightarrow \dfrac{1}{j(10)(0.02)} = -j5$

(ii) 전압원은 사인함수이므로 코사인으로 표현하자. $\sin\theta = \cos(\theta - 90^\circ)$

$$v(t) = 20\sin\left(10t - \frac{\pi}{3}\right) \rightarrow \mathbf{V} = j20\angle -\frac{\pi}{3} = 20\angle\left(-\frac{\pi}{3} - \frac{\pi}{2}\right)$$

$$i(t) = 4\cos\left(10t - \frac{\pi}{4}\right) \rightarrow \mathbf{I} = 4\angle -\frac{\pi}{4}$$

(iii) 페이저 영역에서 회로를 다시 그려 보자.

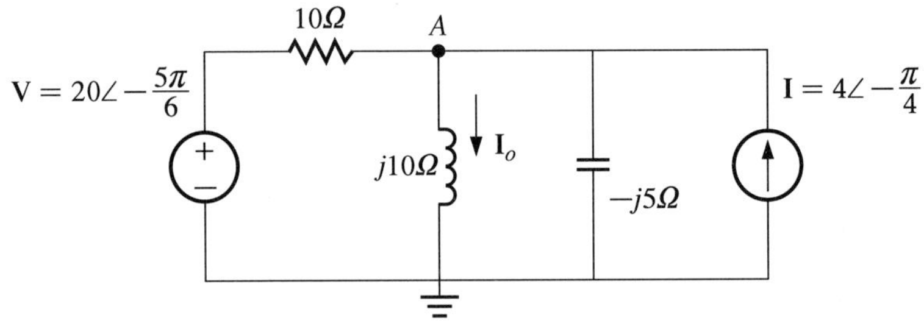

페이저 영역에서의 회로

(iv) 단자 A의 전압을 $\mathbf{V}_A$라 정하고 KCL을 적용하면,

$$\frac{\mathbf{V}_A}{j10} + \frac{\mathbf{V}_A}{-j5} + \frac{\mathbf{V}_A - 20\angle(-5\pi/6)}{10} = 4\angle -\frac{\pi}{4}$$

(양변에 $j10$을 곱하여) 정리하면,

$$\mathbf{V}_A - 2\mathbf{V}_A + j\mathbf{V}_A - j20\angle -\frac{5\pi}{6} = j40\angle -\frac{\pi}{4}$$

(v) 즉, $(-1+j)\mathbf{V}_A = 20\angle\left(-\frac{5\pi}{6} + \frac{\pi}{2}\right) + 40\angle\left(-\frac{\pi}{4} + \frac{\pi}{2}\right)$

$$= 10 - j17.32 + 28.28 + j28.28$$

그러므로 $\mathbf{V}_A = \dfrac{38.28 + j10.96}{-1+j}$

(vi) 그러면 전류 $\mathbf{I}_o$는

$$\mathbf{I}_o = \frac{\mathbf{V}_A}{j10} = \frac{38.28 + j10.96}{j10(-1+j)} + \frac{39.82\angle 15.98°}{14.14\angle -135°} = 2.82\angle 150.98°$$

(vii) 시간 영역에서는 $i_o(t) = 2.82\cos(10t + 150.98°)$[A]

[연습 8-7]

개방 전압

(i) 독립전원과 종속전원이 같이 있으므로 테브냉 등가회로를 만들려면 단자 A, B에서 개방 전압 $\mathbf{V}_{OC}$와 단락 전류 $\mathbf{I}_{SC}$를 구해야 한다.

(ii) 먼저 개방 전압: $\mathbf{V}_{OC}=\mathbf{V}_{AB}=\mathbf{V}_o$

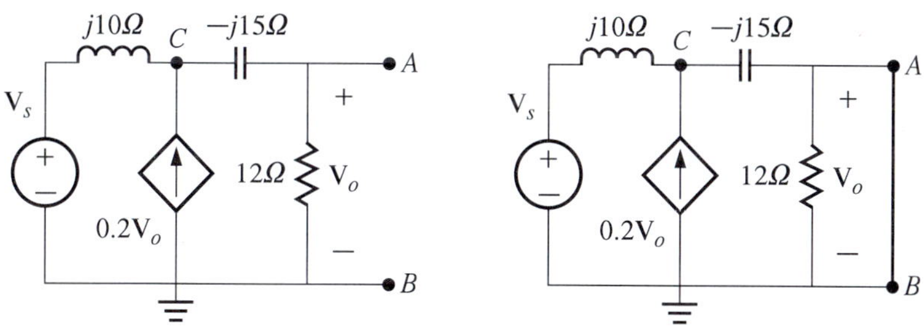

(a) (b)

개방 전압과 단락 전류를 구하는 회로

(iii) (그림 a)에서 단자 C의 전압을 $\mathbf{V}_C$라고 놓고 KCL을 적용하자.

$$-0.2\mathbf{V}_o+\frac{\mathbf{V}_C-15\angle 0^\circ}{j10}+\frac{\mathbf{V}_C}{12-j15}=0,\ \mathbf{V}_o=\frac{\mathbf{V}_C}{12-j15}\times 12$$

(iv) 정리하여 다시 쓰면,

$$-2.4\frac{\mathbf{V}_C}{12-j15}+\frac{\mathbf{V}_C-15\angle 0^\circ}{j10}+\frac{\mathbf{V}_C}{12-j15}=-1.4\frac{\mathbf{V}_C}{12-j15}+\frac{\mathbf{V}_C-15\angle 0^\circ}{j10}=0$$

(v) 즉,

$$\mathbf{V}_C(-1.4\times j10+12-j15)=15(12-j15)\rightarrow \mathbf{V}_C=\frac{180-j225}{12-j29}=9.18\angle 16.18^\circ$$

(vi) 그러므로 $\mathbf{V}_o=\dfrac{12\mathbf{V}_C}{12-j15}=\dfrac{110.17\angle 16.18^\circ}{19.21\angle -51.34^\circ}-5.74\angle 67.52^\circ=\mathbf{V}_{OC}$

단락 전류

(i) (그림 b)에서 단락 전류를 구해 보자. 마찬가지로 단자 C에서 KCL을 적용한다.

(ii) 단자 A, B를 단락하였으므로 12Ω 저항에는 전류가 흐르지 않는다.
즉, $\mathbf{V}_o=0$이다.

(iii) 그러면 종속전원의 전류가 0이므로 이 소자는 개방된 상태이다. 인덕터에 흐르는

전류가 단자 A, B를 흐른다.

$$\mathbf{I}_{SC}=\mathbf{I}_{AB}=\frac{15\angle 0^{\circ}}{j10-j15}=j3\angle 0^{\circ}=3\angle 90^{\circ}$$

(iv) 등가 임피던스는

$$Z_{TH}=\frac{\mathbf{V}_{OC}}{\mathbf{I}_{SC}}=\frac{5.74\angle 67.52^{\circ}}{3\angle 90^{\circ}}=\frac{5.74\angle 67.52^{\circ}}{3\angle 90^{\circ}}=1.91\angle -22.48^{\circ}$$

$$=1.76-j0.73\,[\Omega]$$

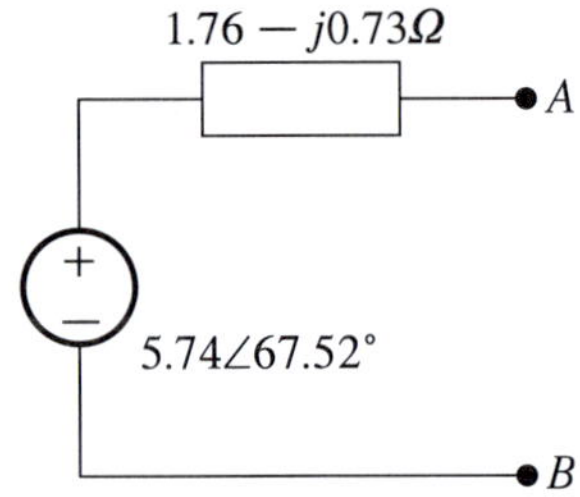

테브넹 등가회로

[연습 8-8]

(i) 이 회로는 독립 전원으로 구동되는 회로이므로 전원을 비활성화시켜서 등가저항을 먼저 구하자.

(ii) 주파수 $\omega=1000\,[\text{rad/sec}]$이므로,

$$1H\rightarrow j1000,\ 2\mu F\rightarrow \frac{10^{6}}{j2\times 1000}=-j500\text{이다.}$$

(iii) 그러면

$$Z_{N}=-j500+(1k\,//\,j1k)=-j500+\frac{(1k)(j1k)}{1k+j1k}=-j500+\frac{1000\,(1-j)}{2}=500$$

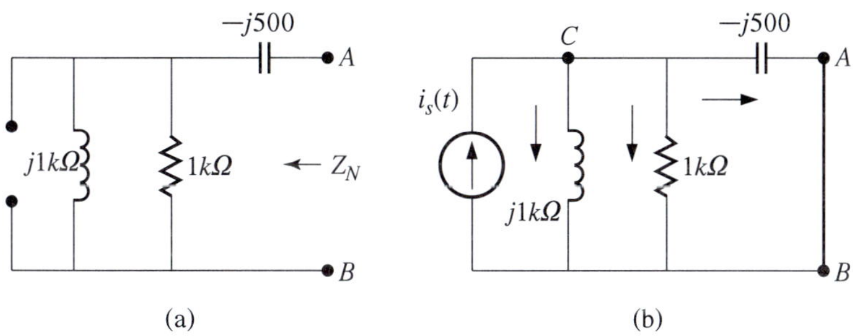

페이저 영역에서의 회로

단락 전류

(i) 단락 전류를 구하기 위해서 전류를 페이저로 표현해 보자.

사인함수를 코사인으로 표현하면 $\sin\theta = \cos(90° - \theta)$이므로

$i_s(t) = 5\sin(1000t - 30°) = 5\cos(90° - 1000t + 30°) = 5\cos(1000t + 120°)$

(ii) 즉, 페이저 전류는 $\mathbf{I}_s = 5\angle 120°$

(iii) 위 단자에서 KCL을 적용하면 회로방정식은

$$\frac{\mathbf{V}_C}{j1000} + \frac{\mathbf{V}_C}{1000} + \frac{\mathbf{V}_C}{-j500} = 5\angle 120°$$

(iv) 양변에 1000을 곱하여 정리하면, $\mathbf{V}_C(-j + 1 + j2) = 5000\angle 120°$

$$즉,\ \mathbf{V}_C = \frac{5000\angle 120°}{1+j} = \frac{5000\angle 120°}{\sqrt{2}\angle 45°} = 3536\angle 75°$$

(v) 그러면

$$\mathbf{I}_{SC} = \mathbf{I}_{AB} = \frac{\mathbf{V}_C}{-j500} = \frac{3536\angle 75°}{500\angle -90°} = 7.07\angle 165°$$

(vi) 전류원의 단위가 mA이므로,

$\mathbf{I}_{SC} = \mathbf{I}_N = 7.07\angle 165°\,[\mathrm{mA}]$

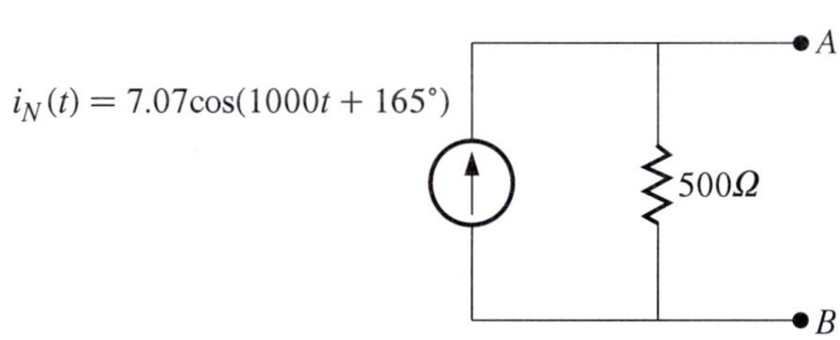

노턴 등가회로

[연습 8-9]

(i) 임피던스에 흐르는 전류는

$$\mathbf{I}=\frac{\mathbf{V}}{\mathrm{Z}}=\frac{200\angle 0°}{30+j40}=\frac{200\angle 0°}{50\angle 53.13°}=4\angle -53.13°\,[\mathrm{A}]$$

(ii) $P_{avg}=\frac{1}{2}V_m I_m \cos(\theta_v-\theta_i)=\frac{1}{2}(200)(4)\cos(53.13°)=240\,[\mathrm{W}]$

8장 문제

교류 RC 회로 – 미정계수법

01 다음 RC 병렬회로에서 $i_{in}(t) = 20\sin(400t)$[mA]이다.

(a) 회로방정식을 만들어라.

(b) 미정계수법을 이용하여 출력 전류 $i_{out}(t)$를 구하라.

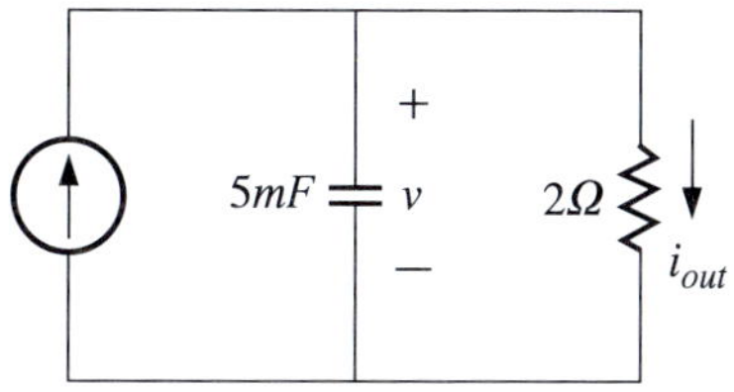

답 (a) $\dfrac{dv}{dt} + 100v = 4000\sin(400t)$

(b) $i_{out}(t) = 4.85\cos(400t - 165.98°)$[mA]

교류 RL 회로 – 미정계수법

02 다음 RL 병렬회로에서 $i_{in}(t) = 200\cos(250t)$[mA]이다.

(a) 회로방정식을 만들어라.

(b) 미정계수법을 이용하여 출력 전류 $i_{out}(t)$를 구하라.

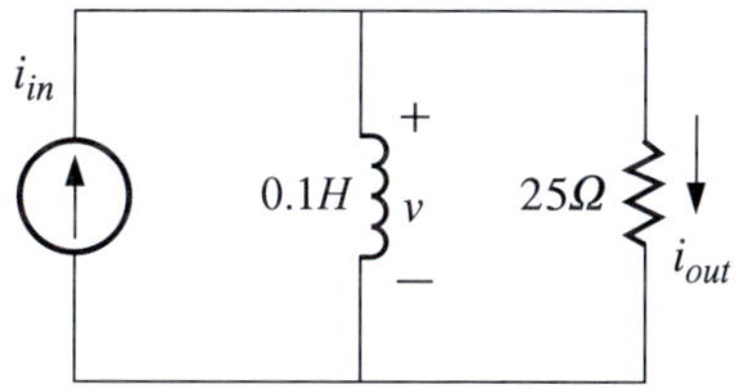

답 (a) $\dfrac{di_L}{dt} + 250i_L = 50000\cos(250t)$

(b) $i_{out}(t) = 100\sqrt{2}\cos(250t - 45°)$[mA]

교류 RC 회로 – 복소 지수함수 이용법

03 다음 RC 직렬회로에서 $v_{in}(t) = 20\sin(250t)$[V]이다.

(a) 회로방정식을 만들어라.

(b) 복소 지수함수를 이용하여 출력 전압 $v_{out}(t)$를 구하라.

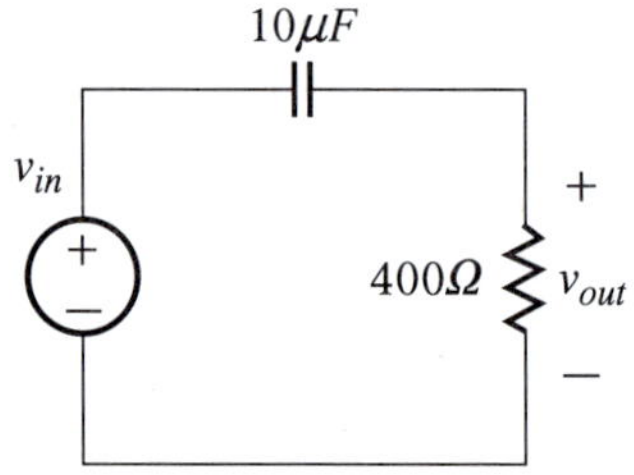

답 (a) $\frac{dv_C}{dt} + \frac{1}{250}v_C = \frac{v_{in}}{250}$, (b) $v_{out}(t) = 10\sqrt{2}\sin(250t + 45°)$[V]

교류 RC 회로 – 복소 지수함수 이용법

04 다음 회로에서 $i_s(t) = e^{jt}$이고 $v_s(t) = 223.6e^{j(t-63.43°)}$이다. R과 C를 구하라.

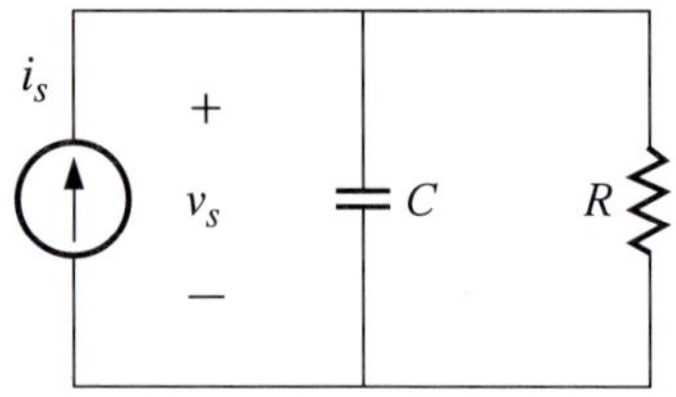

답 $R = 500\Omega$, $C = 2mF$

교류 RLC 회로 – 복소 지수함수 이용법

05 다음 RLC 직렬회로에서 $v_{in}(t) = 100\sin(10000t)$[V]이다.

(a) 회로방정식을 만들어라.

(b) 출력 전압 $v_{out}(t)$를 구하라.

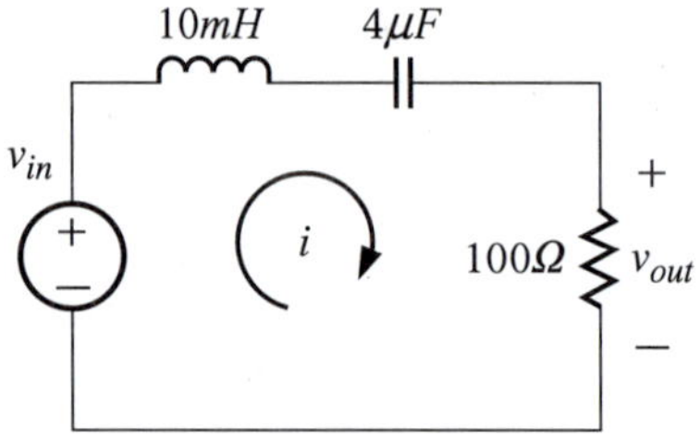

답 (a) $\frac{d^2 i}{dt^2} + 10^4 \frac{di}{dt} + 25 \times 10^6 i = (10^8)\cos(10000t)$

(b) $v_{out} = 100i = 89.4\cos(10000t - 126.87°)[\text{V}]$

교류 RLC 회로 - 복소 지수함수 이용법

06 다음 RLC 병렬회로에서 $i_s(t) = 20\cos(2500t)[\text{mA}]$이다.

(a) 회로방정식을 만들어라.

(b) 출력 전압 $v_{out}(t)$를 구하라.

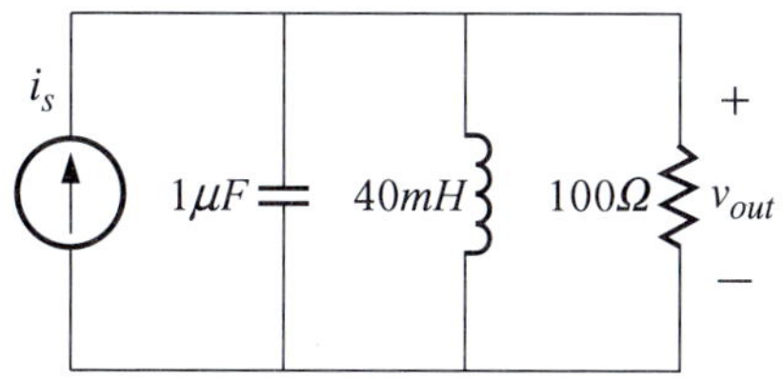

답 (a) $\frac{d^2 v_{out}}{dt} + (10^4)\frac{dv_{out}}{dt} + (25 \times 10^6) v_{out} = (10^6)\frac{di_s}{dt}$

(b) $v_{out}(t) = 1.6\sin(2500t + 53.13°)[\text{V}]$

페이저 표현

07 다음 그림에서

(a) 페이저 전류 **I**를 구하라.

(b) $\omega = 50[\text{rad/sec}]$일 때 $i(t)$를 구하라.

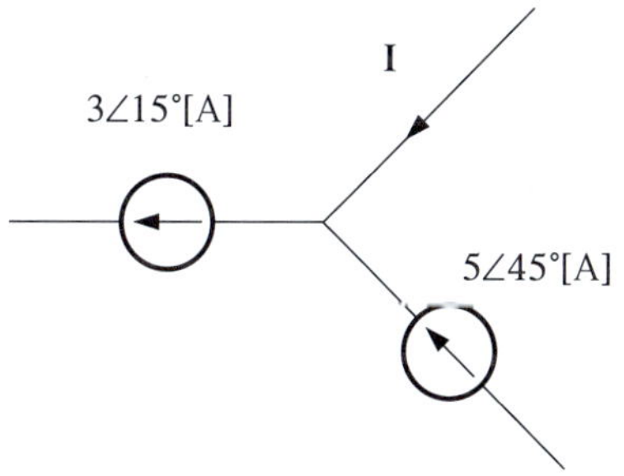

답 (a) $\mathbf{I} = 2.83\angle -103.06°[\text{A}]$, (b) $i(t) = 2.83\cos(50t - 103.06°)[\text{A}]$

페이저 표현

08 다음 그림에서

(a) 페이저 전류 $\mathbf{I}$를 구하라.

(b) $\omega = 100$[rad/ sec]일 때 $i(t)$를 구하라.

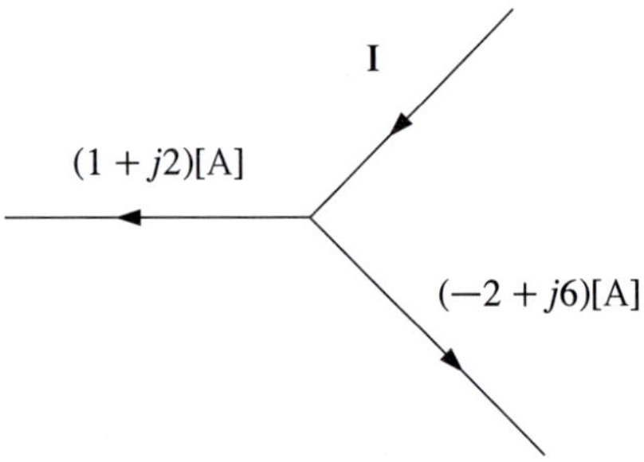

답 (a) $\mathbf{I} = 8.06\angle 97.13°$ [A], (b) $i(t) = 8.06\cos(100t + 97.13°)$[A]

페이저 표현

09 다음 회로에서 $v_1(t) = 2\cos(\omega t)$[V], $v_2(t) = 2\sqrt{2}\cos\left(\omega t - \frac{\pi}{4}\right)$[V]이다. $v_L(t)$을 구하라.

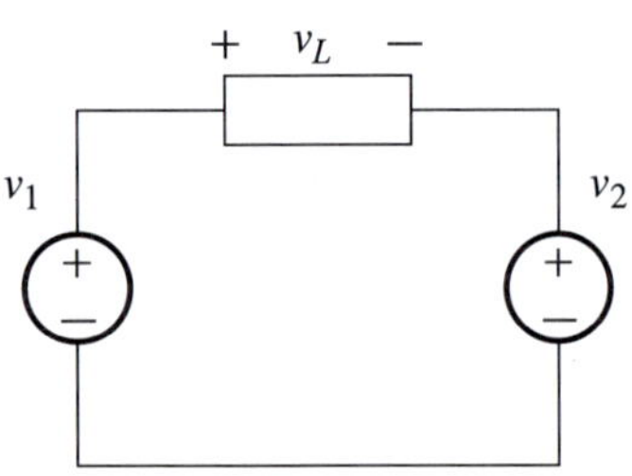

답 $v_L(t) = -2\sin(\omega t)$[V]

페이저 표현

10 다음 회로에서 페이저 전류 $\mathbf{I}_{out}$를 구하라.

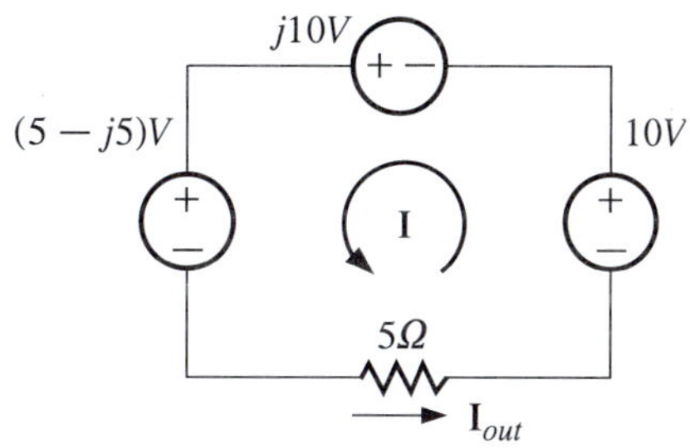

답 $\mathbf{I}_{out} = 3.16\angle -71.57°$[A]

페이저 표현

11 다음 회로에서 주파수는 $\omega_0 = 2000$[rad/ sec]이다.

(a) 출력 전압 $\mathbf{V}_{out}$를 구하라.

(b) 임피던스 $Z(j\omega_0)$를 구하라.

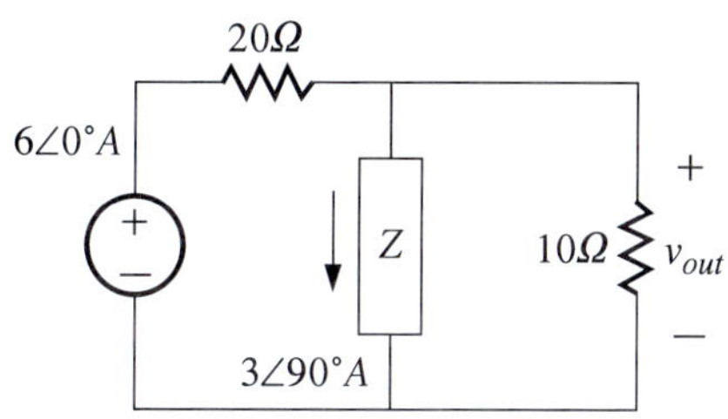

답 (a) $\mathbf{V}_{out} = 67.1\angle -26.57°$[V], (b) $Z = -j20 - 10$[Ω]

페이저 표현

12 다음 회로에서 $v_2(t) = 4\cos(200t)$, $\mathbf{I} = 0.5\angle 90°$[A]이다. $v_1(t)$를 구하라.

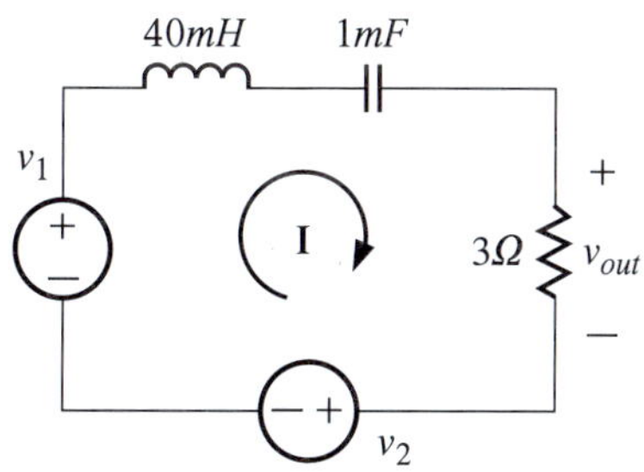

답 $v_1(t) = 2.92\cos(200t + 30.96°)$[V]

페이저 표현

13 다음 회로에서 $v_{in}(t) = 10\cos\left(1000t + \frac{2\pi}{3}\right)$[V]이다.

(a) 페이저 전류 $\mathbf{I}_C$, $\mathbf{I}_L$, $\mathbf{I}_R$을 구하라.

(b) 전압원이 공급하는 전류를 시간 영역에서 표현하라.

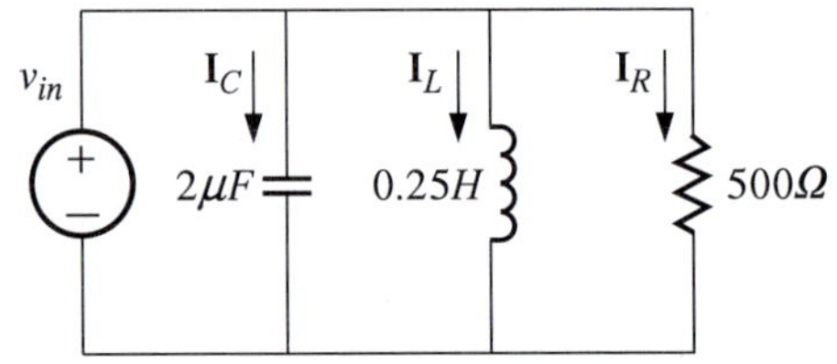

답 (a) $\mathbf{I}_R = 20mA$, $\mathbf{I}_L = 40\angle -90°$ [mA], $\mathbf{I}_C = 20\angle 90°$ [mA],

(b) $i_s(t) = 20\sqrt{2}\cos(1000t - 45°)$[mA]

페이저 표현

14 다음 회로에서 $i_{in}(t) = 100\sin(2500t)$[mA]이다.

(a) 페이저 전압 $\mathbf{V}_L$, $\mathbf{V}_C$, $\mathbf{V}_R$을 구하라.

(b) 전류원의 전압을 시간 영역에서 표현하라.

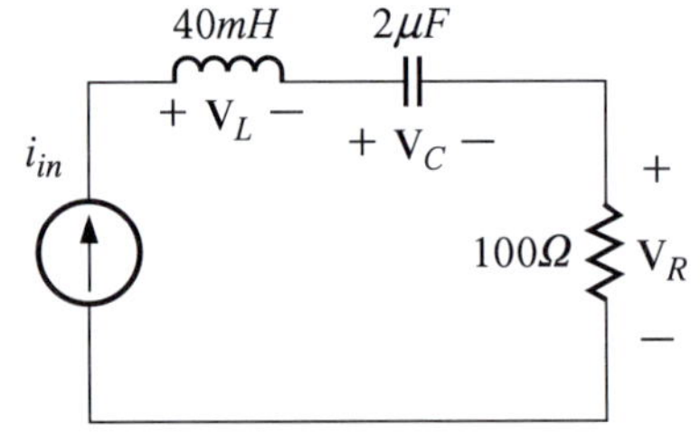

답 (a) $\mathbf{V}_R = 10\angle -90°$ [V], $\mathbf{V}_L = 10\angle 0°$ [V], $\mathbf{V}_C = -20$ [V]

(b) $v_s(t) = 10\sqrt{2}\cos(2500t - 135°)$[V]

임피던스와 어드미턴스

15 다음 회로에서

(a) $\omega_0 = 2000$ [rad/sec]일 때 임피던스 $Z(j\omega_0)$를 구하라.

(b) 어드미턴스 $Y(j\omega_0)$는 얼마인가?

(c) 임피던스가 순 저항이 되는 주파수를 구하라.

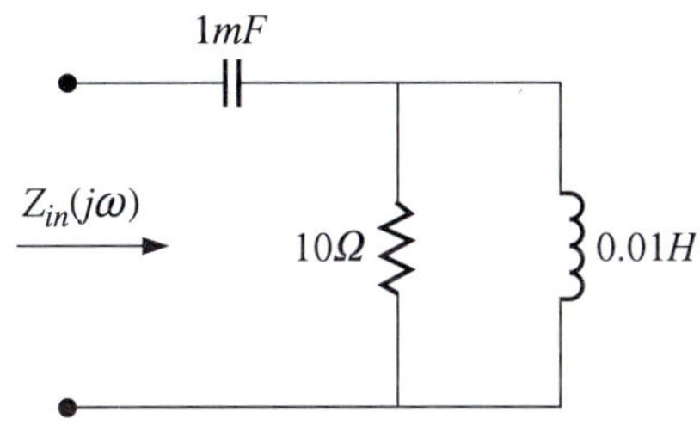

답 (a) $Z = 8 + j3.5[\Omega]$, (b) $Y = 0.105 + j0.046[S]$
(c) $\omega = 333[rad/sec]$

임피던스와 어드미턴스

16 다음 회로에서 $i_s(t) = \sqrt{2}\cos(5t)[A]$이다.

(a) 등가 임피던스 $Z(j\omega)$를 구하라.

(b) 전류 배분으로 $i_L(t)$를 구하라.

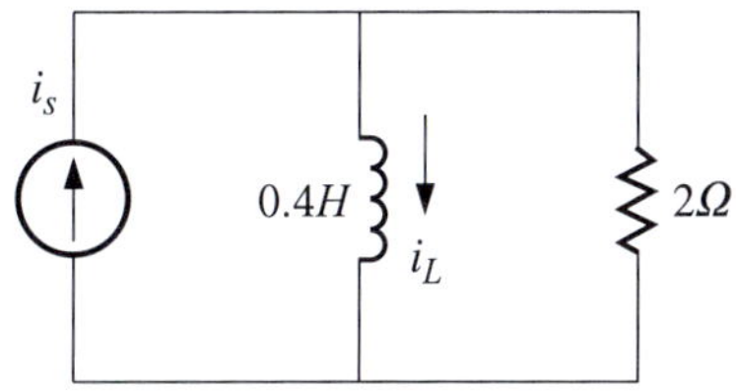

답 (a) $Z(j\omega) = 2 + j2[\Omega]$ (b) $i_L(t) = \cos(5t - 45°)[A]$

임피던스와 어드미턴스

17 다음 회로에서 $v_s(t) = V_m\cos(\omega t)[V]$이다. $v_C(t)$를 V_m, R, C로 표현하라.

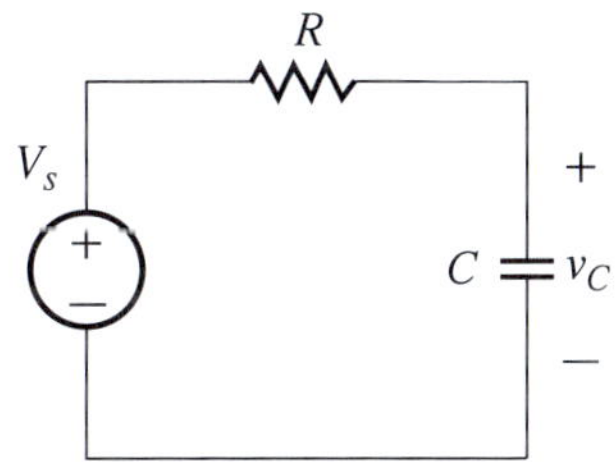

답 $\mathbf{V}_C = \dfrac{V_m\angle-\theta}{\sqrt{1+(\omega RC)^2}}$, $\theta = \tan^{-1}(\omega RC)$

교류에서의 전원 변환

18 다음 회로에서 전류 $i_1(t)$를 구하려 한다. $i_s(t) = 2\cos(25t)$[A]이다.

(a) 페이저 전류 $\mathbf{I}_1$을 구하기 위한 페이저 영역에서의 회로를 그려라.

(b) 노드 해석법을 이용하여 전류 $\mathbf{I}_1$을 구하라.

(c) 이 회로는 전원 변환을 하면 단일 루프 회로가 된다. 전원 변환을 하여 $\mathbf{I}_1$을 구하고 시간 영역에서의 전류 $i_1(t)$을 구하라.

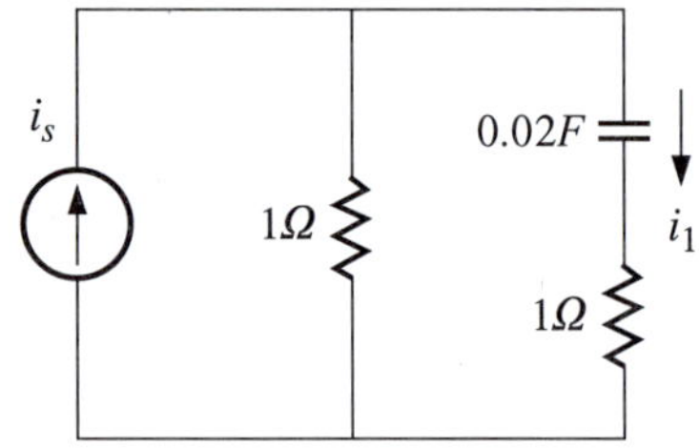

답 (a) $0.02F \to -j2\Omega$, (b) $\mathbf{I}_1 = \frac{1}{\sqrt{2}}\angle 45°$[A],
(c) $i_1(t) = \frac{1}{\sqrt{2}}\cos(25t + 45°)$[A]

교류에서의 루프 해석법

19 다음 회로에서 커패시터 전류 $\mathbf{I}_C$를 구하려 한다. 회로방정식은 두 개가 생기지만 루프 해석법으로 풀면 커패시터 전류를 직접 구할 수 있다.

(a) 주파수는 $\omega = 4$[rad/sec]라고 한다. 페이저 영역에서 회로를 그려라.

(b) 루프 해석법을 이용하여 $\mathbf{I}_C$를 구하라.

(c) 시간 영역에서 $i_C(t)$를 구하라.

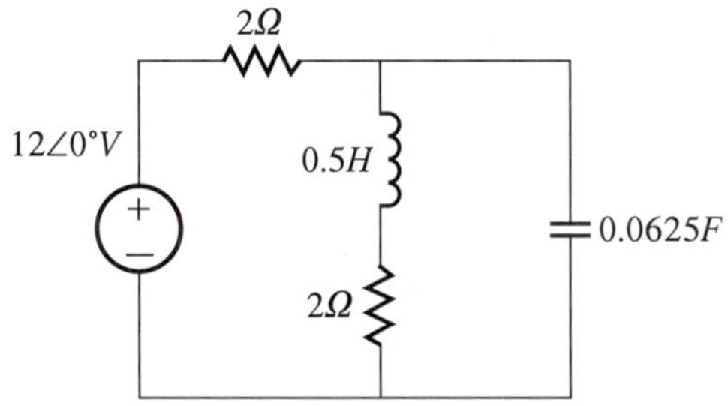

답 (a) $0.0625F \to -j4\Omega$, (b) $\mathbf{I}_C = j2 = 2\angle 90°$[A],
(c) $i_C(t) = 2\cos(4t + 90) = -2\sin(4t)$[A]

교류에서의 노드 해석법

20 다음 회로에서 $v_s(t) = 20\cos(2000t)$[V]라고 한다. 커패시터 전압 $v_C(t)$를 구하려면 노드 해석법이 유리할 것이다.

(a) 페이저 영역에서 회로를 다시 그려라.

(b) 기준 노드를 정하고 노드방정식을 만들어라.

(c) $v_C(t)$를 구하라.

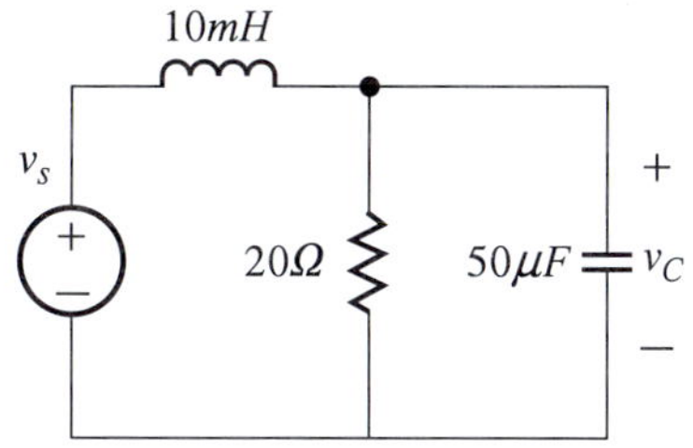

답 (a) $50\mu F \to -j10\Omega,\ 10mH \to j20\Omega$

(b) $\dfrac{\mathbf{V}_C}{20} + \dfrac{\mathbf{V}_C - 20\angle 0^\circ}{j20} + \dfrac{\mathbf{V}_C}{-j10} = 0$

(c) $v_C(t) = 14.14\cos(2000t + 45^\circ)$[V]

중첩정리

21 다음 회로에서 $\mathbf{I}_s = 2\angle 0^\circ$[A], $\mathbf{V}_s = 3\angle 90^\circ$[V]이다. $\mathbf{V}_x$를 구하려 하는 데 회로 구조상 중첩정리가 편리할 것이다.

(a) 전류원만으로 구동될 때의 회로를 그리고, 이 경우의 응답 $\mathbf{V}_{x_1}$을 구하라.

(b) 전압원만으로 구동될 때의 회로를 그리고, 이 경우의 응답 $\mathbf{V}_{x_2}$를 구하라.

(c) 이 두 결과를 더하여 $\mathbf{V}_x$를 구하라.

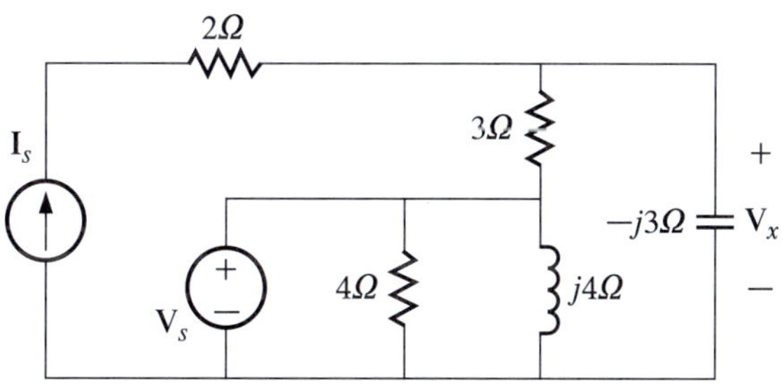

답 (a) $\mathbf{V}_{x_1} = \sqrt{2}\angle -45^\circ$[V], (b) $\mathbf{V}_{x_2} = 3\sqrt{2}\angle -135^\circ$[V],

(c) $\mathbf{V}_x = 2.25\angle -101.3^\circ$[V]

선형성

22 다음 선형회로에서 $\mathbf{V}_L = a\mathbf{V}_s + b\mathbf{I}_s$이다. a, b를 구하라.

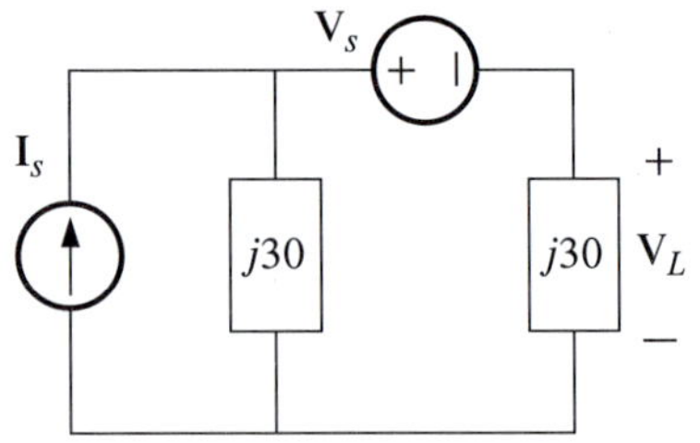

답 $a = -\frac{1}{2}$, $b = j15$

테브넹 등가회로

23 다음 회로에서 단자 A, B에서 본 테브넹 등가회로를 구하라.

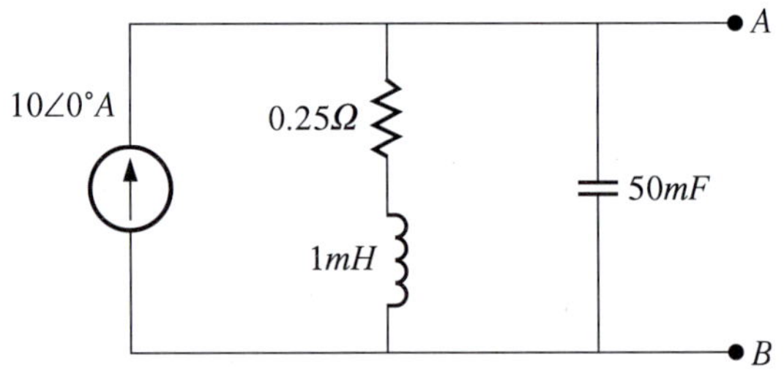

답 $Z_{TH} = 0.0345 - j0.1138\,[\Omega]$, $\mathbf{V}_{TH} = 1.19\angle -73.14°\,[\mathrm{V}]$

테브넹 등가회로

24 다음 회로의 테브넹 등가회로를 구하라. $v_{in}(t) = 5\cos(1000t)[\mathrm{V}]$이다.

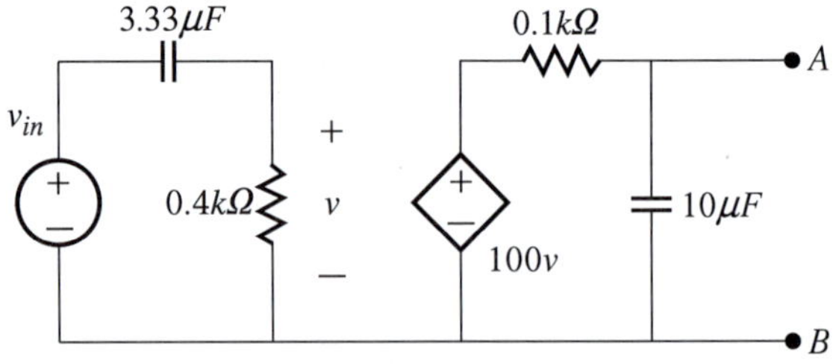

답 $\mathbf{V}_{OC} = 282.8\angle -8.13°\,[\mathrm{V}]$, $R_{TH} = 5 - j5\,[\Omega]$

테브넹 등가회로

25 다음 회로의 테브넹 등가회로를 구하라.

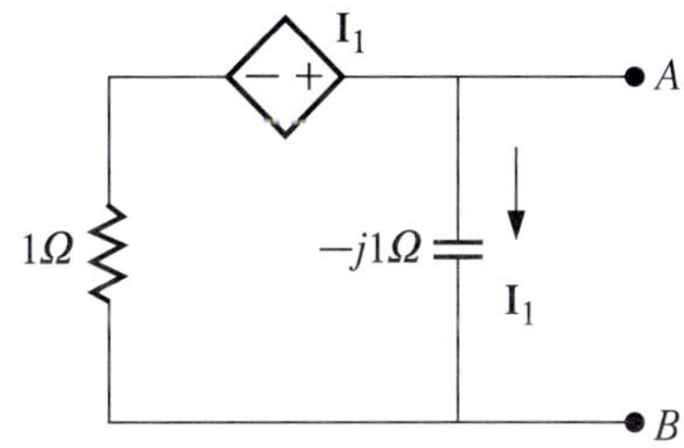

답 $Z_{TH} = 1\Omega$

테브넹 등가회로

26 다음 회로의 테브넹 등가회로를 구하라.

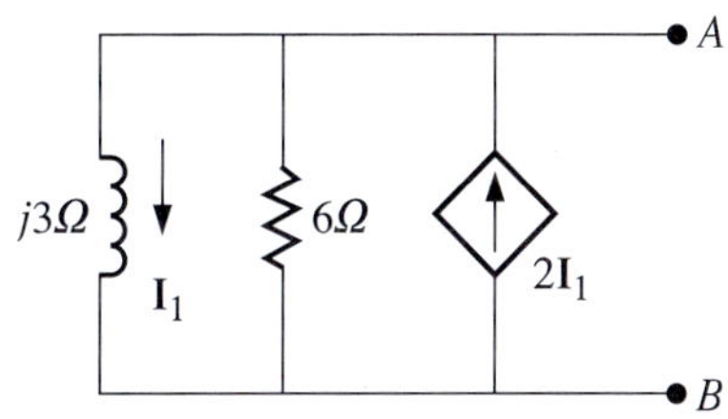

답 $Z_{TH} = 1.2 - j2.4\ [\Omega]$

노턴 등가회로

27 다음 회로에서 주파수는 $\omega = 2000[\text{rad/sec}]$, $g_m = 3mS$, $\mathbf{V}_s = 25\angle 0°[\text{V}]$이다. 노턴 등가회로를 구하라.

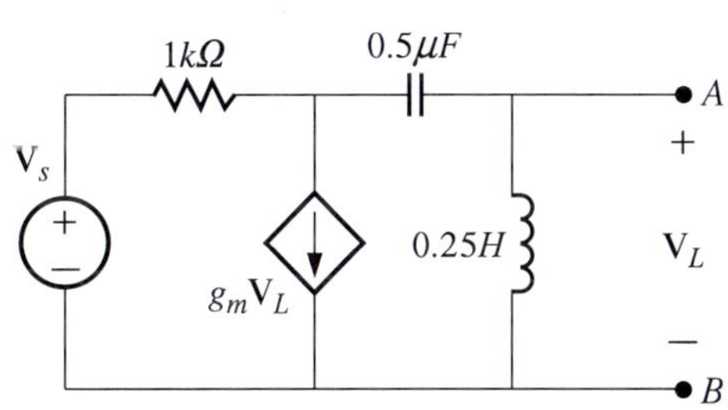

답 $\mathbf{I}_{SC} = 24.8 + j2.48 = 25.13\angle 5.71°[\text{mA}]$, $Z_{TH} = 216.42 + j87.63[\Omega]$

노턴 등가회로

28 다음 회로의 노턴 등가회로를 구하라. $\omega = 2000$[rad/sec], $\mathbf{I}_s = 1\angle 0°$[A]

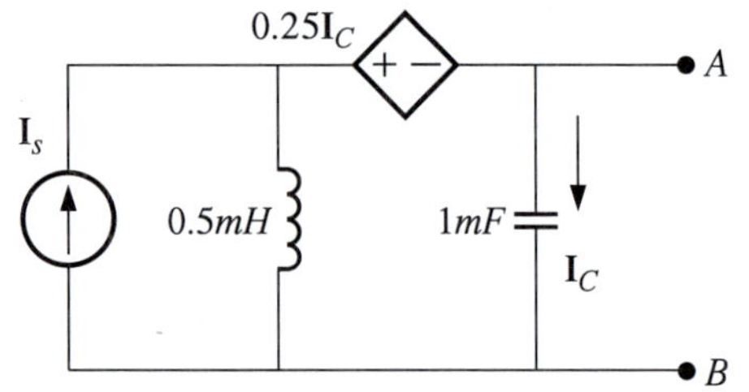

답 $\mathbf{I}_N = 1$[A], $Z_N = 0.4 - j0.2[\Omega]$

평균 전력

29 다음 그림과 같은 전압이 1Ω 저항에 인가되었을 때 저항에서 소비하는 평균 전력을 구하라.

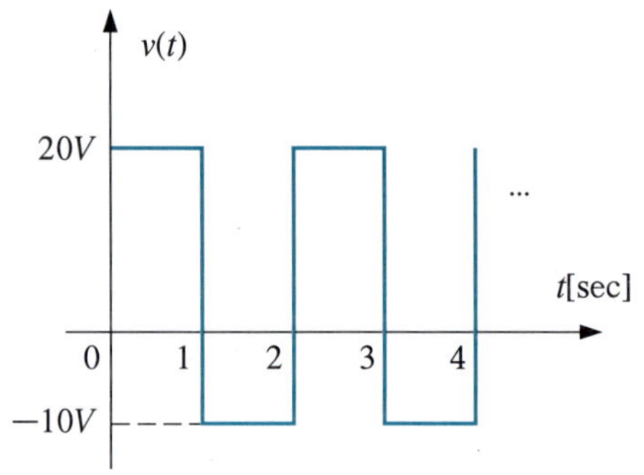

답 $P_{av} = 250$ [W]

평균 전력

30 다음 그림과 같은 전압이 1Ω 저항에 인가되었을 때 저항에서 소비하는 평균 전력을 구하라.

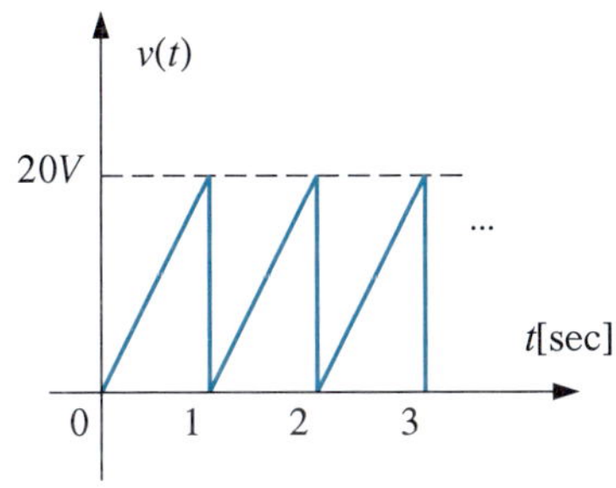

답 $P_{av} = \frac{400}{3}$ [W]

평균 전력

31 다음 그림과 같은 전압이 1Ω 저항에 인가되었을 때 저항에서 소비하는 평균 전력을 구하라.

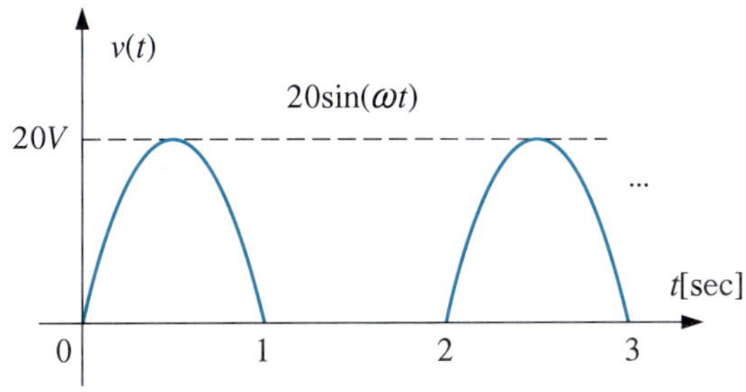

답 $P_{av} = 100$ [W]

평균 전력

32 다음 그림과 같은 전압이 1Ω 저항에 인가되었을 때 저항에서 소비하는 평균 전력을 구하라.

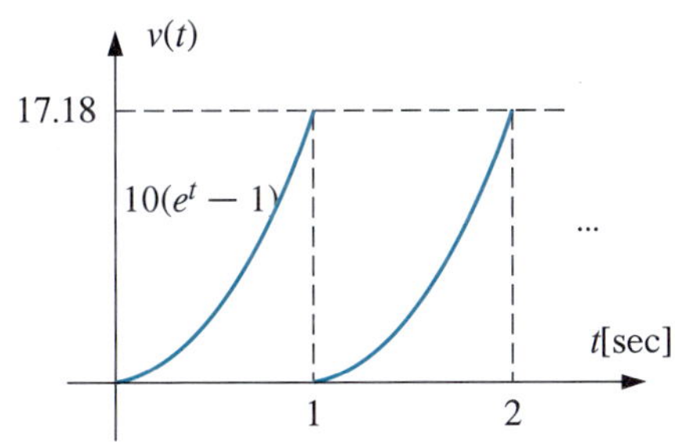

답 $P_{av} = 419.45$ [W]

평균 전력

33 다음 회로에서 $v_{in}(t) = 50\sin(5t)$[V]이다. 저항에서 소비하는 평균 전력을 구하라.

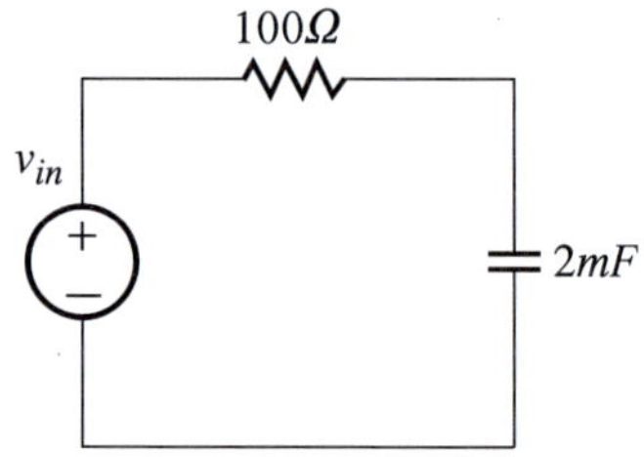

답 $P_{av} = 6.25$ [W]

교류 전력

34 다음 회로에서 $i_{in}(t) = 5\cos(33.3t)$[A]이다.

(a) $v_L(t)$를 구하라.

(b) 이 회로가 소비하는 순간 전력을 구하라.

(c) 이 회로가 소비하는 평균 전력을 구하라.

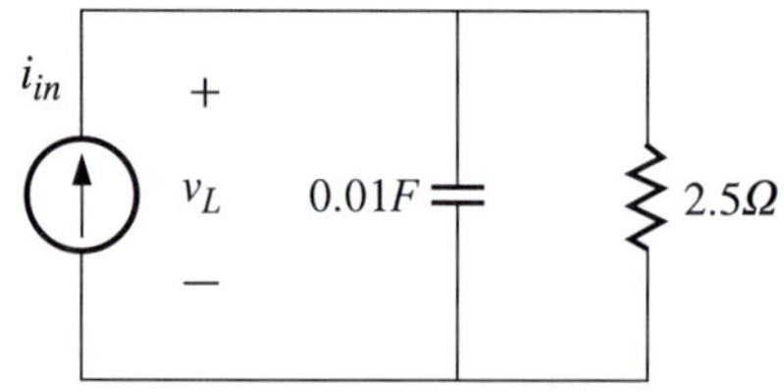

답 (a) $v_L(t) = 9.6\cos(33.3t - 39.81°)$[V]

(b) $p = 18.44 + 24\cos(66.6t - 39.81°)$[W]

(c) $P_{av} = 18.44$ [W]

교류 전력

35 다음 회로에서 각 전원이 공급하는 전력을 구하라. $\mathbf{V}_s = 220\angle 0° V_{rms}$이다.

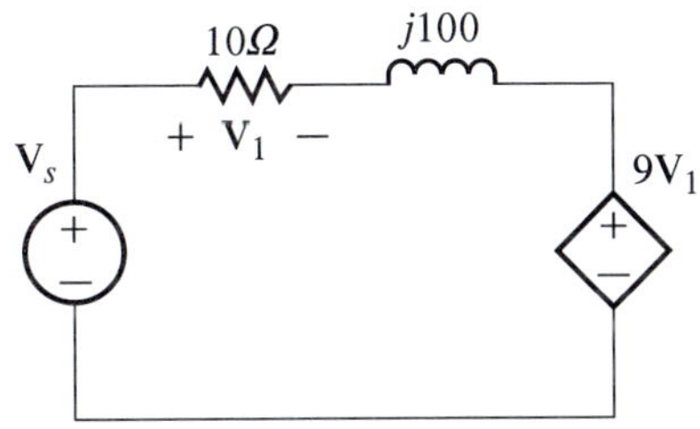

답 $\mathbf{S}_s = 242 + j242$[VA]: 공급, $\mathbf{S}_1 = 217.8$[W]: 소비

복소 전력

36 다음 회로에서 전압 $\mathbf{V}_s = 220\angle 0° \mathrm{V_{rms}}$이 공급되고 있다.

(a) 부하에서 소비하는 복소 전력을 구하라.

(b) 부하에서 소비하는 겉보기 전력을 구하라.

(c) 부하에서 소비하는 유효 전력을 구하라.

(d) 부하에서 소비하는 무효 전력을 구하라.

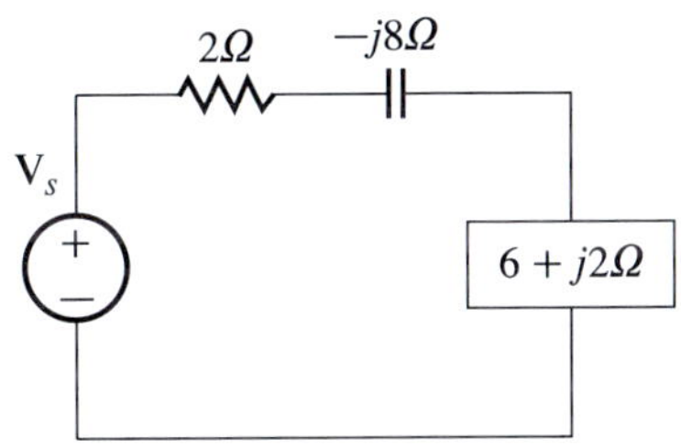

답 (a) $\mathbf{S}_L = 2904 + j968$[VA], (b) $|\mathbf{S}_L| = 3061$[VA],

(c) $P_L = 2904$[W], (d) $Q_L = 968$[VAR]

복소 전력

37 다음 회로에서 $v_s(t) = 220\sqrt{2}\cos(400t + 30°)$[V]이다. 부하에서 소비하는 복소 전력과 평균 전력을 구하라.

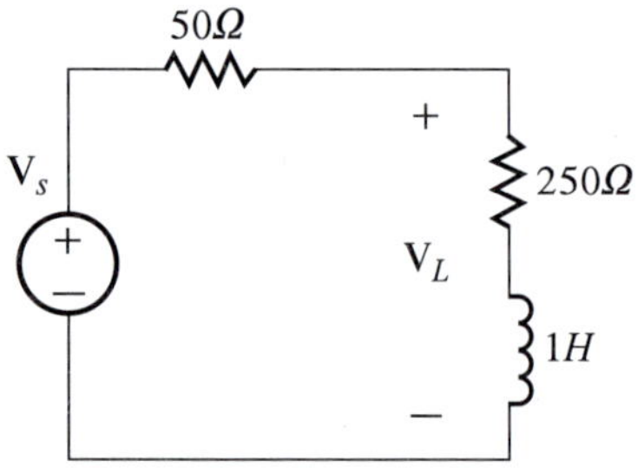

답 $\mathbf{S}_L = 40 + j64$[VA], $P_L = 40$[W]

복소 전력

38 다음 회로에서 $\mathbf{V}_s = 200V_{rms}$이다.

(a) $\mathbf{I}_s$를 구하라.

(b) $\mathbf{V}_1$과 $\mathbf{V}_2$를 구하라.

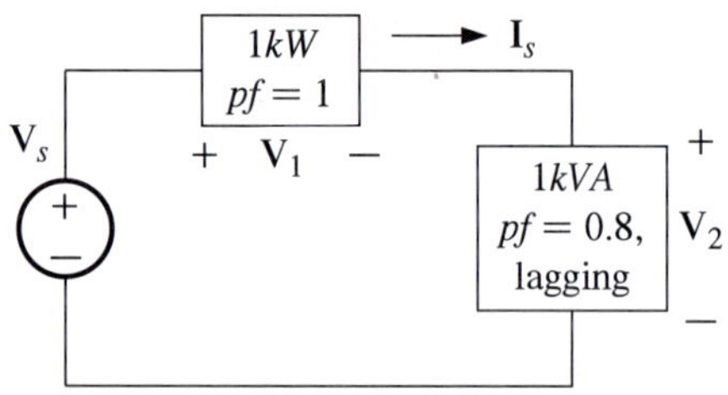

답 (a) $\mathbf{I}_s = 9.49\angle -18.43°$[A]

(b) $\mathbf{V}_1 = 100 - j33.3$[V], $\mathbf{V}_2 = 100 + j33.3$[V]

최대 전력 전달

39 다음 회로에서 구동 주파수는 $\omega = 1000$[rad/ sec]이다.

(a) 부하에서 소비하는 전력이 최대가 되도록 Z_L을 구하라.

(b) 이때 소비전력을 구하라. $\mathbf{V}_s = 220V_{rms}$이다.

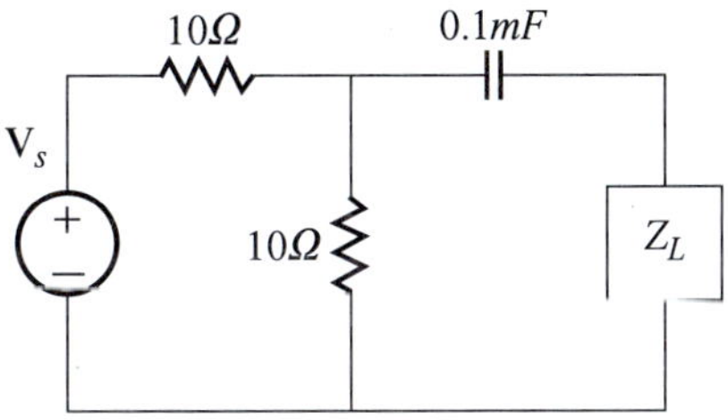

답 (a) $Z_L = 5 + j10[\Omega]$, (b) $P_{max} = 605$ [W]

최대 전력 전달

40 다음 회로에서 $v_s(t) = 220\sqrt{2}\cos(1000t)$[V]이다. 부하에 전달되는 전력을 최대로 하려고 한다.

(a) 부하의 구성은 어떻게 되는가?

(b) 부하의 임피던스를 구하라.

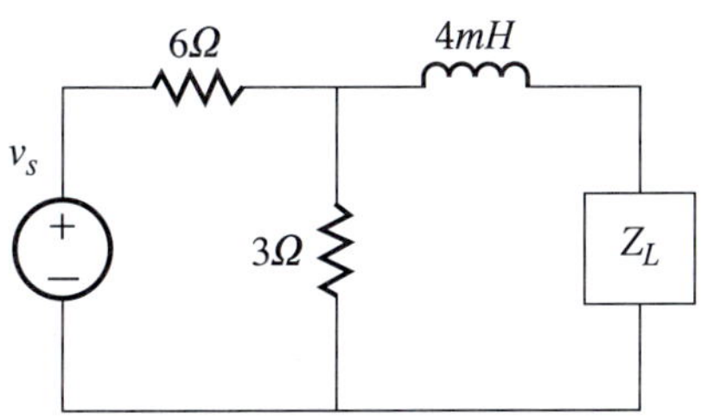

답 (a) 저항과 커패시터로 구성된다. (b) $Z_L = 2 - j4 : C = 0.25mF$

● ● ● Table

부록

Contents

부록 I

기초 수학

자연과학이나 공학분야에서는 수식을 이용하여 원하는 값을 계산하거나 실험으로 얻어진 데이터를 처리해야 하는 경우가 자주 있다. 회로이론에서는 배운 내용을 확인하고 적용하는 과정에서 수치 계산을 하여야 한다. 또한 회로 해석은 주로 일차방정식이나 이차방정식의 해석을 통하여 원하는 값을 계산하는 과정이다.

수학은 공학의 언어이다. 수학의 도움 없이는 현존하는 과학기술의 혜택을 누릴 수 없었다. 수학의 도움으로 시간 신호가 주파수 신호로 바뀌고 미분방정식이 덧셈식으로 변환되어 쉽게 계산할 수가 있다. 모든 회로이론 교재에 유용한 수식들을 부록에 소개하고 있다. 이 부록에서는 회로이론에 필요한 수식들을 좀 더 자세히 소개하도록 한다.

A. 수체계
B. 근삿값의 계산
C. 방정식과 해
D. 지수함수와 대수함수
E. 삼각함수
F. 복소수와 복소 지수함수
G. 미분법
H. 적분법

A 수 체계(Number System)

우리가 다루는 수는 실수와 허수로 분류할 수 있다. 허수는 가상적인 수인 데 반하여 실수는 실제의 수이다. 실수의 종류를 분류하면 다음과 같다.

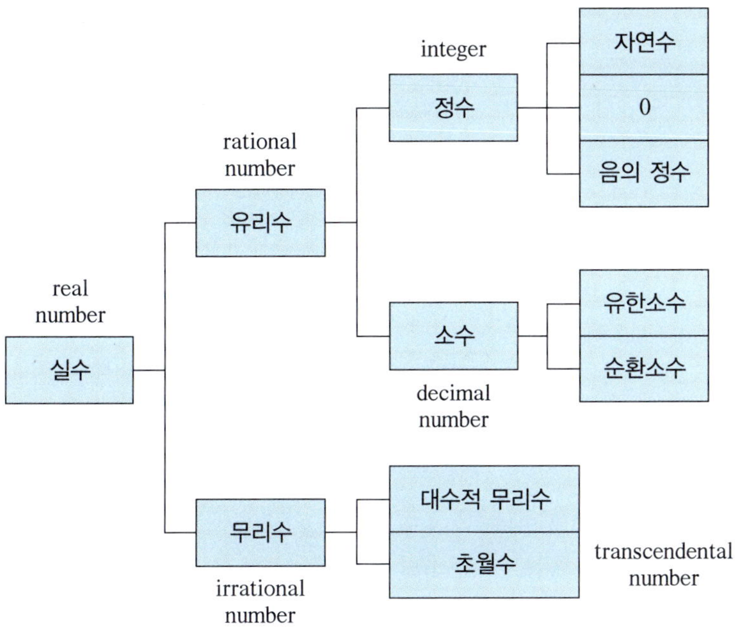

▶▶ 그림 A-1 실수의 종류

A.1 실수(實數, real number): 실제의 수

수는 크게 자연수, 정수, 유리수, 무리수 등의 실수와 허수로 분류할 수 있다.

- 자연수(自然數, natural number): 자연수는 물건의 개수를 세면서 자연적으로 만들어진 수이며 양(+, positive)의 정수이다.
- 정수(整數, integer): 0, 자연수, 0을 기준으로 자연수와 대칭이 되는 음(−, negative)의 수이다.
- 유리수(有理數, rational number): $\frac{5}{3}$처럼 정수의 비로 표현 가능한 수이다. 영어 rational은 비례를 뜻하는 ratio에서 유래되었다. 순환소수는 유리수이다.

- 무리수(無理數, irrational number): 무리수는 $\sqrt{2}$처럼 정수의 비로 표현될 수 없는 수를 가리킨다. 즉, 분수로 표현할 수도 없고, 순환하지도 않는 무한소수를 가리킨다.

A.2 허수(虛數, imaginary number)

위에 언급한 수들의 집합을 실수라고 하면, 이에 대응하는 허수가 있다. 허수는 실제로 존재하는 수는 아니지만 수학 계산에서 유용한 수이다. 허수는 이차 이상의 방정식의 해에서 나타날 수 있는 수이다. 예를 들어, 2차방정식

$$x^2 + 1 = 0$$

를 만족하는 수이다. 허수는 i로 표현하며(imaginary의 첫 글자 i),

$$i = \sqrt{-1}$$

이다.

그런데 전기전자공학 분야에서는 i로 전류(current)를 표현하므로 혼돈을 피하기 위해서 i 대신 j를 사용하여 허수를 나타낸다. 즉,

$$j = i = \sqrt{-1}$$

A.2.1 복소수(複素數, complex number): 실수와 허수가 결합한 복합적인 수

복소수를 사용하는 기호로 z를 사용한다. a, b가 실수라고 하면 복소수는

$$z = a + jb$$

A.2.2 켤레 복소수(공액 복소수, complex conjugate)

복소수의 허수부의 부호가 반대인 수를 나타내며,

$$z^* = \bar{z} = a - jb$$

로 별표(*, asterisk)나 바(−, bar)를 이용하여 표기한다.

A.3 대수적인 수와 초월수: 다른 형태의 분류

- **대수(代數)적인 수**(algebraic number): 정수를 계수로 하는 방정식의 해가 되는 수. 초월수를 제외한 수이다.
- **초월수(超越數**, transcendental number): 정수를 계수로 하는 방정식의 해가 될 수 없는 수를 가리킨다.

초월수에는 원주율 π, 자연대수의 밑(base) e가 있다. π와 e는 무한히 반복되는 무한소수이다. 원주율 π(pi)의 값은

$$\pi = 3.14159265358979\cdots$$

이고, 자연대수의 밑(base)이 되는 e의 값은

$$e = 2.71828182845905\cdots$$

참고로 수 집합의 표기 방법은 다음과 같다.

N: 자연수 집합(natural number)
Z: 정수 집합(Zahl number, Zahl은 독일어로 수를 뜻함)
R: 실수 집합(real number)
C: 복소수 집합(complex number)
Q: 유리수 집합(quotient number)

B | 근삿값의 계산(Calculation of Approximate Value)

회로의 해석뿐만 아니라 모든 공학분야의 해석에는 계산 결과가 중요하다. 우리는 계산을 하는 경우 자릿수에 관하여 자주 오류를 범하게 된다. 예를 들어, '소수점 이하 두 자릿수와 소수점 이하 세 자릿수를' 더할 때 결과값을 어떻게 표현하여야 하는가? 또는 '이 두 수를 곱할 때'는 어떻게 표현해야 하는가? 그리고 '저항에 전류가 흐를 때 이 저항에서 소비하는 전력을 계산한 값을 소수점 몇 째 자리까지 표기해야 하는가?' 하는 문제는 항상 우리를 괴롭히고 있다.

B.1 근삿값과 오차

실험 데이터의 경우 측정한 값은 참값(ture value)이 아닌 근삿값(approximate value)이다. 이것은 계측기기의 오차이거나 계측기 값을 읽을 때 읽기 오차일 수도 있다. 참값은 측정하거나 계산한 양의 실제 크기이고 참값에 가장 가까운 값을 참값에 대한 근삿값이라 한다.

B.1.1 참값(true value)

참값의 범위: 반올림해서 얻는 근삿값이 3.5라고 하면,
참값 a의 범위는 $3.45 \le a < 3.55$

B.1.2 오차(error)

오차는 (근삿값 − 참값)이다.
오차의 한계: 오차는 그 범위가 주어지는데 이것을 오차의 한계라고 한다.
예를 들어, 반올림해서 얻는 근삿값이 3.5라고 하면,
참값의 범위는 $3.45 \le a < 3.55$이고,

이때 오차의 한계는 $\varepsilon = \dfrac{3.55 - 3.45}{2} = 0.05$

B.2 유효숫자(有效 數字, significant figure)

유효숫자: 근삿값을 나타내는 숫자 중에서 믿을 수 있는 숫자
(i) 400으로 표현된 수의 유효숫자는 4이고,
(ii) 0.030으로 표현된 유효숫자는 3과 0이다.

B.3 자릿수의 표현

고대에는 공약수가 많은 60진법을 사용하거나 12진법 또는 20진법 등을 사용한 예가 있으며 지금까지도 그 진법이 남아 있다. 예를 들면, 한 시간은 60분이며, 일 분은 60초, 하루는 오전, 오후로 나누어 12시간 등 고대인들은 자연 현상을 표현하기 위해 다양한 진법을 사용하였다. 영어를 예로 들면,

1~12(one~twelve, 12진법), 13~19(thirteen~nineteen, 10진법), 20(twenty, 20진법), 30~90(thirty~ninety, 10진법)

그러나 우리는 일반적인 계산에 십진법을 사용한다. 십진법은 손가락 또는 발가락이 10개라는 생물학적 현상에서부터 발달한, 인간에게는 자연스러운 진법으로 0의 사용과 더불어 자연스레 자릿수까지 표현할 수 있었다.

예를 들어, 숫자 365를 표현하기 위해 "삼백 육십 오(三百 六十 五)", "three hundred and sixty five" 등 언어마다 자릿수를 표현하는 단어가 있다. 그러나 십진법은 자릿수의 표현 없이 "365"라고 쓸 수 있는 것이 장점이다.

우리는 소수점 위의 자릿수는 1자리, 10자리, 100자리 등으로 표현하고, 소수점 아래의 자릿수는 0.1자리, 0.01자리 등으로 10의 멱승으로 표현한다.

B.4 유효숫자를 이용한 수의 표현법

그러면 유효숫자가 주어지면 어떻게 이 수를 표현할 수 있을까?
(i) 300은 유효숫자가 3(유효숫자 1개)이므로 3×10^2의 형태로 표현하고,
(ii) 0.030은 유효숫자가 3과 0이므로 3.0×10^{-2}으로 표현한다.

유효숫자를 이용한 근삿값의 표현

(i) 숫자 429,567을 "만 자리" 미만에서 반올림하면 430,000이다.
그러므로 반올림한 수의 유효숫자는 (4, 3)이므로 43×10^4으로 쓴다.
(ii) 만약 이 수를 "천 자리" 미만에서 반올림한다면 430,000이 되며 유효숫자는 (4, 3, 0)이고 이 수는 430×10^3으로 써야 한다.

B.5 유효숫자와 근삿값의 사칙 계산

사칙연산은 덧셈, 뺄셈, 곱셈, 나눗셈 등 네 가지의 계산을 일컫는다. 유효숫자를 염두에 둔 사칙연산의 계산은 덧셈/뺄셈과 곱셈/나눗셈을 분리하여 생각한다.

B.5.1 덧셈과 뺄셈

덧셈과 뺄셈에서는 유효숫자의 끝자리가 같도록(높은 쪽으로) 반올림한다.
(i) 전류 $i_1 = 4.55mA$(0.01자리)과 $i_2 = 1.8mA$(끝자리는 0.1자리)를 더할 때 전류의 합은
$4.55mA + 1.8mA \approx 4.6mA + 1.8mA = 6.4mA$(끝자리는 0.1자리)
(ii) 예를 들어, 다음 계산은
$4.5 + 2.13 - 4.067 \approx 4.5 + 2.1 - 4.1 = 2.5$(0.1자리)

B.5.2 곱셈과 나눗셈

곱셈과 나눗셈을 할 때는 유효숫자의 개수가 작은 쪽에 맞춘다.

저항 $R = 3.3k\Omega$에 $i = 1.25mA$의 전류가 흐른다. 이때 저항의 전압강하는 어떻게 계산하여야 할까?

$$v = iR = (1.25mA) \times (3.3k\Omega) = 4.125V$$

이지만 저항과 전류의 유효숫자의 개수가 다르므로 신뢰성이 없다. 이 경우 유효숫자의 개수가 작은 쪽에 맞추어 계산하면 1.25는 유효숫자가 세 개이고, 3.3은 유효숫자가 두 개이므로 전압강하는 유효숫자가 두 개이어야 한다.

$$v = 1.25mA \times 3.3k\Omega = 4.125V \approx 4.1V$$

C 방정식과 해

저항회로에서 소자에 걸리는 전압을 구하거나 소자에 흐르는 전류를 구하기 위해서 몇 개의 일차방정식을 만들어야 하고, 커패시터나 인덕터가 있는 회로는 방정식이 1계 또는 2계 미분방정식으로 표현되는데 회로이론에 나타나는 미분방정식은 약간의 수학적인 조작을 거치면 일차방정식이나 이차방정식의 해를 구하는 과정으로 귀결된다.

C.1 일차방정식의 해법*

일차방정식 $ax = b$의 해는 양변을 a로 나누어서(일차방정식이라 하였으므로 당연히 $a \neq 0$이라는 전제가 깔려 있다),

$$x = \frac{b}{a}$$

이다. 그러나 연립방정식을 풀 때는 다양한 기법이 존재한다.

연립방정식

$$\begin{cases} x + y = 1 & \cdots (1) \\ 2x - 3y = 7 & \cdots (2) \end{cases}$$

을 푸는 방법은 다음과 같은 과정들이 있다.

C.1.1 가우스 소거법

가우스 소거법은 미지수의 계수를 소거하여 해를 구하는 가장 일반적인 일차방정식의 풀이법이다. 주어진 식에서 미지수 y의 계수가 음수이므로 식 (1)에 (-3)을 곱

*자세한 내용은 선형대수 참조

하여 식 (2)에 더하면,

$$\begin{cases} 3x+3y=3 & \cdots(3) \\ 2x-3y=7 & \cdots(2) \end{cases}$$

$$5x+0y=10 \rightarrow x=2$$

그러면 $y=1-x=-1$

C.1.2 가우스-조르당 소거법

연립방정식

$$\begin{cases} x+y=1 & \cdots(1) \\ 2x-3y=7 & \cdots(2) \end{cases}$$

미지수를 소거하는 방법에서 앞의 미지수부터 소거하는 방법을 가우스-조르당 소거법이라 한다. 식 (1)에 (−2)배를 하여 식 (2)에 더하여 미지수 x를 소거하면,

$$\begin{cases} -2x-2y=-2 & \cdots(4) \\ 2x-3y=7 & \cdots(2) \end{cases}$$

$$-5y=5 \rightarrow y=-1$$

그러면, $x=1-y=2$

C.1.3 크래머 방법으로 푸는 법

연립방정식은 $A\mathbf{x}=\mathbf{b}$와 같은 형태의 행렬로 표현할 수 있다. 여기서 A는 계수 행렬이고 $\mathbf{x}$는 미지수 행렬, $\mathbf{b}$는 상수 행렬이다.

$$\begin{cases} x+y=1 & \cdots(1) \\ 2x-3y=7 & \cdots(2) \end{cases} \rightarrow \begin{bmatrix} 1 & 1 \\ 2 & -3 \end{bmatrix}\begin{bmatrix} x \\ y \end{bmatrix}=\begin{bmatrix} 1 \\ 7 \end{bmatrix}$$

계수의 행렬식은

$$\det(A) = \Delta = \begin{vmatrix} 1 & 1 \\ 2 & -3 \end{vmatrix} = (1)(-3) - (2)(1) = -5$$

계수 행렬의 1열을 상수 행렬로 바꾼 행렬식은

$$\Delta_x = \begin{vmatrix} 1 & 1 \\ 7 & -3 \end{vmatrix} = (1)(-3) - (7)(1) = -10$$

계수 행렬의 2열을 상수 행렬로 바꾼 행렬식은

$$\Delta_y = \begin{vmatrix} 1 & 1 \\ 2 & 7 \end{vmatrix} = (1)(7) - (2)(1) = 5$$

그러면

$$x = \frac{\Delta_x}{\Delta} = 2,\ y = \frac{\Delta_y}{\Delta} = -1$$

C.1.4 역행렬을 이용하는 방법

연립방정식

$$\begin{cases} x + y = 1 & \cdots(1) \\ 2x - 3y = 7 & \cdots(2) \end{cases}$$

은 행렬식 $A\mathbf{x} = \mathbf{b}$와 같은 형태의 행렬로 표현할 수 있다고 하였다. 여기서 A는 계수 행렬이고 $\mathbf{x}$는 미지수 행렬, $\mathbf{b}$는 상수 행렬이다.

$$A\mathbf{x} = \mathbf{b} \rightarrow \begin{bmatrix} 1 & 1 \\ 2 & -3 \end{bmatrix} \begin{bmatrix} x \\ y \end{bmatrix} = \begin{bmatrix} 1 \\ 7 \end{bmatrix}$$

이제 행렬 A의 역행렬 A^{-1}가 존재한다면,

$$A^{-1}(A\mathbf{x}) = A^{-1}\mathbf{b} \rightarrow \mathbf{x} = A^{-1}\mathbf{b}$$

A의 역행렬은

$$A^{-1} = \frac{adj(A)}{\det(A)}$$

로 주어진다.

그러면

$$\det(A) = -3 - 2 = -5$$

$$adj(A) = \begin{bmatrix} A_{11} & A_{21} \\ A_{12} & A_{22} \end{bmatrix} = \begin{bmatrix} -3 & -1 \\ -2 & 1 \end{bmatrix}$$

이므로

$$A^{-1} = \frac{-1}{5} \begin{bmatrix} -3 & -1 \\ -2 & 1 \end{bmatrix}$$

그러면

$$\mathbf{x} = \begin{bmatrix} x \\ y \end{bmatrix} = A^{-1}\mathbf{b} = \frac{-1}{5} \begin{bmatrix} -3 & -1 \\ -2 & 1 \end{bmatrix} \begin{bmatrix} 1 \\ 7 \end{bmatrix} = \frac{-1}{5} \begin{bmatrix} -10 \\ 5 \end{bmatrix} = \begin{bmatrix} 2 \\ -1 \end{bmatrix}$$

C.2 이차방정식의 해법

이차방정식 $ax^2 + bx + c = 0$은 인수분해를 하거나(가능하다면) 판별식을 이용하여 해를 구해야 한다. 먼저 이차방정식의 근의 공식을 유도해 보자.

C.2.1 이차방정식의 근의 공식

$$ax^2+bx+c=a\left(x^2+\frac{b}{a}x+\frac{c}{a}\right)$$

이 식을 $A^2 - B^2 = 0$의 형태로 만들도록 한다. 즉,

$$a\left(x^2+\frac{b}{a}x+\frac{b^2}{4a^2}-\frac{b^2}{4a^2}+\frac{c}{a}\right)=a\left(x+\frac{b}{2a}\right)^2-\frac{b^2}{4a}+c=0$$

이므로,

$$\left(x+\frac{b}{2a}\right)^2=\frac{b^2}{4a^2}-\frac{c}{a}=\frac{b^2-4ac}{4a^2}$$

즉, $x+\dfrac{b}{2a}=\pm\sqrt{\dfrac{b^2-4ac}{4a^2}}=\pm\dfrac{\sqrt{b^2-4ac}}{2a}$

결론적으로,

$$x=-\frac{b}{2a}\pm\frac{\sqrt{b^2-4ac}}{2a}=\frac{-b\pm\sqrt{b^2-4ac}}{2a}$$

이 식을 이차방정식의 근의 공식이라 한다.

C.2.2 판별식(判別式, discriminant)

이차방정식의 근의 공식에서 (b^2-4ac)을 판별식이라 하며, $D=b^2-4ac$라고 쓴다. 그러면 이차방정식의 근은

$$x=\frac{-b\pm\sqrt{D}}{2a}$$

의 형태가 되는데 판별식 D의 부호에 따라 세 가지 근의 형태를 보여 준다.

C.2.3 세 가지 형태의 근

(i) 중근: $D=0 \rightarrow x=-\frac{b}{2a}\pm\frac{\sqrt{(0)}}{2a}=\frac{-b}{2a}, \frac{-b}{2a}$

(ii) 두 실근: $D>0 \rightarrow x=-\frac{b}{2a}\pm\frac{\sqrt{b^2-4ac}}{2a}$

(iii) 복소근: $D<0 \rightarrow x=-\frac{b}{2a}\pm\frac{\sqrt{b^2-4ac}}{2a}=-\frac{b}{2a}\pm\frac{\sqrt{-(b^2-4ac)}}{2a}$

만약 $\alpha=-\frac{b}{2a}$, $\beta=\frac{\sqrt{4ac-b^2}}{2a}$라고 하면,

$$x=\alpha+j\beta,\ x=\alpha-j\beta$$

복소근은 항상 켤레(공액)로 나타난다. 2차방정식의 복소근은 그 자체보다도 지수함수와 결합될 때 중요성을 확실히 알 수 있다.

D 지수함수와 대수함수

D.1 용어의 정리

(i) 지수함수(指數 函數, exponent function): 거듭제곱 함수, a^x. a는 밑(base)

(ii) 대수함수(對數 函數, 로그 함수, logarithmic function): 지수함수의 역수.
즉, $y = a^x$라고 하면,

$$\log_a a^x = x = \log_a y$$

(iii) 자연대수(natural logarithm): 밑이 e인 로그. $\log_e x = \ln x$

(iv) 상용대수: 밑이 10인 로그. $\log_{10} x$

D.2 지수와 대수의 성질

두 지수 a^r, a^s에 대하여

(i) $a^r \times a^s = a^{(r+s)}$

(ii) $(a^r)^s = a^{rs}$

$a^r = R$라 하고 양변에 로그를 취하면, $r = \log_a R$

(i) $\log_a 1 = 0$, $\log_a a = 1$, $\log_a M^n = n \log_a M$

(ii) $\log_a RS = \log_a R + \log_a S$

(iii) $\log_a \frac{R}{S} = \log_a R - \log_a S$

(iv) $\log_a R = \frac{\log_b R}{\log_b a}$

D.3 상용대수의 성질

(i) 상용대수(common logarithm): $\log_{10} a = \alpha.\beta_1 \beta_2 \beta_3 \beta_4$

10: 밑(base)

α: 지표(index), β: 가수(mantissa), 4자리까지 표시

$\log_{10} 2 = 0.3010$, $\log_{10} 3 = 0.4771$

(ii) 자릿수의 표현

$\log_{10} R = r$에서

$r = 0.\beta_1 \beta_2 \cdots$: R이 1자리

$r = 2.\beta_1 \beta_2 \cdots$: R이 3자리

즉, $\log_{10} 3^{100} = 100 \log 3 = 47.71 \rightarrow 48$자리

(iii) bit 계산

$2^{10} = 1024$: $\log_{10} 2^{10} = 10 \log 2 = 3.010 \rightarrow 4$자리

$\log_{10} 2^{20} = 20 \log 2 = 6.020 \rightarrow 7$자리

D.4 자연대수 $\ln x$

정의: 함수 $y = \frac{1}{t}$이 t —축과 구간 $[1, x]$로 둘러싸인 넓이

넓이는 적분이므로,

$$\int_1^x \frac{dt}{t} = [\ln x]_1^x = \ln x - \ln(1) = \ln x$$

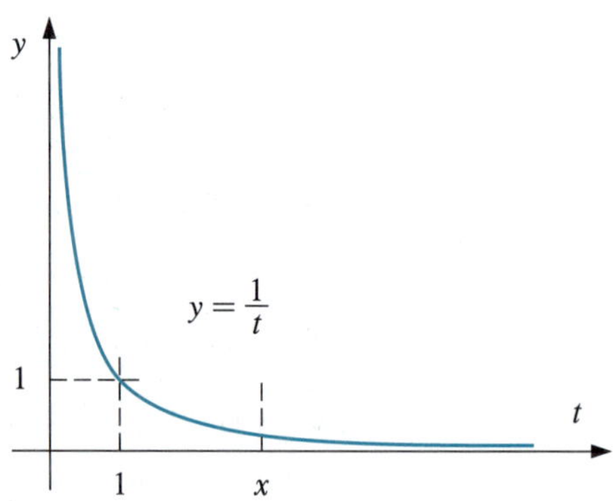

▶▶ 그림 D-1 자연대수의 정의

D.5 자연대수의 성질

D.5.1 미분 성질

$y = \ln x$라고 하고 이 함수의 도함수를 구해 보자. 양변을 미분하면,

$$dy = d(\ln x) = d\left(\int_1^x \frac{dt}{t}\right) = \frac{dx}{x}$$

그런데 $y = \ln x \leftrightarrow x = e^y$이므로 이 식을 미분하면,

$$dx = d(e^y) = xdy = e^y dy$$

즉, e^y는 미분하면 자기 자신이 되는 함수이다.

D.5.2 덧셈 성질: $\ln AB = \ln A + \ln B$

자연 대수의 정의에 의하여

$$\int_1^A \frac{dt}{t} = \ln A = L(A)$$

라고 하자. 그러면,

$$L(AB) = \int_1^{AB} \frac{dt}{t} = \int_1^A \frac{dt}{t} + \int_A^{AB} \frac{dt}{t} = L(A) + \int_A^{AB} \frac{dt}{t}$$

두 번째 적분에서 다음과 같이 치환하면, $t = Au \rightarrow dt = Adu$

$$\int_A^{AB} \frac{dt}{t} = \int_1^B \frac{Adu}{Au} = L(B)$$

즉, $\ln(AB) = L(AB) = L(A) + L(B) = \ln A + \ln B$

D.6 초월수 e의 탄생

초월수 e는 복리로 이자를 계산하는 과정에서 발견된 수이다. 이자율을 고정하고 복리 기간을 아무리 늘려도 복리 이자는 e에 접근한다.

$$\lim_{n \to \infty}\left(1+\frac{1}{n}\right)^n = e = 2.7182818284\cdots$$

이 무한급수를 이항정리를 이용하여 전개해 보자. 이항정리(binomial theorem)는 두 개의 항으로 이루어진 지수형 다항식을 전개하는 방법이다.

$$(a+b)^n = {}_nC_0 a^n b^0 + {}_nC_1 a^{n-1} b^1 + {}_nC_2 a^{n-2} b^2 + \cdots + {}_nC_k a^{n-k} b^k + \cdots$$

그러므로

$$\left(1+\frac{1}{n}\right)^n = {}_nC_0 (1)^n \left(\frac{1}{n}\right)^0 + {}_nC_1 (1)^{n-1} \left(\frac{1}{n}\right)^1 + {}_nC_2 (1)^{n-2} \left(\frac{1}{n}\right)^2 + \cdots$$
$$+ {}_nC_k (1)^{n-k} \left(\frac{1}{n}\right)^k + \cdots + {}_nC_n (1)^0 \left(\frac{1}{n}\right)^n$$
$$= 1 + (n)\left(\frac{1}{n}\right) + \frac{n(n-1)}{2!}\left(\frac{1}{n}\right)^2 + \cdots + \frac{n(n-1)\times\cdots(n-k+1)}{k!} + \cdots$$

여기서 $n \to \infty$이면,

$$\lim_{n \to \infty}\left(1+\frac{1}{n}\right)^n = 1 + 1 + \frac{1}{2!} + \frac{1}{3!} + \frac{1}{4!} + \frac{1}{5!} + \cdots = 2.7182818284\cdots = e$$

만약 $\frac{1}{n}$ 대신 $\frac{x}{n}$로 바꾸면,

$$\lim_{n \to \infty}\left(1+\frac{x}{n}\right)^n = 1 + x + \frac{x^2}{2!} + \frac{x^3}{3!} + \frac{x^4}{4!} + \frac{x^5}{5!} + \cdots = e^x$$

이 관계식은 공학 발전에 지대한 공헌을 한 수식이다.

E | 삼각함수(trigonometric functions)

E.1 삼각함수의 정의

역사적으로 먼저 등장한 삼각함수는 탄젠트(tangent)일 것이다. 왜냐하면 큰 나무나 높은 건축물의 높이를 그림자의 길이를 이용하여 계산하였기 때문이다. 즉,

$$\tan B = \tan\theta = \frac{b}{a}$$

삼각함수는 측량을 목적으로 만들어진 것으로 직각삼각형의 변들을 비례로 표현한 것이다. 그림의 직각삼각형에서 빗변(제일 긴 변)에 대한 변들의 비를 생각해 보자. 빗변 c에 변 b의 비 $\frac{b}{c}$를 sine이라 부른다. b에 대응하는 각은 $\angle B = \theta$(theta)이므로, $\sin B = \sin\theta = \frac{b}{c}$

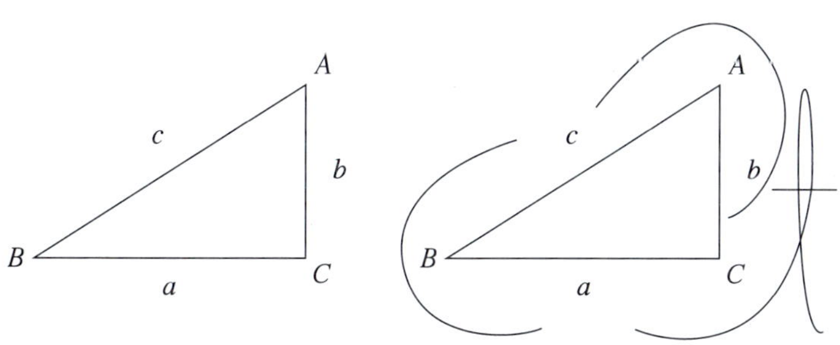

▶▶ 그림 E-1 삼각형과 삼각함수

그러면 빗변 c와 각을 이루는 변 a와의 비 $\frac{a}{c}$는 cosine이라 하는데,

$\cos B = \cos\theta = \frac{a}{c}$(cosine은 complementary sine)

탄젠트는 밑변 a와 높이 b의 비를 나타낸다고 했다. $\tan\theta = \frac{b}{a}$

그런데 $\frac{b}{a} = \frac{b}{c} \times \frac{c}{a}$이므로,

$\tan\theta = \sin\theta \times \frac{1}{\cos\theta} = \frac{\sin\theta}{\cos\theta}$이다.

또한

$\frac{1}{\sin\theta} = \csc\theta$(cosecant), $\frac{1}{\cos\theta} = \sec\theta$(secant), $\frac{1}{\tan\theta} = \cot\theta$(cotangent)

E.2 호도법

각도는 선분이 회전한 정도를 나타낸 것이다. 평면상에 직각은 4개밖에 이룰 수 없으므로 선분을 한 바퀴 돌리면 360°(degree)가 된다. 반지름이 1인 단위 원을 생각해 보자(단위는 생각할 필요가 없다). 원둘레를 따라서 1단위만큼 이동하였다면 무슨 의미일까? 원둘레는 반지름의 2π배가 되므로 원을 한 바퀴 도는 데 2π 단위를 움직인 것이고 이것은 360° 회전한 것이 된다. 즉, 각도 360°를 2π와 대응되는 숫자로 생각할 수 있다.

$$2\pi = 360° \rightarrow 1 = \frac{360°}{2\pi} = \frac{180°}{\pi} \approx 57.3°$$

이것을 라디안(radian)이라고 부르며, $360° = 2\pi\,[\text{rad}]$이 된다. 즉,

$$1\,[\text{rad}] = \frac{360°}{2\pi} = \frac{180°}{\pi} \approx 57.3°$$

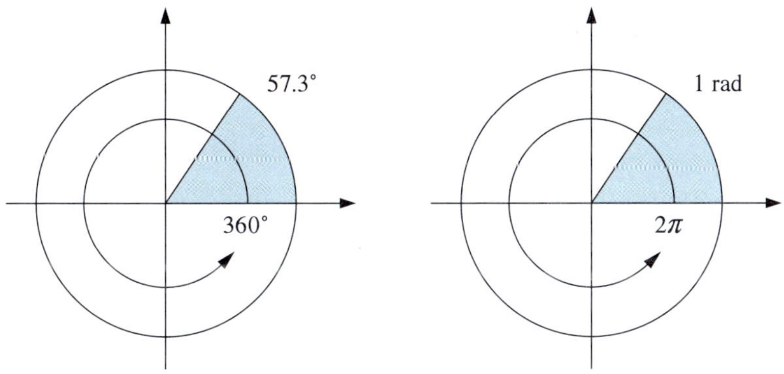

(a) degree (b) radian

▶▶ 그림 E-2 degree와 radian

직각은 4개가 있으므로,

$$90^\circ = \frac{2\pi}{4} = \frac{\pi}{2}[\text{rad}],\ 180^\circ = \pi[\text{rad}]$$

E.3 삼각함수와 항등식

왼쪽 그림의 직각삼각형에서 피타고라스 정리에 의하여, $x^2 + y^2 = r$이므로 다음과 같은 항등식이 성립한다.

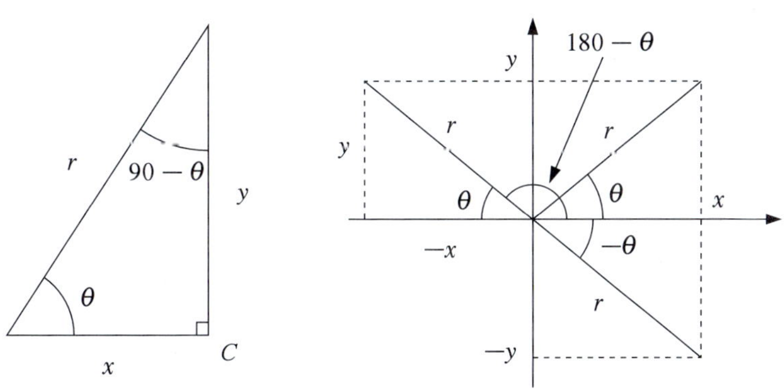

▶▶ 그림 E-3 삼각함수의 유도

먼저, $\sin\theta = \frac{y}{r} = \cos(90-\theta)$, $\cos\theta = \frac{x}{r} = \sin(90-\theta)$

또한 오른쪽 그림에서 보면,

$$\sin(-\theta) = \frac{-y}{r} = -\sin\theta,\ \cos(-\theta) = \frac{x}{r} = \cos\theta$$

$$\sin(180-\theta) = \frac{y}{r} = \sin\theta,\ \cos(180-\theta) = \frac{-x}{r} = -\cos\theta$$

E.4 삼각함수의 항등식

(i) $\sin^2\theta + \cos^2\theta = 1$: $\frac{y^2}{r^2} + \frac{x^2}{r^2} = \frac{y^2+x^2}{r^2} = 1$

이 항등식은 삼각함수 전반에 걸쳐 유용하게 이용하는 식이다.

(ii) $\tan^2\theta + 1 = \sec^2\theta$: $\frac{y^2}{x^2} + 1 = \frac{y^2+x^2}{x^2} = \frac{r^2}{x^2} = \frac{1}{\cos^2\theta} = \sec^2\theta$

이 식은 적분 $\int\frac{dx}{1+x^2}$에 이용되는 수식이다(미적분 항목에서 설명).

(iii) $\cot^2\theta + 1 = \csc^2\theta$: $\frac{1}{\tan^2\theta} + 1 = \frac{x^2}{y^2} + 1 = \frac{x^2+y^2}{y^2} = \frac{r^2}{y^2} = \frac{1}{\sin^2\theta}$

E.5 삼각함수의 덧셈 정리

삼각함수는 각에 대한 함수이다. 삼각함수에서 대표적으로 사용되는 수식은

$\sin(\alpha+\beta) = \sin\alpha\cos\beta + \cos\alpha\sin\beta$, $\cos(\alpha+\beta) = \cos\alpha\cos\beta - \sin s\alpha\sin\beta$

일 것이다. 그림을 통하여 이 관계를 유도해 보자.

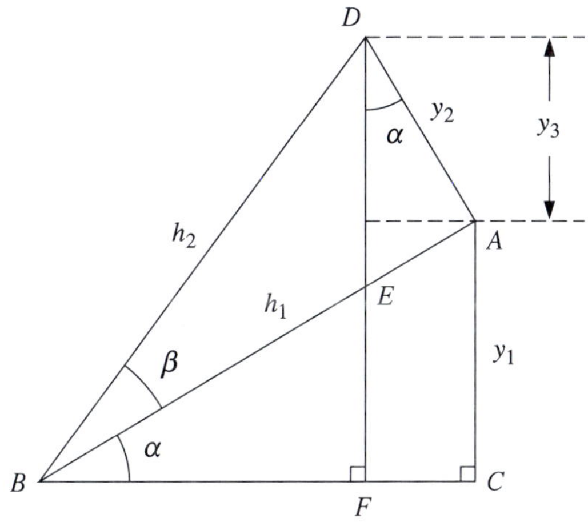

▶▶ 그림 E-4 삼각함수의 덧셈 정리

삼각형 $\triangle DBF$에서 $\angle B$에 대한 sine을 구해 보면,

$$\sin\angle B = \sin(\alpha+\beta) = \frac{y_1+y_3}{h_2} = \frac{y_1}{h_2} + \frac{y_3}{h_2} = \frac{h_1 \sin\alpha}{h_2} + \frac{y_2 \cos\alpha}{h_2}$$

그런데

$\dfrac{h_1}{h_2} = \cos\beta,\ \dfrac{y_2}{h_2} = \sin\beta$이므로,

$$\sin(\alpha+\beta) = \frac{y_1+y_3}{h_2} = \frac{h_1 \sin\alpha}{h_2} + \frac{y_2 \cos\alpha}{h_2} = \sin\alpha\cos\beta + \cos\alpha\sin\beta$$

또한

$\sin(-\theta) = -\sin\theta,\ \cos(-\theta) = \cos\theta$이므로,

$$\sin(\alpha-\beta) = \sin\alpha\cos(-\beta) + \cos\alpha\sin(-\beta) = \sin\alpha\cos\beta - \cos\alpha\sin\beta$$

$\cos\theta = \sin(90-\theta)$이므로

$$\cos(\alpha+\beta) = \sin(90-\alpha-\beta) = \sin(90-\alpha)\cos\beta - \sin\beta\cos(90-\alpha)$$

즉, $\cos(\alpha+\beta)=\cos\alpha\cos\beta-\sin\beta\sin\beta$

그러면 $\cos(\alpha-\beta)=\cos\alpha\cos\beta-\sin\alpha\sin(-\beta)=\cos\alpha\cos\beta+\sin\alpha\sin\beta$

$$\tan(\alpha+\beta)=\frac{\sin(\alpha+\beta)}{\cos(\alpha+\beta)}=\frac{\tan\alpha+\tan\beta}{1-\tan\alpha\tan\beta}$$

삼각함수의 덧셈 정리 6개를 다 외울 필요는 없다. 한 개의 식만 알고 있으면 나머지는 쉽게 유도할 수 있다.

즉, 다음 식

$$\cos(\alpha-\beta)=\cos\alpha\cos\beta+\sin\alpha\sin\beta$$

만 알고 있으면 대부분의 삼각함수와 관련된 공식을 유도할 수 있다.

예를 들어, $\sin(\alpha+\beta)=\cos(90-\alpha-\beta)$이므로, $\alpha\to 90-\alpha$로 대체하면,

$$\begin{aligned}\cos(90-\alpha-\beta)&=\cos(90-\alpha)\cos\beta+\sin(90-\alpha)\sin\beta\\&=\sin\alpha\cos\beta+\cos\alpha\sin\beta\end{aligned}$$

또한

$$\cos(\alpha-90)=\cos\alpha\cos(-90)+\sin\alpha\sin(-90)=-\sin\alpha$$
$$\cos(\alpha-180)=\cos\alpha\cos(-180)+\sin\alpha\sin(-180)=-\cos\alpha$$

E.6 배각 공식과 반각 공식

$$\cos(2\alpha)=\cos\alpha\cos\alpha-\sin\alpha\sin\alpha=\cos^2\alpha-\sin^2\alpha$$
$$\sin(2\alpha)=\sin\alpha\cos\alpha+\sin\alpha\cos\alpha=2\sin\alpha\cos\alpha$$

그런데 $\cos^2\alpha-\sin^2\alpha=1-2\sin^2\alpha=2\cos^2\alpha-1$

이 식을 이용하면 자승 형태의 삼각함수를 처리할 수 있다.

$$\cos^2\alpha = \frac{1+\cos 2\alpha}{2},\ \sin^2\alpha = \frac{1-\cos 2\alpha}{2}$$

즉, 삼각함수의 한 주기 적분은 0이므로,

$$\frac{1}{T}\int_T \cos^2\alpha d\alpha = \frac{1}{T}\int_T \frac{1+\cos 2\alpha}{2} d\alpha = \frac{1}{2}$$

곱을 합으로

$$2\sin\alpha\cos\beta = \sin(\alpha+\beta) + \sin(\alpha-\beta)$$
$$2\cos\alpha\sin\beta = \sin(\alpha+\beta) - \sin(\alpha-\beta)$$
$$2\cos\alpha\cos\beta = \cos(\alpha-\beta) + \cos(\alpha+\beta)$$
$$2\sin\alpha\sin\beta = \cos(\alpha-\beta) - \cos(\alpha+\beta)$$

합을 곱으로

$$\sin A + \sin B = 2\sin\frac{A+B}{2}\cos\frac{A-B}{2}$$

$$\sin A - \sin B = \sin A + \sin(-B) = 2\sin\frac{A-B}{2}\cos\frac{A+B}{2}$$

$$\cos A + \cos B = 2\cos\frac{A+B}{2}\cos\frac{A-B}{2}$$

$$\cos A - \cos B = -2\sin\frac{A+B}{2}\sin\frac{A-B}{2}$$

F | 복소수와 복소 지수함수

복소수에 대한 개념은 16세기에 큰 관심사가 되었지만 이미 AD 50년경 그리스의 헤론(Heron)이 $\sqrt{81-144}$의 해를 구하려는 시도를 하였다고 한다.

이탈리아의 수학자 카르다노(Cardano)는 복소수를 허구적이라고 생각하였으나 '더해서 10이 되고 곱해서 40이 되는 두 수(즉 $a+b=10$, $ab=40$)'를 찾아 내기도 했다(즉, $x^2-10x+40=0$의 해, $a=5+\sqrt{-15}$, $b=5-\sqrt{-15}$).

데카르트는 실수(real)와 허수(imaginary)라는 용어를 사용하기도 했다. 우리가 사용하는 i는 오일러(Euler)가 사용하기 시작했다.

F.1 복소수의 표기

(i) 복소수는 실수와 허수가 결합한 수이다.

(ii) 표기: $z=a+jb$(a, b 실수)

(iii) 크기(absolute value): $|z|=\sqrt{a^2+b^2}$: 실수의 절댓값과는 다른 의미이다.

(iii) 편각(argument): $\theta=\tan^{-1}\dfrac{b}{a}$,

$$\theta=\arg(z)=\angle z=\tan^{-1}\frac{b}{a}=\frac{\text{imaginary part}}{\text{real part}},\ -\pi\le\theta\le\pi$$

(iv) 가우스 복소평면: 복소수가 실수 쌍으로 되어 있으므로 평면에 2차원 벡터처럼 표현한다. x축은 실수축이고 y축은 허수축을 가리킨다.

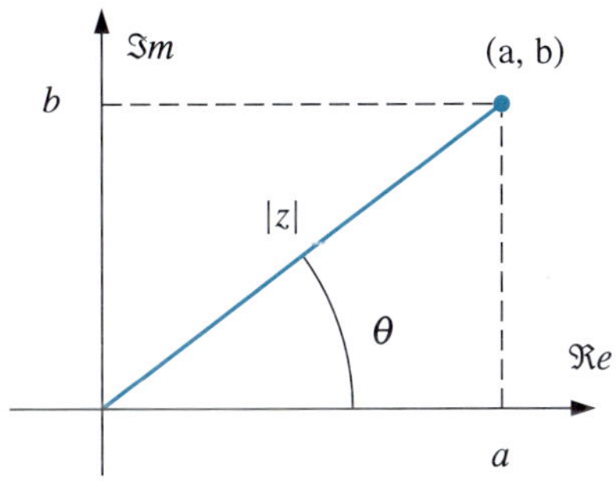

▶▶ 그림 F-1 가우스 복소평면

F.2 복소수의 다양한 표기법

(i) 극 좌표계: $z = a + jb = |z|\angle\theta,\ \theta = \tan^{-1}\frac{b}{a}$

(ii) 복소 지수함수 표현: $z = a + jb = |z|\cos\theta + j|z|\sin\theta = |z|e^{j\theta}$

F.3 켤레 복소수(공액 복소수, complex conjugate)

(i) 복소수 $z = a + jb$에 대하여 허수 부분의 부호가 반대인 복소수 $a - jb$를

(ii) 이차방정식의 복소근에서 항상 공액으로 나타난다.

(iii) $\bar{z}$(z bar) 또는 z^*(z star)로 표기한다. $\bar{z} = z^* = a - jb$

(iv) $z \cdot z^* = (a + jb)(a - jb) = a^2 + b^2 = |z|^2$

F.4 복소수의 연산

두 복소수 $z_1 = x_1 + jy_1,\ z_2 = x_2 + jy_2$에 대하여

F.4.1 덧셈과 뺄셈: 직각좌표 형식으로 계산하는 것이 편리하다.

$$z_1 + z_2 = (x_1 + x_2) + j(y_1 + y_2)$$
$$z_1 - z_2 = (x_1 - x_2) + j(y_1 - y_2)$$

F.4.2 곱셈: 극좌표 형식으로 계산하도록 한다.

$$\begin{aligned} z_1 z_2 &= (x_1 + jy_1)(x_2 + jy_2) = (x_1 x_2 + j^2 y_1 y_2) + j(x_1 y_2 + x_2 y_1) \\ &= (x_1 x_2 - y_1 y_2) + j(x_1 y_2 + x_2 y_1) \end{aligned}$$

또는 $z_1 = |z_1| \angle \theta_1$, $z_2 = |z_2| \angle \theta_2$라고 하면,

$$z_1 z_2 = |z_1||z_2| \angle (\theta_1 + \theta_2)$$

F.4.3 나눗셈

(i) 복소수의 나눗셈은 분모를 실수로 만드는 과정이 필요하다.
(ii) 그러기 위해서는 분모에 공액복소수를 곱한다.

$$\frac{z_1}{z_2} = \frac{(x_1 + jy_1)}{(x_2 + jy_2)} = \frac{(x_1 + jy_1)(x_2 - jy_2)}{(x_2 + jy_2)(x_2 - jy_2)} = \frac{(x_1 x_2 + y_1 y_2) + j(x_2 y_1 - x_1 y_2)}{x_2^2 + y_2^2}$$

또는 $z_1 = |z_1| \angle \theta_1$, $z_2 = |z_2| \angle \theta_2$라고 하면,

$$\frac{z_1}{z_2} = \frac{|z_1| \angle \theta_1}{|z_2| \angle \theta_2} = \frac{|z_1|}{|z_2|} \angle (\theta_1 - \theta_2)$$

복소수의 곱셈과 나눗셈은 직각좌표 형식보다는 극좌표 형식으로 계산하는 것이 편리하다.

F.4.4 복소수와 편각

$z = a + jb = |z|\angle\theta$로 표현되는데 편각 계산은 주의가 필요하다.

왜냐하면 편각은 $\theta = \tan^{-1}\frac{b}{a}$로 계산을 하는데,

a, b가 같은 부호일 때($ab > 0$) $a > 0$, $b > 0$인 경우와 $a < 0$, $b < 0$인 경우 편각이 달라지고, a, b가 다른 부호일 때($ab < 0$), $a > 0$, $b < 0$인 경우와 $a < 0$, $b > 0$인 경우도 편각이 달라진다.

예를 들어(그림 F-2 참조),

$$z = 1 + j = \sqrt{2}\angle 45°,\ \theta = \tan^{-1}\frac{1}{1} = \tan^{-1}(1) = 45°$$

$$z = -1 - j = \sqrt{2}\angle 225° = \sqrt{2}\angle -135°,\ \theta = \tan^{-1}\frac{-1}{-1} = \tan^{-1}(1) = 45°$$

$$z = 1 - j = \sqrt{2}\angle 315° = \sqrt{2}\angle -45°,\ \theta = \tan^{-1}\frac{-1}{1} = \tan^{-1}(-1) = -45°$$

$$z = -1 + j = \sqrt{2}\angle 135°,\ \theta = \tan^{-1}\frac{1}{-1} = \tan^{-1}(-1) = -45°$$

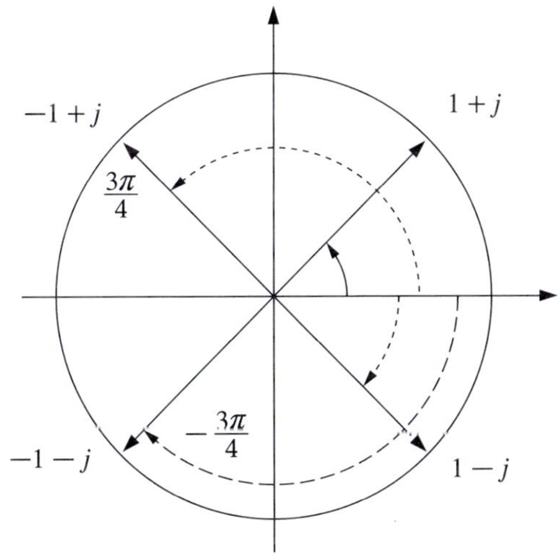

▸▸ 그림 F-2 복소수와 편각

F.5 복소 지수함수

오일러는 지수 함수 $y=e^x$에서 실수인 지수 x 대신 허수 jx를 대입하여 다음과 같은 오일러 항등식(Euler' s identity)을 얻었다.

$$e^{jx}=\cos x+j\sin x$$(x는 라디안 값)

복소 지수함수를 이항정리로 전개하면,

$$e^{x}=1+x+\frac{x^2}{2!}+\frac{x^3}{3!}+\frac{x^4}{4!}+\cdots+\frac{x^k}{k!}+\cdots$$

여기서 이 식의 지수 x 대신 jx를 대입하면,

$$e^{jx}=1+(jx)+\frac{(jx)^2}{2!}+\frac{(jx)^3}{3!}+\frac{(jx)^4}{4!}+\cdots+\frac{(jx)^k}{k!}+\cdots$$

$$=1+\frac{(jx)^2}{2!}+\frac{(jx)^4}{4!}+\cdots+\frac{(jx)^{2k}}{(2k)!}+\cdots$$

$$+(jx)+\frac{(jx)^3}{3!}+\frac{(jx)^5}{5!}+\cdots+\frac{(jx)^{2k+1}}{(2k+1)!}+\cdots$$

그런데 테일러 급수를 이용하면,

$$\cos x=1-\frac{x^2}{2!}+\frac{x^4}{4!}-\frac{x^6}{6!}+\cdots+\frac{x^{4k}}{(4k)!}-\frac{x^{4k+2}}{(4k+2)!}+\cdots$$; 위 식의 실수부

$$\sin x=x-\frac{x^3}{3!}+\frac{x^5}{5!}-\frac{x^7}{7!}+\cdots+\frac{x^{4k+1}}{(4k+1)!}-\frac{x^{4k+3}}{(4k+3)!}+\cdots$$; 위 식의 허수부

그러므로

$$e^{jx}=\cos x+j\sin x$$

F.6 복소 지수함수 $e^{j\theta}$와 관련된 공식

복소지수 e^{jx}에서 x는 각도이다. 익숙한 표현으로 $x = \theta$라고 하면,

(i) $e^{j\theta} = \cos\theta + j\sin\theta$

(ii) $\Re e\left\{e^{j\theta}\right\} = \cos\theta$, $\Im m\left\{e^{j\theta}\right\} = \sin\theta$

(iii) $\cos\theta = \dfrac{e^{j\theta} + e^{-j\theta}}{2}$, $\sin\theta = \dfrac{e^{j\theta} - e^{-j\theta}}{j2}$

(iv) 드 므와브르(de Moivre) 정리

$$(e^{j\theta})^n = e^{jn\theta} = (\cos\theta + j\sin\theta)^n = \cos(n\theta) + j\sin(n\theta)$$

(v) 제곱근: $x^n = z = a + jb$의 해

$z = a + jb = re^{j\theta}$라고 하면, $x^n = re^{j\theta}$이므로,

$x = \sqrt[n]{r}\, e^{j\frac{\theta}{n}}$($n$개의 근)

$x_{(0)} = \sqrt[n]{r}\, e^{j\theta/n}$, $x_{(1)} = \sqrt[n]{r}\, e^{j(\theta+2\pi)/n}$, $x_{(2)} = \sqrt[n]{r}\, e^{j(\theta+4\pi)/n}$, $\cdots$

즉, $x_{(k)} = \sqrt[n]{r}\, e^{j(\theta+2k\pi)/n}$, $k = 0 \sim n-1$

(vi) 예를 들어 $x^3 = 8$의 해

$x^3 - 8 = (x-2)(x^2+2x+4) = 0$이므로,

$x = 2, -1 \pm j\sqrt{3}$인 것을 알 수 있다.

이 방정식의 해는 복소 지수를 이용하면,

$x^3 = 8e^{j2k\pi}$, $k = 0, 1, 2$(또는 $k = 1, 2, 3$)

즉, $x = \sqrt[3]{8}\, e^{j(2k\pi/3)}$

$$x_1 = \sqrt[3]{8}\, e^{j0} = 2$$

$$x_2 = \sqrt[3]{8}\, e^{j\frac{2}{3}\pi} = 2\left(\cos\frac{2\pi}{3} + j\sin\frac{2\pi}{3}\right) = -1 + j\sqrt{3}$$

$$x_3 = \sqrt[3]{8}\, e^{j\frac{4}{3}\pi} = 2\left(\cos\frac{4\pi}{3} + j\sin\frac{4\pi}{3}\right) = -1 - j\sqrt{3}$$

인 것을 알 수 있다.

(vi) 유용한 수치

$$e^{j0} = \cos(0) + j\sin(0) = 1$$
$$e^{j2n\pi} = \cos(2n\pi) + j\sin(2n\pi) = 1$$
$$e^{\pm j\pi/2} = \cos(\pi/2) \pm j\sin(\pi/2) = \pm j$$
$$e^{\pm j\pi} = \cos(\pi) \pm j\sin(\pi) = -1$$

G | 미분

G.1 도함수(derivative)와 미분(differential)

(i) 함수 $f(x)$가 모든 x에 대하여 미분계수를 가지면 $y = f(x)$의 도함수는

$$f'(x) = \lim_{\Delta x \to 0} \frac{\Delta y}{\Delta x} = \frac{dy}{dx} = \lim_{\Delta x \to 0} \frac{f(x+\Delta x) - f(x)}{\Delta x}$$

(ii) 도함수의 표기법

뉴턴은 미분의 표기법을 y로 사용한 반면에, 라이프니츠는 $\frac{dy}{dx}$, y'를 사용하여 오늘날에 이르고 있다. $f'(x) = \frac{dy}{dx} = y' = D_x(y)$

(iii) 도함수와 미분의 혼용

미분과 도함수란 용어는 혼용하여 쓰여지고 있다.

(iv) 엄밀히 구분하자면 $y = f(x)$일 때 y의 미분은 $dy = f'(x)dx$이고, $f'(x)$는 $y = f(x)$의 도함수이다.

G.2 유용한 함수의 도함수

예 1: $y = f(x) = x,\ f'(x) = \lim_{\Delta x \to 0} \dfrac{(x + \Delta x) - x}{\Delta x} = \lim_{\Delta x \to 0} \dfrac{\Delta x}{\Delta x} = 1$

예 2: $y = x^2,\ f'(x) = \lim_{\Delta x \to 0} \dfrac{(x + \Delta x)^2 - x^2}{\Delta x} = \lim_{\Delta x \to 0} \dfrac{2\Delta x + (\Delta x)^2}{\Delta x} = 2x$

예 3: $y = f(x) = x^n$

$f(x + \Delta x) = (x + \Delta x)^n = x^n + nx^{n-1}\Delta x + \dfrac{n(n-1)}{2!} n^{n-2}(\Delta x)^2 + \cdots$이므로

$$f'(x) = \lim_{\Delta x \to 0} \frac{(x + \Delta x)^n - x^n}{\Delta x} = \lim_{\Delta x \to 0} \frac{nx\Delta x + n(n-1)(\Delta x)^2/2 + \cdots}{\Delta x} = nx^{n-1}$$

예: $y = f(x) = \dfrac{1}{x} = x^{-1},\ f'(x) = \lim_{\Delta x \to 0} \dfrac{\dfrac{1}{x + \Delta x} - \dfrac{1}{x}}{\Delta x} = \lim_{\Delta x \to 0} \dfrac{-\Delta x}{x(x + \Delta x)\Delta x}$

$$= \lim_{\Delta x \to 0} \frac{-\Delta x}{x^2 \Delta x + \Delta x^2} = -\frac{1}{x^2}$$

G.3 유리함수의 도함수

G.3.1 $y = u(x)v(x)$ 형태

$$y + \Delta y = (u + \Delta u)(v + \Delta v) = uv + u\Delta v + v\Delta u + \Delta u\Delta v$$

$$y' = \frac{dy}{dx} = \lim_{\Delta x \to 0} \frac{\Delta y}{\Delta x} = \lim_{\Delta x \to 0} \frac{u\Delta v + v\Delta u + \Delta u\Delta v}{\Delta x} = \lim_{\Delta x \to 0} \left(u\frac{\Delta v}{\Delta x} + v\frac{\Delta u}{\Delta x}\frac{\Delta u\Delta v}{\Delta x} \right)$$

즉,

$$y' = v\frac{du}{dx} = u\frac{dv}{dx} = u'v + uv' = uv\left(\frac{u'}{u} + \frac{v'}{v}\right)$$

예: $y=(x^2+1)(x^3+x)$; $u=x^2+1$, $v=x^3+x$

$$y'=uv\left(\frac{u'}{u}+\frac{v'}{v}\right)=(x^2+1)(x^3+x)\left(\frac{2x}{x^2+1}+\frac{3x^2+1}{x^3+x}\right)$$

$$=2x(x^3+x)+(3x^2+1)(x^2+1)$$

예: $y=f(x)=u^a\cdot v^b$

$$f'(x)=au^{a-1}\frac{du}{dx}\cdot v^b+bu^a v^{b-1}\frac{dv}{dx}=u^a v^b\left(\frac{au'}{u}+\frac{bv'}{v}\right)$$

G.3.2 $y=\frac{v}{u}$ 형태

$y+\Delta y=\dfrac{v+\Delta v}{u+\Delta u}$이므로,

$$\Delta y=\frac{v+\Delta v}{u+\Delta u}-\frac{v}{u}=\frac{u(v+\Delta v)-v(u+\Delta u)}{u(u+\Delta u)}=\frac{uv+u\Delta v-vu-v\Delta u}{u(u+\Delta u)}$$

$$=\frac{u\Delta v-v\Delta u}{u(u+\Delta u)}$$

$$y'=\frac{dy}{dx}=\lim_{\Delta x\to 0}\frac{u\Delta v-v\Delta u}{u(u+\Delta u)}=\frac{u\dfrac{dv}{dx}=v\dfrac{du}{dx}}{u^2}=\frac{uv'-u'v}{u^2}$$

예: $y=\frac{1}{x}=x^{-1}\to y'=(x^{-1})'=(-1)x^{-2}=\frac{-1}{x^2}$이다.

예: $y=f(x)=u^a v^b$; $f'(x)=u^a v^b\left(\frac{au'}{u}+\frac{bv'}{v}\right)$에서

$a=-1$, $b=1$이면, $f'(x)=\frac{v}{u}\left(\frac{-u'}{u}+\frac{v'}{v}\right)=\frac{uv'-u'v}{u^2}$

G.4 연쇄 법칙-합성 함수의 도함수

$y=f(u)$, $u=g(x)$, 즉 $y=f\left(g(x)\right)$의 도함수

$y+\Delta y=f(u+\Delta u)$이므로 $\Delta y=f(u+\Delta u)-f(u)$

$$y'=\frac{dy}{dx}=\lim_{\Delta x\to 0}\frac{f(u+\Delta u)-f(u)}{\Delta x}$$

분자는 u의 함수이고 분모는 x의 함수이므로 분자, 분모에 $\frac{\Delta u}{\Delta u}$를 곱하면,

$$y'=\lim_{\Delta x\to 0}\frac{f(u+\Delta u)-f(u)}{\Delta x}\frac{\Delta u}{\Delta u}=\lim_{\Delta x\to 0}\frac{f(u+\Delta u)-f(u)}{\Delta u}\frac{\Delta u}{\Delta x}$$

$$=\lim_{\Delta x\to 0}\frac{\Delta y}{\Delta u}\frac{\Delta u}{\Delta x}=\frac{dy}{du}\frac{du}{dx}$$

즉, $\frac{dy}{dx}=\frac{dy}{du}\frac{du}{dx}$

예: $y=e^{ax}$, $u=ax$, $y=e^{u}$

$$y'=\frac{dy}{du}\frac{du}{dx}=\frac{d(e^{u})}{du}\frac{d(ax)}{dx}=e^{u}(a)=ae^{ax}$$

예: $y=\cos\omega t$, $u=\omega t$, $y=\cos u$

$$\rightarrow y'=\frac{d(\cos u)}{du}\frac{du}{dt}=-\sin u(\omega)=-\omega\sin\omega t$$

G.5 삼각함수의 미분

G.5.1 $y = \sin x$의 미분

$$y + \Delta y = \sin(x + \Delta x) \rightarrow \Delta y = \sin(x + \Delta x) - \sin x$$
$$\Delta y = \sin(x + \Delta x) - \sin x = \sin x \cos \Delta x + \cos x \sin \Delta x - \sin x$$

그런데

$$\sin x \cos \Delta x + \cos x \sin \Delta x - \sin x = \sin x(\cos \Delta x - 1) + \cos x \sin \Delta x$$
$$\frac{dy}{dx} = \lim_{\Delta x \to 0}\left(\sin x \frac{\cos \Delta x - 1}{\Delta x} + \cos x \frac{\sin \Delta x}{\Delta x}\right)$$
$$= \sin x \lim_{\Delta x \to 0} \frac{\cos \Delta x - 1}{\Delta x} + \cos x \lim_{\Delta x \to 0} \frac{\sin \Delta x}{\Delta x}$$

그러므로 극한 $\lim_{\Delta x \to 0} \frac{\cos \Delta x - 1}{\Delta x}$와 $\lim_{\Delta x \to 0} \frac{\sin \Delta x}{\Delta x}$을 알면 된다.

그림과 같이 반지름 $r = 1$인 원을 생각해 보자. $\triangle OPQ$와 호 OPQ, $\triangle OPT$의 넓이를 계산해 보자.

$$\triangle OPT = \frac{1}{2}\tan\theta,\ \text{호 } OPT = \frac{1}{2}r^2\theta = \frac{1}{2}\theta,\ \triangle OPQ = \frac{1}{2}\sin\theta$$

이 넓이를 크기 순으로 나열하면, $\frac{1}{2}\tan\theta > \frac{1}{2}\theta > \frac{1}{2}\sin\theta$

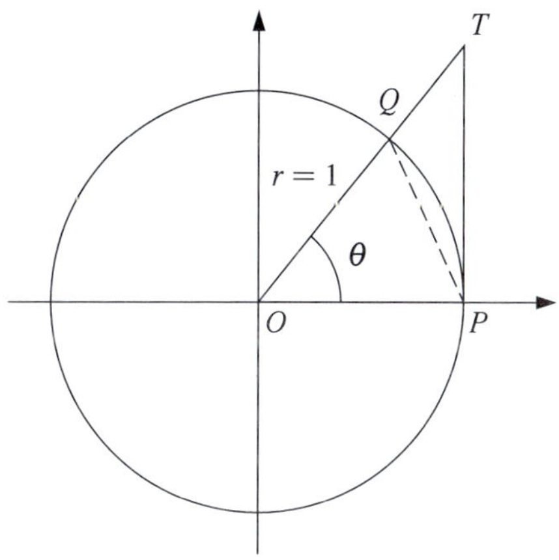

▶▶ 그림 G-1 삼각함수의 도함수 유도

이 식을 $\frac{1}{2}\sin\theta$로 나누면, $\frac{1}{\cos\theta} > \frac{\theta}{\sin\theta} > 1$

이 관계식에 역수를 취하면, $0 < \cos\theta < \frac{\sin\theta}{\theta} < 1$

각 항에 (-1)을 곱하면, $-\cos\theta > -\frac{\sin\theta}{\theta} > -1$

각 항에다 1을 더하면, $1 - \cos\theta > 1 - \frac{\sin\theta}{\theta} > 0$

만약 $\theta \to 0$이면, $\lim_{\theta \to 0}(1 - \cos\theta) = 0$이므로

$$\lim_{\theta \to 0}(1 - \cos\theta) = 0 > \lim_{\theta \to 0}\left(1 - \frac{\sin\theta}{\theta}\right) > 0$$

즉, $\lim_{\theta \to 0}\left(1 - \frac{\sin\theta}{\theta}\right) = 0 \to \lim_{\theta \to 0}\frac{\sin\theta}{\theta} = 1$

이제 극한값 $\lim_{\Delta x \to 0}\frac{\cos\Delta x - 1}{\Delta x}$을 계산하자.

이 형태는 부정형$\left(\frac{0}{0}\right)$이므로 직접 계산할 수 없고, 분자, 분모에 $(\cos\Delta x + 1)$을 곱해 보자.

$$\lim_{\Delta x \to 0} \frac{(\cos \Delta x - 1)(\cos \Delta x + 1)}{\Delta x(\cos \Delta x + 1)} = \lim_{\Delta x \to 0} \frac{\cos^2 \Delta x - 1}{\Delta x(\cos \Delta x + 1)} = \lim_{\Delta x \to 0} \frac{\sin^2 \Delta x}{\Delta x(\cos \Delta x + 1)}$$

$$= \lim_{\Delta x \to 0} \frac{\sin \Delta x}{\Delta x} \frac{\sin \Delta x}{(\cos \Delta x + 1)} = \lim_{\Delta x \to 0} (1) \frac{\sin \Delta x}{(\cos \Delta x + 1)} = \lim_{\Delta x \to 0} (1) \frac{\sin \Delta x}{2} = 0$$

그러므로

$$\frac{dy}{dx} = (\sin x)' = \sin x \lim_{\Delta x \to 0} \frac{\cos \Delta x - 1}{\Delta x} + \cos x \lim_{\Delta x \to 0} \frac{\sin \Delta x}{\Delta x} = \cos x$$

G.5.2 $y = \cos x$의 미분

(i) $\Delta y = \cos(x + \Delta x) - \cos x = \cos x \cos \Delta x - \sin x \sin \Delta x - \cos x$이므로,

$$\lim_{\Delta x \to 0} \frac{\Delta y}{\Delta x} = \cos x \lim_{\Delta x \to 0} \frac{\cos \Delta x - 1}{\Delta x} - \sin x \lim_{\Delta x \to 0} \frac{\sin \Delta x}{\Delta x} = -\sin x$$

(ii) $y = \cos x = \sin\left(\frac{\pi}{2} - x\right)$이므로

$$\frac{dy}{dx} = \frac{d}{dx}\left(\sin\left(\frac{\pi}{2} - x\right)\right) = \cos\left(\frac{\pi}{2} - x\right) \frac{d\left(\frac{\pi}{2} - x\right)}{dx} = -\cos\left(\frac{\pi}{2} - x\right) = -\sin x$$

예: $y = \tan x = \dfrac{\sin x}{\cos x}$

$y = \frac{u}{v}$일 때 $y' = \dfrac{u'v - uv'}{v^2}$이므로,

$$y' = (\tan x)' = \left(\frac{\sin x}{\cos x}\right)' = \frac{(\sin x)' \cos x - (\sin x)(\cos x)'}{\cos^2 x} = \frac{\cos^2 x + \sin^2 x}{\cos^2 x}$$

$$= \frac{1}{\cos^2 x} = \sec^2 x$$

H | 적분(integral)

H.1 적분의 종류

(i) 정적분(indefinite integral): 적분구간이 존재한다.

$$\int_a^b f(x)\,dx = F(b) - F(a),\ f(x) = \frac{dF(x)}{dx}$$

(ii) 부정적분(definite integral): 도함수의 역함수. 적분 후 상수를 첨가한다.

$$\frac{dy}{dx} = 2x \to dy = 2xdx \to \int dy = \int 2xdx = x^2 + C$$

H.2 적분의 형태

적분은 다음 다섯 가지 형태로 분류하여 계산한다.

(i) 거듭 제곱형(power functions): $\int x^n\,dx$

(ii) 지수형(exponential functions): $\int e^x\,dx$

(iii) 삼각함수형(trigonometric functions): $\int \sin xdx,\ \int \sin^n x \cos xdx$

(iv) 대수함수형(algebraic functions): $\int \frac{1}{\sqrt{1-x^2}}\,dx,\ \int \frac{1}{1+x^2}\,dx$

(v) 복합형: $\int xe^x\,dx,\ \int e^x \cos xdx,\ \int x\cos xdx$

이 다섯 가지 유형의 적분을 예를 들어 설명한다. 검산은 결과를 미분하여 얻을 수 있다.

H.2.1 거듭 제곱형

예: $\int a\,dx = ax + C$

예: $\int x^n\,dx = \frac{x^{n+1}}{n+1} + C,\ n \neq 1$

예: $\int \frac{dx}{x} = \ln|x| + C = \ln cx$ (지표 x는 항상 0보다 커야 한다.)

H.2.2 지수형

예: $\int e^{ax}\,dx = \frac{1}{a}e^{ax} + C$

예: $\int a^x\,dx = \frac{a^x}{\ln a} + C$

a^x: $b = \ln a$라고 하면, $a = e^b \rightarrow a^x = e^{bx} = e^{x(\ln a)} = e^{\ln a^x}$이다.

H.2.3 삼각함수형

예: $\int \sin^n ax \cos axdx$; $\sin ax = u$라고 하면, $d(\sin ax) = a\cos axdx = du$이므로

$$\int \sin^n ax \cos axdx = \frac{1}{a}\int u^n\,du = \frac{u^{n+1}}{n+1} + C = \frac{1}{a}\frac{\sin^{n+1}ax}{n+1} + C,\ n \neq 1$$

예: $\int \sin^{-1} ax \cos axdx = \int \frac{\cos ax}{\sin ax}\,dx = \frac{1}{a}\ln|\sin ax| + C$

예: 홀수 제곱형 $\int (\sin^{2n+1} x)\,dx,\ \int (\cos^{2n+1} x)\,dx$

$$\begin{aligned}\int \sin^3 xdx &= \int \sin x(1 - \cos^2 x)\,dx = \int \sin xdx - \int \cos^2 x \sin xdx \\ &= -\cos x + \frac{1}{3}\cos^3 x + C\end{aligned}$$

예: 짝수 제곱형 $\int (\sin^{2n} x)\,dx,\ \int (\cos^{2n} x)\,dx$

짝수형은 항상 배각 형태로 바꿀 수 있다.

$$\int \sin^2 x dx = \int \frac{1-\cos 2x}{2} dx = \frac{1}{2}x + \frac{1}{4}\sin 2x + C$$

예: $\int \tan x dx$

$$\int \tan x dx = \int \frac{\sin x}{\cos x} dx = -\ln|\cos x| + C$$

$$\int \tan^2 x dx = \int (\sec^2 x - 1) dx = \tan x - x + C$$

H.2.4 대수함수형

(i) $a^2 - x^2$형: $x = a \sin\theta$로 치환, $dx = a\cos\theta d\theta$

$\rightarrow a^2 - x^2 = a^2 - a^2\sin^2\theta = a^2(1-\sin^2\theta) = a^2\cos^2\theta$

(ii) $a^2 + x^2$형: $x = a\tan\theta$로 치환, $dx = a\sec^2\theta d\theta$

$\rightarrow a^2 + x^2 = a^2 + a^2\tan^2\theta = a^2(1+\tan^2\theta)$

(iii) $x^2 - a^2$형: $x = a\sec\theta$로 치환, $dx = -a\sin\theta\sec^2\theta$

$\rightarrow x^2 - a^2 = a^2\sec^2\theta - a^2 = a^2\tan^2\theta$

예: $\int \frac{dx}{1+x^2} = \int \frac{\sec^2\theta d\theta}{1+\tan^2\theta} = \int d\theta = \theta + C = \tan^{-1}x + C$

예: $\int \frac{dx}{\sqrt{1-x^2}} = \sin^{-1}x + C$

H.2.5 복합형

적분에서 자주 나타나는 복합형은 두 함수의 곱으로 되어 있다.

(i) $\int xe^x dx$

(ii) $\int x\cos x dx$

(iii) $\int e^x \cos x dx$

H.2.6 부분 적분법(integral by parts)

$y = uv$라고 하면, $y' = u'v + uv'$이므로 → $uv' = (uv)' - u'v$

양변 적분하면, $\int uv' = \int (uv)' - \int u'v = uv - \int u'v$

부분 적분법에서 주의 사항

(i) v'의 적분을 알고 있을 것
(ii) u: 미분하면 차수가 낮아지거나 삼각함수나 지수함수처럼 다시 돌아올 함수

예: $\int xe^{ax}\,dx;\ u = x,\ v' = e^{ax}$

$$\int xe^{ax}\,dx = \frac{e^{ax}}{a^2}(ax - 1)$$

예: $\int x\sin ax;\ u = x,\ v' = \sin ax$

$$\int x\sin ax = \frac{1}{a^2}\sin ax - \frac{x}{a}\cos ax$$

예: $\int e^{ax}\sin bx;\ u = \sin bx,\ v' = e^{ax}$

$$\int e^{ax}\sin bx = \frac{e^{ax}}{a^2 + b^2}(a\cos bx + b\sin bx)$$

부록 Ⅱ

상수계수 미분방정식의 해법

방정식에 미분 항이 포함되어 있는 경우를 미분방정식이라 부르며, 미분방정식의 해법은 공업수학의 핵심적인 주제이다. 커패시터나 인덕터가 저항과 결합한 회로에서 나타나는 미분방정식은 가장 초보적인 상수계수 선형 미분방정식이므로 간단한 풀이법을 소개한다.

1 선형 미분방정식

미분방정식의 형태가

$$\frac{dy(t)}{dt} + p(t)y(t) = r(t)$$

$$\text{또는} \frac{d^2y(t)}{dt^2} + p(t)\frac{dy(t)}{dt} + q(t)y(t) = r(t)$$

형태인 미분방정식을 선형 미분방정식이라고 한다. 즉, 미지수 y의 계수가 매개변수 t만의 함수로 이루어진 것이다. 특히 계수가 상수이면 상수계수 선형 미분방정식이라 하고 간단한 풀이법이 존재한다.

1.1 미분방정식의 계(order)

미분방정식이 1계 도함수 $\frac{dy}{dt}$(즉, y')만을 포함하면 1계 미분방정식(first-order DE)이라 하고, 미분방정식이 2계 도함수 $\frac{d^2y}{dt^2}$(즉, y'')를 포함하면 2계 미분방정식이라 한다.

1.2 제차와 비제차

미분방정식

$$\frac{dy(t)}{dt} + p(t)y(t) = r(t)$$

$$\frac{d^2y(t)}{dt^2} + p(t)\frac{dy(t)}{dt} + q(t)y(t) = r(t)$$

에서 $r(t) = 0$이면 제차 미분방정식, 그렇지 않으면 비제차 미분 방정식이라 한다.

일반적으로 제차해를 y_h, 비제차해를 y_p로 표현하는데, 특히 비제차 미분방정식의 해는 항상 제차해를 포함한다. 왜냐하면

$$\frac{dy_h(t)}{dt} + p(t)y_h(t) = 0$$

$$\frac{dy_p(t)}{dt} + p(t)y_p(t) = r(t)$$

즉 비제차 미분방정식의 완전해는

$$y_c(t) = y_h(t) + y_p(t)$$

2 회로방정식의 수립

회로이론에서 회로 소자(저항, 커패시터, 인덕터)는 상숫값을 가진다. 그러므로 회로에서 나타나는 미분방정식은 계수가 상수인 선형 미분방정식이다.

2.1 RC, RL 회로에서의 미분 방정식

(i) 전원이 없는 경우

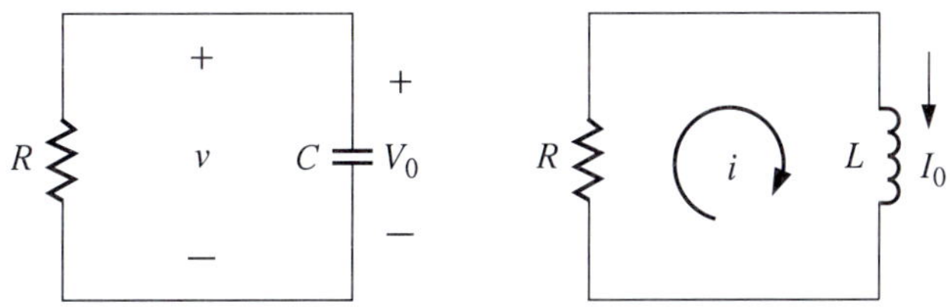

▶▶ 그림 2-1 전원이 없는 RC, RL 회로

커패시터나 인덕터에 저장된 에너지로 구동하는 회로는 KCL을 이용하거나 (gudfuf)

$$C\frac{dv}{dt}+\frac{v}{R}=0,\ L\frac{di}{dt}+Ri=0$$

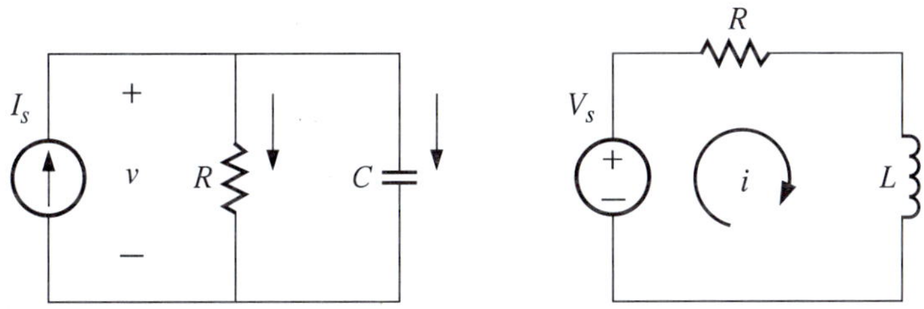

▶▶ 그림 2-2 RC, RL 회로의 스텝 응답

(ii) 전원이 있을 때는

$$C\frac{dv}{dt}+\frac{v}{R}=I_s,\ L\frac{di}{dt}+Ri=V_s$$

즉 RC, RL 회로의 회로방정식의 일반적인 형태는

$$\frac{dx(t)}{dt}+\frac{x(t)}{\tau}=G\rightarrow\frac{dx(t)}{dt}=ax(t)=F$$

이 식에서

RC: $x(t)=v_C(t),\ F=\frac{I_s}{C},\ \tau_{RC}=RC$

RL: $x(t)=i_L(t),\ F=\frac{V_s}{L},\ \tau_{RC}=\frac{L}{R}$

2.2 RLC 회로에서의 미분방정식

(i) 전원이 없는 경우(초기 조건 V_0, I_0)

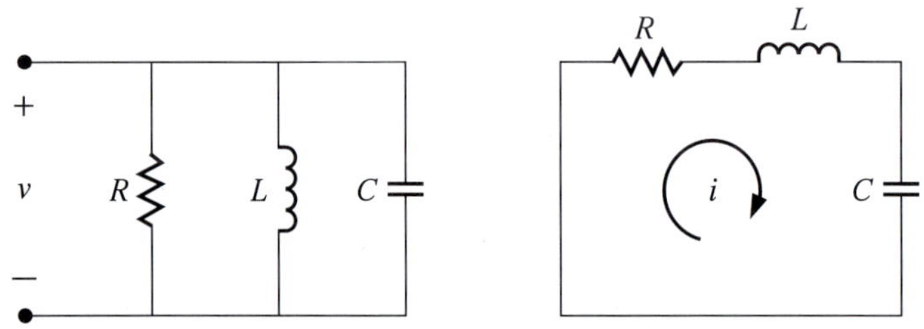

▶▶ 그림 2-3 전원이 없는 RLC 회로

$$\frac{v(t)}{R}+\frac{1}{L}\int_0^t v(t)\,dt+I_0+C\frac{dv(t)}{dt}=0\rightarrow\frac{d^2v(t)}{dt^2}+\frac{1}{RC}\frac{dv(t)}{dt}+\frac{1}{LC}v(t)=0$$

$$Ri(t)+L\frac{di(t)}{dt}+\frac{1}{C}\int_0^t i(t)\,dt+V_0=0\rightarrow\frac{d^2i(t)}{dt^2}+\frac{R}{L}\frac{di(t)}{dt}+\frac{1}{LC}i(t)=0$$

일반화시키면,

$$\frac{d^2x(t)}{dt^2}+a\frac{dx(t)}{dt}+bx(t)=0$$

(ii) 전원이 있는 경우

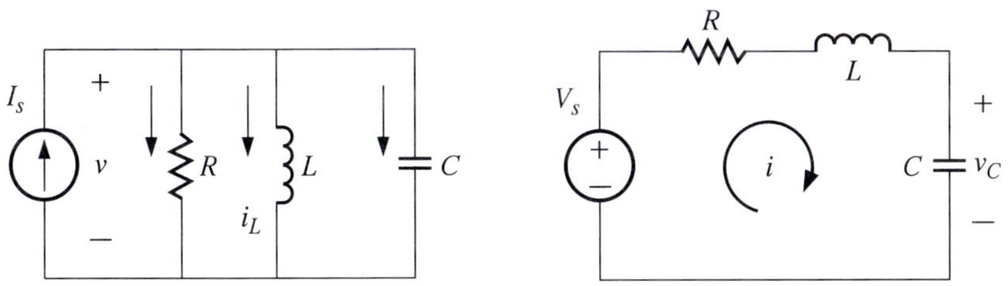

▶▶ 그림 2-4 RLC 회로의 스텝 응답

$$i_L+\frac{v}{R}+C\frac{dv}{dt}=I_s\rightarrow\frac{d^2i_L(t)}{dt^2}+\frac{1}{RC}\frac{di_L(t)}{dt}+\frac{1}{LC}i_L(t)=\frac{I_s}{LC}$$

$$Ri+L\frac{di}{dt}+v_C=V_s\rightarrow\frac{d^2v_C(t)}{dt^2}+\frac{R}{L}\frac{dv_C(t)}{dt}+\frac{1}{LC}v_C(t)=\frac{V_s}{LC}$$

RLC 병렬회로에서 최종적으로 $i_L(\infty)=I_s$이므로 인덕터 전류를 미지수로 정하였고, RLC 직렬회로에서 최종적으로 커패시터의 전압 $v_C(\infty)=V_s$이다.

즉, RLC 회로에서 회로방정식은

$$\frac{d^2x(t)}{dt^2}+a\frac{dx(t)}{dt}+bx(t)=F$$

RLC 병렬: $a=\frac{1}{RC},\ b=\frac{1}{LC},\ F=\frac{I_s}{LC}$

RLC 직렬: $a=\frac{R}{L},\ b=\frac{1}{LC},\ F=\frac{V_s}{LC}$

3 | 상수계수 선형 미분방정식의 해

미리 밝히지만 상수계수 선형 미분방정식의 해의 형태는
(i) 1계 선형 미분방정식의 해의 형태는 $y(t)=Ae^{st}$이고,
(ii) 2계 선형 미분방정식의 해의 형태는 $y(t)=A_1e^{s_1t}+A_2e^{s_2t}$
(iii) 해에서 A, A_1, A_2는 회로에 주어진 초기 조건으로부터 구할 수 있다.
초기 조건은 커패시터 전압 V_0 또는 인덕터 전류 I_0이다.

3.1 1계 미분방정식의 풀이

3.1.1 변수 분리법

미분방정식

$$\frac{dx}{dt}+ax(t)=0$$

이 미분방정식을 적분만을 이용하여 풀어 보려고 한다. 미분 형태로 표현된 이 식을 적분할 수 있는 적당한 형태로 만들어서 적분을 수행해야 한다. 이 식을 적분할 수 있는 형태로 만드는 방법은 변수(x와 t)를 등호 양쪽으로 분리하는 것이다.

$$\frac{dx}{dt}=-ax \rightarrow \frac{dx}{x}=-a$$

이 식을 양변 적분하면,

$$\int\frac{dx}{x}=-\int_0^t a\,dt=-at$$

그런데 적분 $\int_0^t\frac{dx}{x}$은 어떻게 될까? 그리고 이 적분의 적분 구간은 어떤 범위인가?

자연대수의 정의에 의하여(부록 I-D),

$$\int \frac{dx}{x} = \ln(x) + C$$

시간 구간 $[0,\ t]$에서 $x(t)$는 $[x(0),\ x(t)]$이므로 양변 적분하면,

$$\int_{x(0)}^{x(t)} \frac{dx}{x} = \ln x(t) - \ln x(0) = -at$$

결론적으로,

$$\ln x(t) - \ln x(0) = \ln \frac{x(t)}{x(0)} = -at \rightarrow \frac{x(t)}{x(0)} = e^{-at}$$

즉,

$$x(t) = x(0)e^{-at}$$

그러므로

RC 회로: $v_C(t) = V_0 e^{-t/\tau_{RC}}$: $\tau_{RC} = RC$

RL 회로: $i_L(t) = I_0 e^{-t/\tau_{RC}}$: $\tau_{RL} = \dfrac{L}{R}$

3.1.2 전원이 있는 경우의 변수 분리법

미분방정식의 형태는

$$\frac{dx(t)}{dt} + ax(t) = F$$

이 식을 다음과 같이 정리하자.

$$\frac{dx(t)}{dt}=r(t)-ax(t)=-a\left(x(t)-\frac{F}{a}\right)$$

그러면

$$\frac{dx(t)}{x(t)-\frac{F}{a}}=-a$$

양변을 적분하면,

$$\int\frac{dx(t)}{x(t)-\frac{F}{a}}=-\int_0^t a\,dt=-at$$

등호 왼쪽의 적분은

$$\int\frac{dx(t)}{x(t)-\frac{R}{a}}=\ln\left(x(t)-\frac{F}{a}\right)-\ln\left(x(0)-\frac{F}{a}\right)=\ln\frac{x(t)-\frac{F}{a}}{x(0)-\frac{F}{a}}$$

그러므로 미분방정식의 해는

$$\ln\frac{x(t)-\frac{F}{a}}{x(0)-\frac{F}{a}}=-at\rightarrow x(t)-\frac{F}{a}=\left(x(0)-\frac{F}{a}\right)e^{-at}$$

즉, $x(t)=\frac{F}{a}+\left(x(0)-\frac{F}{a}\right)e^{-at}$

그런데 상수 $\frac{F}{a}$는

RC: $\frac{F}{a}=RI_s$

RL: $\frac{F}{a}=\frac{V_s}{R}$

이므로,

$$x(t) = v_C(t) = RI_s + \left(x(0) - RI_s\right)e^{-at}$$

$$x(t) = i_L(t) = \frac{V_s}{R} + \left(x(0) - \frac{V_s}{R}\right)e^{-at}$$

3.1.3 상수계수 선형 미분방정식의 일반적인 풀이법

변수 분리법으로 푼 제차 상수 계수 선형 미분방정식의 해의 형태는 $x(t) = Ae^{-at}$인 것을 알 수 있다. 해의 형태를 알고 있으므로 이제 해를 $x(t) = Ae^{st}$라고 가정하여 문제를 풀어 보자.

이 해를 미분방정식에 대입하면, $\frac{dx(t)}{dt} = sAe^{st}$이므로

$$sAe^{st} + aAe^{st} = Ae^{st}(s + a) = 0 \rightarrow s = -a$$

여기서 계수 A는

$$x(0) = Ae^0 = A$$

즉, $x(t) = x(0)e^{-at}$
비제차 미분방정식의 경우,

$$\frac{dx}{dt} + ax(t) = F$$

비제차 미분방정식의 해는 제차해와 비제차해의 합이라고 하였으니까 비제차해를 x_p라고 하면,

$$x(t) = x_h + x_p = Ae^{-at} + x_p$$

미분방정식에 대입하면,

$$\frac{d(x_h+x_p)}{dt}+a(x_h+x_p)=\frac{dx_h}{dt}+ax_h+\frac{dx_p}{dt}+ax_p=F$$

제차해로 이루어진 항 $\frac{dx_h}{dt}+ax_h=0$이므로,

$$\frac{dx_p}{dt}+ax_p=F$$

그런데 비제차해는 비제차항 F와 유사한 형태일 것으로 생각할 수 있다. F가 상수이므로, $x_p = K_0 + K_1 t$라고 가정하고 미분방정식에 대입하면,

$$\frac{d(K_0+K_1 t)}{dt}+aK=K_1+a(K_0+K_1 t)=F$$

$$K_1=0,\ K_0=\frac{F}{a}$$

그러므로 비제차 미분방정식의 완전해는

$$x(t)=Ae^{-at}+\frac{F}{a}$$

마찬가지로 RC, RL 회로에서 상수 $\frac{F}{a}$는

RC: $\frac{F}{a}=RI_s$, RL: $\frac{F}{a}=\frac{V_s}{R}$이고,

시정수는 각각, $\tau_{RC}=RC$, $\tau_{RC}=\frac{L}{R}$

$$v_C(t)=RI_s-RI_s e^{-t/RC}$$

$$i_L(t)=\frac{V_s}{R}-\frac{V_s}{R}e^{-\frac{R}{L}t}$$

3.2 2계 선형 미분방정식의 풀이법

RLC 회로는 직렬이든 병렬이든 같은 형태의 2계 미분방정식이 된다. RLC 병렬회로는 미지수가 커패시터 전압이고, RLC 직렬회로는 인덕터 전류가 미지수이다.

전원이 없는 RLC 병렬 또는 직렬회로의 회로방정식은

병렬 RLC: $\dfrac{d^2v(t)}{dt^2}+\dfrac{1}{RC}\dfrac{dv(t)}{dt}+\dfrac{1}{LC}v(t)=0,$

직렬 RLC: $\dfrac{d^2i(t)}{dt^2}+\dfrac{R}{L}\dfrac{di(t)}{dt}+\dfrac{1}{LC}i(t)=0$

전원이 있는 경우에는

병렬: $\dfrac{d^2i_L(t)}{dt^2}+\dfrac{1}{RC}\dfrac{di_L(t)}{dt}+\dfrac{1}{LC}i_L(t)=\dfrac{I_s}{LC}$

직렬: $\dfrac{d^2v_C(t)}{dt^2}+\dfrac{R}{L}\dfrac{dv_C(t)}{dt}+\dfrac{1}{LC}v_C(t)=\dfrac{V_s}{LC}$

이 선형 미분방정식을 일반화시키면,

$$\frac{d^2x(t)}{dt^2}+a\frac{dx(t)}{dt}+bx(t)=F$$

3.2.1 제차 2계 선형 미분방정식의 해법

제차 2계 선형 미분방정식

$$\frac{d^2x(t)}{dt^2}+a\frac{dx(t)}{dt}+bx(t)=0$$

의 해는 $x=e^{st}$형태를 가진다. 이 값을 방정식에 대입하면,

$\dfrac{dx}{dt}=se^{st},\ \dfrac{d^2x}{dt^2}=s^2e^{st}$이므로

$$s^2e^{st}+ase^{st}+be^{st}=(s^2+as+b)e^{st}=0$$

즉, 2계 선형 미분방정식은 s에 관한 대수식으로 변한다. 구해진 2차 방정식을 미분방정식의 특성방정식이라 하고, 2차 방정식은 판별식에 따라 세 종류가 있음을 알고 있다. 결국 2계 선형 미분방정식의 해법은 2차 방정식의 풀이로 귀결된다.

2차 방정식 $s^2 + as + b = 0$의 두 근은 판별식에 따라 세 가지 종류로 나뉜다.
(i) $D = a^2 - 4b > 0$: 두 실근
(ii) $D = a^2 - 4b < 0$: 공액 복소근
(iii) $D = a^2 - 4b = 0$: 중근

(1) 두 실근을 갖는 경우: $D = a^2 - 4b > 0$
두 실근을 s_1, s_2라고 하면,

$$x_1(t) = A_1 e^{s_1 t},\ x_2(t) = A_2 e^{s_2 t}$$

즉, $x(t) = A_1 e^{s_1 t} + A_2 e^{s_2 t}$
상수 A_1과 A_2는 다음과 같이 구한다.

$$x(0^+) = A_1 e^{s_1 t} + A_2 e^{s_2 t}\Big|_{t=0^+} = A_1 + A_2$$

$$\frac{dx(t)}{dt}\Big|_{t=0^+} = s_1 A_1 + s_2 A_2$$

(2) 복소근을 갖는 경우: $D = a^2 - 4b < 0$
이 경우,

$$s = \frac{-a \pm \sqrt{a^2 - 4b}}{2} = \frac{-a \pm \sqrt{-(4b - a^2)}}{2} = \frac{-a \pm j\sqrt{4b - a^2}}{2} = \sigma \pm j\omega_d$$

여기서 $\sigma = \frac{a}{2}$, $\omega_d = \frac{\sqrt{4b - a^2}}{2}$이다.

그러면 이 미분방정식의 해는

$$x(t) = A_1 e^{s_1 t} + A_2 e^{s_2 t} = A_1 e^{-\sigma t} e^{+j\omega_d t} + A_2 e^{-\sigma t} e^{-j\omega_d t}$$

이제 이 식을 우리가 쉽게 이해할 수 있는 식으로 유도해 보자. 오일러 항등식

$$e^{j\theta} = \cos\theta + j\sin\theta$$

를 이용하여,

$$A_1 e^{-\sigma t} e^{+j\omega_d t} = A_1 e^{-\sigma t}(\cos\omega_d t + j\sin\omega_d t)$$
$$A_2 e^{-\sigma t} e^{-j\omega_d t} = A_2 e^{-\sigma t}(\cos\omega_d t - j\sin\omega_d t)$$

이므로 $e^{-\sigma t}$로 묶으면,

$$\begin{aligned} x(t) &= e^{-\sigma t}\left[(A_1 + A_2)\cos\omega_d t + j(A_1 - A_2)\sin\omega_d t\right] \\ &= e^{-\sigma t}(B_1\cos\omega_d t + B_2\sin\omega_d t) \end{aligned}$$

이 경우 계수 B_1, B_2는

$$x(0^+) = e^{-\sigma t}(B_1\cos\omega_d t + B_2\sin\omega_d t)\Big|_{t=0^+} = A_1$$

$$\frac{dx(t)}{dt}\bigg|_{t=0^+} = -\sigma B_1 + \omega_d B_2$$

물론 두 삼각함수는 다음과 같이 합성할 수도 있다.

$$x(t) = e^{-\sigma t}(B_1\cos\omega_d t + B_2\sin\omega_d t) = Ce^{-\sigma t}\cos(\omega_d t + \theta)$$

여기서

$$C = \sqrt{B_1^2 + B_2^2},\ \theta = \tan^{-1}\frac{B_2}{B_1}$$

(3) 중근을 갖는 경우: $D = a^2 - 4b = 0$

중근일 경우는

$$s = -\frac{a}{2}$$

가 되고 해는 계수낮춤법*을 이용하면

$$x(t) = (A_1 + A_2 t)e^{st}$$

계수 A_1, A_2는

$$x(0^+) = (A_1 + A_2 t)e^{st}\Big|_{t=0^+} = A_1$$

$$\frac{dx(t)}{dt}\Big|_{t=0^+} = sA_1 + A_2$$

3.2.2 비제차 2계 선형 미분방정식의 해법

전원이 있는 경우의 회로방정식은

$$\text{병렬: } \frac{d^2 i_L(t)}{dt^2} + \frac{1}{RC}\frac{di_L(t)}{dt} + \frac{1}{LC}i_L(t) = \frac{I_s}{LC}$$

$$\text{직렬: } \frac{d^2 v_C(t)}{dt^2} + \frac{R}{L}\frac{dv_C(t)}{dt} + \frac{1}{LC}v_C(t) = \frac{V_s}{LC}$$

이 선형 미분방정식은

$$\frac{d^2 x(t)}{dt^2} + a\frac{dx(t)}{dt} + bx(t) = F$$

---

* 계수낮춤법: 2개 미분방정식 $y_2'' + p(x)y_2' + q(x)y_2 = 0$에서 한 해 y_1을 알고 있을 때, 이 해를 이용하여 다른 해를 구하는 방법. 다른 해를 $y_2 = uy_1$로 가정하면,

$$y_2 = uy_1 = y_1\int\left\{\frac{1}{y_1^2}e^{-\int p\,dx}\right\}dx$$

비제차 미분방정식의 해는 제차해와 비제차해의 합이고, 비제차해는 상수 F와 관련이 있다. 이 미분방정식의 완전해는

$$x(t) = x_h(t) + x_p(t)$$

의 형태이고, 제차해는

$$x_h = A_1 e^{s_1 t} + A_2 e^{s_2 t}$$

비제차해의 형태는 $x_p = K_0 + K_1 t + K_2 t^2$이라 가정하고 미분방정식에 대입하면,

$$\frac{d^2 x_p}{dt^2} + a\frac{dx_p}{dt} + bx_p = 2K_2 + a(2K_2 t + K_1) + b(K_0 + K_1 t + K_2 t^2) = F$$

t^2의 계수: $K_2 = 0$

t^1의 계수: $2aK_2 + bK_1 = 0$, $K_1 = 0$

그러므로

$$x_p = K_0 = \frac{F}{b}$$

비제차 미분방정식의 해는

$$x(t) = A_1 e^{s_1 t} + A_2 e^{s_2 t} + \frac{F}{b}$$

그러므로

병렬 RLC 회로에서는 $i_L(t) = A_1 e^{s_1 t} + A_2 e^{s_2 t} + I_s$

직렬 RLC 회로에서는 $v_C(t) = A_1 e^{s_1 t} + A_2 e^{s_2 t} + V_s$

부록Ⅲ

전장과 자장

전기회로에서 사용되는 수동소자로는 저항 외에 커패시터와 인덕터가 있다. 커패시터와 인덕터는 저항과는 아주 다른 성질을 가진다. 이들 소자는 전압이나 전류가 인가되면 곧바로 반응하는 저항과는 다르게 전압이 변하거나(커패시터), 전류가 변할 때(인덕터) 그 특성이 나타난다.

커패시터나 인덕터의 회로 특성(전압-전류 관계)은 교재에 소개하였으므로 부록에서는 커패시턴스와 인덕턴스가 생기는 원인인 전기장과 자기장에 대하여 설명하도록 한다.

장(場, field)

우리는 수학에서 스칼라장, 벡터장 등의 용어를 사용하고 있다. 자석은 서로 극이 다르면 끌리고 극이 같으면 서로 밀친다. 서로 끌리고 밀치는 것은 (눈에 보이지는 않지만) 힘이 작용하는 것이다. 마찬가지로 양전하끼리는(또는 음전하끼리) 밀치고 양전하와 음전하는 서로 당긴다. 여기서도 어떤 힘이 작용하기 때문이다. 이 힘이 작용하는 공간을 '장' 이라고 한다. 장에 속한 각 점들은 수치화가 가능하다.

> **장(場)의 정의**
> a field is an assignment of a physical quantity to every point in space

전기공학 분야에는 전기장(電氣場, 줄여서 전장)과 자기장(磁氣場, 자장) 그리고 전기자기장(電氣磁氣場, 전자기장)이 있다.

전장(電場)

전장은 대전된 물체(charged body) 주위에 존재한다. 전장은 전속선(電束線, electric flux line)으로 표현한다. 즉, 전속선이 많으면 전장의 크기가 강한 것이다.

전속(electric flux) Ψ와 전속 밀도(electric flux density) D

$$D=\frac{\Psi}{A}[\mathrm{flux/m^2}]$$

전하 Q가 크면 전속선 Ψ도 많아지므로 $\Psi \equiv Q[C]$로 정의한다.

Coulomb의 법칙

전하는 (+)와 (−)가 있다. 같은 종류의 전하는 서로 밀치고(repel) 다른 종류의 전하는 서로 끌린다(attract).

(그림 3-1)은 전하와 전속선을 나타낸 것이다. 전속선은 양전하에서 나와서 음전하로 향한다.

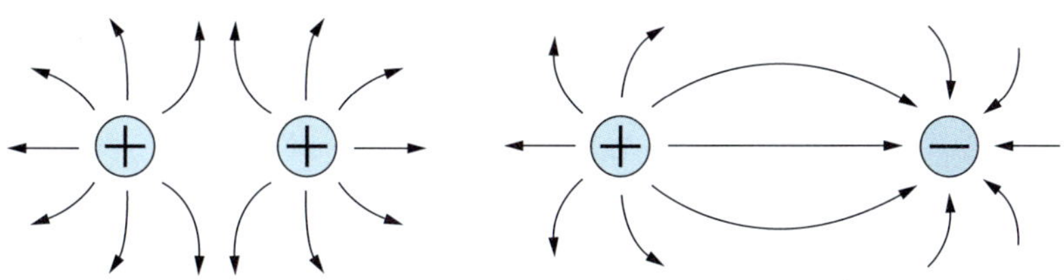

▸▸ 그림 3-1 전하와 전속선

두 전하 Q_1과 Q_2가 거리 r[m]떨어져 있을 때 두 전하에 작용하는 힘(끌거나 밀치는 힘)은 다음과 같다.

$$F=k\frac{Q_1Q_2}{r^2}[\mathrm{N}],\ k=9.0\times10^9[\mathrm{N\cdot m^2/C^2}]$$

전장의 세기(Electric field strength, E)

전장의 세기는 단위 전하(1C)당 작용하는 힘이다.

$$E=\frac{F}{Q}=\frac{kQ}{r^2}$$

커패시턴스의 형성

이제 커패시터의 전기적 동작을 알아보자. 평행한 두 개의 도체 사이에 절연체가 채워져 있는 평판을 생각해 보자.

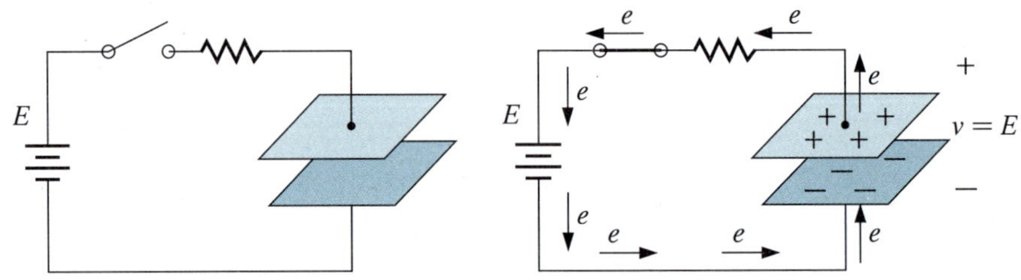

(a) $t < 0$ (b) $t > 0$

▶▶ 그림 3-2 절연체 사이의 평행한 두 도체판

(그림 3-2)에 평행인 두 도체판(사이에는 공기가 있다)을 그렸다. $t < 0$에서는 두 평행판의 순 전하(net charge)는 0이다. $t = 0$에서 스위치를 ON(close)하면 위쪽 도체판의 전자들은 배터리의 양극으로 끌려오게 된다. 그러면 위 도체판은 음전하를 빼앗겼으므로 (+, net positive)가 될 것이고, 전원의 음극 단자에서 밀려난 전자들은 아래쪽 도체판에 도달하게 되어 여기에는 전자들이 모이게 된다. 이 과정은 두 도체판의 전위차가 배터리의 전압 E가 될 때까지 계속된다.

이러한 구조, 즉 절연체로 분리된 두 도체판을 커패시터라고 하며, 커패시턴스는 이 평행판에 전하를 저장할 수 있는 능력이다.

커패시턴스의 표현

커패시턴스의 단위 파라드(farad)는 단위 전압당 전하이다. 즉, 커패시터의 커패시턴스는 다음 식으로 표현된다.

$$C = \frac{Q}{V}[\text{coulomb/Volt}] = [\text{F}]$$

> **1파라드**
> 1쿨롱의 전하가 1볼트 전위차가 있는 평판 사이에 놓여 있을 때

1파라드는 실용적으로는 매우 큰 단위여서 보통 $10^{-6}F$(micro-farad, μF) 또는 $10^{-12}F$(pico-farad, pF) 단위의 커패시터를 사용한다.

커패시터의 전압-전류 관계

$C = \frac{Q}{V} \rightarrow q = Cv$ (변화량은 소문자를 사용하였다.)

평행한 도체판 양단의 전압이 시간에 따라 변한다면,

$$\frac{d(Cv)}{dt} = C\frac{dv}{dt} = \frac{dq}{dt} = i$$

즉, $i_C = C\frac{dv_C}{dt}$

전장의 세기(E)

두 평행판 사이의 거리를 d, 전위차를 V라고 하면(그림 3-3) 전장의 세기는

$$E = \frac{V}{d} [\mathrm{V/m}]$$

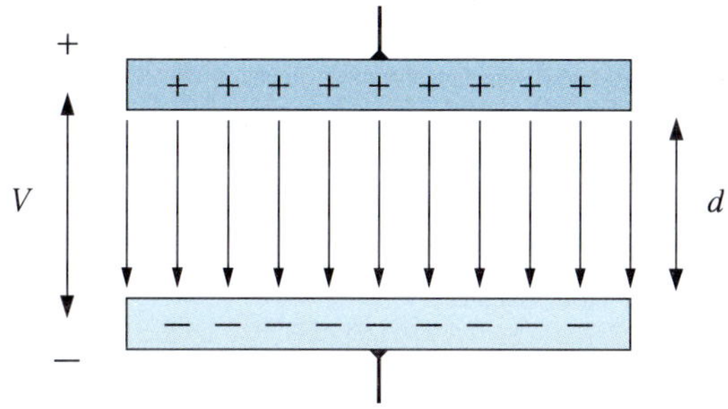

▸▸ 그림 3-3 평행판 사이의 전장

유전율(permittivity, ε)

전속밀도 $D = \frac{\Psi}{A} = \frac{Q}{A}$와 전장의 세기 E의 비를 유전체(dielectric)의 유전율이라 한다.

$$\varepsilon = \frac{D}{E} = \frac{Q/A}{V/d} = C\frac{A}{d}$$

즉, $C = \varepsilon\frac{d}{A}$

커패시터턴스는 다음과 같이 표현한다.

$$C = \varepsilon\frac{A}{d} = \varepsilon_r\varepsilon_0\frac{A}{d}$$

여기서 ε(epsilon)*은 물질의 유전율이고, ε_0는 진공의 유전율이고 그 값은

$$\varepsilon_0 = 8.85\times10^{-12}[\mathrm{F/m}]$$

이며 ε_r은 진공에 대한 상대적 유전율이다. 이 식에서 커패시턴스의 크기는 평판의 넓이에 비례하고(넓이가 크면 전자가 더 많으므로) 평판 사이의 거리에 반비례한다.

자장(磁場)

전기 현상은 전기와 자기의 형태로 우리에게 보여진다. 전기적 현상은 전압과 전류로 이해할 수 있다. 그러나 자기적 현상은 그 실체를 파악하기가 쉽지 않다. 번개가 칠 때 각종 전자 장비들이 교란을 일으키는 현상이라든지, 고압선 아래를 지날 때 자동차 라디오에 잡음이 섞인다든지 하는 것들이 자기적 현상이라 할 수 있다. 실제로 전기와 자기는 별도로 존재하는 현상이라기보다는 상호 영향을 미치는 현상이다. 그래서 전기전자공학에서는 전기자기학이라는 분야를 공부한다.

두 전하 사이에는 밀치고 당기는 전기적인 힘의 방향으로 전속선(electric flux lines)이 존재하고 이 전속선이 미치는 범위가 전기장이다. 자석의 경우 같은 극은 서로 밀치고, 다른 극은 서로 끌어당기는 현상을 많이 보아 왔다. 두 전하와 유사한 원리로 두 자석 사이에는 자속선(magnetic flux line, 자석의 힘을 표현한 선의 다발)이 존재하고 이 묶음을 자기장이라 한다.

---

* ε: 엡실론(영어의 e). 유전율을 나타내는 기호. 수학에서는 아주 작은 수를 가리킨다.

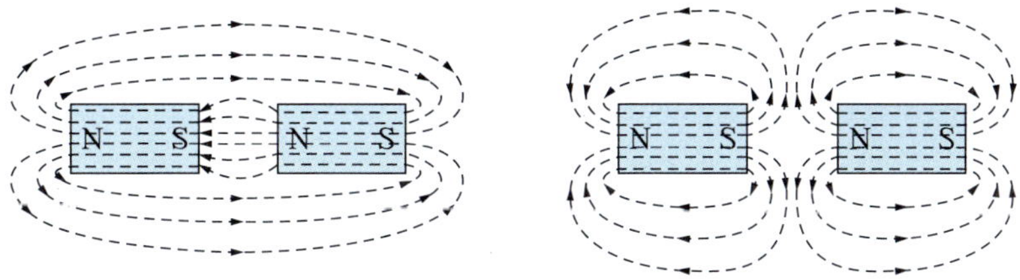

▶▶ 그림 3-4 자속선

1820년 외르스테트가 우연히 도선 옆에 놓인 나침반이 전류가 흐를 때 움직이는 것을 발견한 이래 과학자들은 전기와 자기가 서로 어떤 연관이 있다고 생각했다. 앙페르는 이러한 연관에 따른 전류와 자기에 관한 법칙을 발견했고, 우리는 이를 '앙페르의 법칙'*이라고 부른다.

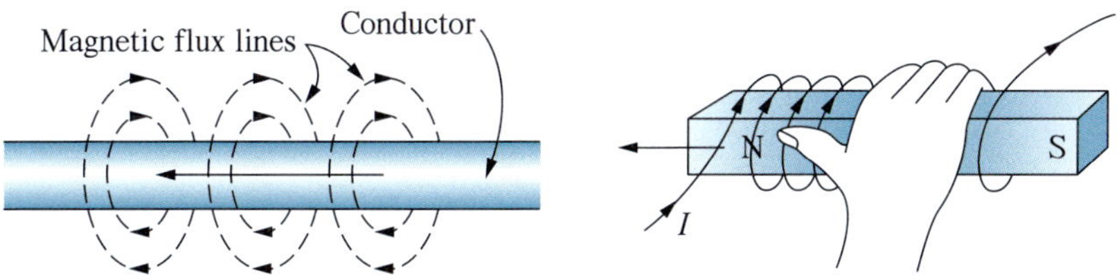

▶▶ 그림 3-5 전류와 자장

자속 밀도(magnetic flux density, B)

자속(磁束, magnetic flux)은 Φ로 쓰고, 단위는 웨버(weber)[Wb]이다.
전속 밀도 D와 마찬가지로 자속 밀도(flux density)는

$$B = \frac{\Phi}{A}[\mathrm{Wb/m^2}] = [\mathrm{T}]$$

즉, 자속 밀도는 단위 면적을 통과하는 자속선의 수이고 단위는 테슬라(Tesla)이다.

투자율(透磁率, permeability, μ)

투자율은 도전율(conductivity) $\frac{1}{\rho}$과 유사하다. 즉, 자속선이 얼마나 잘 통과하는

* 암페르의 주회 법칙

가 하는 양이다. 진공 중에서의 투자율 μ_0는

$$\mu_0 = 4\pi \times 10^{-7}[\text{Wb/A} \cdot \text{m}]$$

물질의 투자율은 상대 투자율을 이용하여

$$\mu = \mu_r \mu_0$$

릴럭턴스(reluctance)

전기회로의 저항은

$$R = \rho \frac{l}{A}[\Omega]$$

인데, 이와 유사하게 자기회로의 저항을 생각할 수 있다.

$$\mathcal{R} = \frac{1}{\mu}\frac{1}{A}[\text{At/Wb}]$$

여기서 t는 코일을 감은 수(number of turns)이다.

자기회로에서의 옴의 법칙

자속 Φ, 릴럭턴스 $\mathcal{R}$, 기자력(magnetomotive force, $\mathcal{F}$)은

$$\Phi = \frac{\mathcal{F}}{\mathcal{R}}(\text{전기회로의 } I = \frac{V}{R})$$

기자력 $\mathcal{F}$는 코일을 감은 횟수에 비례한다.

$$\mathcal{F} = NI[\text{At}](\text{ampere-turns})$$

패러데이의 전자 유도 법칙*

패러데이는 1830년 도체를 자기장 속에서 움직이면 자속선에 변형이 생겨('자속

* 전자 유도(電磁誘導, electromagnetic induction) 법칙

선을 끊는다' 고 한다) 도체 사이에 전압이 유도된다는 사실을 발견했다. 이 현상을 이용한 것이 발전기이다. 반대로 도체를 고정시키고 자기장을 움직여도 같은 효과를 얻는다. 이 현상을 설명한 것이 패러데이의 전자 유도법칙이다. 즉, 자속이 시간적으로 변하면 전압을 발생시킨다.

패러데이의 법칙

$$e = N\frac{d\phi}{dt}$$

자장 속에 도선이 움직여서 자속선을 끊으면 전압이 발생한다.

코일의 인덕턴스 L

코일(도체를 감은 것)이 전류의 변화를 막는 성질을 자기 유도(自己 誘導, self-inductance)라고 한다. 즉, 인덕턴스는 단위 전류당 변화한 자속이다.

$$L = N\frac{d\phi}{di}$$

코일의 인덕턴스는 코일의 재질과 단면적, 코일의 감은 수의 자승에 비례하고 코일의 길이에 반비례한다.

$$L = \frac{N^2 \mu A}{l}\text{[H] (henry)}$$

인덕터의 전압-전류 관계

$$e = N\frac{d\phi}{dt} = \left(N\frac{d\phi}{di}\right)\frac{di}{dt} = L\frac{di}{dt}$$

일반적인 표현으로는

$$v_L = L\frac{di}{dt}$$

부록Ⅳ

Maxwell 방정식

맥스웰 방정식은 전기장과 자기장에 관한 4개의 편미분 방정식으로 이루어져 있다. 이 4개의 방정식은 가우스 법칙, 패러데이의 법칙, 앙페르의 법칙을 기반으로 만들어졌다.

(1) Gauss's law

$\nabla \cdot \mathbf{D} = \rho$, 적분식 $\iint_S \mathbf{D} \cdot d\mathbf{S} = \iiint_V \rho dv$

(2) Gauss's law for magnetism(No isolated magnetic charge)

$\nabla \cdot \mathbf{B} = 0$, 적분식 $\iint_S \mathbf{B} \cdot d\mathbf{S} = 0$

(3) Faraday's law of induction

$\nabla \times \mathbf{E} = -\frac{\partial \mathbf{B}}{\partial t}$, 적분식 $\oint \mathbf{E} \cdot d\mathbf{l} = -\iint_S \frac{\partial \mathbf{B}}{\partial t} \cdot d\mathbf{S}$

(정전계일 경우 $\nabla \times \mathbf{E} = 0$)

(4) Ampere's circuital law

$\nabla \times \mathbf{H} = \mathbf{J} + \frac{\partial \mathbf{D}}{\partial t}$, 적분식 $\oint \mathbf{H} \cdot d\mathbf{l} = I_{enc} + \iint_S \frac{\partial D}{\partial t} \cdot d\mathbf{S}$

(정자계일 경우 $\nabla \times \mathbf{H} = \mathbf{J}$)

여기서

D : electric flux density(electric displacement field)

B : magnetic flux density(magnetic induction)

ρ : free charge density

E : electric field

H : magnetic field

J : free current density

부록 V

전기 인명사전

고대 그리스인들은 호박(송진이 화석화된 것)을 모피에 문지르면 물체가 끌려온다는 것을 알았다. 길버트는 이 현상을 라틴어로 'electricus' 라 명명하였다.

이 용어는 그리스어로 호박이라는 뜻이다(electron: ηλεκτρον).

탈레스(Thales, BC 624~BC 546)

밀레투스(Miletus, 지금의 터키 지역)의 철학자. 처음으로 일식(eclipse)을 관측한 천문학자였다(BC 585). 탈레스 이전의 세계가 "신화"의 세계였다면 탈레스는 모든 것을 과학적으로 생각하였다. 그는 피라미드의 높이를 정확히 측정하였고(tangent의 기원) 과학의 아버지라고 칭송을 받는다. 피타고라스가 그의 제자이다.

길버트(William Gilbert, 1544~1603)

영국의 의사, 자연철학자(과학자를 이렇게 부름). 엘리자베스 여왕의 주치의.

전기와 자석을 연구하여 《de Magnete》(자기에 관하여)라는 책을 저술하였다(1600). 그는 'electricity' 의 어원이 되는 'electricus' 라는 단어를 처음 사용하였고 지구가 자석이고 그래서 나침반(compass)이 북쪽을 가리킨다고 결론을 내렸다(그 이전에는 북쪽에 거대한 자석 섬(Polaris)이 있다고 생각했다). 《de Magnete》은 물리적 현상을 실험으로 규명하는 과정을 소개한 책이라고 한다.

- 엘리자베스는 스페인의 무적 함대를 격파하고 스페인, 포르투갈이 지배했던 해상권을 영국으로 가져온 여왕
- electricity는 브라운(Browne)이 처음 사용하였다(1646년). 그 뜻은 "호박처럼 물체를 끄는(like amber in its attractive properties)"이다.

게리케(Otto von Guericke,1602~1686)

독일의 과학자, 발명가. 진공에 관한 연구를 많이 하였다. 그는 진공 펌프를 만들고(1650) 공기압 실험을 하였다. 구리로 된 반구(Magdebrug hemisphere라고 불

린다)를 붙여 진공으로 만들고 말 여덟 마리씩 양쪽에서 끌었으나 반구가 분리되지 않았다고 한다. 기압계(barometer)를 만들어 날씨를 측정하였다.

《Experimenta Nova(new experiment)》를 발간(1672)하였고, 정전기 발전기(electrostatic generator)를 만들었다.

뮈센브뢰크(Pieter van Mussenbroek, 1692~1761)

네델란드의 과학자, 라이덴 대학 교수.

정전기 집전 장치인 병을 발명(1745): 라이덴 병(Leyden jar)이라고 부름

프랭클린(Benjamin Franklin, 1706~1790)(1750) 피뢰침

미국 건국의 아버지. 미국인으로 두 번째 유명한 사람. 인쇄업자, 정치가, 발명가, 외교관, ……

번개치는 날에 연을 날려서 번개가 전기라는 사실을 규명하였다(1750).

번개 사고를 막기 위해 피뢰침 발명(1752).

그는 전기에는 양전하와 음전하가 있다고 설명하였고 양전하의 흐름을 전류의 흐름이라고 주장하였다. 전자의 흐름이 전류지만 현재는 관례적으로 받아들여지고 있다.

쿨롱(Charles Augustin de Coulomb, 1736~1806)-전하의 단위, 쿨롱 [C]

프랑스의 과학자, 엔지니어.

쿨롱의 법칙(1780): 전하량을 가진 두 물체 사이에 작용하는 힘으로, 두 물체 사이에 작용하는 힘의 크기는 두 물체의 전하량에 비례한다.

$$F = k\frac{Q_1 Q_2}{r^2},\ k = 9.1\times10^{-9}[\mathrm{N\cdot m^2/C^2}]$$

- 참고로 만유인력의 법칙 $F = G\frac{mM}{r^2}$, $G = 6.67\times10^{-11}[\mathrm{N\cdot m^2/kg^2}]$

와트(James Watt, 1736~1819)-전력의 단위, 와트

영국의 발명가, 기계 엔지니어. 증기기관을 효율적으로 개선하여 산업혁명에 크게 이바지하였다.

증기기관의 힘을 측정하기 위해 마력(horsepower) 단위를 개발: 1 [hp] = 746 [W]

가우스(Johann Carl Friedrich Gauss, 1777~1855)-자속밀도, 가우스 [G]

독일의 수학자, 과학자, 천문학자. 수학의 왕자라고 불림. 실제로 지구상에 존재했던 최고의 수학자라 칭송되었다. 그는 수학을 “the Queen of Science”라고 불렀다. 초등학교 시절(또는 4살 때) 1에서 100까지 더한 방법이 잘 알려져 있다(과연 그랬는지는 의문이다). 즉,

$$1+2+3+\cdots+100=(1+100)+(2+99)+(3+98)+\cdots+(50+51)$$

으로 풀었다고 한다.

그는 유클리드의 명제가 성립하지 않는 기하학인 유클리드 기하학이 존재한다고 생각했다. 이 비유클리드 기하학은 아인슈타인의 상대성 이론(Theory of Relativity)을 설명할 수 있는 이론이다.

볼타(Alexandro Volta, 1745~1827), [V], 이탈리아의 물리학자

볼타 전지를 발명(1800). voltaic pile이라고 하며 zinc와 copper를 사용하였다.

이후로 전기에너지를 안정적으로 공급할 수 있어서 전기 실험을 수행할 수 있었다(그 이전에는 라이덴 병에 정전기를 모아서 사용하였음).

처음으로 커패시터를 발명하였다.

나폴레옹에게 voltaic pile의 시범을 보이고 훈장을 받았다.

외르스테드(Hans Christian Oersted, 1777~1851)

덴마크의 과학자. 전기 실험을 하던 중 전류가 나침반 바늘을 움직임을 관찰하였다(1819). 즉, 스위치를 켜고 끌 순간에만 나침반 바늘이 영향을 받는 것을 관찰하였다. 다시 말해, 전류가 자기장을 만들어 낸 것이다.

앙페르(André Marie Ampére, 1775 ~1836): 전류의 단위, 앙페르 [A]

프랑스의 수학자, 물리학자. 전류와 자장에 대한 연구를 시작하였다(1820). 즉, 도선에 전류가 흐르면 도선 주위에 자기장이 생긴다는 사실을 발견하였고 이 분야를 동전기학(electrodynamics)이라고 불렀다. 그 이전까지의 연구는 정전기학(electrostatics)이라고 한다. 정전기학은 전하의 영향과 관련된 분야이다(쿨롱의 법칙).

- 앙페르의 주회 법칙(Ampére' s Circuital Law):

  전기회로에서 KVL과 마찬가지로($\sum_{n} V_n = 0$) 자기회로에서

  $\sum \mathcal{F} = 0$(자기회로에서 기자력의 합은 0이다).

  $V = I \times R \leftrightarrow \mathcal{F} = \Phi \times \mathcal{R}$

옴(George Simon Ohm, 1789~1854): 저항의 단위, 옴[Ω]

독일의 물리학자. 볼타 전지로 실험하던 중 저항에서의 전압-전류 관계를 알아냈다(옴의 법칙, 1827). 발표 당시에는 비난을 많이 받고 사표를 강요받았지만 전기회로 해석의 초석을 놓았다.

실제로는 Cavendish(영국의 과학자)가 먼저 발견했지만 발표를 안했다고 한다.

패러데이(Michael Faraday, 1791~1867), 커패시턴스의 단위, 패럿[F]

영국의 과학자. 정규 교육을 받지는 못했으나 당시 영국의 최고 과학자인 데이비의 실험 조수가 되었다. 회전자계, 전기모터 제작(1821). 전자 유도법칙 발견(1831).

- 전자 유도법칙(Electromagnetic Induction)

  두 코일이 직접 연결이 안 되었더라도, 한쪽 코일의 전류가 변하면 다른 코일의 전류 변화를 유도(induce)할 수 있다.

모스(Samuel Finley Breese Morse 1791~1872)

미국. 화가였으나 유럽을 여행하던 중(1830~1832) 유럽의 신기술들을 접하게 된다. 전자석에 대한 다양한 실험을 보고 화가의 길을 포기하고 전신 특허를 내고 모스 부호를 만들었다(1836). 1865년에 변형된 모스 부호가 표준으로 인정되었다. 지금은 쓰이지 않지만 조난 신호 SOS는 (●●● — — — ●●●)

헨리(Joseph Henry, 1797~1878): 인덕턴스의 단위, 헨리[H]

미국의 과학자. 프랭클린 이래 최고의 미국 과학자로 불린다.

자기유도, 상호유도 현상 발견, 전신기 발명.

그가 50년만 늦게 태어났더라면 세상이 다르게 변모했을 것이다.

지멘스(Werner von Siemens, 1816~1892): 컨덕턴스의 단위, 지멘스 [S]

독일의 발명가, 사업가. 전신기 발명(모스와는 다른), 전기 기관차 제작(1879)및 전기 철도, 아크 등 설치(베를린).

지멘스, 직류발전 원리(1867).

줄(James Prescott Joule, 1818 ~1889): 에너지의 단위, 줄 [J]

영국의 과학자, 화학자. 에너지 보존 법칙을 확립하는 데 기여를 하였다.

줄의 법칙 발표(1841). 즉, 전류가 흐르는 도선의 열은 전류의 자승과 저항의 곱에 비례한다. $P_R = I^2 R$

키르히호프(Gustav Robert Kirchhoff, 1824~1887)

독일의 물리학자. 학생 시절 지금 키르히호프의 법칙이라고 부르는 회로망 법칙을 발표하였다(1845).

분젠(독일의 화학자)과 함께 분광학을 연구하고 세슘을 발견하였다.

맥스웰(James Clark, 1831~1879)

영국의 물리학자, 수학자. 전기자기학(electomagnetics) 이론을 확립.

전기와 자기, 빛을 설명할 수 있는 전자기장(electromagnetic field) 이론을 발표하였다(1864).

맥스웰 방정식은 4개의 편미분 방정식으로 되어 있는데 전기장과 자기장의 관계를 수학적으로 명쾌히 설명하였다(부록 참조).

에디슨(Thomas Alva Edison, 1847~1931)

미국의 발명가.

벨(Alexander Graham Bell, 1847~1922): 전력비의 단위, 데시벨 [dB]

미국의 발명가. 전화기 발명(1876).

헤르츠(Heinrich Rudolph Hertz, 1857~1894): 주파수의 단위, [Hz]

독일의 과학자. 맥스웰의 예측을 바탕으로 전자파를 발생시켰으며(1887), 전자파의 파장을 특정하고 전자파의 속도가 빛의 속도 c와 같다는 것을 밝혔다.

톰슨(Joseph Thomson, 1856~1940)

영국의 물리학자. 음극신관(CRT)을 이용하여 전자 발견(1897).

테브넹(Léon Charles Thévenin, 1857~1926)

프랑스의 전신기술자. 프랑스 전신전화국 엔지니어였던 그는 복잡한 회로망을 해석할 수 있는 테브넹 정리를 발표하였다(1883). 그런데 독일의 헬름홀츠가 먼저 발견했다 한다(1853).

플레밍(John Ambrose Flemming,1849~1945)

영국의 엔지니어. 맥스웰의 실험 조수를 하다 미국에 건너와 에디슨과 같이 일하였다.

플레밍의 오른손 법칙(1902): right for generator, left for motor

1904년 2극관 발명(Kenotron이라고 함).

테슬라(Nikola Tesla, 1856~1943), 자속밀도의 단위, 테슬라 [T]

크로아티아계 미국인. 발명가, 전기공학자.

전기 및 자기에 관한 혁명적인 발전을 가져온 인물이며 제2의 산업혁명의 주역이다(교류 발전기, 다상 전력, 교류 모터를 발명). 무선통신 시범을 보이기도 했다(1894). 20세기를 만든 사람이라고 칭송된다.

$$1\,[\mathrm{T}] = 1\,[\mathrm{Wb/m^2}] = 10^4\,[\mathrm{G}]$$

스타인메츠(charles Steinmetz, 1865~1923)(1897)

독일 출생 미국 수학자, 엔지니어.

교류 해석에 복소수를 처음으로 도입하였다(1893).

리 드 포리스트(Lee de Forest, 1873~1961)

미국의 발명가. 플레밍의 2극관(Flemming valve)에 그리드를 삽입하여 증폭을 할 수 있는 진공관 발명(Audion, 1906).

지금 실리콘 밸리를 있게 한 "전자공학의 아버지(Father of the Electronic age)".

노턴(Edward Lawry Norton, 1898~1983)

벨 연구소의 연구원. 노턴 정리 발표(1926).

노턴 정리는 지멘스의 연구원이었던 마이어(Mayer)도 별도로 발표함.

찾 / 아 / 보 / 기